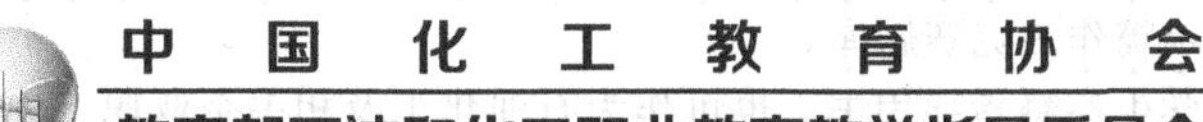

中国化工教育协会
教育部石油和化工职业教育教学指导委员会 组织编写

化学检验工职业技能鉴定试题集

王炳强　曾玉香　主编

化学工业出版社
·北京·

本试题集是石油和化工类职业院校学生、石油化工及相关企业职工工业分析检验技能竞赛、化学检验工职业技能鉴定使用的培训教材。在内容编排上分为中级篇、高级篇和模拟试题三个部分。为方便使用，配有相应的参考答案。全国工业分析检验赛项技能竞赛中职组使用中级篇作为竞赛题库；全国工业分析检验赛项技能竞赛高职组使用中级篇、高级篇作为竞赛题库。

本书为全国石油和化工类职业院校学生参赛指导用书。也可作为石油化工及相关企业职工工业分析检验技能竞赛理论知识培训、不同等级化学检验工、化学分析工职业技能鉴定培训与鉴定使用教材。

图书在版编目（CIP）数据

化学检验工职业技能鉴定试题集/王炳强，曾玉香主编.
北京：化学工业出版社，2015.4（2025.1重印）
ISBN 978-7-122-23572-5

Ⅰ.①化… Ⅱ.①王…②曾… Ⅲ.①化工产品-检验-职业技能-鉴定-习题集 Ⅳ.①TQ075-44

中国版本图书馆 CIP 数据核字（2015）第 068985 号

责任编辑：陈有华　窦　臻　　　文字编辑：刘心怡
责任校对：边　涛　　　装帧设计：王晓宇

出版发行：化学工业出版社（北京市东城区青年湖南街 13 号　邮政编码 100011）
印　　装：北京科印技术咨询服务有限公司数码印刷分部
787mm×1092mm　1/16　印张 23¼　字数 619 千字　2025 年 1 月北京第 1 版第 13 次印刷

购书咨询：010-64518888　　　售后服务：010-64518899
网　　址：http://www.cip.com.cn
凡购买本书，如有缺损质量问题，本社销售中心负责调换。

定　　价：58.00 元

前言
Foreword

2005年以来，由中国石油和化学工业联合会、中国化工教育协会举办的职业院校职业技能竞赛圆满完成9个赛项59场技能竞赛。以“技能—中国化工”为主题的石化竞赛，2007年成为国家赛事，2012年纳入教育部职业院校技能竞赛项目，已形成石化行业指导下的石化类职业院校系列化、多层次的品牌赛事。形成了“教育部与石化行业联合主办、行业承办、院校协办、企业参与、校企结合、同台竞技”的格局，创新了校企互融的人才培养和选拔机制，促进了石油和化工职业院校的教学改革、行业后备技能型人才的培养、专业和实训基地建设的快速发展，成为行业指导下校企合作育人的典范。

“工业分析检验”赛项于2006年举办，共举办16场比赛。参加比赛的选手来自全国石油、化工、生物、环保、医药、卫生、林业等系统的高等职业学院和中等职业学校学生。“工业分析检验”赛项引导学生贴近生产实际“紧跟市场、贴近行业、依托企业、对接岗位”。以学生技能竞赛为载体，推动高技能人才队伍迅速成长、壮大。为迅猛发展的化工企业与全国的经济和社会发展服务，真正体现“技能化工”的特色。赛项竞赛内容紧贴生产实际、竞赛技术水平稳步提高。赛项通过对产品的质量监控测试，提升工业分析检验人员对化工产品中的成分进行常量分析和微量分析的能力；提升工业分析检验人员执行国家质量标准规范的能力。

本试题集是全国石油和化工类职业院校学生使用培训教材。在内容编排上分为中级篇、高级篇和模拟试题三个部分。为方便使用，配有相应的参考答案。全国工业分析检验赛项技能竞赛中职组使用中级篇作为竞赛题库；全国工业分析检验赛项技能竞赛高职组使用中级篇、高级篇作为竞赛题库。

按照全国工业分析检验技能竞赛理论知识和职业技能鉴定要目细目表，将中级篇和高级篇的知识点各分为十六章。题型为单选题、判断题、多选题、计算题、综合题五种，其中单选题、判断题、多选题可作为上机考核题目，计算题、综合题也可经过转化后作为上机考核题目。试题难易程度分为1、2、3三个等级，较高难度的题目（标记为1），中等难度的题目（标记为2），较低难度的题目（标记为3）。模拟试题是在历年全国石油和化工职业院校学生工业分析检验技能竞赛真题的基础上形成的，可作为模拟自测使用。

本书由王炳强、曾玉香担任主编，高申编写第一～三章，周学辉编写第四～六章，王志英编写第七～九章，孙义编写第十～十二章，曾玉香编写第十三～十六章和模拟试题。全书由曾玉香统稿，王炳强审核。参加试题设计、整理、校对的老师有王建梅、张文英、于晓萍、曾莉、姜淑敏、赵美丽、陈兴利、徐晓安、冯淑琴、贺红举、段科欣、许丽君、张星春、王丽、师玉荣。扬州工业职业技术学院秦建华教授担任主审。

本书在编写过程中得到了各院校领导和老师的大力支持与帮助，本试题集也是在化学检验技能竞赛全体参赛学校参与下完成的，书稿在编写中参考了兄弟院校及其他职业技能培训用教材和文献资料。本习题集的编写也得到了中国石油和化学工业联合会、中国化工教育协会、化学工业职业技能鉴定指导中心领导的支持和帮助，在此一并表示衷心的感谢。

由于试题验证时间较短，加上编者的水平所限，疏漏之处在所难免，敬请读者批评指正。

编者

2015年2月

目录

CONTENTS

中 级 篇

高 级 篇

模拟试题

参考答案

参 考 文 献

中级篇

第一章 职业道德

一、单选题

1. [2] 各行各业的职业道德规范（　　）。
   A. 完全相同　　B. 有各自的特点
   C. 适用于所有的行业　　D. 适用于服务性行业
2. [2] 化学检验工的职业守则最重要的内涵是（　　）。
   A. 爱岗敬业，工作热情主动
   B. 认真负责，实事求是，坚持原则，一丝不苟地依据标准进行检验和判定
   C. 遵守劳动纪律
   D. 遵守操作规程，注意安全
3. [2] 下列有关爱岗敬业的论述中错误的是（　　）。
   A. 爱岗敬业是中华民族的传统美德
   B. 爱岗敬业是现代企业精神
   C. 爱岗敬业是社会主义职业道德的一条重要规范
   D. 爱岗敬业与企业精神无关
4. [2] 下列有关爱岗敬业与职业选择的关系中正确的是（　　）。
   A. 当前严峻的就业形势要求人们爱岗敬业
   B. 是否具有爱岗敬业的职业道德与职业选择无关
   C. 是否具有爱岗敬业的职业道德只与服务行业有关
   D. 市场经济条件下不要求爱岗敬业
5. [3] 化学检验工必备的专业素质是（　　）。
   A. 语言表达能力　　B. 社交能力
   C. 较强的颜色分辨能力　　D. 良好的嗅觉辨味能力
6. [1] 为了保证检验人员的技术素质，可从（　　）。
   A. 学历、技术职务或技能等级、实施检验人员培训等方面进行控制
   B. 具有良好的职业道德和行为规范方面进行控制
   C. 学历或技术职务或技能等级方面进行控制

D. 实施有计划和针对性的培训来进行控制

7. [3] 下面有关遵纪守法是从业人员的基本要求的论述错误的是（　　）。

A. 遵纪守法是从业人员的基本义务　　B. 遵纪守法是从业的必要保证

C. 遵纪守法是从业人员的必备素质　　D. 遵纪守法与从业无关

二、判断题

1. [3] 认真负责，实事求是，坚持原则，一丝不苟地依据标准进行检验和判定是化学检验工的职业守则内容之一。（　　）

2. [2] 分析检验的目的是为了获得样本的情况，而不是为了获得总体物料的情况。（　　）

3. [2] 化学检验工职业道德的基本要求包括：忠于职守、钻研技术、遵章守纪、团结互助、勤俭节约、关心企业、勇于创新等。（　　）

4. [3] 经安全生产教育和培训的人员可上岗作业。（　　）

5. [2] 我国企业产品质量检验不可用合同双方当事人约定的标准。（　　）

6. [2] 质量检验工作人员应坚持持证上岗制度，以保证检验工作的质量。（　　）

7. [2] 我国企业产品质量检验可用合同双方当事人约定的标准。（　　）

8. [2] 化学检验工的基本文化程度是大专毕业（或同等学历）。（　　）

三、多选题

1. [2] 化学检验工的职业守则包括（　　）。

A. 认真负责，实事求是，坚持原则，一丝不苟地依据标准进行检验和判定

B. 努力学习，不断提高基础理论水平和操作技能

C. 遵纪守法，不谋私利，不徇私情

D. 爱岗敬业，工作热情主动

2. [2] 下列（　　）属于化学检验工职业守则内容。

A. 爱岗敬业　　B. 认真负责　　C. 努力学习　　D. 遵守操作规程

3. [2] 下列属于化学检验工职业守则内容的是（　　）。

A. 爱岗敬业，工作热情主动

B. 认真负责，实事求是，坚持原则，一丝不苟地依据标准进行检验和判定

C. 努力学习，不断提高基础理论水平和操作技能

D. 遵纪守法，热爱学习

4. [2] 化学检验工应遵守的规则有（　　）。

A. 遵守操作规程，注意安全

B. 努力学习，不断提高基础理论水平和操作技能

C. 认真负责，实事求是，坚持原则，一丝不苟地依据标准进行检验和判定

D. 遵纪守法，不谋私利，不徇私情

5. [2] 化学检验室质量控制的内容包括（　　）。

A. 试剂和环境的控制

B. 样品的采取、制备、保管及处理控制

C. 标准操作程序、专门的实验记录

D. 分析数据的处理

6. [2] 下面所述内容属于化学检验工职业道德的社会作用的是（　　）。

A. 调节职业交往中从业人员内部以及从业人员与服务对象之间的关系

B. 有助于维护和提高本行业的信誉

C. 促进本行业的发展

D. 有助于提高全社会道德水平

7. [2] 化学检验工职业素质主要表现在（　　）等方面。

A. 职业兴趣　　B. 职业能力　　C. 职业个性　　D. 职业情况

8. [2] 化学检验工专业素质的内容有（　　）。

A. 努力学习，不断提高基础理论水平和操作技能

B. 掌握化学基础知识和分析化学知识

C. 标准化计量质量基础知识

D. 电工基础知识和计算机操作知识

9. [1] 不违背检验工作的规定的选项是（　　）。

A. 在分析过程中经常发生异常现象属于正常情况

B. 分析检验结论不合格时，应第二次取样复检

C. 分析的样品必须按规定保留一份

D. 所用的仪器、药品和溶液必须符合标准规定

10. [2] 化学检验人员应具备（　　）。

A. 正确选择和使用分析中常用的化学试剂的能力

B. 制定标准分析方法的能力

C. 使用常用的分析仪器和设备并具有一定的维护能力

D. 高级技术工人的水平

11. [2] 为保证检验人员的技术素质，可从（　　）等方面进行控制。

A. 学历　　B. 技术职务

C. 技能等级　　D. 实施检验人员培训

第二章

化验室基础知识

一、单选题

1. [2] 化学试剂根据（　　）可分为一般化学试剂和特殊化学试剂。
   A. 用途　　B. 性质　　C. 规格　　D. 使用常识
2. [2] 一瓶标准物质封闭保存有效期为 5 年，但开封后最长使用期限应为（　　）。
   A. 半年　　B. 1 年　　C. 2 年　　D. 不能确定
3. [3] 打开浓盐酸、浓硝酸、浓氨水等试剂瓶塞时，应在（　　）中进行。
   A. 冷水浴　　B. 走廊　　C. 通风橱　　D. 药品库
4. [2] 使用浓盐酸、浓硝酸，必须在（　　）中进行。
   A. 大容器　　B. 玻璃器皿　　C. 耐腐蚀容器　　D. 通风橱
5. [2] 因吸入少量氯气、溴蒸气而中毒者，可用（　　）漱口。
   A. 碳酸氢钠溶液　　B. 碳酸钠溶液　　C. 硫酸铜溶液　　D. 醋酸溶液
6. [2] 应该放在远离有机物及还原性物质的地方，使用时不能戴橡皮手套的是（　　）。
   A. 浓硫酸　　B. 浓盐酸　　C. 浓硝酸　　D. 浓高氯酸
7. [2] 进行有危险性的工作时，应（　　）。
   A. 穿戴工作服　　B. 戴手套　　C. 有第二者陪伴　　D. 自己独立完成
8. [3] 一般分析实验和科学研究中适用（　　）。
   A. 优级纯试剂　　B. 分析纯试剂　　C. 化学纯试剂　　D. 实验试剂
9. [2] 铬酸洗液呈（　　）时，表明其氧化能力已降低至不能使用。
   A. 黄绿色　　B. 暗红色　　C. 无色　　D. 蓝色
10. [3] 某一试剂其标签上英文缩写为 A. R.，其应为（　　）。
    A. 优级纯　　B. 化学纯　　C. 分析纯　　D. 生化试剂
11. [3] 某一试剂为优级纯，则其标签颜色应为（　　）。
    A. 绿色　　B. 红色　　C. 蓝色　　D. 咖啡色
12. [2] 作为基准试剂，其杂质含量应略低于（　　）。
    A. 分析纯　　B. 优级纯　　C. 化学纯　　D. 实验试剂
13. [2] IUPAC 是指（　　）。

A. 国际纯粹与应用化学联合会　　B. 国际标准组织
C. 国家化学化工协会　　D. 国家标准局

14. [2] 不同规格的化学试剂可用不同的英文缩写符号表示，下列（　）分别代表优级纯试剂和化学纯试剂。
A. G. B.，G. R.　　B. G. B.，C. P.　　C. G. R.，C. P.　　D. C. P.，C. A.

15. [3] 对于化学纯试剂，标签的颜色通常为（　）。
A. 绿色　　B. 红色　　C. 蓝色　　D. 棕色

16. [3] 分析纯化学试剂标签颜色为（　）。
A. 绿色　　B. 棕色　　C. 红色　　D. 蓝色

17. [2] 国际纯粹与应用化学联合会将作为标准物质的化学试剂按纯度分为（　）。
A. 6 级　　B. 5 级　　C. 4 级　　D. 3 级

18. [2] 国际上将标准试剂分成（　）类。
A. 3　　B. 4　　C. 5　　D. 6

19. [2] 我国标准物分级可分为（　）级。
A. 一　　B. 二　　C. 三　　D. 四

20. [2] 分析试剂是（　）的一般试剂。
A. 一级　　B. 二级　　C. 三级　　D. 四级

21. [2] 一般试剂分为（　）级。
A. 3　　B. 4　　C. 5　　D. 6

22. [2] 一化学试剂瓶的标签为红色，其英文字母的缩写为（　）。
A. G. R.　　B. A. R.　　C. C. P.　　D. L. P.

23. [3] 化学纯试剂的标签颜色是（　）。
A. 红色　　B. 绿色　　C. 玫瑰红色　　D. 中蓝色

24. [2] 化学试剂中二级试剂标签的颜色应是（　）。
A. 紫色　　B. 绿色　　C. 红色　　D. 蓝色

25. [3] 基准物质纯试剂瓶标签的颜色为（　）。
A. 金光红色　　B. 中蓝色　　C. 深绿色　　D. 玫瑰红色

26. [2] 优级纯、分析纯、化学纯试剂瓶标签的颜色依次为（　）。
A. 绿色、红色、蓝色　　B. 红色、绿色、蓝色
C. 蓝色、绿色、红色　　D. 绿色、蓝色、红色

27. [3] 优级纯试剂瓶签的颜色为（　）。
A. 金光红色　　B. 中蓝色　　C. 深绿色　　D. 玫瑰红色

28. [2] 实验室安全守则中规定，严禁任何（　）入口或接触伤口，不能用（　）代替餐具。
A. 食品，烧杯　　B. 药品，玻璃仪器
C. 药品，烧杯　　D. 食品，玻璃仪器

29. [2] 检查可燃气体管道或装置气路是否漏气，禁止使用（　）。
A. 火焰　　B. 肥皂水
C. 十二烷基硫酸钠水溶液　　D. 部分管道浸入水中的方法

30. [2] 金属钠着火，可选用的灭火器是（　）。
A. 泡沫式灭火器　　B. 干粉灭火器　　C. 1211 灭火器　　D. 7150 灭火器

31. [2] 急性呼吸系统中毒后的急救方法正确的是（　）。
A. 要反复进行多次洗胃　　B. 立即用大量自来水冲洗

C. 用3%～5%碳酸氢钠溶液或用（1＋5000）高锰酸钾溶液洗胃

D. 应使中毒者迅速离开现场，移到通风良好的地方，呼吸新鲜空气

32. [2] 国家标准规定的实验室用水分为（ ）级。

A. 4　　B. 5　　C. 3　　D. 2

33. [2] 实验室三级水不能用以下办法来进行制备的是（ ）。

A. 蒸馏　　B. 电渗析　　C. 过滤　　D. 离子交换

34. [3] 下列各种装置中，不能用于制备实验室用水的是（ ）。

A. 回馏装置　　B. 蒸馏装置　　C. 离子交换装置　　D. 电渗析装置

35. [2] 国家规定实验室三级水检验的 pH 标准为（ ）。

A. 5.0～6.0　　B. 6.0～7.0　　C. 6.0～7.0　　D. 5.0～7.5

36. [3] 实验室三级水用于一般化学分析试验，可以用于贮存三级水的容器有（ ）。

A. 带盖子的塑料水桶　　B. 密闭的专用聚乙烯容器

C. 有机玻璃水箱　　D. 密闭的瓷容器

37. [3] 下面不宜加热的仪器是（ ）。

A. 试管　　B. 坩埚　　C. 蒸发皿　　D. 移液管

38. [1] 用 HF 处理试样时，使用的器皿材料是（ ）。

A. 玻璃　　B. 玛瑙　　C. 铂金　　D. 陶瓷

39. [2] 下列有关电器设备防护知识不正确的是（ ）。

A. 电线上洒有腐蚀性药品，应及时处理　　B. 电器设备的电线不宜通过潮湿的地方

C. 能升华的物质都可以放入烘箱内烘干　　D. 电器仪器应按说明书规定进行操作

40. [2] 氢气通常灌装在（ ）颜色的钢瓶中。

A. 白色　　B. 黑色　　C. 深绿色　　D. 天蓝色

41. [2] 每个气体钢瓶的肩部都印有钢瓶厂的钢印标记，刻钢印的位置一律涂以（ ）。

A. 白漆　　B. 黄漆　　C. 红漆　　D. 蓝漆

42. [3] 氧气瓶的瓶身漆色为（ ）。

A. 天蓝色　　B. 灰色　　C. 深绿色　　D. 草绿色

43. [3] 装有氮气的钢瓶颜色应为（ ）。

A. 天蓝色　　B. 深绿色　　C. 黑色　　D. 棕色

44. [3] 使用乙炔钢瓶气体时，管路接头可用（ ）。

A. 铜接头　　B. 锌铜合金接头　　C. 不锈钢接头　　D. 银铜合金接头

45. [2] 装在高压气瓶的出口，用来将高压气体调节到较小压力的是（ ）。

A. 减压阀　　B. 稳压阀　　C. 针形阀　　D. 稳流阀

46. [2] 各种气瓶的存放，必须保证安全距离，气瓶距离明火应在（ ）m 以上，避免阳光暴晒。

A. 2　　B. 10　　C. 20　　D. 30

47. [2] 贮存易燃易爆，强氧化性物质时，最高温度不能高于（ ）。

A. 20℃　　B. 10℃　　C. 30℃　　D. 0℃

48. [2] 下列药品需要用专柜由专人负责贮存的是（ ）。

A. KOH　　B. KCN　　C. $KMnO_4$　　D. 浓 H_2SO_4

49. [1] 若火灾现场空间狭窄且通风不良，不宜选用（ ）灭火器灭火。

A. 四氯化碳　　B. 泡沫　　C. 干粉　　D. 1211

50. [2] 只需烘干就可称量的沉淀，选用（ ）过滤。

A. 定性滤纸　　B. 定量滤纸

C. 无灰滤纸 D. 玻璃砂芯坩埚或漏斗

51. [2] 在分析化学实验室常用的去离子水中，加入1～2滴甲基橙指示剂，则应呈现（　　）。

A. 紫色 B. 红色 C. 黄色 D. 无色

52. [1] 某些腐蚀性化学毒物兼有强氧化性，如硝酸、硫酸、（　　）等遇到有机物将发生氧化作用而放热，甚至起火燃烧。

A. 次氯酸 B. 氯酸 C. 高氯酸 D. 氢氟酸

53. [2] 下列易燃易爆物存放不正确的是（　　）。

A. 分析实验室不应贮存大量易燃的有机溶剂

B. 金属钠保存在水里

C. 存放药品时，应将氧化剂与有机化合物和还原剂分开保存

D. 爆炸性危险品残渣不能倒入废物缸

54. [2] 下面有关废渣的处理错误的是（　　）。

A. 毒性小稳定，难溶的废渣可深埋地下 B. 汞盐沉淀残渣可用焙烧法回收汞

C. 有机物废渣可倒掉 D. AgCl废渣可送国家回收银部门

55. [2] 使用时需倒转灭火器并摇动的是（　　）。

A. 1211灭火器 B. 干粉灭火器 C. 二氧化碳灭火器 D. 泡沫灭火器

56. [2] 下面有关高压气瓶存放不正确的是（　　）。

A. 性质相抵触的气瓶应隔离存放 B. 高压气瓶在露天暴晒

C. 空瓶和满瓶分开存放 D. 高压气瓶应远离明火及高温体

57. [2] 下列操作正确的是（　　）。

A. 制备氢气时，装置旁同时做有明火加热的实验

B. 将强氧化剂放在一起研磨

C. 用四氯化碳灭火器扑灭金属钠钾着火

D. 黄磷保存在盛水的玻璃容器里

58. [2] 作为化工原料的电石或乙炔着火时，严禁用（　　）扑救灭火。

A. CO_2灭火器 B. 四氯化碳灭火器 C. 干粉灭火器 D. 干砂

59. [2] 下列气体中，既有毒性又具可燃性的是（　　）。

A. O_2 B. N_2 C. CO D. CO_2

60. [2] 玷污AgCl的容器用（　　）洗涤最合适。

A. HCl B. H_2SO_4 C. $NH_3 \cdot H_2O$ D. 铬酸洗液

61. [2] 当用氢氟酸挥发硅时，应在（　　）器皿中进行。

A. 玻璃 B. 石英 C. 金属 D. 氟塑料

62. [2] 硝基苯遇火燃烧时，不能使用的灭火物质是（　　）。

A. 水 B. 四氯化碳 C. 泡沫灭火器 D. 干粉灭火器

63. [2] 下列仪器中可在沸水浴中加热的有（　　）。

A. 容量瓶 B. 量筒 C. 比色管 D. 锥形烧瓶

64. [2] 分析实验室的试剂药品不应按（　　）分类存放。

A. 酸、碱、盐等 B. 官能团 C. 基准物、指示剂等 D. 价格的高低

65. [2] 下列单质有毒的是（　　）。

A. 硅 B. 铝 C. 汞 D. 碳

66. [3] 违背剧毒品管理的选项是（　　）。

A. 使用时应熟知其毒性以及中毒的急救方法

B. 未用完的剧毒品应倒入下水道，用水冲掉

C. 剧毒品必须由专人保管，领用必须领导批准

D. 不准用手直接去拿取毒物

67. [1] 有关汞的处理错误的是（ ）。

A. 汞盐废液先调节 pH 值至 8～10，加入过量 Na_2S 后再加入 $FeSO_4$ 生成 HgS、FeS 共沉淀再作回收处理

B. 洒落在地上的汞可用硫黄粉盖上，干后清扫

C. 实验台上的汞可采用适当措施收集在有水的烧杯

D. 散落过汞的地面可喷洒 20%$FeCl_3$ 水溶液，干后清扫

68. [2] 装易燃溶剂的玻璃瓶不要装满，装（ ）即可。

A. 4/5 左右　　B. 5/6 左右　　C. 2/3 左右　　D. 装满

69. [3] 极力避免手与有毒试剂直接接触，实验后、进食前（ ）。

A. 必须充分洗手，不要用热水洗涤　　B. 必须充分洗手，最好用热水洗涤

C. 不必洗手　　D. 可洗可不洗

70. [2] 使用和操作易燃易爆物应在（ ）。

A. 通风橱内进行，操作人员应佩戴安全防护用具

B. 通风橱内进行，操作人员至少应有 2 人

C. 通风橱内进行，操作人员不用佩戴安全防护用具

D. 哪里都可以

71. [2] 汞的操作室必须有良好的全室通风装置，其抽风口通常在墙体的（ ）。

A. 上部　　B. 下部　　C. 中部　　D. 任意位置

72. [2] 化验室的少量废气一般可由通风装置直接排至室外，排气管必须（ ）附近屋顶 3m。

A. 高于　　B. 低于　　C. 等于　　D. 随便

73. [2] 实验室中中毒急救的原则是（ ）。

A. 将有害作用减小到最低程度

B. 将有害作用减小到零

C. 将有害作用分散至室外

D. 将有害物质转移，使室内有害作用到最低程度

74. [2] 实验室中尽量避免使用剧毒试剂，尽可能使用（ ）试剂代替。

A. 难挥发　　B. 无毒或难挥发　　C. 低毒或易挥发　　D. 低毒或无毒

75. [1] 下列关于废液处理错误的是（ ）。

A. 废酸液可用生石灰中和后排放

B. 废酸液用废碱液中和后排放

C. 少量的含氰废液可先用 NaOH 调节，pH 值大于 10 后再氧化

D. 量大的含氰废液可用酸化的方法处理

76. [2] 下面有关布氏漏斗与抽滤瓶的使用叙述错误的是（ ）。

A. 使用时滤纸要略大于漏斗的内径

B. 布氏漏斗的下端斜口应与抽滤瓶的支管相对

C. 抽滤瓶上的橡皮塞应与瓶口配套

D. 橡皮塞与抽滤瓶之间气密性要好

77. [2] 过滤大颗粒晶体沉淀应选用（ ）。

A. 快速滤纸　　B. 中速滤纸

C. 慢速滤纸　　D. 4# 玻璃砂芯坩埚

78. [3] 当被加热的物体要求受热均匀而温度不超过100℃时，可选用的加热方式是（　　）。

A. 恒温干燥箱　　B. 电炉　　C. 煤气灯　　D. 水浴锅

79. [2] 氢钢瓶的瓶体颜色为（　　）。

A. 淡绿色　　B. 黑色　　C. 铝白色　　D. 银灰色

80. [2] 氧钢瓶的瓶体颜色和字色为（　　）。

A. 淡绿色、大红色　　B. 淡酞蓝色、黑色

C. 黑色、淡黄色　　D. 银灰色、大红色

81. [2] 溶解乙炔钢瓶的瓶体颜色为（　　）、字色为（　　）。

A. 深绿色、白色　　B. 铝白色、黑色　　C. 白色、大红色　　D. 淡黄色、黑色

82. [2] 对于危险化学品贮存管理的叙述不正确的是（　　）。

A. 在贮存危险化学品时，应作好防火、防雷、防爆、调温、消除静电等安全措施

B. 在贮存危险化学品时，应作到室内干燥、通风良好

C. 贮存危险化学品时，照明要用防爆型安全灯

D. 贮存危险化学品时，任何人都不得进入库房重地

83. [2] 对于危险化学品贮存管理的叙述不正确的是（　　）。

A. 化学药品贮存室要由专人保管，并有严格的账目和管理制度

B. 化学药品应按类存放，特别是危险化学品按其特性单独存放

C. 遇火、遇潮、易燃烧产生有毒气体的化学药品，不得在露天、潮湿、漏雨和低洼容易积水的地点存放

D. 受光照射容易燃烧、爆炸或产生有毒气体的化学药品和桶装、瓶装的易燃液体，就要放在完全不见光的地方，不得见光和通风

84. [1] 对于危险化学品贮存管理的叙述不正确的是（　　）。

A. 在贮存危险化学品时，室内应备齐消防器材，如灭火器、水桶、砂子等；室外要有较近的水源

B. 在贮存危险化学品时，化学药品贮存室要由专人保管，并有严格的账目和管理制度

C. 在贮存危险化学品时，室内应干燥、通风良好、温度一般不超过28℃

D. 化学性质不同或灭火方法相抵触的化学药品要存放在地下室同一库房内

85. [2] 下列对乙醚蒸馏操作中正确的加热方式是（　　）。

A. 用煤气灯直接加热支管烧瓶　　B. 用2kW电炉直接加热支管烧瓶

C. 用水浴间接加热支管烧瓶　　D. 用电热板间接加热支管烧瓶

86. [2] 下列对石油醚蒸馏操作中正确的加热方式是（　　）。

A. 用煤气灯直接加热支管烧瓶　　B. 用2kW电炉直接加热支管烧瓶

C. 用水浴间接加热支管烧瓶　　D. 用500W电热套间接加热支管烧瓶

87. [2] 下列对丙酮蒸馏操作中正确的加热方式是（　　）。

A. 用煤气灯直接加热支管烧瓶　　B. 用2kW电炉直接加热支管烧瓶

C. 用水浴间接加热支管烧瓶　　D. 用电热板间接加热支管烧瓶

88. [2] 下列物质着火时，（　　）能用水灭火。

A. 苯、C_{10}以下烷烃的燃烧　　B. 切断电源电器的燃烧

C. 碱金属或碱土金属的燃烧　　D. 纸或棉絮的燃烧

89. [2] 下列物质着火时，（　　），不能用水灭火。

A. 木制品的燃烧　　B. 有机含氮、含硫类化合物的燃烧

C. 碱金属或碱土金属的燃烧　　D. 纸或棉絮的燃烧

90. [2] 下列物质着火时，（　　）不能用二氧化碳灭火器灭火。

A. 纸或棉絮的燃烧　　B. 苯、甲苯类的燃烧

C. 煤气或液化石油气的燃烧　　D. 碱金属或碱土金属的燃烧

91. [3] 对实验室安全用电的叙述正确的是（　　）。

A. 在安装调试用电仪器时，不需要首先检验仪器外壳是否带电

B. 不得用手直接开关刀闸

C. 电冰箱制冷不好时，可自行检查

D. 烘箱不升温时，应带电检修

92. [2] 对实验室安全用电的叙述不正确的是（　　）。

A. 马弗炉不升温时，应找仪表维修工或电工检查

B. 在安装调试用电仪器通电后，要先检验机壳是否带电

C. 在实验室内有水操作时，要远离电气设备

D. 可以用手直接开关刀闸

93. [2] 对实验室安全用电的叙述不正确的是（　　）。

A. 不得用照明线接 2kW 的电炉进行加热操作

B. 马弗炉必须单独走动力线

C. 精密仪器与马弗炉、烘箱、电磁炉等不得使用一条线送电

D. 人员离开实验室时，马弗炉、烘箱等可以不关

94. [2] 在对实验室用电的安全提出要求时正确的是（　　）。

A. 在一条照明线上不得接 2～3 个接线板，并连接多台仪器

B. 能在一条动力线上既接马弗炉，又接核磁共振仪

C. 可以用照明线接 2kW 的电炉

D. 操作人员在触电时，其他人员必须先找到电源，切段电源后才能救人

95. [1] 在对实验室用电的安全提出要求时不正确的是（　　）。

A. 操作人员在触电时，必须尽快切段电源，或用木棍或胶棒，将人与电线分开

B. 不得在一条动力线上接两台大负载仪器

C. 不得在一条照明线上接 2～3 个接线板，并连接多台仪器

D. 每个实验室没必要安配电盘，只要在实验室一层安一个总配电盘即可

96. [2] 在对实验室用电的安全提出要求时不正确的是（　　）。

A. 电器着火时，不得使用水或泡沫灭火器灭火

B. 不能用手直接开关刀闸

C. 每个实验室没必要安配电盘，只要在一层实验室安一个配电盘即可

D. 配电盘中的保险丝断后，应让电工换保险丝

97. [3] 实验室中常用的属于明火直接加热的加热设备是（　　）。

A. 电炉和烘箱　　B. 烘箱和马弗炉

C. 酒精灯和煤气灯　　D. 超级恒温水浴锅

98. [2] 化验室常用的电热设备中（　　）是可以恒温加热的装置。

A. 电炉　　B. 超级恒温水浴锅和电烘箱

C. 电热板　　D. 电加热套

99. [2] 在重量分析中灼烧沉淀，测定灰分常用（　　）。

A. 电加热套　B. 电热板　C. 马弗炉　D. 电炉

100. [2] 标准物碳酸钠用前需要在 270℃ 烘干，可以选用（　　）。

A. 电炉　B. 马弗炉　C. 电烘箱　D. 水浴锅

二、判断题

1. [3] 化学试剂 A. R. 是分析纯，为二级品，其包装瓶签为红色。(　　)

2. [2] 化学试剂中二级品试剂常用于微量分析、标准溶液的配制、精密分析工作。(　　)

3. [3] 实验中应该优先使用纯度较高的试剂以提高测定的准确度。(　　)

4. [3] 化学纯试剂品质低于实验试剂。(　　)

5. [2] 化学试剂选用的原则是在满足实验要求的前提下，选择试剂的级别应就低而不就高。即不超级造成浪费，且不能随意降低试剂级别而影响分析结果。(　　)

6. [2] 实验中，应根据分析任务、分析方法对分析结果准确度的要求等选用不同等级的试剂。(　　)

7. [1] 在实验室中，皮肤溅上浓碱时，在用大量水冲洗后继而用5%小苏打溶液处理。(　　)

8. [2] 基准试剂属于一般试剂。(　　)

9. [2] 分析纯化学试剂标签颜色为蓝色。(　　)

10. [3] 一化学试剂瓶的标签为红色，其英文字母的缩写为 A. R. 。(　　)

11. [2] 优级纯化学试剂为深蓝色标志。(　　)

12. [3] 凡遇有人触电，必须用最快的方法使触电者脱离电源。(　　)

13. [3] 化验室的安全包括：防火、防爆、防中毒、防腐蚀、防烫伤、保证压力容器和气瓶的安全、电器的安全以及防止环境污染等。(　　)

14. [3] 实验室使用电器时，要谨防触电，不要用湿的手、物去接触电源，实验完毕后及时拔下插头，切断电源。(　　)

15. [3] 进行油浴加热时，由于温度失控，导热油着火，此时可用水来灭火。(　　)

16. [3] 灭火器内的药液密封严格，不须更换和检查。(　　)

17. [3] 灭火时必须根据火源类型选择合适的灭火器材。(　　)

18. [2] 实验室中油类物质引发的火灾可用二氧化碳灭火器进行灭火。(　　)

19. [3] 在实验室里，倾注和使用易燃、易爆物时，附近不得有明火。(　　)

20. [2] 使用灭火器扑救火灾时要对准火焰上部进行喷射。(　　)

21. [3] 化验室内可以用干净的器皿处理食物。(　　)

22. [3] 用过的铬酸洗液应倒入废液缸，不能再次使用。(　　)

23. [2] 在使用氢氟酸时，为预防烧伤可套上纱布手套或线手套。(　　)

24. [2] 纯水制备的方法只有蒸馏法和离子交换法。(　　)

25. [2] 二次蒸馏水是指将蒸馏水重新蒸馏后得到的水。(　　)

26. [2] 实验室所用水为三级水用于一般化学分析试验，可以用蒸馏、离子交换等方法制取。(　　)

27. [2] 实验室三级水 pH 值的测定应在 5.0～7.5 之间，可用精密 pH 试纸或酸碱指示剂检验。(　　)

28. [2] 各级用水在贮存期间，其沾污的主要来源是容器可溶成分的溶解、空气中的二氧化碳和其他杂质。(　　)

29. [2] 玛瑙研钵不能用水浸洗，而只能用酒精擦洗。(　　)

30. [3] 锥形瓶可以用去污粉直接刷洗。(　　)

31. [2] 铂器皿可以用还原焰，特别是有烟的火焰加热。(　　)

32. [3] 瓷坩埚可以加热至1200℃，灼烧后重量变化小，故常常用来灼烧沉淀和称重。

(　　)

33. [2] 金属离子的酸性贮备液宜用聚乙烯容器保存。(　　)

34. [3] 实验室所用的玻璃仪器都要经过国家计量基准器具的鉴定。(　　)

35. [2] 铁镍器皿不能用于沉淀物的灼烧和称重。(　　)

36. [3] 用纯水洗涤玻璃仪器时，使其既干净又节约用水的方法原则是少量多次。(　　)

37. [1] 作痕量金属分析的玻璃仪器，使用 1∶1～1∶9HNO_3溶液浸泡，然后进行常法洗涤。(　　)

38. [2] 石英器皿不与任何酸作用。(　　)

39. [2] 玻璃器皿不可盛放浓碱液，但可以盛酸性溶液。(　　)

40. [2] 在实验室中浓碱溶液应贮存在聚乙烯塑料瓶中。(　　)

41. [2] 在分析化学实验中常用化学纯的试剂。(　　)

42. [2] 压缩气体钢瓶应避免日光或远离热源。(　　)

43. [2] 从高温电炉里取出灼烧后的坩埚，应立即放入干燥器中予以冷却。(　　)

44. [2] 汽油等有机溶剂着火时不能用水灭火。(　　)

45. [2] 可把乙炔钢瓶放在操作时有电弧火花发生的实验室里。(　　)

46. [2] 在电烘箱中蒸发盐酸。(　　)

47. [2] 因高压氢气钢瓶需避免日晒，所以最好放在楼道或实验室里。(　　)

48. [1] 水的电导率小于 10^{-6} S/cm 时，可满足一般化学分析的要求。(　　)

49. [2] 玻璃容器不能长时间存放碱液。(　　)

50. [2] 圆底烧瓶不可直接用火焰加热。(　　)

51. [2] 滴定管内壁不能用去污粉清洗，以免划伤内壁，影响体积准确测量。(　　)

52. [2] 天平室要经常敞开通风，以防室内过于潮湿。(　　)

53. [2] 变色硅胶受潮时的颜色为粉红色。(　　)

54. [2] 铂坩埚与大多数试剂不反应，可用王水在铂坩埚里溶解样品。(　　)

55. [2] 烘箱和高温炉内都绝对禁止烘、烧易燃、易爆及有腐蚀性的物品和非实验用品，更不允许加热食品。(　　)

56. [3] 配制硫酸、盐酸和硝酸溶液时都应将酸注入水中。(　　)

57. [2] 实验结束后，无机酸、碱类废液应先中和后，再进行排放。(　　)

58. [3] 常用的滴定管、吸量管等不能用去污粉进行刷洗。(　　)

59. [2] 烫伤或烧伤按其伤势轻重可分为三级。(　　)

60. [2] 在发生一级或二级烧伤时，可以用冰袋冷敷，减轻伤害程度。(　　)

61. [2] 遇到触电事故，首先应该使触电者迅速脱离电源。不能徒手去拉触电者。(　　)

62. [2] 为防止静电对仪器及人体本身造成伤害，在易燃易爆场所应该穿化纤类织物、胶鞋及绝缘底鞋。(　　)

63. [2] 机械伤害造成的受伤部位可以遍及我们全身各个部位，若发生机械伤害事故后，现场人员应先看神志、呼吸，接着摸脉搏、听心跳，再查瞳孔。(　　)

64. [1] 在对发生机械伤的人员进行急救时，根据伤情的严重主要分为人工呼吸、心肺复苏、止血、搬运转送四个步骤。(　　)

65. [2] 化学灼伤时，应迅速解脱衣服，清除皮肤上的化学药品，并用大量干净的水冲洗。(　　)

66. [2] 当眼睛受到酸性灼伤时，最好的方法是立即用洗瓶的水流冲洗，然后用 200g/L 的硼酸溶液淋洗。(　　)

67. [2] 石英玻璃器皿耐酸性很强，在任何实验条件下均可以使用。( )

三、多选题

1. [2] 属于化学试剂中标准物质的特征是 ( )。

A. 组成均匀　　B. 性质稳定

C. 化学成分已确定　　D. 辅助元素含量准确

2. [2] 使用氢氟酸，必须 ( )。

A. 使用搪瓷器皿　　B. 使用玻璃器皿　　C. 稀释时戴手套

D. 通风橱内稀释，皮肤接触后立即用大量流水作长时间彻底冲洗

E. 皮肤接触后立即用大量流水作长时间彻底冲洗

3. [2] 化学分析中选用标准物质应注意的问题是 ( )。

A. 以保证测量的可靠性为原则　　B. 标准物质的有效期

C. 标准物质的不确定度　　D. 标准物质的溯源性

4. [2] 在使用标准物质时必须注意 ( )。

A. 所选用的标准物质数量应满足整个实验计划的使用

B. 可以用自己配制的工作标准代替标准物质

C. 所选用的标准物质稳定性应满足整个实验计划的需要

D. 在分析测试中，可以任意选用一种标准物质

5. [2] 属于一般试剂是 ( )。

A. 基准试剂　　B. 优级纯　　C. 化学纯　　D. 实验试剂

6. [2] 标准物质可用于 ( )。

A. 校准分析仪器　　B. 评价分析方法　　C. 工作曲线

D. 制定标准方法制作吸收曲线　　E. 制作吸收曲线

7. [2] 一般试剂标签有 ( )。

A. 白色　　B. 绿色　　C. 蓝色　　D. 黄色

8. [2] 属于通用试剂是 ( )

A. 优级纯　　B. 分析纯　　C. 化学纯

D. 指示剂　　E. 特效试剂

9. [2] 化学纯试剂可用于 ( )。

A. 工厂的一般分析工作　　B. 直接配制标准溶液

C. 标定滴定分析标准溶液　　D. 教学实验

10. [1] 下列有关实验室安全知识说法正确的是 ( )。

A. 稀释硫酸必须在烧杯等耐热容器中进行，且只能将水在不断搅拌下缓缓注入硫酸

B. 有毒、有腐蚀性液体操作必须在通风橱内进行

C. 氰化物、砷化物的废液应小心倒入废液缸，均匀倒入水槽中，以免腐蚀下水道

D. 易燃溶剂加热应采用水浴加热或沙浴，并避免明火

11. [2] 下列有关用电操作正确的是 ( )。

A. 人体直接接触及电器设备带电体

B. 用湿手接触电源

C. 在使用电气设备时经检查无误后开始操作

D. 电器设备安装良好的外壳接地线

12. [2] 在实验中，遇到事故采取的措施正确的是 ( )。

A. 不小心把药品溅到皮肤或眼内，应立即用大量清水冲洗

B. 若不慎吸入溴氯等有毒气体或刺激的气体，可吸入少量的酒精和乙醚的混合蒸汽来解毒

C. 割伤应立即用清水冲洗

D. 在实验中，衣服着火时，应就地躺下、奔跑或用湿衣服在身上抽打灭火

13. [1] 电器设备着火，先切断电源，再用合适的灭火器灭火。合适的灭火器是指（　）。

A. 四氯化碳　B. 干粉灭火器　C. 二氧化碳灭火器　D. 泡沫灭火器

14. [2] 汽油等有机溶剂着火时下列物质能用于灭火的是（　）。

A. 二氧化碳　B. 沙子　C. 四氯化碳　D. 泡沫灭火器

15. [3] 实验室防火防爆的实质是避免三要素，即（　）的同时存在。

A. 可燃物　B. 火源　C. 着火温度　D. 助燃物

16. [3] 下列物质着火，不宜采用泡沫灭火器灭火的是（　）。

A. 可燃性金属着火　B. 可燃性化学试剂着火

C. 木材着火　D. 带电设备着火

17. [2] 仪器、电器着火时不能使用的灭火剂为（　）。

A. 泡沫　B. 干粉　C. 沙土　D. 清水

18. [3] 易燃烧液体加热时必须在（　）中进行。

A. 水浴　B. 沙浴　C. 煤气灯　D. 电炉

19. [2] CO 中毒救护正确的是（　）。

A. 立即将中毒者转移到空气新鲜的地方，注意保暖

B. 对呼吸衰弱者立即进行人工呼吸或输氧

C. 发生循环衰竭者可注射强心剂

D. 立即给中毒者洗胃

20. [2] 浓硝酸、浓硫酸、浓盐酸等溅到皮肤上，做法正确的是（　）。

A. 用大量水冲洗　B. 用稀苏打水冲洗

C. 起水泡处可涂红汞或红药水　D. 损伤面可涂氧化锌软膏

21. [2] 下列氧化物有剧毒的是（　）。

A. Al_2O_3　B. As_2O_3　C. SiO_2　D. 硫酸二甲酯

22. [1] 下列有关毒物特性的描述正确的是（　）。

A. 越易溶于水的毒物其危害性也就越大　B. 毒物颗粒越小、危害性越大

C. 挥发性越小、危害性越大　D. 沸点越低、危害性越大

23. [3] 在采毒性气体样品时应注意的是（　）。

A. 采样必须执行双人同行制　B. 应戴好防毒面具

C. 采样应站在上风口　D. 分析完毕球胆随意放置

24. [3] 在实验室中，皮肤溅上浓碱液时，在用大量水冲洗后继而应（　）。

A. 用 5% 硼酸处理　B. 用 5% 小苏打溶液处理

C. 用 2% 醋酸处理　D. 用 1∶5000 $KMnO_4$ 溶液处理

25. [2] 实验室用水的制备方法有（　）。

A. 蒸馏法　B. 离子交换法　C. 电渗析法　D. 电解法

26. [2] 下列陈述正确的是（　）。

A. 国家规定的实验室用水分为三级

B. 各级分析用水均应使用密闭的专用聚乙烯容器

C. 三级水可使用密闭的专用玻璃容器

D. 一级水不可贮存，使用前制备

27. [2] 下列各种装置中，能用于制备实验室用水的是（　　）。
A. 回馏装置　B. 蒸馏装置　C. 离子交换装置　D. 电渗析装置
28. [2] 不是三级水检验技术指标的有（　　）。
A. 二价铜　B. 二氧化硅　C. 吸光度　D. 电导率
29. [2] 实验室三级水可贮存于（　　）中。
A. 密闭的专用聚乙烯容器　B. 密闭的专用玻璃容器
C. 密闭的金属容器　D. 密闭的瓷容器
30. [2] 玻璃器皿能盛放的酸有（　　）。
A. 盐酸　B. 氢氟酸　C. 磷酸　D. 硫酸
31. [3] 洗涤下列仪器时，不能使用去污粉洗刷的是（　　）。
A. 移液管　B. 锥形瓶　C. 容量瓶　D. 滴定管
32. [3] 洗涤下列仪器时，不能使用去污粉洗刷的是（　　）。
A. 烧杯　B. 滴定管　C. 比色皿　D. 漏斗
33. [2] 下列（　　）组容器可以直接加热。
A. 容量瓶、量筒、锥形瓶　B. 烧杯、硬质锥形瓶、试管
C. 蒸馏瓶、烧杯、平底烧瓶　D. 量筒、广口瓶、比色管
34. [2] 下列可以直接加热的常用玻璃仪器为（　　）。
A. 烧杯　B. 容量瓶　C. 锥形瓶　D. 量筒
35. [3] 有关称量瓶的使用正确的是（　　）。
A. 不可作反应器　B. 不用时要盖紧盖子
C. 盖子要配套使用　D. 用后要洗净
36. [2] 有关用电操作不正确的是（　　）。
A. 人体直接触及电器设备带电体
B. 用湿手接触电源
C. 使用正超过电器设备额定电压的电源供电
D. 电器设备安装良好的外壳接地线
37. [1] 关于高压气瓶存放及安全使用，正确的说法是（　　）。
A. 气瓶内气体不可用尽，以防倒灌
B. 使用钢瓶中的气体时要用减压阀，各种气体的减压阀可通用
C. 气瓶可以混用，没有影响
D. 气瓶应存放在阴凉、干燥、远离热源的地方，易燃气体气瓶与明火距离不小于10m
E. 禁止敲击、碰撞气瓶
38. [3] 可选用氧气减压阀的气体钢瓶有（　　）。
A. 氢气钢瓶　B. 氮气钢瓶　C. 空气钢瓶　D. 乙炔钢瓶
39. [2] 下列关于气体钢瓶的使用正确的是（　　）。
A. 使用钢瓶中气体时，必须使用减压器　B. 减压器可以混用
C. 开启时只要不对准自己即可　D. 钢瓶应放在阴凉、通风的地方
40. [2] 温度计不小心打碎后，散落了汞的地面应（　　）。
A. 撒硫黄粉　B. 洒漂白粉　C. 洒水
D. 20%氯化铁溶液　E. 撒细砂　F. 1%碘-1.5%碘化钾溶液
41. [2] 发生B类火灾时，可采取下面哪些方法（　　）。
A. 铺黄砂　B. 使用干冰　C. 使用干粉灭火器
D. 合成泡沫　E. 洒水　F. 洒固体碳酸钠

42. [3] 下列玻璃仪器中，加热时需垫石棉网的是（ ）。

A. 烧杯　B. 碘量瓶　C. 试管　D. 圆底烧瓶

43. [3] 通用化学试剂包括（ ）。

A. 分析纯试剂　B. 光谱纯试剂　C. 化学纯试剂　D. 优级纯试剂

44. [2] 被高锰酸钾溶液污染的滴定管可用（ ）溶液洗涤。

A. 铬酸洗液　B. 碳酸钠　C. 草酸　D. 硫酸亚铁

45. [2] 用于配制标准滴定溶液所用的试剂和水的最低规格分别为（ ）。

A. 化学纯　B. 分析纯　C. 三级水　D. 二级水

46. [2] 玻璃、瓷器可用于处理（ ）。

A. 盐酸　B. 硝酸　C. 氢氟酸　D. 熔融氢氧化钠

47. [2] 有害气体在车间大量逸散时，分析员正确的做法是（ ）。

A. 待在车间里不出去　B. 用湿毛巾捂住口鼻、顺风向跑出车间

C. 用湿毛巾捂住口鼻逆风向跑出车间　D. 戴防毒面具跑出车间

48. [2] 为预防和急救酸类烧伤，下列哪些做法是错误的（ ）。

A. 使用高氯酸工作时戴胶皮手套

B. 接触浓硫酸时穿丝绸工作服

C. 使用氢氟酸时戴线手套

D. 被酸类烧伤时用2%$NaHCO_3$洗涤

49. [2] 在实验室中，皮肤溅上浓碱液时，在用大量水冲洗后继而应用（ ）。

A. 5%硼酸　B. 5%小苏打溶液　C. 2%醋酸　D. 2%HNO_3

50. [3] 下列哪种物质不能在烘箱中烘干（105～110℃）（ ）。

A. 无水硫酸钠　B. 氯化铵　C. 乙醚抽提物　D. 苯

51. [2] 易燃烧液体加热时必须在（ ）中进行。

A. 水浴　B. 沙浴　C. 煤气灯　D. 电炉

52. [1] 使用乙炔钢瓶气体时，管路接头不可以用的是（ ）。

A. 铜接头　B. 锌铜合金接头　C. 不锈钢接头　D. 银铜合金接头

53. [2] 防静电区不要使用（ ）做地面材料，并应保持环境空气在一定的相对湿度范围内。

A. 塑料地板　B. 柚木地板　C. 地毯　D. 大理石

54. [2] 下列物质能自燃的有（ ）。

A. 黄磷　B. 氢化钠　C. 锂　D. 硝化棉

55. [2] 下列物质遇水可燃的有（ ）。

A. 钠　B. 赤磷　C. 电石　D. 萘

56. [2] 下列适宜于用水扑救的着火物质有（ ）。

A. 苯　B. 木材　C. 棉麻　D. 电器

57. [2] 电器着火时不能使用的灭火剂为（ ）。

A. 泡沫　B. 干粉　C. 卤烷　D. 清水

58. [2] 适合于CO_2扑救的着火物质为（ ）。

A. 精密仪器　B. 碱金属　C. 图书　D. 硝酸纤维

第三章

化验室管理与质量控制

一、单选题

1. [3]《中华人民共和国计量法实施细则》实施的时间是（　　）。
   A. 1987 年 1 月 19 日　　B. 1986 年 7 月 1 日
   C. 1987 年 2 月 1 日　　D. 1985 年 9 月 6 日
2. [1] 根据中华人民共和国计量法，下列说法不正确的是（　　）。
   A. 进口的计量器具，必须经县级以上人民政府计量行政部门检定合格后，方可销售
   B. 个体工商户可以制造、修理简易的计量器具
   C. 使用计量器具不得破坏其准确度，损害国家和消费者的利益
   D. 制造、销售未经考核合格的计量器具新产品的，责令停止制造、销售该种新产品，没收违法所得，可以并处罚款
3. [2] 我国的法定计量单位主要包括（　　）。
   A. 我国法律规定的单位
   B. 我国传统的计量单位
   C. 国际单位制单位和国家选用的其他计量单位
   D. 国际单位制单位和我国传统的计量单位
4. [2]《中华人民共和国产品质量法》在（　　）适用。
   A. 香港特别行政区　　B. 澳门特别行政区
   C. 全中国范围内，包括港、澳、台　　D. 中国大陆
5. [1] 广义的质量包括（　　）。
   A. 产品质量和工作质量　　B. 质量控制和质量保证
   C. 质量管理和产品质量　　D. 质量监控和质量检验
6. [3] GB/T 6583—92 中的 6583 是指（　　）。
   A. 顺序号　　B. 制订年号　　C. 发布年号　　D. 有效期
7. [2] 标准的（　　）是标准制定过程的延续。
   A. 编写　　B. 实施　　C. 修改　　D. 发布
8. [2] 标准是对（　　）事物和概念所做的统一规定。

A. 单一　　B. 复杂性　　C. 综合性　　D. 重复性

9. [2] 根据中华人民共和国标准化法规定，我国标准分为（　　）两类。
A. 国家标准和行业标准　　B. 国家标准和企业标准
C. 国家标准和地方标准　　D. 强制性标准和推荐性标准

10. [3] 国家标准有效期一般为（　　）。
A. 2年　　B. 3年　　C. 5年　　D. 10年

11. [3] 强制性国家标准的编号是（　　）。
A. GB/T＋顺序号＋制定或修订年份　　B. HG/T＋顺序号＋制定或修订年份
C. GB＋序号＋制定或修订年份　　D. HG＋顺序号＋制定或修订年份

12. [2] 我国的标准体系分为（　　）个级别。
A. 三　　B. 四　　C. 五　　D. 六

13. [3] 下列标准属于推荐性标准的代号是（　　）。
A. GB/T　　B. QB/T　　C. GB　　D. HY

14. [2]《中华人民共和国标准化法》的实施时间是（　　）。
A. 1989年10月1日　　B. 1989年4月1日
C. 1998年10月1日　　D. 1998年4月1日

15. [2] 按《标准化法》规定，必须执行的标准，和国家鼓励企业自愿采用的标准是（　　）。
A. 强制性标准、推荐性标准　　B. 地方标准、企业标准
C. 国际标准、国家标准　　D. 国家标准、企业标准

16. [2] 标准化的主管部门是（　　）。
A. 科技局　　B. 工商行政管理部门
C. 公安部门　　D. 质量技术监督部门

17. [2] 根据《中华人民共和国标准化法》，对需要在全国范围内统一的技术要求，应当制定（　　）。
A. 国家标准　　B. 统一标准　　C. 同一标准　　D. 固定标准

18. [2] 一切从事科研、生产、经营的单位和个人（　　）执行国家标准中的强制性标准。
A. 必须　　B. 一定　　C. 选择性　　D. 不必

19. [2] 由于温度的变化可使溶液的体积发生变化，因此必须规定一个温度为标准温度。国家标准将（　　）规定为标准温度。
A. 15℃　　B. 20℃　　C. 25℃　　D. 30℃

20. [2] 2000版ISO9000族标准中ISO9001：2000标准指的是（　　）。
A.《质量管理体系——基础和术语》　　B.《质量管理体系——要求》
C.《质量管理体系——业绩改进指南》　　D.《审核指南》

21. [3] 国际标准化组织的代号是（　　）。
A. SOS　　B. IEC　　C. ISO　　D. WTO

22. [2] 美国国家标准是（　　）。
A. ANSI　　B. JIS　　C. BSI　　D. NF

23. [3] 企业标准代号是（　　）。
A. GB　　B. GB/T　　C. ISO　　D. Q/XX

24. [2] 下列产品必须符合国家标准、行业标准，否则即推定该产品有缺陷（　　）。
A. 可能危及人体健康和人身、财产安全的工业产品
B. 对国计民生有重要影响的工业产品
C. 用于出口的产品

D. 国有大中型企业生产的产品

25. [1] 下列叙述中不正确的是（　　）。

A. GB 表示中华人民共和国强制性国家标准

B. GB/T 表示中华人民共和国推荐性国家标准

C. HG 表示推荐性化学工业标准

D. GB/Z 表示中华人民共和国国家标准化指导性技术文件

26. [2] 在国家行业标准的代号与编号 GB/T 18883—2002 中，GB/T 是指（　　）。

A. 强制性国家标准　　B. 推荐性国家标准

C. 推荐性化工部标准　　D. 强制性化工部标准

27. [2] 国际标准代号（　　）；国家标准代号（　　）；推荐性国家标准代号（　　）；企业标准代号（　　）表示正确的是（　　）。[（1）GB；（2）GB/T；（3）ISO；（4）Q/XX]

A. （1）（2）（3）（4）　　B. （3）（1）（2）（4）

C. （2）（1）（3）（4）　　D. （2）（4）（1）（3）

28. [1] 技术内容相同，编号方法完全相对应，此种采用国际标准的程度属于（　　）。

A. 等效采用　　B. 等同采用　　C. 引用　　D. 非等效采用

29. [1] 中国标准与国际标准的一致性程度分为（　　）。

A. 等同、修改和非等效　　B. 修改和非等效

C. 等同和修改　　D. 等同和非等效

30. [2] 计量标准主标准器及主要配套设备经检定和自检合格，应贴上的标志颜色是（　　）。

A. 蓝色　　B. 红色　　C. 橙色　　D. 绿色

31. [3] 计量器具的检定标识为黄色说明（　　）。

A. 合格，可使用　　B. 不合格应停用

C. 检测功能合格，其他功能失效　　D. 没有特殊意义

32. [2] 计量仪器的校准和检定的主要区别在于是否具有（　　）。

A. 法制性　　B. 技术性　　C. 准确性　　D. 规范性

33. [2] 实验室所使用的玻璃量器，都要经过（　　）的检定。

A. 国家计量基准器具　　B. 国家计量部门

C. 地方计量部门　　D. 社会公用计量标准器具

34. [2] 证明计量器具已经过检定，并获得满意结果的文件是（　　）。

A. 检定证书　　B. 检定结果通知书　　C. 检定报告　　D. 检测证书

35. [1] 下列关于校准与检定的叙述不正确的是（　　）。

A. 校准不具有强制性，检定则属执法行为

B. 校准的依据是校准规范、校准方法，检定的依据则是按法定程序审批公布的计量检定规程

C. 校准和检定主要要求都是确定测量仪器的示值误差

D. 校准通常不判断测量仪器合格与否，检定则必须作出合格与否的结论

36. [2] 我国的二级标准物质可用代号（　　）表示。

A. GB（2）　　B. GBW　　C. GBW（2）　　D. GBW（E）

37. [2] 我国根据标准物质的类别和应用领域分为（　　）种。

A. 5　　B. 8　　C. 13　　D. 15

38. [2] IUPAC 中 C 级标准试剂是含量为（　　）的标准试剂。

A. 100%±0.01%　　B. 100%±0.02%　　C. 100%±0.05%　　D. 100%±0.1%

39. [3] 质量常用的法定计量单位是（　　）。

A. 吨　　B. 公斤　　C. 千克　　D. 压强

40. [2] 中华人民共和国计量法规定的计量单位是（　　）。

A. 国际单位制　　B. 国际单位制计量单位

C. 国际单位制计量单位和国家选定的其他单位　　D. 国家选定的其他单位

41. [1] 国家法定计量单位包括（　　）。

A. 常用的市制计量单位　　B. 国际单位制计量单位

C. 国际上通用的计量单位　　D. 企业选定的其他计量单位

42. [2] 速度单位的法定符号正确的是（　　）。

A. $m \cdot s^{-1}$　　B. ms　　C. ms^{-1}　　D. $m\text{-}s^{-1}$

43. [3] 体积计量单位 m^3 与 cm^3 的关系是（　　）。

A. $1m^3 = 10cm^3$　　B. $1cm^3 = 1m^3$

C. $1m^3 = 10^3 cm^3$　　D. $1m^3 = (10^2 cm)^3$

44. [2]（　　）不属于计量器具。

A. 天平、滴定管、量气管　　B. 量杯、移液管、容量瓶

C. 电子秤、量筒、锥形瓶　　D. 注射器、流量计、卡尺

45. [2]（　　）不属于计量器具。

A. 移液管、吸量管、比色管　　B. 电子天平、称量瓶、滴定管

C. 注射器、流量计、卡尺　　D. 温度计、秒表、量气管

46. [2] 产品质量是指（　　）。

A. 国家有关法规、质量标准以及合同规定的对产品适用、安全和其他特性的要求

B. 企业根据用户的要求进行协商的意项

C. 企业根据自身条件制订的要求

D. 企业领导制订的企业方针

47. [2] 企业产品质量是指（　　）。

A. 企业根据国家有关法规、质量标准以及合同规定的对产品适用、安全和其他特性的要求，制订出的企业应达到的高于国家质量标准的要求

B. 企业根据用户的要求进行协商的意项

C. 厂长根据企业现状制订的要求

D. 厂办根据企业领导的指示制订的企业方针

48. [1] 下列叙述中（　　）不是中国标准定义中涉及的内容。

A. 对重复性事物或概念所做的统一规定

B. 它以科学、技术和实践经验的综合成果为基础

C. 经有关方面协商一致，由主管部门批准

D. 以实现在预定领域内最佳秩序的效益

49. [2] 下列叙述中（　　）不是中国标准定义中涉及的内容。

A. 对有关概念和工作内容进行明确规定

B. 它以科学、技术和实践经验的综合成果为基础

C. 经有关方面协商一致，由主管部门批准

D. 以特定形式发布，作为共同遵守的准则和依据

50. [2] ISO9000 系列标准所定义的质量是指一组（　　）特性满足要求的程度。

A. 赋予　　B. 固有　　C. 规定　　D. 原有

51. [2] 质量是指一组固有特性满足要求的（　　）。

A. 水平　B. 程度　C. 满意度　D. 适用度

52. [2] 质量控制是为了达到（　）要求所采取的作业技术和活动。

A. 管理　B. 质量　C. 体系　D. 组织

53. [2] 质量控制是为了达到质量要求所采取的作业技术和（　）。

A. 过程　B. 活动　C. 程序　D. 途径

54. [2] 质量管理体系的有效性除考虑其运行的结果达到组织所设定的质量目标的程度外，还应考虑及其体系运行结果与所花费的（　）之间的关系。

A. 时间　B. 人员　C. 资源　D. 物质

55. [2] 质量管理体系的有效性是指其运行的结果达到组织所设定的质量目标的程度及其体系运行的（　）。

A. 充分性　B. 经济性　C. 适宜性　D. 科学性

56. [2] 在列举出的在实验室认可要求中，属于质量体系保证的是（　）。

A. 检测环境与检测安全　B. 仪器设备的保证

C. 检验人员技术素质的保证　D. 领导的分工不明确

57. [1] 在列举出的在实验室认可要求中，属于检验过程的质量保证的是（　）。

A. 报验单（委托单）的登记　B. 按标准取样、制样

C. 填写抽、制样记录，样品传递记录　D. 标准方法或非标准方法

58. [2] 下列所述（　）不是检验报告填写中的注意事项。

A. 要按检验报告的格式填写

B. 不能有缺项或漏项不填

C. 运用公式合理、规范

D. 报出的数值一般应保持与标准指标数字有效数值位数一致

59. [2] 下列所述（　）不是检验报告填写中的注意事项。

A. 检验报告中必须有分析人、复核人、审核人

B. 不能有缺项或漏项不填

C. 如果检测出杂质的含量远离指标界线时，一般只保留一致有效数值

D. 中控检验可不出检验报告

60. [3] 下述条例中（　）不是化学实验室的一般安全守则。

A. 实验人员要严格坚守岗位、精心操作

B. 实验人员必须熟悉化验用仪器设备的性能和使用方法，并按操作规程进行操作

C. 凡遇有毒、有害类气体物时，实验人员必须在通风橱内进行，并要加强个人保护

D. 实验中产生的废酸、废碱、废渣等，应集中并自行处理

61. [3] 下述条例中（　）不是化学实验室的一般安全守则。

A. 实验人员进入化验室，应穿着实验服

B. 化验室内操作气相色谱仪时，要有良好的通风条件

C. 开启腐蚀性或刺激性物品的瓶子时，要佩戴防护镜

D. 酸、碱等腐蚀性物质，不得放置在高处或实验试剂架的顶层

62. [2] 下述条例中（　）不是化学实验室的一般安全守则。

A. 不使用无标签（或标志）容器盛放试剂、试样

B. 严格遵守安全用电规程，使用前应用手检查仪器的接地效果

C. 实验完毕，实验人员必须洗手后方可进食，化验室内禁止吸烟和堆放个人物品

D. 化验室内应配足消防器材，实验人员必须熟悉其使用方法，并定期检查、更换过期的消防器材

63. [1] 在下列危险化学品中属于类别有误的是（ ）。

A. 爆炸品，如三硝基苯酚、硝酸甘油等

B. 易燃液体，如乙醚、二硫化碳等低闪点液体

C. 易燃固体、自燃物品和遇湿易燃物品，如2,4-二硝基苯甲醚、五氯化磷等易燃固体等

D. 高闪点液体，如丙酮、石油醚等

64. [1] 在下列危险化学品中属于类别有误的是（ ）。

A. 易燃液体，如乙醚、二硫化碳等低闪点液体

B. 易燃固体、自燃物品和遇湿易燃物品，如2,4-二硝基苯甲醚、五氯化磷等易燃固体等

C. 腐蚀品，酸性腐蚀品有：硫酸、氢氟酸、无水氯化铝、甲酸、苯酚等

D. 有色类化合物，如高锰酸钾、重铬酸钾等

65. [2] 对于危险化学品贮存管理的叙述错误的是（ ）。

A. 在贮存危险化学品时，应作好防火、防雷、防爆、调温、消除静电等安全措施

B. 在贮存危险化学品时，应作到室内干燥、通风良好

C. 贮存危险化学品时，照明要用防爆型安全灯

D. 贮存危险化学品时，任何人都不得进入库房重地

66. [2] 对于危险化学品贮存管理的叙述错误的是（ ）。

A. 在贮存危险化学品时，室内应备齐消防器材，如灭火器、水桶、砂子等；室外要有较近的水源

B. 在贮存危险化学品时，化学药品贮存室要由专人保管，并有严格的账目和管理制度

C. 在贮存危险化学品时，室内应干燥、通风良好，温度一般不超过28℃

D. 化学性质不同或灭火方法相抵触的化学药品要存放在地下室同一库房内

二、判断题

1. [3] 产品质量认证是为进行合格认证工作而建立的一套程序和管理制度。（ ）

2. [2] 产品质量水平划分为优等品、一等品、二等品和三等品四个等级。（ ）

3. [2] 建筑工程不适用于《中华人民共和国产品质量法》，但是，建设工程使用的建筑材料、建筑构配件和设备适用于本法。（ ）

4. [2] 在化验室的管理过程中需要实施整体管理，不能只管局部。（ ）

5. [2] 质量管理体系的基本工作方法体现了PDCA循环，即“策划-检查-实施-改进”四步骤。（ ）

6. [2] 质量活动结果的见证性文件资料是质量记录。（ ）

7. [2] 质量检验具有“保证、预防、报告”三职能。（ ）

8. [2] GB/T、ISO分别是强制性国家标准、国际标准的代号。（ ）

9. [3] GB 3935.1—1996定义标准为：为在一定的范围内获得最佳程序，对实际的或潜在的问题制定共同和重复使用的规则的活动。（ ）

10. [2] 按《中华人民共和国标准化法》规定，我国标准分为四级，即国家标准、行业标准、地方标准和企业标准。（ ）

11. [3] 标准，按基本属性可分为技术标准、管理标准和工作标准。（ ）

12. [2] 标准，按执行力度可分为强制性标准和推荐性标准。（ ）

13. [3] 标准编写的总原则就是必须符合GB/T 1.1—2000。（ ）

14. [2] 标准要求越严格，标准的技术水平越高。（ ）

15. [2] 国家标准是国内最先进的标准。( )

16. [3] 国家强制标准代号为 GB。( )

17. [2] 我国的标准等级分为国家标准、行业标准和企业标准三级。( )

18. [3] 我国现在发布的国家标准的代号是 GB××××—××。( )

19. [3]《中华人民共和国标准化法》于 1989 年 4 月 1 日发布实施。( )

20. [3] 标准和标准化都是为在一定范围内获得最佳秩序而进行的一项有组织的活动。( )

21. [3] 标准化的目的是获得最佳秩序和社会效益。( )

22. [2] 标准化工作的任务是制定标准、组织实施标准和对标准的实施进行监督。( )

23. [2] 标准化是为在一定的范围内获得最佳秩序，对活动或其结果规定共同的和重复使用的规则、导则或特性的文件。( )

24. [1] 2000 版 ISO9000 族标准的结构有四个核心标准。( )

25. [3] ISO9000 族标准是环境管理体系系列标准的总称。( )

26. [2] ISO 的定义是为进行合格认证工作而建立的一套程序和管理制度。( )

27. [2] ISO 是世界上最大的国际标准化机构，负责制定和批准所有技术领域的各种技术标准。( )

28. [3] 国际标准是世界各国进行贸易的基本准则和基本要求，我国《标准化法》规定："国家必须采用国际标准"。( )

29. [2] 国际标准是指 ISO、IEC 制定的标准。( )

30. [3] GB 2946—92，其中 GB 代表工业标准。( )

31. [2] 产品标准的实施一定要和计量工作、质量管理工作紧密结合。( )

32. [2] 产品标准可制定强制性标准，也可制定为推荐性标准。( )

33. [3] 国标中的强制性标准，企业必须执行，而推荐性标准，国家鼓励企业自愿采用。( )

34. [2] 企业标准一定要比国家标准要求低，否则国家将废除该企业标准。( )

35. [3] 企业技术标准由企业法定代表人或其授权的主要领域批准发布。( )

36. [2] 企业可单独制定进出口标准。( )

37. [2] 企业可以根据其具体情况和产品的质量情况制订适当低于国家或行业同种产品标准的企业标准。( )

38. [2] 企业有权不采用国家标准中的推荐性标准。( )

39. [3] 国际标准代号为 ISO，我国国家标准代号为 GB。( )

40. [1] 技术标准规定某产品质量界限为不大于 0.03，而实测结果为 0.032，此数字可修约为 0.03，判合格出厂。( )

41. [3] 所谓标准分级是依据标准的特点不同将其划分为若干不同的层次。( )

42. [2] 计量基准由国务院计量行政部门负责批准和颁发证书。( )

43. [2] 计量检定和计量校准都应发放合格证书或不合格通知书，作为计量器具合格与否的法定文件。( )

44. [2] 检定是对计量器具的计量特性进行全面的评定，校准主要是确定其量值，从而判断计量器具的合格与否。( )

45. [2] 量出式量器是指用来测量从量器内部排出液体体积的量器。( )

46. [2] 在计量检定中，检定和校准都是对计量器具进行鉴定。( )

47. [1] 当任何标准与计量检定规程发生矛盾时，应以标准为准。( )

48. [2] 砝码使用一定时期（一般为一年）后，应对其质量进行校准。（ ）

49. [3] 非经国务院计量行政部门批准，任何单位和个人不得拆卸、改装计量基准，或者自行中断其计量检定工作。（ ）

50. [3] 校准和检定一样，都是实现量值的溯源性，二者没有区别。（ ）

51. [2] 计量器具的检定标识为红色，说明多功能检测设备的某些功能已失效，但检测工作所用功能正常，且为经校准合格者。（ ）

52. [2] 计量器具的检定周期是指计量器具相邻两次检定之间的时间间隔。（ ）

53. [3] SI为国际单位制的简称。（ ）

54. [2] 当量、摩尔、克、标准大气压等都是分析化学中常用的法定计量单位。（ ）

55. [3] 国际单位就是我国的法定计量单位。（ ）

56. [3] 开[尔文] 的定义是水两相点热力学温度的1/273.16。（ ）

57. [3] 千克的符号是kg，k为词头，g是基本单位。（ ）

58. [2] 我国的法定计量单位是以国际单位制单位为基础，结合我国的实际情况制定的。（ ）

59. [2] 我国的法定计量单位是以国际单位制为基础，同时选用一些符合我国国情的非国际单位制单位所构成。（ ）

60. [3] 物质的量的基本单位是“mol”，摩尔质量的基本单位是“g/mol”。（ ）

61. [2] 10^6表示兆，用符号 M 表示，10^{-6}表示微，用符号 μ 表示。（ ）

62. [3] $1km^3$的液体，表示其体积为 1000 立方米。（ ）

63. [2] 定量分析工作要求测定结果的误差在企业要求允许误差范围内。（ ）

64. [3] 法定计量单位的名称和词头的名称与符号可以作为一个整体使用，也可以拆开使用。（ ）

65. [3] 法定计量单位是由国家以书面形式规定，建议使用的计量单位。（ ）

66. [2] 计量单位是具有名称、符号和单位的一个比较量，其数值为 1。（ ）

67. [2] 使用法定计量单位时单位名称或符号必须作为一个整体使用而不应拆开。（ ）

68. [3] 体积单位（L）是我国法定计量单位而非国际单位。（ ）

69. [2] 质量管理是指组织确定质量方针、目标和职责并在质量体系中通过诸如质量策划、质量控制、质量保证和质量改进使其实施全部管理职能的所有活动。（ ）

70. [2] 质量管理体系的有效性是指其运行的结果达到组织所设定的质量目标的程度及其体系运行的经济性。（ ）

71. [3] 标准方法或非标准方法属于技术标准的保证的范畴。（ ）

72. [2] 我国颁布的法定计量单位共有七个。（ ）

73. [2] 中国标准定义是从对象、基础、过程和本质特征四个方面进行定义。（ ）

三、多选题

1. [1]《计量法》是国家管理计量工作的根本法，共 6 章 35 条，其基本内容包括（ ）。

A. 计量立法宗旨、调整范围　　B. 计量单位制、计量器具管理

C. 计量监督、授权、认证　　D. 家庭自用、教学示范用的计量器具的管理

2. [1] 计量法规有（ ）。

A.《中华人民共和国计量法》

B.《中华人民共和国计量法实施细则》

C.《中华人民共和国强制检定的工作计量器具明细目录》

D.《国务院关于在我国统一实行法定计量单位的命令》

3. [3] 法定计量单位的体积单位名称是（　　）。

A. 三次方米　B. 立米　C. 立方米　D. 升

4. [3] 我国的法定计量单位是由（　　）组成的。

A. 国际单位制单位　B. 国家选定的其他计量单位

C. 习惯使用的其他计量单位　D. 国际上使用的其他计量单位

5. [2] 我国的法定计量单位是由（　　）组成。

A. SI 基本单位和 SI 辅助单位　B. 具有专门名称的 SI 导出单位

C. 国家选定的非国际制单位和组合形式单位　D. 十进倍数和分数单位

6. [1] 产品质量的监督检查包括（　　）。

A. 国家监督　B. 社会组织监督　C. 生产者监督　D. 消费者监督

7. [2] 我国制定产品质量法的主要目的是（　　）。

A. 为了加强国家对产品质量的监督管理，促使生产者、销售者保证产品质量

B. 为了明确产品质量责任，严厉惩治生产、销售假冒伪劣产品的违法行为

C. 为了切实保护用户、消费者的合法权益，完善我国的产品质量民事赔偿制度

D. 以便与其他国家进行产品生产、销售活动

8. [2] 按《中华人民共和国标准化法》规定，我国标准分为（　　）。

A. 国家标准　B. 行业标准　C. 专业标准　D. 地方标准

9. [1] 下列关于标准的叙述中，不正确的是（　　）。

A. 标准和标准化都是为在一定范围内获得最佳秩序而进行的一项有组织的活动

B. 标准化的活动内容指的是制订标准、发布标准与实施标准。当标准得以实施后，标准化活动也就消失了

C. 企业标准一定要比国家标准要求低，否则国家将废除该企业标准

D. 我国国家标准的代号是 GB ××××—××××

10. [2] 下列叙述正确的是（　　）。

A. GB 是中华人民共和国强制性国家标准　B. GB/T 是中华人民共和国推荐性标准

C. HG 推荐性化学工业标准　D. HG 强制性化学工业标准

11. [2] 下列属于标准物质必须具备特征的是（　　）。

A. 材质均匀　B. 性能稳定　C. 准确定值　D. 纯度高

12. [2] 1992 年 5 月，我国决定采用 ISO9000 标准，同时制定发布了国家标准（　　）等质量管理体系标准。

A. GB/T 19000—2000　B. GB/T 19001—2000

C. GB/T 19004—2000　D. GB/T 24012—1996

13. [3] 国际标准代号和国家标准代号分别是（　　）。

A. GB　B. GB/T　C. ISO　D. Q/××

14. [2] 技术标准按产生作用的范围可分为（　　）。

A. 行业标准　B. 国家标准　C. 地方标准　D. 企业标准

15. [3] 我国国家标准 GB 8978—1996《污水综合排放标准》中，把污染物在人体中能产生长远影响的物质称为“第一类污染物”，影响较小的称为“第二类污染物”。在下列污染物中属于第一类污染物的是（　　）。

A. 氰化物　B. 挥发酚　C. 烷基汞　D. 铅

16. [2] 下列各种标准的代号中，属于国家标准的是（　　）。

A. HG/T　B. GB　C. GB/T　D. DB/T

17. [2] 我国标准采用国际标准和国外先进标准的程度划分为（ ）。

A. IDT　　B. EQV　　C. NEQ　　D. DIN

18. [2] 根据标准的审批和发布的权限及适用范围，下列属于正规标准的是（ ）。

A. 国际标准　　B. 国家标准　　C. 外资企业标准　　D. 大学标准

19. [1] 我国标准采用国际标准的程度，分为（ ）。

A. 等同采用　　B. 等效采用　　C. 修改采用　　D. 非等效采用

20. [2] 计量检测仪器上应设有醒目的标志。分别贴有合格证、准用证和停用证，它们依次用（ ）颜色表示。

A. 蓝色　　B. 绿色　　C. 黄色　　D. 红色

21. [1] 下列关于校准与检定的叙述正确的是（ ）。

A. 校准不具有强制性，检定则属执法行为

B. 校准的依据是校准规范、校准方法，检定的依据则是按法定程序审批公布的计量检定规程

C. 校准和检定主要要求都是确定测量仪器的示值误差

D. 校准通常不判断测量仪器合格与否，检定则必须作出合格与否的结论

22. [2] 以下用于化工产品检验的器具属于国家计量局发布的强制检定的工作计量器具是（ ）。

A. 分光光度计、天平　B. 台秤、酸度计　　C. 烧杯、砝码　　D. 温度计、量杯

23. [3] 下列属于标准物质特性的是（ ）。

A. 均匀性　　B. 氧化性　　C. 准确性　　D. 稳定性

24. [3] 标准物质可用于（ ）。

A. 仪器的校正　　B. 方法的鉴定

C. 实验室内部的质量保证　　D. 技术仲裁

25. [2] 下列属于我国标准物质的是（ ）。

A. 化工产品成分分析标准物质　　B. 安全卫生标准

C. 食品成分分析标准物质　　D. 建材成分分析标准物质

26. [2] 证明计量器具已经过检定，并获得满意结果的文件不是（ ）。

A. 检定证书　　B. 检定结果通知书　　C. 检定报告

D. 检测证书　　E. 合格证书

27. [1] 下列属于分析方法标准中规范性技术要素的是（ ）。

A. 术语和定义　　B. 总则　　C. 试验方法　　D. 检验规则

28. [2] 国际单位制的基本单位包括（ ）。

A. 长度和质量　　B. 时间和电流　　C. 热力学温度　　D. 平面角

29. [3] 以下单位不是国际单位制基本单位的是（ ）。

A. 英里　　B. 磅　　C. 市斤　　D. 摩尔

30. [2] 国际单位制中，下列计量单位名称、单位符号正确且属于基本单位的是（ ）。

A. 坎，cd　　B. 伏特，V　　C. 热力学温度，K　　D. 瓦特，W

31. [2] 国家法定计量单位包括（ ）。

A. 常用的市制计量单位　　B. 国际单位制计量单位

C. 国际上通用的计量单位　　D. 国家选定的其他计量单位

32. [2] ISO9000系列标准是关于（ ）和（ ）以及（ ）方面的标准。

A. 质量管理　　B. 质量保证　　C. 产品质量　　D. 质量保证审核

33. [2] 国家法定计量单位不包括（ ）。

A. 常用的市制计量单位　　B. 国际单位制计量单位

C. 国际上通用的计量单位　　D. 国家选定的其他计量单位

E. 地方选定的其他计量单位

34. [2] 化验室检验质量保证体系的基本要素包括（　　）。

A. 检验过程质量保证　　B. 检验人员素质保证

C. 检验仪器、设备、环境保证　　D. 检验质量申诉和检验事故处理

35. [2] 计量器具的标识有（　　）。

A. 有计量检定合格印、证

B. 有中文计量器具名称、生产厂厂名和厂址

C. 明显部位有“CMC”标志和《制造计量器具许可证》编号

D. 有明示采用的标准或计量检定规程

36. [2] 美国质量管理专家朱兰博士称（　　）为“质量管理三部曲”。

A. 质量策划　　B. 质量控制　　C. 质量监督

D. 质量检查　　E. 质量改进

37. [2] 建立实验室质量管理体系的基本要求包括（　　）。

A. 明确质量形成过程　　B. 配备必要的人员和物质资源

C. 形成检测有关的程序文件　　D. 检测操作和记录

E. 确立质量控制体系

38. [2] 下列各项中属于质量控制基本要素的是（　　）。

A. 人员　　B. 仪器　　C. 方法　　D. 样品和环境

39. [2] 我国企业产品质量检验可以采取下列哪些标准（　　）。

A. 国家标准和行业标准　　B. 国际标准

C. 合同双方当事人约定的标准　　D. 企业自行制定的标准

第四章
化学反应与溶液基础知识

一、单选题

1. [2] 恒温条件下，二组分系统能平衡共存的最多相数为（　　）。
   A. 1　　B. 2　　C. 3　　D. 4
2. [3] 下列与纯物质两相平衡有关的描述，不正确的是（　　）。
   A. 沸点将随压力增加而升高　　B. 熔点将随压力增加而升高
   C. 蒸气压将随温度升高而加大　　D. 升华温度将随压力增大而升高
3. [3] 有下列四种关于物质的聚集状态与相之间的关系的叙述：(1) 同一态中的物质必为同一相；(2) 同一相中的物质必为同一态；(3) 同一态中的物质不一定是同一相；(4) 同一相中的物质不一定是同一态。其中正确的是（　　）。
   A. (1)，(2)　　B. (3)，(4)　　C. (1)，(4)　　D. (2)，(3)
4. [1] 在一定温度和压力下，$CaCO_3$（固）分解为 CaO（固）和 CO_2（气），达到平衡时，该系统中存在的相数为（　　）。
   A. 1　　B. 2　　C. 3　　D. 4
5. [2] 对于有 KCl (s) 与饱和 KCl 水溶液共存的体系，其组分数 C 为（　　）。
   A. 4　　B. 3　　C. 2　　D. 1
6. [1] 食盐水溶液中可以电离出四种离子，说明其中的组分数为（　　）。
   A. 1　　B. 2　　C. 3　　D. 4
7. [1] 恒沸混合物在气、液两相平衡共存时的自由度为（　　）。
   A. 0　　B. 1　　C. 2　　D. 3
8. [3] 相律的数学表达式为（　　）。
   A. $f=C+\phi-2$　　B. $f=C-\phi+2$　　C. $f=C+\phi+2$　　D. $f=C+\phi-3$
9. [2] 相图与相律之间的关系是（　　）。
   A. 相图由实验结果绘制得出，相图不能违背相律
   B. 相图由相律推导得出
   C. 相图由实验结果绘制得出，与相律无关
   D. 相图决定相律

10. [3] 相平衡的杠杆原则只适用于（　　）相平衡体系。

A. 三　　B. 四　　C. 一　　D. 二

11. [1] 50℃时纯水的蒸气压为7.94kPa，若某甘油水溶液中含甘油摩尔分数为0.030，则水的蒸气压下降值为（　　）。

A. 238.2Pa　　B. 158.8Pa　　C. 7781Pa　　D. 7702Pa

12. [2] 两种互不相溶的液体混合后，各组分的蒸气压与其在纯态时的饱和蒸气压相比（　　）。

A. 增大　　B. 无改变　　C. 减小　　D. 不能确定

13. [1] 某稀溶液在25℃时蒸气压为3.127kPa，纯水在此温度的蒸气压为3.168kPa，此溶液的沸点是（　　）。已知水的 $K_b=0.51℃\cdot kg\cdot mol^{-1}$。

A. 99.671℃　　B. 100℃　　C. 100.371℃　　D. 101.456℃

14. [1] 冬天向城市路面上喷洒食盐水以使积雪融化，若欲使其凝固点（或熔点）降至−10℃，则103kg水中至少需加入NaCl（　　）。（水的凝固点降低常数 $K_f=1.86K\cdot kg\cdot mol^{-1}$，NaCl的相对分子质量为58.5）

A. 2.69kg　　B. 5.38kg　　C. 157.3kg　　D. 314.5kg

15. [3] 在稀溶液凝固点降低公式 $\Delta T_f=K_f\cdot m$ 中，m 是溶液中（　　）。

A. 溶质的质量摩尔浓度　　B. 溶质的摩尔分数

C. 溶剂的摩尔分数　　D. 溶质的体积摩尔浓度

16. [3] 在一定外压下，给溶剂A中加少量的溶质B，则溶液的凝固点 T_f 与纯A的凝固点 T_f^* 间的关系为（　　）。

A. $T_f>T_f^*$　　B. $T_f=T_f^*$　　C. $T_f<T_f^*$　　D. 不一定

17. [2] 压力升高时，水的凝固点将（　　）。

A. 升高　　B. 降低　　C. 不变　　D. 不一定

18. [3] 反映稀溶液与其蒸气压与浓度的关系的定律是（　　）。

A. 亨利定律　　B. 西华特定律　　C. 拉乌尔定律　　D. 分配定律

19. [2] 洗衣服时的洗涤作用除机械搓洗作用外，洗涤剂的作用主要是（　　）。

A. 润湿作用　　B. 乳化作用

C. 增溶作用　　D. 以上三种作用的综合

20. [3] 多孔固体表面易吸附水蒸气，而不易吸附氧气、氮气，主要原因是（　　）。

A. 水蒸气相对分子质量比 O_2、N_2 小　　B. 水蒸气分子极性比 O_2、N_2 要大

C. 水蒸气的凝聚温度比 O_2、N_2 高　　D. 水蒸气在空气中含量比 O_2、N_2 要小

21. [3] 气体或溶液中的某组分在固体或溶液表面层的浓度与它在气体或溶液内层的浓度不同的现象称为（　　）。

A. 解吸作用　　B. 吸附作用　　C. 交换作用　　D. 扩散作用

22. [3] 化学吸附的吸附力是（　　）。

A. 化学键力　　B. 范德华力　　C. 库仑力　　D. 色散力

23. [3] 分散相和分散介质都是液体的是（　　）。

A. 原油　　B. 油漆　　C. 烟　　D. 雾

24. [3] 分散相粒子直径（　　），以分子或离子状态均匀地分散在分散介质中所形成的分散系称为分子分散系。

A. 小于10nm　　B. 小于1nm

C. 小于100nm　　D. 在1nm到100nm之间

25. [2] 难挥发非电解质稀溶液与纯溶剂相比较（　　）。

A. 蒸气压下降，沸点、凝固点上升　　B. 蒸气压、凝固点下降，沸点上升

C. 三者均下降　　D. 三者均上升

26. [1] 难挥发物质的水溶液，在不断沸腾时，它的沸点是（　　）。

A. 恒定不变　　B. 继续下降　　C. 继续升高　　D. 无法确定

27. [2] 雾属于分散体系，其分散介质是（　　）。

A. 液体　　B. 气体　　C. 固体　　D. 气体或固体

28. [2] 反应 $A_2+B_2 \longrightarrow 2AB$ 的速率方程为 $v=kc(A_2)c(B_2)$，此反应（　　）。

A. 一定是基元反应　　B. 一定是复合反应

C. 无法肯定是否为基元反应　　D. 对 A 来说是一个二级反应

29. [1] 基元反应是指（　　）。

A. 反应物分子直接作用转化为产物分子

B. 按照化学反应计量方程式由反应物生成产物

C. 在一定温度下，反应物浓度越大，反应速率越大

D. 经过若干步骤由反应物生成产物

30. [2] 下列叙述中，正确的是（　　）。

A. 复杂反应是由若干基元反应组成的

B. 在反应速率方程式中，各物质浓度的指数等于反应方程式中各物质的计量数时，此反应必为基元反应

C. 反应级数等于反应方程式中反应物的计量系数之和

D. 反应速率等于反应物浓度的乘积

31. [1] 有关反应速率的叙述中错误的是（　　）。

A. 绝大多数反应的反应速率随温度升高而增大

B. 活化能大的反应速率也大

C. 速率常数大的反应速率大

D. 对于相同温度下的不同的反应，活化能越大，速率常数随温度的变化率越大

32. [2] 下列关于一级反应的说法不正确的是（　　）。

A. 一级反应的速率与反应物浓度的一次方成正比

B. 一级速率方程为 $-dc/dt=kc$

C. 一级速率常数量纲与反应物的浓度单位无关

D. 一级反应的半衰期与反应物的起始浓度有关

33. [1] 一级反应是（　　）。

A. $1/c$ 对 t 作图得一直线　　B. 反应速率与反应物浓度一次方成正比

C. 反应的半衰期与反应物起始浓度成反比　　D. 反应速率与反应物浓度二次方成正比

34. [2] 298K 时，反应 $N_2(g)+3H_2(g) \longrightarrow 2NH_3+922kJ/mol$ 若温度升高，则（　　）。

A. 正反应速率增大，逆反应速率减小　　B. 正、逆反应速率均增大

C. 正反应速率减小，逆反应速率增大　　D. 正、逆反应速率均减小

35. [2] 温度对反应速率的影响（　　）。

A. 反应速率常数随温度升高而很快增大

B. 温度升高只影响正向反应速率

C. 阿伦尼乌斯公式反映了浓度对反应速率的影响

D. 化学反应速率常数不随温度变化

36. [3] 温度升高能加快化学反应速率，其原因是（　　）。

A. 活化能降低　　B. 活化分子数减少

C. 活化分子数增加　　D. 有效碰撞次数减少

37. [2] 反应 A(气)+2B(气) $\longrightarrow$ 2C(气)+2D(固)+Q，达到平衡后，要使正反应加快，

平衡向右移动，可以采取的措施是（　　）。

A. 使用催化剂　　B. 升高温度

C. 增大 A 的浓度　　D. 增大容器的体积

38. [2] 描述催化剂特征不正确的是（　　）。

A. 催化剂不能实现热力学上不可能进行的反应

B. 催化剂在反应前后，其化学性质和物理性质皆不变

C. 催化剂不能改变平衡常数

D. 催化剂只能缩短反应达到平衡的时间，而不能改变平衡状态

39. [3] 下列关于催化剂的说法正确的是（　　）。

A. 催化剂不参与化学反应

B. 能使化学反应大大加速的物质就是催化剂

C. 催化剂参与了化学反应，而在反应过程中又被重新再生

D. 催化剂能改变化学反应的平衡转化率

40. [2] 自动催化反应的特点是反应速度（　　）。

A. 快　　B. 慢　　C. 慢→快　　D. 快→慢

41. [2] $CH_3CH(CH_3)(CH_2)_4CH(CH_3)CH(CH_2CH_3)CH_3$正确命名是(　　)。

A. 2,7-二甲基-8-乙基壬烷　　B. 2-乙基-3,8-二甲基壬烷

C. 2,7,8-三甲基癸烷　　D. 3,4,9-三甲基癸烷

42. [2] 下列 5 种烃：①2-甲基丙烷；②乙烷；③丙烷；④丁烷；⑤戊烷。按它们的沸点由高到低的顺序排列正确的是（　　）。

A. ①②③④⑤　　B. ⑤④①③②　　C. ④⑤②①③　　D. ③①②⑤④

43. [2] 下面四个同分异构体中，沸点最高的是（　　）。

A. 己烷　　B. 2-甲基戊烷

C. 2,3-二甲基丁烷　　D. 2,2-二甲基丁烷

44. [2] 关于实验室制备乙烯的实验，下列说法正确的是（　　）。

A. 反应物是乙醇和过量的 3mol/L 硫酸的混合液

B. 温度计插入反应溶液液面以下，以便控制温度在 140℃

C. 反应容器（烧瓶）中应加入少许瓷片

D. 反应完毕先灭火再从水中取出导管

45. [1] 下列四组化合物中，不可称为同系列的是（　　）。

A. $CH_3CH_2CH_2CH_3$、$CH_3CH_2CH_2CH_2CH_3$、$CH_3CH_2CH_2CH_2CH_2CH_3$

B. $CH_3CH{=}CHCHO$、$CH_3CH{=}CHCH{=}CHCHO$、CH_3 $(CH{=}CH)_3CHO$

C. $CH_3CH_2CH_3$、$CH_3CHClCH_2CH_3$、$CH_3CHClCH_2CHClCH_3$

D. $ClCH_2CHClCCl_3$、$ClCH_2CHClCH_2CHClCCl_3$、$ClCH_2CHClCH_2CHClCH_2CHClCCl_3$

46. [1] 有机物①CH_2OH $(CHOH)_4CHO$、②$CH_3CH_2CH_2OH$、③$CH_2{=}CH{-}CH_2OH$、④$CH_2{=}CH{-}COOCH_3$、⑤$CH_2{=}CH{-}COOH$ 中，既能发生加成、酯化反应，又能发生氧化反应的是（　　）。

A. ③⑤　　B. ①③⑤　　C. ②④　　D. ①③

47. [2] 用化学方法区别丙烯和环丙烷，应采用的试剂是（　　）。

A. 溴水　　B. 溴的四氯化碳溶液

C. 酸性高锰酸钾　　D. 硝酸银的氨溶液

48. [1] 物质的量相等的戊烷、苯和苯酚完全燃烧，需要氧气的物质的量依次是 $x$mol、$y$mol、$z$mol，则 x、y、z 的关系是（　　）。

A. $x>y>z$　　B. $y>x>z$　　C. $z>y>x$　　D. $y>x>z$

49. [2] 下列各组试剂中，只用溴水可鉴别的是（　）。

A. 苯、乙烷　　B. 乙烯、乙烷、乙炔

C. 乙烯、苯、苯酚　　D. 乙苯、乙烷、1,3-己二烯

50. [2] 下列合成各组液体混合物，能用分液漏斗分开的是（　）。

A. 乙醇和水　　B. 乙醇和苯　　C. 四氯化碳和水　　D. 四氯化碳和苯

51. [2] 下列物质既能使高锰酸钾溶液褪色，又能使溴水褪色，还能与氢氧化钠发生中和反应的是（　）。

A. 丙烯酸　　B. 甲苯　　C. 苯甲酸　　D. 硫化氢

52. [3] 苯酚和下列溶液不发生反应的是（　）。

A. $FeCl_3$　　B. Na_2CO_3　　C. 溴水　　D. NaOH

53. [1] 室温下下列物质分别与硝酸银溶液作用，能立即产生白色沉淀的是（　）。

A. $ArCH_2Cl$　　B. $ArCH_2CH_2Cl$　　C. $H_2C=CHCl$　　D. ArCl

54. [2] 下列四种分子式所表示的化合物中，有多种同分异构体的是（　）。

A. CH_4O　　B. C_2HCl_3　　C. $C_2H_2Cl_2$　　D. CH_2O_2

55. [2] 已知二氯丙烷的同分异构体有四种，从而推知六氯丙烷的同分异构体有（　）种。

A. 3　　B. 4　　C. 5　　D. 6

56. [2] 下列几种酚，pK_a最大的是（　）。

A. 苯酚　　B. 2,4,6-三硝基苯酚　　C. 对硝基苯酚　　D. 对甲基苯酚

57. [3] 乙醇的水溶性大于1-丁烯，这主要是因为（　）。

A. 乙醇的相对分子质量小于正丁烷　　B. 乙醇分子中的氧原子为sp^3杂化

C. 乙醇可与水形成氢键　　D. 乙醇分子中没有π键

58. [2] 用化学方法鉴别苯酚、环己醇、苯甲醇三种化合物，最合适的一组试剂是（　）。

A. 金属钠和三氯化铁　　B. 溴水和三氯化铁

C. 溴水和卢卡斯试剂　　D. 溴水和金属钠

59. [2] 下列试剂中，不能与乙醛反应的是（　）。

A. HCN　　B. H_2NNHAr　　C. $Ag(NH_3)_2OH$　　D. 溴水

60. [2] 下列物质中，可用作内燃机的抗冻剂的是（　）。

A. 乙醇　　B. 甲醛　　C. 乙二醇　　D. 乙二酸

61. [2] 只用水就能鉴别的一组物质是（　）。

A. 苯、乙酸、四氯化碳　　B. 乙醇、乙醛、乙酸

C. 乙醛、乙二醇、硝基苯　　D. 苯酚、乙醇、甘油

62. [2] 将质量相等的下列各物质完全酯化时，需醋酸质量最多的是（　）。

A. 甲醇　　B. 乙二醇　　C. 丙醇　　D. 甘油

63. [1] 下列物质一定不是天然高分子的是（　）。

A. 橡胶　　B. 蛋白质　　C. 尼龙　　D. 纤维素

64. [3] 具有酸性的是（　）。

A. 乙烷　　B. 乙醚　　C. 乙醛　　D. 苯酚

二、判断题

1. [1] 对任何混合物，物系中都存在界面，有多相。（　）

2. [2] 系统中相与相间存在明显界面，同一物质如果处于不同的聚集状态也形成不同的相。（　）

3. [1] 相是指系统处于平衡时，系统中物理性质及化学性质都均匀的部分。(   )

4. [3] PCl_5、PCl_3、Cl_2 构成的体系中，如果存在如下化学反应 PCl_5(气)══PCl_3(气)+Cl_2(气) 则该体系的组分数为 2。(   )

5. [3] 在抽空密闭的容器中加热 $NH_4Cl(s)$ 部分分解成 $NH_3(g)$ 和 $HCl(g)$，当系统建立平衡时，其组分数是 2。(   )

6. [2] 二组分系统的相律为 $f=2-\Phi$ (   )

7. [1] 相律的数学表达式为 $f=C-R$。(   )

8. [1] 杠杆规则适用于相图中任意两相平衡区。(   )

9. [2] 相平衡的杠杆规则表明：当组成以摩尔分数表示时，两相的物质的量正比于系统点到两个相点的线段的长度。(   )

10. [2] 依据相律，恒沸混合物的沸点不随外压的改变而改变。(   )

11. [1] 恒沸物的组成不变。(   )

12. [1] 拉乌尔通过多次实验发现，在溶剂中加入非挥发性的溶质后，溶剂的蒸气压要比纯溶液的蒸气压要低。(   )

13. [2] 稀溶液中溶剂的蒸气压下降值与溶质的物质的量分数成正比。(   )

14. [1] 在溶剂中加入溶质后，溶液的沸点就会比纯溶剂的高一些。(   )

15. [3] 两只各装有 1kg 水的烧杯，一只溶有 0.01mol 蔗糖，另一只溶有 0.01molNaCl，按同样速度降温冷却，溶有 NaCl 的杯子先结冰。(   )

16. [2] 非电解质的稀溶液，其溶液浓度越大，溶液的凝固点越高。(   )

17. [1] 凝固点下降公式对挥发性和非挥发性溶质均适用。(   )

18. [1] 稀溶液的凝固点比纯溶剂的高。(   )

19. [2] 相同质量的葡萄糖和甘油分别溶于 100g 水中，所得到的两个溶液的凝固点相同。(   )

20. [1] 萃取分离的依据是“相似相溶”原理。(   )

21. [1] 分配系数越大，萃取百分率越小。(   )

22. [1] 根据相似相溶原理，丙醇易溶于丙酮中。(   )

23. [2] 利用稀溶液的依数性可测定溶剂的分子量。(   )

24. [1] 在萃取剂的用量相同的情况下，少量多次萃取的方式比一次萃取的方式萃取率要低得多。(   )

25. [3] 根据相似相溶原理，乙醇易溶于水中。(   )

26. [2] 固体溶解时，即使剧烈搅拌，接近固体表面的一层薄层，始终保持一定的浓度差，这一层薄层称为扩散层。(   )

27. [2] 物质表面层中的分子与相内的分子所受的引力相同。(   )

28. [2] 表面活性物质加入到溶液中，所引起溶液表面张力的变化大于零。(   )

29. [2] 表面张力随温度的升高而增大。(   )

30. [1] 液体表面张力的方向总是与液面垂直。(   )

31. [2] 在一定温度下，液体在能被完全浸润的毛细管中上升的高度反比于大气压的压力。(   )

32. [3] 液体在毛细管内上升或下降决定于该液体的表面张力的大小。(   )

33. [2] 固体对液体溶质的吸附会在固体与液体表面产生双电层并进行离子交换。(   )

34. [1] 胶体分散系统具有多相性和热力学不稳定性的特征。(   )

35. [2] 对于基元反应来说，反应速率方程中物质浓度的指数与化学反应方程式相应物质的分子式前的系数相一致。(   )

36. [1] 基元反应是指经过若干步骤由反应物生成产物。(   )

37. [3] 质量作用定律只适用于基元反应。( )

38. [3] 若化学反应由一系列基元反应组成，则该反应的速率是各基元反应速率的代数和。( )

39. [2] 升高温度能加快化学反应速率的主要原因是增大活化分子的百分数。( )

40. [1] 一般来说，温度每升高 10℃反应速率增大 2～3 倍。( )

41. [2] 影响化学反应平衡常数数值的因素是反应物的浓度、温度、催化剂、反应产物的浓度等。( )

42. [3] 催化剂能大大缩短化学反应达到化学平衡的时间，同时也改变了化学反应的平衡状态。( )

43. [2] C_4H_{10}和C_5H_{12}的有机物一定是同系物；C_4H_8和C_5H_{10}的有机物不一定是同系物。( )

44. [2] 环己烷中含有乙醇，可用水将乙醇除去。( )

45. [2] 氯苯邻对位的氢被硝基取代越多，水解反应越易进行。( )

46. [3] 氟里昂是指作冷冻剂的氟氯烷的商品名。( )

47. [2] 凡是能发生银镜反应的物质都是醛。( )

48. [2] 沸点恒定一定是纯的有机物。( )

49. [2] 甲醇、乙二醇和丙三醇中，只有丙三醇能用新制的氢氧化铜溶液鉴别。( )

50. [2] 邻硝基苯酚在水中的溶解度大于对硝基苯酚。( )

51. [3] 相对分子质量相近的多元醇比一元醇水溶性好。( )

52. [2] 酮不能被高锰酸钾氧化。( )

53. [2] 酸性大小：羧酸＞碳酸＞酚。( )

54. [1] 从化学式C_3H_6可知该物质一定是丙烯。( )

55. [2] 可以判断油脂皂化反应基本完成的现象是反应后静置，反应液不分层。( )

56. [2] CH_3CH_2CHO 与 $CH_2{=}CHCH_2CH_2OH$ 互为同分异构体。( )

57. [1] 苯酚和苯胺都能和溴水反应生成白色沉淀。( )

58. [2] 伯、仲、叔胺的含义与伯、仲、叔醇不同。( )

59. [2] 不能用氯化钙干燥乙醇和乙胺。( )

60. [2] 酚类与三氯化铁发生显色反应。( )

三、多选题

1. [2] 关于杠杆规则的适用性，下列说法错误的是( )。

   A. 适用于单组分体系的两个平衡相　　B. 适用于二组分体系的两相平衡区

   C. 适用于二组分体系相图中的任何区　　D. 适用于三组分体系中的两个平衡相

2. [3] 同温同压下，理想稀薄溶液引起的蒸气压的降低值与( )有关。

   A. 溶质的性质　　B. 溶剂的性质　　C. 溶质的数量　　D. 溶剂的温度

3. [2] 对于稀溶液引起的凝固点下降，理解正确的是( )。

   A. 从稀溶液中析出的是纯溶剂的固体

   B. 只适用于含有非挥发性溶质的稀溶液

   C. 凝固点的下降值与溶质 B 的摩尔分数成正比

   D. 表达式为 $\Delta T_f = T_f^* - T_f$

4. [2] 凝固点下降的计算式正确的是( )。

   A. $K_f b_B$　　B. xK_f　　C. $T_f^* - T_f$　　D. $T_f - T_f^*$

5. [3] 影响分配系数的因素有( )。

A. 温度　　B. 压力　　C. 溶质的性质　　D. 溶剂的性质

6. [3] 萃取效率与（　　）有关。

A. 分配比　　B. 分配系数　　C. 萃取次数　　D. 浓度

7. [1] 分配定律不适用的体系是（　　）。

A. I_2溶解在水与CCl_4中　　B. Na_2CO_3溶解在正庚烷和二乙二醇醚中

C. NH_4Cl溶解在水与苯中　　D. $KMnO_4$溶解在水和乙醇中

E. Br_2溶解在CS_2与水中

8. [3] 当挥发性溶剂中加入非挥发性溶质时就能使溶剂的（　　）。

A. 蒸气压降低　　B. 沸点升高　　C. 凝固点升高　　D. 蒸气压升高

9. [2] 少量表面活性剂在水溶液中（　　）。

A. 能增大溶液表面张力　　B. 能显著降低溶液表面张力

C. 不能改变溶液表面张力　　D. 表现为正吸附

10. [3] 活性炭是一种常用的吸附剂，它的吸附不是由（　　）引起。

A. 氢键　　B. 范德华力　　C. 极性键　　D. 配位键

11. [3] 有关固体表面的吸附作用，下列理解正确的是（　　）。

A. 具有吸附作用的物质叫吸附剂

B. 被吸附剂吸附的物质叫吸附物

C. 固体表面的吸附作用与其表面性质密切相关

D. 衡量吸附作用的强弱，通常用吸附量 T 表示

12. [2] 对物理吸附，下列描述正确的是（　　）。

A. 吸附力为范德华力，一般不具有选择性　　B. 吸附层可以是单分子层或多分子层

C. 吸附热较小　　D. 吸附速率较低

13. [2] 下列表述正确的是（　　）。

A. 越是易于液化的气体越容易被固体表面吸附

B. 物理吸附与化学吸附均无选择性

C. 任何固体都可以吸附任何气体

D. 化学吸附热很大，与化学反应热差不多同一数量级

14. [3] 下列关于吸附作用的说法正确的是（　　）。

A. 发生化学吸附的作用力是化学键力

B. 产生物理吸附的作用力是范德华力

C. 化学吸附和物理吸附都具有明显的选择性

D. 一般情况下，一个自发的化学吸附过程，应该是放热过程

15. [3] 下面对物理吸附和化学吸附描述正确的是（　　）。

A. 一般物理吸附比较容易解吸　　B. 物理吸附和化学吸附不能同时存在

C. 靠化学键力产生的吸附称为化学吸附　　D. 物理吸附和化学吸附能同时存在

16. [3] 根据分散粒子的大小，分散体系可分为（　　）。

A. 分子分散体系　　B. 胶体分散体系　　C. 乳状分散体系　　D. 粗分散体系

17. [3] 稀溶液的依数性是指在溶剂中加入溶质后，会（　　）。

A. 使溶剂的蒸气压降低　　B. 使溶液的凝固点降低

C. 使溶液的沸点升高　　D. 出现渗透压

18. [3] 下列关于稀溶液的依数性描述正确的是（　　）。

A. 沸点升高　　B. 沸点降低

C. 只适用于非挥发性，非电解质稀溶液　　D. 既适用非挥发性，又适用于挥发性的物质

19. [2] 以下属于胶体分散系的是（　　）。

A. 蛋白质溶液　　B. 氢氧化铁溶胶　　C. 牛奶　　D. 生理盐水

20. [1] 对于基元反应（　　）。

A. 服从质量作用定律　　B. 不服从质量作用定律

C. 反应物分子直接作用转化为产物分子　　D. 经过若干步骤由反应物生成产物

21. [2] 对于化学反应，下列说法不正确的是（　　）。

A. 活化能越小，反应速率越快　　B. 活化能越大，反应速率越快

C. 活化能与反应速率无关　　D. 活化能越负，反应速率越快

E. 活化能与速率无关

22. [1] 一级反应是（　　）。

A. 反应的半衰期与反应物起始浓度无关　　B. $\ln c$ 对 t 作图得一直线

C. 反应速率与反应物浓度无关　　D. $1/c$ 对 t 作图得一直线

23. [1] 温度对反应速率的影响（　　）。

A. 反应速率随温度变化呈指数关系

B. 温度升高只影响正向反应速率

C. 温度升高正、逆向反应速率都增大

D. 温度对反应速率的影响可用阿累尼乌斯公式表达

24. [2] 下面名称违反系统命名原则的是（　　）。

A. 3,3-二甲基丁烷　　B. 2,4-二甲基-5-异丙基壬烷

C. 2,3-二甲基-2-乙基丁烷　　D. 2-异丙基-4-甲基己烷

25. [1] 下列物质与硝酸银的溶液作用时，有白色沉淀产生的是（　　）。

A. $CH_3C\equiv CH$　　B. $CH_3CH=CH_2$　　C. $CH_2=CHCl$　　D. CH_3COCl

26. [2] 下面名称违反系统命名原则的是（　　）。

A. 3-丁烯　　B. 3,4-二甲基-4-戊烯

C. 2-甲基-3-丙基-2-戊烯　　D. 反-3,4-二甲基-3-己烯

27. [2] 下列各组物质中，属于异构体的是（　　）。

A. 甲苯、异丙苯　　B. 异丁烯、甲基环丙烷

C. 1-丁炔、1,3-丁二烯　　D. 乙醇、甲醚

28. [2] 用括号内试剂除去下列各物质中的少量杂质，正确的是（　　）。

A. 溴苯中的溴（KI 溶液）　　B. 溴乙烷中的乙醇（水）

C. 乙酸乙酯中的乙酸（饱和 Na_2CO_3 溶液）　　D. 苯中的甲苯（Br_2 水）

29. [2] 下列物质中，能自身发生羟醛缩合反应的是（　　）。

A. 苯甲醛　　B. 苯乙醛　　C. 乙醛　　D. 甲醛

30. [3] 下列化合物属于仲胺的是（　　）。

A. 二乙胺　　B. 乙二胺　　C. 异丙胺

D. *N*-甲基苯胺　　E. 喹啉

31. [2] 下列溶液，不易被氧化，不易分解，且能存放在玻璃试剂瓶中的是（　　）。

A. 氢氟酸　　B. 甲酸　　C. 石炭酸　　D. 乙酸

32. [1] 下列各化合物按碱性由强到弱的排序中错误的有（　　），1. 乙酰胺，2. 乙胺，3. 苯胺，4. 对甲基苯胺。

A. 2＞4＞3＞1　　B. 1＞4＞3＞2　　C. 2＞3＞4＞1　　D. 4＞2＞3＞1

第五章 滴定分析基础知识

一、单选题

1. [1] 滴定分析中，若怀疑试剂在放置中失效可通过（　　）的方法检验。
   A. 仪器校正　　B. 对照试验　　C. 空白试验　　D. 无合适方法
2. [2] 分析测定中出现的下列情况，属于偶然误差的是（　　）。
   A. 滴定时所加试剂中含有微量的被测物质　　B. 滴定管的最后一位读数偏高或偏低
   C. 所用试剂含干扰离子　　D. 室温升高
3. [1] 检验方法是否可靠的办法是（　　）。
   A. 校正仪器　　B. 测加标回收率　　C. 增加测定的次数　　D. 做空白试验
4. [2] 使用万分之一分析天平用差减法进行称量时，为使称量的相对误差在 0.1%以内，试样质量应（　　）。
   A. 在 0.2g 以上　　B. 在 0.2g 以下　　C. 在 0.1g 以上　　D. 在 0.4g 以上
5. [2] 系统误差的性质是（　　）。
   A. 随机产生　　B. 具有单向性　　C. 呈正态分布　　D. 难以测定
6. [2] 下列各措施中可减小偶然误差的是（　　）。
   A. 校准砝码　　B. 进行空白试验　　C. 增加平行测定次数　　D. 进行对照试验
7. [2] 下述论述中错误的是（　　）。
   A. 方法误差属于系统误差　　B. 系统误差包括操作误差
   C. 系统误差呈现正态分布　　D. 系统误差具有单向性
8. [2] 由分析操作过程中某些不确定的因素造成的误差称为（　　）。
   A. 绝对误差　　B. 相对误差　　C. 系统误差　　D. 随机误差
9. [2] 在滴定分析法测定中出现的下列情况，（　　）属于系统误差。
   A. 试样未经充分混匀　　B. 滴定管的读数读错
   C. 滴定时有液滴溅出　　D. 砝码未经校正
10. [1] 用存于有干燥剂的干燥器中的硼砂标定盐酸时，会使标定结果（　　）。
    A. 偏高　　B. 偏低　　C. 无影响　　D. 不能确定
11. [2] 比较下列两组测定结果的精密度（　　）。甲组：0.19%，0.19%，0.20%，

0.21%，0.21%。乙组：0.18%，0.20%，0.20%，0.21%，0.22%。

A. 甲、乙两组相同　B. 甲组比乙组高　C. 乙组比甲组高　D. 无法判别

12. [3] 测量结果与被测量真值之间的一致程度，称为（　）。

A. 重复性　B. 再现性　C. 准确性　D. 精密性

13. [3] 如果要求分析结果达到0.1%的准确度，使用灵敏度为0.1mg的天平称量时，至少要取（　）。

A. 0.1g　B. 0.05g　C. 0.2g　D. 0.5g

14. [2] 三人对同一样品的分析，采用同样的方法，测得结果为：甲：31.27%、31.26%、31.28%；乙：31.17%、31.22%、31.21%；丙：31.32%、31.28%、31.30%。则甲、乙、丙三人精密度的高低顺序为（　）。

A. 甲>丙>乙　B. 甲>乙>丙　C. 乙>甲>丙　D. 丙>甲>乙

15. [1] 下列关于平行测定结果准确度与精密度的描述正确的有（　）。

A. 精密度高则没有随机误差　B. 精密度高则准确度一定高

C. 精密度高表明方法的重现性好　D. 存在系统误差则精密度一定不高

16. [1] 一个样品分析结果的准确度不好，但精密度好，可能存在（　）。

A. 操作失误　B. 记录有差错　C. 使用试剂不纯　D. 随机误差大

17. [2] $NaHCO_3$纯度的技术指标为≥99.0%，下列测定结果不符合要求的是（　）。

A. 0.9905　B. 0.9901　C. 0.9894　D. 0.9895

18. [3] 滴定分析中要求测定结果的误差应（　）。

A. 等于0　B. 大于公差　C. 等于公差　D. 小于公差

19. [3] 定量分析工作要求测定结果的误差（　）。

A. 越小越好　B. 等于零

C. 在允许误差范围之内　D. 略大于允许误差

20. [2] 关于偏差，下列说法错误的是（　）。

A. 平均偏差都是正值　B. 相对平均偏差都是正值

C. 标准偏差有与测定值相同的单位　D. 相对平均偏差有与测定值相同的单位

21. [2] 算式（30.582－7.44）＋（1.6－0.5263）中，绝对误差最大的数据是（　）。

A. 30.582　B. 7.44　C. 1.6　D. 0.5263

22. [2] 下列叙述错误的是（　）。

A. 误差是以真值为标准的，偏差是以平均值为标准的

B. 对某项测定来说，它的系统误差大小是可以测定的

C. 在正态分布条件下，σ值越小，峰形越矮胖

D. 平均偏差常用来表示一组测量数据的分散程度

23. [1] 制备的标准溶液浓度与规定浓度相对误差不得大于（　）。

A. 0.01　B. 0.02　C. 0.05　D. 0.1

24. [3] 终点误差的产生是由于（　）。

A. 滴定终点与化学计量点不符　B. 滴定反应不完全

C. 试样不够纯净　D. 滴定管读数不准确

25. [3] 相对误差的计算公式是（　）。

A. E(%)＝真实值－绝对误差　B. E(%)＝绝对误差－真实值

C. E(%)＝(绝对误差/真实值)×100%　D. E(%)＝(真实值/绝对误差)×100%

26. [2] 已知天平称量绝对误差为±0.2mg，若要求称量相对误差小于0.2%，则至少称取（　）g。

A. 1g　　B. 0.2g　　C. 0.1g　　D. 0.02g

27. [2] 用邻苯二甲酸氢钾（KHP）标定 0.10mol/L 的 NaOH 溶液，若使测量滴定体积的相对误差小于 0.1%，最少应称取基准物（　　）g。$M(\text{KHP})=204.2\text{g/mol}$。

A. 0.41　　B. 0.62　　C. 0.82　　D. 1

28. [2] 有一天平称量的绝对误差为 10.1mg，如果称取样品 0.0500g，其相对误差为（　　）。

A. 0.216　　B. 0.202　　C. 0.214　　D. 0.205

29. [2] 测定某石灰石中的碳酸钙含量，得以下数据：79.58%、79.45%、79.47%、79.50%、79.62%、79.38%。其平均值的标准偏差为（　　）。

A. 0.0009　　B. 0.0011　　C. 0.009　　D. 0.0006

30. [2] 称量法测定硅酸盐中 SiO_2 的含量结果分别是 37.40%、37.20%、37.30%、37.50%、37.30%，其平均偏差是（　　）。

A. 0.00088　　B. 0.0024　　C. 0.0001　　D. 0.00122

31. [2] 对某试样进行对照测定，获得其中硫的平均含量为 3.25%，则其中某个测定值与此平均值之差为该测定的（　　）。

A. 绝对误差　　B. 相对误差　　C. 相对偏差　　D. 绝对偏差

32. [2] 对同一样品分析，采取同样的方法，测得的结果 37.44%、37.20%、37.30%、37.50%、37.30%，则此次分析的相对平均偏差为（　　）。

A. 0.30%　　B. 0.54%　　C. 0.24%　　D. 0.26%

33. [2] 分析铁矿石中铁含量。5 次测定结果为 37.45%、37.20%、37.50%、37.30%和 37.25%。则测得结果的相对平均偏差为（　　）%。

A. 2.9　　B. 0.29　　C. 0.15　　D. 1.5

34. [3] $0.0234\times4.303\times71.07\div127.5$ 的计算结果是（　　）。

A. 0.0561259　　B. 0.056　　C. 0.05613　　D. 0.0561

35. [2] 1.34×10^{-3}%有效数字是（　　）位。

A. 6　　B. 5　　C. 3　　D. 8

36. [2] pH=2.0，其有效数字为（　　）。

A. 1 位　　B. 2 位　　C. 3 位　　D. 4 位

37. [2] 测定煤中含硫量时，规定称样量为 3g 精确至 0.1g，则下列表示结果中合理的是（　　）。

A. 0.042%　　B. 0.0420%　　C. 0.04198%　　D. 0.04%

38. [3] 滴定管在记录读数时，小数点后应保留（　　）位。

A. 1　　B. 2　　C. 3　　D. 4

39. [3] 某标准滴定溶液的浓度为 0.5010mol/L，它的有效数字是（　　）。

A. 5 位　　B. 4 位　　C. 3 位　　D. 2 位

40. [2] 下列各数据中，有效数字位数为四位的是（　　）。

A. $[H^+]=0.0003\text{mol/L}$　　B. pH=8.89

C. $c(\text{HCl})=0.1001\text{mol/L}$　　D. 400mg/L

41. [2] 下列数据记录有错误的是（　　）。

A. 分析天平 0.2800g　B. 移液管 25.00mL　C. 滴定管 25.00mL　D. 量筒 25.00mL

42. [2] 下列数据中，有效数字位数为 4 位的是（　　）。

A. $[H^+]=0.002\text{mol/L}$　　B. pH=10.34

C. $w=14.56\%$　　D. $w=0.031\%$

43. [3] 下列数字中有三位有效数字的是（　　）。

A. 溶液的 pH 为 4.30　　B. 滴定管量取溶液的体积为 5.40mL

C. 分析天平称量试样的质量为 5.3200g　　D. 移液管移取溶液 25.00mL

44. [2] 下面数据中是四位有效数字的是（　）。

A. 0.0376　　B. 18960　　C. 0.07521　　D. pH=8.893

45. [2] 由计算器算得 2.236×1.1124÷1.036×0.2000 的结果为 12.004471，按有效数字运算规则应将结果修约为（　）。

A. 12　　B. 12.0　　C. 12.00　　D. 12.004

46. [2] 有效数字是指实际能测量得到的数字，只保留末一位（　）数字，其余数字均为准确数字。

A. 可疑　　B. 准确　　C. 不可读　　D. 可读

47. [3] 欲测某水泥熟料中的 SO_3 含量，由四人分别进行测定。试样称取量皆为 2.2g，四人获得四份报告如下：0.020852、0.02085、0.0208、2.1%，其中合理的报告是（　）。

A. 0.020852　　B. 0.02085　　C. 0.0208　　D. 2.1%

48. [2] 质量分数大于 10% 的分析结果，一般要求有（　）有效数字。

A. 一位　　B. 两位　　C. 三位　　D. 四位

49. [2] 将 1245 修约为三位有效数字，正确的是（　）。

A. 1240　　B. 1250　　C. 1.24×10^3　　D. 1.25×10^3

50. [2] 将下列数值修约成 3 位有效数字，其中（　）是错误的。

A. 6.5350→6.54　　B. 6.5342→6.53　　C. 6.545→6.55　　D. 6.5252→6.53

51. [2] 下列四个数据中修改为四位有效数字后为 0.5624 的是（　）。(1) 0.56235；(2) 0.562349；(3) 0.56245；(4) 0.562451。

A. (1)，(2)　　B. (3)，(4)　　C. (1)，(3)　　D. (2)，(4)

52. [2] 下列四个数据中修改为四位有效数字后为 0.7314 的是（　）。

A. 0.73146　　B. 0.731349　　C. 0.73145　　D. 0.731451

53. [2] 按 Q 检验法（当 $n=4$ 时，$Q_{0.90}=0.76$）删除逸出值，下列哪组数据中有逸出值，应予以删除（　）。

A. 3.03，3.04，3.05，3.13　　B. 97.50，98.50，99.00，99.50

C. 0.1042，0.1044，0.1045，0.1047　　D. 0.2122，0.2126，0.2130，0.2134

54. [2] 两位分析人员对同一样品进行分析，得到两组数据，要判断两组分析的精密度有无显著性差异，应该用（　）。

A. Q 检验法　　B. F 检验法　　C. 格布鲁斯法　　D. t 检验法

55. [2] 测定 SO_2 的质量分数，得到下列数据（%）：28.62，28.59，28.51，28.52，28.61。则置信度为 95% 时平均值的置信区间为（　）。（已知置信度为 95%，$n=5$，$t=2.776$）

A. 28.57±0.12　　B. 28.57±0.13　　C. 28.56±0.13　　D. 28.57±0.06

56. [1] 某人根据置信度为 95% 对某项分析结果计算后，写出如下报告，合理的是（　）。

A. (25.48±0.1)%　　B. (25.48±0.135)%

C. (25.48±0.1348)%　　D. (25.48±0.13)%

57. [1] 在不加样品的情况下，用与测定样品同样的方法、步骤，进行的定量分析，称之为（　）。

A. 对照试验　　B. 空白试验　　C. 平行试验　　D. 预试验

58. [2] 在分析过程中，检查有无系统误差存在，做（　）试验是最有效的方法，这样可校正测试结果，消除系统误差。

A. 重复　　B. 空白　　C. 对照　　D. 再现性

59. [1] 在进行离子鉴定时未得到肯定结果，如怀疑试剂已变质应进行（　　）。
A. 重复实验　　B. 对照实验　　C. 空白试验　　D. 灵敏性试验

60. [2] 在生产单位中，为检验分析人员之间是否存在系统误差，常用于校正的方法是（　　）。
A. 空白实验　　B. 校准仪器
C. 对照实验　　D. 增加平行测定次数

61. [1] 在同样的条件下，用标样代替试样进行的平行测定叫作（　　）。
A. 空白实验　　B. 对照实验　　C. 回收实验　　D. 校正实验

62. [3] 下列方法不是消除系统误差的方法有（　　）。
A. 仪器校正　　B. 空白　　C. 对照　　D. 再现性

63. [2] 带有玻璃活塞的滴定管常用来装（　　）。
A. 见光易分解的溶液　　B. 酸性溶液　　C. 碱性溶液　　D. 任何溶液

64. [3] 碱式滴定管常用来装（　　）。
A. 碱性溶液　　B. 酸性溶液　　C. 任何溶液　　D. 氧化性溶液

65. [2] 下列容量瓶的使用不正确的是（　　）。
A. 使用前应检查是否漏水　　B. 瓶塞与瓶应配套使用
C. 使用前在烘箱中烘干　　D. 容量瓶不宜代替试剂瓶使用

66. [3] 使分析天平较快停止摆动的部件是（　　）。
A. 吊耳　　B. 指针　　C. 阻尼器　　D. 平衡螺钉

67. [3] 天平零点相差较小时，可调节（　　）。
A. 指针　　B. 拔杆　　C. 感量螺钉　　D. 吊耳

68. [3] 下列电子天平精度最高的是（　　）。
A. WDZK-1 上皿天平（分度值 0.1g）　　B. QD-1 型天平（分度值 0.01g）
C. KIT 数字式天平（分度值 0.1mg）　　D. MD200-1 型天平（分度值 10mg）

69. [2] 要改变分析天平的灵敏度可调节（　　）。
A. 吊耳　　B. 平衡螺钉　　C. 拔杆　　D. 感量螺钉

70. [2] 10℃时，滴定用去 26.00mL 0.1mol/L 标准溶液，该温度下 1L 0.1mol/L 标准溶液的补正值为+1.5mL，则 20℃时该溶液的体积为（　　）mL。
A. 26　　B. 26.04　　C. 27.5　　D. 24.5

71. [2] 在 22℃时，用已洗净的 25mL 移液管，准确移取 25.00mL 纯水，置于已准确称量过的 50mL 的锥形瓶中，称得水的质量为 24.9613g，此移液管在 20℃时的真实体积为（　　）。22℃时水的密度为 0.99680g/mL。
A. 25.00mL　　B. 24.96mL　　C. 25.04mL　　D. 25.02mL

72. [3] 在 24℃时（水的密度为 0.99638g/mL）称得 25mL 移液管中至刻度线时放出的纯水的质量为 24.902g，则其在 20℃时的真实体积为（　　）mL。
A. 25　　B. 24.99　　C. 25.01　　D. 24.97

73. [1] 进行移液管和容量瓶的相对校正时（　　）。
A. 移液管和容量瓶的内壁都必须绝对干燥
B. 移液管和容量瓶的内壁都不必干燥
C. 容量瓶的内壁必须绝对干燥，移液管内壁可以不干燥
D. 容量瓶的内壁可以不干燥，移液管内壁必须绝对干燥

74. [2] 电光天平吊耳的作用是（　　）。

A. 使天平平衡　　　　　　　　　　　　B. 悬挂称盘和阻尼器上盖

C. 使天平摆动　　　　　　　　　　　　D. 以上都不对

75. [2] 关于天平砝码的取用方法，正确的是（　　）。

A. 戴上手套用手取　B. 拿纸条夹取　C. 用镊子夹取　D. 直接用手取

76. [1] 电子分析天平按精度分一般有（　　）类。

A. 4　　B. 5　　C. 6　　D. 3

77. [3] 使用电光分析天平时，取放物体时要托起横梁是为了（　　）。

A. 减少称量时间　B. 保护玛瑙刀口　C. 保护横梁　D. 便于取放物体

78. [1] 在搬运检流计时，把正负极短接的原因是（　　）。

A. 保护检流计，以免动圈吊丝受损　　B. 防止线圈上有电流通过而烧坏

C. 防止检流计灯泡损坏　　　　　　　D. 防止漏电

二、判断题

1. [1] 分析纯的 NaCl 试剂，如不做任何处理，用来标定 $AgNO_3$ 溶液的浓度，结果会偏高。（　）

2. [1] 器皿不洁净、溅失试液、读数或记录差错都可造成偶然误差。（　）

3. [2] 容量瓶与移液管不配套会引起偶然误差。（　）

4. [2] 随机误差呈现正态分布。（　）

5. [2] 在没有系统误差的前提条件下，总体平均值就是真实值。（　）

6. [2] 在消除系统误差的前提下，平行测定的次数越多，平均值越接近真值。（　）

7. [2] 测定结果精密度好，不一定准确度高。（　）

8. [2] 精密度高，准确度就一定高。（　）

9. [3] 准确度表示分析结果与真实值接近的程度。它们之间的差别越大，则准确度越高。（　）

10. [3] 准确度是测定值与真实值之间接近的程度。（　）

11. [2] 平均偏差常用来表示一组测量数据的分散程度。（　）

12. [2] 平均偏差与标准偏差一样都能准确反映结果的精密程度。（　）

13. [2] 相对误差会随着测量值的增大而减小，所以消耗标准溶液的量多误差小。（　）

14. [2] 某物质的真实质量为 1.00g，用天平称量称得 0.99g，则相对误差为 1%。（　）

15. [1] 误差是指测定值与真实值之间的差值，误差相等时说明测定结果的准确度相等。（　）

16. [2] 用氧化还原法测得某样品中 Fe 含量分别为 20.01%、20.03%、20.04%、20.05%，则这组测量值的相对平均偏差为 0.06%。（　）

17. [2] $0.650\times100=0.630\times(100+V)$ 中求出的 V 有 3 位有效数字。（　）

18. [2] 有效数字中的所有数字都是准确有效的。（　）

19. [2] 在分析数据中，所有的“0”都是有效数字。（　）

20. [2] 6.78850 修约为四位有效数字是 6.788。（　）

21. [2] Q 检验法适用于测定次数为 $3\leqslant n\leqslant10$ 时的测试。（　）

22. [3] 分析中遇到可疑数据时，可以不予考虑。（　）

23. [3] 在 3～10 次的分析测定中，离群值的取舍常用 $4\bar{d}$ 法检验；显著性差异的检验方法在分析工作中常用的是 t 检验法和 F 检验法。（　）

24. [2] 测定次数越多，求得的置信区间越宽，即测定平均值与总体平均值越接近。（　）

25. ［3］做空白试验，可以减少滴定分析中的偶然误差。（　　）

26. ［1］对照试验是用以检查试剂或蒸馏水是否含有被鉴定离子。（　　）

27. ［3］进行滴定操作前，要将滴定管尖处的液滴靠进锥形瓶中。（　　）

28. ［3］容量瓶可以长期存放溶液。（　　）

29. ［3］酸式滴定管可以用洗涤剂直接刷洗。（　　）

30. ［3］若想使滴定管干燥，可在烘箱中烘烤。（　　）

31. ［2］天平使用过程中要避免震动、潮湿、阳光直射及腐蚀性气体。（　　）

32. ［2］要改变分析天平的灵敏度可调节平衡螺丝。（　　）

33. ［2］12℃时 0.1mol/L 某标准溶液的温度补正值为＋1.3，滴定用去 26.35mL，校正为 20℃时的体积是 26.32mL。（　　）

34. ［2］在 10℃时，滴定用去 25.00mL，0.1mol/L 标准溶液，如 20℃时的体积校正值为＋1.45，则 20℃时溶液的体积为 25.04mL。（　　）

35. ［2］通常移液管的标称容积与实际容积之间存在误差，需用一个系数 R 予以校正，简单地可表示为 $V=RW$。（　　）

36. ［2］已知 25mL 移液管在 20℃的体积校准值为－0.01mL，则 20℃该移液管的真实体积是 25.01mL。（　　）

37. ［1］滴定管、移液管和容量瓶校准的方法有称量法和相对校准法。（　　）

38. ［1］电光分析天平的横梁上有三把玛瑙刀，三把刀的刀口处于同一个平面且互相平行。（　　）

39. ［2］误差是指测定值与真实值之间的差，误差的大小说明分析结果准确度的高低。（　　）

40. ［3］在平行测定次数较少的分析测定中，可疑数据的取舍常用 Q 检验法。（　　）

41. ［1］测定石灰中铁的质量分数（%），已知 4 次测定结果为：1.59，1.53，1.54 和 1.83。利用 Q 检验法判断出第四个结果应弃去。已知 $Q_{0.90,4}=0.76$。（　　）

42. ［2］定性分析中采用空白试验，其目的在于检查试剂或蒸馏水是否含有被鉴定的离子。（　　）

43. ［3］半微量分析的试样取用量一般为 0.001～0.01g 。（　　）

44. ［3］滴定分析的相对误差一般要求为 0.1% ，滴定时耗用标准溶液的体积应控制在 15～20mL。（　　）

45. ［2］11.48g 换算为毫克的正确写法是 11480mg。（　　）

46. ［3］分析天平的灵敏度越高，其称量的准确度越高。（　　）

47. ［2］偏差表示测定结果偏离真实值的程度。（　　）

48. ［2］采用 Q 检验法对测定结果进行处理时，当 $Q_{计算}<Q_{表}$ 时，将该测量值舍弃。（　　）

49. ［3］增加测定次数可以提高实验的准确度。（　　）

50. ［2］pH＝2.08 的有效数字为 3 位。（　　）

51. ［3］允许误差也称为公差，是指进行多次测定所得到的一系列数据中最大值与最小值的允许界限（也即极差）。（　　）

52. ［3］定量分析中产生的系统误差是可以校正的误差。（　　）

53. ［3］有效数字当中不包括最后一位可疑数字。（　　）

三、多选题

1. ［1］不能减少测定过程中偶然误差的方法（　　）。

A. 进行对照试验　　B. 进行空白试验
C. 进行仪器校正　　D. 增加平行测定次数

2. [2] 滴定误差的大小主要取决于（　　）。
A. 指示剂的性能　B. 溶液的温度　C. 溶液的浓度　D. 滴定管的性能

3. [1] 下列说法正确的是（　　）。
A. 无限多次测量的偶然误差服从正态分布　B. 有限次测量的偶然误差服从 t 分布
C. t 分布曲线随自由度 f 的不同而改变　D. t 分布就是正态分布

4. [3] 下述情况中，属于分析人员不应有的操作失误是（　　）。
A. 滴定前用标准滴定溶液将滴定管淋洗几遍　B. 称量用砝码没有检定
C. 称量时未等称量物冷却至室温就进行称量　D. 滴定前用被滴定溶液洗涤锥形瓶

5. [2] 在下列方法中可以减少分析中系统误差的是（　　）。
A. 增加平行试验的次数　B. 进行对照实验
C. 进行空白试验　D. 进行仪器的校正

6. [2] 准确度、精密度、系统误差、偶然误差的关系为（　　）。
A. 准确度高，精密度一定高　B. 准确度高，系统误差、偶然误差一定小
C. 精密度高，系统误差、偶然误差一定小　D. 系统误差小，准确度一般较高

7. [2] 准确度和精密度的关系为（　　）。
A. 准确度高，精密度一定高　B. 准确度高，精密度不一定高
C. 精密度高，准确度一定高　D. 精密度高，准确度不一定高

8. [2] 影响测定结果准确度的因素有（　　）。
A. 滴定管读数时最后一位估测不准　B. 沉淀重量法中沉淀剂未过量
C. 标定 EDTA 用的基准 ZnO 未进行处理　D. 碱式滴定管使用过程中产生了气泡

9. [2] 用重量法测定 SO_4^{2-} 含量，$BaSO_4$ 沉淀中有少量 $Fe_2(SO_4)_3$，则对结果的影响为（　　）。
A. 正误差　B. 负误差
C. 对准确度有影响　D. 对精密度有影响

10. [3] 在改变了的测量条件下，对同一被测量的测量结果之间的一致性称为（　　）。
A. 重复性　B. 再现性　C. 准确性　D. 精密性

11. [2] 某分析人员所测得的分析结果，精密度好，准确度差，可能是（　　）导致的。
A. 测定次数偏少　B. 仪器未校正
C. 选择的指示剂不恰当　D. 标定标准溶液用的基准物保存不当

12. [2] 系统误差具有的特征为（　　）。
A. 单向性　B. 影响精密度　C. 重复性　D. 可定性

13. [3] 下列叙述中错误的是（　　）。
A. 误差是以真值为标准的，偏差是以平均值为标准的。实际工作中获得的所谓“误差”实质上仍是偏差
B. 对某项测定来说，他的系统误差的大小是可以测量的
C. 对偶然误差来说，它的大小相等的正负误差出现的机会是相等的
D. 标准偏差是用数理统计方法处理测定的数据而获得的

14. [2] 平均值的标准偏差与样本标准偏差的关系不正确的是（　　）。

A. $\overline{d}=\dfrac{\sum\limits_{n=1}^{n}|x_n-\overline{x}|}{n}$　B. $\sigma_{\overline{X}}=\dfrac{\sigma}{n}$　C. $\sigma_{\overline{X}}=\dfrac{\sigma}{\sqrt{n}}$　D. $s_{\overline{X}}=\dfrac{s}{\sqrt{n}}$

15. [2] 下列叙述中正确的是（ ）。

A. 偏差是测定值与真实值之差值

B. 相对平均偏差为绝对偏差除以真值

C. 相对平均偏差为绝对偏差除以平均值

D. 平均偏差是表示一组测量数据的精密度的好坏

16. [2] 工业碳酸钠国家标准规定，优等品总碱量（以 Na_2CO_3 计）≥99.2%；氯化物（以 NaCl 计）≤0.70%；铁（Fe）含量≤0.004%；水不溶物含量≤0.04%。某分析人员分析一试样后在质量证明书上报出的结果错误的有（ ）。

A. 总碱量（以 Na_2CO_3 计）为 99.52%　　B. 氯化物（以 NaCl 计）为 0.45%

C. 水不溶物含量为 0.02%　　D. 铁（Fe）含量为 0.0022%

17. [2] 下列数据中，有效数字位数为四位的是（ ）。

A. $[H^+]=0.006mol/L$　　B. pH=11.78

C. $w(MgO)=14.18\%$　　D. $c(NaOH)=0.1132mol/L$

18. [3] 将下列数据修约至 4 位有效数字，（ ）是正确的。

A. 3.1495→3.150　　B. 18.2841→18.28

C. 65065→6.506×10^4　　D. 0.16485→0.1649

19. [2] 下列数字保留四位有效数字，修约正确的有（ ）。

A. 1.5675→1.568　　B. 0.076533→0.0765

C. 0.086765→0.08676　　D. 100.23→100.2

20. [2] 在一组平行测定的数据中有个别数据的精密度不高时，正确的处理方法是（ ）。

A. 舍去可疑数

B. 根据偶然误差分布规律决定取舍

C. 测定次数为 5，用 Q 检验法决定可疑数的取舍

D. 用 Q 检验法时，如 $Q>Q_{0.99}$，则此可疑数应舍去

21. [3] 两位分析人员对同一含铁的样品用分光光度法进行分析，得到两组分析数据，要判断两组分析的精密度有无显著性差异，不适用的方法是（ ）。

A. Q 检验法　　B. t 检验法

C. F 检验法　　D. Q 和 t 联合检验法

22. [2] 下列有关平均值的置信区间的论述中，正确的有（ ）。

A. 同条件下测定次数越多，则置信区间越小

B. 同条件下平均值的数值越大，则置信区间越大

C. 同条件下测定的精密度越高，则置信区间越小

D. 给定的置信度越小，则置信区间也越小

23. [2] 下列叙述中正确的是（ ）。

A. 置信区间是表明在一定的概率保证下，估计出来的包含可能参数在内的一个区间

B. 保证参数在置信区间的概率称为置信度

C. 置信度愈高，置信区间就会愈宽

D. 置信度愈高，置信区间就会愈窄

24. [1] 抽样推断中，样本容量的多少取决于（ ）。

A. 总体标准差的大小　　B. 允许误差的大小

C. 抽样估计的把握程度　　D. 总体参数的大小

E. 抽样方法和组织形式

25. [1] 提高分析结果准确度的方法有（ ）。

A. 减小样品取用量　　B. 测定回收率

C. 空白试验　　D. 尽量使用同一套仪器

26. [2] 为了提高分析结果的准确度，必须（　　）。

A. 选择合适的标准溶液浓度　　B. 增加测定次数

C. 去除样品中的水分　　D. 增加取样量

27. [2] 在分析中做空白试验的目的是（　　）。

A. 提高精密度　　B. 提高准确度　　C. 消除系统误差　　D. 消除偶然误差

28. [3] 读取滴定管读数时，下列操作中正确的是（　　）。

A. 读数前要检查滴定管内壁是否挂水珠，管尖是否有气泡

B. 读数时，应使滴定管保持垂直

C. 读取弯月面下缘最低点，并使视线与该点在同一水平面上

D. 有色溶液与无色溶液的读数方法相同

29. [3] 下列仪器中，有"0"刻度线的是（　　）。

A. 量筒　　B. 温度计

C. 酸式滴定管　　D. 托盘天平游码刻度尺

30. [2] 下列有关移液管的使用错误的是（　　）。

A. 一般不必吹出残留液　　B. 用蒸馏水淋洗后即可移液

C. 用后洗净，加热烘干后即可再用　　D. 移液管只能粗略地量取一定量液体体积

31. [3] 中和滴定时需用溶液润洗的仪器有（　　）。

A. 滴定管　　B. 锥形瓶　　C. 烧杯　　D. 移液管

32. [3] 下列天平不能较快显示重量数字的是（　　）。

A. 全自动机械加码电光天平　　B. 半自动电光天平

C. 阻尼天平　　D. 电子天平

33. [1] 一台分光光度计的校正应包括（　　）等。

A. 波长的校正　　B. 吸光度的校正　　C. 杂散光的校正　　D. 吸收池的校正

34. [1] 滴定分析仪器都是以（　　）为标准温度来标定和校准的。

A. 25℃　　B. 20℃　　C. 298K　　D. 293K

35. [1] 进行移液管和容量瓶的相对校正时（　　）。

A. 移液管和容量瓶的内壁都必须绝对干燥　　B. 移液管和容量瓶的内壁都不必干燥

C. 容量瓶的内壁必须绝对干燥　　D. 移液管内壁可以不干燥

36. [3] 在分析天平上称出一份样品，称量前调整零点为0，当砝码加到12.24g时，投影屏映出停点为＋4.6mg，称量后检查零点为－0.2mg，该样品的质量不正确的为（　　）。

A. 12.2448g　　B. 12.2451g　　C. 12.2446g

D. 12.2441g　　E. 12.245g

37. [1] TG328B型分析天平称量前应检查（　　）项目以确定天平是否正常。

A. 天平是否处于水平位置　　B. 吊耳、圈码等是否脱落

C. 天平内部是否清洁　　D. 有没有进行上一次称量的登记

38. [2] 分析天平室的建设要注意（　　）。

A. 最好没有阳光直射的朝阳的窗户　　B. 天平的台面有良好的减震

C. 室内最好有空调或其他去湿设备　　D. 天平室要有良好的空气对流，保证通风

E. 天平室要远离振源

39. [2] 电子天平使用时应该注意（　　）。

A. 将天平置于稳定的工作台上避免振动、气流及阳光照射

B. 在使用前调整水平仪气泡至中间位置

C. 经常对电子天平进行校准

D. 电子天平出现故障应及时检修，不可带“病”工作

40. [2] 按电子天平的精度可分为（　　）类。

A. 超微量电子天平　B. 微量天平　C. 半微量天平　D. 常量电子天平

41. [2] 现代分析仪器的发展趋势为（　　）。

A. 微型化　B. 智能化　C. 微机化　D. 自动化

42. [2] 测定黄铁矿中硫的含量，称取样品 0.2853g，下列分析结果不合理的是（　　）。

A. 32%　B. 32.4%　C. 32.41%　D. 32.410%

43. [3] 定量分析过程包括（　　）。

A. 制订测定计划　B. 分析方法的确定　C. 仪器的调试　D. 分析结果评价

44. [3] 系统误差包括（　　）。

A. 方法误差　B. 环境温度变化　C. 操作失误　D. 试剂误差

45. [2] 在滴定分析法测定中出现的下列情况，哪种属于系统误差（　　）。

A. 试样未经充分混匀　B. 滴定管的读数读错

C. 所用试剂不纯　D. 砝码未经校正

E. 滴定时有液滴溅出

46. [3] 下列表述正确的是（　　）。

A. 平均偏差常用来表示一组测量数据的分散程度

B. 偏差是以真值为标准与测定值进行比较

C. 平均偏差表示精度的缺点是缩小了大误差的影响

D. 平均偏差表示精度的优点是比较简单

47. [2] 下列数据含有两位有效数字的是（　　）。

A. 0.0330　B. 8.7×10^{-5}　C. $pK_a=4.74$　D. $pH=10.00$

48. [1] 下列情况将对分析结果产生负误差的有（　　）。

A. 标定 HCl 溶液浓度时，使用的基准物 Na_2CO_3 中含有少量 $NaHCO_3$

B. 用差减法称量试样时，第一次读数时使用了磨损的砝码

C. 加热使基准物溶解后，溶液未经冷却即转移至容量瓶中并稀释至刻度，摇匀，马上进行标定

D. 用移液管移取试样溶液时事先未用待移取溶液润洗移液管

49. [2] 测定中出现下列情况，属于偶然误差的是（　　）。

A. 滴定时所加试剂中含有微量的被测物质

B. 某分析人员几次读取同一滴定管的读数不能取得一致

C. 滴定时发现有少量溶液溅出

D. 某人用同样的方法测定，但结果总不能一致

50. [2] 随机变量的两个重要的数字特征是（　　）。

A. 偏差　B. 均值　C. 方差　D. 误差

51. [1] 用重量法测定草酸根含量，在草酸钙沉淀中有少量草酸镁沉淀，会对测定结果有何影响（　　）。

A. 产生正误差　B. 产生负误差　C. 降低准确度　D. 对结果无影响

52. [2] 关于偏差（d）说法正确的是（　　）。

A. 是指单次测定值与 n 次测定的算数平均值之间的差值

B. 在实际工作中，常用单次测量偏差的绝对值的平均值（即平均偏差）表示其精密度

C. 偏差有正偏差、负偏差，一些偏差可能是零

D. 常用偏差之和来表示一组分析结果的精密度

四、计算题

1.[3] 按有效数字运算规则，计算下列结果。

(1) $7.9936 \div 0.9967 - 5.02$

(2) $2.187 \times 0.584 + 9.6 \times 10^{-5} - 0.0326 \times 0.00814$

2. [2] 滴定管误差为±0.01mL，滴定剂体积为 (1) 2.00mL; (2) 20.00mL; (3) 40.00mL。试计算相对误差各为多少？

3. [2] 有一铜矿试样，经两次测定，得知铜的质量分数为 24.87%、24.93%，而铜的实际质量分数为 24.95%，求分析结果的绝对误差和相对误差（公差为±0.10%）。

4. [2] 某试样经分析测得锰的质量分数为 41.24%、41.27%、41.23%、41.26%。试计算分析结果的平均值、单次测得值的平均偏差和标准偏差。

5. [1] 石灰石中铁含量四次测定结果为：1.61%、1.53%、1.54%、1.83%。试用 Q 检验法和 $4\bar{d}$ 法检验是否有应舍弃的可疑数据（置信度为 90%）。

6. [3] 若要求分析结果达 0.2%的准确度，试问减量法称样至少为多少克？滴定时所消耗标准溶液体积至少为多少毫升？

7. [2] 用草酸标定 $KMnO_4$ 溶液，4 次标定结果为 0.2041、0.2049、0.2039、0.2043mol/L。试计算标定结果的平均值、个别测定值的平均偏差、相对平均偏差、标准偏差、变异系数。

8. [3] 将下列数据修约成两位有效数字：7.4978; 0.736; 8.142; 55.5。

9. [2] 某测定镍合金的含量，六次平行测定的结果是 34.25%、34.35%、34.22%、34.18%、34.29%、34.40%，计算：

(1) 平均值；中位数；平均偏差；相对平均偏差；标准偏差；平均值的标准偏差。

(2) 若已知镍的标准含量为 34.33%，计算以上结果的绝对误差和相对误差。

10. [1] 用某法分析汽车尾气中 SO_2 含量（%），得到下列结果：4.88，4.92，4.90，4.87，4.86，4.84，4.71，4.86，4.89，4.99。用 Q 检验法判断有无异常值需舍弃。

第六章

酸碱滴定知识

一、单选题

1. [2] 0.04mol/L H_2CO_3溶液的pH为（　　）。（$K_{a1}=4.3\times10^{-7}$，$K_{a2}=5.6\times10^{-11}$）
   A. 4.73　　B. 5.61　　C. 3.89　　D. 7
2. [2] 0.1mol/L NH_4Cl溶液的pH为（　　）。（氨水的$K_b=1.8\times10^{-5}$）
   A. 5.13　　B. 6.13　　C. 6.87　　D. 7.0
3. [2] $H_2C_2O_4$的$K_{a1}=5.9\times10^{-2}$、$K_{a2}=6.4\times10^{-5}$，则其0.10mol/L溶液的pH为（　　）。
   A. 2.71　　B. 1.28　　C. 12.89　　D. 11.29
4. [3] pH＝5和pH＝3的两种盐酸以1＋2体积比混合，混合溶液的pH是（　　）。
   A. 3.17　　B. 10.1　　C. 5.3　　D. 8.2
5. [2] 标定NaOH溶液常用的基准物是（　　）。
   A. 无水Na_2CO_3　　B. 邻苯二甲酸氢钾　　C. $CaCO_3$　　D. 硼砂
6. [2] 酚酞指示剂的变色范围为（　　）。
   A. 8.0～9.6　　B. 4.4～10.0　　C. 9.4～10.6　　D. 7.2～8.8
7. [1] 配制酚酞指示剂选用的溶剂是（　　）。
   A. 水-甲醇　　B. 水-乙醇　　C. 水　　D. 水-丙酮
8. [1] 双指示剂法测混合碱，加入酚酞指示剂时，滴定消耗HCl标准滴定溶液体积为15.20mL；加入甲基橙作指示剂，继续滴定又消耗了HCl标准溶液25.72mL，则溶液中存在（　　）。
   A. $NaOH+Na_2CO_3$　　B. $Na_2CO_3+NaHCO_3$
   C. $NaHCO_3$　　D. Na_2CO_3
9. [1] 酸碱滴定曲线直接描述的内容是（　　）。
   A. 指示剂的变色范围　　B. 滴定过程中pH变化规律
   C. 滴定过程中酸碱浓度变化规律　　D. 滴定过程中酸碱体积变化规律
10. [1] 0.10mol/L的HAc溶液的pH为（　　）。（$K_a=1.8\times10^{-5}$）
   A. 4.74　　B. 2.88　　C. 5.3　　D. 1.8
11. [3] pH＝5的盐酸溶液和pH＝12的氢氧化钠溶液等体积混合后溶液的pH是（　　）。

A. 5.3　　B. 7　　C. 10.8　　D. 11.7

12. [2] 按质子理论，Na_2HPO_4是（　　）。

A. 中性物质　　B. 酸性物质　　C. 碱性物质　　D. 两性物质

13. [1] 甲基橙指示剂的变色范围是pH=（　　）。

A. 3.1～4.4　　B. 4.4～6.2　　C. 6.8～8.0　　D. 8.2～10.0

14. [1] 将浓度为5mol/L NaOH溶液100mL加水稀释至500mL，则稀释后的溶液浓度为（　　）mol/L。

A. 1　　B. 2　　C. 3　　D. 4

15. [2] 配制pH=7的缓冲溶液时，选择最合适的缓冲对是（　　）。[$K_a(HAc)=1.8\times10^{-5}$，$K_b(NH_3)=1.8\times10^{-5}$；$H_2CO_3$：$K_{a1}=4.2\times10^{-7}$，$K_{a2}=5.6\times10^{-11}$；$H_3PO_4$：$K_{a1}=7.6\times10^{-3}$，$K_{a2}=6.3\times10^{-8}$，$K_{a3}=4.4\times10^{-13}$]

A. HAc-NaAc　　B. NH_3-NH_4Cl

C. NaH_2PO_4-Na_2HPO_4　　D. $NaHCO_3$-Na_2CO_3

16. [1] 酸碱滴定过程中，选取合适的指示剂是（　　）。

A. 减小滴定误差的有效方法　　B. 减小偶然误差的有效方法

C. 减小操作误差的有效方法　　D. 减小试剂误差的有效方法

17. [1] 已知0.10mol/L一元弱酸溶液的pH=3.0，则0.10mol/L共轭碱NaB溶液的pH是（　　）。

A. 11　　B. 9　　C. 8.5　　D. 9.5

18. [1] 以甲基橙为指示剂标定含有Na_2CO_3的NaOH标准溶液，用该标准溶液滴定某酸以酚酞为指示剂，则测定结果（　　）。

A. 偏高　　B. 偏低　　C. 不变　　D. 无法确定

19. [2] 用0.1000mol/L HCl滴定30.00mL同浓度的某一元弱碱溶液，当加入滴定剂的体积为15.00mL时，pH为8.7，则该一元弱碱的pK_b是（　　）。

A. 5.3　　B. 8.7　　C. 4.3　　D. 10.7

20. [1] 用基准无水碳酸钠标定0.100mol/L盐酸，宜选用（　　）作指示剂。

A. 溴甲酚绿-甲基红　　B. 酚酞　　C. 百里酚蓝　　D. 二甲酚橙

21. [1] 欲配制pH=10的缓冲溶液选用的物质组成是（　　）。[$K_b(NH_3)=1.8\times10^{-5}$，$K_a(HAc)=1.8\times10^{-5}$]

A. NH_3-NH_4Cl　　B. HAc-NaAc　　C. NH_3-NaAc　　D. HAc-NH_3

22. [1] 0.31mol/L的Na_2CO_3的水溶液pH是（　　）。($pK_{a1}=6.38$，$pK_{a2}=10.25$)

A. 6.38　　B. 10.25　　C. 8.85　　D. 11.87

23. [2] NH_3的$K_b=1.8\times10^{-5}$，0.1mol/L NH_3溶液的pH为（　　）。

A. 2.87　　B. 2.22　　C. 11.13　　D. 11.78

24. [2] 某弱酸（$K_a=6.2\times10^{-5}$）溶液，当pH=3时，其酸的浓度c为（　　）mol/L。

A. 16.1　　B. 0.2　　C. 0.1　　D. 0.02

25. [2] 多元酸能分步滴定的条件是（　　）。

A. $K_{a1}/K_{a2}\geqslant10^6$　　B. $K_{a1}/K_{a2}\geqslant10^5$　　C. $K_{a1}/K_{a2}\leqslant10^6$　　D. $K_{a1}/K_{a2}\leqslant10^5$

26. [2] 某酸碱指示剂的$K_{HIn}=1.0\times10^{-5}$，则从理论上推算其变色范围是pH=（　　）。

A. 4～5　　B. 5～6　　C. 4～6　　D. 5～7

27. [2] 若弱酸HA的$K_a=1.0\times10^{-5}$，则其0.10mol/L溶液的pH为（　　）。

A. 2.0　　B. 3.0　　C. 5.0　　D. 6.0

28. [2] 酸碱滴定法选择指示剂时可以不考虑的因素是（　　）。

A. 滴定突跃的范围　　B. 指示剂的变色范围
C. 指示剂的颜色变化　　D. 指示剂相对分子质量的大小

29. [2] 酸碱滴定中指示剂选择依据是（　　）。
A. 酸碱溶液的浓度　　B. 酸碱滴定 pH 突跃范围
C. 被滴定酸或碱的浓度　　D. 被滴定酸或碱的强度

30. [2] 与缓冲溶液的缓冲容量大小有关的因素是（　　）。
A. 缓冲溶液的 pH　　B. 缓冲溶液的总浓度
C. 外加的酸度　　D. 外加的碱度

31. [2] 中性溶液严格地讲是指（　　）。
A. pH=7.0 的溶液　　B. $[H^+]=[OH^-]$ 的溶液
C. pOH=7.0 的溶液　　D. pH+pOH=14.0 的溶液

32. [1] 物质的量浓度相同的下列物质的水溶液，其 pH 最高的是（　　）。
A. NaAc　　B. NH_4Cl　　C. Na_2SO_4　　D. NH_4Ac

33. [2] 0.083mol/L 的 HAc 溶液的 pH 是（　　）。[$pK_a(HAc)=4.76$]
A. 0.083　　B. 2.9　　C. 2　　D. 2.92

34. [1] 0.1mol/L 的下列溶液中，酸性最强的是（　　）。
A. H_3BO_3（$K_a=5.8\times10^{-10}$）　　B. $NH_3\cdot H_2O$（$K_b=1.8\times10^{-5}$）
C. 苯酚（$K_a=1.1\times10^{-10}$）　　D. HAc（$K_a=1.8\times10^{-5}$）

35. [1] $H_2PO_4^-$ 的共轭碱是（　　）。
A. HPO_4^{2-}　　B. PO_4^{3-}　　C. H_3PO_4　　D. OH^-

36. [1] NH_4^+ 的 $K_a=1\times10^{-9.26}$，则 0.10mol/L NH_3水溶液的 pH 为（　　）。
A. 9.26　　B. 11.13　　C. 4.74　　D. 2.87

37. [1] 按酸碱质子理论，下列物质是酸的是（　　）。
A. NaCl　　B. $[Fe(H_2O)_6]^{3+}$
C. NH_3　　D. $H_2N\text{-}CH_2COO^-$

38. [2] 多元酸的滴定是（　　）。
A. 可以看成其中一元酸的滴定过程
B. 可以看成是相同强度的一元酸的混合物滴定
C. 可以看成是不同强度的一元酸的混合物滴定
D. 可以看成是不同浓度的一元酸的混合物滴定

39. [2] 缓冲组分浓度比为 1 时，缓冲容量（　　）。
A. 最大　　B. 最小　　C. 不受影响　　D. 无法确定

40. [1] 配制好的氢氧化钠标准溶液贮存于（　　）中。
A. 棕色橡胶塞试剂瓶　B. 白色橡胶塞试剂瓶　C. 白色磨口塞试剂瓶　D. 试剂瓶

41. [3] 酸碱滴定变化规律一般分成（　　）个阶段来讨论。
A. 1　　B. 2　　C. 3　　D. 4

42. [1] 酸碱滴定中选择指示剂的原则是（　　）。
A. 指示剂应在 pH=7.0 时变色
B. 指示剂的变色点与化学计量点完全符合
C. 指示剂的变色范围全部或部分落入滴定的 pH 突跃范围之内
D. 指示剂的变色范围应全部落在滴定的 pH 突跃范围之内

43. [3] 物质的量浓度（以其化学式为基本单元）相同的情况下，下列物质的水溶液 pH 最高的是（　　）。

A. NaAc　　B. Na_2CO_3　　C. NH_4Cl　　D. NaCl

44. [2] 下列弱酸或弱碱（设浓度为 0.1mol/L）能用酸碱滴定法直接准确滴定的是（　　）。

A. 氨水（$K_b=1.8\times10^{-5}$）　　B. 苯酚（$K_b=1.1\times10^{-10}$）

C. NH_4^+（$K_a=5.8\times10^{-10}$）　　D. H_2CO_3（$K_{a1}=4.2\times10^{-7}$）

45. [2] 向 1mL pH=1.8 的盐酸中加入水（　　）才能使溶液的 pH=2.8。

A. 9mL　　B. 10mL　　C. 8mL　　D. 12mL

46. [2] 以 NaOH 滴定 H_3PO_4（$K_{a1}=7.5\times10^{-3}$，$K_{a2}=6.2\times10^{-8}$，$K_{a3}=5\times10^{-13}$）至生成 NaH_2PO_4时溶液的 pH 为（　　）。

A. 2.3　　B. 3.6　　C. 4.7　　D. 9.2

47. [2] 欲配制 pH=5 的缓冲溶液，应选用下列（　　）共轭酸碱对。

A. $NH_2OH_2^+$-NH_2OH（NH_2OH 的 $pK_b=3.38$）

B. HAc-Ac^-（HAc 的 $pK_a=4.74$）

C. NH_4^+-$NH_3\cdot H_2O$（$NH_3\cdot H_2O$ 的 $pK_b=4.74$）

D. HCOOH-$HCOO^-$（HCOOH 的 $pK_a=3.74$）

48. [2] 在冰醋酸介质中，下列酸的强度顺序正确的是（　　）。

A. $HNO_3>HClO_4>H_2SO_4>HCl$　　B. $HClO_4>HNO_3>H_2SO_4>HCl$

C. $H_2SO_4>HClO_4>HCl>HNO_3$　　D. $HClO_4>H_2SO_4>HCl>HNO_3$

49. [2] 测定某混合碱时，用酚酞作指示剂时所消耗的盐酸标准溶液比继续加甲基橙作指示剂所消耗的盐酸标准溶液多，说明该混合碱的组成为（　　）。

A. $Na_2CO_3+NaHCO_3$　　B. Na_2CO_3+NaOH

C. $NaHCO_3+NaOH$　　D. Na_2CO_3

50. [3] 用 HCl 滴定 NaOH+ Na_2CO_3混合碱到达第一化学计量点时溶液 pH 约为（　　）。

A. >7　　B. <7　　C. 7　　D. <5

51. [1] 在共轭酸碱对中，酸的酸性越强，其共轭碱的（　　）。

A. 碱性越强　　B. 碱性强弱不定　　C. 碱性越弱　　D. 碱性消失

52. [2] 共轭酸碱对中，K_a与K_b的关系是（　　）。

A. $K_a/K_b=1$　　B. $K_a/K_b=K_w$　　C. $K_a/K_b=1$　　D. $K_aK_b=K_w$

53. [3] 根据酸碱质子理论，HCO_3^- 属于（　　）。

A. 酸性物质　　B. 碱性物质　　C. 中性物质　　D. 两性物质

54. [2] HCl、$HClO_4$、H_2SO_4、HNO_3的拉平溶剂是（　　）。

A. 冰醋酸　　B. 水　　C. 甲酸　　D. 苯

55. [2] 非水滴定法测定糖精钠所用指示剂是（　　）。

A. 亚甲基蓝　　B. 溴酚蓝　　C. 结晶紫　　D. 酚酞

56. [2] 在分析化学实验室常用的去离子水中，加入 1～2 滴甲基橙指示剂，则应呈现（　　）。

A. 紫色　　B. 红色　　C. 黄色　　D. 无色

57. [2] 物质的量浓度相同的下列物质的水溶液，其 pH 值最高的是（　　）。

A. Na_2CO_3　　B. NaAc　　C. NH_4Cl　　D. NaCl

58. [2] 与 0.2mol/L 的 HCl溶液 100mL，氢离子浓度相同的溶液是（　　）。

A. 0.2mol/L 的 H_2SO_4溶液 50mL　　B. 0.1mol/L 的 HNO_3溶液 200mL

C. 0.4mol/L 的醋酸溶液 100mL　　D. 0.1mol/L 的 H_2SO_4溶液 100mL

59. [2] 下列溶液稀释 10 倍后，pH 值变化最小的是（　　）。

A. 1mol/L HAc B. 1mol/L HAc 和 0.5mol/L NaAc

C. 1mol/L NH_3 D. 1mol/L NH_4Cl

60. [2] 欲配制 pH=5.0 缓冲溶液应选用的一对物质是（ ）。

A. HAc($K_a=1.8\times10^{-5}$)-NaAc B. HAc-NH_4Ac

C. $NH_3\cdot H_2O$($K_b=1.8\times10^{-5}$)-NH_4Cl D. KH_2PO_4-Na_2HPO_4

61. [3] HAc-NaAc 缓冲溶液 pH 值的计算公式为（ ）。

A. $[H^+]=\sqrt{K_{HAc}c(HAc)}$ B. $[H^+]=K_{HAc}\frac{c(HAc)}{c(NaAc)}$

C. $[H^+]=\sqrt{K_{a1}K_{a2}}$ D. $[H^+]=c(HAc)$

62. [2] 下列各组物质按等物质的量混合配成溶液后，其中不是缓冲溶液的是（ ）。

A. $NaHCO_3$ 和 Na_2CO_3 B. NaCl 和 NaOH

C. NH_3 和 NH_4Cl D. HAc 和 NaAc

63. [1] NaOH 溶液标签浓度为 0.3000mol/L，该溶液从空气中吸收了少量的 CO_2，现以酚酞为指示剂，用标准 HCl 溶液标定，标定结果比标签浓度（ ）。

A. 高 B. 低 C. 不变 D. 无法确定

64. [2] 下列阴离子的水溶液，若浓度（单位：mol/L）相同，则何者碱性最强（ ）。

A. CN^-($K_{HCN}=6.2\times10^{-10}$)

B. S^{2-}($K_{HS^-}=7.1\times10^{-15}$，$K_{H_2S}=1.3\times10^{-7}$)

C. F^-($K_{HF}=3.5\times10^{-4}$)

D. CH_3COO^-($K_{HAc}=1.8\times10^{-5}$)

65. [2] 在酸平衡表示叙述中正确的是（ ）。

A. 平衡常数值越大则溶液的酸度越小 B. 平衡常数值越大则溶液的酸度越大

C. 平衡常数值越大则溶液的浓度越小 D. 平衡常数值越大则溶液的浓度越大

66. [2] 在酸平衡表示叙述中正确的是（ ）。

A. 在一定浓度下，平衡常数值越大则酸的电离度也越大

B. 在一定浓度下，平衡常数值越大则酸的电离度越小

C. 平衡常数值越大则溶液的浓度越大

D. 平衡常数值越大则溶液的浓度越小

67. [2] 在酸平衡表示叙述中不正确的是（ ）。

A. 酸的强弱与酸的平衡常数有关，相同条件下平衡常数越大则酸度越大

B. 酸的强弱与溶剂的性质有关，溶剂接受质子的能力越大则酸度越大

C. 酸的强弱与溶剂的性质有关，溶剂接受质子的能力越小则酸度越大

D. 酸的强弱与酸的结构有关，酸越易给出质子则酸度越大

68. [2] 在碱平衡表示叙述中正确的是（ ）。

A. 在一定浓度下，平衡常数值越大则碱的电离度也越大

B. 在一定浓度下，平衡常数值越大则碱的电离度越小

C. 平衡常数值越大则溶液的浓度越大

D. 平衡常数值越大则溶液的浓度越小

69. [2] 在碱平衡表示叙述中不正确的是（ ）。

A. 碱的强弱与碱的平衡常数有关，相同条件下平衡常数越大则碱度越大

B. 碱的强弱与溶剂的性质有关，溶剂给出质子的能力越大则碱度越大

C. 碱的强弱与溶剂的性质有关，溶剂给出质子的能力越小则碱度越大

D. 碱的强弱与碱的结构有关，碱越易接受质子则碱度越大

70. [2] 在碱平衡表示叙述中正确的是（　　）。

A. 在一定浓度下，平衡常数值越大则溶液的碱度越小

B. 在一定浓度下，平衡常数值越大则溶液的碱度越大

C. 平衡常数值越大则溶液的浓度越小

D. 平衡常数值越大则溶液的浓度越大

71. [2] 某酸在18℃时的平衡常数为 1.84×10^{-5}，在25℃时的平衡常数为 1.87×10^{-5}，则说明该酸（　　）。

A. 在18℃时溶解度比25℃时小　　B. 酸的电离是一个吸热过程

C. 温度高时电离度变小　　D. 温度高时溶液中的氢离子浓度变小

72. [2] 某酸在18℃时的平衡常数为 1.84×10^{-5}，在25℃时的平衡常数为 1.87×10^{-5}，则说明该酸（　　）。

A. 在18℃时溶解度比25℃时小　　B. 酸的电离是一个放热过程

C. 温度高时电离度变大　　D. 温度低时溶液中的氢离子浓度变大

73. [2] 某酸在18℃时的平衡常数为 1.14×10^{-8}，在25℃时的平衡常数为 1.07×10^{-8}，则说明该酸（　　）。

A. 在18℃时溶解度比25℃时小　　B. 酸的电离是一个吸热过程

C. 温度高时电离度变大　　D. 温度高时溶液中的氢离子浓度变小

74. [2] 某碱在18℃时的平衡常数为 1.84×10^{-5}，在25℃时的平衡常数为 1.87×10^{-5}，则说明该碱（　　）。

A. 在18℃时溶解度比25℃时小　　B. 碱的电离是一个吸热过程

C. 温度高时电离度变小　　D. 温度高时溶液中的氢氧根离子浓度变小

75. [2] 0.10mol/L 乙酸溶液的 pH 值为（已知 $K_{HAc}=1.8\times10^{-5}$）（　　）。

A. 2.8　　B. 2.87　　C. 2.872　　D. 5.74

76. [2] 0.20mol/L 乙酸溶液的 pH 值为（已知 $K_{HAc}=1.8\times10^{-5}$）（　　）。

A. 2.7　　B. 2.72　　C. 2.722　　D. 5.44

77. [1] 0.10mol/L 三氯乙酸溶液的 pH 值为（已知 $K_a=0.23$）（　　）。

A. 0.82　　B. 1.12　　C. 0.10　　D. 1.00

78. [2] 0.10mol/L 的某碱溶液，其溶液的 pH 值为（$K_b=4.2\times10^{-4}$）（　　）。

A. 2.19　　B. 11.81　　C. 4.38　　D. 9.62

79. [2] 0.20mol/L 的某碱溶液，其溶液的 pH 值为（$K_b=4.2\times10^{-4}$）（　　）。

A. 2.04　　B. 11.96　　C. 4.08　　D. 9.92

80. [1] 0.10mol/L 二乙胺溶液，其溶液的 pH 值为（　　）。（$K_b=1.3\times10^{-3}$）

A. 10.11　　B. 12.06　　C. 12.03　　D. 9.98

81. [2] 0.10mol/L H_3PO_4 溶液的 pH 值为（　　）。（$K_{a1}=7.6\times10^{-3}$，$K_{a2}=6.3\times10^{-8}$，$K_{a3}=4.4\times10^{-13}$）

A. 1.56　　B. 1.62　　C. 2.61　　D. 3.11

82. [2] 0.20mol/L H_3PO_4 溶液的 pH 值为（　　）。（$K_{a1}=7.6\times10^{-3}$，$K_{a2}=6.3\times10^{-8}$．$K_{a3}=4.4\times10^{-13}$）

A. 1.41　　B. 1.45　　C. 1.82　　D. 2.82

83. [2] 0.040mol/L 碳酸溶液的 pH 值为（　　）。（$K_{a1}=4.2\times10^{-7}$，$K_{a2}=5.6\times10^{-11}$）

A. 3.89　　B. 4.01　　C. 3.87　　D. 6.77

84. [1] 0.10mol/L 乙二胺溶液的 pH 值为（　　）（$K_{b1}=8.5\times10^{-5}$，$K_{b2}=7.1\times10^{-8}$）。

A. 11.46　　B. 10.46　　C. 11.52　　D. 10.52

85. [3] 0.10mol/L NH_4Cl 溶液的 pH 值为（　　）。($K_b = 1.8 \times 10^{-5}$)

A. 5.13　　B. 2.87　　C. 5.74　　D. 4.88

86. [1] 0.10mol/L 盐酸羟胺溶液的 pH 值为（　　）。($K_b = 9.1 \times 10^{-9}$)

A. 3.48　　B. 4.52　　C. 4.02　　D. 5.52

87. [3] 0.10mol/L NaAc 溶液的 pH 值为（　　）。($K_a = 1.8 \times 10^{-5}$)

A. 2.87　　B. 11.13　　C. 8.87　　D. 9.87

88. [3] 0.050mol/L NaAc 溶液的 pH 值为（　　）。($K_a = 1.8 \times 10^{-5}$)

A. 3.02　　B. 10.98　　C. 8.72　　D. 8.87

89. [2] 0.10mol/L Na_2CO_3 溶液的 pH 值为（　　）。($K_{a1} = 4.2 \times 10^{-7}$，$K_{a2} = 5.6 \times 10^{-11}$)

A. 10.63　　B. 5.63　　C. 11.63　　D. 12.63

90. [2] 0.10mol/L Na_2SO_4 溶液的 pH 值为（　　）。

A. 7.00　　B. 6.00　　C. 5.00　　D. 7.10

91. [2] 0.10mol/L $NaHCO_3$ 溶液的 pH 值为（　　）。($K_{a1} = 4.2 \times 10^{-7}$，$K_{a2} = 5.6 \times 10^{-11}$)

A. 8.31　　B. 6.31　　C. 5.63　　D. 11.63

92. [2] 0.10mol/L Na_2HPO_4 溶液的 pH 值为（　　）。($K_{a1} = 7.6 \times 10^{-3}$，$K_{a2} = 6.3 \times 10^{-8}$，$K_{a3} = 4.4 \times 10^{-13}$)

A. 4.66　　B. 9.78　　C. 6.68　　D. 4.10

93. [2] 用 NaOH 滴定盐酸和醋酸的混合液时会出现（　　）个突跃。

A. 0　　B. 1　　C. 2　　D. 3

94. [2] 有一碱液，可能是 K_2CO_3、KOH 和 $KHCO_3$ 或其中两者的混合碱溶液。今用 HCl 标准滴定溶液滴定，以酚酞为指示剂时，消耗体积为 V_1，继续加入甲基橙作指示剂，再用 HCl 溶液滴定，又消耗体积为 V_2，且 $V_2 < V_1$，则溶液由（　　）组成。

A. K_2CO_3 和 KOH　　B. K_2CO_3 和 $KHCO_3$

C. K_2CO_3　　D. $KHCO_3$

95. [2] 用 HCl 标准滴定溶液滴定 Na_2CO_3 和 NaOH 的混合溶液，可得到（　　）个滴定突跃。

A. 0　　B. 1　　C. 2　　D. 3

96. [1] 用 0.1000mol/L 的 NaOH 标准滴定溶液滴定 0.1000mol/L 的 HAc 至 pH=8.00，则终点误差为（　　）。

A. 0.01%　　B. 0.02%　　C. 0.05%　　D. 0.1%

97. [3] 下列各组酸碱对中，属于共轭酸碱对的是（　　）。

A. H_2CO_3-CO_3^{2-}　　B. H_3O^+-OH^-

C. HPO_4^{2-}-PO_4^{3-}　　D. $NH_3^+CH_2COOH$-$NH_2CH_2COO^-$

二、判断题

1. [1] 盐酸标准滴定溶液可用精制的草酸标定。（　　）

2. [3] 用标准溶液 HCl 滴定 $CaCO_3$ 时，在化学计量点时，$n(CaCO_3) = 2n(HCl)$。（　　）

3. [1] 酸碱质子理论中接受质子的是酸。（　　）

4. [1] 非水溶液酸碱滴定时，溶剂若为碱性，所用的指示剂可以是中性红。（　　）

5. [1] 弱酸的电离度越大，其酸性越强。（　　）

6. [2] 用 0.1000mol/L NaOH 溶液滴定 0.1000mol/LHAc 溶液，化学计量点时溶液的 pH 小于7。(　)

7. [1] 用酸碱滴定法测定工业醋酸中的乙酸含量，应选择的指示剂是酚酞。(　)

8. [2] 由于羧基具有酸性，可用氢氧化钠标准溶液直接滴定，测出羧酸的含量。(　)

9. [2] 强酸滴定弱碱达到化学计量点时 pH>7。(　)

10. [3] 用双指示剂法分析混合碱时，如其组成是纯的 Na_2CO_3 则 HCl 消耗量 V_1 和 V_2 的关系是 $V_1>V_2$。(　)

11. [2] 双指示剂法测混合碱的特点是变色范围窄、变色敏锐。(　)

12. [3] 用 NaOH 标准溶液标定 HCl 溶液浓度时，以酚酞作指示剂，若 NaOH 溶液因贮存不当吸收了 CO_2，则测定结果偏高。(　)

13. [2] 酸碱物质有几级电离，就有几个突跃。(　)

14. [1] 无论何种酸或碱，只要其浓度足够大，都可被强碱或强酸溶液定量滴定。(　)

15. [3] 常用的酸碱指示剂，大多是弱酸或弱碱，所以滴加指示剂的多少及时间的早晚不会影响分析结果。(　)

16. [2] 邻苯二甲酸氢钾不能作为标定 NaOH 标准滴定溶液的基准物。(　)

17. [2] 酸碱滴定曲线是以 pH 值变化为特征的，滴定时酸碱的浓度愈大，滴定的突跃范围愈小。(　)

18. [2] 缓冲溶液是由某一种弱酸或弱碱的共轭酸碱对组成的。(　)

19. [2] 某碱样为 NaOH 和 Na_2CO_3 的混合液，用 HCl 标准溶液滴定。先以酚酞为指示剂，耗去 HCl 溶液 V_1 mL，继以甲基橙为指示剂，又耗去 HCl 溶液 V_2 mL。V_1 与 V_2 的关系是 $V_1<V_2$。(　)

20. [2] 酸碱指示剂的变色与溶液中的氢离子浓度无关。(　)

21. [2] 缓冲溶液在任何 pH 值条件下都能起缓冲作用。(　)

22. [2] 酸式滴定管活塞上凡士林涂得越多越有利于滴定。(　)

23. [2] 强碱滴定一元弱酸的条件是 $cK_a \geq 10^{-8}$。(　)

24. [2] 双指示剂就是混合指示剂。(　)

25. [1] 溶液中，离子浓度越大、电荷数越高，则离子强度越大、离子活度越小。(　)

26. [2] 在滴定分析中一般利用指示剂颜色的突变来判断化学计量点的到达，在指示剂变色时停止滴定，这一点称为化学计量点。(　)

27. [3] 根据酸碱质子理论，只要能给出质子的物质就是酸，只要能接受质子的物质就是碱。(　)

28. [2] 在滴定分析过程中，当滴定至指示剂颜色改变时，滴定达到终点。(　)

29. [2] 酸碱滴定中，滴定剂一般都是强酸或强碱。(　)

30. [2] 配制 NaOH 标准溶液时，所采用的蒸馏水应为去 CO_2 的蒸馏水。(　)

31. [2] 变色范围必须全部在滴定突跃范围内的酸碱指示剂才可用来指示滴定终点。(　)

32. [2] 在酸碱滴定中，用错了指示剂，不会产生明显误差。(　)

33. [2] 在酸性溶液中 H^+ 浓度就等于酸的浓度。(　)

34. [2] 将氢氧化钠溶液和氨水溶液各稀释一倍，两者的氢氧根浓度也各稀释一倍。(　)

35. [3] 配制盐酸标准滴定溶液可以采用直接配制方法。(　　)

36. [3] 配制 NaOH 标准滴定溶液应采用间接法配制，一般取一定的饱和 NaOH 溶液用新煮沸并冷却的蒸馏水进行稀释至所需体积。(　　)

37. [2] 所有的无机酸均可用 NaOH 标准滴定溶液进行滴定分析。(　　)

38. [2] 在以酚酞为指示剂、用 NaOH 为标准滴定溶液分析酸的含量时，近终点时应避免剧烈摇动。(　　)

39. [2] 在碱的含量测定时，一般不选用盐酸作标准滴定溶液，因为盐酸易挥发。(　　)

40. [2] 在测定烧碱中 NaOH 的含量时，为减少测定误差，应注意称样速度要快，溶解试样应用无 CO_2 的蒸馏水，滴定过程中应注意轻摇快滴。(　　)

41. [2] 对于水溶性弱酸盐，只要水解显碱性，均可用强酸直接进行滴定分析，例如 Na_2CO_3 含量测定。(　　)

42. [2] 利用酸碱滴定法测定水不溶性的碳酸盐时，一般可采用返滴定的方法，即加入定量过量的盐酸溶液，煮沸除去 CO_2，再用标准 NaOH 滴定溶液进行返滴定。(　　)

43. [2] 用 $c(Na_2CO_3)=0.1000mol/L$ 的 Na_2CO_3 溶液标定 HCl，其基本单元的浓度表示为 $c\left(\frac{1}{2}Na_2CO_3\right)=0.05000mol/L$。(　　)

44. [2] 用 NaOH 标准滴定溶液滴定一元弱酸时，一般可选用酚酞作指示剂。(　　)

45. [2] 酸的强弱与酸的结构有关，与溶剂的作用能力有关，同时还与溶液的浓度有关。(　　)

46. [2] 碱的强弱与碱的结构有关，与溶剂的作用能力有关，同时还与溶液的浓度有关。(　　)

47. [1] 对于硫氰酸 ($K_a=1.4\times10^{-1}$) 来说，酸度的计算公式是 $[H^+]=\sqrt{0.10\times1.4\times10^{-1}}$。(　　)

48. [1] 0.10mol/L 二乙胺溶液，其溶液的碱度应用公式 $[OH^-]=\frac{K_b+\sqrt{K_b+4cK_b}}{2}$ ($K_b=1.3\times10^{-3}$)。(　　)

49. [2] 一元强酸弱碱盐溶液酸度的计算公式是 $[H^+]=\sqrt{\frac{cK_w}{K_b}}$。(　　)

50. [2] 一元强碱弱酸盐溶液酸度的计算公式是 $[OH^-]=\sqrt{\frac{cK_w}{K_a}}$。(　　)

51. [2] 多元酸盐溶液酸度的计算公式是 $[H^+]=\sqrt{cK_{an}}$。(　　)

52. [2] 对于 Na_2CO_3 和 NaOH 的混合物，可采用双指示剂法，以 HCl 标准滴定溶液进行测定。(　　)

53. [2] 在滴定分析中，只要滴定终点 pH 值在滴定曲线突跃范围内则没有滴定误差或终点误差。(　　)

54. [3] 根据质子理论，NaH_2PO_4 是一种酸式盐。(　　)

55. [2] 非水滴定测定醋酸钠含量时，由于常温下试样较难溶，应在沸水浴中加热使其溶解。(　　)

56. [2] 部分在水溶液中不能滴定的弱酸、弱碱物质，如苯酚、吡啶等可利用非水酸碱滴定法进行测定。(　　)

57. [3] 配制酸碱标准溶液时，用吸量管量取 HCl，用台秤称取 NaOH。(　　)

58. [2] 滴定至临近终点时加入半滴的操作是：将酸式滴定管的旋塞稍稍转动或碱式滴定管的乳胶管稍微松动，使半滴溶液悬于管口，将锥形瓶内壁与管口接触，使液滴流出，并用洗瓶以纯水冲下。(　　)

59. [3] 准确称取分析纯的固体 NaOH，就可直接配制标准溶液。(　　)

60. [2] 纯净的水 pH=7，则可以说 pH 值为 7 的溶液就是纯净的水。(　　)

三、多选题

1. [1] 按质子理论，下列物质中具有两性的物质是(　　)。

A. HCO_3^-　　B. CO_3^{2-}　　C. HPO_4^{2-}　　D. HS^-

2. [2] 下列(　　)溶液是 pH 测定用的标准溶液。

A. 0.05mol/L $C_8H_5O_4K$

B. 1mol/L HAc+1mol/L NaAc

C. 0.01mol/L $Na_2B_4O_7 \cdot 10H_2O$(硼砂)

D. 0.025mol/L KH_2PO_4+0.025mol/L Na_2HPO_4

3. [1] 在酸碱质子理论中，可作为酸的物质是(　　)。

A. NH_4^+　　B. HCl　　C. H_2SO_4　　D. OH^-

4. [3] 影响酸的强弱的因素有(　　)

A. 溶剂　　B. 温度　　C. 浓度

D. 大气压　　E. 压力

5. [1] 根据酸碱质子理论，(　　)是酸。

A. NH_4^+　　B. NH_3　　C. HAc

D. HCOOH　　E. Ac^-

6. [2] 双指示剂法测定精制盐水中 NaOH 和 Na_2CO_3 的含量，如滴定时第一滴定终点 HCl 标准滴定溶液过量。则下列说法正确的有(　　)。

A. NaOH 的测定结果是偏高　　B. Na_2CO_3 的测定结果是偏低

C. 只影响 NaOH 的测定结果　　D. 对 NaOH 和 Na_2CO_3 的测定结果无影响

7. [1] 下列酸碱，互为共轭酸碱对的是(　　)。

A. H_3PO_4 与 PO_4^{3-}　　B. HPO_4^{2-} 与 PO_4^{3-}

C. HPO_4^{2-} 与 $H_2PO_4^-$　　D. NH_4^+ 与 NH_3

8. [2] 欲配制 0.1mol/L 的 HCl 标准溶液，需选用的量器是(　　)。

A. 烧杯　　B. 滴定管　　C. 移液管　　D. 量筒

9. [3] 下列物质中，不能用标准强碱溶液直接滴定的是(　　)。

A. 盐酸苯胺 $C_6H_5NH_2 \cdot HCl$ ($C_6H_5NH_2$ 的 $K_b=4.6\times10^{-10}$)

B. 邻苯二甲酸氢钾(邻苯二甲酸的 $K_a=2.9\times10^{-6}$)

C. $(NH_4)_2SO_4$ ($NH_3 \cdot H_2O$ 的 $K_b=1.8\times10^{-5}$)

D. 苯酚($K_a=1.1\times10^{-10}$)

10. [1] 用最简式计算弱碱溶液的 $c(OH^-)$ 时，应满足下列(　　)条件。

A. $c/K_a \geqslant 500$　　B. $c/K_b \geqslant 500$　　C. $cK_a \geqslant 20K_w$　　D. $cK_b \geqslant 20K_w$

11. [1] 有一碱液，其中可能只含 NaOH、$NaHCO_3$、Na_2CO_3，也可能含 NaOH 和 Na_2CO_3 或 $NaHCO_3$ 和 Na_2CO_3。现取一定量试样，加水适量后加酚酞指示剂。用 HCl 标准溶液滴定至酚酞变色时，消耗 HCl 标准溶液 V_1 mL，再加入甲基橙指示剂，继续用同浓度的 HCl 标准溶液滴定至甲基橙变色为终点，又消耗 HCl 标准溶液 V_2 mL，当此碱液是混合物时，V_1 和 V_2 的关系为(　　)。

A. $V_1>0$，$V_2=0$　　B. $V_1=0$，$V_2>0$　　C. $V_1>V_2$　　D. $V_1<V_2$

12. [2] 下列各组物质为共轭酸碱对的是（　　）。

A. HAc 和 $NH_3 \cdot H_2O$　　B. NaCl 和 HCl

C. HCO_3^- 和 H_2CO_3　　D. $HPO_4{}^{2-}$ 与 $PO_4{}^{3-}$

13. [2] 下列属于共轭酸碱对的是（　　）。

A. HCO_3^- 和 CO_3^{2-}　　B. H_2S 和 HS^-

C. HCl 和 Cl^-　　D. H_3O^+ 和 OH^-

14. [2] 用 0.10mol/LHCl 滴定 0.10mol/L Na_2CO_3 至酚酞终点，Na_2CO_3 的基本单元错误的是（　　）。

A. Na_2CO_3　　B. 2 Na_2CO_3　　C. 1/3 Na_2CO_3　　D. 1/2 Na_2CO_3

15. [3] 下列有关混合酸碱滴定的说法，正确的有（　　）。

A. 化学计量点的 pH，取决于溶液在化学计量点时的组成

B. 应特别注意溶液中不能被滴定的酸或碱对溶液 pH 的影响

C. 不被滴定的酸或碱，不影响化学计量点的 pH

D. 有时不被滴定的酸或碱的 pH，即为化学计量点的 pH

E. 化学计量点的 pH，与溶液在化学计量点时的组成无关

16. [2] 共轭酸碱对中，K_a 与 K_b 的关系不正确的是（　　）。

A. $K_a/K_b=1$　　B. $K_a/K_b=K_w$　　C. $K_bK_a=1$

D. $K_aK_b=K_w$　　E. $K_b/K_a=K_w$

17. [1] 非水溶液酸碱滴定时，溶剂选择的条件为（　　）。

A. 滴定弱碱选择酸性溶剂　　B. 滴定弱酸选择碱性溶剂

C. 溶剂纯度大　　D. 溶剂黏度大

18. [1] 非水酸碱滴定中，常用的滴定剂是（　　）。

A. 盐酸的乙酸溶液　　B. 高氯酸的乙酸溶液

C. 氢氧化钠的二甲基甲酰胺溶液　　D. 甲醇钠的二甲基甲酰胺溶液

19. [3] 与缓冲溶液的缓冲容量大小有关的因素是（　　）。

A. 缓冲溶液的总浓度　　B. 缓冲溶液的 pH 值

C. 缓冲溶液组分的浓度比　　D. 外加的酸量

E. 外加的碱量

20. [2] 下列各混合溶液。具有 pH 的缓冲能力的是（　　）。

A. 100mL 1mol/L HAc + 100mL 1mol/L NaOH

B. 100mL 1mol/L HCl + 200mL 2mol/L $NH_3 \cdot H_2O$

C. 200mL 1mol/L HAc + 100mL 1mol/L NaOH

D. 100mL 1mol/L NH_4Cl + 100mL 1mol/L $NH_3 \cdot H_2O$

21. [2] 下列溶液的 pH 值小于 7 的是（　　）。

A. $(NH_4)_2CO_3$　　B. Na_2SO_4　　C. $AlCl_3$　　D. NaCN

22. [2] 已知某碱溶液是 NaOH 与 Na_2CO_3 的混合液，用 HCl 标准溶液滴定，现以酚酞做指示剂，终点时耗去 HCl 溶液 V_1 mL，继而以甲基橙为指示剂滴定至终点时又耗去 HCl 溶液 V_2 mL，则 V_1 与 V_2 的关系不应是（　　）。

A. $V_1=V_2$　　B. $2V_1=V_2$　　C. $V_1<V_2$　　D. $V_1=2V_2$

23. [3] $H_2PO_4^-$ 的共轭碱不应是（　　）。

A. HPO_4^-　　B. PO_4^{3-}　　C. H^+　　D. H_3PO_4

24. [2] 酸碱滴定中常用的滴定剂有（　　）。

A. HCl、H_2SO_4　　B. $NaOH$、KOH

C. H_2CO_3、KHO_3　　D. HNO_3、H_2CO_3

25. [3] 在纯水中加入一些酸，则溶液中（　）。

A. $[H^+][OH^-]$ 的乘积增大　　B. $[H^+]$ 减少

C. $[H^+][OH^-]$ 的乘积不变　　D. $[H^+]$ 增大

26. [1] 在对非水酸碱滴定的叙述中不正确的是（　）。

A. 溶剂的使用有利于提高被检测物的酸碱性

B. 溶剂应能溶解试样和滴定产物

C. 溶剂应有足够纯度，其杂质不能干扰测定

D. 溶剂应有较小的挥发性，使用时应有足够的安全性

E. 在使用甲酸、乙酸作溶剂时，一般加入一些乙酸酐，其目的是除去溶剂中的微量水

F. 当选用乙醇、异丙醇作溶剂时，一般要用除水剂去除溶剂中的微量水

G. 由于碱性溶剂吡啶中基本不含水，因此使用吡啶作溶剂时可不用除溶剂中的微量水

27. [1] 当用碱滴定法测定化学试剂主含量时，以下说法正确的是（　）。

A. 在 GB/T 620—93 中，氢氟酸含量测定是“滴加 2 滴 10g/L 酚酞指示剂，以 1mol/L 氢氧化钠标准滴定液滴定至溶液呈粉红色。”

B. 在 GB/T 621—93 中，氢溴酸含量测定是“滴加 2 滴 10g/L 酚酞指示剂，以 1mol/L 氢氧化钠标准滴定液滴定至溶液呈粉红色。”

C. 在 GB/T 622—89 中，盐酸含量测定是“滴加 10 滴溴甲酚绿-甲基红混合指示剂，以 1mol/L 氢氧化钠标准滴定液滴定至溶液呈暗红色。”

D. 在 GB/T 623—92 中，高氯酸含量测定是“滴加 10 滴溴甲酚绿-甲基红指示剂，以 1mol/L 氢氧化钠标准滴定液滴定至溶液呈暗红色。”

E. 在 GB/T 625—89 中，硫酸含量测定是“滴加 2 滴 1g/L 甲基红指示剂，以 1mol/L 氢氧化钠标准滴定液滴定至溶液呈黄色。”

F. 在 GB/T 1282—93 中，磷酸含量测定是“滴加 5 滴 10g/L 百里香酚酞指示剂，以 1mol/L 氢氧化钠标准滴定液滴定至溶液呈蓝色。”

G. 在 GB/T 676—90 中，乙酸（冰醋酸）含量测定是“滴加 2 滴 10g/L 酚酞指示剂，以 0.5mol/L 氢氧化钠标准滴定液滴定至溶液呈粉红色。”

28. [2] 0.10mol/L 的 $NaHCO_3$ 可用公式（　）计算溶液中的 H^+ 离子浓度，其 pH 值为（　）。（已知 $pK_{a1}=6.38$，$pK_{a2}=10.25$）

A. $[H^+]=\sqrt{K_{a1}K_{a2}}$　　B. $[H^+]=\sqrt{K_{a2}K_{a3}}$

C. $[H^+]=\sqrt{c(NaHCO_3)\ K_{a1}}$　　D. $[H^+]=\sqrt{\dfrac{c(NaHCO_3)\ K_w}{K_{a2}}}$

E. 4.56　　F. 8.31　　G. 11.63

29. [2] 0.20mol/L Na_2SO_3 溶液可用公式（　）计算溶液中的 OH^- 离子浓度，其 pH 值为（　）。（已知 $pK_{a1}=1.90$，$pK_{a2}=7.20$）

A. $[OH^-]=\sqrt{c(Na_2SO_3)K_{a1}}$

B. $[OH^-]=\sqrt{\dfrac{c(Na_2SO_3)K_w}{K_{a1}}}$

C. $[OH^-]=\sqrt{\dfrac{c(Na_2SO_3)K_w}{K_{a2}}}$

D. $[OH^-]=\dfrac{-K_{a1}+\sqrt{K_{a1}^2+4c(Na_2SO_3)K_{a1}}}{2}$

E. 12.71　　F. 7.59　　G. 10.28

四、计算题

1. [3] 计算 pH＝5.0 时 0.1mol/L 的 HAc 溶液中 Ac^- 的浓度。

2. [3] 计算下列溶液的 pH 值：

(1) 0.05mol/L 的 NaAc；[查表：$K_a(HAc)=1.8\times10^{-5}$]

(2) 0.05mol/L 的 NH_4Cl。[查表：$K_b(NH_3)=1.8\times10^{-5}$]

3. [2] 若配制 pH＝10.0 的缓冲溶液 1.0L，用去 15mol/L 的 NH_3 水 350mL，问需要 NH_4Cl 多少克？

4. [2] 计算下列滴定中化学计量点的 pH 值，并指出选用何种指示剂指示终点：

(1) 0.2000mol/L 的 NaOH 滴定 20.00mL 0.2000mol/L 的 HCl；

(2) 0.2000mol/L 的 HCl 滴定 20.00mL 0.2000mol/L 的 NH_3。

5. [2] 称取无水碳酸钠基准物 0.1500g，标定 HCl 溶液，消耗 HCl 溶液体积 25.60mL，计算 HCl 溶液的浓度为多少？

6. [2] 用硼砂（$Na_2B_4O_7\cdot10H_2O$）基准物标定 HCl（约 0.05mol/L）溶液，消耗的滴定剂约 20～30mL，应称取多少基准物？

7. [1] 称取混合碱试样 0.6800g，以酚酞为指示剂，用 0.1800mol/L 的 HCl 标准溶液滴定至终点，消耗 HCl 溶液 $V_1=23.00$mL，然后加甲基橙指示剂滴定至终点，又消耗 HCl 溶液 $V_2=26.80$mL，判断混合碱的组成，并计算试样中各组分的含量。

8. [2] 准确称取硅酸盐试样 0.1080g，经熔融分解，以 K_2SiF_6 沉淀后，过滤，洗涤，使之水解成为 HF，采用 0.1024mol/L 的 NaOH 标准溶液滴定，所消耗的体积为 25.54mL，计算 SiO_2 的质量分数。

9. [2] 于 0.1582g 含 $CaCO_3$ 及不与酸作用杂质的石灰石里加入 25.00mL 0.1471mol/L 的 HCl 溶液，过量的酸需用 10.15mL 的 NaOH 溶液回滴。已知 1mL 的 NaOH 溶液相当于 1.032mL 的 HCl 溶液。求石灰石的纯度及 CO_2 的质量分数。

10. [3] 计算下列溶液的 pH：

(1) 0.0500mol/L 的 HCl 溶液；

(2) 5.00×10^{-7}mol/L 的 HCl 溶液；

(3) 0.2000mol/L 的 HAc 溶液；

(4) 4.00×10^{-5}mol/L 的 HAc 溶液；

(5) 0.300mol/L 的 H_3PO_4 溶液。

11. [3] 计算下列溶液的 pH：

(1) 0.0500mol/L 的 NaOH 溶液；

(2) 5.00×10^{-7}mol/L 的 NaOH 溶液；

(3) 0.2000mol/L 的 $NH_3\cdot H_2O$ 溶液；

(4) 4.00×10^{-5}mol/L 的 $NH_3\cdot H_2O$ 溶液。

12. [3] 计算下列溶液的 pH 值：

(1) $c(HCl)=2.0\times10^{-7}$mol/L；

(2) $c(NaOH)=1.0\times10^{-5}$mol/L；

(3) $c(HAc)=1.0\times10^{-4}$mol/L；

(4) $c(NaAc)=0.1$mol/L；

(5) $c(Na_2CO_3)=0.10$mol/L。

13. [2] 下列溶液加水稀释 10 倍，计算稀释前后 pH 值变化 ΔpH。

(1) 0.01mol/L HCl;

(2) 0.1mol/L NaOH;

(3) 0.10mol/L HAc与0.10mol/L NaAc;

(4) 1.0mol/L NH_3与1.0mol/L NH_4Cl。

14. [1] 一含有Na_2CO_3、$NaHCO_3$及其他惰性物质样品，欲测Na_2CO_3、$NaHCO_3$含量，用双指示剂法。称取0.3010g，用酚酞指示剂时滴定消耗0.1060mol/L HCl 20.10mL，用甲基橙为指示剂继续滴定时，消耗HCl共计47.70mL，计算Na_2CO_3、$NaHCO_3$含量。

15. [2] 称取$H_2C_2O_4 \cdot 2H_2O$晶体5.000g，加水溶解稀至250.0mL，移取25.00mL，用0.5000mol/L NaOH 15.00mL滴定至酚酞指示剂由无色变成浅粉色，计算晶体中$H_2C_2O_4 \cdot 2H_2O$的含量。

16. [2] 某试样含有NaOH和Na_2CO_3，称取0.5895g，用酚酞作指示剂，以0.3000mol/L HCl标准溶液滴定至指示剂变色用去24.08mL，再加入甲基橙指示剂，继续用HCl滴定，又用去HCl 12.02mL，求试样中NaOH和Na_2CO_3的含量。

17. [2] 欲测化肥中氮含量，称样品1.000g，经克氏定氮法，使其中所含的氮全部转化成NH_3，并吸收于50.00mL 0.5000mol/L标准HCl溶液中，过量的酸再用0.5000mol/L NaOH标准溶液返滴定，用去1.56mL，求化肥中氮的含量。

18. [2] 测定N、P、K复合肥，称取试样0.7569g，置于定氮仪中蒸馏，使试样中的N以NH_3的形式蒸出，再用$c\left(\frac{1}{2}\ H_2SO_4\right)=0.2002$mol/L的硫酸标准滴定溶液50.00mL吸收，剩余的硫酸用0.1004mol/L的NaOH溶液返滴，消耗20.76mL，试计算该批复合肥中氮的含量。

19. [2] 称取硫酸铵试样1.6160g，溶解后稀释于250mL容量瓶中，吸取25.00mL于蒸馏装置中，加入过量氢氧化钠进行蒸馏，蒸出的氨以50.00mL 0.05100mol/L的硫酸溶液吸收，剩余的硫酸以0.09600mol/L的NaOH标准滴定溶液返滴，消耗氢氧化钠27.90mL。计算试样中硫酸铵及氮含量。

20. [2] 欲配制pH为3.00和4.00的HCOOH-HCOONa缓冲溶液1L，应分别往200mL 0.20mol/L的HCOOH溶液中加入多少毫升1.0mol/L的NaOH溶液?

21. [1] 用0.2000mol/L的Ba$(OH)_2$滴定0.1000mol/L的HAc至化学计量点时，溶液的pH值等于多少?

22. [2] 计算用0.1000mol/L的NaOH滴定0.1000mol/L的HCl在pH=4.00时的终点误差。

23. [1] 某混合碱试样可能含有NaOH、Na_2CO_3、$NaHCO_3$中的一种或两种，称取该试样0.3019g，用酚酞为指示剂，滴定用去0.1035mol/L的HCl溶液20.10mL；再加入甲基橙指示液，继续以同一HCl溶液滴定，一共用去HCl溶液47.70mL。试判断试样的组成及各组分的含量?

24. [2] 用酸碱滴定法测定工业硫酸的含量，称取硫酸试样1.8095g，配成250mL的溶液，移取25mL该溶液，以甲基橙为指示剂，用浓度为0.1233mol/L的NaOH标准溶液滴定，到终点时消耗NaOH溶液29.34mL，试计算该工业硫酸的质量分数。

25. [2] 测定硅酸盐中SiO_2的含量，称取试样5.000g，用HF酸溶解处理后，用4.0726mol/L的NaOH标准溶液滴定，到终点时消耗NaOH溶液28.42mL，试计算该硅酸盐中SiO_2的质量分数。

26. [2] 欲检测贴有"3% H_2O_2"的旧瓶中H_2O_2的含量。吸取瓶中溶液5.00mL，加入过量Br_2，发生如下反应：$H_2O_2+Br_2 = 2H^+ + 2Br^- + O_2$，作用10min后，赶去过

量的 Br_2，再以 0.3162mol/L 的 NaOH 溶液滴定上述反应产生的 H^+，需 17.08mL 达到终点，计算瓶中 H_2O_2 的质量浓度（以 g/100mL 表示）。

27. [2] 计算下列物质的缓冲溶液的 pH 值：

(1) $c(HAc)=1.0$mol/L，$c(NaAc)=1.0$mol/L；

(2) $c(HAc)=0.10$mol/L，$c(NaAc)=0.10$mol/L；

(3) $c(NH_3)=1.0$mol/L，$c(NH_4Cl)=1.0$mol/L；

(4) $c(Na_2HPO_4)=0.025$mol/L，$c(NaH_2PO_4)=0.025$mol/L。

28. [2] 某含磷样品 1.000g，经溶解处理后将其中磷沉淀为磷钼酸铵，再用 0.1000mol/L NaOH 标准溶液 20.00mL 溶解沉淀，过量的 NaOH 用 0.2000mol/L HNO_3 7.50mL 滴定至酚酞褪色，计算试样中 P_2O_5 含量。

29. [1] 称取 Na_2CO_3 和 $NaHCO_3$ 的混合试样 0.7650g，加适量的水溶解，以甲基橙为指示剂，用 0.2000mol/L 的 HCl 溶液滴定至终点时，消耗 HCl 溶液 50.00mL。如改用酚酞为指示剂，用上述 HCl 溶液滴定至终点时，还需消耗多少毫升 HCl?

30. [1] 标定甲醇钠溶液时，称取苯甲酸 0.4680g，消耗甲醇钠溶液 25.50mL，求甲醇钠的物质的量浓度。

第七章

配位滴定知识

一、单选题

1. [3] EDTA 与大多数金属离子的配位关系是（　　）。
   A. 1∶1　　B. 1∶2　　C. 2∶2　　D. 2∶1
2. [2] 关于 EDTA，下列说法不正确的是（　　）。
   A. EDTA 是乙二胺四乙酸的简称　　B. 分析工作中一般用乙二胺四乙酸二钠盐
   C. EDTA 与钙离子以 1∶2 的关系配合　　D. EDTA 与金属离子配合形成螯合物
3. [3] 乙二胺四乙酸根 $(^{-}OOCCH_2)_2NCH_2CH_2N(CH_2COO^{-})_2$ 可提供的配位原子数为（　　）。
   A. 2　　B. 4　　C. 6　　D. 8
4. [3] 直接与金属离子配位的 EDTA 型体为（　　）。
   A. H_6Y^{2+}　　B. H_4Y　　C. H_2Y^{2-}　　D. Y^{4-}
5. [2] 在配位滴定中，金属离子与 EDTA 形成配合物越稳定，在滴定时允许的 pH（　　）。
   A. 越高　　B. 越低　　C. 中性　　D. 不要求
6. [2] 产生金属指示剂的封闭现象是因为（　　）。
   A. 指示剂不稳定　　B. MIn 溶解度小
   C. $K'_{MIn}<K'_{MY}$　　D. $K'_{MIn}>K'_{MY}$
7. [2] 配位滴定法测定水中钙时，Mg^{2+} 干扰用的消除方法通常为（　　）。
   A. 控制酸度法　　B. 配位掩蔽法　　C. 氧化还原掩蔽法　　D. 沉淀掩蔽法
8. [2] 下列关于螯合物的叙述中，不正确的是（　　）。
   A. 有两个以上配位原子的配位体均生成螯合物
   B. 螯合物通常比具有相同配位原子的非螯合配合物稳定得多
   C. 形成螯环的数目越大，螯合物的稳定性不一定越好
   D. 起螯合作用的配位体一般为多齿配为体，称螯合剂
9. [3] 分析室常用的 EDTA 水溶液呈（　　）性。
   A. 强碱　　B. 弱碱　　C. 弱酸　　D. 强酸

10. [3] EDTA 同阳离子结合生成（　　）。

A. 螯合物　　B. 聚合物

C. 离子交换剂　　D. 非化学计量的化合物

11. [2] 与 EDTA 不反应的离子可用（　　）测定。

A. 间接滴定法　B. 置换滴定法　C. 返滴定法　D. 直接滴定法

12. [2] EDTA 的酸效应曲线是指（　　）。

A. $\alpha_{Y(H)}$-pH 曲线　　B. pM-pH 曲线

C. $\lg K'_{MY}$-pH 曲线　　D. $\lg\alpha_{Y(H)}$-pH 曲线

13. [2] 以下关于 EDTA 标准溶液制备叙述中不正确的为（　　）。

A. 使用 EDTA 分析纯试剂先配成近似浓度再标定

B. 标定条件与测定条件应尽可能接近

C. EDTA 标准溶液应贮存于聚乙烯瓶中

D. 标定 EDTA 溶液须用二甲酚橙指示剂

14. [2] EDTA 的有效浓度 [Y] 与酸度有关，它随着溶液 pH 增大而（　　）。

A. 增大　B. 减小　C. 不变　D. 先增大后减小

15. [2] 已知 $M(ZnO)=81.38g/mol$，用它来标定 0.02mol 的 EDTA 溶液，宜称取 ZnO 为（　　）。

A. 4g　B. 1g　C. 0.4g　D. 0.04g

16. [2] 配位滴定分析中测定单一金属离子的条件是（　　）。

A. $\lg(cK'_{MY})\geqslant 8$　B. $cK'_{MY}\geqslant 10^{-8}$　C. $\lg(cK'_{MY})\geqslant 6$　D. $cK'_{MY}\geqslant 10^{-6}$

17. [2] 用 EDTA 滴定含 NH_3 的 Cu^{2+} 溶液，则下列有关 pCu 突跃范围大小的陈述中，正确的是（　　）。

A. 酸度越大，NH_3 的浓度越小，pCu 突跃范围越大

B. NH_3 的浓度越大，pCu 突跃范围越大

C. 适当地增大酸度，则 pCu 突跃范围变大

D. Cu^{2+} 的浓度越大，pCu 突跃范围越大

18. [3] 配位滴定法测定 Fe^{3+}，常用的指示剂是（　　）。

A. PAN　B. 二甲酚橙　C. 钙指示剂　D. 磺基水杨酸钠

19. [2] 实验表明 EBT 应用于配位滴定中的最适宜的酸度是（　　）。

A. pH<6.3　B. pH=9～10.5　C. pH>11　D. pH=7～11

20. [2] 在 EDTA 配位滴定中，要求金属指示剂与待测金属离子形成配合物的条件稳定常数 K'_{MIn} 应（　　）。

A. $K'_{MIn}\geqslant K'_{MY}$　　B. $K'_{MIn}=K'_{MY}$

C. $K'_{MY}\geqslant K'_{MIn}$ 且 $K'_{MIn}\geqslant 10^4$　　D. $K'_{MY}\geqslant 100K'_{MIn}$ 且 $K'_{MIn}\geqslant 10^4$

21. [2] 在配位滴定中，指示剂与金属离子所形成的配合物的稳定常数（　　）。

A. $K_{MIn}<K_{MY}$　B. $K_{MIn}>K_{MY}$　C. K_{MIn} 应尽量小　D. K_{MIn} 应尽量大

22. [2] EDTA 和金属离子配合物为 MY，金属离子和指示剂的配合物为 MIn，当 $K'_{MIn}>K'_{MY}$ 时，称为指示剂的（　　）。

A. 僵化　B. 失效　C. 封闭　D. 掩蔽

23. [2] 某溶液中主要含有 Fe^{3+}、Al^{3+}、Pb^{2+}、Mg^{2+}，以乙酰丙酮为掩蔽剂、六亚甲基四胺为缓冲溶液，在 pH 为 5～6 时，以二甲酚橙为指示剂，用 EDTA 标准溶液滴定，所测得的是（　　）。

A. Fe^{3+} 含量　B. Al^{3+} 含量　C. Pb^{2+} 含量　D. Mg^{2+} 含量

24. [2] 用含有少量 Ca^{2+}、Mg^{2+} 的纯水配制 EDTA 溶液，然后于 pH=5.5 时，以二甲酚橙为指示剂，用标准锌溶液标定 EDTA 的浓度，最后在 pH=10.0 时，用上述 EDTA 溶液滴定试样中 Ni^{2+} 的含量，对测定结果的影响是（　）。

A. 偏高　B. 偏低　C. 没影响　D. 不能确定

25. [2] 在金属离子 M 和 N 等浓度的混合液中，以 HIn 为指示剂，用 EDTA 标准溶液直接滴定其中的 M，若 TE≤0.1%、ΔpM=±0.2，则要求（　）。

A. $\lg K_{MY}-\lg K_{NY}\geqslant 6$　B. $K_{MY}<K_{MIn}$

C. $pH=pK_{MY}$　D. NIn 与 HIn 的颜色应有明显差别

26. [2] 以配位滴定法测定 Pb^{2+} 时，消除 Ca^{2+}、Mg^{2+} 干扰最简便的方法是（　）。

A. 配位掩蔽法　B. 控制酸度法　C. 沉淀分离法　D. 解蔽法

27. [2] 在 Fe^{3+}、Al^{3+}、Ca^{2+}、Mg^{2+} 的混合溶液中，用 EDTA 法测定 Ca^{2+}、Mg^{2+}，要消除 Fe^{3+}、Al^{3+} 的干扰，最有效可靠的方法是（　）。

A. 沉淀掩蔽法　B. 配位掩蔽法　C. 氧化还原掩蔽法　D. 萃取分离法

28. [2] 在 EDTA 配位滴定中，下列有关掩蔽剂的叙述中错误的是（　）。

A. 配位掩蔽剂必须可溶且无色　B. 氧化还原掩蔽剂必须改变干扰离子的价态

C. 掩蔽剂的用量越多越好　D. 掩蔽剂最好是无毒的

29. [2] EDTA 滴定 Zn^{2+} 时，加入 NH_3-NH_4Cl 可（　）。

A. 防止干扰　B. 控制溶液的酸度

C. 使金属离子指示剂变色更敏锐　D. 加大反应速率

30. [2] 以配位滴定法测定铝。30.00mL 0.01000mol/L 的 EDTA 溶液相当于 Al_2O_3（其摩尔质量为 101.96g/mol）的质量（mg）的计算式为（　）。

A. 30.00×0.01000×101.96　B. 30.00×0.01000×(101.96/2)

C. 30.00×0.01000×(101.96/2000)　D. 30.00×0.01000×101.96×(2/6)

31. [3] 用 EDTA 测定 SO_4^{2-} 时，应采用的方法是（　）。

A. 直接滴定法　B. 间接滴定法　C. 连续滴定　D. 返滴定法

32. [3] 用 EDTA 滴定法测定 Ag^+，采用的滴定方法是（　）。

A. 直接滴定法　B. 返滴定法　C. 置换滴定法　D. 间接滴定法

33. [2] 用含有少量 Ca^{2+} 的蒸馏水配制 EDTA 溶液，于 pH=5.0 时，用锌标准溶液标定 EDTA 溶液的浓度，然后用上述 EDTA 溶液，于 pH=10.0 时，滴定试样中 Ca^{2+} 的含量，对测定结果的影响是（　）。

A. 基本上无影响　B. 偏高　C. 偏低　D. 不能确定

34. [2] 与配位滴定所需控制的酸度无关的因素为（　）。

A. 金属离子颜色　B. 酸效应　C. 羟基化效应　D. 指示剂的变色

35. [2] 当溶液中有两种离子共存时，欲以 EDTA 溶液滴定 M 而 N 不受干扰的条件是（　）。

A. $K'_{MY}/K'_{NY}\geqslant 10^5$　B. $K'_{MY}/K'_{NY}\geqslant 10^{-5}$

C. $K'_{MY}/K'_{NY}\leqslant 10^6$　D. $K'_{MY}/K'_{NY}=10^8$

36. [2] 用 EDTA 连续滴定 Fe^{3+}、Al^{3+} 时，可在（　）。

A. pH=2 滴定 Al^{3+}，pH=4 滴定 Fe^{3+}

B. pH=1 滴定 Fe^{3+}，pH=4 滴定 Al^{3+}

C. pH=2 滴定 Fe^{3+}，pH=4 返滴定 Al^{3+}

D. pH=2 滴定 Fe^{3+}，pH=4 间接法测 Al^{3+}

37. [2] 产生金属指示剂的僵化现象是因为（　）。

A. 指示剂不稳定　　B. MIn溶解度小

C. $K'_{MIn} < K'_{MY}$　　D. $K'_{MIn} > K'_{MY}$

38. [3] 配位滴定所用的金属指示剂同时也是一种（　　）。

A. 掩蔽剂　　B. 显色剂　　C. 配位剂　　D. 弱酸弱碱

39. [2] 使MY稳定性增加的副反应有（　　）。

A. 酸效应　　B. 共存离子效应　　C. 水解效应　　D. 混合配位效应

40. [2] 沉淀掩蔽剂与干扰离子生成的沉淀的（　　）要小，否则掩蔽效果不好。

A. 稳定性　　B. 还原性　　C. 浓度　　D. 溶解度

41. [2] 在配位滴定中，直接滴定法的条件包括（　　）。

A. $\lg cK'_{MY} \leqslant 8$　　B. 溶液中无干扰离子

C. 有变色敏锐无封闭作用的指示剂　　D. 反应在酸性溶液中进行

42. [2] 水硬度的单位是以CaO为基准物质确定的，水硬度为10表明1L水中含有（　　）。

A. 1gCaO　　B. 0.1gCaO　　C. 0.01gCaO　　D. 0.001gCaO

43. [3] 配位滴定中使用的指示剂是（　　）。

A. 吸附指示剂　　B. 自身指示剂　　C. 金属指示剂　　D. 酸碱指示剂

44. [2] 某溶液主要含有Ca^{2+}、Mg^{2+}及少量Fe^{3+}、Al^{3+}。今在pH=10，加入三乙醇胺后以EDTA滴定，用铬黑T为指示剂，则测出的是（　　）。

A. Mg^{2+}含量　　B. Ca^{2+}含量

C. Mg^{2+}和Ca^{2+}的总量　　D. Fe^{3+}、Al^{3+}、Ca^{2+}、Mg^{2+}总量

45. [2] EDTA的酸效应系数$\alpha_{Y(H)}$，在一定酸度下等于（　　）。

A. $c(Y^{4-})/c(Y)$　　B. $c(Y)/c(Y^{4-})$

C. $c(H^+)/c(Y^{4-})$　　D. $c(Y^{4-})/c(H^+)$

46. [2] 配位滴定中，使用金属指示剂二甲酚橙，要求溶液的酸度条件是（　　）。

A. pH为6.3～11.6　　B. pH=6.0　　C. pH>6.0　　D. pH<6.0

47. [3] EDTA与Ca^{2+}配位时其配位比为（　　）。

A. 1∶1　　B. 1∶2　　C. 1∶3　　D. 1∶4

48. [3] 国家标准规定的标定EDTA溶液的基准试剂是（　　）。

A. MgO　　B. ZnO　　C. Zn片　　D. Cu片

49. [2] 7.4克$Na_2H_2Y \cdot 2H_2O$（M=372.24g/mol）配成1L溶液，其浓度（单位mol/L）约为（　　）。

A. 0.02　　B. 0.01　　C. 0.1　　D. 0.2

50. [2] 二级标准氧化锌用前应在（　　）灼烧至恒重。

A. 250～270℃　　B. 800℃　　C. 105～110℃　　D. 270～300℃

51. [2] 二级标准氧化锌用前应（　　）。

A. 贮存在干燥器中　　B. 贮存在试剂瓶中

C. 贮存在通风橱中　　D. 贮存在药品柜中

52. [2] 在配制0.02mol/L的EDTA标准溶液时，下列说法正确的是（　　）。

A. 称取乙二胺四乙酸（M=292.2g/mol）2.9g，溶于500mL水中

B. 称取乙二胺四乙酸2.9g，加入200水溶解后，定容至500mL

C. 称取二水合乙二胺四乙酸二钠盐（M=372.2g/mol）3.7g，溶于500mL水中

D. 称取二水合乙二胺四乙酸二钠盐3.7g，加入200水溶解后，定容至500mL

53. [2] 返滴定法测定铝盐中铝的含量，应选择的指示剂是（　　）。

A. 二甲酚橙　　B. 铬黑T　　C. 钙指示剂　　D. 酚酞

54. [2] 在 pH=4～5 条件下，测定铜盐中铜的含量所选择的指示剂是（　）。

A. 二甲酚橙　B. 铬黑 T　C. 钙指示剂　D. PAN

55. [1] 取水样 100mL，调节 pH=10，以铬黑 T 为指示剂，用 c(EDTA)=0.01000mol/L EDTA 标准滴定溶液滴定至终点，用去 EDTA 23.45mL，另取同一水样 100mL，调节 pH=12，用钙指示剂指示终点，消耗 EDTA 标准滴定溶液 14.75mL，则水样中 Mg 的含量为（　）。M(Ca)=40.08g/mol，M(Mg)=24.30g/mol。

A. 35.85mg/L　B. 21.14mg/L　C. 25.10mg/L　D. 59.12mg/L

56. [2] 称取氯化锌试样 0.3600g，溶于水后控制溶液的酸度 pH=6。以二甲酚橙为指示剂，用 0.1024mol/L 的 EDTA 溶液 25.00mL 滴定至终点，则氯化锌的含量为（　）。$M(ZnCl_2)$= 136.29g/mol。

A. 96.92%　B. 96.9%　C. 48.46%　D. 48.5%

57. [1] 称取 1.032g 氧化铝试样，溶解定容至 250mL 容量瓶中，移取 25.00mL，加入 $T_{Al_2O_3/EDTA}$ = 1.505mg/mL 的 EDTA 溶液 10.00mL，以二甲酚橙为指示剂，用 $Zn(Ac)_2$标准滴定溶液 12.20mL 滴定至终点，已知 20.00mL$Zn(Ac)_2$溶液相当于 13.62mL EDTA 溶液。则试样中 Al_2O_3的含量为（　）。

A. 1.23%　B. 24.67%　C. 12.34%　D. 2.47%

58. [2] 下列对氨羧配位剂的叙述中，不正确的是（　）。

A. 氨羧配位剂是一类有机通用型螯合试剂的总称

B. 氨羧配位剂能与金属离子形成多个五元环

C. 常用的氨羧配位剂有 EDTA、NTA、DCTA、EGTA 等

D. 最常用的氨羧配位剂是 NTA

59. [2] 由于 EBT 不能指示 EDTA 滴定 Ba^{2+}，在找不到合适的指示剂时，常用（　）测定钡含量。

A. 直接滴定　B. 返滴定　C. 置换滴定　D. 间接滴定

60. [2] 用 EDTA 法测定铜合金（Cu、Zn、Pb）中 Zn 和 Pb 的含量时，一般将制成的铜合金试液先用 KCN 在碱性条件下掩蔽去除 Cu^{2+}、Zn^{2+}后，用 EDTA 先滴定 Pb^{2+}，然后在试液中加入甲醛，再用 EDTA 滴定 Zn^{2+}，下列说法错误的是（　）。

A. Pb 的测定属于直接测定　B. Zn 的测定属于置换滴定

C. 甲醛是解蔽剂　D. KCN 是掩蔽剂

61. [1] 称取含磷样品 0.2000g，溶解后把磷沉淀为 $MgNH_4PO_4$，此沉淀过滤洗涤再溶解，最后用 0.02000mol/L 的 EDTA 标准溶液滴定，消耗 30.00mL，样品中 P_2O_5的百分含量为（　）。已知 $M(MgNH_4PO_4)$=137.32g/mol，$M(P_2O_5)$=141.95g/mol。

A. 42.59%　B. 41.20%　C. 21.29%　D. 20.60%

62. [2] 在 pH=13 时，用铬黑 T 作指示剂，用 0.010mol/L 的 EDTA 滴定同浓度的钙离子，终点时 pCa=4.7，则终点误差为（　）。已知 $\lg K'_{CaY}$=10.7。

A. −0.1%　B. −0.2%　C. −0.3%　D. −0.4%

二、判断题

1. [3] EDTA 标准溶液一般用直接法配制。（　）

2. [2] 氨水溶液不能装在铜制容器中，其原因是发生配位反应，生成 $[Cu(NH_3)_4]^{2+}$，使铜溶解。（　）

3. [3] 电负性大的元素充当配位原子，其配位能力强。（　）

4. [2] 配合物的几何构型取决于中心离子所采用的杂化类型。（　）

5. [3] 配合物的配位体都是带负电荷的离子，可以抵消中心离子的正电荷。(　　)

6. [3] 配合物由内界和外界组成。(　　)

7. [3] 配合物中由于存在配位键，所以配合物都是弱电解质。(　　)

8. [3] 配离子的配位键越稳定，其稳定常数越大。(　　)

9. [2] 配位化合物 $K_3[Fe(CN)_5CO]$ 的名称是五氰根·一氧化碳合铁（Ⅱ）酸钾。(　　)

10. [3] 配位数是中心离子（或原子）接受配位体的数目。(　　)

11. [2] 配合物中心离子所提供杂化的轨道，其主量子数必须相同。(　　)

12. [2] 同一种中心离子与有机配位体形成的配合物往往要比与无机配位体形成的配合物更稳定。(　　)

13. [2] 外轨型配离子磁矩大，内轨型配合物磁矩小。(　　)

14. [3] 在螯合物中没有离子键。(　　)

15. [2] 能形成无机配合物的反应虽然很多，但由于大多数无机配合物的稳定性不高，而且还存在分步配位的缺点，因此能用于配位滴定的并不多。(　　)

16. [2] EDTA 滴定法，目前之所以能够广泛被应用的主要原因是由于它能与绝大多数金属离子形成 1∶1 的配合物。(　　)

17. [2] EDTA 滴定某种金属离子的最高 pH 可以在酸效应曲线上方便地查出。(　　)

18. [2] EDTA 滴定中，消除共存离子干扰的通用方法是控制溶液的酸度。(　　)

19. [2] 滴定各种金属离子的最低 pH 与其对应 $\lg K_{稳}$ 绘成的曲线，称为 EDTA 的酸效应曲线。(　　)

20. [2] 配位滴定中，酸效应系数越小，生成的配合物稳定性越高。(　　)

21. [2] 溶液的 pH 越小，金属离子与 EDTA 配位反应能力越低。(　　)

22. [2] 酸效应和其他组分的副反应是影响配位平衡的主要因素。(　　)

23. [2] 以 EDTA 标准溶液连续滴定时，两次终点的颜色变化均为紫红色变成纯蓝色。(　　)

24. [3] 标定 EDTA 溶液须以二甲酚橙为指示剂。(　　)

25. [2] EDTA 滴定某金属离子有一允许的最高酸度（pH），溶液的 pH 再增大就不能准确滴定该金属离子了。(　　)

26. [2] 能直接进行配位滴定的条件是 $cK'_{稳} \geqslant 10^6$。(　　)

27. [2] 铬黑 T 指示剂在 pH 为 7～11 范围使用，其目的是为减少干扰离子的影响。(　　)

28. [2] 金属（M）离子指示剂（In）应用的条件是 $K'_{MIn} > K'_{MY}$。(　　)

29. [1] 金属离子指示剂 H_3In 与金属离子的配合物为红色，它的 H_2In 呈蓝色，其余存在形式均为橙红色，则该指示剂适用的酸度范围为 $pK_{a1} < pH < pK_{a2}$。(　　)

30. [2] 金属指示剂是指示金属离子浓度变化的指示剂。(　　)

31. [2] 用 EDTA 测定 Ca^{2+}、Mg^{2+} 总量时，以铬黑 T 作指示剂应控制 pH＝12。(　　)

32. [2] 用 EDTA 测定水的硬度，在 pH＝10.0 时测定的是 Ca^{2+} 的总量。(　　)

33. [2] 在配位滴定中，要准确滴定 M 离子而 N 离子不干扰须满足 $\lg K_{MY} - \lg K_{NY} \geqslant 5$。(　　)

34. [2] 用 EDTA 法测定试样中的 Ca^{2+} 和 Mg^{2+} 含量时，先将试样溶解，然后调节溶液 pH 为 5.5～6.5，并进行过滤，目的是去除 Fe、Al 等干扰离子。(　　)

35. [2] 掩蔽剂的用量过量太多，被测离子也可能被掩蔽而引起误差。(　　)

36. [2] 若被测金属离子与 EDTA 配位反应速率慢，则一般可采用置换滴定方式进行测定。(　　)

37. [2] 在测定水硬度的过程中，加入 NH_3-NH_4Cl 是为了保持溶液酸度基本不变。(　　)

38. [2] 两种离子共存时，通过控制溶液酸度选择性滴定被测金属离子应满足的条件是 $\Delta \lg K \geqslant 5$。(　　)

39. [1] 用 EDTA 滴定混合 M 和 N 金属离子的溶液，如果 $\Delta pM = \pm 0.2$，$E_t < \pm 0.5\%$ 且 M 与 N 离子浓度相等时，$\Delta \lg K \geqslant 5$ 即可判定 M、N 离子可利用控制酸度来进行分步滴定。(　　)

40. [2] 只要金属离子能与 EDTA 形成配合物，都能用 EDTA 直接滴定。(　　)

41. [3] 一个 EDTA 分子中，由 2 个氨氮和 4 个羧氧提供 6 个配位原子。(　　)

42. [2] EDTA 与金属离子配合时，不论金属离子是几价，大多数都是以 1∶1 的关系配合。(　　)

43. [2] 提高配位滴定选择性的常用方法有：控制溶液酸度和利用掩蔽的方法。(　　)

44. [2] 水硬测定过程中需加入一定量的 $NH_3 \cdot H_2O$-NH_4Cl 溶液，其目的是保持溶液的酸度在整个滴定过程中基本不变。(　　)

45. [2] 在配位反应中，当溶液的 pH 一定时，K_{MY} 越大则 K'_{MY} 就越大。(　　)

46. [2] 造成金属指示剂封闭的原因是指示剂本身不稳定。(　　)

47. [1] 在配位滴定中，若溶液的 pH 值高于滴定 M 的最小 pH 值，则无法准确滴定。(　　)

48. [2] 配位滴定法中指示剂的选择是根据滴定突跃的范围。(　　)

49. [2] 配制好的 EDTA 标准溶液，一般贮存于聚乙烯塑料瓶中或硬质玻璃瓶中。(　　)

50. [3] EDTA 在水溶液中有 7 种形式。(　　)

51. [2] 在水的总硬度测定中，必须依据水中 Ca^{2+} 的性质选择滴定条件。(　　)

52. [2] 配位滴定一般都在缓冲溶液中进行。(　　)

53. [2] EDTA 配位滴定时的酸度，根据 $\lg c_M K'_{MY} \geqslant 6$ 就可以确定。(　　)

54. [2] 酸效应曲线的作用就是查找各种金属离子所需的滴定最低酸度。(　　)

55. [2] 在直接配位滴定分析中，定量依据是 $n(M) = n(EDTA)$，M 为待测离子。(　　)

三、多选题

1. [2] 下列说法正确的是（　　）。

A. 配合物的形成体（中心原子）大多是中性原子或带正电荷的离子

B. 螯合物以六元环、五元环较稳定

C. 配位数就是配位体的个数

D. 二乙二胺合铜（Ⅱ）离子比四氨合铜（Ⅱ）离子稳定

2. [2] 在配位滴定中，指示剂应具备的条件是（　　）。

A. $K_{MIn} < K_{MY}$　　B. 指示剂与金属离子显色要灵敏

C. MIn 应易溶于水　　D. $K_{MIn} > K_{MY}$

3. [2] EDTA 作为配位剂具有的特性是（　　）。

A. 生成的配合物稳定性很高

B. 能提供 6 对电子，所以 EDTA 与金属离子形成 1∶1 配合物

C. 生成的配合物大都难溶于水

D. 均生成无色配合物

4. [2] 关于 EDTA，下列说法正确的是（　　）。

A. EDTA 是乙二胺四乙酸的简称　　B. 分析工作中一般用乙二胺四乙酸二钠盐块

C. EDTA 与 Ca^{2+} 以 1∶2 的比例配合　　D. EDTA 与金属离子配位形成螯合物

5. [2] 以下关于 EDTA 标准溶液制备叙述正确的为（　　）。

A. 使用 EDTA 分析纯试剂先配成近似浓度再标定

B. 标定条件与测定条件应尽可能接近

C. EDTA 标准溶液应贮存于聚乙烯瓶中

D. 标定 EDTA 溶液须用二甲酚橙指示剂

6. [2] 以下几项属于 EDTA 配位剂的特性的是（　　）。

A. EDTA 具有广泛的配位性能，几乎能与所有的金属离子形成配合物

B. EDTA 配合物配位比简单，多数情况下都形成 1∶1 配合物

C. EDTA 配合物稳定性高

D. EDTA 配合物易溶于水

7. [2] 以下有关 EDTA 的叙述正确的为（　　）。

A. 在任何水溶液中，EDTA 总以六种型体存在

B. pH 不同时，EDTA 的主要存在型体也不同

C. 在不同 pH 下，EDTA 各型体的浓度比不同

D. EDTA 的几种型体中，只有 Y^{4-} 能与金属离子直接配位

8. [2] EDTA 与金属离子的配合物有如下特点（　　）。

A. EDTA 具有广泛的配位性能，几乎能与所有金属离子形成配合物

B. EDTA 配合物配位比简单，多数情况下都形成 1∶1 配合物

C. EDTA 配合物难溶于水，使配位反应较迅速

D. EDTA 配合物稳定性高，能与金属离子形成具有多个五元环结构的螯合物

9. [2] EDTA 与金属离子配位的主要特点有（　　）。

A. 因生成的配合物稳定性很高，故 EDTA 配位能力与溶液酸度无关

B. 能与大多数金属离子形成稳定的配合物

C. 无论金属离子有无颜色，均生成无色配合物

D. 生成的配合物大都易溶于水

10. [2] 以 EDTA 为滴定剂，下列叙述中正确的有（　　）。

A. 在酸度较高的溶液中，可形成 MHY 配合物

B. 在碱性较高的溶液中，可形成 MOHY 配合物

C. 不论形成 MHY 或 MOHY，均有利于滴定反应

D. 不论溶液 pH 的大小，只形成 MY 一种形式配合物

11. [3] 配位滴定的方式有（　　）。

A. 直接滴定　　B. 返滴定　　C. 间接滴定　　D. 置换滴定法

12. [2] 在配位滴定中，消除干扰离子的方法有（　　）。

A. 掩蔽法　　B. 预先分离法

C. 改用其他滴定剂法　　D. 控制溶液酸度法

13. [2] 国家标准规定的标定 EDTA 溶液的基准试剂有（　　）。

A. MgO　　B. ZnO　　C. $CaCO_3$

D. 锌片　　E. 铜片

14. [2] 配位滴定中，作为金属指示剂应满足（　　）条件。

A. 不被被测金属离子封闭　　B. 指示剂本身应比较稳定

C. 是无机物　　D. 是弱酸

E. 是金属化合物

15. [2] 下列基准物质中，可用于标定 EDTA 的是（　）。

A. 无水碳酸钠　　B. 氧化锌　　C. 碳酸钙

D. 重铬酸钾　　E. 草酸钠

16. [2] EDTA 直接滴定法需符合（　　）。

A. $(c_M K_{MY})/(c_N K_{NY}) \geqslant 5$　　B. $K'_{MY}/K'_{MIn} \geqslant 10^2$

C. $c_M K'_{MY} \geqslant 10^6$　　D. 要有某种指示剂可选用

17. [1] 对于酸效应曲线，下列说法正确的有（　）。

A. 利用酸效应曲线可确定单独滴定某种金属离子时所允许的最低酸度

B. 可判断混合物金属离子溶液能否连续滴定

C. 可找出单独滴定某金属离子时所允许的最高酸度

D. 酸效应曲线代表溶液 pH 与溶液中的 MY 的绝对稳定常数（$\lg K_{MY}$）以及溶液中 EDTA 的酸效应系数的对数值［$\lg \alpha_{Y(H)}$］之间的关系

18. [3] 在 EDTA 配位滴定中，铬黑 T 指示剂常用于（　）。

A. 测定钙镁总量　　B. 测定铁铝总量　　C. 测定镍含量　　D. 测定锌镉总量

19. [1] 配位滴定中，金属指示剂必须具备的条件为（　）。

A. 在滴定的 pH 范围，游离金属指示剂本身的颜色与配合物的颜色有明显差别

B. 金属离子与金属指示剂的显色反应要灵敏

C. 金属离子与金属指示剂形成配合物的稳定性要适当

D. 金属离子与金属指示剂形成配合物的稳定性要小于金属离子与 EDTA 形成配合物的稳定性

20. [2] 在 EDTA（Y）配位滴定中，金属离子指示剂（In）的应用条件是（　）。

A. In 与 MY 应有相同的颜色　　B. MIn 应有足够的稳定性，且 $K'_{MIn} > K'_{MY}$

C. In 与 MIn 应有显著不同的颜色　　D. In 与 MIn 应当都能溶于水

21. [2] 产生金属指示剂的僵化现象不是因为（　）。

A. 指示剂不稳定　　B. MIn 溶解度小　　C. $K'_{MIn} < K'_{MY}$　　D. $K'_{MIn} > K'_{MY}$

22. [2] EDTA 配位滴定法，消除其他金属离子干扰常用的方法有（　）。

A. 加掩蔽剂　　B. 使形成沉淀　　C. 改变金属离子价态　D. 萃取分离

23. [2] 提高配位滴定的选择性可采用的方法是（　）。

A. 增大滴定剂的浓度　　B. 控制溶液温度

C. 控制溶液的酸度　　D. 利用掩蔽剂消除干扰

24. [2] 在 EDTA 配位滴定中，下列有关掩蔽剂的叙述中正确的是（　）。

A. 配位掩蔽剂必须可溶且无色　　B. 氧化还原掩蔽剂必须改变干扰离子的价态

C. 掩蔽剂的用量越多越好　　D. 掩蔽剂最好是无毒的

25. [2] 下列有关滴定方式的叙述正确的是（　）。

A. 直接滴定法是用 EDTA 直接滴定被测物质

B. 返滴定法是先加过了 EDTA，然后用另一种金属离子滴定剩余的 EDTA

C. 将待测物质 M 与 NY 反应后用 EDTA 滴定释放出的 N 称为置换滴定法

D. 上述 C 项应称为直接滴定法

26. [2] 利用不同的配位滴定方式，可以（　　）。

A. 提高准确度　　B. 提高配位滴定的选择性

C. 扩大配位滴定的应用范围　　D. 计算更方便

27. [2] 水的硬度测定中，正确的测定条件包括（　　）。

A. 总硬度：pH＝10，EBT 为指示剂

B. 钙硬度：pH＝12，XO 为指示剂

C. 钙硬度：调 pH 之前，先加 HCl 酸化并煮沸

D. 钙硬度：NaOH 可任意过量加入

28. [3] 水的总硬度测定中，测定的是水中（　　）的量。

A. 钙离子　　B. 镁离子　　C. 铁离子　　D. 锌离子

29. [3] EDTA 法测定水的总硬度是在 pH＝（　　）的缓冲溶液中进行，钙硬度是在 pH＝（　　）的缓冲溶液中进行。

A. 7　　B. 8　　C. 10　　D. 12

30. [3] 在配位滴定中可使用的指示剂有（　　）。

A. 甲基红　　B. 铬黑 T　　C. 溴甲酚绿

D. 二苯胺磺酸钠　　E. 二甲酚橙　　F. 酚酞

31. [2] 在以 $CaCO_3$ 为基准物标定 EDTA 溶液时，下列哪些仪器需用操作溶液淋洗三次（　　）。

A. 滴定管　　B. 容量瓶　　C. 移液管　　D. 锥形瓶

32. [3] EDTA 的副反应有（　　）。

A. 配位效应　　B. 水解效应　　C. 共存离子效应　　D. 酸效应

四、计算题

1. [3] 根据 EDTA 的各级解离常数，计算 pH＝5.0 和 pH＝10.0 时的 $\lg\alpha_{Y(H)}$ 值。（pK_{a1}～pK_{a6} 为 0.9、1.6、2.0、2.67、6.16、10.26）

2. [3] 浓度为 0.02mol/L 的 Zn^{2+}、Cu^{2+} 溶液在 pH＝3.5 时，哪些可以用 EDTA 准确滴定？哪些不能被 EDTA 滴定？为什么？（$\alpha_{Y(H)}=10^{9.48}$，$\lg K_{ZnY}=16.50$，$\lg K_{CuY}=18.80$）

3. [3] 当 pH＝5.0 时，Co^{2+} 和 EDTA 配合物的条件稳定常数是多少（不考虑水解等副反应）？当 Co^{2+} 浓度为 0.02mol/L 时，能否用 EDTA 标准滴定 Co^{2+}？（$\lg\alpha_{Y(H)}=6.45$，$\lg K=16.31$）

4. [2] 在 Bi^{3+} 和 Ni^{2+} 均为 0.01mol/L 的混合溶液中，试求以 EDTA 溶液滴定时所允许的最小 pH 值。能否采取控制溶液酸度的方法实现二者的分别滴定？（$\lg K_{BiY}=27.94$，$\lg K_{NiY}=18.62$）

5. [2] 用纯 $CaCO_3$ 标定 EDTA 溶液。称取 0.1005g 纯 $CaCO_3$，溶解后用容量瓶配成 100.0mL 溶液，吸取 25.00mL，在 pH＝12 时，用钙指示剂指示终点，用待标定的 EDTA 溶液滴定，用去 24.50mL。(1) 计算 EDTA 溶液的物质的量浓度；(2) 计算该 EDTA 溶液对 ZnO 和 Fe_2O_3 的滴定度。$M(CaCO_3)=100.09g/mol$，$M(Fe_2O_3)=159.69g/mol$，$M(ZnO)=81.38g/mol$。

6. [2] 在 pH＝10 的氨缓冲溶液中，滴定 100.0mL 含 Ca^{2+}、Mg^{2+} 的水样，消耗 0.01016mol/L 的 EDTA 标准溶液 15.28mL；另取 100.0mL 水样，用 NaOH 处理，使 Mg^{2+} 生成 $Mg(OH)_2$ 沉淀，滴定时消耗 EDTA 标准溶液 10.43mL，计算水样中 $CaCO_3$ 和 $MgCO_3$ 的含量（以 mg/mL 表示）。$M(CaCO_3)=100.09g/mol$，$M(MgCO_3)=84.32g/mol$。

7. [2] 称取铝盐试样 1.250g，溶解后加入 0.05000mol/L 的 EDTA 溶液 25.00mL，在适当条件下反应后，以调节溶液 pH 为 5～6，以二甲酚橙为指示剂，用 0.02000mol/L 的 Zn^{2+} 标准溶液回滴过量的 EDTA，消耗 Zn^{2+} 溶液 21.50mL，计算铝盐中铝的质量分数。$M(Al)=$

26.98g/mol。

8. [2] 用配位滴定法测定氯化锌的含量。称取0.2500g试样，溶于水后稀释到250.0mL，移取溶液25.00mL，在pH为5～6时，用二甲酚橙做指示剂，用0.01024mol/L的EDTA标准溶液滴定，用去17.61mL。计算试样中氯化锌的质量分数。$M(ZnCl_2)=136.3g/mol$。

9. [2] 称取含Fe_2O_3和Al_2O_3的试样0.2015g，溶解后，用pH=2以磺基水杨酸做指示剂，以0.02008mol/L的EDTA标准溶液滴定到终点，消耗15.20mL，再加入上述EDTA溶液25.00mL，加热煮沸使EDTA与Al^{3+}反应完全，调节pH=4.5，以PAN为指示剂，趁热用0.02112mol/L的Cu^{2+}标准溶液返滴定，用去8.16mL，试计算试样中Fe_2O_3和Al_2O_3的质量分数。$M(Fe_2O_3)=159.69g/mol$，$M(Al_2O_3)=101.96g/mol$。

10. [2] 欲测定有机试样中的含磷量，称取试样0.1084g，处理成试液，并将其中的磷氧化成PO_4^{3-}，加入其他试剂使之形成$MgNH_4PO_4$沉淀。沉淀经过滤洗涤后，再溶解于盐酸中并用NH_3-NH_4Cl缓冲溶液调节pH=10，以铬黑T为指示剂，需用0.01004mol/L的EDTA 21.04mL滴定至终点，计算试样中磷的质量分数。$M(P)=30.97g/mol$。

11. [2] 移取含Bi^{3+}、Pb^{2+}、Cd^{2+}的试液25.00mL，以二甲酚橙为指示剂，在pH=1时用0.02015mol/L的EDTA标准溶液滴定，消耗20.28mL。调节pH=5.5，继续用EDTA标准溶液滴定，消耗30.16mL。再加入邻二氮菲使与Cd^{2+}-EDTA配离子中的Cd^{2+}发生配合反应，被置换出的EDTA再用0.02002mol/L的Pb^{2+}标准溶液滴定，用去10.15mL，计算溶液中Bi^{3+}、Pb^{2+}、Cd^{2+}的浓度。

12. [2] 称取0.5000g煤试样，灼烧并使其中的S完全氧化转移到溶液中以SO_4^{2-}形式存在。除去重金属离子后，加入0.05000mol/L的$BaCl_2$溶液20.00mL，使之生成$BaSO_4$沉淀。再用0.02500mol/L的EDTA溶液滴定过量的Ba^{2+}，用去20.00mL，计算煤中S的质量分数。$M(S)=32.07g/mol$。

13. [2] 称取锡青铜试样（含Sn、Cu、Zn和Pb）0.2643g，处理成溶液，加入过量的EDTA标准溶液，使其中所有重金属离子均形成稳定的EDTA的配合物。过量的EDTA在pH=5～6的条件下，以二甲酚橙为指示剂，用$Zn(Ac)_2$标准溶液回滴。再在上述溶液中加入少许固体NH_4F使SnY转化成更稳定的SnF_6^{2-}，同时释放出EDTA，最后用0.01163mol/L的$Zn(Ac)_2$标准溶液滴定EDTA，消耗$Zn(Ac)_2$标准溶液20.28mL。计算该铜合金中锡的质量分数。$M(Sn)=118.7g/mol$。

14. [2] 测定25.00mL试液中的镓（Ⅲ）离子，在pH=10的缓冲溶液中，加入25mL浓度为0.05mol/L的Mg-EDTA溶液时，置换出的Mg^{2+}以EBT为指示剂，需用0.05000mol/L的EDTA标准溶液10.78mL滴定至终点。计算（1）镓溶液的浓度；（2）该试液中所含镓的质量（g）。$M(Ga^{3+})=69.723g/mol$。

15. [2] 欲测定某试液中的Fe^{2+}、Fe^{3+}的含量。吸取25.00mL该试液，在pH=2时用浓度为0.01500mol/L的EDTA滴定，消耗15.40mL，调节pH=6，继续滴定，又消耗14.10mL，计算其中Fe^{2+}、Fe^{3+}的浓度（mg/mL）。$M(Fe)=55.85g/mol$。

16. [2] 称取0.5000g黏土试样，用碱熔后分离SiO_2，定容250.0mL。吸取100mL，在pH=2～2.5的热溶液中，用磺基水杨酸为指示剂，以0.02000mol/L的EDTA标准溶液滴定Fe^{3+}，消耗5.60mL。滴定后的溶液在pH=3时，加入过量的EDTA溶液，调pH=4～5，煮沸，用PAN作指示剂，以$CuSO_4$标准溶液（每毫升含纯$CuSO_4\cdot5H_2O$ 0.00500g）滴定至溶液呈紫红色。再加入NH_4F，煮沸后，又用$CuSO_4$标准溶液滴定，消耗$CuSO_4$标准溶液24.15mL，计算黏土中Fe_2O_3和Al_2O_3的质量分数。$M(Fe_2O_3)=159.69g/mol$，$M(Al_2O_3)=101.96g/mol$，$M(CuSO_4\cdot5H_2O)=249.69g/mol$。

17. [2] 将镀于5.04cm^2某惰性材料表面上的金属铬（$\rho=7.10g/cm^3$）溶解于无机酸

中，然后将此酸性溶液移入100mL容量瓶中并稀释至刻度。吸取25.00mL该试液，调节pH=5后，加入25.00mL的0.02010mol/L的EDTA溶液使之充分螯合，过量的EDTA用0.01005mol/L的$Zn(Ac)_2$溶液回滴，需8.24mL可滴定至二甲酚橙指示剂变色。该惰性材料表面上铬镀层的平均厚度为多少毫米？[M(Cr)=52.00g/mol]

18. [3] 用下列基准物质标定0.02mol/L EDTA溶液，若使EDTA标准溶液的体积消耗在30mL左右，分别计算下列基准物的称量范围。

(1) 纯Zn粒；(2) 纯$CaCO_3$；(3) 纯Mg粉。

M(Zn)=65.38g/mol，M(Mg)=24.30g/mol，$M(CaCO_3)$=100.09g/mol。

19. [3] 条件稳定常数计算。

(1) pH=10，EDTA与Mg^{2+}形成配合物时计算$\lg K'_{MgY}$；

(2) pH=10，NH_3=0.1mol/L时，EDTA与Zn^{2+}形成配合物时计算$\lg K'_{ZnY}$。

($\lg\alpha_{Y(H)}=0.45$，$\lg K_{MgY}=8.69$，$\lg K_{ZnY}=16.50$)

20. [2] 单一离子与混合离子滴定，介质酸度选择。

若EDTA滴定等浓度下述单一离子，EDTA浓度0.01mol/L，计算准确滴定介质最高酸度与最低酸度。($\lg K_{BiY}=27.94$，$\lg K_{CaY}=10.69$，$\lg K_{PbY}=18.04$)

(1) Bi^{3+}　　(2) Ca^{2+}　　(3) Bi^{3+}-Pb^{2+}

21. [2] 水泥成分分析，称样1.000g溶解后。定量移入250mL容量瓶中，准确移取25.00mL进行滴定，在pH=2介质中用磺基水杨酸为指示剂，以0.0200mol/L EDTA滴定Fe^{3+}，消耗EDTA 30.00mL，然后加入上述溶液25.00mL加热煮沸，在pH=5介质以XO为指示剂，用0.02000mol/L Cu^{2+}标准溶液滴定Al^{3+}，消耗5.00mL，再调pH=10氨性介质EBT为指示剂，EDTA滴定Ca^{2+}-Mg^{2+}，消耗EDTA 45.00mL，用NaOH沉淀Mg^{2+}后，以钙指示剂指示终点，EDTA滴定Ca^{2+}消耗EDTA 10.00mL，计算样品中Fe_2O_3、Al_2O_3、CaO、MgO含量。[$M(Fe_2O_3)$=159.69g/mol，$M(Al_2O_3)$=101.96g/mol，M(CaO)=56.08g/mol，M(MgO)=40.30g/mol]

22. [2] 今将2.318g合金样品溶于热HNO_3中，析出沉淀经灼烧称量0.3661g测Sn。溶液定量移入500mL容量瓶中，移取50.00mL pH=2介质0.0500mol/L EDTA滴定Bi，消耗EDTA11.20mL，用六亚甲基四胺介质调节pH为5～6，仍以XO为指示剂，EDTA滴定Pb+Cd消耗10.80mL，再加入邻二氮菲与Cd生成配合物析出等量EDTA，用0.04630mol/LPb $(NO_3)_2$标准溶液滴定EDTA到终点，消耗Pb $(NO_3)_2$ 6.15mL测得Cd量，分别计算Sn、Bi、Cd、Pb含量。[M(Sn)=118.7g/mol，M(Bi)=208.98g/mol，M(Cd)=112.41g/mol，M(Pb)=207.2g/mol，$M(SnO_2)$=150.69g/mol]

23. [2] 称取Zn、Al合金试样0.2000g，溶解后调至pH=3.5，加入50.00mL 0.05132mol/LEDTA煮沸，冷却后加入乙酸缓冲溶液调至pH=5.5，以二甲酚橙为指示剂，用0.05000mol/L标准$ZnSO_4$溶液滴定至由黄色变成红色，用去5.08mL。再加定量NH_4F，加热至40℃，用上述$ZnSO_4$标准溶液滴定，用去20.70mL，计算试样中Zn和Al的各自含量。M(Zn)=65.38g/mol，M(Al)=26.98g/mol。

24. [2] 测定硫酸盐中的SO_4^{2-}。称取试样3.000g，溶解后，配制成250.0mL溶液，吸取25.00mL，加入25.0mL$c(BaCl_2)$=0.05000mol/L $BaCl_2$溶液。加热沉淀后，用0.02000mol/L EDTA滴定剩余Ba^{2+}，消耗EDTA溶液17.15mL，计算硫酸盐试样中SO_4^{2-}的质量分数。$M(SO_4^{2-})$=96.07g/mol。

25. [2] 分析Cu-Zn-Mg合金，称取0.5000g试样，溶解后配成100.00mL试液，移取25.00mL，调pH=6.0，用PAN作指示剂，用0.05000mol/L EDTA滴定Cu^{2+}和Zn^{2+}用去37.30mL。另移取25.00mL调至pH=10，加KCN，掩蔽Cu^{2+}和Zn^{2+}。以铬黑T为指

示剂，用上述 EDTA 标准溶液滴至终点，用去 4.10mL，然后再滴加甲醛以解蔽 Zn^{2+}，再用 EDTA 滴定，又用去 13.40mL。计算试样中 Cu^{2+}、Zn^{2+}、Mg^{2+} 的各自含量。$M(Zn)$＝65.38g/mol，$M(Mg)$＝24.30g/mol，$M(Cu)$＝63.55g/mol。

26. [1] 分析 Pb、Zn、Mg 合金时，称取合金 0.4800g，溶解后，用容量瓶准确配制成 100mL 试液。吸取 25.00mL 试液，加 KCN 将 Zn^{2+} 掩蔽。然后用 $c(EDTA)$＝0.02000mol/L 的 EDTA 滴定 Pb^{2+} 和 Mg^{2+}，消耗 EDTA 溶液 46.40mL；继续加入二巯基丙醇（DMP）掩蔽 Pb^{2+}，使其置换出等量的 EDTA，再用 $c(Mg^{2+})$＝0.01000mol/L Mg^{2+} 标准溶液滴定置换出的 EDTA，消耗 Mg^{2+} 离子溶液 22.60mL；最后加入甲醛解蔽 Zn^{2+}，再用上述 EDTA 滴定 Zn^{2+}，又消耗 EDTA 溶液 44.10mL。计算合金中 Pb、Zn、Mg 的质量分数。$M(Zn)$＝65.38g/mol，$M(Mg)$＝24.30g/mol，$M(Pb)$＝207.2g/mol。

第八章 氧化还原滴定知识

一、单选题

1. [2] 用 $H_2C_2O_4 \cdot 2H_2O$ 标定 $KMnO_4$ 溶液时，溶液的温度一般不超过（　　），以防止 $H_2C_2O_4 \cdot 2H_2O$ 的分解。
   A. 60℃　　B. 75℃　　C. 40℃　　D. 90℃
2. [2] 把反应 $Zn + Cu^{2+} \longrightarrow Zn^{2+} + Cu$ 设计成原电池，电池符号为（　　）。
   A. $(-)Zn|Zn^{2+} \| Cu^{2+}|Cu(+)$　　B. $(-)Zn^{2+}|Zn\|Cu^{2+}|Cu(+)$
   C. $(-)Cu^{2+}|Cu\|Zn^{2+}|Zn(+)$　　D. $(-)Cu|Cu^{2+} \| Zn^{2+}|Zn(+)$
3. [2] 将反应 $Fe^{2+} + Ag^{+} \longrightarrow Fe^{3+} + Ag$ 构成原电池，其电池符号为（　　）。
   A. $(-)Fe^{2+}|Fe^{3+} \| Ag^{+}|Ag(+)$　　B. $(-)Pt|Fe^{2+};Fe^{3+} \| Ag^{+}|Ag(+)$
   C. $(-)Pt|Fe^{2+},Fe^{3+} \| Ag^{+}|Ag(+)$　　D. $(-)Pt|Fe^{2+},Fe^{3+} \| Ag^{+}|Ag|Pt(+)$
4. [2] 当增加反应酸度时，氧化剂的电极电位会增大的是（　　）。
   A. Fe^{3+}　　B. I_2　　C. $K_2Cr_2O_7$　　D. Cu^{2+}
5. [2] 电极电势的大小与下列哪种因素无关（　　）。
   A. 电极本身性质　　B. 温度
   C. 氧化态和还原态的浓度　　D. 化学方程式的写法
6. [2] 电极电势与浓度的关系是（　　）。
   A. $\varphi_{氧化态/还原态} = \varphi^{\ominus}_{氧化态/还原态} + \frac{RT}{nF}\ln\frac{[氧化态]}{[还原态]}$
   B. $\lg K = \frac{n\ [\varphi^{\ominus}_{(+)} - \varphi^{\ominus}_{(-)}]}{0.0592}$
   C. $K = \frac{c\ [Cu\ (NH_3)^{2}_{4}]^{2+}}{c\ (Cu^{2+})\ c^{4}\ (NH_3)}$
   D. $\frac{d\ln K^{\ominus}}{dT} = \frac{\Delta_r H^{\ominus}_m}{RT^2}$
7. [2] 25℃时将铂丝插入 Sn^{4+} 和 Sn^{2+} 离子浓度分别为 0.1mol/L 和 0.01mol/L 的混合溶液中，电对的电极电势为（　　）。

A. $\varphi^{\ominus}_{Sn^{4+}/Sn^{2+}}$ V

B. $\varphi^{\ominus}_{Sn^{4+}/Sn^{2+}}+0.05916/2$V

C. $\varphi^{\ominus}_{Sn^{4+}/Sn^{2+}}+0.05916$V

D. $\varphi^{\ominus}_{Sn^{4+}/Sn^{2+}}-0.05916/2$V

8. [2] 下列说法正确的是（　　）。

A. 电对的电位越低，其氧化形的氧化能力越强

B. 电对的电位越高，其氧化形的氧化能力越强

C. 电对的电位越高，其还原形的还原能力越强

D. 氧化剂可以氧化电位比它高的还原剂

9. [3] 反应 $2Fe^{3+}+Cu═══2Fe^{2+}+Cu^{2+}$ 进行的方向为（　　）。[$\varphi^{\ominus}_{Cu^{2+}/Cu}=0.337$V，$\varphi^{\ominus}_{Fe^{3+}/Fe^{2+}}=0.77$V]

A. 向左　B. 向右　C. 已达平衡　D. 无法判断

10. [3] 在 $2Cu^{2+}+4I^{-}═══2CuI\downarrow+I_2$ 中，$\varphi^{\ominus}_{I_2/I^-}=0.54$V，$\varphi^{\ominus}_{Cu^{2+}/CuI}=0.86$V，$\varphi^{\ominus}_{Cu^{2+}/CuI}>\varphi^{\ominus}_{I_2/I^-}$ 则反应方向向（　　）。

A. 右

B. 左

C. 不反应

D. 反应达到平衡时不移动

11. [1] MnO_4^- 与 Fe^{2+} 反应的平衡常数（　　）。已知 $\varphi^{\ominus}_{MnO_4^-/Mn^{2+}}=1.51$V，$\varphi^{\ominus}_{Fe^{3+}/Fe^{2+}}=0.77$V。

A. 3.4×10^{12}　B. 320　C. 3.0×10^{62}　D. 4.2×10^{53}

12. [2] 利用电极电位可判断氧化还原反应的性质，但它不能判别（　　）。

A. 氧化还原反应速率

B. 氧化还原反应方向

C. 氧化还原能力大小

D. 氧化还原的完全程度

13. [3] 影响氧化还原反应平衡常数的因素是（　　）。

A. 反应物浓度　B. 催化剂　C. 温度　D. 诱导作用

14. [2] 在一般情况下，只要两电对的电极电位之差超过（　　），该氧化还原反应就可用于滴定分析。

A. $E_1-E_2\geqslant0.30$V

B. $E_1-E_2\leqslant0.30$V

C. $E_1-E_2\geqslant0.40$V

D. $E_1-E_2\leqslant0.40$V

15. [2] 对氧化还原反应速率没有什么影响的是（　　）。

A. 反应温度

B. 反应物的两电对电位之差

C. 反应物的浓度

D. 催化剂

16. [3] 二级标准重铬酸钾用前应在（　　）灼烧至恒重。

A. 250～270℃　B. 800℃　C. 120℃　D. 270～300℃

17. [3] 标定 I_2 标准溶液的基准物是（　　）。

A. As_2O_3　B. $K_2Cr_2O_7$　C. Na_2CO_3　D. $H_2C_2O_4$

18. [3] 标定 $KMnO_4$ 标准溶液的基准物是（　　）。

A. $Na_2S_2O_3$　B. $K_2Cr_2O_7$　C. Na_2CO_3　D. $Na_2C_2O_4$

19. [3] 标定 $Na_2S_2O_3$ 溶液的基准试剂是（　　）。

A. $Na_2C_2O_4$　B. $(NH_4)_2C_2O_4$　C. Fe　D. $K_2Cr_2O_7$

20. [2] 间接碘量法对植物油中碘值进行测定时，指示剂淀粉溶液应（　　）。

A. 滴定开始前加入

B. 滴定一半时加入

C. 滴定近终点时加入

D. 滴定终点加入

21. [2] 氧化还原滴定中化学计量点的位置（　　）。

A. 恰好处于滴定突跃的中间

B. 偏向于电子得失较多的一方

C. 偏向于电子得失较少的一方

D. 无法确定

22. [2] 当溶液的 $[H^+]=10^{-4}$mol/L 时，下一反应进行的方向是（　　）。

$AsO_4^{3-} + 2I^- + 2H^+ \longrightarrow AsO_3^{3-} + H_2O + I_2$。$\varphi^{\ominus}_{I_2/2I^-} = 0.54V$，$\varphi^{\ominus}_{AsO_4^{3-}/AsO_3^{3-}} = 0.559V$。

A. 向左　　B. 向右　　C. 反应达到平衡　　D. 无法判断

23. [2] $KMnO_4$法测石灰中 Ca 含量，先沉淀为 CaC_2O_4，再经过滤、洗涤后溶于 H_2SO_4中，最后用 $KMnO_4$滴定 $H_2C_2O_4$，Ca 的基本单元为（　　）。

A. Ca　　B. 1/2Ca　　C. 1/5Ca　　D. 1/3Ca

24. [3] 高锰酸钾一般不能用于（　　）。

A. 直接滴定　　B. 间接滴定　　C. 返滴定　　D. 置换滴定

25. [2] 下列测定中，需要加热的有（　　）。

A. $KMnO_4$溶液滴定 H_2O_2　　B. $KMnO_4$溶液滴定 $H_2C_2O_4$

C. 银量法测定水中氯　　D. 碘量法测定 $CuSO_4$

26. [2] 在用 $KMnO_4$法测定 H_2O_2含量时，为加快反应可加入（　　）。

A. H_2SO_4　　B. $MnSO_4$　　C. $KMnO_4$　　D. NaOH

27. [3] $KMnO_4$滴定所需的介质是（　　）。

A. 硫酸　　B. 盐酸　　C. 磷酸　　D. 硝酸

28. [2] $KMnO_4$法测定软锰矿中 MnO_2 的含量时，MnO_2 与 $Na_2C_2O_4$ 的反应必须在热的（　　）条件下进行。

A. 酸性　　B. 弱酸性　　C. 弱碱性　　D. 碱性

29. [2] 对高锰酸钾法，下列说法错误的是（　　）。

A. 可在盐酸介质中进行滴定　　B. 直接法可测定还原性物质

C. 标准滴定溶液用标定法制备　　D. 在硫酸介质中进行滴定

30. [2] 用 $KMnO_4$标准溶液测定 H_2O_2时，滴定至粉红色为终点。滴定完成后 5min 发现溶液粉红色消失，其原因是（　　）。

A. H_2O_2未反应完全　　B. 实验室还原性气氛使之褪色

C. $KMnO_4$部分生成了 MnO_2　　D. $KMnO_4$标准溶液浓度太稀

31. [2] 在酸性介质中，用 $KMnO_4$溶液滴定草酸盐溶液，滴定应（　　）。

A. 在室温下进行　　B. 将溶液煮沸后即进行

C. 将溶液煮沸，冷至 85℃进行　　D. 将溶液加热到 75～85℃时进行

32. [2] 在含有少量 Sn^{2+} $FeSO_4$溶液中，用 $K_2Cr_2O_7$法滴定 Fe^{2+}，应先消除 Sn^{2+}的干扰，宜采用（　　）。

A. 控制酸度法　　B. 配位掩蔽法

C. 离子交换法　　D. 氧化还原掩蔽法

33. [2] 重铬酸钾滴定法测铁，加入 H_3PO_4的作用主要是（　　）。

A. 防止沉淀　　B. 提高酸度

C. 降低 Fe^{3+}/Fe^{2+}电位，使突跃范围增大　　D. 防止 Fe^{2+}氧化

34. [2] 重铬酸钾法测定铁时，加入硫酸的作用主要是（　　）。

A. 降低 Fe^{3+}浓度　　B. 增加酸度　　C. 防止沉淀　　D. 变色明显

35. [2] 直接碘量法应控制的条件是（　　）。

A. 强酸性条件　　B. 强碱性条件

C. 中性或弱酸性条件　　D. 什么条件都可以

36. [2] 碘量法测定黄铜中的铜含量，为除去 Fe^{3+}干扰，可加入（　　）。

A. 碘化钾　　B. 氟化氢铵　　C. HNO_3　　D. H_2O_2

37. [2] 氧化还原滴定中，硫代硫酸钠的基本单元是（　　）。

A. $Na_2S_2O_3$　　B. $\frac{1}{2}Na_2S_2O_3$　　C. $\frac{1}{3}Na_2S_2O_3$　　D. $\frac{1}{4}Na_2S_2O_3$

38. [2] 用间接碘量法测定$BaCl_2$的纯度时，先将Ba^{2+}沉淀为$Ba(IO_3)_2$，洗涤后溶解并酸化，加入过量的KI，然后用$Na_2S_2O_3$标准溶液滴定，则$BaCl_2$与$Na_2S_2O_3$的计量关系是（　）。

A. 1∶12　　B. 1∶6　　C. 1∶2　　D. 6∶1

39. [2] 在间接碘量法中，滴定终点的颜色变化是（　）。

A. 蓝色恰好消失　　B. 出现蓝色　　C. 出现浅黄色　　D. 黄色恰好消失

40. [2] 间接碘量法若在碱性介质下进行，由于（　）歧化反应，将影响测定结果。

A. $S_2O_3^2$　　B. I^-　　C. I_2　　D. $S_4O_6^{2-}$

41. [2] 在间接碘量法中，若酸度过强，则会有（　）产生。

A. SO_2　　B. S　　C. SO_2和S　　D. H_2S

42. [3] 淀粉是一种（　）指示剂。

A. 自身　　B. 氧化还原型　　C. 专属　　D. 金属

43. [2] 用$K_2Cr_2O_7$法测定Fe^{2+}，可选用下列（　）指示剂。

A. 甲基红-溴甲酚绿　　B. 二苯胺磺酸钠　　C. 铬黑T　　D. 自身指示剂

44. [2] 用高锰酸钾滴定无色或浅色的还原剂溶液时，所用的指示剂为（　）。

A. 自身指示剂　　B. 酸碱指示剂　　C. 金属指示剂　　D. 专属指示剂

45. [2] 在碘量法中，淀粉是专属指示剂，当溶液呈蓝色时，这是（　）。

A. 碘的颜色　　B. I^-的颜色

C. 游离碘与淀粉生成物的颜色　　D. I^-与淀粉生成物的颜色

46. [3] 高锰酸钾法滴定溶液常用的酸碱条件是（　）。

A. 强碱　　B. 弱碱　　C. 中性

D. 强酸　　E. 弱酸

47. [2] 碘量法滴定的酸度条件为（　）。

A. 弱酸　　B. 强酸　　C. 弱碱　　D. 强碱

48. [2] 以$K_2Cr_2O_7$标定$Na_2S_2O_3$标准溶液时，滴定前加水稀释时是为了（　）。

A. 便于滴定操作　　B. 保持溶液的弱酸性

C. 防止淀粉凝聚　　D. 防止碘挥发

49. [2] 用$KMnO_4$法测定Fe^{2+}，滴定必须在（　）。

A. $c(H_2SO_4)=1mol/L$介质中　　B. 中性或弱酸性介质中

C. pH=10 氨性缓冲溶液中　　D. 强碱性介质中

50. [2] 在Sn^{2+}、Fe^{3+}的混合溶液中，欲使Sn^{2+}氧化为Sn^{4+}而Fe^{2+}不被氧化，应选择的氧化剂是（　）。$\varphi^{\ominus}_{Sn^{4+}/Sn^{2+}}=0.15V$，$\varphi^{\ominus}_{Fe^{3+}/Fe^{2+}}=0.77V$。

A. KIO_3（$\varphi^{\ominus}_{2IO_3^-/I_2}=1.20V$）　　B. H_2O_2（$\varphi^{\ominus}_{H_2O_2/2OH^-}=0.88V$）

C. $HgCl_2$（$\varphi^{\ominus}_{HgCl_2/Hg_2Cl_2}=0.63V$）　　D. SO_3^{2-}（$\varphi^{\ominus}_{SO_3^{2-}/S}=-0.66V$）

51. [3] 自动催化反应的特点是反应速率（　）。

A. 快　　B. 慢　　C. 慢→快　　D. 快→慢

52. [2] 二级标准草酸钠用前应（　）。

A. 贮存在干燥器中　　B. 贮存在试剂瓶中

C. 贮存在通风橱　　D. 贮存在药品柜中

53. [2] 下列几种标准溶液一般采用直接法配制的是（　）。

A. $KMnO_4$标准溶液　　B. I_2标准溶液

C. $K_2Cr_2O_7$标准溶液　　D. $Na_2S_2O_3$标准溶液

54. ［2］对于$2Cu^{2+}+Sn^{2+} \rightleftharpoons 2Cu^{+}+Sn^{4+}$的反应，增加$Cu^{2+}$的浓度，反应的方向是（　　）。

A. 右→左　　B. 不变　　C. 左→右　　D. 左右同时进行

55. ［2］在能斯特方程式$E=E^{\ominus}+\frac{RT}{nF}\ln\frac{[氧化形]}{[还原形]}$的物理量中，既可能是正值，又可能是负值的是（　　）。

A. T　　B. R　　C. n　　D. E

56. ［3］二级标准草酸钠用前应在（　　）灼烧至恒重。

A. 250～270℃　　B. 800℃　　C. 105～110℃　　D. 270～300℃

57. ［3］二级标准重铬酸钾用前应在120℃灼烧至（　　）。

A. 2～3小时　　B. 恒重　　C. 半小时　　D. 5小时

58. ［2］已知25℃，$\varphi^{\ominus}_{MnO_4^-/Mn^{2+}}=1.51V$，当$[MnO_4^-]=[Mn^{2+}]=[H^+]=0.10mol/L$时，该电极电位值为（　　）V。

A. 1.51　　B. 1.60　　C. 1.50　　D. 1.42

59. ［2］在反应$5Fe^{2+}+MnO_4^-+8H^+ = Mn^{2+}+5Fe^{3+}+4H_2O$中，高锰酸钾的基本单元为（　　）。

A. $KMnO_4$　　B. $\frac{1}{5}KMnO_4$　　C. $\frac{1}{8}KMnO_4$　　D. $\frac{1}{3}KMnO_4$

60. ［2］用草酸钠标定时，在滴定开始时溶液的酸度一般控制在0.5～1.0mol/L，常用的酸是（　　）。

A. H_2SO_4　　B. HCl　　C. HNO_3　　D. 以上都可以

61. ［1］移取双氧水2.00mL（密度为1.010g/mL）至250mL容量瓶中，并稀释至刻度，吸取25.00mL，酸化后用$c\left(\frac{1}{5}KMnO_4\right)=0.1200mol/L$的$KMnO_4$溶液29.28mL滴定至终点，则试样中$H_2O_2$的含量为（　　）。$M(H_2O_2)=34.01g/mol$。

A. 2.96%　　B. 29.58%　　C. 5.92%　　D. 59.17%

62. ［2］在$I_2+2Na_2S_2O_3 \longrightarrow Na_2S_4O_6+2NaI$反应方程式中，$I_2$与$Na_2S_2O_3$的基本单元的关系为（　　）。

A. $n(I_2)=n\left(\frac{1}{4}Na_2S_2O_3\right)$　　B. $n(I_2)=n\left(\frac{1}{2}Na_2S_2O_3\right)$

C. $n(I_2)=n(Na_2S_2O_3)$　　D. $n\left(\frac{1}{2}I_2\right)=n(Na_2S_2O_3)$

63. ［2］碘量法测定铜盐中铜的含量，利用的反应为：$CuSO_4+4I^- = 2CuI\downarrow+I_2$，$I_2+2Na_2S_2O_3 \longrightarrow Na_2S_4O_6+2NaI$，则$CuSO_4$与$Na_2S_2O_3$的基本单元的关系是（　　）。

A. $n\left(\frac{1}{4}CuSO_4\right)=n(Na_2S_2O_3)$　　B. $n\left(\frac{1}{2}CuSO_4\right)=n(Na_2S_2O_3)$

C. $n(CuSO_4)=n(Na_2S_2O_3)$　　D. $n\left(\frac{1}{2}CuSO_4\right)=n\left(\frac{1}{2}Na_2S_2O_3\right)$

64. ［1］已知$c(Na_2S_2O_3)=0.1000mol/L$，那么$T_{I_2/Na_2S_2O_3}$为（　　）mg/mL。$M(I_2)=253.8g/mol$。

A. 25.38　　B. 6.345　　C. 12.69　　D. 50.76

65. ［2］溴酸钾法测定苯酚的反应是如下：$BrO_3^-+5Br^-+6H^+ = 3Br_2+3H_2O$，$C_6H_5OH+3Br_2 = C_6H_2Br_3OH+3HBr$，$Br_2+2I^- = I_2+2Br^-$，$I_2+2S_2O_3^{2-} =$

$S_4O_6^{2-}+2I^-$，在此测定中，$Na_2S_2O_3$与苯酚的物质的量之比为（ ）。

A. 6∶1　　B. 3∶1　　C. 2∶1　　D. 1∶1

66. [2] $KBrO_3$是一种强氧化剂，在酸性溶液中与还原物质作用，其半反应为（ ）。

A. $BrO_3^-+6H^++5e \rightleftharpoons \frac{1}{2}Br_2+3H_2O$　　B. $BrO_3^-+6H^++6e \rightleftharpoons Br^-+3H_2O$

C. $BrO_3^-+3H_2O+6e \rightleftharpoons Br^-+6OH^-$　　D. $BrO_3^-+6H^++e \rightleftharpoons Br^-+3H_2O$

67. [2] 下列关于硫酸铈法的说法不正确的是（ ）。

A. 硫酸铈标准溶液可直接配制

B. Ce^{4+}被还原为Ce^{3+}，只有一个电子转移，不生成中间价态产物

C. 在酸度低于1mol/L时，磷酸对测定无干扰

D. 可在盐酸介质中直接滴定Fe^{2+}，Cl^-无影响

68. [1] 已知$c\left(\frac{1}{6}K_2Cr_2O_7\right)=0.1200mol/L$，那么该溶液对FeO的滴定度为（ ）mg/mL。$M(FeO)=71.84g/mol$。

A. 8.621　　B. 17.24　　C. 25.86　　D. 51.72

69. [3] 水中COD的测定是采用（ ）进行的。

A. 碘量法　　B. 重铬酸钾法　　C. 溴酸钾法　　D. 铈量法

70. [2] 将金属锌插入到硫酸锌溶液和将金属铜插入到硫酸铜溶液所组成的电池应记为（ ）。

A. $ZnZnSO_4CuCuSO_4$　　B. $Zn \mid ZnSO_4Cu \mid CuSO_4$

C. $Zn \mid ZnSO_4CuSO_4 \mid Cu$　　D. $Zn \mid ZnSO_4 \parallel CuSO_4 \mid Cu$

71. [2] 在0.50mol/L$FeCl_2$溶液中，铁的电极电位应是（ ）。已知$\phi^{\theta}(Fe^{2+}/Fe)=-0.447V$。

A. −0.458V　　B. 0.458V　　C. −0.422V　　D. 0.422V

72. [2] 配制高锰酸钾溶液$c(KMnO_4)=0.1mol/L$，则高锰酸钾基本单元的浓度$\left[c\left(\frac{1}{5}KMnO_4\right)\right]$为（ ）。

A. 0.02mol/L　　B. 0.1mol/L　　C. 0.5mol/L　　D. 0.25mol/L

73. [2] 在拟定氧化还原滴定滴定操作中，不属于滴定操作应涉及的问题是（ ）。

A. 滴定速度和摇瓶速度的控制　　B. 操作过程中容器的选择和使用

C. 共存干扰物的消除　　D. 滴定过程中溶剂的选择

二、判断题

1. [3] 任何一个氧化还原反应都可以组成一个原电池。（ ）

2. [2] 溶液的酸度越高，$KMnO_4$氧化草酸钠的反应进行得越完全，所以用基准草酸钠标定$KMnO_4$溶液时，溶液的酸度越高越好。（ ）

3. [2] 现有原电池（−）$Pt|Fe^{3+}, Fe^{2+}\|Ce^{4+}, Ce^{3+}|Pt$（+），该原电池放电时所发生的反应是$Ce^{4+}+Fe^{2+} \rightleftharpoons Ce^{3+}+Fe^{3+}$。（ ）

4. [3] 氧化数在数值上就是元素的化合价。（ ）

5. [2] 增加还原态的浓度时，电对的电极电势减小。（ ）

6. [2] 氧化还原滴定中，影响电势突跃范围大小的主要因素是电对的电势差，而与溶液的浓度几乎无关。（ ）

7. [3] 电对的φ和$\varphi^{\ominus}$的值的大小都与电极反应式的写法无关。（ ）

8. [2] 电极反应$Cu^{2+}+2e \longrightarrow Cu$和$Fe^{3+}+e \longrightarrow Fe^{2+}$中的离子浓度减小一半时，

$\varphi_{Cu^{2+}/Cu}$和$\varphi_{Fe^{3+}/Fe}$的值都不变。(　　)

9. [2] 对于氧化还原反应，当增加氧化态浓度时，电极电位降低。(　　)

10. [2] 改变氧化还原反应条件使电对的电极电势增大，就可以使氧化还原反应按正反应方向进行。(　　)

11. [2] 增加还原态的浓度时，电对的电极电势增大。(　　)

12. [2] 氧化还原反应次序是电极电位相差最大的两电对先反应。(　　)

13. [2] 氧化还原反应的方向取决于氧化还原能力的大小。(　　)

14. [2] 氧化还原反应中，两电对电极电位差值越大，反应速率越快。(　　)

15. [2] $KMnO_4$溶液作为滴定剂时，必须装在棕色酸式滴定管中。(　　)

16. [3] 标定$KMnO_4$溶液的基准试剂是碳酸钠。(　　)

17. [2] 在酸性溶液中，以$KMnO_4$溶液滴定草酸盐时，滴定速度应该开始时缓慢进行，以后逐渐加快。(　　)

18. [2] $KMnO_4$标准溶液测定MnO_2含量，用的是直接滴定法。(　　)

19. [2] 高锰酸钾是一种强氧化剂，介质不同，其还原产物也不一样。(　　)

20. [2] 由于$KMnO_4$具有很强的氧化性，所以$KMnO_4$法只能用于测定还原性物质。(　　)

21. [1] $KMnO_4$滴定草酸时，加入第一滴$KMnO_4$时，颜色消失很慢，这是由于溶液中还没有生成能使反应加速进行的Mn^{2+}。(　　)

22. [2] 提高反应溶液的温度能提高氧化还原反应的速率，因此在酸性溶液中用$KMnO_4$滴定$C_2O_4^{2-}$时，必须加热至沸腾才能保证正常滴定。(　　)

23. [1] 重铬酸钾法测定铁时，用$HgCl_2$除去过量的$SnCl_2$时，生成的Hg_2Cl_2沉淀最好是黑色沉淀。(　　)

24. [2] 重铬酸钾法测定铁矿石中铁含量时，加入磷酸的主要目的是加快反应速率。(　　)

25. [2] 应用直接碘量法时，需要在接近终点前加淀粉指示剂。(　　)

26. [2] 直接碘量法以淀粉为指示剂滴定时，指示剂须在接近终点时加入，终点是从蓝色变为无色。(　　)

27. [1] 用碘量法测定铜时，加入KI的三个作用：还原剂、沉淀剂和配位剂。(　　)

28. [2] 用碘量法测定铜盐中铜的含量时，除加入足够过量的KI外，还要加入少量KSCN，其目的是提高滴定的准确度。(　　)

29. [3] 间接碘量法能在酸性溶液中进行。(　　)

30. [2] 间接碘量法要求在暗处静置溶液，是为了防止I^-被氧化。(　　)

31. [3] 氧化还原指示剂必须参加氧化还原反应。(　　)

32. [2] 铜锌原电池的符号为$(-)Zn|Zn^{2+}(0.1mol/L)\|Cu^{2+}(0.1mol/L)|Cu(+)$。(　　)

33. [3] 重铬酸钾可作基准物直接配成标准溶液。(　　)

34. [2] 由于$KMnO_4$性质稳定，可作基准物直接配制成标准溶液。(　　)

35. [2] 由于$K_2Cr_2O_7$容易提纯，干燥后可作为基准物直接配制标准液，不必标定。(　　)

36. [2] $K_2Cr_2O_7$是比$KMnO_4$更强的一种氧化剂，它可以在HCl介质中进行滴定。(　　)

37. [3] 间接碘法中应在接近终点时加入淀粉指示剂。(　　)

38. [2] 配制好的$KMnO_4$溶液要盛放在棕色瓶中保护，如果没有棕色瓶应放在避光处

保存。（　　）

39. [3] 在滴定时，$KMnO_4$溶液要放在碱式滴定管中。（　　）

40. [2] 用$Na_2C_2O_4$标定$KMnO_4$，需加热到70～80℃，在HCl介质中进行。（　　）

41. [2] 配制I_2溶液时要滴加KI。（　　）

42. [2] 配制好的$Na_2S_2O_3$标准溶液应立即用基准物质$K_2Cr_2O_7$标定。（　　）

43. [2] $KMnO_4$法所使用的强酸通常是H_2SO_4。（　　）

44. [3] 配制好的$Na_2S_2O_3$应立即标定。（　　）

45. [2] $KMnO_4$可在室温条件下滴定草酸。（　　）

46. [3] $KMnO_4$标准滴定溶液是直接配制的。（　　）

47. [2] $Na_2S_2O_3$标准滴定溶液是用$K_2Cr_2O_7$直接标定的。（　　）

48. [2] 在配制好的硫代硫酸钠溶液中，为了避免细菌的干扰，常加入少量碳酸钠。（　　）

49. [3] $KMnO_4$法可在HNO_3介质中进行。（　　）

50. [2] 用间接碘量法测合金中的Cu含量时，由于CuI吸附I_2，使测定结果偏低。（　　）

51. [2] 碘量法或其他生成挥发性物质的定量分析都要使用碘量瓶。（　　）

52. [2] 用高锰酸钾法进行氧化还原滴定时，一般不需另加指示剂。（　　）

53. [2] 直接溴酸盐法常以甲基红或甲基橙为指示剂。（　　）

54. [2] $Ce(SO_4)_2$法测定还原性物质时，只有一个电子转移，其基本单元为$Ce(SO_4)_2$。（　　）

55. [2] 在标准状态下，$2Fe^{3+}+Sn^{2+}=2Fe^{2+}+Sn^{4+}$反应的平衡常数可通过公式$\lg K=\frac{(E^{\ominus}_{Fe^{3+}/Fe^{2+}}-E^{\ominus}_{Sn^{4+}/Sn^{2+}})\times 2\times 1}{0.059}$计算得到。（　　）

56. [2] 直接碘量法主要用于测定具有较强还原性的物质，间接碘量法主要用于测定具有氧化性的物质。（　　）

57. [2] 高锰酸钾在强酸性介质中氧化具有还原性物质，它的基本单元为$\frac{1}{5}KMnO_4$。（　　）

58. [2] I_2是较弱的氧化剂，可直接滴定一些较强的还原性物质，如维生素C、S^{2-}等。（　　）

三、多选题

1. [2] 下列说法错误的是（　　）。
   A. 电对的电位越低，其氧化形的氧化能力越强
   B. 电对的电位越高，其氧化形的氧化能力越强
   C. 电对的电位越高，其还原形的还原能力越强
   D. 氧化剂可以氧化电位比它高的还原剂

2. [2] 下列氧化剂中，当增加反应酸度时，氧化剂的电极电位会增大的是（　　）。
   A. I_2　　B. KIO_3　　C. $FeCl_3$　　D. $K_2Cr_2O_7$

3. [2] 已知X_2、Y_2、Z_2、W_2四种物质的氧化能力为：$W_2>Z_2>X_2>Y_2$，下列氧化还原反应能发生的是（　　）。
   A. $2W^-+Z_2=2Z^-+W_2$　　B. $2X^-+Z_2=2Z^-+X_2$
   C. $2Y^-+W_2=2W^-+Y_2$　　D. $2Z^-+X_2=2X^-+Z_2$

E. $2Z^- + Y_2 = 2Y^- + Z_2$

4. [2] 从有关电对的电极电位判断氧化还原反应进行方向的正确方法是（　　）。

A. 某电对的还原态可以还原电位比它低的另一电对的氧化态

B. 电对的电位越低，其氧化态的氧化能力越弱

C. 某电对的氧化态可以氧化电位比它低的另一电对的还原态

D. 电对的电位越高，其还原态的还原能力越强

5. [2] 下列反应中，氧化剂与还原剂物质的量的关系为 1∶2 的是（　　）。

A. $O_3 + 2KI + H_2O = 2KOH + I_2 + O_2$

B. $2CH_3COOH + Ca(ClO)_2 = 2HClO + Ca(CH_3COO)_2$

C. $I_2 + 2NaClO_3 = 2NaIO_3 + Cl_2$

D. $4HCl + MnO_2 = MnCl_2 + Cl_2\uparrow + 2H_2O$

6. [3] 影响氧化还原反应方向的因素有（　　）。

A. 氧化剂和还原剂的浓度　　B. 生成沉淀

C. 溶液酸度　　D. 溶液温度

7. [3] 用相关电对的电位可判断（　　）。

A. 氧化还原反应的方向　　B. 氧化还原反应进行的程度

C. 氧化还原滴定突跃的大小　　D. 氧化还原反应的速率

8. [1] 在酸性溶液中，$KBrO_3$与过量的 KI 反应达到平衡时，（　　）。

A. BrO_3^-/Br^-与$I_2/2I^-$两电对的电位相等

B. 反应产物I_2与 KBr 的物质的量相等

C. 溶液中有BrO_3^-存在

D. 反应中消耗的$KBrO_3$的物质的量与产物I_2的物质的量之比为 1∶6

9. [3] 影响氧化还原反应速度的因素有（　　）。

A. 反应的温度　　B. 氧化还原反应的平衡常数

C. 反应物的浓度　　D. 催化剂

10. [3] 高锰酸钾法可以直接滴定的物质为（　　）。

A. Ca^{2+}　　B. Fe^{2+}　　C. $C_2O_4^{2-}$　　D. Fe^{3+}

11. [2] 配制硫代硫酸钠标准溶液时，以下操作正确的是（　　）。

A. 用煮沸冷却后的蒸馏水配制　　B. 加少许Na_2CO_3

C. 配制后放置 8～10 天再标定　　D. 配制后应立即标定

12. [2] 用$Na_2C_2O_4$标定$KMnO_4$的浓度，满足式（　　）。

A. $n(KMnO_4) = 5n(Na_2C_2O_4)$　　B. $n\left(\frac{1}{5}KMnO_4\right) = n\left(\frac{1}{2}Na_2C_2O_4\right)$

C. $n(KMnO_4) = \frac{2}{5}n(Na_2C_2O_4)$　　D. $n(KMnO_4) = \frac{5}{2}n(Na_2C_2O_4)$

13. [2] 在$Na_2S_2O_3$标准滴定溶液的标定过程中，下列操作错误的是（　　）。

A. 边滴定边剧烈摇动

B. 加入过量 KI，并在室温和避免阳光直射的条件下滴定

C. 在 70～80℃恒温条件下滴定

D. 滴定一开始就加入淀粉指示剂

14. [2] 以$KMnO_4$法测定MnO_2含量时，在下述情况中对测定结果产生正误差的是（　　）。

A. 溶样时蒸发太多　　B. 试样溶解不完全

C. 滴定前没有稀释　　D. 滴定前加热温度不足 65℃

15. [2] 在酸性介质中，以 $KMnO_4$ 溶液滴定草酸盐时，对滴定速度的要求错误的是（　　）。

A. 滴定开始时速度要快　　B. 开始时缓慢进行，以后逐渐加快

C. 开始时快，以后逐渐缓慢　　D. 一直较快进行

16. [2] 重铬酸钾滴定 Fe^{2+}，若选用二苯胺磺酸钠作指示剂，需在硫磷混酸介质中进行，是为了（　　）。

A. 避免诱导反应的发生

B. 加快反应的速率

C. 使指示剂的变色点的电位处在滴定体系的电位突跃范围内

D. 终点易于观察

17. [2] 重铬酸钾滴定法测铁时，加入 H_3PO_4 的作用，错误的是（　　）。

A. 防止沉淀　　B. 提高酸度

C. 降低 Fe^{3+}/Fe^{2+} 电位，使突跃范围增大　　D. 防止 Fe^{2+} 氧化

18. [2] 对于间接碘量法测定氧化性物质，下列说法正确的是（　　）。

A. 被滴定的溶液应为中性或弱酸性

B. 被滴定的溶液中应有适当过量的 KI

C. 近终点时加入指示剂，滴定终点时被滴定的溶液蓝色刚好消失

D. 被滴定的溶液中存在的铜离子对测定无影响

19. [2] 碘量法测定 $CuSO_4$ 含量时，试样溶液中加入过量的 KI，下列叙述其作用正确的是（　　）。

A. 还原 Cu^{2+} 为 Cu^+　　B. 防止 I_2 挥发

C. 与 Cu^+ 形成 CuI 沉淀　　D. 把 $CuSO_4$ 还原成单质 Cu

20. [2] 为减小间接碘量法的分析误差，滴定时可用下列（　　）的方法。

A. 快摇慢滴　　B. 慢摇快滴

C. 开始慢摇快滴，终点前快摇慢滴　　D. 反应时放置暗处

21. [2] 在拟定氧化还原滴定滴定操作中，属于滴定操作应涉及的问题是（　　）。

A. 称量方式和称量速度的控制

B. 用什么样的酸或碱控制反应条件

C. 用自身颜色变化，还是用专属指示剂或用外加指示剂确定滴定终点

D. 滴定过程中溶剂的选择

22. [2] 下列有关淀粉指示剂的应用常识正确的是（　　）。

A. 淀粉指示剂以直链的为好

B. 为了使淀粉溶液能较长时间保留，需加入少量碘化汞

C. 淀粉与碘形成蓝色物质，必须要有适量 I^- 离子存在

D. 为了使终点颜色变化明显，溶液要加热

23. [2] 在氧化还原滴定中，下列说法不正确的是（　　）。

A. 用重铬酸钾标定硫代硫酸钠时，用淀粉作指示剂，终点是从绿色到蓝色

B. 铈量法测定 Fe^{2+} 时，用邻二氮菲-亚铁作指示剂，终点从橙红色变为浅蓝色

C. 用重铬酸钾测定铁矿石中含铁量时，依靠 $K_2Cr_2O_7$ 自身橙色指示终点

D. 二苯胺磺酸钠的还原形是无色的，而氧化形是紫色的

24. [3] 配制 $KMnO_4$ 溶液时，煮沸腾 5min 是为（　　）。

A. 除去试液中杂质　　B. 赶出 CO_2

C. 加快 $KMnO_4$ 溶解　　D. 除去蒸馏水中还原性物质

25. [3] 碘量法分为（　　）。

A. 直接碘量法　B. 氧化法　C. 返滴定法　D. 间接碘量法

26. [2] 配制硫代硫酸钠溶液时，应当用新煮沸并冷却后的纯水，其原因是（　）。
A. 除去二氧化碳和氧气　B. 杀死细菌
C. 使水中杂质都被破坏　D. 使重金属离子水解沉淀

27. [3] 影响条件电位的因素有（　）。
A. 酸效应　B. 同离子效应　C. 盐效应　D. 生成络合物

28. [2] $Na_2S_2O_3$溶液不稳定的原因是（　）。
A. 诱导作用　B. 还原性杂质的作用
C. H_2CO_3的作用　D. 空气的氧化作用

29. [2] 重铬酸钾法与高锰酸钾法相比，其优点有（　）。
A. 应用范围广　B. $K_2Cr_2O_7$溶液稳定
C. $K_2Cr_2O_7$无公害　D. $K_2Cr_2O_7$易于提纯
E. 在稀盐酸溶液中，不受Cl^-影响

30. [2] 下列关于硫酸铈法的说法正确的是（　）。
A. 硫酸铈在酸性溶液中是强氧化剂，能用高锰酸钾测定的物质，一般也能用硫酸铈法测定
B. 硫酸铈自身可作为指示剂（Ce^{4+}黄色，Ce^{3+}无色），灵敏度高于高锰酸钾法
C. 硫酸铈可在盐酸介质中直接滴定Fe^{2+}，Cl^-无影响
D. 硫酸铈的基本单元为$Ce(SO_4)_2$

31. [2] 关于重铬酸钾法下列说法正确的是（　）。
A. 反应中$Cr_2O_7^{2-}$被还原为Cr^{3+}，基本单元为$\frac{1}{6}K_2Cr_2O_7$
B. $K_2Cr_2O_7$易制得纯品，可用直接法配制成标准滴定溶液
C. $K_2Cr_2O_7$可作为自身指示剂（$Cr_2O_7^{2-}$橙色，Cr^{3+}绿色）
D. 反应可在盐酸介质中进行，Cl^-无干扰

32. [2] 下列物质中，可以用高锰酸钾返滴定法测定的是（　）。
A. Cu^{2+}　B. Ag^+　C. $Cr_2O_7^{2-}$　D. MnO_2

33. [3] 水中COD的测定是可采用（　）进行的。
A. 碘量法　B. 重铬酸钾法　C. 高锰酸钾法　D. 铈量法

34. [1] 从标准电极电位$\varphi^{\ominus}_{Fe^{3+}/Fe^{2+}}=0.771V$、$\varphi^{\ominus}_{I_2/I^-}=0.535V$可知，三价铁离子能氧化碘负离子，但当往该溶液中加入一定量氟化钠后，不会发生（　）。
A. 三价铁离子电位升高，反应速率加快的现象
B. 体系基本不变的现象
C. 三价铁离子与氟发生配位，使三价铁离子电位降低，而不能氧化碘负离子的现象
D. 三价铁离子与氟发生沉淀，使三价铁离子电位降低，而不能氧化碘负离子的现象

35. [2] 间接碘量法中，有关注意事项下列说法正确的是（　）。
A. 氧化反应应在碘量瓶中密闭进行，并注意暗置避光
B. 滴定时，溶液酸度控制为碱性，避免酸性条件下I^-被空气中的氧所氧化
C. 滴定时应注意避免I_2的挥发损失，应轻摇快滴
D. 淀粉指示剂应在近终点时加入，避免较多地I_2被淀粉吸附，影响测定结果的准确度

36. [2] 硫代硫酸钠的标准溶液不是采用直接法配制而是采用标定法，是因为（　）。
A. 无水硫代硫酸钠摩尔重量小
B. 结晶硫代硫酸钠含有少量杂质，在空气易风化和潮解

C. 结晶的硫代硫酸钠含有结晶水，不稳定

D. 其水溶液不稳定，容易分解

37. [2] 对高锰酸钾滴定法，下列说法不正确的是（　　）。

A. 可在盐酸介质中进行滴定　　B. 直接法可测定还原性物质

C. 标准滴定溶液用直接法制备　　D. 在硫酸介质中进行滴定

38. [2] 在拟定应用氧化还原滴定操作中，属于应注意的问题是（　　）。

A. 共存物对此方法的干扰　　B. 滴定终点确定的难易掌握程度

C. 方法的准确度　　D. 滴定管材质的选择

四、计算题

1. [2] 在100mL溶液中：(1) 含有1.1580g的$KMnO_4$；(2) 含有0.4900g的$K_2Cr_2O_7$。问在酸性条件下作氧化剂时，$KMnO_4$或$K_2Cr_2O_7$的浓度分别是多少？$M(KMnO_4)=158.0g/mol$，$M(K_2Cr_2O_7)=294.2g/mol$。

2. [2] 在钙盐溶液中，将钙沉淀为$CaC_2O_4 \cdot H_2O$，经过滤、洗涤后，溶于稀硫酸中，用$c\left(\frac{1}{5}KMnO_4\right)$的浓度为0.004000mol/L的$KMnO_4$溶液滴定生成的$H_2C_2O_4$。计算$KMnO_4$溶液对CaO、$CaCO_3$的滴定度。$M(CaO)=56.08g/mol$，$M(CaCO_3)=100.09g/mol$。

3. [2] 称取含有MnO_2的试样1.000g，在酸性溶液中加入$Na_2C_2O_4$固体0.4020g，过量的$Na_2C_2O_4$用$c\left(\frac{1}{5}KMnO_4\right)=0.1000mol/L$的$KMnO_4$标准溶液滴定，达到终点时消耗20.00mL，计算试样中MnO_2的质量分数。$M(MnO_2)=86.94g/mol$，$M(Na_2C_2O_4)=134.00g/mol$。

4. [2] 称取铁矿石试样0.2000g，用$c\left(\frac{1}{6}K_2Cr_2O_7\right)=0.05040mol/L$的$K_2Cr_2O_7$标准溶液滴定，到达终点时消耗$K_2Cr_2O_7$标准溶液26.78mL，计算$Fe_2O_3$的质量分数。$M(Fe_2O_3)=159.69g/mol$。

5. [2] 称取KIO_3固体0.3567g溶于水并稀释至100mL，移取所得溶液25.00mL，加入H_2SO_4和KI溶液，以淀粉为指示剂，用$Na_2S_2O_3$溶液滴定析出的I_2，至终点时消耗$Na_2S_2O_3$溶液24.98mL，求$Na_2S_2O_3$溶液的浓度。$M(KIO_3)=214.00g/mol$。

6. [2] 分析铜矿试样0.6000g，滴定时用去$Na_2S_2O_3$溶液20.00mL，已知1mL $Na_2S_2O_3$溶液相当于0.004175g的$KBrO_3$。计算试样中铜的质量分数。$M(KBrO_3)=167.01g/mol$，$M(Cu)=63.55g/mol$。

7. [2] 为了检查试剂$FeCl_3 \cdot 6H_2O$的质量，称取该试样0.5000g溶于水，加HCl溶液3mL和KI 2g，析出的I_2用0.1000mol/L的$Na_2S_2O_3$标准溶液滴定到终点时用去18.17mL。问该试剂属于哪一级？(国家规定二级品含量不小于99.0%，三级品含量不小于98.0%)。$M(FeCl_3 \cdot 6H_2O)=270.3g/mol$。

8. [2] 用0.02500mol/L的I_2标准溶液20.00mL恰好能滴定0.1000g辉锑矿中的锑。计算锑矿中的Sb_2S_3的质量分数。$M(Sb_2S_3)=339.7g/mol$。

9. [2] 某水溶液中只含有HCl和H_2CrO_4。吸取25.00mL试液，用0.2000mol/L的NaOH溶液滴定到百里酚酞终点时消耗40.00mL的NaOH。另取25.00mL试样，加入过量的KI和酸使析出I_2，用0.1000mol/L的$Na_2S_2O_3$标准溶液滴定至终点消耗40.00mL。计算在25.00mL试液中含HCl和H_2CrO_4各多少g？HCl和H_2CrO_4的浓度各为多少？

$M(HCl)=36.45g/mol$，$M(H_2CrO_4)=118.02g/mol$。

10. [2] 称取油状 N_2H_4 试样 1.4286g，溶于水中并稀释到 1L，移取该试液 50.00mL 用 I_2 标准溶液滴定至终点，消耗 I_2 溶液 42.41mL。I_2 溶液用 0.4123g 的 As_2O_3 基准物标定，用去 40.28mL 的 I_2 溶液，计算联氨的质量分数。$M(As_2O_3)=197.84g/mol$，$M(N_2H_4)=32.05g/mol$。

11. [1] 称取含有 PbO 和 PbO_2 试样 0.6170g，溶解时用 10.00mL 的 0.1250mol/L 的 $H_2C_2O_4$ 处理，使 PbO_2 还原成 Pb^{2+}，再用氨中和，则所有的 Pb^{2+} 都形成 PbC_2O_4 沉淀。(1) 滤液和洗涤液酸化后，过量的 $H_2C_2O_4$ 用 0.02000mol/L 的 $KMnO_4$ 溶液滴定，消耗 5.00mL；(2) 将 PbC_2O_4 沉淀溶于酸后用 0.02000mol/L 的 $KMnO_4$ 溶液滴定到终点，消耗 15.00mL。计算 PbO 和 PbO_2 的质量分数。$M(PbO)=223.2g/mol$，$M(PbO_2)=239.2g/mol$。

12. [2] 称取含有苯酚的试样 0.2500g，溶解后加入 0.05000mol/L 的 $KBrO_3$ 溶液（其中含有过量的 KBr）12.50mL，经酸化放置，反应完全后加入 KI，用 0.05003mol/L 的 $Na_2S_2O_3$ 标准溶液 14.96mL 滴定析出的 I_2。计算试样中苯酚的质量分数。$M(\text{苯酚})=94.11g/mol$。

13. [2] 称取含有丙酮的试样 0.1000g，放入盛有 NaOH 溶液的碘量瓶中振荡，精确加入 50.00mL 的 0.05000mol/L 的 I_2 标准溶液，放置后并调节溶液成微酸性，立即用 0.1000mol/L 的 $Na_2S_2O_3$ 溶液滴定到终点，消耗 10.00mL。计算试样中丙酮的质量分数。$M(\text{丙酮})=58.08g/mol$。

14. [3] 已知 $Fe^{3+}+e \longequal Fe^{2+}$ $\varphi^{\ominus}=0.77V$，当 $[Fe^{3+}]/[Fe^{2+}]$ 之比为 (1) 10^{-2} (2) 10^{-1} (3) 1 (4) 10 (5) 100 时，计算 $\varphi_{Fe^{3+}/Fe^{2+}}$ 电极电位。

15. [2] 用一定毫升数的 $KMnO_4$ 溶液恰能氧化一定质量的 $KHC_2O_4 \cdot H_2C_2O_4 \cdot 2H_2O$；同质量的 $KHC_2O_4 \cdot H_2C_2O_4 \cdot 2H_2O$ 恰能被 $KMnO_4$ 毫升数一半的 0.2000mol/L 所中和计算 $c\left(\frac{1}{5}KMnO_4\right)$？

16. [2] 0.1500g 铁矿石样品处理后，$KMnO_4$ 法测其含量，若消耗 $c\left(\frac{1}{5}KMnO_4\right)=0.05000mol/L$ 溶液 15.03mL 计算铁矿石中铁含量，以氧化亚铁表示。$M(FeO)=71.85g/mol$。

17. [2] 溴量法与碘量法测化工厂排污口废水酚含量，取样量 K，分析时移取稀释 10.0 倍的试样 25.00mL，加入含 KBr 的 $c\left(\frac{1}{6}KBrO_3\right)=0.02mol/L$ 的 $KBrO_3$ 25.00mL，酸化放置，反应完全后加入 KI，析出的碘用 $c(Na_2S_2O_3)=0.02000mol/L$ 溶液滴定，消耗 10.00mL，计算废水中酚含量，以 mg/L 表示，该染源是否超标。$M(\text{苯酚})=94.11g/mol$。

18. [2] 碘量法测 As_2O_3 含量，若称样 0.100g 溶于 NaOH 溶液，用 H_2SO_4 中和后，加 $NaHCO_3$，在 pH=8 介质用 $c(I_2)=0.0500mol/L$ 标准溶液滴定消耗 20.00mL，计算 As_2O_3 含量。$M(As_2O_3)=197.84g/mol$。

19. [2] 碘量法测维生素 C。取市售果汁样品 100.00mL 酸化后，加 $c\left(\frac{1}{2}I_2\right)$ 标准溶液 0.5000mol/L 25.00mL，待碘液将维生素 C 氧化完全后，过量的碘用 $c(Na_2S_2O_3)=0.0200mol/L$ 溶液滴定消耗 2.00mL，计算果汁中维生素 C 含量（mg/mL）。$M_{\text{维生素C}}=176.1g/mol$。

20. [2] 用 $KMnO_4$ 法测催化剂中的含钙量，称样 0.4207g，用酸分解后，加入

$(NH_4)_2C_2O_4$生成CaC_2O_4沉淀，沉淀经过滤，洗涤后，溶于H_2SO_4中，再用$c\left(\frac{1}{5}KMnO_4\right)=0.09580mol/L$标准溶液滴定$H_2C_2O_4$，用去43.08mL，计算催化剂中钙的含量。$M(Ca)=40.08g/mol$。

21. [2] 用$K_2Cr_2O_7$法测铁矿石中的铁含量，称取1.2000g铁矿样，用40mL浓HCl溶解稀释至250.0mL，移取25.00mL，加热近沸逐滴加入5% $SnCl_2$将Fe^{3+}还原为Fe^{2+}后，立即用冷水冷却，加水50mL，加H_2SO_4-H_3PO_4混酸20mL，以二苯胺磺酸钠作指示剂，用$c\left(\frac{1}{6}K_2Cr_2O_7\right)=0.04980mol/L$标准溶液滴至终点，用去16.30mL，计算矿石中铁的含量。$M(Fe)=55.85g/mol$。

22. [1] 含有$NaNO_2$的$NaNO_3$样品4.0300g溶于500.0mL水中，移取25.00mL并与0.1186mol/L$Ce(SO_4)_2$标准溶液50.00mL混匀，酸化后反应5min，过量的$Ce(SO_4)_2$用0.04289mol/L$(NH_4)_2Fe(SO_4)_2$标准溶液滴定，用去31.13mL，计算$NaNO_3$样品中$NaNO_2$的含量。$M(NaNO_2)=68.99g/mol$。

23. [3] 计算在1mol/LHCl介质中，用0.1000mol/LCe^{4+}标准溶液滴定Fe^{2+}时的化学计量点电位（已知$\varphi^{\ominus}_{Ce^{4+}/Ce^{3+}}=1.44V$，$\varphi^{\ominus}_{Fe^{3+}/Fe^{2+}}=0.68$）。

24. [3] 计算下列反应的化学计量点电位（在1mol/LHCl介质中）

$2Fe^{3+}+Sn^{2+}\longrightarrow 2Fe^{2+}+Sn^{4+}$　　$\varphi^{\ominus}_{Sn^{4+}/Sn^{2+}}=0.14V$，$\varphi^{\ominus}_{Fe^{3+}/Fe^{2+}}=0.70V$

25. [3] 求下列溶液在酸性条件下，发生氧化还原反应时的物质的量浓度。以$c(1/Z_B)$表示。

(1) $c(K_2Cr_2O_7)=0.025mol/L$（$Cr_2O_7^{2-}\longrightarrow Cr^{3+}$）

(2) $c(KMnO_4)=0.200mol/L$（$MnO_4^-\longrightarrow Mn^{2+}$）

26. [2] 已知$K_2Cr_2O_7$溶液对Fe的滴定度为0.00525g/mL，计算$K_2Cr_2O_7$溶液的物质的量浓度$c\left(\frac{1}{6}K_2Cr_2O_7\right)$。$M(Fe)=55.85g/mol$。

27. [3] 欲配制500mL$c\left(\frac{1}{6}K_2Cr_2O_7\right)=0.5000mol/L$ $K_2Cr_2O_7$溶液，问应称取$K_2Cr_2O_7$多少克？$M(K_2Cr_2O_7)=294.2g/mol$。

28. [3] 制备1L $c(Na_2S_2O_3)=0.2mol/L$ $Na_2S_2O_3$溶液，需称取$Na_2S_2O_3\cdot 5H_2O$多少克？$M(Na_2S_2O_3)=248.17g/mol$。

29. [2] 将0.1500g的铁矿样经处理后成为Fe^{2+}，然后用$c\left(\frac{1}{5}KMnO_4\right)=0.1000mol/L$ $KMnO_4$标准溶液滴定，消耗15.03mL，计算铁矿石中以Fe、FeO、Fe_2O_3表示的质量分数。$M(Fe)=55.85g/mol$，$M(FeO)=71.85g/mol$，$M(Fe_2O_3)=159.69g/mol$。

30. [2] 在250mL容量瓶中将1.0028g H_2O_2溶液配制成250mL试液。准确移取此试液25.00mL，用$c\left(\frac{1}{5}KMnO_4\right)=0.1000mol/L$ $KMnO_4$溶液滴定，消耗17.38mL，问H_2O_2试样中H_2O_2质量分数？$M(H_2O_2)=34.01g/mol$。

第九章

沉淀滴定知识

一、单选题

1. [2] 在 AgCl 水溶液中，其 $[Ag^{+}]=[Cl^{-}]=1.34\times10^{-5}$ mol/L，AgCl 的 $K_{sp}=1.8\times10^{-10}$，该溶液为（　　）。

   A. 氯化银沉淀溶解　B. 不饱和溶液　C. $c[Ag^{+}]>[Cl^{-}]$　D. 饱和溶液

2. [2] 25℃时 AgCl 在纯水中的溶解度为 1.34×10^{-5} mol/L，则该温度下 AgCl 的 K_{sp} 为（　　）。

   A. 8.8×10^{-10}　B. 5.6×10^{-10}　C. 3.5×10^{-10}　D. 1.8×10^{-10}

3. [2] Ag_2CrO_4 在 25℃时，溶解度为 8.0×10^{-5} mol/L，它的溶度积为（　　）。

   A. 5.1×10^{-8}　B. 6.4×10^{-9}　C. 2.0×10^{-12}　D. 1.3×10^{-8}

4. [3] 对于一难溶电解质 $A_nB_m(s) \rightleftharpoons nA^{m+}+mB^{n-}$，要使沉淀从溶液中析出，则必须（　　）。

   A. $[A^{m+}]^n\ [B^{n-}]^m=K_{sp}$　B. $[A^{m+}]^n\ [B^{n-}]^m>K_{sp}$

   C. $[A^{m+}]^n\ [B^{n-}]^m<K_{sp}$　D. $[A^{m+1}]>[B^{n-1}]$

5. [2] 溶液 $[H^{+}]\geqslant0.24$mol/L 时，不能生成硫化物沉淀的离子是（　　）。

   A. Pb^{2+}　B. Cu^{2+}　C. Cd^{2+}　D. Zn^{2+}

6. [2] 已知 25℃时，Ag_2CrO_4 的 $K_{sp}=1.1\times10^{-12}$，则该温度下 Ag_2CrO_4 的溶解度为（　　）。

   A. 6.5×10^{-5} mol/L　B. 1.05×10^{-6} mol/L

   C. 6.5×10^{-6} mol/L　D. 1.05×10^{-5} mol/L

7. [2] 25℃时 AgBr 在纯水中的溶解度为 7.1×10^{-7} mol/L，则该温度下的 K_{sp} 为（　　）。

   A. 8.8×10^{-18}　B. 5.6×10^{-18}　C. 3.5×10^{-7}　D. 5.04×10^{-13}

8. [2] 已知 $Sr_3(PO_4)_2$ 的溶解度为 1.0×10^{-6} mol/L，则该化合物的溶度积常数为（　　）。

   A. 1.0×10^{-30}　B. 1.1×10^{-28}　C. 5.0×10^{-30}　D. 1.0×10^{-12}

9. [2] AgCl 的 $K_{sp}=1.8\times10^{-10}$，则同温下 AgCl 的溶解度为（　　）。

   A. 1.8×10^{-10} mol/L　B. 1.34×10^{-5} mol/L

   C. 0.9×10^{-5} mol/L　D. 1.9×10^{-3} mol/L

10. [3] 难溶化合物 Fe（OH）$_3$溶度积的表达式为（　　）。

A. $K_{sp}=[Fe^{3+}][OH^-]$　　B. $K_{sp}=[Fe^{3+}][3OH^-]$

C. $K_{sp}=[Fe^{3+}][3OH^-]^3$　　D. $K_{sp}=[Fe^{3+}][OH^-]^3$

11. [1] 向含有 Ag^+、$Hg_2{}^{2+}$、Al^{3+}、Cd^{2+}、Sr^{2+} 的混合液中，滴加稀盐酸，将有（　　）生成沉淀。

A. Ag^+、$Hg_2{}^{2+}$　　B. Ag^+、Cd^{2+}和 Sr^{2+}

C. Al^{3+}、Sr^{2+}　　D. 只有 Ag^+

12. [2] 已知 CaC_2O_4的溶解度为 4.75×10^{-5} mol/L，则 CaC_2O_4的溶度积是（　　）。

A. 9.50×10^{-5}　　B. 2.38×10^{-5}　　C. 2.26×10^{-9}　　D. 2.26×10^{-10}

13. [3] Fe_2S_3的溶度积表达式是（　　）。

A. $K_{sp}=[Fe^{3+}][S^{2-}]$　　B. $K_{sp}=[Fe_2{}^{3+}][S_3^{2-}]$

C. $K_{sp}=[Fe^{3+}]^2\ [S^{2-}]^3$　　D. $K_{sp}=[2Fe^{3+}]^2\ [S^{2-}]^3$

14. [3] 将（　　）气体通入 $AgNO_3$溶液时有黄色沉淀生成。

A. HBr　　B. HI　　C. CHCl　　D. NH_3

15. [2] 在含有 0.01mol/L 的 I^-、Br^-、Cl^-溶液中，逐渐加入 $AgNO_3$试剂，先出现的沉淀是（　　）。[K_{sp}(AgCl) ＞K_{sp}(AgBr) ＞K_{sp}(AgI)]

A. AgI　　B. AgBr　　C. AgCl　　D. 同时出现

16. [2] $AgNO_3$与 NaCl 反应，在等量点时 Ag^+ 的浓度为（　　）。已知 K_{sp}(AgCl)＝1.8×10^{-10}

A. 2.0×10^{-5}　　B. 1.34×10^{-5}　　C. 2.0×10^{-6}　　D. 1.34×10^{-6}

17. [2] 二级标准氯化钠用前应在（　　）灼烧至恒重。

A. 250～270℃　　B. 500～600℃　　C. 105～110℃　　D. 270～300℃

18. [2] 用莫尔法测定纯碱中的氯化钠，应选择的指示剂是（　　）。

A. $K_2Cr_2O_7$　　B. K_2CrO_4　　C. KNO_3　　D. $KClO_3$

19. [2] 法扬司法采用的指示剂是（　　）。

A. 铬酸钾　　B. 铁铵矾　　C. 吸附指示剂　　D. 自身指示剂

20. [2] 采用福尔哈德法测定水中 Ag^+ 含量时，终点颜色为（　　）。

A. 红色　　B. 纯蓝色　　C. 黄绿色　　D. 蓝紫色

21. [2] 以铁铵钒为指示剂，用硫氰酸铵标准滴定溶液滴定银离子时，应在下列何种条件下进行（　　）。

A. 酸性　　B. 弱酸性　　C. 碱性　　D. 弱碱性

22. [2] 在配合物 $[Cu(NH_3)_4]SO_4$溶液中加入少量的 Na_2S溶液，产生的沉淀是（　　）。

A. CuS　　B. $Cu(OH)_2$　　C. S　　D. 无沉淀产生

23. [2] 某氢氧化物沉淀，既能溶于过量的氨水，又能溶于过量的 NaOH 溶液的离子是（　　）。

A. Sn^{4+}　　B. Pb^{2+}　　C. Zn^{2+}　　D. Al^{3+}

24. [2] 沉淀滴定中的莫尔法指的是（　　）。

A. 以铬酸钾作指示剂的银量法

B. 以 $AgNO_3$为指示剂，用 K_2CrO_4标准溶液，滴定试液中的 Ba^{2+}的分析方法

C. 用吸附指示剂指示滴定终点的银量法

D. 以铁铵矾作指示剂的银量法

25. [2] 莫尔法测 Cl^-含量，要求介质的 pH 值在 6.5～10.0 范围，若酸度过高，则（　　）。

A. AgCl 沉淀不完全　　B. AgCl 沉淀易胶溶

C. AgCl 沉淀 Cl^-吸附增强　　D. Ag_2CrO_4沉淀不易形成

26. [2] 下列关于吸附指示剂说法错误的是（　　）。

A. 吸附指示剂是一种有机染料

B. 吸附指示剂能用于沉淀滴定法中的法扬司法

C. 吸附指示剂指示终点是由于指示剂结构发生了改变

D. 吸附指示剂本身不具有颜色

27. [2] 莫尔法采用 $AgNO_3$ 标准溶液测定 Cl^- 时，其滴定条件是（　　）。

A. pH 为 2.0～4.0　　B. pH 为 6.5～10.5

C. pH 为 4.0～6.5　　D. pH 为 10.0～12.0

28. [3] 用莫尔法测定氯离子时，终点颜色为（　　）。

A. 白色　　B. 砖红色　　C. 灰色　　D. 蓝色

29. [3] 用铬酸钾作指示剂测定氯离子时，终点颜色为（　　）。

A. 白色　　B. 砖红色　　C. 灰色　　D. 蓝色

二、判断题

1. [3] 硝酸银标准溶液应装在棕色碱式滴定管中进行滴定。（　　）

2. [1] 由于 $K_{sp}(Ag_2CrO_4)=2.0\times10^{-12}$ 小于 $K_{sp}(AgCl)=1.8\times10^{-10}$，因此在 CrO_4^{2-} 和 Cl^- 浓度相等时，滴加硝酸盐，铬酸银首先沉淀下来。（　　）

3. [3] 欲使沉淀溶解，应设法降低有关离子的浓度，保持 $Q_i<K_{sp}$，沉淀即不断溶解，直至消失。（　　）

4. [2] 25℃时，$BaSO_4$ 的 $K_{sp}=1.1\times10^{-10}$，则 $BaSO_4$ 溶解度是 1.2×10^{-20} mol/L。（　　）

5. [2] 用氯化钠基准试剂标定 $AgNO_3$ 溶液浓度时，溶液酸度过大，会使标定结果没有影响。（　　）

6. [2] 福尔哈德法是以 NH_4SCN 为标准滴定溶液，铁铵矾为指示剂，在稀硝酸溶液中进行滴定。（　　）

7. [2] 银量法测定氯离子含量时，应在中性或弱酸性溶液中进行。（　　）

8. [2] 在法扬司法中，为了使沉淀具有较强的吸附能力，通常加入适量的糊精或淀粉使沉淀处于胶体状态。（　　）

9. [2] 莫尔法测定 Cl^- 含量，应在中性或碱性的溶液中进行。（　　）

10. [2] 沉淀的转化对于相同类型的沉淀通常是由溶度积较大的转化为溶度积较小的过程。（　　）

11. [2] 为使沉淀溶解损失减小到允许范围加入适当过量的沉淀剂可达到目的。（　　）

12. [2] 莫尔法可以用于样品中 I^- 的测定。（　　）

13. [2] 根据同离子效应，可加入大量沉淀剂以降低沉淀在水中的溶解度。（　　）

14. [2] 以 SO_4^{2-} 沉淀 Ba^{2+} 时，加入适量过量的 SO_4^{2-} 可以使 Ba^{2+} 沉淀更完全。这是利用同离子效应。（　　）

15. [2] 分析纯的 NaCl 试剂，如不做任何处理，用来标定 $AgNO_3$ 溶液的浓度，结果会偏高。（　　）

16. [2] 用福尔哈德法测定 Ag^+，滴定时必须剧烈摇动。用返滴定法测定 Cl^- 时，也应该剧烈摇动。（　　）

17. [2] 莫尔法一定要在中性和弱碱性中进行滴定。（　　）

18. [3] 用莫尔法测定水中的 Cl^- 采用的是直接法。（　　）

19. [2] 在莫尔法测定溶液中Cl^-时，若溶液酸度过低，会使结果由于AgO的生成而产生误差。(　　)

20. [2] 莫尔法适用于能与Ag^+形成沉淀的阴离子的测定如Cl^-、Br^-和I^-等。(　　)

21. [2] 吸附指示剂是利用指示剂与胶体沉淀表面的吸附作用，引起结构变化，导致指示剂的颜色发生变化的。(　　)

22. [2] 用法扬司法测定Cl^-含量时，以二氯荧光黄($K_a=1.0\times10^{-4}$)为指示剂，溶液的pH值应大于4，小于10。(　　)

23. [2] 法扬司法中，采用荧光黄作指示剂可测定高含量的氯化物。(　　)

24. [3] 福尔哈德法是以铬酸钾为指示剂的一种银量法。(　　)

25. [3] 福尔哈德法通常在0.1～1mol/L的HNO_3溶液中进行。(　　)

三、多选题

1. [1] 在含有固体AgCl的饱和溶液中分别加入下列物质，能使AgCl的溶解度减小的物质有(　　)。

A. 盐酸　　B. $AgNO_3$　　C. KNO_3

D. 氨水　　E. 水

2. [2] 向含有Ag^+、$Hg_2{}^{2+}$、Al^{3+}、Pb^{2+}、Cd^{2+}、Sr^{2+}的混合液中，滴加稀盐酸，能生成沉淀的离子是(　　)。

A. Ag^+　　B. Pb^{2+}　　C. Al^{3+}

D. Sr^{2+}　　E. $Hg_2{}^{2+}$

3. [2] 在含有同浓度的氯离子和碘离子的溶液中滴加硝酸铅溶液，则下列现象正确的是(　　)。[$K_{sp}(PbCl_2)>K_{sp}(PbI_2)$]

A. $PbCl_2$先沉淀　　B. PbI_2后沉淀　　C. $PbCl_2$后沉淀　　D. PbI_2先沉淀

4. [2] 在AgCl水溶液中，$[Ag^+]=[Cl^-]=1.34\times10^{-5}$mol/L，$K_{sp}$为$1.8\times10^{-10}$，该溶液为(　　)。

A. 氯化银沉淀-溶解平衡　　B. 不饱和溶液

C. $c(Ag^+)>c(Cl^-)$　　D. 饱和溶液

E. 过饱和溶液

5. [2] GBW(E)081046-硝酸银滴定溶液标准物质规定，0.1mol/L的硝酸银滴定溶液标准物质的下列说法正确的有(　　)。

A. 在25℃±5℃条件下保存

B. 在20℃±2℃条件下保存

C. 稳定贮存有效期为6个月

D. 使用时应将溶液直接倒入滴定管中，以防污染

6. [3] 应用莫尔法滴定时酸度条件是(　　)。

A. 酸性　　B. 弱酸性　　C. 中性　　D. 弱碱性

7. [3] 根据确定终点的方法不同，银量法分为(　　)。

A. 莫尔法　　B. 福尔哈德法　　C. 碘量法　　D. 法扬司法

8. [2] 莫尔法主要用于测定(　　)。

A. Cl^-　　B. Br^-　　C. I^-　　D. Na^+

9. [2] 用莫尔法测定溶液中Cl^-含量，下列说法正确的是(　　)。

A. 标准滴定溶液是$AgNO_3$溶液

B. 指示剂为铬酸钾

C. AgCl 的溶解度比 Ag_2CrO_4 的溶解度小，因而终点时 Ag_2CrO_4（砖红色）转变为 AgCl（白色）

D. $n(Cl^-)=n(Ag^+)$

10. [2] 福尔哈德法测定 I^- 含量时，下面步骤正确的是（　　）。

A. 在 HNO_3 介质中进行，酸度控制在 0.1～1mol/L

B. 加入铁铵矾指示剂后，加入定量过量的 $AgNO_3$ 标准溶液

C. 用 NH_4SCN 标准滴定溶液滴定过量的 Ag^+

D. 至溶液成红色时，停止滴定，根据消耗标准溶液的体积进行计算

四、计算题

1. [3] 称取纯 NaCl0.1169g，加水溶解后，以 K_2CrO_4 为指示剂，用 $AgNO_3$ 溶液滴定，共用去 20.00mL，求该 $AgNO_3$ 溶液的浓度。M(NaCl)＝58.44g/mol。

2. [2] 称取 KCl 和 KBr 的混合物 0.3208g，溶于水后进行滴定，用去 0.1014mol/L 的 $AgNO_3$ 标准溶液 30.20mL，试计算该混合物中 KCl 和 KBr 的质量分数。M(KCl)＝74.56g/mol，M(KBr)＝119.00g/mol。

3. [2] 称取纯试样 KIO_x 0.5000g，经还原为碘化物后，以 0.1000mol/L 的 $AgNO_3$ 标准溶液滴定，消耗 23.36mL，求该盐的化学式。M(K)＝39.10g/mol，M(I)＝126.9g/mol，M(O)＝16g/mol。

4. [2] 将 40.00mL 0.1020mol/L $AgNO_3$ 溶液加到 25.00mL $BaCl_2$ 溶液中，剩余的 $AgNO_3$ 溶液，需用 15.00mL 0.09800mol/L 的 NH_4SCN 溶液返滴定，问 25.00mL$BaCl_2$ 溶液中含 $BaCl_2$ 质量为多少？$M(BaCl_2)$＝ 208.24g/mol。

5. [2] 称取银合金试样 0.3000g，用酸溶解后，加铁铵矾指示剂，用 0.1000mol/LNH_4SCN 标准溶液滴定，用去 23.80mL，计算样品中银的百分含量。M(Ag)＝107.87g/mol。

6. [2] 称取可溶性氯化物 0.2266g，加入 0.1121mol/L$AgNO_3$ 标准溶液 30.00mL，过量的 $AgNO_3$ 用 0.1185mol/LNH_4SCN 标准溶液滴定，用去 6.50mL，计算试样中氯的含量。M(Cl)＝35.45g/mol。

7. [1] 称取含有 NaCl 和 NaBr 的试样 0.6280g，溶解后用 $AgNO_3$ 溶液处理，获得干燥 AgCl 和 AgBr 沉淀 0.5064g，另称取相同质量的试样一份，用 0.1050mol/L$AgNO_3$ 标准溶液滴定至终点，用去 28.34mL，计算试样中 NaCl 和 NaBr 的各自含量。M(NaBr)＝102.92g/mol，M(AgCl)＝143.32g/mol，M(AgBr)＝187.78g/mol，M(NaCl)＝58.44g/mol。

8. [2] 碘化钾试剂分析。曙红为指示剂，pH＝4 介质，法扬司法测定。若称样 1.652g 溶于水后，用 $c(AgNO_3)$＝0.05000mol/L 标准溶液滴定消耗 20.00mL，计算 KI 试剂纯度。M(KI)＝166.00g/mol。

9. [2] 准确称取含 ZnS 的试样 0.2000g，加入 50ml 0.1004mol/L 的 $AgNO_3$ 标准溶液溶解，将生成的沉淀过滤收集滤液，以 c(KSCN)＝0.1000mol/L 的硫氰酸钾标准溶液滴定过量的 $AgNO_3$。终点时消耗 15.50mL，求试样中 ZnS 的质量分数。M(ZnS)＝97.44g/mol。

10. [3] 在含有相等浓度的 Cl^- 和 I^- 的溶液中，逐滴加入 $AgNO_3$ 溶液，哪一种离子先沉淀？第二种离子开始沉淀时，Cl^- 和 I^- 的浓度比为多少？$K_{sp}(AgCl)=1.8\times10^{-10}$，$K_{sp}(AgI)=8.3\times10^{-17}$。

11. [2] 称取烧碱样品 0.5038g，溶于水中，用硝酸调节 pH 值后，溶于 250mL 容量瓶中，摇匀。吸取 25.00mL 置于锥形瓶中，加入 25.00mL 0.1041mol/L 的 $AgNO_3$ 溶液，剩余的 $AgNO_3$ 溶液用 0.1041mol/L NH_4SCN 溶液 21.45mL 返滴，计算烧碱中 NaCl 的质量分数。M(NaCl)＝58.44g/mol。

第十章

分子吸收光谱法知识

一、单选题

1. [3] 邻菲罗啉分光光度法测定微量铁试验中，缓冲溶液是采用（　　）配制。
   A. 乙酸-乙酸钠　　B. 氨-氯化铵　　C. 碳酸钠-碳酸氢钠　　D. 磷酸钠-盐酸
2. [1] 当未知样中含 Fe 量约为 10μg/mL 时，采用直接比较法定量，标准溶液的浓度应为（　　）。
   A. 20μg/mL　　B. 15μg/mL　　C. 11μg/mL　　D. 5μg/mL
3. [2] 分光光度法测定微量铁试验中，铁标溶液是用（　　）药品配制成的。
   A. 无水氯化铁　　B. 硫酸亚铁铵　　C. 硫酸铁铵　　D. 硝酸铁
4. [3] 用邻菲罗啉法测水中总铁，不需用下列（　　）来配制试验溶液。
   A. $NH_2OH \cdot HCl$　　B. HAc-NaAc　　C. 邻菲罗啉　　D. 磷酸
5. [2] 分光光度计中检测器灵敏度最高的是（　　）。
   A. 光敏电阻　　B. 光电管　　C. 光电池　　D. 光电倍增管
6. [2] 下列分光光度计无斩波器的是（　　）。
   A. 单波长双光束分光光度计　　B. 单波长单光束分光光度计
   C. 双波长双光束分光光度计　　D. 无法确定
7. [3] 常用光度计分光的重要器件是（　　）。
   A. 棱镜（或光栅）+狭缝　　B. 棱镜
   C. 反射镜　　D. 准直透镜
8. [2] 在分光光度法中，用光的吸收定律进行定量分析，应采用的入射光为（　　）。
   A. 白光　　B. 单色光　　C. 可见光　　D. 复合光
9. [2] 在相同条件下测定甲、乙两份同一有色物质溶液吸光度。若甲液用 1cm 吸收池，乙液用 2cm 吸收池进行测定，结果吸光度相同，甲、乙两溶液浓度的关系是（　　）。
   A. $c_{甲}=c_{乙}$　　B. $c_{乙}=2c_{甲}$　　C. $c_{乙}=4c_{甲}$　　D. $c_{甲}=2c_{乙}$
10. [3] 可见分光光度计适用的波长范围为（　　）。
   A. 小于 400nm　　B. 大于 800nm　　C. 400～800nm　　D. 小于 200nm
11. [1] 钨灯可发射范围是（　　）nm 的连续光谱。

A. 220～760　B. 380～760　C. 320～2500　D. 190～2500

12. [3] 紫外可见分光光度计中的成套吸收池其透光率之差应为（　）。

A. ＜0.5%　B. 0.001　C. 0.1%～0.2%　D. 0.002

13. [1] 721 型分光光度计在使用时发现波长在 580nm 处，出射光不是黄色，而是其他颜色，其原因可能是（　）。

A. 有电磁干扰，导致仪器失灵　B. 仪器零部件配置不合理，产生实验误差

C. 实验室电路的电压小于 380V　D. 波长指示值与实际出射光谱值不符合

14. [3] 分光光度法的吸光度与（　）无光。

A. 入射光的波长　B. 液层的高度　C. 液层的厚度　D. 溶液的浓度

15. [3] 在 300nm 进行分光光度测定时，应选用（　）比色皿。

A. 硬质玻璃　B. 软质玻璃　C. 石英　D. 透明塑料

16. [2] 721 分光光度计的波长使用范围为（　）nm。

A. 320～760　B. 340～760　C. 400～760　D. 520～760

17. [3] 721 分光光度计适用于（　）。

A. 可见光区　B. 紫外光区　C. 红外光区　D. 都适用

18. [3]（　）是最常见的可见光光源。

A. 钨灯　B. 氢灯　C. 氘灯　D. 卤钨灯

19. [2] 在 260nm 进行分光光度测定时，应选用（　）比色皿。

A. 硬质玻璃　B. 软质玻璃　C. 石英　D. 透明塑料

20. [3] 紫外光谱分析中所用比色皿是（　）。

A. 玻璃材料的　B. 石英材料的　C. 萤石材料的　D. 陶瓷材料的

21. [3] 红外吸收光谱的产生是由于（　）。

A. 分子外层电子、振动、转动能级的跃迁

B. 原子外层电子、振动、转动能级的跃迁

C. 分子振动-转动能级的跃迁

D. 分子外层电子的能级跃迁

22. [2] 下列关于分子振动的红外活性的叙述中正确的是（　）。

A. 凡极性分子的各种振动都是红外活性的，非极性分子的各种振动都不是红外活性的

B. 极性键的伸缩和变形振动都是红外活性的

C. 分子的偶极矩在振动时周期地变化，即为红外活性振动

D. 分子的偶极矩的大小在振动时周期地变化，必为红外活性振动，反之则不是

23. [1] 在红外光谱分析中，用 KBr 制作为试样池，这是因为（　）。

A. KBr 晶体在 $4000\sim400cm^{-1}$ 范围内不会散射红外光

B. KBr 在 $4000\sim400cm^{-1}$ 范围内有良好的红外光吸收特性

C. KBr 在 $4000\sim400cm^{-1}$ 范围内无红外光吸收

D. 在 $4000\sim400cm^{-1}$ 范围内，KBr 对红外无反射

24. [2] 红外光谱法试样可以是（　）。

A. 水溶液　B. 含游离水　C. 含结晶水　D. 不含水

25. [2] 一个含氧化合物的红外光谱图在 $3600\sim3200cm^{-1}$ 有吸收峰，下列化合物最可能的是（　）。

A. $CH_3—CHO$　B. $CH_3—CO—CH_3$

C. $CH_3—CHOH—CH_3$　D. $CH_3—O—CH_2—CH_3$

26. [1] 一种能作为色散型红外光谱仪色散元件的材料为（　）。

A. 玻璃　　B. 石英　　C. 卤化物晶体　　D. 有机玻璃

27. [2] 用红外吸收光谱法测定有机物结构时，试样应该是（　　）。

A. 单质　　B. 纯物质　　C. 混合物　　D. 任何试样

28. [3] 分光光度分析中蓝色溶液吸收（　　）。

A. 蓝色光　　B. 黄色光　　C. 绿色光　　D. 红色光

29. [2] 红外光谱是（　　）。

A. 分子光谱　　B. 离子光谱　　C. 电子光谱　　D. 分子电子光谱

30. [2] 紫外-可见分光光度计是根据被测量物质分子对紫外-可见波段范围的单色辐射的（　　）来进行物质的定性的。

A. 散射　　B. 吸收　　C. 反射　　D. 受激辐射

31. [3] 一束（　　）通过有色溶液时，溶液的吸光度与溶液浓度和液层厚度的乘积成正比。

A. 平行可见光　　B. 平行单色光　　C. 白光　　D. 紫外光

32. [3] 用722型分光光度计作定量分析的理论基础是（　　）。

A. 欧姆定律　　B. 等物质的量反应规则

C. 为库仑定律　　D. 朗伯-比尔定律

33. [2] 以邻二氮菲为显色剂测定某一试剂中微量铁时参比溶液应选择（　　）。

A. 蒸馏水　　B. 不含邻二氮菲试液

C. 不含 Fe^{2+} 的试剂参比溶液　　D. 含 Fe^{2+} 的邻二氮菲溶液

34. [3] 凡是可用于鉴定官能团存在的吸收峰，称为特征吸收峰。特征吸收峰较多集中在（　　）区域。

A. 4000～1250cm^{-1}　　B. 4000～2500cm^{-1}

C. 2000～1500cm^{-1}　　D. 1500～670cm^{-1}

35. [2] 某溶液的浓度为 c(g/L)，测得透光度为80%。当其浓度变为 $2c$(g/L) 时，则透光度为（　　）。

A. 60%　　B. 64%　　C. 56%　　D. 68%

36. [1] 有色溶液的摩尔吸收系数越大，则测定时（　　）越高。

A. 灵敏度　　B. 准确度　　C. 精密度　　D. 吸光度

37. [2] 芳香族化合物的特征吸收带是B带，其最大吸收峰波长在（　　）。

A. 200～230nm　　B. 230～270nm　　C. 230～300nm　　D. 270～300nm

38. [2] 在目视比色法中，常用的标准系列法是比较（　　）。

A. 入射光的强度　　B. 透过溶液后的强度

C. 透过溶液后的吸收光的强度　　D. 一定厚度溶液的颜色深浅

39. [3]（　　）互为补色。

A. 黄色与蓝色　　B. 红色与绿色　　C. 橙色与青色　　D. 紫色与青蓝色

40. [2] 硫酸铜溶液呈蓝色是由于它吸收了白光中的（　　）。

A. 红色光　　B. 橙色光　　C. 黄色光　　D. 蓝色光

41. [2] 某溶液的吸光度 $A=0.500$，其百分透光度为（　　）。

A. 69.4　　B. 50.0　　C. 31.6　　D. 15.8

42. [1] 摩尔吸光系数很大，则说明（　　）。

A. 该物质的浓度很大　　B. 光通过该物质溶液的光程长

C. 该物质对某波长光的吸收能力强　　D. 测定该物质的方法的灵敏度低。

43. [2] 符合比耳定律的有色溶液稀释时，其最大的吸收峰的波长位置（　　）。

A. 向长波方向移动　　B. 向短波方向移动

C. 不移动，但峰高降低　　D. 无任何变化

44. [1] 在分光光度测定中，如试样溶液有色，显色剂本身无色，溶液中除被测离子外，其他共存离子与显色剂不生色，此时应选（　　）为参比。
A. 溶剂空白　B. 试液空白　C. 试剂空白　D. 褪色参比

45. [2] 下列说法正确的是（　　）。
A. 透射比与浓度成直线关系　　B. 摩尔吸光系数随波长而改变
C. 摩尔吸光系数随被测溶液的浓度而改变　　D. 光学玻璃吸收池适用于紫外光区

46. [2] 有 A、B 两份不同浓度的有色物质溶液，A 溶液用 1.00cm 吸收池，B 溶液用 2.00cm 吸收池，在同一波长下测得的吸光度的值相等，则它们的浓度关系为（　　）。
A. A 是 B 的 1/2　B. A 等于 B　C. B 是 A 的 4 倍　D. B 是 A 的 1/2

47. [2] 在 300nm 波长进行分光光度测定时，应选用（　　）比色皿。
A. 硬质玻璃　B. 软质玻璃　C. 石英　D. 透明有机玻璃

48. [1] 下列为试液中两种组分对光的吸收曲线图，比色分光测定不存在互相干扰的是（　　）。

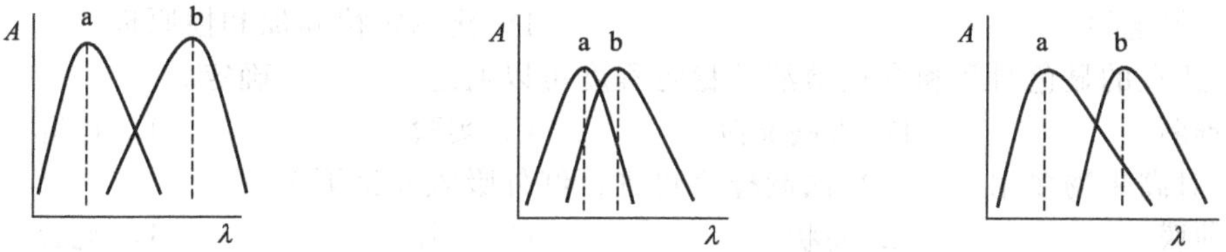

A.

B.

C.

49. [1] 在分光光度法中，（　　）是导致偏离朗伯-比尔定律的因素之一。
A. 吸光物质浓度＞0.01mol/L　　B. 单色光波长
C. 液层厚度　　D. 大气压力

50. [2] 分光光度法中，摩尔吸光系数与（　　）有关。
A. 液层的厚度　B. 光的强度　C. 溶液的浓度　D. 溶质的性质

51. [3] 722 型分光光度计适用于（　　）。
A. 可见光区　B. 紫外光区　C. 红外光区　D. 都适用

52. [1] 使用不纯的单色光时，测得的吸光度（　　）。
A. 有正误差　B. 有负误差　C. 无误差　D. 误差不定

53. [2] 在光学分析法中，采用钨灯作光源的是（　　）。
A. 原子光谱　B. 分子光谱　C. 可见分子光谱　D. 红外光谱

54. [2] 物质的紫外-可见吸收光谱的产生是由于（　　）。
A. 分子的振动　　B. 分子的转动
C. 分子内电子的跃迁　　D. 原子核内层电子的跃迁

55. [1] 双光束分光光度计与单光束分光光度计相比，其突出优点是（　　）。
A. 可以扩大波长的应用范围　　B. 可以采用快速响应的检测系统
C. 可以抵消吸收池所带来的误差　　D. 可以抵消因光源的变化而产生的误差

56. [2] 下列各数学式中不符合光吸收定律的为（　　）。
A. $A=Kbc$　B. $\lg(I_0/I_t)=Kbc$　C. $\lg(I_t/I_0)=Ebc$　D. $A=\varepsilon bc$

57. [1] 吸光度由 0.434 增加到 0.514 时，则透光度 T 改变了（　　）。
A. 增加了 6.2%　B. 减少了 6.2%　C. 减少了 0.080　D. 增加了 0.080

58. [3] 人眼睛能感觉到的光称为可见光，其波长范围是（　　）。
A. 400～700nm　B. 200～400nm　C. 200～600nm　D. 200～800nm

59. [3] 摩尔吸光系数的单位是（ ）。

A. mol/(L·cm)　　B. L/(mol·cm)　　C. L/(g·cm)　　D. g/(L·cm)

60. [1] 在色散元件中，色散均匀、工作波段广、色散率大的是（ ）。

A. 滤光片　　B. 玻璃棱镜　　C. 石英棱镜　　D. 光栅

61. [1] 校正分光光度计波长时，采用（ ）校正方法最为准确。

A. 黄色谱带　　B. 镨钕滤光片　　C. 基准溶液　　D. 氢灯

62. [2] 在分光光度法中，如果试样有色，显色剂无色，应选用（ ）作为参比溶液。

A. 溶剂空白　　B. 试剂空白　　C. 试样空白　　D. 褪色空白

63. [1] 某化合物在正己烷和乙醇中分别测得最大吸收波长为 $\lambda_{max}=317nm$ 和 $\lambda_{max}=305nm$，该吸收的跃迁类型为（ ）。

A. $\sigma\rightarrow\sigma^*$　　B. $n\rightarrow\sigma^*$　　C. $\pi\rightarrow\pi^*$　　D. $n\rightarrow\pi^*$

64. [2] 用分光光度法测定样品中两组分含量时，若两组分吸收曲线重叠，其定量方法是根据（ ）建立的多组分光谱分析数学模型。

A. 朗伯定律　　B. 朗伯定律和加和性原理

C. 比尔定律　　D. 比尔定律和加和性原理

65. [2] 适宜的显色时间和有色溶液的稳定程度可以通过（ ）确定。

A. 推断　　B. 查阅文献　　C. 实验　　D. 计算

66. [2] 对高聚物多用（ ）法制样后再进行红外吸收光谱测定。

A. 薄膜　　B. 糊状　　C. 压片　　D. 混合

67. [2] 下列乙烯的振动模式中，能产生红外活性振动的是（ ）。

A. H H C=C H H　　B. ⊖H ⊕H C=C ⊕H ⊖H

C. H H ←C=C→ H H　　D. ⊕H ⊕H C=C ⊕H ⊕H

68. [3] 721 型分光光度计的检测器是（ ）。

A. 光电管　　B. 光电倍增管　　C. 硒光电池　　D. 测辐射热器

69. [2] 721 型分光光度计不能测定（ ）。

A. 单组分溶液　　B. 多组分溶液

C. 吸收光波长＞800nm 的溶液　　D. 较浓的溶液

70. [2] 在分光光度法分析中，721 型分光光度计使用（ ）可以消除试剂的影响。

A. 蒸馏水　　B. 待测标准溶液　　C. 空白溶液　　D. 任何溶液

71. [2] 醇羟基的红外光谱特征吸收峰为（ ）。

A. $1000cm^{-1}$　　B. $2000\sim2500cm^{-1}$

C. $2000cm^{-1}$　　D. $3600\sim3650cm^{-1}$

72. [2] 光吸收定律应用条件是（ ）。其中：(1) 稀溶液（$c<0.01mol/L$）；(2) 入射光为单色光；(3) 均匀介质；(4) 入射光只能是可见光。

A. (1)(2)(3)　　B. (2)(3)(4)　　C. (3)(4)(1)　　D. (4)(1)(2)

73. [3] 722 型分光光度计工作波长范围是（ ）nm。

A. 200～1000　　B. 200～800　　C. 330～800　　D. 400～680

74. [2] 分光光度法对（ ）组分的分析，其准确度不如滴定分析及质量分析。

A. 微量　　B. 常量　　C. 无机　　D. 有机

75. [2] 当透光度 $T\%=0$ 时，吸光度 A 为（　　）。

A. 100%　　B. 50%　　C. 0　　D. ∞

76. [2] 分光光度分析中一组合格的吸收池透射比之差应该小于（　　）。

A. 1%　　B. 2%　　C. 0.1%　　D. 0.5%

二、判断题

1. [1] 对石英比色皿进行成套性检查时用的是重铬酸钾的高氯酸溶液。（　　）

2. [3] 仪器分析用标准溶液制备时，一般先配制成标准贮备液，使用当天再稀释成标准溶液。（　　）

3. [2] 仪器分析中，浓度低于 0.1mg/mL 的标准溶液，常在临用前用较高浓度的标准溶液在容量瓶内稀释而成。（　　）

4. [2] 浓度≤1μg/mL 的标准溶液可以保存几天后继续使用。（　　）

5. [2] 光的吸收定律不仅适用于溶液，同样也适用于气体和固体。（　　）

6. [1] 摩尔吸光系数的单位为 mol·cm/L。（　　）

7. [3] 吸光系数越小，说明比色分析方法的灵敏度越高。（　　）

8. [2] 用镨钕滤光片检测分光光度计波长误差时，若测出的最大吸收波长的仪器标示值与镨钕滤光片的吸收峰波长相差 3.5nm，说明仪器波长标示值准确，一般不需做校正。（　　）

9. [2] 不少显色反应需要一定时间才能完成，而且形成的有色配合物的稳定性也不一样，因此必须在显色后一定时间内进行测定。（　　）

10. [2] 可见分光光度计检验波长准确度是采用苯蒸气的吸收光谱曲线检查。（　　）

11. [2] 常见的紫外光源是氢灯或氘灯。（　　）

12. [2] 紫外分光光度计的光源常用碘钨灯。（　　）

13. [2] 吸收池在使用后应立即洗净，当被有色物质污染时，可用铬酸洗液洗涤。（　　）

14. [3] 在定量测定时同一厂家出品的同一规格的比色皿可以不用经过检验配套。（　　）

15. [1] 红外光谱不仅包括振动能级的跃迁，也包括转动能级的跃迁，故又称为振转光谱。（　　）

16. [2] 外光谱定量分析是通过对特征吸收谱带强度的测量来求出组分含量。其理论依据是朗伯-比耳定律。（　　）

17. [2] 三原子分子的振动自由度都是相同的。（　　）

18. [3] 在红外光谱中 C—H，C—C，C—O，C—Cl，C—Br 键的伸缩振动频率依次增加。（　　）

19. [2] 基团 O═C—H 的 ν(C—H) 出现在 $2720cm^{-1}$。（　　）

20. [2] 傅里变换叶红外光谱仪与色散型仪器不同，采用单光束分光元件。（　　）

21. [1] 红外与紫外分光光度计在基本构造上的差别是检测器不同。（　　）

22. [2] 物质呈现不同的颜色，仅与物质对光的吸收有关。（　　）

23. [3] 高锰酸钾溶液呈现紫红色是由于吸收了白光中的绿色光。（　　）

24. [2] 紫外吸收光谱和可见吸收光谱同属电子光谱，都是由于价电子跃迁而产生的。（　　）

25. [1] 在极性溶剂中 $\pi\rightarrow\pi^*$ 跃迁产生的吸收带蓝移，而 $n\rightarrow\pi^*$ 跃迁产生的吸收带

则发生红移。（ ）

26. [2] 工作曲线法是常用的一种定量方法，绘制工作曲线时需要在相同操作条件下测出3个以上标准点的吸光度后，在坐标纸上作图。（ ）

27. [2] 产生红外吸收的条件是：①分子振动时必须有瞬时偶极矩的变化；②只有当红外辐射光的频率与分子某种振动方式频率相同时，分子才能产生红外吸收。（ ）

28. [2] 在红外光谱分析中，压片法是将固定样品与一定量的碱土金属卤化物混合，在压片机上压片，然后进行测谱。（ ）

29. [3] 任意两种颜色的光，按一定的强度比例混合就能得到白光。（ ）

30. [3] 绿色玻璃是基于吸收了紫色光而透过了绿色光。（ ）

31. [2] 摩尔吸光系数 ε 常用来衡量显色反应的灵敏度，ε 越大，表明吸收愈强。（ ）

32. [2] 朗伯比尔定律适用于一切浓度的有色溶液。（ ）

33. [1] 饱和碳氢化合物在紫外光区不产生光谱吸收，所以经常以饱和碳氢化合物作为紫外吸收光谱分析的溶剂。（ ）

34. [3] 拿吸收池时只能拿毛面，不能拿透光面，擦拭时必须用擦镜纸擦透光面，不能用滤纸擦。（ ）

35. [1] 分光光度法中，有机溶剂常常可以降低有色物质的溶解度，增加有色物质的离解度，从而提高了测定灵敏度。（ ）

36. [2] 722型分光光度计是使用滤光片获得单色光的。（ ）

37. [2] 显色剂用量应以吸光度越大越好。（ ）

38. [2] 在分光光度法分析中，如待测物的浓度大于0.01mol/L时，可能会偏离光吸收定律。（ ）

三、多选题

1. [3] 分光光度法中判断出测得的吸光度有问题，可能的原因包括（ ）。
   A. 比色皿没有放正位置　　B. 比色皿配套性不好
   C. 比色皿毛面放于透光位置　　D. 比色皿润洗不到位

2. [1] 一台分光光度计的校正应包括（ ）等。
   A. 波长的校正　　B. 吸光度的校正　　C. 杂散光的校正　　D. 吸收池的校正

3. [2] 透光度调不到100%的原因有（ ）。
   A. 卤钨灯不亮　　B. 样品室有挡光现象　　C. 光路不准　　D. 放大器坏

4. [2]（ ）的作用是将光源发出的连续光谱分解为单色光。
   A. 石英窗　　B. 棱镜　　C. 光栅　　D. 吸收池

5. [1] 可见-紫外吸收分光光度计接通电源后，指示灯和光源灯都不亮，电流表无偏转的原因有（ ）。
   A. 电源开关接触不良或已坏　　B. 电流表坏
   C. 保险丝断　　D. 电源变压器初级线圈已断

6. [2] 下列方法属于分光光度分析定量方法的是（ ）。
   A. 工作曲线法　　B. 直接比较法　　C. 校正面积归一化法　　D. 标准加入法

7. [3] 下列属于紫外-可见分光光度计组成部分的有（ ）。
   A. 光源　　B. 单色器　　C. 吸收池　　D. 检测器

8. [3] 紫外分光光度计的基本构造是由（ ）构成。
   A. 光源　　B. 单色器　　C. 吸收池　　D. 检测器

9. [1] 721 型分光光度计在接通电源后，指示灯不亮的原因是（　　）。

A. 指示灯坏了　　B. 电源插头没有插好

C. 电源变压器损坏　　D. 检测器电路损坏

10. [3] 可见分光光度计的结构组成中包括的部件有（　　）。

A. 光源　　B. 单色器　　C. 原子化系统　　D. 检测系统

11. [2] 下列属于 722 型分光光度计的主要部件的是（　　）。

A. 光源：氘灯　　B. 接受元件：光电管

C. 波长范围：200～800nm　　D. 光学系统：单光束，衍射光栅

12. [3] 分光光度计使用时的注意事项包括（　　）。

A. 使用前先打开电源开关，预热 30min　　B. 注意调节 100%透光率和调零

C. 测试的溶液不应洒落在测量池内　　D. 注意仪器卫生

13. [2] 用邻菲罗啉法测定水中总铁，需用下列（　　）来配制试验溶液。

A. 水样　　B. $NH_2OH \cdot HCl$　　C. HAc-NaAc　　D. 邻菲罗啉

14. [3] 紫外分光光度计应定期检查（　　）。

A. 波长精度　　B. 吸光度准确性　　C. 狭缝宽度　　D. 溶剂吸收

15. [2] 属于 721 型分光光度计的主要部件是（　　）。

A. 光源：氘灯　　B. 接受元件：光电管

C. 波长范围：200～800nm　　D. 光学系统：单光束，棱镜

16. [1] 一台分光光度计的校正应包括（　　）等。

A. 波长的校正　　B. 吸光度的校正　　C. 杂散光的校正　　D. 吸收池的校正

17. [3] 重铬酸钾溶液对可见光中的（　　）光有吸收，所以溶液显示其互补光（　　）。

A. 青蓝色　　B. 橙色　　C. 绿色　　D. 紫色

18. [2] 色散型红外光谱仪主要由（　　）部件组成。

A. 光源　　B. 样品室　　C. 单色器　　D. 检测器

19. [2] 多原子的振动形式有（　　）。

A. 伸缩振动　　B. 弯曲振动　　C. 面内摇摆振动　　D. 卷曲振动

20. [2] 红外光谱产生的必要条件是（　　）。

A. 光子的能量与振动能级的能量相等　　B. 化学键振动过程中 $\Delta\mu \neq 0$

C. 化合物分子必须具有 π 轨道　　D. 化合物分子应具有 n 电子

21. [2] 影响基团频率的内部因素是（　　）。

A. 电子效应　　B. 诱导效应　　C. 共轭效应　　D. 氢键的影响

22. [1] 最有分析价值的基团频率在 4000～1300cm^{-1}之间，这一区域称为（　　）。

A. 基团频率区　　B. 官能团区　　C. 特征区　　D. 指纹区

23. [1] 红外光谱是（　　）。

A. 分子光谱　　B. 原子光谱　　C. 吸收光谱　　D. 电子光谱

24. [2] 红外固体制样方法有（　　）。

A. 压片法　　B. 石蜡糊法　　C. 薄膜法　　D. 液体池法

25. [3] 分光光度计的比色皿使用时要注意（　　）。

A. 不能拿比色皿的毛玻璃面

B. 比色皿中试样装入量一般应为 2/3～3/4 之间

C. 比色皿一定要洁净

D. 一定要使用成套玻璃比色皿

26. [3] 紫外吸收光谱仪的基本结构一般由（　　）部分组成。

A. 光学系统　　B. 机械系统　　C. 电学系统　　D. 气路系统

27. [3] 光量子的能量正比于辐射的（　）。

A. 频率　　B. 波长　　C. 波数　　D. 传播速度

28. [2] 红外光源通常有（　）。

A. 热辐射红外光源　　B. 气体放电红外光源　　C. 激光红外光源　　D. 氘灯光源

29. [3] 紫外可见分光光度计上常用的光源有（　）。

A. 钨丝灯　　B. 氢弧灯　　C. 空心阴极灯　　D. 硅碳棒

30. [2] 影响摩尔吸收系数的因素是（　）。

A. 比色皿厚度　　B. 入射光波长　　C. 有色物质的浓度　　D. 溶液温度

31. [2] 有色溶液稀释时，对最大吸收波长的位置下面描述错误的是（　）。

A. 向长波方向移动　　B. 向短波方向移动　　C. 不移动但峰高降低　　D. 全部无变化

32. [3] 物质的颜色是选择吸收了白光中的某些波长的光所致，硫酸铜溶液呈现蓝色，它不吸收白光中的（　）。

A. 蓝色光波　　B. 绿色光波　　C. 黄色光波　　D. 青色光波

33. [2] 下列说法不正确的是（　）。

A. 透射比与浓度成直线关系　　B. 摩尔吸光系数随波长而改变

C. 摩尔吸光系数随被测溶液的浓度而改变　　D. 光学玻璃吸收池适用于紫外光区

34. [2] 朗伯-比耳定律中的摩尔吸光系数 ε 与哪些因素有关？（　）

A. 入射光的波长　　B. 溶液液层厚度　　C. 溶液的浓度　　D. 溶液的温度

35. [2] 下列操作中哪些是错误的（　）。

A. 手捏比色皿毛面

B. 采用分光光度法测定废水中铬含量时，必须采用石英比色皿

C. 测定蒽醌含量时，必须关闭分光光度计的氘灯

D. 测定液体化学品的色度时，沿比色管轴线方向比较颜色的深浅

36. [3] 不是紫外可见分光光度计中的单色器的主要元件是（　）。

A. 棱镜或光栅　　B. 光电管　　C. 吸收池　　D. 检测器

37. [1] 通常情况下，在分光光度法中，（　）是导致偏离朗伯-比尔定律的因素。

A. 吸光物质浓度>0.01mol/L　　B. 显色温度

C. 单色光不纯　　D. 待测溶液中的化学反应

38. [2] 透明有色溶液的摩尔吸光系数与下列哪些因素无关（　）。

A. 比色皿厚度　　B. 入射光波长

C. 有色物质的浓度　　D. 有色物质溶液的颜色

39. [1] 分光光度计的检验项目包括（　）。

A. 波长准确度的检验　　B. 透射比准确度的检验

C. 吸收池配套性的检验　　D. 单色器性能的检验

40. [1] 使用721型分光光度计时仪器在100%处经常漂移，以下原因不正确的是（　）。

A. 保险丝断了　　B. 电流表动线圈不通电

C. 稳压电源输出导线断了　　D. 电源不稳定

41. [2] 分光光度计接通电源后电流表无偏转的原因可能是下列哪几项？（　）

A. 电源变压器初级线圈已断　　B. 熔丝熔断

C. 电源开关接触已损失　　D. 电路电压不够

42. [2] 在分光光度分析法中，光吸收定律适用于下列哪种情况？（　）

A. 单色光　　B. 不透明溶液　　C. 透明溶液　　D. 稀溶液

43. [3] 进行比色测定时，下述哪些操作是错误的？(　　)

A. 将外壁有水的比色皿放入比色架　　B. 手捏比色皿的毛面

C. 手捏比色皿的透光面　　D. 用滤纸擦比色皿外壁的水

44. [2] 分光光读法中，下列有关显色条件的描述中错误的有（　　）。

A. 选择适当的参比溶液，可消除显色剂本身颜色和某些共存的有色离子的干扰

B. 溶液酸度对显色反应无影响

C. 在绘制工作曲线和进行样品测定时，应保持一致的显色温度

D. 所谓显色时间是指加入显色剂后溶液立即出现颜色的时间

45. [1] 在可见分光光度法中，理想的工作曲线应该是重现性好、且通过原点的直线。在实际工作中引起工作曲线不能通过原点的主要因素是（　　）。

A. 参比溶液的选择和配制不当

B. 显色反应和反应条件的选择控制不当

C. 试液和参比溶液所用的吸收池厚度不一致

D. 试液和参比溶液所用的光源性能不一致

46. [2] 溶液的酸度对光度测定有显著影响，它影响待测组分的（　　）。

A. 吸收光谱　　B. 显色剂形态　　C. 吸光系数　　D. 化合状态

47. [2] 分光光度计维护保养应考虑（　　）的影响。

A. 温度　　B. 湿度　　C. 防尘　　D. 防震

48. [2] 并不是所有的分子振动形式其相应的红外谱带都能被观察到，这是因为（　　）。

A. 分子既有振动，又有转动，太复杂　　B. 分子中有些振动能量是简并的

C. 因为分子中有 C、H、O 以外的原子存在　　D. 分子中某些振动能量相互抵消

49. [1] 下面四种化合物中，能作为近紫外光区（200nm 附近）的溶剂者有（　　）。

A. 苯　　B. 丙酮　　C. 乙醇　　D. 环已烷

50. [2] 分光光度分析中选择最大吸收波长测定会使（　　）。

A. 灵敏度高　　B. 误差小　　C. 选择性好　　D. 干扰少

51. [2] 吸光物质的吸光系数与哪些因素有关（　　）。

A. 吸收池材料　　B. 入射光波长　　C. 溶液浓度　　D. 吸光物质性质

四、计算题

1. [2] 一有色化合物的 0.0010%水溶液在 2cm 比色皿中测得透射比为 52.2%。已知它在 520nm 处的摩尔吸光系数为 2.24×10^3 L/(mol·cm)。求此化合物的摩尔质量。

2. [2] 用丁二酮肟显色分光光度法测定 Ni^{2+}，已知 50mL 溶液中含 Ni^{2+} 0.080mg，用 2.0cm 吸收池于波长 470nm 处测得 $T\%=53$，质量吸光系数 a、摩尔吸光系数为多少？

3. [2] 称取维生素 C 0.05g，溶于 100mL 的稀硫酸溶液中，再量取此溶液 2mL 准确稀释至 100mL，取此溶液在 1cm 厚的石英池中，用 245nm 波长测定其吸光度为 0.551，求维生素 C 的质量分数。[$a=56$L/(g·cm)]

4. [2] 某化合物的最大吸收波长 $\lambda_{max}=280$nm，光线通过该化合物的 1.0×10^{-5} mol/L，溶液时，透射比为 50%（用 2cm 吸收池），求该化合物在 280nm 处的摩尔吸收系数。

5. [2] 某亚铁螯合物的摩尔吸收系数为 12000L/(mol·cm)，若采用 1.00cm 的吸收池，欲把透光率读数限制在 0.200～0.650 之间，分析的浓度范围是多少？

第十一章

原子吸收光谱法知识

一、单选题

1. [2] 原子吸收分光光度计的结构中一般不包括（　　）。
   A. 空心阴极灯　　B. 原子化系统　　C. 分光系统　　D. 进样系统
2. [3] 原子吸收分光光度计中最常用的光源为（　　）。
   A. 空心阴极灯　　B. 无极放电灯　　C. 蒸汽放电灯　　D. 氢灯
3. [2] 下列关于空心阴极灯使用注意事项描述不正确的是（　　）。
   A. 使用前一般要预热一定时间　　B. 长期不用，应定期点燃处理
   C. 低熔点的灯用完后，等冷却后才能移动　　D. 测量过程中可以打开灯室盖调整
4. [2] 火焰原子吸光光度法的测定工作原理是（　　）。
   A. 比尔定律　　B. 波兹曼方程式　　C. 罗马金公式　　D. 光的色散原理
5. [1] 使原子吸收谱线变宽的因素较多，其中（　　）是主要因素。
   A. 压力变宽　　B. 劳伦兹变宽　　C. 自然变宽　　D. 多普勒变宽
6. [1] 由原子无规则的热运动所产生的谱线变宽称为（　　）。
   A. 自然变度　　B. 赫鲁兹马克变宽　　C. 劳伦茨变宽　　D. 多普勒变宽
7. [3] 原子吸收分光光度法中的吸光物质的状态应为（　　）。
   A. 激发态原子蒸气　　B. 基态原子蒸气　　C. 溶液中分子　　D. 溶液中离子
8. [2] 原子吸收光谱产生的原因是（　　）。
   A. 分子中电子能级跃迁　　B. 转动能级跃迁
   C. 振动能级跃迁　　D. 原子最外层电子跃迁
9. [2] 原子吸收光谱是（　　）。
   A. 带状光谱　　B. 线性光谱　　C. 宽带光谱　　D. 分子光谱
10. [2] 原子吸收光谱法是基于从光源辐射出（　　）的特征谱线，通过样品蒸气时，被蒸气中待测元素的基态原子所吸收，由辐射特征谱线减弱的程度，求出样品中待测元素含量。
    A. 待测元素的分子　　B. 待测元素的离子
    C. 待测元素的电子　　D. 待测元素的基态原子

11. [2] 下列不属于原子吸收分光光度计组成部分的是（　　）。
A. 光源　　B. 单色器　　C. 吸收池　　D. 检测器

12. [3] 欲分析 165～360nm 的波谱区的原子吸收光谱，应选用的光源为（　　）。
A. 钨灯　　B. 能斯特灯　　C. 空心阴极灯　　D. 氘灯

13. [2] 原子吸收分光光度计的核心部分是（　　）。
A. 光源　　B. 原子化器　　C. 分光系统　　D. 检测系统

14. [2] 原子吸收光谱分析仪中单色器位于（　　）。
A. 空心阴极灯之后　　B. 原子化器之后
C. 原子化器之前　　D. 空心阴极灯之前

15. [2] 对大多数元素，日常分析的工作电流建议采用额定电流的（　　）。
A. 30%～40%　　B. 40%～50%　　C. 40%～60%　　D. 50%～60%

16. [3] 空心阴极灯的主要操作参数是（　　）。
A. 内冲气体压力　　B. 阴极温度　　C. 灯电压　　D. 灯电流

17. [2] 使用空心阴极灯不正确的是（　　）。
A. 预热时间随灯元素的不同而不同，一般 20～30min 以上
B. 低熔点元素灯要等冷却后才能移动
C. 长期不用，应每隔半年在工作电流下 1h 点燃处理
D. 测量过程不要打开灯室盖

18. [1] 火焰原子化法中，试样的进样量一般在（　　）为宜。
A. 1～2mL/min　　B. 3～6mL/min　　C. 7～10mL/min　　D. 9～12mL/min

19. [2] 选择不同的火焰类型主要是根据（　　）。
A. 分析线波长　　B. 灯电流大小　　C. 狭缝宽度　　D. 待测元素性质

20. [2] 原子吸收定量方法的标准加入法，可消除的干扰是（　　）。
A. 基体效应　　B. 背景吸收　　C. 光散射　　D. 电离干扰

21. [2] 原子吸收检测中消除物理干扰的主要方法是（　　）。
A. 配制与被测试样相似组成的标准溶液　　B. 加入释放剂
C. 使用高温火焰　　D. 加入保护剂

22. [2] 用原子吸收光谱法测定钙时，加入 EDTA 是为了消除（　　）干扰。
A. 硫酸　　B. 钠　　C. 磷酸　　D. 镁

23. [1] 原子吸收分光光度法测定钙时，PO_4^{3-} 有干扰，消除的方法是加入（　　）。
A. $LaCl_3$　　B. NaCl　　C. CH_3COCH_3　　D. $CHCl_3$

24. [3] 用原子吸收光谱法测定钙时，加入（　　）是为了消除磷酸干扰。
A. EBT　　B. 氯化钙　　C. EDTA　　D. 氯化镁

25. [1] 吸光度由 0.434 增加到 0.514 时，则透光度（　　）。
A. 增加了 6.2%　　B. 减少了 6.2%　　C. 减少了 0.080　　D. 增加了 0.080

26. [2] 原子吸收分光光度法中，对于组分复杂、干扰较多而又不清楚组成的样品，可采用的定量方法是（　　）。
A. 标准加入法　　B. 工作曲线法　　C. 直接比较法　　D. 标准曲线法

27. [2] 原子吸收光谱定量分析中，适合于高含量组分分析的方法是（　　）。
A. 工作曲线法　　B. 标准加入法　　C. 稀释法　　D. 内标法

28. [2] 在原子吸收光谱分析法中，要求标准溶液和试液的组成尽可能相似，且在整个分析过程中操作条件保持不变的分析方法是（　　）。
A. 内标法　　B. 标准加入法　　C. 归一化法　　D. 标准曲线法

29. [2] 在原子吸收分析中，测定元素的灵敏度、准确度及干扰等，在很大程度上取决于(　　)。

A. 空心阴极灯　　B. 火焰　　C. 原子化系统　　D. 分光系统

30. [2] 用原子吸收分光光度法测定高纯 Zn 中的 Fe 含量时，应当采用(　　)的盐酸。

A. 优级纯　　B. 分析纯　　C. 工业级　　D. 化学纯

31. [1] 原子吸收分光光度计工作时须用多种气体，下列气体中不是 AAS 室使用的气体的是(　　)。

A. 空气　　B. 乙炔气　　C. 氮气　　D. 氧气

32. [1] 原子吸收分光光度计噪声过大，分析其原因可能是(　　)。

A. 电压不稳定

B. 空心阴极灯有问题

C. 灯电流、狭缝、乙炔气和助燃气流量的设置不适当

D. 燃烧器缝隙被污染

33. [1] 在使用火焰原子吸收分光光度计做试样测定时，发现火焰骚动很大，这可能的原因是(　　)。

A. 助燃气与燃气流量比不对　　B. 空心阴极灯有漏气现象

C. 高压电子元件受潮　　D. 波长位置选择不准

34. [2] 原子吸收分光光度计调节燃烧器高度目的是为了得到(　　)。

A. 吸光度最小　　B. 透光度最小　　C. 入射光强最大　　D. 火焰温度最高

35. [2] 原子吸收光谱法是基于从光源辐射出待测元素的特征谱线的光，通过样品的蒸气时，被蒸气中待测元素的(　　)所吸收，出辐射特征谱线光被减弱的程度，求出样品中待测元素的含量。

A. 原子　　B. 激发态原子　　C. 分子　　D. 基态原子

36. [2] 原子吸收空心阴极灯的灯电流应该(　　)打开。

A. 快速　　B. 慢慢　　C. 先慢后快　　D. 先快后慢

37. [2] 原子吸收分析中光源的作用是(　　)。

A. 提供试样蒸发和激发所需要的能量　　B. 产生紫外光

C. 发射待测元素的特征谱线　　D. 产生足够浓度的散射光

38. [3] 原子荧光与原子吸收光谱仪结构上的主要区别在(　　)。

A. 光源　　B. 光路　　C. 单色器　　D. 原子化器

39. [2] 原子吸收光谱分析中，噪声干扰主要来源于(　　)。

A. 空心阴极灯　　B. 原子化系统　　C. 喷雾系统　　D. 检测系统

40. [2] 在波长小于 250 nm 时，下列哪些无机酸产生很强的分子吸收光谱(　　)。

A. HCl　　B. HNO_3　　C. 王水　　D. H_3PO_4

41. [2] 在火焰原子吸收光谱法中，干法灰化法不适用欲测元素是(　　)的样品处理。

A. 镉　　B. 钨　　C. 钼　　D. 铱

42. [1] 在火焰原子吸收光谱法中，测定(　　)元素可用空气-乙炔火焰。

A. 铷　　B. 钨　　C. 铂　　D. 铪

43. [2] 欲分析血浆中的钾含量，下列方法中哪一种最为合适的是(　　)。

A. 重量法　　B. 容量法　　C. 红外光谱法　　D. 火焰光度法

44. [2] 现代原子吸收光谱仪的分光系统的组成主要是(　　)。

A. 棱镜＋凹面镜＋狭缝　　B. 棱镜＋透镜＋狭缝

C. 光栅＋凹面镜＋狭缝　　D. 光栅＋透镜＋狭缝

45. [2] 在原子吸收光谱分析中，当吸收1%时，其吸光度为（　　）。

A. −2　　B. 2　　C. 0.0044　　D. 0.044

46. [2] 原子吸收法测定Ca^{2+}含量时，为消除其中PO_4^{3-}的干扰而加入高浓度的锶盐，则加入锶盐称为（　　）。

A. 释放剂　　B. 保护剂　　C. 防电离剂　　D. 以上答案都不对

47. [2] 原子吸收光度法的背景干扰表现为（　　）形式。

A. 火焰中被测元素发射的谱线　　B. 火焰中干扰元素发射的谱线

C. 光源产生的非共振线　　D. 火焰中产生的分子吸收

48. [2] 原子吸收分析的特点不包括（　　）。

A. 灵敏度高　　B. 选择性好　　C. 重现性好　　D. 一灯多用

49. [2] 一般情况下，原子吸收分光光度测定时总是希望光线从（　　）的部分通过。

A. 火焰温度最高　　B. 火焰温度最低

C. 原子蒸气密度最大　　D. 原子蒸气密度最小

50. [2] 石墨炉原子化法测定的主要缺点是（　　）。

A. 灵敏度较低　　B. 不适于测定难挥发物质

C. 精密度低　　D. 不能直接测定固体样品

51. [2] 原子吸收分析属于（　　）。

A. 原子发射光谱　　B. 原子吸收光谱　　C. 分子吸收光谱　　D. 分子发射光谱

52. [2] 如果空心阴极灯的阴极只由1种元素组成，则这种灯只能测定（　　）。

A. 所有元素　　B. 2～3种元素　　C. 1种元素　　D. 多种元素

53. [2] 如果测定水中的微量镁，则应选择（　　）。

A. 钙空心阴极灯　　B. 镁空心阴极灯　　C. 铜空心阴极灯　　D. 铁空心阴极灯

54. [1] 空心阴极灯的发光明显不稳定说明（　　）。

A. 灯脚接反了　　B. 灯漏气　　C. 灯的使用寿命到了　　D. 没接电源

55. [2] 下表为某同学做的灯电流的选择实验数据，则此空心阴极灯的灯电流应选择（　　）。

灯电流/mA	1.3	2.0	3.0	4.0	5.0	6.0
A	0.3	0.6	0.5	0.5	0.6	0.6

A. 5.0mA　　B. 4.0mA　　C. 1.3mA　　D. 2.0mA

二、判断题

1. [2] 原子吸收光谱分析中灯电流的选择原则是：在保证放电稳定和有适当光强输出情况下，尽量选用低的工作电流。（　）

2. [1] 原子吸收光谱分析中灯电流的选择原则是：在保证放电稳定的情况下，尽量选用高的工作电流，以得到足够的光强度。（　）

3. [2] 电子从第一激发态跃迁到基态时，发射出光辐射的谱线称为共振吸收线。（　）

4. [1] 原子吸收法是根据基态原子和激发态原子对特征波长吸收而建立起来的分析方法。（　）

5. [2] 原子吸收光谱是带状光谱，而紫外-可见光谱是线状光谱。（　）

6. [2] 原子吸收光谱是由气态物质中激发态原子的外层电子跃迁产生的。（　）

7. [1] 原子吸收分光光度计的光源是连续光源。（　）

8. [2] 原子吸收分光光度计中的单色器是放在原子化系统之前的。（　）

9. [3] 原子吸收光谱仪中常见的光源是空心阴极灯。( )

10. [1] 原子吸收光谱产生的原因是最外层电子产生的跃迁。( )

11. [2] 空心阴极灯发光强度与工作电流有关，增大电流可以增加发光强度，因此灯电流越大越好。( )

12. [2] 原子空心阴极灯的主要参数是灯电流。( )

13. [2] 在原子吸收中，如测定元素的浓度很高，或为了消除邻近光谱线的干扰等，可选用次灵敏线。( )

14. [2] 火焰原子化法中，足够的温度下才能使试样充分分解为原子蒸气状态，因此，温度越高越好。( )

15. [1] 火焰原子化法中常用的气体是空气-乙炔。( )

16. [2] 化学干扰是原子吸收光谱分析中的主要干扰因素。( )

17. [2] 石墨炉原子化法与火焰原子化法比较，其优点之一是原子化效率高。( )

18. [3] 石墨炉原子吸收测定中，所使用的惰性气体的作用是保护石墨管不因高温灼烧而氧化、作为载气将汽化的样品物质带走。( )

19. [2] 当原子吸收仪器条件一定时，选择光谱通带就是选择狭缝宽度。( )

20. [3] 原子吸收法中的标准加入法可消除基体干扰。( )

21. [2] 充氖气的空心阴极灯负辉光的正常颜色是蓝色。( )

22. [3] 原子吸收分光光度计实验室必须远离电场和磁场，以防干扰。( )

23. [2] 原子吸收光谱仪在更换元素灯时，应一手扶住元素灯，再旋开灯的固定旋钮，以免灯被弹出摔坏。( )

24. [1] 在原子吸收测量过程中，如果测定的灵敏度降低，可能的原因之一是，雾化器没有调整好，排障方法是调整撞击球与喷嘴的位置。( )

25. [2] 原子吸收分光光度计的分光系统（光栅或凹面镜）若有灰尘，可用擦镜纸轻轻擦拭。( )

26. [2] 原子吸收光谱分析法是利用处于基态的待测原子蒸气对从光源发射的共振发射线的吸收来进行分析的。( )

27. [2] 原子吸收光谱分析中，通常不选择元素的共振线作为分析线。( )

28. [2] 原子吸收光谱仪的原子化装置主要分为火焰原子化器和非火焰原子化器两大类。( )

29. [2] 进行原子光谱分析操作时，应特别注意安全。点火时应先开助燃气、再开燃气、最后点火。关气时应先关燃气再关助燃气。( )

30. [2] 空心阴极灯若长期不用，应定期点燃，以延长灯的使用寿命。( )

31. [2] 释放剂能消除化学干扰，是因为它能与干扰元素形成更稳定的化合物。( )

32. [2] 用原子吸收分光光度法测定高纯 Zn 中的 Fe 含量时，采用的试剂是优级纯的 HCl。( )

33. [2] 由于电子从基态到第一激发态的跃迁最容易发生，对大多数元素来说，共振吸收线就是最灵敏线。因此，元素的共振线又叫分析线。( )

34. [2] 光源发出的特征谱线经过样品的原子蒸气，被基态原子吸收，其吸光度与待测元素原子间的关系遵循朗伯-比耳定律，即 $A=KN_0L$。( )

35. [2] 使用空心阴极灯时，在保证有稳定的和一定光强度的条件下应当尽量选用高的灯电流。( )

36. [2] 在火焰原子吸收光谱仪的维护和保养中，为了保持光学元件的干净，应经常打开单色器箱体盖板，用擦镜纸擦拭光栅和准直镜。( )

37. [2] 实现峰值吸收代替积分吸收的条件是，发射线的中心频率与吸收线的中心频率一致。(　　)

38. [1] 原子吸收分光光度法的灵敏度要高于紫外可见分光光度法。(　　)

39. [2] 背景吸收可使吸光度增加，产生正干扰。(　　)

40. [2] 空心阴极灯发出的是单色光。(　　)

41. [2] 无火焰原子化法可以直接对固体样品进行测定。(　　)

42. [2] 原子吸收光谱仪的原子化装置主要包括雾化器、预混合室和燃烧器。(　　)

43. [2] 原子吸收分析时采用的是峰值吸收。(　　)

三、多选题

1. [2] 常用的火焰原子化器的结构包括(　　)。

A. 燃烧器　　B. 预混合室　　C. 雾化器　　D. 石墨管

2. [2] 预混合型火焰原子化器的组成部件中有(　　)。

A. 雾化器　　B. 燃烧器　　C. 石墨管　　D. 预混合室

3. [2] 原子吸收分光光度计主要的组成部分包括(　　)。

A. 光源　　B. 原子化器　　C. 单色器　　D. 检测系统

4. [2] 属于原子吸收分光光度计的组成部件有(　　)。

A. 光源　　B. 原子化器　　C. 热导池检测器　　D. 单色器

5. [2] 关于高压气瓶存放及安全使用，正确的说法是(　　)。

A. 气瓶内气体不可用尽，以防倒灌

B. 使用钢瓶中的气体时要用减压阀，各种气体的减压阀可通用

C. 气瓶可以混用，没有影响

D. 气瓶应存放在阴凉、干燥、远离热源的地方，易燃气体气瓶与明火距离不小于10m

6. [2] 使用乙炔钢瓶气体时，管路接头不可以用的是(　　)。

A. 铜接头　　B. 锌铜合金接头　　C. 不锈钢接头　　D. 银铜合金接头

7. [3] 充有氖气的空心阴极灯点燃后，辉光颜色为(　　)时应做处理。

A. 粉色　　B. 白色　　C. 橙色　　D. 蓝色

8. [2] 下列光源不能作为原子吸收分光光度计光源的是(　　)。

A. 钨灯　　B. 氘灯　　C. 直流电弧　　D. 空心阴极灯

9. [1] 下列关于空心阴极灯使用注意事项描述正确的是(　　)。

A. 一般预热时间为20～30min以上　　B. 长期不用，应定期点燃处理

C. 低熔点的灯用完后，等冷却后才能移动　　D. 测量过程中可以打开灯室盖调整

10. [2] 下列关于原子吸收法操作描述正确的是(　　)。

A. 打开灯电源开关后，应慢慢将电流调至规定值

B. 空心阴极灯如长期搁置不用，将会因漏气、气体吸附等原因而不能正常使用，甚至不能点燃，所以，每隔3～4个月，应将不常用的灯通电点燃2～3h，以保持灯的性能并延长其使用寿命

C. 取放或装卸空心阴极灯时，应拿灯座，不要拿灯管，更不要碰灯的石英窗口，以防止灯管破裂或窗口被沾污，导致光能量下降

D. 空心阴极灯一旦打碎，阴极物质暴露在外面，为了防止阴极材料上的某些有害元素影响人体健康，应按规定对有害材料进行处理，切勿随便乱丢

11. [2] 原子吸收分光光度法中，造成谱线变宽的主要原因有(　　)。

A. 自然变宽　　B. 热变宽　　C. 压力变宽　　D. 物理干扰

12. [1] 可做原子吸收分光光度计光源的有（　　）。

A. 空心阴极灯　　B. 蒸气放电灯

C. 钨灯　　D. 高频无极放电灯

13. [2] 下列光源不能作为原子吸收分光光度计的光源的是（　　）。

A. 氢灯　　B. 卤钨灯　　C. 直流电弧　　D. 空心阴极灯

14. [2] 原子分光光度计主要的组成部分包括（　　）。

A. 光源　　B. 原子化器　　C. 单色器　　D. 检测系统

15. [2] 原子吸收检测中的干扰可以分为（　　）。

A. 物理干扰　　B. 化学干扰　　C. 电离干扰　　D. 光谱干扰

16. [2] 常用的火焰原子化器的结构包括（　　）。

A. 石墨管　　B. 雾化器　　C. 燃烧器　　D. 预混合室

17. [2] 火焰原子化包括的步骤有（　　）。

A. 电离阶段　　B. 雾化阶段　　C. 化合阶段　　D. 原子化阶段

18. [2] 火焰原子化条件的选择包括（　　）。

A. 火焰的选择　　B. 燃烧器高度的选择　　C. 进样量的选择　　D. 载气的选择

19. [2] 火焰光度原子吸收法测定的过程中，遇到干扰的主要原因有（　　）。

A. 物理干扰　　B. 化学干扰

C. 光谱干扰　　D. 电离干扰及背景干扰

20. [1] 在石墨炉原子吸收分析中，扣除背景干扰，应采取的措施有（　　）。

A. 用邻近非吸收线扣除　　B. 用氘灯校正背景

C. 用自吸收方法校正背景　　D. 塞曼效应校正背景

21. [2] 原子吸收检测中，有利于消除物理干扰的方法是（　　）。

A. 配制与被测试样相似组成的标准溶液　　B. 采用标准加入法或选用适当溶剂稀释试液

C. 调整撞击小球位置以产生更多细雾　　D. 加入保护剂或释放剂

22. [2] 在下列措施中，（　　）能消除物理干扰。

A. 配制与试液具有相同物理性质的标准溶液　　B. 采用标准加入法测定

C. 适当降低火焰温度　　D. 利用多通道原子吸收分光光度计

23. [1] 用原子吸收法测定时，可消除化学干扰的措施有（　　）。

A. 加入保护剂　　B. 用标准加入法定量　　C. 加入释放剂　　D. 氘灯校正

24. [2] 原子吸收光度法中，利于消除化学干扰的方法是（　　）。

A. 使用高温火焰　　B. 加入释放剂

C. 加入保护剂　　D. 采用离子交换法分离干扰物

25. [1] 原子吸收分析中，排除吸收线重叠干扰，宜采用的方法是（　　）。

A. 减小狭缝　　B. 另选定波长

C. 用化学方法分离　　D. 用纯度较高的单元素灯

26. [2] 原子吸收检测中若光谱通带中存在非吸收线，可以用下列（　　）的方法消除干扰。

A. 减小狭缝　　B. 适当减小电流

C. 对光源进行机械调制　　D. 采用脉冲供电

27. [3] 原子吸收光谱定量分析的主要分析方法有（　　）。

A. 工作曲线法　　B. 标准加入法　　C. 间接分析法　　D. 差示光度法

28. [2] 火焰原子分光光度计在关机时应（　　）。

A. 先关助燃气　　B. 先关燃气　　C. 后关助燃气　　D. 后关燃气

29. [2] 燃烧器的缝口存积盐类时，火焰可能出现分叉，这时应当（　　）。
A. 熄灭火焰　　B. 用滤纸插入缝口擦拭
C. 用刀片插入缝口轻轻刮除积盐　　D. 用水冲洗

30. [1] 下列关于空心阴极灯使用注意事项描述正确的是（　　）。
A. 一般预热时间 20～30min 以上　　B. 长期不用，不用定期点燃处理
C. 低熔点的灯用完后，等冷却后才能移动　　D. 测量过程中不可以打开灯室盖调整

31. [2] 原子吸收光谱分析中，为了防止回火，各种火焰点燃和熄灭时，燃气与助燃气的开关必须遵守的原则是（　　）。
A. 先开助燃气，后关助燃气　　B. 先开燃气，后关燃气
C. 后开助燃气，先关助燃气　　D. 后开燃气，先关燃气

32. [2] 原子吸收分光光度计接通电源后，空心阴极灯亮，但高压开启后无能量显示，可通过（　　）方法排除。
A. 更换空心阴极灯　　B. 将灯的极性接正确
C. 找准波长　　D. 将增益开到最大进行检查

33. [2] 原子吸收光谱仪的空心阴极灯亮，但发光强度无法调节，排除此故障的方法有（　　）。
A. 用备用灯检查，确认灯坏，更换　　B. 重新调整光路系统
C. 增大灯电流　　D. 根据电源电路图进行故障检查，排除

34. [2] 原子吸收火焰原子化系统一般分为（　　）几部分。
A. 喷雾器　　B. 雾化室　　C. 混合室　　D. 毛细管

35. [2] 原子吸收空心阴极灯内充的低压保护气体通常是（　　）。
A. 氩气　　B. 氢气　　C. 氖气　　D. 氮气

36. [3] 雾化器的作用是吸喷雾化，高质量的雾化器应满足（　　）条件。
A. 雾化效率高　　B. 雾滴细
C. 喷雾稳定　　D. 没有或少量记忆效应

37. [2] 在原子吸收光谱法中，由于分子吸收和化学干扰，应尽量避免使用（　　）来处理样品。
A. HCl　　B. H_2SO_4　　C. H_3PO_4　　D. $HClO_4$

38. [2] 原子吸收法中消除化学干扰的方法有（　　）
A. 使用高温火焰　　B. 加入释放剂
C. 加入保护剂　　D. 化学分离干扰物质

四、计算题

1. [1] 已知镁的分析线为 285.21nm，在附近有锡的一条分析线 286.33nm，问若选用线色散率倒数为 2nm/mm 的单色器，狭缝宽度为 0.2mm 时，锡是否干扰。

2. [2] 测某铜试样，称取 9.9860g 样品，经化学处理后移入 250mL 容量瓶中，定容后以火焰法测得其吸光度为 0.320，从工作曲线中查得相当于纯铜 6.23mg/L，计算样品铜的含量。

3. [2] 以火焰原子吸收法测定某试样中铅的含量，测得铅的平均含量为 $4.6\times10^{-6}\%$，在含铅为 $4.6\times10^{-6}\%$ 试样中加入 $5.0\times10^{-6}\%$ 的铅标液后，在相同条件下测得铅含量为 $9.0\times10^{-6}\%$，则该方法的回收率是多少？

4. [2] 用原子吸收法测定元素 M 时。由未知试样得到的吸光度为 0.435，若 9mL 试样中加入 1mL 100mg/L 的 M 标准溶液，测得该混合液吸光度为 0.835。问未知试液中 M 的浓度是多少？

5. [2] 测得含 Fe 1.00mg/mL 溶液的吸光度为 0.055，估算该原子吸收分光光度计对 Fe 的灵敏度。

第十二章

电化学分析法知识

一、单选题

1. [2] 玻璃电极在使用前一定要在水中浸泡几小时，目的在于（　　）。
   A. 清洗电极　　B. 活化电极　　C. 校正电极　　D. 检查电极好坏
2. [3] 测定pH的指示电极为（　　）。
   A. 标准氢电极　　B. pH玻璃电极　　C. 甘汞电极　　D. 银-氯化银电极
3. [2] 酸度计是由一个指示电极和一个参比电极与试液组成的（　　）。
   A. 滴定池　　B. 电解池　　C. 原电池　　D. 电导池
4. [2] pH玻璃电极和SCE组成工作电池，25℃时测得pH＝6.18的标液电动势是0.220V，而未知试液电动势E_x＝0.186V，则未知试液pH为（　　）。
   A. 7.6　　B. 4.6　　C. 5.6　　D. 6.6
5. [1] 测定水中微量氟，最为合适的方法有（　　）。
   A. 沉淀滴定法　　B. 离子选择电极法　　C. 火焰光度法　　D. 发射光谱法
6. [2] 在25℃时，标准溶液与待测溶液的pH变化一个单位，电池电动势的变化为（　　）。
   A. 0.058V　　B. 58V　　C. 0.059V　　D. 59V
7. [1] 玻璃电极的内参比电极是（　　）。
   A. 银电极　　B. 氯化银电极　　C. 铂电极　　D. 银-氯化银电极
8. [3] 在一定条件下，电极电位恒定的电极称为（　　）。
   A. 指示电极　　B. 参比电极　　C. 膜电极　　D. 惰性电极
9. [2] pH计在测定溶液的pH时，选用温度为（　　）。
   A. 25℃　　B. 30℃
   C. 任何温度　　D. 被测溶液的温度
10. [3] 用酸度计以浓度直读法测试液的pH，先用与试液pH相近的标准溶液（　　）。
   A. 调零　　B. 消除干扰离子　　C. 定位　　D. 减免迟滞效应
11. [2] 氟离子选择电极是属于（　　）。
   A. 参比电极　　B. 均相膜电极
   C. 金属-金属难熔盐电极　　D. 标准电极

12. [2] 离子选择性电极在一段时间内不用或新电极在使用前必须进行（　　）。
A. 活化处理　　B. 用被测浓溶液浸泡
C. 在蒸馏水中浸泡 24h 以下　　D. 在 NaF 溶液中浸泡 24h 以上

13. [2] 电位滴定中，用高锰酸钾标准溶液滴定 Fe^{2+}，宜选用（　　）作指示电极。
A. pH 玻璃电极　　B. 银电极　　C. 铂电极　　D. 氟电极

14. [1] 下列关于离子选择性电极描述错误的是（　　）。
A. 是一种电化学传感器　　B. 由敏感膜和其他辅助部分组成
C. 在敏感膜上发生了电子转移　　D. 敏感膜是关键部件，决定了选择性

15. [3] 电位滴定法是根据（　　）来确定滴定终点的。
A. 指示剂颜色变化　　B. 电极电位　　C. 电位突跃　　D. 电位大小

16. [3] 氟离子选择电极在使用前需用低浓度的氟溶液浸泡数小时，其目的（　　）。
A. 活化电极　　B. 检查电极的好坏
C. 清洗电极　　D. 检查离子计能否使用

17. [1] 在电位滴定中，以 $\Delta^2E/\Delta V^2$-V（E 为电位，V 为滴定剂体积）作图绘制滴定曲线，滴定终点为（　　）。
A. $\Delta^2E/\Delta V^2$-V 为最正值时的点　　B. $\Delta^2E/\Delta V^2$ 为负值的点
C. $\Delta^2E/\Delta V^2$ 为零时的点　　D. 曲线的斜率为零时的点

18. [3] 在电位滴定中，以 E-V（E 为电位，V 为滴定剂体积）作图绘制滴定曲线，滴定终点为（　　）。
A. 曲线突跃的转折点　　B. 曲线的最小斜率点
C. 曲线的最大斜率点　　D. 曲线的斜率为零时的点

19. [2] 在电位滴定中，以 $\Delta E/\Delta V$-V 作图绘制曲线，滴定终点为（　　）。
A. 曲线突跃的转折点　　B. 曲线的最大斜率点
C. 曲线的最小斜率点　　D. 曲线的斜率为零时的点

20. [2] 在自动电位滴定法测 HAc 的实验中，自动电位滴定仪中控制滴定速率的机械装置是（　　）。
A. 搅拌器　　B. 滴定管活塞　　C. pH 计　　D. 电磁阀

21. [1] 离子选择性电极的选择性主要取决于（　　）。
A. 离子活度　　B. 电极膜活性材料的性质
C. 参比电极　　D. 测定酸度

22. [2] 库仑分析法测定的依据是（　　）。
A. 能斯特公式　　B. 法拉第电解定律　　C. 尤考维奇方程式　　D. 朗伯-比耳定律

23. [2] 库仑分析法是通过（　　）来进行定量分析的。
A. 称量电解析出物的质量　　B. 准确测定电解池中某种离子消耗的量
C. 准确测量电解过程中所消耗的电量　　D. 准确测定电解液浓度的变化

24. [1] 下列关于库仑分析法描述错误的是（　　）。
A. 理论基础是法拉第电解定律　　B. 需要有外加电源
C. 通过称量电解析出物的质量进行测量　　D. 电极需要有 100% 的电流效率

25. [2] 实验室用酸度计结构一般由（　　）组成。
A. 电极系统和高阻抗毫伏计　　B. pH 玻璃电极和饱和甘汞电极
C. 显示器和高阻抗毫伏计　　D. 显示器和电极系统

26. [2] 通常组成离子选择性电极的部分为（　　）。
A. 内参比电极、内参比溶液、敏感膜、电极管

B. 内参比电极、饱和 KCl 溶液、敏感膜、电极管

C. 内参比电极、pH 缓冲溶液、敏感膜、电极管

D. 电极引线、敏感膜、电极管

27. [1] 下列（ ）不是饱和甘汞电极使用前的检查项目。

A. 内装溶液的量够不够　　B. 溶液中有没有 KCl 晶体

C. 液络体有没有堵塞　　D. 甘汞体是否异常

28. [2] 电位滴定与容量滴定的根本区别在于（ ）。

A. 滴定仪器不同　　B. 指示终点的方法不同

C. 滴定手续不同　　D. 标准溶液不同

29. [2] 用电位滴定法测定卤素时，滴定剂为 $AgNO_3$，指示电极用（ ）。

A. 银电极　　B. 铂电极　　C. 玻璃电极　　D. 甘汞电极

30. [1] 永停滴定法采用（ ）方法确定滴定终点。

A. 电位突变　　B. 电流突变　　C. 电阻突变　　D. 电导突变

31. [2] 关于玻璃电极膜电位的产生原因，下列说法正确的是（ ）。

A. 氢离子在玻璃表面还原而传递电子

B. 钠离子在玻璃膜中移动

C. 氢离子穿透玻璃膜而使膜内外氢离子产生浓度差

D. 氢离子在玻璃膜内外表面进行离子交换和扩散的结果

32. [2] pH 玻璃电极使用前应在（ ）中浸泡 24h 以上。

A. 蒸馏水　　B. 酒精　　C. 浓 NaOH 溶液　　D. 浓 HCl 溶液

33. [2] 测定溶液 pH 值时，安装 pH 玻璃电极和饱和甘汞电极要求（ ）。

A. 饱和甘汞电极端部略高于 pH 玻璃电极端部

B. 饱和甘汞电极端部略低于 pH 玻璃电极端部

C. 两端电极端部一样高

D. 以上说法都不正确

34. [1] 用 Ce^{4+} 标准滴定溶液滴定 Fe^{2+} 应选择（ ）作指示电极。

A. pH 玻璃电极　　B. 银电极　　C. 氟离子选择性电极　　D. 铂电极

35. [2] 使用 pH 玻璃电极时，下列说法正确的是（ ）。

A. 使用之前应在蒸馏水中浸泡 24h 以上，测定完后晾干，以备下次测定使用

B. 能用于浓硫酸溶液、含氟溶液以及非水溶剂的测定

C. 其球体切勿触及硬物，安装电极时其下端要比 SCE 下端稍高一些

D. 玻璃电极的使用期一般为二年

36. [2] 在电位滴定法实验操作中，滴定进行至近化学计量点前后时，应每滴加（ ）标准滴定溶液测量一次电池电动势（或 pH）。

A. 0.1mL　　B. 0.5mL　　C. 1mL　　D. 0.5~1 滴

37. [2] 用酸度计测定试液的 pH 值之前，要先用标准（ ）溶液进行定位。

A. 酸性　　B. 碱性　　C. 中性　　D. 缓冲

38. [2] 电位法的依据是（ ）。

A. 朗伯-比尔定律　　B. 能斯特方程

C. 法拉第第一定律　　D. 法拉第第二定律

39. [1] 某 NO_3^- 选择性电极 $K(NO_3^-, SO_4^{2-}) = 4.1\times10^{-5}$，用此电极在 1.0mol/L H_2SO_4介质中测定 NO_3^-，若 $\alpha(NO_3^-) = 8.2\times10^{-4}$，则测定中 SO_4^{2-} 引起的误差为（ ）。

A. 0.05%　　B. 0.5%　　C. 1.0%　　D. 5.0%

40. [2] 某氟离子选择性电极 $K_{F^-,Cl^-}=10^{-5}$，若待测溶液中 Cl^- 的活度为 F^- 活度的 100 倍，则 Cl^- 对 F^- 产生的误差为（　　）。

A. 0.01%　　B. 0.1%　　C. 1.0%　　D. 0.5%

41. [2] 对于库仑分析法基本原理的叙述，不正确的是（　　）。

A. 库仑分析法是在电解分析法的基础上发展起来的一种电化学分析法

B. 库仑分析法是法拉第电解定律的应用

C. 库仑分析法要得到准确的分析结果，就需确保电极反应有100%电流效率

D. 库仑分析法是在电解分析法的基础上发展起来，它是将交流电压施加于电解池的两个电极上

42. [2] 对于库仑分析法基本原理的叙述，正确的是（　　）。

A. 库仑分析法是法拉第电解定律的应用　　B. 库仑分析法是库仑定律的应用

C. 库仑分析法是能斯特方程的应用　　D. 库仑分析法是尤考维奇公式的应用

43. [2]（　　）不是控制电流库仑分析法仪器系统的组件。

A. 电解池（包括电极）B. 库仑计　　C. 恒电流源　　D. 计时器

44. [1] 库仑法测定微量的水时，在阳极产生的滴定剂是（　　）。

A. Fe^{3+}　　B. I_2　　C. Cu^{2+}　　D. H^+

二、判断题

1. [3] pH 标准缓冲溶液应贮存于烧杯中密封保存。（　　）

2. [2] 玻璃电极玻璃球泡沾湿时可以用滤纸擦拭，除去水分。（　　）

3. [1] 玻璃电极膜电位的产生是由于电子的转移。（　　）

4. [2] 电位滴定法与化学分析法的区别是终点指示方法不同。（　　）

5. [2] 饱和甘汞电极是常用的参比电极，其电极电位是恒定不变的。（　　）

6. [2] 使用甘汞电极时，为保证其中的氯化钾溶液不流失，不应取下电极上、下端的胶帽和胶塞。（　　）

7. [2] 使用甘汞电极一定要注意保持电极内充满饱和 KCl 溶液，并且没有气泡。（　　）

8. [1] 用酸度计测定水样 pH 时，读数不正常，原因之一可能是仪器未用 pH 标准缓冲溶液校准。（　　）

9. [2] pH 玻璃电极是一种测定溶液酸度的膜电极。（　　）

10. [2] 玻璃电极是离子选择性电极。（　　）

11. [3] 玻璃电极在使用前要在蒸馏水中浸泡 24h 以上。（　　）

12. [2] 用电位滴定法进行氧化还原滴定时，通常使用 pH 玻璃电极作指示电极。（　　）

13. [2] 用电位滴定法确定 $KMnO_4$ 标准滴定溶液滴定 Fe^{2+} 的终点，以铂电极为指示电极，以饱和甘汞电极为参比电极。（　　）

14. [2] K_{ij} 称为电极的选择性系数，通常 $K_{ij} \ll 1$，K_{ij} 值越小，表明电极的选择性越高。（　　）

15. [2] 电极的选择性系数越小，说明干扰离子对待测离子的干扰越小。（　　）

16. [1] 库仑分析法的基本原理是朗伯-比尔定律。（　　）

17. [1] 在库仑法分析中，电流效率不能达到百分之百的原因之一，是由于电解过程中有副反应产生。（　　）

18. [2] 库仑滴定不但能作常量分析，也能测微量组分。(   )

19. [2] 库仑分析法要得到准确结果，应保证电极反应有100%电流效率。(   )

20. [1] 更换玻璃电极即能排除酸度计的零点调不到的故障。(   )

21. [1] 修理后的酸度计，须经检定，并对照国家标准计量局颁布的《酸度计检定规程》技术标准合格后方可使用。(   )

22. [2] 玻璃电极测定 pH<1 的溶液时，pH 读数偏高；测定 pH>10 的溶液 pH 偏低。(   )

23. [2] 实验室用酸度计和离子计型号很多，但一般均由电极系统和高阻抗毫伏计、待测溶液组成原电池、数字显示器等部分构成的。(   )

24. [1] 使用氟离子选择电极测定水中 F^- 含量时，主要的干扰离子是 OH^-。(   )

25. [2] 酸度计的电极包括参比电极和指示电极，参比电极一般常用玻璃电极。(   )

26. [3] 酸度计的结构一般都有电极系统和高阻抗毫伏计两部分组成。(   )

27. [3] 清洗电极后，不要用滤纸擦拭玻璃膜，而应用滤纸吸干，避免损坏玻璃薄膜、防止交叉污染，影响测量精度。(   )

28. [2] 用酸度计测 pH 时定位器能调 pH6.86，但不能调 pH4.00 的原因是电极失效。(   )

29. [1] DDS-11A 电导率仪在使用时高低周的确定是以 300μS/cm 为界限的，大于此值为高周。(   )

30. [2] 电位法测定溶液 pH 值，以 pH 玻璃电极为指标电极，饱和甘汞电极为参比电极与待测液组成化学电池，25℃时电池电动势 $E=K-0.059\mathrm{pH}_{试}$。(   )

31. [2] 若用酸度计同时测量一批试液时，一般先测 pH 值高的，再测 pH 值低的，先测非水溶液，后测水溶液。(   )

32. [2] pH 玻璃电极在使用前应在被测溶液中浸泡 24h。(   )

33. [1] 膜电极中膜电位产生的机理不同于金属电极，电极上没有电子的转移。(   )

34. [2] 用电位滴定法进行氧化还原滴定时，通常使用铂电极作指示电极。(   )

35. [2] 在一定温度下，当 Cl^- 活度一定时，甘汞电极的电极电位为一定值，与被测溶液的 pH 值无关。(   )

36. [2] 25℃时，pH 玻璃电极的膜电位与被测溶液的氢离子浓度的关系式为：$\varphi_{膜}=K+0.0592\lg[H^+]$。(   )

37. [2] 离子选择性电极的膜电位与溶液中待测离子活度的关系符合能斯特方程。(   )

38. [2] 酸度计测定溶液的 pH 值时，使用的指示电极是氢电极。(   )

39. [2] 电位滴定分析重点是终点体积的确定，可根据电位滴定（数据）曲线进行分析。(   )

40. [2] 库仑分析法的基本原理是法拉第电解定律的应用。(   )

41. [2] 恒电流库仑分析仪器主要有恒电流源、电解池和库仑计组成。(   )

42. [2] 玻璃电极使用后应浸泡在蒸馏水中。(   )

43. [1] 自动电位计主要由电池、搅拌器、测量仪表、自动滴定装置四部分组成。(   )

44. [1] 自动电位滴定计在滴定开始时，电位测量信号使电磁阀断续开、关，滴定自动进行。

45. [2] 用钠玻璃制成的玻璃电极在 pH 值为 0～14 范围内使用效果最好。(   )

46. [2] 电位滴定法测定水中氯离子含量时，以硝酸银为标准滴定溶液，可选用银电极

作指示电极。（　　）

47. [1] 某氟离子选择性电极 $K_{F^-,Cl^-}=10^{-5}$，若使 Cl^- 对 F^- 产生的误差小于 0.1%，则待测溶液中 Cl^- 的活度为 F^- 活度的比值应小于 100。（　　）

三、多选题

1. [2] 酸度计的结构一般由下列（　　）两部分组成。
   A. 高阻抗毫伏计　B. 电极系统　C. 待测溶液　D. 温度补偿旋钮
2. [2] 使用饱和甘汞电极时，正确的说法是（　　）。
   A. 电极下端要保持有少量的氯化钾晶体存在
   B. 使用前应检查玻璃弯管处是否有气泡
   C. 使用前要检查电极下端陶瓷芯毛细管是否畅通
   D. 安装电极时，内参比溶液的液面要比待测溶液的液面要低
3. [3] 常用的指示电极有（　　）。
   A. 玻璃电极　B. 气敏电极
   C. 饱和甘汞电极　D. 离子选择性电极
4. [3] 下列各项中属于离子选择电极的基本组成的是（　　）。
   A. 电极管　B. 内参比电极　C. 外参比电极　D. 内参比溶液
5. [2] 不能作为氧化还原滴定指示电极的是（　　）。
   A. 锑电极　B. 铂电极　C. 汞电极　D. 银电极
6. [2] 电位分析中，用作指示电极的是（　　）。
   A. 铂电极　B. 饱和甘汞电极　C. 银电极　D. pH 玻璃电极
7. [2] 可用作参比电极的有（　　）。
   A. 标准氢电极　B. 甘汞电极　C. 银-氯化银电极　D. 玻璃电极
8. [3] 使用甘汞电极时，操作正确的是（　　）。
   A. 使用时先取下电极下端口的小胶帽，再取下上侧加液口的小胶帽
   B. 电极内饱和 KCl 溶液应完全浸没内电极，同时电极下端要保持少量的 KCl 晶体
   C. 电极玻璃弯管处不应有气泡
   D. 电极下端的陶瓷芯毛细管应通畅
9. [2] PHS-3C 型酸度计使用时，常见故障主要发生在（　　）。
   A. 电极插接处的污染、腐蚀　B. 电极
   C. 仪器信号输入端引线断开　D. 所测溶液
10. [2] 酸度计无法调至缓冲溶液的数值，故障的原因可能为（　　）。
    A. 玻璃电极损坏　B. 玻璃电极不对称电位太小
    C. 缓冲溶液 pH 不正确　D. 电位器损坏
11. [2] 用酸度计测定溶液 pH 时，仪器的校正方法有（　　）。
    A. 一点标校正法　B. 温度校正法　C. 二点标校正法　D. 电位校正法
12. [2] 总离子强度调节缓冲剂可用来消除的影响有（　　）。
    A. 溶液酸度　B. 离子强度　C. 电极常数　D. 干扰离子
13. [1] 电位滴定确定终点的方法（　　）。
    A. E-V 曲线法　B. $\Delta E/\Delta V$-V 曲线法　C. 标准曲线法　D. 二级微商法
14. [2] 在电位滴定中，判断滴定终点的方法有（　　）。
    A. E-V（E 为电位，V 为滴定剂体积）作图
    B. $\Delta^2 E/\Delta V^2$-V（E 为电位，V 为滴定剂体积）作图

C. $\Delta E/\Delta V$-V（E 为电位，V 为滴定剂体积）作图

D. 直接读数法

15. [2] 下列关于离子选择系数描述正确的是（　　）。

A. 表示在相同实验条件下，产生相同电位的待测离子活度与干扰离子活度的比值

B. 越大越好　　C. 越小越好　　D. 是一个常数

16. [2] 下列关于离子选择系数（表示在相同实验条件下，产生相同电位的待测离子活度与干扰离子活度的比值）描述条件不正确的是（　　）。

A. 适中才好　　B. 越大越好　　C. 越小越好　　D. 是一个常数

17. [3] 库仑滴定的特点是（　　）。

A. 方法灵敏　　B. 简便　　C. 易于自动化　　D. 准确度高

18. [2] 库仑滴定的终点指示方法有（　　）。

A. 指示剂法　　B. 永停终点法　　C. 分光光度法　　D. 电位法

19. [2] 库仑滴定法可用于（　　）。

A. 氧化还原滴定　　B. 沉淀滴定　　C. 配位滴定　　D. 酸碱滴定

20. [2] 库仑滴定适用于（　　）。

A. 常量分析　　B. 半微量分析　　C. 痕量分析　　D. 有机物分析

21. [2] 库仑滴定法的原始基准是（　　）。

A. 标准溶液　　B. 指示电极　　C. 计时器　　D. 恒电流

22. [2] 库仑滴定装置是由（　　）组成。

A. 发生装置　　B. 指示装置　　C. 电解池　　D. 滴定剂

23. [2] 以下是库仑滴定法所具有的特点的是（　　）。

A. 不需要基准物

B. 灵敏度高，取样量少

C. 易于实现自动化，数字化，并可作遥控分析

D. 设备简单，容易安装，使用和操作简便

24. [2] 酸度计简称 pH 计，分别由（　　）组成。

A. 电极部分　　B. 电计部分　　C. 搅拌系统　　D. 记录系统

25. [2] 电位分析中，用作指示电极的是（　　）。

A. 铂电极　　B. 饱和甘汞电极　　C. 银电极　　D. pH 玻璃电极

26. [2] 离子选择电极的定量方法有（　　）。

A. 标准曲线法　　B. 一次标准加入法　　C. 多次标准加入法　　D. 标准加入法

27. [2] 选择性系数 K_{ij} 因（　　）的不同有差异。

A. 实验条件　　B. 实验方法　　C. 共存离子　　D. 参比电极

28. [2] 在电化学分析法中，经常被测量的电化学参数有（　　）。

A. 电动势　　B. 电流　　C. 电导

D. 电量　　E. 电容

29. [2] 直接电位法中，加入 TISAB 的目的是为了（　　）。

A. 控制溶液的酸度　　B. 消除其他共存离子的干扰

C. 固定溶液中离子强度　　D. 与被测离子形成配位物

30. [2] 关于离子选择电极的响应时间，正确的说法是（　　）。

A. 浓试样比稀试样长

B. 光滑的电极表面和较薄的膜相会缩短响应时间

C. 共存离子对响应时间有影响

D. 一定范围内温度升高会缩短响应时间

四、计算题

1. ［2］ 用pH玻璃电极测定溶液的pH值，测得pH＝4.0的缓冲溶液的电池电动势为－0.14V，测得试样液的电池电动势为0.02V，则该试样液的酸度。

2. ［1］ 测定水中Ca^{2+}时，于50mL水样中加入0.50mL 100μg/L的Ca^{2+}，电动势增加29.5mV，求25℃时原水样中Ca^{2+}浓度（以μg/L表示）。

3. ［1］ 测定井水中I^-，于50mL井水中加入10mL 100μg/L的I^-，电动势增加59mV，求25℃时井水中I^-浓度（μg/L）。

4. ［1］ 称取碳酸氢钠样品1.500g，以玻璃电极为指示电极，饱和甘汞电极为参比电极，用1.005mol/L盐酸标准滴定溶液进行电位滴定，得如下数据：

滴定体积 V/mL	14.60	14.70	14.80	14.90	15.00	15.10	15.20
电动势 E/mV	160	175	191	220	260	280	290

试计算样品中碳酸氢钠的含量。［已知$M(NaHCO_3)$＝84.01］

5. ［2］ 用氟离子选择电极用标准加入法测定试样中F^-浓度时，原试样是5.00mL，测定时稀释至100mL后，测其电动势。再加入1.00mL0.0100mol/L氟标准溶液后测得其电动势改变了18.0mV。求试样溶液中F^-的含量为多少（mol/L）？

第十三章

色谱分析法知识

一、单选题

1. [3] 高效液相色谱用水必须使用（　　）。

A. 一级水　　B. 二级水　　C. 三级水　　D. 天然水

2. [2] 在气-液色谱固定相中，担体的作用是（　　）。

A. 提供大的表面涂上固定液　　B. 吸附样品

C. 分离样品　　D. 脱附样品

3. [2] 既可调节载气流量，也可来控制燃气和空气流量的是（　　）。

A. 减压阀　　B. 稳压阀　　C. 针形阀　　D. 稳流阀

4. [3] 色谱法亦称色层法或层析法，是一种（　　）。当其应用于分析化学领域，并与适当的检测手段相结合，就构成了色谱分析法。

A. 分离技术　　B. 富集技术　　C. 进样技术　　D. 萃取技术

5. [2] 采用气相色谱法分析羟基化合物，对 C_4～C_{14} 的 38 种醇进行分离，较理想的分离条件是（　　）。

A. 填充柱长 1m、柱温 100℃、载气流速 20mL/min

B. 填充柱长 2m、柱温 100℃、载气流速 60mL/min

C. 毛细管柱长 40m、柱温 100℃、恒温

D. 毛细管柱长 40m、柱温 100℃、程序升温

6. [2] 将气相色谱用的担体进行酸洗主要是除去担体中的（　　）。

A. 酸性物质　　B. 金属氧化物　　C. 氧化硅　　D. 阴离子

7. [2] 气相色谱分析的仪器中，检测器的作用是（　　）。

A. 感应到达检测器的各组分的浓度或质量，将其物质的量信号转变成电信号，并传递给信号放大记录系统

B. 分离混合物组分

C. 将其混合物的量信号转变成电信号

D. 与感应混合物各组分的浓度或质量

8. [2] TCD 的基本原理是依据被测组分与载气（　　）的不同。

A. 相对极性　　B. 电阻率　　C. 相对密度　　D. 导热系数

9. [2] 检测器通入H_2的桥电流不许超过（　　）。

A. 150mA　　B. 250mA　　C. 270mA　　D. 350mA

10. [2] 热导池检测器的灵敏度随着桥电流增大而增高，因此，在实际操作时桥电流应该（　　）。

A. 越大越好　　B. 越小越好

C. 选用最高允许电流　　D. 在灵敏度满足需要时尽量用小桥流

11. [2] 氢火焰离子化检测器中，使用（　　）作载气将得到较好的灵敏度。

A. H_2　　B. N_2　　C. He　　D. Ar

12. [2] 影响氢焰检测器灵敏度的主要因素是（　　）。

A. 检测器温度　　B. 载气流速

C. 三种气体的流量比　　D. 极化电压

13. [3] 色谱峰在色谱图中的位置用（　　）来说明。

A. 保留值　　B. 峰高　　C. 峰宽　　D. 灵敏度

14. [2] 对气相色谱柱分离度影响最大的是（　　）。

A. 色谱柱柱温　　B. 载气的流速　　C. 柱子的长度　　D. 填料粒度的大小

15. [3] 衡量色谱柱总分离效能的指标是（　　）。

A. 塔板数　　B. 分离度　　C. 分配系数　　D. 相对保留值

16. [3] 气相色谱分析样品中各组分的分离是基于（　　）的不同。

A. 保留时间　　B. 分离度　　C. 容量因子　　D. 分配系数

17. [2] 气-液色谱柱中，与分离度无关的因素是（　　）。

A. 增加柱长　　B. 改用更灵敏的检测器

C. 调节流速　　D. 改变固定液的化学性质

18. [1] 色谱分析样品时，第一次进样得到 3 个峰，第二次进样时变成 4 个峰，原因可能是（　　）。

A. 进样量太大　　B. 汽化室温度太高　　C. 纸速太快　　D. 衰减太小

19. [2] 气相色谱定量分析的依据是在一定的操作条件下，检测器的响应信号（色谱图上的峰面积或峰高）与进入检测器的（　　）。

A. 组分 i 的质量或浓度成正比　　B. 组分 i 的质量或浓度成反比

C. 组分 i 的浓度成正比　　D. 组分 i 的质量成反比

20. [2] 气相色谱定量分析时，当样品中各组分不能全部出峰或在多种组分中只需定量其中某几个组分时，可选用（　　）。

A. 归一化法　　B. 标准曲线法　　C. 比较法　　D. 内标法

21. [3] 气相色谱图中，与组分含量成正比的是（　　）。

A. 保留时间　　B. 相对保留值　　C. 分配系数　　D. 峰面积

22. [2] 气相色谱用内标法测定 A 组分时，取未知样 1.0μL 进样，得组分 A 的峰面积为 $3.0cm^2$，组分 B 的峰面积为 $1.0cm^2$；取未知样 2.0000g，标准样纯 A 组分 0.2000g，仍取 1.0μL 进样，得组分 A 的峰面积为 $3.2cm^2$，组分 B 的峰面积为 $0.8cm^2$，则未知样中组分 A 的质量百分含量为（　　）。

A. 0.1　　B. 0.2　　C. 0.3　　D. 0.4

23. [2] 色谱分析中，归一化法的优点是（　　）。

A. 不需准确进样　　B. 不需校正因子　　C. 不需定性　　D. 不用标样

24. [3] 在气相色谱法中，可用作定量的参数是（　　）。

A. 保留时间　　B. 相对保留值　　C. 半峰宽　　D. 峰面积

25. [1] 打开气相色谱仪温控开关，柱温调节电位器旋到任何位置时，主机上加热指示灯都不亮，下列所述原因中不正确的是（　　）。

A. 加热指示灯灯泡坏了　　B. 铂电阻的铂丝断了

C. 铂电阻的信号输入线断了　　D. 实验室工作电压达不到要求

26. [3] 气相色谱分析的仪器中，载气的作用是（　　）。

A. 携带样品，流经汽化室、色谱柱、检测器，以便完成对样品的分离和分析

B. 与样品发生化学反应，流经汽化室、色谱柱、检测器，以便完成对样品的分离和分析

C. 溶解样品，流经汽化室、色谱柱、检测器，以便完成对样品的分离和分析

D. 吸附样品，流经汽化室、色谱柱、检测器，以便完成对样品的分离和分析

27. [2] 气相色谱中进样量过大会导致（　　）。

A. 有不规则的基线波动　　B. 出现额外峰

C. FID熄火　　D. 基线不回零

28. [2] 下列情况下应对色谱柱进行老化的是（　　）。

A. 每次安装了新的色谱柱后

B. 色谱柱每次使用后

C. 分析完一个样品后，准备分析其他样品之前

D. 更换了载气或燃气

29. [2] 良好的气-液色谱固定液为（　　）。

A. 蒸气压低、稳定性好　　B. 化学性质稳定

C. 溶解度大，对相邻两组分有一定的分离能力　　D. 以上都是

30. [2] 气-液色谱、液-液色谱皆属于（　　）。

A. 吸附色谱　　B. 凝胶色谱　　C. 分配色谱　　D. 离子色谱

31. [2] 一般评价烷基键合相色谱柱时所用的流动相为（　　）。

A. 甲醇/水（83/17）　　B. 甲醇/水（57/43）

C. 正庚烷/异丙醇（93/7）　　D. 乙腈/水（1.5/98.5）

32. [3] 在高效液相色谱流程中，试样混合物在（　　）中被分离。

A. 检测器　　B. 记录器　　C. 色谱柱　　D. 进样器

33. [2] 液相色谱法中，提高柱效最有效的途径是（　　）。

A. 提高柱温　　B. 降低板高　　C. 降低流动相流速　　D. 减小填料粒度

34. [2] 液相色谱中用作制备目的的色谱柱内径一般在（　　）mm以上。

A. 3　　B. 4　　C. 5　　D. 6

35. [2] 液相色谱中通用型检测器是（　　）。

A. 紫外吸收检测器　　B. 示差折光检测器

C. 热导池检测器　　D. 氢焰检测器

36. [2] 液相色谱中，紫外检测器的灵敏度可达到（　　）g。

A. 10^{-6}　　B. 10^{-9}　　C. 10^{-10}　　D. 10^{-12}

37. [2] 在各种液相色谱检测器中，紫外-可见检测器的使用率约为（　　）。

A. 0.7　　B. 0.6　　C. 0.8　　D. 0.9

38. [3] 色谱分析中，可用来定性的色谱参数是（　　）。

A. 峰面积　　B. 保留值　　C. 峰高　　D. 半峰宽

39. [2] 与GC的比较，HPLC可以忽略纵向扩散项，这主要是因为（　　）。

A. 柱前压力高　　B. 流速比 GC 快　　C. 流动相的黏度较大　D. 柱温低

40. [3] 气相色谱仪的毛细管柱内（　　）填充物。

A. 有　　B. 没有　　C. 有的有，有的没有　D. 不确定

41. [3] 在液相色谱法中，按分离原理分类，液固色谱法属于（　　）。

A. 分配色谱法　　B. 排阻色谱法　　C. 离子交换色谱法　D. 吸附色谱法

42. [2] 在气相色谱分析中，一个特定分离的成败，在很大程度上取决于（　　）的选择。

A. 检测器　　B. 色谱柱　　C. 皂膜流量计　　D. 记录仪

43. [2] 在气相色谱流程中，载气种类的选择，主要考虑与（　　）相适宜。

A. 检测器　　B. 汽化室　　C. 转子流量计　　D. 记录

44. [2] 用气相色谱法定量时，要求混合物中每一个组分都必须出峰的是（　　）。

A. 外标法　　B. 内标法　　C. 归一化法　　D. 工作曲线法

45. [2] 气液色谱分离主要是利用组分在固定液上（　　）不同。

A. 溶解度　　B. 吸附能力　　C. 热导率　　D. 温度系数

46. [2] 在气相色谱中，直接表示组分在固定相中停留时间长短的保留参数是（　　）。

A. 保留时间　　B. 保留体积　　C. 相对保留值　　D. 调整保留时间

47. [2] 在气-固色谱中，首先流出色谱柱的是（　　）。

A. 吸附能力小的组分　　B. 脱附能力小的组分

C. 溶解能力大的组分　　D. 挥发能力大的组分

48. [2] 所谓检测器的线性范围是指（　　）。

A. 检测曲线呈直线部分的范围

B. 检测器响应呈线性时，最大允许进样量与最小允许进样量之比

C. 检测器响应呈线性时，最大允许进样量与最小允许进样量之差

D. 检测器最大允许进样量与最小检测量之比

49. [2] 欲测定聚乙烯的相对分子质量及相对分子质量分布，应选用（　　）。

A. 液液分配色谱　　B. 液固吸附色谱　　C. 键合相色谱　　D. 凝胶色谱

50. [2] 在液相色谱中，为了改变色谱柱的选择性，可以进行（　　）操作。

A. 改变流动相的种类或柱长　　B. 改变固定相的种类或柱长

C. 改变固定相的种类和流动相的种类　　D. 改变填料的粒度和柱长

51. [3] 在一定实验条件下组分 i 与另一标准组分 s 的调整保留时间之比 r_{is} 称为（　　）。

A. 死体积　　B. 调整保留体积　　C. 相对保留值　　D. 保留指数

52. [2]（　　）是将已经交换过的离子交换树脂，用酸或碱处理，使其恢复原状的过程。

A. 交换　　B. 洗脱　　C. 洗涤　　D. 活化

53. [2] 在纸层析时，试样中的各组分在流动相中（　　）大的物质，沿着流动相移动较长的距离。

A. 浓度　　B. 溶解度　　C. 酸度　　D. 黏度

54. [2] 欲进行苯系物的定量分析，宜采用（　　）。

A. 原子吸收光谱法　　B. 发射光谱法　　C. 气相色谱法　　D. 紫外光谱法

55. [2] 两个色谱峰能完全分离时的 R 值应为（　　）。

A. $R \geqslant 1.5$　　B. $R \geqslant 1.0$　　C. $R \leqslant 1.5$　　D. $R \leqslant 1.0$

56. [3] 气液色谱中选择固定液的原则是（　　）。

A. 相似相溶　　B. 极性相同　　C. 官能团相同　　D. 活性相同

57. [2] 填充色谱柱中常用的色谱柱管是（　　）。

A. 不锈钢管　　B. 毛细管　　C. 石英管　　D. 聚乙烯管

58. [2] 一般而言，选择硅藻土做载体，则液担比一般为（　　）。
A. 50∶100　　B. 1∶100　　C. (5～30)∶100　　D. 5∶50

59. [2] 气相色谱分析中，汽化室的温度宜选为（　　）。
A. 试样中沸点最高组分的沸点　　B. 试样中沸点最低组分的沸点
C. 试样中各组分的平均沸点　　D. 比试样中各组分的平均沸点高 30～50℃

60. [3] 正确开启与关闭气相色谱仪的程序是（　　）。
A. 开启时先送气再送电，关闭时先停气再停电
B. 开启时先送电再送气，关闭时先停气再停电
C. 开启时先送气再送电，关闭时先停电再停气
D. 开启时先送电再送气，关闭时先停电再停气

61. [2] 俄国植物学家茨维特用石油醚为淋洗液，分离植物叶子的色素的方法属于（　　）。
A. 吸附色谱　　B. 分配色谱　　C. 离子交换色谱　　D. 凝胶渗透色谱

62. [2] 用高效液相色谱法分析环境中污染物时，常选择（　　）作为分离柱。
A. 离子交换色谱柱　　B. 凝胶色谱柱
C. C_{18}烷基键合硅胶柱　　D. 硅胶柱

63. [1] 在气相色谱内标法中，控制适宜称样量的作用是（　　）。
A. 减少气相色谱测定过程中产生的误差　　B. 提高分离度
C. 改变色谱峰型　　D. 改变色谱峰的出峰顺序

64. [2] 在液相色谱中，改变洗脱液极性的作用是（　　）。
A. 减少检验过程中产生的误差　　B. 缩短分析用时
C. 使温度计更好看　　D. 对温度计进行校正

65. [2] 在液相色谱中，使用荧光检测器的作用是（　　）。
A. 操作简单　　B. 线性范围宽
C. 灵敏度高　　D. 对温度敏感性高

66. [2] 要想从相气色谱仪分离物中得到更多的组分信息，可选择与（　　）联用。
A. 原子吸收分光光度计　　B. 傅里叶红外分光光度计
C. 质谱仪　　D. 离子色谱仪

67. [1] 某人用气相色谱测定一有机试样，该试样为纯物质，但用归一化法测定的结果却为含量的 60%，其最可能的原因为（　　）。
A. 计算错误　　B. 试样分解为多个峰　　C. 固定液流失　　D. 检测器损坏

二、判断题

1. [3] 气相色谱固定液必须不能与载体、组分发生不可逆的化学反应。（　　）

2. [2] 气相色谱填充柱的液担比越大越好。（　　）

3. [2] 气相色谱仪的结构是由气路系统、进样系统、色谱分离系统、检测系统、数据处理及显示系统所组成。（　　）

4. [3] 气相色谱仪中的汽化室进口的隔垫材料是塑料的。（　　）

5. [2] 针形阀既可以用来调节载气流量，又可以控制燃气和空气的流量。（　　）

6. [2] 气相色谱分析中，混合物能否完全分离取决于色谱柱，分离后的组分能否准确检测出来，取决于检测器。（　　）

7. [2] 在用气相色谱仪分析样品时载气的流速应恒定。（　　）

8. [2] 电子捕获检测器对含有 S、P 元素的化合物具有很高的灵敏度。(　　)

9. [2] 热导检测器中最关键的元件是热丝。(　　)

10. [2] 色谱柱的选择性可用“总分离效能指标”来表示，它可定义为：相邻两色谱峰保留时间的差值与两色谱峰宽之和的比值。(　　)

11. [2] 相邻两组分得到完全分离时，其分离度 $R<1.5$。(　　)

12. [3] 组分 1 和 2 的峰顶点距离为 1.08cm，而 $W_1=0.65$cm，$W_2=0.76$cm。则组分 1 和 2 不能完全分离。(　　)

13. [2] 气相色谱定性分析中，在适宜色谱条件下标准物与未知物保留时间一致，则可以肯定两者为同一物质。(　　)

14. [2] 在气相色谱分析中通过保留值完全可以准确地给被测物定性。(　　)

15. [1] 在决定液担比时，应从担体的种类、试样的沸点、进样量等方面加以考虑。(　　)

16. [3] 检修气相色谱仪故障时，一般应将仪器尽可能拆散。(　　)

17. [2] 高效液相色谱仪的工作流程同气相色谱仪完全一样。(　　)

18. [2] 液液分配色谱中，各组分的分离是基于各组分吸附力的不同。(　　)

19. [2] 由于液相色谱仪器工作温度可达 500℃，所以能测定高沸点有机物。(　　)

20. [3] 反相键合液相色谱法中常用的流动相是水-甲醇。(　　)

21. [2] 高效液相色谱中，色谱柱前面的预置柱会降低柱效。(　　)

22. [2] 反相键合相色谱柱长期不用时必须保证柱内充满甲醇流动相。(　　)

23. [2] 液相色谱的流动相配制完成后应先进行超声，再进行过滤。(　　)

24. [2] 检修气相色谱仪故障时，首先应了解故障发生前后的仪器使用情况。(　　)

25. [2] 通常气相色谱进样器（包括汽化室）的污染处理是应先疏通后清洗。主要的污染物是进样隔垫的碎片、样品中被炭化的高沸点物等，对这些固态杂质可用不锈钢捅针疏通，然后再用乙醇或丙酮冲洗。(　　)

26. [2] 氢火焰离子化检测器的使用温度不应超过 100℃，温度高可能损坏离子头。(　　)

27. [2] 氢火焰离子化检测器是依据不同组分气体的热导率不同来实现物质测定的。(　　)

28. [2] 热导池电源电流调节偏低或无电流，一定是热导池钨丝引出线已断。(　　)

29. [2] 热导池电源电流的调节一般没有什么严格的要求，有无载气都可打开。(　　)

30. [2] FID 检测器对所有化合物均有响应，属于通用型检测器。(　　)

31. [2] 气相色谱中汽化室的作用是用足够高的温度将液体瞬间汽化。(　　)

32. [2] 氢火焰点不燃可能是空气流量太小或空气大量漏气。(　　)

33. [3] 色谱法只能分析有机物质，而对一切无机物则不能进行分析。(　　)

34. [3] 色谱柱的老化温度应略高于操作时的使用温度，色谱柱老化合格的标志是接通记录仪后基线走的平直。(　　)

35. [2] 色谱柱的作用是分离混合物，它是整个仪器的心脏。(　　)

36. [1] 热导检测器（TCD）的清洗方法通常将丙酮、乙醚、十氢萘等溶剂装满检测器的测量池，浸泡约 20min 后倾出，反复进行多次至所倾出的溶液比较干净为止。(　　)

37. [3] 气相色谱对试样组分的分离是物理分离。(　　)

38. [2] 气相色谱分析中，提高柱温能提高柱子的选择性，但会延长分析时间，降低柱效率。(　　)

39. [2] 气相色谱检测器中氢火焰检测器对所有物质都产生响应信号。(　　)

40. [2] 用气相色谱法定量分析样品组分时，分离度应至少为 1.0。(　　)

41. [2] 在气相色谱分析中，检测器温度可以低于柱温度。（ ）

42. [2] 高效液相色谱分析中，固定相极性大于流动相极性称为正相色谱法。（ ）

43. [2] 液相色谱中，分离系统主要包括色谱柱、保护柱和色谱柱箱。（ ）

44. [2] 液-液分配色谱的分离原理与液液萃取原理相同，都是分配定律。（ ）

45. [2] 在液相色谱中，试样只要目视无颗粒即不必过滤和脱气。（ ）

46. [2] 气相色谱分析中，为提高氢火焰离子化检测器的灵敏度一般选择的离子化室的极化电压为100～300V。（ ）

47. [2] 在色谱图中，两保留值之比为相对保留值。（ ）

48. [2] 在气相色谱法中，采用归一化方法进行定量分析时，对进样操作要求必须严格控制一致。（ ）

49. [2] 根据分离原理分类，液相色谱主要分为液液色谱与液固色谱。（ ）

50. [2] 高效液相色谱分析中，选择流动相的一般原则为纯度高、黏度低、毒性小、对样品溶解度高以及对检测器来说无响应或响应不灵敏。（ ）

51. [3] 在液相色谱分析中，一般应根据待测物的性质选择相应的色谱分离柱。（ ）

52. [2] 紫外-可见检测器是高效液相色谱法分析中常用的检测器，属于通用型检测器。（ ）

53. [1] 高效液相色谱法分析结束后，对于常用的 C_{18} 烷基键合硅胶柱，应以纯甲醇代替流动相（特别是含有缓冲盐组分的流动相）继续走柱 20min，以保护高压输液泵及色谱柱。（ ）

54. [2] 在气相色谱内标法中，控制适宜称样量可改变色谱峰的出峰顺序。（ ）

55. [2] 在液相色谱中，荧光检测器的特点是该检测器的线性范围宽。（ ）

三、多选题

1. [2] 气相色谱柱的载体可分为（ ）两大类。

A. 硅藻土类载体 B. 红色载体

C. 白色载体 D. 非硅藻土类载体

2. [2] 新型双指数程序涂渍填充柱的制备方法和一般填充柱制备方法的不同之处在于（ ）。

A. 色谱柱的预处理不同 B. 固定液涂渍的浓度不同

C. 固定相填装长度不同 D. 色谱柱的老化方法不同

3. [3] 在气相色谱填充柱制备操作时应遵循的原则是（ ）。

A. 尽可能筛选粒度分布均匀的载体和固定相

B. 保证固定液在载体表面涂渍均匀

C. 保证固定相在色谱柱填充均匀

D. 避免载体颗粒破碎和固定液的氧化作用

4. [2] 在气-液色谱填充柱的制备过程中，下列做法不正确的是（ ）。

A. 一般选用柱内径为3～4mm，柱长为1～2m长的不锈钢柱子

B. 一般常用的液载比是25%左右

C. 新装填好的色谱柱即可接入色谱仪的气路中，用于进样分析

D. 在色谱柱的装填时，要保证固定相在色谱柱内填充均匀

E. 一般常用的液载比是15%左右

5. [2] 对于毛细管柱，使用一段时间后柱效有大幅度的降低，往往表明（ ）。

A. 固定液流失太多

B. 由于高沸点的极性化合物的吸附而使色谱柱丧失分离能力

C. 色谱柱要更换

D. 色谱柱要报废

6. [2] 对于毛细管柱，使用一段时间后柱效有大幅度的降低，这时可采用的方法有（ ）。

A. 高温老化 B. 截去柱头 C. 反复注射溶剂清洗 D. 卸下柱子冲洗

7. [3] 对色谱填充柱老化的目的是（ ）。

A. 使载体和固定相变得粒度均匀 B. 使固定液在载体表面涂布得更均匀

C. 彻底除去固定相中残存的溶剂和杂质 D. 避免载体颗粒破碎和固定液的氧化

8. [3] 下列关于色谱柱老化的描述正确的是（ ）。

A. 设置老化温度时，不允许超过固定液的最高使用温度

B. 老化时间的长短与固定液的特性有关

C. 根据涂渍固定液的百分数合理设置老化温度

D. 老化时间与所用检测器的灵敏度和类型有关

9. [2] 气相色谱仪的检测系统是由检测器及其控制组件组成。常用的检测器有（ ）。

A. 热导池检测器 B. 电子捕获检测器

C. 氢火焰检测器 D. 火焰光度检测器

10. [3] 气相色谱仪主要有（ ）部件组成。

A. 色谱柱 B. 汽化室

C. 主机箱和温度控制电路 D. 检测器

11. [2] 气相色谱仪包括的部件有（ ）。

A. 载气系统 B. 进样系统 C. 检测系统 D. 原子化系统

12. [2] 提高载气流速则（ ）。

A. 保留时间增加 B. 组分间分离变差 C. 峰宽变小 D. 柱容量下降

13. [2] 气相色谱法中一般选择汽化室温度（ ）。

A. 比柱温高 30～70℃ B. 比样品组分中最高沸点高 30～50℃

C. 比柱温高 30～50℃ D. 比样品组分中最高沸点高 30～70℃

14. [3] 下列检测器中属于浓度型的是（ ）。

A. 氢焰检测器 B. 热导池检测器

C. 火焰光度检测器 D. 电子捕获检测器

15. [2] 气相色谱仪样品不能分离，原因可能是（ ）。

A. 柱温太高 B. 色谱柱太短 C. 固定液流失 D. 载气流速太高

16. [2] 影响填充色谱柱效能的因素有（ ）。

A. 涡流扩散项 B. 分子扩散项

C. 气相传质阻力项 D. 液相传质阻力项

17. [2] 气相色谱定量分析方法有（ ）。

A. 标准曲线法 B. 归一化法 C. 内标法 D. 外标法

18. [2] 气相色谱分析的定量方法中，（ ）方法必须用到校正因子。

A. 外标法 B. 内标法 C. 标准曲线法 D. 归一化法

19. [2] 色谱定量分析的依据是色谱峰的（ ）与所测组分的质量（或浓度）成正比。

A. 峰高 B. 峰宽 C. 峰面积 D. 半峰宽

20. [3] 气相色谱分析中常用的载气有（ ）。

A. 氮气 B. 氧气 C. 氢气 D. 甲烷

21. [2] 气相色谱仪在使用中若出现峰不对称，应通过（ ）排除。

A. 减少进样量 B. 增加进样量

C. 减少载气流量　　　　D. 确保汽化室和检测器的温度合适

22. [2] 影响气相色谱数据处理机所记录的色谱峰宽度的因素有（　　）。

A. 色谱柱效能　　　　B. 记录时的走纸速率

C. 色谱柱容量　　　　D. 色谱柱的选择性

23. [2] 下列气相色谱操作条件中，正确的是（　　）。

A. 汽化温度越高越好

B. 使最难分离的物质对能很好分离的前提下，尽可能采用较低的柱温

C. 实际选择载气流速时，一般略低于最佳流速

D. 检测室温度应低于柱温

E. 汽化温度越低越好

24. [2] 气相色谱热导信号无法调零，排除的方法有（　　）。

A. 检查控制线路　　　　B. 更换热丝

C. 仔细检漏，重新连接　　　　D. 修理放大器

25. [2] 气相色谱仪的进样口密封垫漏气，将可能会出现（　　）。

A. 进样不出峰　　　　B. 灵敏度显著下降

C. 部分波峰变小　　　　D. 所有出峰面积显著减小

26. [3] 液液分配色谱法的分离原理是利用混合物中各组分在固定相和流动相中溶解度的差异进行分离的，分配系数大的组分（　　）大。

A. 峰高　　B. 保留时间　　C. 峰宽

D. 保留值　　E. 峰面积

27. [2] 高效液相色谱仪与气相色谱仪比较增加了（　　）。

A. 贮液器　　B. 恒温器　　C. 高压泵　　D. 程序升温

28. [3] 高效液相色谱仪中的三个关键部件是（　　）。

A. 色谱柱　　B. 高压泵　　C. 检测器　　D. 数据处理系统

29. [3] 液固吸附色谱中，流动相选择应满足的要求是（　　）。

A. 流动相不影响样品检测　　　　B. 样品不能溶解在流动相中

C. 优先选择黏度小的流动相　　　　D. 流动相不得与样品和吸附剂反应

30. [2] 在高效液相色谱分析中使用的折光指数检测器属于（　　）。

A. 整体性质检测器　　　　B. 溶质性质检测器

C. 通用型检测器　　　　D. 非破坏性检测器

31. [2] 使用液相色谱仪时需要注意的是（　　）。

A. 使用预柱保护分析柱　　　　B. 避免流动相组成及极性的剧烈变化

C. 流动相使用前必须经脱气和过滤处理　　　　D. 压力降低是需要更换预柱的信号

32. [2] 下列方法适于对分析碱性化合物和醇类气相色谱填充柱载体进行预处理的是（　　）。

A. 硅烷化　　B. 酸洗　　C. 碱洗　　D. 釉化

33. [2] 下列关于气相色谱仪中的转子流量计的说法正确的是（　　）。

A. 根据转子的位置可以确定气体流速的大小

B. 对于一定的气体，气体的流速和转子高度并不成直线关系

C. 转子流量计上的刻度即是流量数值

D. 气体从下端进入转子流量计又从上端流出

34. [2] 气相色谱仪的安装与调试中，下列条件需要做到（　　）。

A. 室内不应有易燃易爆和腐蚀性气体

B. 一般要求控制温度在10～40℃，空气的相对湿度应控制到≤85%

C. 仪器应有良好的接地，最好设有专线

D. 实验室应远离强电场、强磁场。

35. [2] 气相色谱仪的气路系统包括（　　）。

A. 气源　　B. 气体净化系统　　C. 气体流速控制系统　　D. 管路

36. [3] 气相色谱仪通常用（　　）进行气路气体的净化。

A. 一定粒度的变色硅胶　　B. 一定粒度的5A分子筛

C. 一定粒度的活性炭　　D. 浓硫酸　　E. 氧化钙

37. [3] 高效液相色谱流动相水的含量为（　　）时，一般不会对色谱柱造成影响。

A. 90%　　B. 95%　　C. 75%　　D. 85%

38. [3] 高效液相色谱流动相使用前要进行（　　）处理。

A. 超声波脱气　　B. 加热去除絮凝物

C. 过滤去除颗粒物　　D. 静置沉降　　E. 紫外线杀菌

39. [2] 下列方法中，属于气相色谱定量分析方法的是（　　）。

A. 峰面积测量　　B. 峰高测量

C. 标准曲线法　　D. 相对保留值测量

40. [2] 下列试剂中，一般用于气体管路清洗的是（　　）。

A. 甲醇　　B. 丙酮　　C. 5%的氢氧化钠　　D. 乙醚

四、计算题

1. [2] 用热导型检测器分析乙醇、正庚烷、苯和乙酸乙酯混合物，数据如下：

化合物	峰面积/cm^2	相对质量校正因子	化合物	峰面积/cm^2	相对质量校正因子
乙醇	5.100	1.22	苯	4.000	1.00
正庚烷	9.020	1.12	乙酸乙酯	7.050	0.99

试计算各组分含量。

2. [2] 某涂料稀释剂由丙酮、甲苯和乙酸丁酯构成，用色谱法测得相应数据如下：

化合物	峰面积/cm^2	相对质量校正因子	化合物	峰面积/cm^2	相对质量校正因子
丙酮	1.63	0.87	乙酸丁酯	3.30	1.10
甲苯	1.52	1.02			

计算样品中各组分含量。

3. [2] 乙醇中微量水的分析，以甲醇为内标物，其数据如下：

相对质量校正因子测定				试样测定				
水的质量	水的面积	甲醇质量	甲醇面积	试样质量	甲醇质量	甲醇面积	水的面积	乙醇面积
1.8333g	3.405	2.3501g	2.483	4.3726g	0.088g	1.109	4.989	91.918

求样品中水的含量。

4. [2] 测定工业氯苯中杂质苯，以甲苯作内标物。称取氯苯样5.119g，加入甲苯0.0421g，测得苯峰高为38.4mm，甲苯峰高为53.9mm，各相对质量校正因子分别为$f'_{苯}=1.00$、$f'_{甲苯}=1.04$，试计算样品中杂质苯的含量。

5. [2] 内标法测定乙醇中微量水分，称量已洗净烘干的小瓶，再加入纯水和无水甲醇分别称量，若得水的净质量1.8325g，甲醇的净质量2.3411g，将其混匀，并注入数微升至色谱仪，测得$A_{甲醇}=2.4cm^2$；$A_{水}=3.3cm^2$。测定样品时，将已洗净烘干的小瓶，加入乙醇样品称量，再加入内标物无水甲醇称量，若称得样品乙醇质量为4.5438g，甲醇质量为

0.0091g，混匀，取1.0μL注入色谱仪，得$A_{水}=5.8cm^2$，$A_{甲醇}=1.3cm^2$。求f_{H_2O/CH_3OH}及乙醇中微量水的百分含量。

6. [2] 用一根柱长为1m的色谱柱分离含有A、B、C三个组分的混合物，它们的保留时间分别为6.4min、14.4min和15.4min，其峰底宽Y分别为0.45min、1.07min、1.16min。试计算：(1) 分离度R；(2) 达到分离度1.5时所需柱长；(3) 使B、C两组分分离度达到1.5时所需的时间。(4) 如何选择色谱气相色谱柱的柱长？

7. [1] 在一根2m的长的硅油柱上，分析一个混合物，得下列数据：苯、甲苯及乙苯的保留值时间分别为1′20″、2′2″及3′1″；半峰宽为0.211cm、0.291cm及0.409cm，已知记录纸速为1200mm/h，求色谱柱对各种组分的理论塔板数及塔板高度。

8. [2] 在一根3m长的色谱柱上，分离一试样，得如下的色谱图及数据：

(1) 用组分2计算色谱柱的理论塔板数；

(2) 求调整保留时间t'_{R1}及t'_{R2}；

(3) 若需达到分离度$R=1.5$，所需的最短柱长为几米？

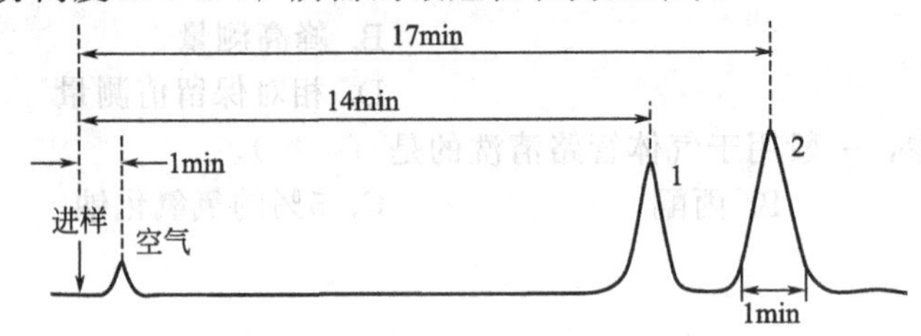

9. [1] 丙烯和丁烯的混合物进入气相色谱柱得到如下数据：

组分	保留时间/min	峰宽/min
空气	0.5	0.2
丙烯	3.5	0.8
丁烯	4.8	1.0

计算：(1) 丁烯在这个柱上的分配比是多少？

(2) 丙烯和丁烯的分离度是多少？

10. [2] 某一气相色谱柱，速率方程式中A、B和C的值分别是0.15cm、0.36cm^2/s和4.3×10^{-2}s，计算最佳流速和最小塔板高度。

11. [2] 在某气相色谱柱上组分A流出需15.0min，组分B流出需25.0min，而不溶于固定相的物质C流出需2.0min，问：

(1) B组分相对于A的相对保留时间是多少？

(2) A组分相对于B的相对保留时间是多少？

(3) 组分A在柱中的容量因子是多少？

(4) 组分B流出柱子需25.0 min，那么，B分子通过固定相的平均时间是多少？

12. [2] 在某色谱分析中得到下列数据：保留时间(t_R)为5.0 min，死时间(t_M)为1.0 min，液相体积(V_s)为2.0mL，柱出口载气体积流量(F_0)为50mL/min，试计算：

(1) 分配比k；

(2) 死体积V_m；

(3) 分配系数K；

(4) 保留时间V_R。

13. [2] 某色谱峰峰底宽为50s，它的保留时间为50min，在此情况下，该柱子有多少块理论塔板？

第十四章
工业分析知识

一、单选题

1. [2] 不能用于硅酸盐分析的酸是（　　）。
   A. 碳酸　B. 硫酸　C. 磷酸　D. 盐酸
2. [2] 不属于钢铁中五元素的是（　　）。
   A. 硫　B. 铁　C. 锰　D. 磷
3. [2] 采集水样时，当水样中含有大量油类或其他有机物时以（　　）为宜。
   A. 玻璃瓶　B. 塑料瓶　C. 铂器皿　D. 不锈钢器皿
4. [2] 采取的样品量应满足（　　）。
   A. 一次检测需要量　B. 二次检测需要量
   C. 三次检测需要量　D. 五次检测需要量
5. [2] 采取高纯气体时，应该选用（　　）作导气管。
   A. 锌管　B. 铝管　C. 钢管　D. 塑料管
6. [2] 产品质量分析应符合（　　）的规定，否则就不是合格品，不能进行流通。
   A. 企业　B. 国家或行业等技术标准
   C. 购买者　D. 任何标准
7. [2] 动力黏度单位“帕斯卡秒”的中文符号是（　　）。
   A. 帕·秒　B. 帕秒　C. 帕·[秒]　D. （帕）（秒）
8. [2] 对氮肥中氨态氮的测定，不包括的方法是（　　）。
   A. 甲醛法　B. 蒸馏后滴定　C. 酸量法　D. 尿素酶法
9. [2] 对硅酸盐样品进行分析前，应该除去其中的（　　）。
   A. 结构水　B. 结晶水　C. 化合水　D. 吸附水
10. [2] 分析人员要从坚固的原料堆中采样，应该使用（　　）。
    A. 采样钻　B. 真空采样探针
    C. 采样探子　D. 以上的工具都可以
11. [2] 氟硅酸钾容量法测定硅酸盐中二氧化硅含量时，滴定终点时溶液温度不宜低于（　　）。
    A. 50℃　B. 60℃　C. 70℃　D. 80℃

12. [2] 钢铁中硫的测定时用氧化性酸溶解分解试样时硫转化为（　　）。

A. SO_2　　B. SO_3　　C. H_2SO_3　　D. H_2SO_4

13. [1] 高碘酸钠（钾）氧化光度法测定钢铁中锰量时参比溶液是（　　）。

A. 试液参比　　B. 溶剂参比　　C. 试剂参比　　D. 褪色参比

14. [2] 铬天青S分光光度法可以测定（　　）。

A. 氧化钙　　B. 氧化铁　　C. 氧化铝　　D. 二氧化硅

15. [2] 工业分析用样品保存时间一般为（　　）。

A. 3个月　　B. 6个月　　C. 9个月　　D. 12个月

16. [2] 工业过氧化氢中总碳的测定采用的方法为（　　）。

A. 酸碱滴定　　B. 气体吸收法　　C. 红外气体分析仪　　D. 电化学方法

17. [2] 工业燃烧设备中所获得的最大理论热值是（　　）。

A. 弹筒发热量　　B. 高位发热量　　C. 低位发热量　　D. 三者一样

18. [3] 工业用水中酚酞碱度的测定是以（　　）为指示剂的。

A. 甲基橙　　B. 甲基红　　C. 酚酞　　D. 百里酚酞

19. [2] 硅酸盐烧失量一般主要指（　　）。

A. 化合水和二氧化碳　　B. 水分　　C. 吸附水和二氧化碳　　D. 二氧化碳

20. [2] 硅酸盐中，以 H_2O 分子状态存在于矿物晶格中，如 $CaSO_4 \cdot 2H_2O$ 中的水分，属于（　　）。

A. 吸附水　　B. 结晶水　　C. 结构水　　D. 游离水

21. [3] 煤的元素分析不包括（　　）。

A. 碳　　B. 氢　　C. 氧　　D. 磷

22. [2] 煤是一种重要的固体燃料，煤中主要元素为（　　）。

A. 碳、氢、氮、磷、硫　　B. 碳、氢、氮、氧、硫

C. 碳、磷、氮、氧、硫　　D. 碳、氢、氮、硫

23. [2] 煤中（　　）元素为有害成分。

A. 碳　　B. 氢　　C. 氮　　D. 硫

24. [3] 煤中碳和氢的测定中水分的吸收剂为（　　）。

A. 硅胶　　B. 无水氯化钙　　C. 碱石棉　　D. 氧化铜

25. [1] 气体吸收法测定 CO_2、O_2、CO 含量时，吸收顺序为（　　）。

A. CO、CO_2、O_2　　B. CO_2、O_2、CO

C. CO_2、CO、O_2　　D. CO、O_2、CO_2

26. [2] 燃烧-气体容量法测定钢铁中碳含量时量气管中用（　　）吸收 CO_2。

A. 氢氧化钾溶液　　B. 水　　C. 碳酸钠溶液　　D. 双氧水

27. [2] 热导气体分析是根据不同气体具有不同的（　　）。

A. 对流　　B. 压力　　C. 温度　　D. 热传导能力

28. [3] 溶解钢铁样品一般采用（　　）。

A. 酸分解法　　B. 熔融法　　C. 烧结法　　D. 碱溶法

29. [3] 闪点（闭口）在（　　）℃以下的油品称为易燃品。

A. 40　　B. 45　　C. 50　　D. 55

30. [3] 试样的采取和制备必须保证所取试样具有充分的（　　）。

A. 代表性　　B. 唯一性　　C. 针对性　　D. 准确性

31. [2] 收到煤样后，必须（　　）制样。

A. 立即　　B. 隔日　　C. 当天　　D. 没有要求

32. [2] 碳在钢铁中以两种形式存在，(　　) 一般不与酸作用。

A. 游离碳　　B. 化合碳　　C. 有机碳　　D. 无机碳

33. [2] 物理分析法是根据气体的物理特性如 (　　) 完成气体分析法的方法。

A. 密度、导热系数、折射率、热值　　B. 密度、溶解度、折射率、热值

C. 密度、导热系数、吸光度、热值　　D. 密度、导热系数、折射率、反应速率

34. [2] 乙酸丁酯萃取光度法定钢铁中磷含量时反萃取剂是 (　　)。

A. 乙酸丁酯　　B. 氯化亚锡　　C. 钼酸铵　　D. 水

35. [2] 用艾氏卡法测煤中全硫含量时，艾氏卡试剂的组成为 (　　)。

A. $MgO+Na_2CO_3$ (1+2)　　B. $MgO+Na_2CO_3$ (2+1)

C. $MgO+Na_2CO_3$ (3+1)　　D. $MgO+Na_2CO_3$ (1+3)

36. [2] 用铂坩埚处理样品时，可使用以下哪种熔剂 (　　)。

A. 碳酸钠　　B. 氢氧化钠　　C. 过氧化钠　　D. 氢氧化钾

37. [3] 用采样器从一个采样单元中一次取得的一定量物料称为 (　　)。

A. 样品　　B. 子样　　C. 原始平均试样　　D. 实验室样品

38. [2] 有 H_2 和 N_2 的混合气体 50mL，加空气燃烧后，体积减小 15mL，则 H_2 在混合气体中的体积百分含量为 (　　)。

A. 30%　　B. 20%　　C. 10%　　D. 45%

39. [2] 在硫酸生产中生产过程中 SO_2 的测定采用的方法为 (　　)。

A. 酸碱滴定法　　B. 碘-淀粉溶液吸收法

C. 氧化还原滴定法　　D. 沉淀重量法

40. [2] 在镍坩埚中做熔融实验时，其熔融温度一般不超过 (　　)。

A. 700℃　　B. 800℃　　C. 900℃　　D. 1000℃

41. [2] 在油品闪点的测定中，测定轻质油的闪点时，应采用的方法是 (　　)。

A. 开口杯法　　B. 闭口杯法　　C. 两种方法均可　　D. 都不行

42. [2] 重量法测定钢铁中锰含量时在热氨性溶液中，用磷酸氢二铵沉淀。在 100℃，锰灼烧后得到沉淀的称量形式为 (　　)。

A. $MnNH_4PO_4 \cdot H_2O$　　B. $MnSO_4$

C. $Mn_2P_2O_7$　　D. MnS

二、判断题

1. [3] 保留样品未到保留期满，虽用户未曾提出异议，也不可以随意撤销。(　　)

2. [1] 铂皿因其稳定性好，可在高温下用之灼烧化合物，或熔融物料，如硫化铜、氯化铁类的化合物都可在铂皿中灼烧。(　　)

3. [3] 采来的工业分析用样品可随意存放。(　　)

4. [2] 采取的水样可以作永久性的保存。(　　)

5. [3] 采样时，可不填写采样记录。(　　)

6. [2] 采样时，为了安全应有陪伴者，并对陪伴者进行事先培训。(　　)

7. [2] 测定浓硝酸含量时，可以用滴瓶称取试样。(　　)

8. [2] 对于常压下的气体，只需放开取样点上的活塞，气体即可自动流入气体取样器中。(　　)

9. [2] 分解试样的方法很多，选择分解试样的方法时应考虑测定对象、测定方法和干扰元素等几方面的问题。(　　)

10. [3] 工业气体中CO的测定可采用燃烧法或吸收法。( )

11. [2] 硅酸盐全分析的结果，要求各项的质量分数总和应在100%±5%范围内。( )

12. [2] 化工产品质量分析的目的只是测定主成分的含量。( )

13. [2] 煤中的灰分和水分会影响煤的发热量。( )

14. [2] 煤中水分的测定包括结晶水的含量。( )

15. [2] 溶解生铁一般用盐酸和稀硫酸。( )

16. [3] 溶解氧是在一定条件下，用氧化剂滴定水样时所消耗的量，以氧的质量浓度(mg/L) 表示。( )

17. [3] 闪点是指可燃性液体的蒸气同空气的混合物在临近火焰时能发生短暂闪火的最低温度。( )

18. [2] 闪点是指液体挥发出的蒸气在与空气形成混合物后，遇火源能够闪燃的最高温度。( )

19. [2] 商品煤样的子样质量，由煤的粒度决定。( )

20. [2] 水的微生物学指标包括细菌总数、大肠菌群和游离性余氯。( )

21. [3] 水样采好后最好在采样现场及时测定pH。( )

22. [2] 水与杂质共同表现出来的综合特性即水质。( )

23. [2] 硝酸铵氧化容量法测定钢铁中锰量时指示剂为硫酸亚铁铵。( )

三、多选题

1. [2] 煤的发热量有三种表示方法为( )。
   A. 弹筒发热量　B. 恒容高位发热量　C. 恒容低位发热量　D. 其他表示法
2. [1] 氨碱法生产碳酸钠的过程包括( )。
   A. 石灰石的煅烧和石灰乳的制备　B. 盐水的精制
   C. 盐水的氨化和碳酸化　D. 重碱的煅烧
3. [2] 采集水样时当水样中含有大量油类或其他有机物时，不宜采用的采样器具是( )。
   A. 玻璃瓶　B. 塑料瓶　C. 铂器皿
   D. 不锈钢器皿　E. 以上都不宜
4. [2] 采样探子适用于( ) 试样的采集。
   A. 大颗粒　B. 块状物料　C. 小颗粒　D. 粉末状物料
5. [3] 常见的天然硅酸盐有( )。
   A. 玻璃　B. 黏土　C. 长石　D. 水泥
6. [1] 对半水煤气的分析结果有影响的是( )。
   A. 半水煤气含量的变化　B. 半水煤气采样
   C. 环境湿度或气候的改变　D. 环境温度的改变
7. [3] 肥料三要素是指( )。
   A. 氮　B. 氧　C. 磷　D. 碳
8. [3] 钢铁试样的分解方法( )。
   A. 酸分解法　B. 燃烧法　C. 碱分解法　D. 微波消解法
9. [2] 工业浓硝酸成品分析的内容包括( )。
   A. 氯化物含量的测定　B. 硝酸含量的测定
   C. 亚硝酸含量的测定　D. 灼烧残渣的测定

10.［2］工业用水分析的项目通常包括（　　）。

A. 碱度　B. 酸度　C. pH　D. 硬度

11.［2］国家标准（SY 2206—1976）规定，石油产品的密度用（　　）方法测定。

A. 密度计法　B. 比重瓶法　C. 韦氏天平法　D. 计算密度法

12.［3］碱熔融法常用的熔剂有（　　）。

A. 碳酸钠　B. 碳酸钾　C. 氢氧化钠　D. 氯化钠

13.［2］空气干燥煤样水分的测定方法有（　　）。

A. 自然干燥法　B. 通氮干燥法　C. 甲苯蒸馏法　D. 空气干燥法

14.［2］气体分析仪器通常包括（　　）。

A. 量气管　B. 吸收瓶　C. 水准瓶　D. 燃烧瓶

15.［3］气体化学吸收法包括（　　）。

A. 气体吸收体积法　B. 气体吸收滴定法　C. 气相色谱法　D. 电导法

16.［2］燃烧-碘量法钢铁中硫量测定装置包括（　　）。

A. 氧气瓶　B. 卧式高温炉　C. 除尘管　D. 吸收杯

17.［3］熔融法测定矿物中的少量钨，用 NaOH 分解物料时，可选用（　　）坩埚。

A. 铂金坩埚　B. 银坩埚　C. 铁坩埚　D. 镍坩埚

18.［2］水样的预处理包括（　　）。

A. 浓缩　B. 过滤　C. 蒸馏排除干扰杂质　D. 消解

19.［3］水质指标按其性质可分为（　　）。

A. 物理指标　B. 物理化学指标　C. 化学指标　D. 生物指标

20.［2］酸溶法分解试样通常选用的酸有（　　）。

A. 磷酸　B. 盐酸　C. 氢氟酸　D. 草酸

21.［2］我国的农药标准包括（　　）。

A. 企业标准　B. 地方标准　C. 行业标准　D. 国家标准

22.［2］以下测定项目属于煤样的半工业组成的是（　　）。

A. 水分　B. 总硫　C. 固定碳

D. 挥发分　E. 总氮

23.［2］在下列有关留样的作用中，叙述正确的是（　　）。

A. 复核备考用

B. 比对仪器、试剂、试验方法是否有随机误差

C. 查处检验用

D. 考核分析人员检验数据时，作对照样品用

四、计算题

1.［2］在过量氧气中燃烧 26.0mL 含一氧化碳、甲烷及氮的混合气体，体积缩减 19.0mL，生成二氧化碳气 18.0mL，求混合气中各组分体积分数。

2.［2］称取水泥试样 0.5000g，碱熔后分离除去 SiO_2，收集滤液并定容于 250mL 的容量瓶中。移取 10.00mL 溶液，掩蔽铁、铝、钛，然后用 KOH 调节 pH＞13，加入 CMP 指示剂，用 0.01250mol/L 的 EDTA 标准滴定溶液滴定，消耗 22.94mL，计算试样中的氧化钙的含量。［$M(CaO)=56.08g/mol$］

3.［2］自溶解氧瓶中吸取已将溶解氧固定的水样 50.00mL，用 0.01000mol/L $Na_2S_2O_3$ 溶液滴定至淡黄色，加入淀粉指示剂继续用同浓度的 $Na_2S_2O_3$ 溶液滴定至蓝色消失，共消耗 2.50mL，求该水样中溶解氧的含量（O_2，mg/L）。［$M(O_2)=16.00g/mol$］

4. [2] 有 H_2、CH_4 的混合气体气体 25.0mL，加入过量的氧气燃烧，体积缩减了 35.0mL，生成二氧化碳体积 17.0mL，求混合气中各组分体积分数。

5. [2] 在 50℃时，测得某种试样在毛细管黏度计中的流出时间为 135.0s，若使用的毛细管黏度计常数为 $2.00mm^2/s^2$，求该试样的运动黏度。

6. [2] 称取钢样 0.7500g，在 17℃、99.99kPa 时，量气管读数为 2.14%，求试样中碳的质量分数。

7. [2] 称取过磷肥试样 2.200g，依次用水和碱性柠檬酸溶液提取，分别从两个 250mL 的提取溶液中吸取 10.00mL 试样，用磷钼酸喹啉称量法测定其有效磷含量，干燥后得到磷钼酸喹啉沉淀 0.3842g，求该肥中有效磷的含量。

8. [2] 空气干燥煤样 0.2000g，高温燃烧后产生的硫氧化物被 100mL30%的过氧化氢溶液吸收后，用 0.02005mol/L 的氢氧化钠标准溶液滴定，消耗 2.35mL，求煤样中全硫的含量。[$M(S)=32.01$]

9. [2] 称取空气干燥煤样 1.2000g，灼烧后残余物的质量是 0.1150g，已知该空气干燥煤样水分为 1.35%，收到基水分为 2.36%，求收到基和干燥基的灰分质量分数。

10. [2] 称取硅酸盐试样 0.8000g，以氟硅酸钾法测定 SiO_2 的含量，滴定时消耗 0.1000mol/L 的氢氧化钠标准溶液 15.02mL，求试样中 SiO_2 的含量。[$M(SiO_2)=60.08g/mol$]

第十五章

有机分析知识

一、单选题

1. [2] 碘酸钾-碘化钾氧化法测定羧酸时，每一个羧基能产生（　　）个碘分子。
   A. 0.5　　B. 1　　C. 2　　D. 3
2. [2] 乙酰化法测定伯、仲醇时，为了加快酰化反应速率，并使反应完全，酰化剂的用量一般要过量（　　）。
   A. 20%以上　　B. 50%以上　　C. 100%以上　　D. 200%以上
3. [2] 鉴别RX可选用的试剂为（　　）。
   A. $AgNO_3$氨溶液　　B. $AgNO_3$醇溶液
   C. $AgNO_3$水溶液　　D. $AgNO_3$任意溶液
4. [3] 克达尔法定氮消化过程中最常用的催化剂是（　　）。
   A. $CuSO_4$　　B. $CuSO_4$＋硒粉　　C. 硒粉　　D. $K_2SO_4+CuSO_4$
5. [2] 用燃烧分解法测定碳和氢的含量时，若样品中含有少量的氮元素，吸收燃烧产物中的水、二氧化碳及氮氧化物的吸收管的安装顺序应该为（　　）。
   A. H_2O吸收管、CO_2吸收管、NO_x吸收管
   B. H_2O吸收管、NO_x吸收管、CO_2吸收管
   C. NO_x吸收管、H_2O吸收管、CO_2吸收管
   D. H_2O吸收管、CO_2吸收管、NO_x吸收管
6. [2] 采用氧瓶燃烧法测定硫的含量时，将有机物中的硫转化为（　　）。
   A. H_2S　　B. SO_2　　C. SO_3　　D. SO_2和SO_3
7. [2] 测定有机化合物中的硫时，可用氧瓶法分解试样，使硫转化为硫的氧化物，并在过氧化氢溶液中转化为SO_4^{2-}，然后用钍啉作指示剂、$BaCl_2$标准溶液作滴定剂，在（　　）介质中直接滴定。
   A. 水溶液　　B. 80%乙醇溶液　　C. 三氯甲烷溶液　　D. 冰乙酸溶液
8. [2] 以下含氮化合物可以用克达尔法测定的是（　　）。
   A. TNT炸药　　B. 硫脲　　C. 硫酸肼　　D. 氯化偶氮苯

9. [2] 下列物质中不能用亚硫酸氢钠法测定其含量的是（ ）。

A. 丙酮　　B. 甲醛　　C. 环己酮　　D. 乙醛

10. [2] 高碘酸氧化法可测定（ ）。

A. 伯醇　　B. 仲醇　　C. 叔醇　　D. α-多羟基醇

11. [2] 称量有机易挥发液体样品应用（ ）。

A. 称量瓶　　B. 安瓿球　　C. 锥形瓶　　D. 滴瓶

12. [3] 含氮有机物在催化剂作用下，用浓硫酸煮沸分解，有机物中的氮转变为氨气，被浓硫酸吸收生成 NH_4HSO_4 的过程称为（ ）。

A. 催化　　B. 分解　　C. 消化　　D. 吸收

13. [2] 乙酸酐-乙酸钠酰化法测羟基时，加入过量的碱的目的是（ ）。

A. 催化　　B. 中和　　C. 皂化　　D. 氧化

14. [2] 欲测定高聚物的不饱和度，可以选用的方法是（ ）。

A. 催化加氢法　　B. ICl 加成法　　C. 过氧酸加成法　　D. 乌伯恩法

15. [1] 有机物在 CO_2 气流下通过氧化剂及金属铜燃烧管分解，其中氮元素转化成（ ）气体。

A. 二氧化氮　　B. 一氧化氮　　C. 一氧化二氮　　D. 氮气

16. [2] 氧瓶燃烧法测有机物中硫含量时，所用的标准溶液是（ ）。

A. 高氯酸钡　　B. 硝酸钡　　C. 硝酸银　　D. 稀硫酸

17. [2] 不含共轭结构的醛和酮与 2,4-二硝基苯肼生成的腙的颜色一般为（ ）。

A. 黄色　　B. 红色　　C. 橙色　　D. 蓝色

18. [2] 肟化法测定羰基化合物为了使反应完全，通常试剂过量，并（ ）。

A. 加入乙醇　　B. 加入吡啶　　C. 回流加热 30min　　D. 严格控制 pH=4

19. [2] 韦氏法常用于测定油脂的碘值，韦氏液的主要成分是（ ）。

A. 氯化碘　　B. 碘化钾　　C. 氯化钾　　D. 碘单质

20. [2] 一般用（ ）裂解含氮有机物，释放氮。

A. 浓硫酸　　B. 浓盐酸　　C. 苛性碱　　D. 熔融法

21. [1] 氧瓶燃烧法测定含磷有机硫化物使结果偏高的是（ ）。

A. 试样燃烧分解后溶液呈黄色　　B. 滴定前未加入氧化镁

C. 滴定时未加入乙醇　　D. 滴定时 $pH<2$

22. [2] 有机溴化物燃烧分解后，用（ ）吸收。

A. 水　　B. 碱溶液

C. 过氧化氢的碱溶液　　D. 硫酸肼和 KOH 混合液

23. [3] 测定羰基时，常用肟化法，该方法是基于（ ）建立起来的。

A. 缩合反应　　B. 加成反应　　C. 氧化反应　　D. 中和反应

24. [2] 毛细管法测熔点时，毛细管中样品的最上层面应靠在测量温度计水银球（ ）。

A. 无一定要求　　B. 上部　　C. 下部　　D. 中部

25. [2] 某化合物溶解性试验呈碱性，且溶于 5% 的稀盐酸，与亚硝酸作用时有黄色油状物生成，该化合物为（ ）。

A. 乙胺　　B. 脂肪族伯胺　　C. 脂肪族仲胺　　D. 氨水

26. [3] 有机物的溴值是指（ ）。

A. 有机物的含溴量

B. 100g 有机物需加成的溴的质量（g）

C. 100g 有机物需加成的溴的物质的量

D. 与 100g 溴加成时消耗的有机物的质量（g）

27. [3] 酯基的定量分析方法是（　　）。

A. 皂化法　　B. 氧化法　　C. 中和法　　D. 沉淀法

28. [3] 重氮化法可以测定（　　）。

A. 脂肪伯胺　　B. 脂肪仲胺　　C. 芳伯胺　　D. 芳仲胺

29. [2] 在测定旋光度时，当旋光仪的三分视场出现（　　）时，才可读数。

A. 中间暗两边亮　　B. 中间亮两边暗　　C. 亮度一致　　D. 模糊

二、判断题

1. [1] 用燃烧法测定有机物中氯时，由于有机溴化物燃烧分解产物为单质溴，所以有机溴化物的存在对测定没有影响。（　　）

2. [2] 有机化合物中氯和溴含量的测定方法有汞液滴定法。（　　）

3. [2] 有机物中溴的测定，可用 NaClO 作氧化剂，使溴生成 BrO_3^-，然后在酸性介中加 KI 使之析出 I_2，用碘量法测定。（　　）

4. [3] 有机物中硫含量的测定不能采用氧瓶燃烧法。（　　）

5. [2] 测定蛋白质中的氮，最常用的是凯氏定氮法，用浓硫酸和催化剂将蛋白质消解，将有机氮转化成氨。（　　）

6. [2] 消化法定氮的溶液中加入硫酸钾，可使溶液的沸点降低。（　　）

7. [2] 用消化法测定有机物中的氮时，加入硫酸钾的目的是用作催化剂。（　　）

8. [2] 含有 10 个 C 以下的醇与硝酸铈铵溶液作用，一般生成琥珀色或红色配合物。（　　）

9. [2] 乙酰化法适合所有羟基化合物的测定。（　　）

10. [2] 酮、醛都能与斐林试剂反应。（　　）

11. [2] 亚硫酸氢钠加成法可用来定量测定大多数的醛与酮。（　　）

12. [2] 盐酸羟胺-吡啶肟化法测定羰基化合物含量时，加入吡啶的目的是与生成的盐酸结合以降低酸的浓度，抑制逆反应。（　　）

13. [3] 酯值是试样中总酯、内酯和其他酸性基团的量度。（　　）

14. [3] 中和 10g 油脂所需氢氧化钾的质量（mg）称为酸值。（　　）

15. [2] 氯化碘溶液可以用来直接滴定有机化合物中的不饱和烯键。（　　）

16. [2] 重氮化法测定芳香胺类化合物时，主要是在强无机酸存在下，芳香胺与亚硝酸作用定量地生成重氮盐。（　　）

17. [2] 重氮化法测定芳伯胺时，通常采用内外指示剂结合的方法指示终点。（　　）

18. [2] 碘值是衡量油脂质量及纯度的重要指标之一，碘值越低，表明油脂的分子越不饱和。（　　）

19. [3] 碘值是指 100g 试样消耗的碘的克数。（　　）

20. [2] 韦氏法主要用来测定动、植物油脂的碘值，韦氏液的主要成分为碘和碘化钾溶液。（　　）

21. [3] 皂化值等于酯值与酸值之和。（　　）

22. [2] 费林试剂氧化法测定还原糖含量，采用亚甲基蓝指示剂，可以直接用费林试剂滴定还原糖。（　　）

23. [2] 在测定旋光度时，当旋光仪的三分视场出现中间暗两边亮时，才可读数。（　　）

24. [2] 沸程测定仪器安装时应使测量温度计水银球上端与蒸馏瓶支管下壁在同一水平面上。（ ）

25. [2] 毛细管法测定熔点时，装入的试样量不能过多，否则结果偏高。试样疏松会使测定结果偏低。物质中混有杂质时，通常导致熔点下降。（ ）

三、多选题

1. [2] 有关碘值的说法错误的是（ ）。

A. 100g 样品相当于加碘的克数　　B. 1g 样品相当于加碘的克数

C. 100g 样品相当于加碘的毫克数　　D. 1g 样品相当于加碘的毫克数

2. [3] 测定有机物中碳、氢含量时，其中的碳、氢分别被转化为（ ）。

A. CO_2　B. H_2　C. H_2O

D. CO　E. HCl

3. [2] 高碘酸氧化法测甘油含量时，n(甘油) 与 $n(Na_2S_2O_3)$ 之间的化学计量关系不正确的是（ ）。

A. n(甘油)$=1/2\ n(Na_2S_2O_3)$　　B. n(甘油)$=1/3\ n(Na_2S_2O_3)$

C. n(甘油)$=1/4\ n(Na_2S_2O_3)$　　D. n(甘油)$=n(Na_2S_2O_3)$

4. [1] 含碘有机物用氧瓶燃烧法分解试样后，用 KOH 吸收，得到的混合物有（ ）。

A. $Na_2S_2O_3$　B. KI　C. I_2　D. KIO_3

5. [2] 含羰基的化合物，其羰基可用下列（ ）试剂测定其含量。

A. NaOH　B. $HClO_4$　C. 铁氰酸钾　D. 高锰酸钾

6. [2] 韦氏法测定油脂碘值时加成反应的条件是（ ）。

A. 避光　B. 密闭　C. 仪器干燥　D. 加催化剂

7. [2] 重氮化法测定苯胺含量确定滴定终点可以采用的方法是（ ）。

A. 碘化钾-淀粉指示剂　　B. 中性红指示剂

C. 中性红和亚甲基蓝混合指示剂　　D. 永停终点法指示终点

8. [1] 下列说法正确的是（ ）。

A. 酚试剂测定甲醛　　B. 乙酰丙酮光度法测定甲醛

C. 变色酸法测定甲醛　　D. 亚硫酸钠法测甲醛

E. 硝酸钠法测甲醛

9. [2] 下列可以用中和法（直接或间接）测定其含量的有机化合物有（ ）。

A. 甲酸　B. 甲苯　C. 甲醇　D. 苯胺

10. [2] 有机物中氮的定量方法有（ ）。

A. 凯氏法　　B. 杜马法

C. 气相色谱中热导检测器法　　D. 重量法

11. [2] 物质中混有杂质时通常导致（ ）。

A. 熔点上升　B. 熔点下降　C. 熔距变窄　D. 熔距变宽

12. [2] 测定羧酸衍生物的方法有（ ）。

A. 水解中和法　B. 水解沉淀滴定法　C. 分光光度法　D. 气相色谱法

13. [2] 下列方法中可用于测定羰基的是（ ）。

A. 肟化法　B. 还原法　C. 亚硫酸氢钠法　D. 氧化法

14. [3] 测定有机物中碳、氢含量时，常用的吸水剂是（ ）。

A. 无水氯化钙　B. 无水硫酸钙　C. 硅胶

D. 无水高氯酸镁　E. 五氧化二磷

15. [3] 有机化合物中羟基含量测定方法有（　　）。

A. 酰化法　　B. 高碘酸氧化法　　C. 溴化法　　D. 气相色谱法

16. [2] 凯氏定氮法测定有机氮含量全过程包括（　　）等步骤。

A. 消化　　B. 碱化蒸馏　　C. 吸收　　D. 滴定

17. [2] 下列试样中，可以选用高碘酸氧化法测定其含量的是（　　）。

A. 乙二醇　　B. 葡萄糖　　C. 甘油　　D. 乙酸酐

18. [2] 乙酸酐-吡啶-高氯酸乙酰化法测羟基含量时，吡啶的作用是（　　）。

A. 作有机溶剂　　B. 作有机碱　　C. 作催化剂　　D. 作干燥剂

四、计算题

1. [1] 将一试样进行元素定量分析，(1) 碳氢分析：取样 21.50mg，燃烧生成二氧化碳 60.78mg，水 14.43mg；(2) 克达尔法测氮，称取试样 0.1978g，用 0.1015mol/L HCl 标准溶液滴定消耗 20.95mL，空白实验消耗 0.12mL，求实验式。若相对分子质量为 93，求分子式和结构式。[$M(\mathrm{H})=1.0079$、$M(\mathrm{C})=12.011$、$M(\mathrm{O})=15.994$、$M(\mathrm{Cl})=35.45$、$M(\mathrm{Br})=79.904$、$M(\mathrm{I})=126.9$]

2. [1] 有一有机试样需推测它的经验式，对其进行元素分析，测得如下结果：碳氢分析时取样 22.20mg，燃烧后得水 9.40mg；二氧化碳 15.26mg；卤素分析时取样 49.48mg，得卤化银沉淀 109.92mg；硅含量分析时取样 93.44mg，得二氧化硅 43.48mg；已知该化合物的分子量为 128±1，试推算该化合物可能的经验式。[$M(\mathrm{H})=1.0079$、$M(\mathrm{C})=12.011$、$M(\mathrm{O})=15.994$、$M(\mathrm{Ag})=107.9$、$M(\mathrm{Si})=28.08$、$M(\mathrm{Cl})=35.45$、$M(\mathrm{Br})=79.904$、$M(\mathrm{I})=126.9$]

3. [2] 用溴加成法测定十二碳烯（$C_{12}H_{24}$），样品和空白测定中加入 3mol/L 的溴酸钾和溴化钾的标准溶液 20.00mL，样品和空白消耗 0.050000mol/L 的 $Na_2S_2O_3$ 标准溶液的体积分别为 7.00mL 和 18.05mL，已知试样 0.6628g，求烯基的含量。[$M_{烯基}=24.02$]

4. [2] 用乙酰化法测量正丁醇，样品和空白消耗 0.1528mol/LNaOH 标准溶液的体积分别为 13.90mL 和 24.95mL，称取试样为 0.2302 g，求正丁醇的含量。[$M_{正丁醇}=74.04$]

5. [2] 测定乙酸酐含量，称取试样 0.2083 g，加水水解后，用 0.1012mol/LNaOH 标准溶液滴定，消耗体积 40.20mL，量取同试样加入苯胺酰化后，用同浓度的 NaOH 滴定，消耗体积 20.20mL，计算乙酸酐和乙酸的含量。[$M_{乙酸}=60.05$，$M_{乙酸酐}=102.09$]

6. [2] 用亚硫酸钠测定丙醛含量，称取试样 0.5000 g，加入 $c(1/2H_2SO_4)$ 为 0.2500mol/L 的标准溶液 20.00mL，用 0.1250mol/LNaOH 滴定，消耗体积 20.00mL，求丙醛的含量。[$M_{丙醛}=58.09$]

7. [2] 用韦氏法测定豆油的碘值，称取 0.1683g 的试样，加 10mL 四氯化碳使试样溶解后，加 25.00mL0.10mol/L ICl 溶液，于室温处放置 30min 后，加碘化钾还原，用 0.1000mol/L $Na_2S_2O_3$ 标准滴定溶液滴定，消耗 6.58mL，同时进行空白试验，消耗 $Na_2S_2O_3$ 标准滴定溶液 23.30mL，计算豆油的碘值。[$M_{(\mathrm{I})}=126.9$]

8. [2] 用肟化法测定丙酮含量，测定和空白消耗 0.1000mol/L NaOH 的体积分别为 23.46mL 和 3.46mL，称取试样 144.0mg，计算丙酮的含量。[$M_{丙酮}=58.09$]

9. [2] 测定乙酸正丁酯试样，称取试样 3.0012g，加入 20mL 中性乙醇溶解后，用 0.0200mol/LNaOH 标准滴定溶液滴定，消耗 0.20mL。向上述溶液中准确加入 50mL1.0mol/L KOH 乙醇溶液回流水解后，用 1.1210mol/L HCl 标准滴定溶液回滴，消耗体积为 21.74mL，空白试验消耗盐酸标准滴定溶液 44.60mL，计算试验的皂化值、酸值、酯值。

10. [2] 测定某乙酸乙酯试样。精称试样 0.9990g，加 20mL 中性乙醇溶解，用 0.0200mol/L 的 NaOH 标准溶液标定，消耗 0.08mL。于上溶液中准确加入 50.00mL 0.5mol/L KOH 乙醇溶液，回流水解后，用 0.5831mol/L HCl 回滴，消耗体积为 24.25mL，空白试验消耗 HCl 标准溶液体积 43.45mL，计算试样中游离乙酸的含量，乙酸乙酯的含量、酯值、皂化值和酸值。[M(KOH) = 56.11，$M_{乙酸}$ = 60.05，$M_{乙酸乙酯}$ = 88.11]

11. [2] 费林试剂氧化法测定葡萄糖的如下数据：(1) 标定费林试剂：称取葡萄糖基准物 0.5000g 溶于 250mL 容量瓶中，用此溶液滴定 10.00mL 费林试剂，消耗 24.70mL。(2) 称取葡萄糖试样 0.5125g 与标定费林试剂进行同样处理，消耗试样溶液 25.30mL。计算费林试剂对葡萄糖的滴定度、葡萄糖的纯度。

第十六章

环境保护基础知识

一、单选题

1. [2] 环境科学主要研究（　　）。
　A. 第一环境问题　　B. 科学技术问题　　C. 环境与资源问题　　D. 第二环境问题
2. [3] 环境问题的实质是（　　）。
　A. 生态问题　　B. 发展问题　　C. 污染问题　　D. 人口问题
3. [2] 人类对环境应持的正确态度是（　　）。
　A. 最大限度地扩大自然保护区
　B. 减少向环境索取物质和能量
　C. 协调人类自身发展、生产发展与环境发展的关系
　D. 停止或减缓人类的发展，使环境恢复原始面貌
4. [2] 人类环境的中心事物是（　　）。
　A. 人类　　B. 人类和其他生物
　C. 人类、其他生物和无生命物质　　D. 其他生物、无生命物质
5. [2] 我国部分的地区要“退耕还牧”、“退耕还林”，是因为（　　）。
　A. 人们需要更多的木材和畜产品
　B. 有些地方生态失去平衡、水土流失和沙漠化严重，必须用种草种树的方法加以改善
　C. 种粮食价格太低，效益不如种草和树高
　D. 种粮食相对辛苦，不如种树、放养畜牧轻松
6. [2] 震惊中外的中石油吉化公司双苯厂大爆炸，污染了（　　）。
　A. 松花江　　B. 长江　　C. 黄河　　D. 珠江
7. [2] 1972 年的第 27 届联合国大会接受并通过联合国人类环境会议的建议，规定每年的（　　）为“世界环境日”。
　A. 6 月 5 日　　B. 4 月 22 日　　C. 9 月 16 日　　D. 11 月 15 日
8. [3] 从保护和改善城市环境出发，下列城市规划合理的是（　　）。
　A. 有污染的工业，布局应适当分散
　B. 为了方便居民乘车，交通运输线应尽量通过市中心

C. 居住区位于盛行风的上风向，有大气污染的企业位于盛行风的下风向

D. 居住区位于河流的下游，有水污染的企业位于河流的上游

9. [1] 数百年前，我国黄土高原有茂密的森林，后来却成了荒山秃岭，主要原因是（　　）。

A. 北方寒流长期侵袭　　B. 火山喷发频繁所致

C. 过度开发破坏了生态平衡　　D. 黄河经常改道毁坏了森林

10. [2] 为了更好地保护生态环境，下列发展农业生产的方式中不正确的是（　　）。

A. 不施化肥和农药，用开辟更多的良田的方法来弥补产量的损失

B. 生产养分更全面合理的食品，从而减少产量的压力，避免环境的破坏

C. 发展生态农业，让高产、优质、高效三方面的要求得到相互协调

D. 以上方式都不正确

11. [2]"国际保护臭氧层日"是（　　）。

A. 6月5日　　B. 4月22日　　C. 9月16日　　D. 11月15日

12. [1] 臭氧层为什么可以保护地球上的生物（　　）。

A. 可以过滤掉太阳光中的紫外线　　B. 挡住了太阳的热量

C. 帮助地球保温　　D. 生成氧气

13. [2] 大气中CO_2浓度增加的主要原因是（　　）。

A. 矿物燃料的大量使用　　B. 太阳黑子增多

C. 温带森林破坏严重　　D. 地球温度升高，海水中CO_2溢出

14. [3] 净化铝电解厂烟气通常采用的吸附剂是（　　）。

A. 工业氧化铝粉末　　B. 氧化钙　　C. 氢氧化钙　　D. 活性炭

15. [2] 酸雨及臭氧减少造成危害的共同点是（　　）。

A. 都不危害人体健康　　B. 都会使土壤酸化

C. 都会对植被造成危害　　D. 对建筑物都有腐蚀作用

16. [2] 我国大气中的主要污染物是（　　）。

A. 一氧化碳和氟化氢　　B. 二氧化碳和二氧化硫

C. 二氧化硫和烟尘　　D. 氮氧化物和硫化氢

17. [2] 形成酸雨的原因之一是（　　）。

A. 大气中自然产生　　B. 汽车尾气　　C. 宇宙外来的因素　　D. 石油自燃

18. [2] 有关臭氧层破坏的说法，正确的是（　　）。

A. 人类使用电冰箱、空调释放大量的硫氧化物和氮氧化物所致

B. 臭氧主要分布在近地面的对流层，容易被人类活动所破坏

C. 臭氧层空洞的出现，使世界各地区降水和干湿状况发生变化

D. 保护臭氧层的主要措施是逐步淘汰破坏臭氧层物质的排放

19. [2] 中国城市每天报道的空气质量被分为一、二、三、四、五级。级别数字的（　　）表示空气质量变差。

A. 增加　　B. 减少　　C. 不变　　D. 来回变化

20. [3] 目前人类比较容易利用的淡水资源是（　　）。

A. 河水、浅层地下水、深层地下水　　B. 河水、冰川水、浅层地下水

C. 河水、浅层地下水、淡水湖泊水　　D. 冰川水、浅层地下水、淡水湖泊水

21. [3] 日本水俣湾的鱼体内甲基汞含量比周围的海水中甲基汞含量高3000倍左右。甲基汞进入鱼体的主要途径是（　　）。

A. 饮水　　B. 鳃呼吸　　C. 食物链　　D. 皮肤吸收

22. [2] 废电池随处丢弃会产生（　　）。

A. 重金属污染　　B. 白色污染　　C. 酸雨污染　　D. 大气污染

23. [2] 控制噪声的根本途径是采取（　　）。

A. 声源控制　　B. 接受者防护　　C. 隔声措施　　D. 吸声措施

24. [2] 垃圾是放错了地方的（　　）。

A. 资源　　B. 污染　　C. 废物　　D. 排放物

25. [2] 塑料大约需要（　　）才能在自然界中分解。

A. 10 年　　B. 50 年　　C. 100 年以上　　D. 30 年

26. [2] 国际上对“绿色”的理解包括（　　）三个方面。

A. 生命、节能、环保　　B. 人口、土地、经济

C. 森林、河流、湖泊　　D. 工业、农业、服务业

27. [3] 国家对严重污染水环境的落后工艺和设备实行（　　）。

A. 限期淘汰制度　　B. 控制使用制度　　C. 加倍罚款　　D. 改造后使用

28. [2] 可持续发展的重要标志是资源的永续利用和（　　）。

A. 良好的生态环境　　B. 大量的资金投入　　C. 先进的技术支持　　D. 高科技的研究

29. [2] 我国环保法规定，（　　）都有保护环境的义务，并有权对污染和破坏环境的单位和个人进行检举和控告。

A. 国家干部　　B. 任何单位和个人　　C. 环境保护部门　　D. 学生和工人

30. [2] 我国环境保护行政主管部门的基本职能是（　　）。

A. 依法对环境保护实施统一监督管理　　B. 罚款

C. 环保科研　　D. 教育

二、判断题

1. [2] 1972 年的第 27 届联合国大会接受并通过联合国人类环境会议的建议，规定每年的 5 月 6 日为“世界环境日”。（　　）

2. [2] 地震和海啸属于次生环境问题。（　　）

3. [3] 公害病是由于某些特定区域自然环境中某些元素失衡而造成的疾病。（　　）

4. [3] 环境污染对人体的危害分为急性危害、慢性危害和短期危害。（　　）

5. [2] 矿产资源是一种可供人类社会利用的不可更新资源。（　　）

6. [2] 按照环境因素的形成，把环境分为生活环境和生态环境。（　　）

7. [1] 与热带雨林相比，沙漠的生物种类比较少，生物多样性遭到破坏以后，恢复的难度更大。（　　）

8. [3] 新品种的引入有利于保护生态系统的生物多样性。（　　）

9. [2] 洛杉矶光化学烟雾事件造成的原因是由于汽车废气所进行的光化学反应所致。（　　）

10. [2] 酸雨是大气污染引起的，是 pH 小于 6.5 的雨、雪、雾、雹和其他形式的大气降水。（　　）

11. [2] 酸雨污染是当今国际环境问题的主要表现之一。（　　）

12. [2] 地球上最大的生态系统是水域生态系统。（　　）

13. [2] 我国是世界上贫水国之一，淡水资源不到世界人均水量的 1/4。（　　）

14. [2] 震惊世界的骨痛病事件是由于铬污染造成的。（　　）

15. [2] 我国控制固体废物污染的技术政策包括“无害化”、“减量化”和“资源化”。（　　）

16. [2] 作用于人类的放射性辐射源可分为天然放射源和人工放射源两类，其中天然放射源是造成环境放射性污染的主要来源。（　　）

17. [3] 噪声污染与大气污染、水污染相比，具有感觉性、局部性和无残留性。（　　）

18. [2] 凡向水体排放污染物，超标要收费，不超标不收费。（　　）

19. [2] 可持续发展的概念，最初是由我国环境学家提出来的。（　　）

20. [2] 我国开展的空调节能行动提倡夏季室内温度控制在26℃。（　　）

三、多选题

1. [3] 按污染物的特性划分的污染类型包括以下的（　　）。
   A. 大气污染　B. 放射污染　C. 生物污染　D. 化学污染

2. [2] 把自然原因引起的环境问题称为（　　）或（　　）。
   A. 原生环境问题　B. 次生环境问题　C. 第一环境问题　D. 第二环境问题

3. [2] 环境科学的任务包括（　　）。
   A. 研究区域环境污染和破坏的综合防治措施
   B. 探索全球环境的演化规律
   C. 研究人类活动同自然生态之间的关系
   D. 研究环境变化对人类生存和发展的影响

4. [2] 当今全球性环境问题的主要包括（　　）。
   A. 温室效应　B. 酸雨　C. 能源问题
   D. 土地荒漠化　E. 生物多样性减少

5. [3] 保护生物多样性的措施不包括（　　）。
   A. 建立自然保护区，对濒危的物种采取迁地保护
   B. 引入新的物种
   C. 开发野生生物资源
   D. 改良生物培养新品种

6. [2] 生态系统的组成包括（　　）。
   A. 生产者　B. 消费者　C. 分解者　D. 无生命物质

7. [3] 从我国大气环境的现状分析，大气中主要污染物为（　　）。
   A. 一氧化碳　B. 二氧化硫　C. 烟尘　D. 氮氧化物

8. [2] 农民在温室大棚增施二氧化碳的目的是（　　）。
   A. 杀菌消毒　B. 提供光合作用的原料
   C. 提高温室大棚的温度　D. 吸收太阳紫外线和可见光

9. [2] 我国防治燃煤产生大气污染的主要措施包括（　　）。
   A. 提高燃煤品质，减少燃煤污染
   B. 对酸雨控制区和二氧化硫污染控制区实行严格的区域性污染防治措施
   C. 加强对城市燃煤污染的防治
   D. 城市居民禁止直接燃用原煤

10. [2] 现代污水处理的方法有（　　）。
   A. 物理方法　B. 化学方法　C. 生物方法　D. 物理化学方法

11. [2] 属于水体物理性污染的有（　　）。
   A. 重金属污染　B. 热污染　C. 悬浮物污染　D. 营养物质的污染

12. [2] 城市生活垃圾处理的主要方式有（　　）。
   A. 卫生填埋　B. 海洋处置　C. 焚烧　D. 堆肥

13. [2] 电磁辐射污染的防护方法是（　　）。

A. 个人防护　　B. 屏蔽防护　　C. 接地防护　　D. 吸收防护

14. [2] 热污染的防治措施包括（　　）。

A. 提高热能效率　　B. 开发新能源　　C. 废热利用　　D. 绿化

15. [2] 噪声对人体的（　　）有害。

A. 心血管系统　　B. 消化系统　　C. 神经系统　　D. 内分泌系统

16. [3] 噪声污染与大气污染、水污染相比，具有的特性有（　　）。

A. 暂时性　　B. 局部性　　C. 无残留性　　D. 多发性

17. [2] 噪声按来源可分为（　　）。

A. 工业噪声　　B. 机械噪声　　C. 建筑施工噪声

D. 社会生活噪声　　E. 交通噪声

18. [1] 你知道环境违法行为有哪些（　　）。

A. 环境污染与生态破坏事故　　B. 企业擅自停运、闲置、拆除污染防治设施

C. 污染物超标排放　　D. 非法进行工业废水、废气排放

19. [3] 清洁生产除了强调预防以外，还需（　　）。

A. 干净　　B. 可持续性　　C. 治理　　D. 防止污染物转移

20. [2] 下列言行有利于可持续发展的是（　　）。

A. “保护长江万里行”活动

B. 中国要建立“绿色 GDP 为核心指标的经济发展模式和国民核算新体系”

C. “盛世滋丁，永不加赋”

D. 提倡塑料袋购物

21. [2] 核能是未来人类重点开发和利用的能源，核能作为一种新能源，其具有一系列特点，下述关于核能的特点中，表述正确的是（　　）。

A. 能量高，耗料少　　B. 安全可靠系数低，不利于环境保护

C. 总体费用低，资源利用合理　　D. 除了可用于发电外，还可产生新的核燃料

22. [2] 城市垃圾是一类重要的固体废弃物，下列选项中属于焚烧城市垃圾的意义的是（　　）。

A. 保护大气环境　　B. 回收热资源

C. 减少垃圾体积　　D. 杀灭各种病原微生物

23. [2] 我国南方土壤呈现酸化趋势，在一定程度上是因为长期施用大量的化学氮肥，下列属于致酸氮肥的是（　　）。

A. 硫酸铵　　B. 硝酸铵　　C. 碳酸氢铵　　D. 复合肥

24. [2] 土壤退化是土壤生态遭受破坏的最明显的标志，下列属于当前土壤退化类型的是（　　）。

A. 土壤盐碱化　　B. 土壤潜育化　　C. 土壤荒漠化　　D. 土壤肥力下降

高级篇

第一章 职业道德

一、单选题

1. [2] 人力资源的特点包括（　　）。
   A. 能动性、再生性和相对性　　B. 物质性、有用性和有限性
   C. 可用性、相对性和有限性　　D. 可用性、再生性和相对性
2. [2] 高级分析工是属国家职业资格等级（　　）。
   A. 四级　　B. 三级　　C. 二级　　D. 一级
3. [2] 自我修养是提高职业道德水平必不可少的手段，自我修养不应（　　）。
   A. 体验生活，经常进行“内省”　　B. 盲目“自高自大”
   C. 敢于批评自我批评　　D. 学习榜样，努力做到“慎独”
4. [2] 团结互助的基本要求中不包括（　　）。
   A. 平等尊重　　B. 相互拆台　　C. 顾全大局　　D. 互相学习
5. [1] 下面有关开拓创新论述错误的是（　　）。
   A. 开拓创新是科学家的事情，与普通职工无关
   B. 开拓创新是每个人不可缺少的素质
   C. 开拓创新是时代的需要
   D. 开拓创新是企业发展的保证

二、判断题

1. [3] 分析工作者须严格遵守采取均匀固体样品的技术标准的规定。（　　）
2. [3] 职业道德是人格的一面镜子。（　　）
3. [3] 自我修养的提高也是职业道德的一个重要养成方法。（　　）
4. [2] 从业人员遵纪守法是职业活动正常进行的基本保证。（　　）

三、多选题

1. [2] 属于化学检验工的职业守则内容的是（　　）。
   A. 爱岗敬业，工作热情主动　　B. 实事求是，坚持原则，依据标准进行

检验和判定

C. 遵守操作规程，注意安全　　D. 熟练的职业技能

2. [2] 下面有关开拓创新，要有创造意识和科学思维的论述中正确的是（　　）。

A. 要强化创造意识　　B. 只能联想思维，不能发散思维

C. 要确立科学思维　　D. 要善于大胆设想

3. [2] 下面有关职业道德与人格的关系的论述中正确的是（　　）。

A. 人的职业道德品质反映着人的整体道德素质

B. 人的职业道德的提高有利于人的思想品德素质的全面提高

C. 职业道德水平的高低只能反映他在所从事职业中能力的大小，与人格无关

D. 提高职业道德水平是人格升华的最重要的途径

4. [2] 对于平等尊重叙述正确的是（　　）。

A. 上下级之间平等尊重　　B. 同事之间相互尊重

C. 不尊重服务对象　　D. 师徒之间相互尊重

5. [3] 职业活动是检验一个人职业道德品质高低的试金石，在职业活动中强化职业道德行为中做法正确的是（　　）。

A. 将职业道德知识内化为信念　　B. 将职业道德知识外化为行为

C. 职业道德知识与信念、行为无关　　D. 言行一致，表里如一

第二章

化验室基础知识

一、单选题

1. [2] 含无机酸的废液可采用（　　）处理。
   A. 沉淀法　　B. 萃取法　　C. 中和法　　D. 氧化还原法
2. [3] 冷却浴或加热浴用的试剂可选用（　　）。
   A. 优级纯　　B. 分析纯　　C. 化学纯　　D. 工业品
3. [1] IUPAC 把 C 级标准试剂的含量规定为（　　）
   A. 原子量标准　　B. 含量为 (100±0.02)%
   C. 含量为 (100±0.05)%　　D. 含量为 (100±0.10)%
4. [3] 化学试剂的一级品又称为（　　）试剂。
   A. 光谱纯　　B. 优级纯　　C. 分析纯　　D. 化学纯
5. [2] 金光红色标签的试剂适用范围为（　　）。
   A. 精密分析实验　　B. 一般分析实验
   C. 一般分析工作　　D. 生化及医用化学实验
6. [2] 优级纯、分析纯、化学纯试剂的代号依次为（　　）。
   A. G.R.、A.R.、C.P.　　B. A.R.、G.R.、C.P.
   C. C.P.、G.R.、A.R.　　D. G.R.、C.P.、A.R.
7. [2] 分析实验室用水不控制（　　）指标。
   A. pH 范围　　B. 细菌　　C. 电导率　　D. 吸光度
8. [2] 分析用水的电导率应小于（　　）。
   A. 1.0μS/cm　　B. 0.1μS/cm　　C. 5.0μS/cm　　D. 0.5μS/cm
9. [2] 贮存易燃易爆及强氧化性物质时，最高温度不能高于（　　）。
   A. 20℃　　B. 10℃　　C. 30℃　　D. 0℃
10. [2] 应该放在远离有机物及还原物质的地方，使用时不能戴橡皮手套的是（　　）。
    A. 浓硫酸　　B. 浓盐酸　　C. 浓硝酸　　D. 浓高氯酸
11. [3] 电气设备火灾宜用（　　）灭火。
    A. 水　　B. 泡沫灭火器　　C. 干粉灭火器　　D. 湿抹布

12. [2] 实验用水电导率的测定要注意避免空气中的（　　）溶于水，使水的电导率（　　）。

A. 氧气、减小　　B. 二氧化碳、增大

C. 氧气、增大　　D. 二氧化碳、减小

13. [2] 各种试剂按纯度从高到低的代号顺序是（　　）。

A. G. R. ＞A. R. ＞C. P.　　B. G. R. ＞C. P. ＞A. R.

C. A. R. ＞C. P. ＞G. R.　　D. C. P. ＞A. R. ＞G. R.

14. [2] 能用水扑灭的火灾种类是（　　）

A. 可燃性液体，如石油、食油　　B. 可燃性金属如钾、钠、钙、镁等

C. 木材、纸张、棉花燃烧　　D. 可燃性气体如煤气、石油液化气

15. [3] 化学烧伤中，酸的蚀伤，应用大量的水冲洗，然后用（　　）冲洗，再用水冲洗。

A. 0.3mol/L HAc 溶液　　B. 2% $NaHCO_3$溶液

C. 0.3mol/L HCl 溶液　　D. 2% NaOH 溶液

16. [1] 下列有关贮藏危险品方法不正确的是（　　）。

A. 危险品贮藏室应干燥、朝北、通风良好　　B. 门窗应坚固，门应朝外开

C. 门窗应坚固，门应朝内开　　D. 贮藏室应设在四周不靠建筑物的地方

17. [1] 下列中毒急救方法错误的是（　　）。

A. 呼吸系统急性中毒性，应使中毒者离开现场，使其呼吸新鲜空气或做抗休处理

B. H_2S 中毒立即进行洗胃，使之呕吐

C. 误食了重金属盐溶液应立即洗胃，使之呕吐

D. 皮肤、眼和鼻受毒物侵害时，应立即用大量自来水冲洗

18. [1] 严禁将（　　）与氧气瓶同车运送。

A. 氮气瓶、氢气瓶　　B. 二氧化碳、乙炔瓶

C. 氩气瓶、乙炔瓶　　D. 氢气瓶、乙炔瓶

19. [2] 以下物质为致癌物质的是（　　）。

A. 苯胺　　B. 氮　　C. 甲烷　　D. 乙醇

20. [2] 下列试剂中不属于易制毒化学品的是（　　）。

A. 浓硫酸　　B. 无水乙醇　　C. 浓盐酸　　D. 高锰酸钾

21. [1] 高效液相色谱用水必须使用（　　）。

A. 一级水　　B. 二级水　　C. 三级水　　D. 天然水

22. [2] 标准物氧化锌用前需要在800℃处理，可以选用（　　）。

A. 电炉　　B. 马弗炉　　C. 电烘箱　　D. 水浴锅

23. [3] 在加工玻璃管时应选用（　　）。

A. 马弗炉　　B. 酒精灯　　C. 酒精喷灯　　D. 电烘箱

二、判断题

1. [2] 保留样品未到保留期满，虽用户未曾提出异议，也不可以随意撤销。（　　）

2. [2] 凡是优级纯的物质都可用于直接法配制标准溶液。（　　）

3. [2] 化工产品采样量在满足需要前提下，样品量越少越好，但其量至少满足三次重复检测、备考样品和加工处理的要求。（　　）

4. [2] 钡盐接触人的伤口也会使人中毒。（　　）

5. [3] 当不慎吸入 H_2S 而感到不适时，应立即到室外呼吸新鲜空气。（　　）

6. [2] 实验用的纯水其纯度可通过测定水的电导率大小来判断，电导率越低，说明水

的纯度越高。（ ）

7. [3] 三级水可贮存在经处理并用同级水洗涤过的密闭聚乙烯容器中。（ ）

8. [2] 铂金制品在使用中，必须保持表面的光洁，若有斑点，用其他办法除不去时，可用最细的砂纸轻轻打磨。（ ）

9. [3] 标准试剂的确定和使用具有国际性。（ ）

10. [2] 指示剂属于一般试剂。（ ）

11. [2] 低沸点的有机标准物质，为防止其挥发，应保存在一般冰箱内。（ ）

12. [3] 国家标准规定，一般滴定分析用标准溶液在常温（15～25℃）下使用两个月后，必须重新标定浓度。（ ）

13. [2] 腐蚀性中毒是通过皮肤进入皮下组织，不一定立即引起表面的灼伤。（ ）

14. [2] 玛瑙研钵在任何情况下都不得烘烤或加热。（ ）

15. [3] 铂器皿不可用于处理氯化铁溶液。（ ）

16. [2] 实验室一级水不可贮存，需使用前制备。二级水、三级水可适量制备，分别贮存在预先经同级水清洗过的相应容器中。（ ）

17. [2] 分析用水的质量要求中，不用进行检验的指标是密度。（ ）

18. [2] 根据毒物的 LD_{50} 值、急慢性中毒状况与后果、致癌性、工作场所最高容许浓度等 6 项指标，全面权衡，将毒物的危害程度分为四个级别。（ ）

19. [2] 某些毒物中毒的特殊解毒剂，应在现场即刻使用，如氰化物中毒，应吸入亚硝酸异戊酯。（ ）

三、多选题

1. [2] 有关铂皿使用操作正确的是（ ）。
   A. 铂皿必须保持清洁光亮，以免有害物质继续与铂作用
   B. 灼烧时，铂皿不能与其他金属接触
   C. 铂皿可以直接放置于马弗炉中灼烧
   D. 灼热的铂皿不能用不锈钢坩埚钳夹取

2. [1] 标准物质的主要用途有（ ）。
   A. 容量分析标准溶液的定值　　B. pH 计的定位
   C. 色谱分析的定性和定量　　D. 有机物元素分析

3. [2] 下列关于银器皿使用时正确的方法是（ ）。
   A. 不许使用碱性硫化试剂，因为硫可以和银发生反应
   B. 银的熔点 960℃，不能在火上直接加热
   C. 不受 KOH(NaOH) 的侵蚀，在熔融此类物质时仅在接近空气的边缘处略有腐蚀
   D. 熔融状态的铝、锌等金属盐都能使银坩埚变脆，不可用于熔融硼砂
   E. 可以用于沉淀物的灼烧和称重

4. [3] 以下关于高压气瓶使用、储存管理叙述正确的是（ ）。
   A. 充装可燃气体的气瓶，注意防止产生静电
   B. 冬天高压瓶阀冻结，可用蒸汽加热解冻
   C. 空瓶、满瓶混放时，应定期检查，防止泄漏、腐蚀
   D. 贮存气瓶应旋紧瓶帽，放置整齐，留有通道，妥善固定

5. [2] 下列关于瓷器皿的说法中，正确的是（ ）。
   A. 瓷器皿可用作称量分析中的称量器皿　　B. 可以用氢氟酸在瓷皿中分解处理样品
   C. 瓷器皿不适合熔融分解碱金属的碳酸盐　　D. 瓷器皿耐高温

6. [3] 在实验室中引起火灾的通常原因包括（　　）。

A. 明火　B. 电器保养不良　C. 仪器设备在不使用时未关闭电源

D. 使用易燃物品时粗心大意，长时间用电导致仪器发热

E. 长时间用电导致仪器发热

7. [2] 高压气瓶内装气体按物理性质分为（　　）。

A. 压缩气体　B. 液化气体　C. 溶解气体　D. 惰性气体

8. [2] 在维护和保养仪器设备时，应坚持“三防四定”的原则，即要做到（　　）。

A. 定人保管　B. 定点存放　C. 定人使用　D. 定期检修

9. [1] 实验室三级水须检验的项目为（　　）。

A. pH 范围　B. 电导率　C. 吸光度　D. 可氧化物质

10. [3] 分析用三级水可适量制备，并贮存于预先清洗过的（　　）内。

A. 密闭专用聚乙烯容器　B. 密闭的专用玻璃容器

C. 铁桶　D. 铝锅　E. 塑料桶

11. [1] 玻璃器皿的洗涤可根据污染物的性质分别选用不同的洗涤剂，如被有机物沾污的器皿可用（　　）洗涤。

A. 去污粉　B. KOH-乙醇溶液　C. 铬酸洗液

D. HCl-乙醇洗液　E. 水

12. [2] 须贮于棕色具磨口塞试剂瓶中的标准溶液为（　　）。

A. I_2　B. $Na_2S_2O_3$　C. HCl　D. $AgNO_3$

13. [1] 乙炔气瓶要用专门的乙炔减压阀，使用时要注意（　　）。

A. 检漏　B. 二次表的压力控制在 0.5MPa 左右

C. 停止用气进时先松开二次表的开关旋钮，后关气瓶总开关

D. 先关乙炔气瓶的开关，再松开二次表的开关旋钮

14. [2] 严禁用沙土灭火的物质有（　　）。

A. 苦味酸　B. 硫黄　C. 雷汞　D. 乙醇

15. [2] 误服下列毒物后可以洗胃为（　　）。

A. NaOH　B. 砷　C. 汞盐　D. 磷

16. [3] 我国试剂标准的基准试剂相当于 IUPAC 中的（　　）。

A. B 级　B. A 级　C. D 级　D. C 级

第三章 化验室管理与质量控制

一、单选题

1. [1] 下列项目中不是国家产品质量法规定的条目是（　　）。
   A. 产品质量应当检验合格，不得以不合格产品冒充合格产品
   B. 生产者应当对其生产的产品质量负责
   C. 对工业产品的品种、规格、质量、等级或者安全、卫生要求应当制定标准
   D. 产品或其包装上必须有中文标明的产品名称、生产厂厂名和厂址
2. [2] 我国企业产品质量检验不可用的标准是（　　）。
   A. 国家标准和行业标准　　B. 国际标准
   C. 合同双方当事人约定的标准　　D. 企业自行制定的标准
3. [2] ISO9003 是关于（　　）的标准。
   A. 产品最终质量管理　　B. 产品生产过程质量保证
   C. 最终检验质量保证模式　　D. 质量保证审核模式
4. [3] ISO 的中文意思是（　　）。
   A. 国际标准化　　B. 国际标准分类
   C. 国际标准化组织　　D. 国际标准分类法
5. [1] 下列标准中，必须制定为强制性标准的是（　　）。
   A. 国家标准　　B. 分析方法标准　　C. 食品卫生标准　　D. 产品标准
6. [3] 化工行业的标准代号是（　　）。
   A. MY　　B. HG　　C. YY　　D. B/T
7. [2] 中华人民共和国计量法实施的时间是（　　）。
   A. 1987 年 7 月 1 日　　B. 1986 年 7 月 1 日
   C. 1987 年 2 月 1 日　　D. 1985 年 9 月 6 日
8. [1] 我国国家标准 GB 8978—1996《污水综合排放标准》中，把污染物在人体中能产生长远影响的物质称为“第一类污染物”，影响较小的称为“第二类污染物”。在下列污染物中属于第一类污染物的是（　　）。
   A. 氰化物　　B. 挥发酚　　C. 盐酸　　D. 铅

9. [1] 下列关于 ISO 描述中错误的是（　　）。

A. ISO 标准的编号形式是：ISO＋顺序号＋制定或修订年份

B. ISO 所有标准每隔 5 年审定 1 次

C. 用英、日、法、俄、中五种文字报道 ISO 的全部现行标准

D. ISO 的网址：http：//www. iso. ch/cate. html

10. [2] 表示计量器具合格可使用的检定标识为（　　）。

A. 绿色　　B. 红色　　C. 黄色　　D. 蓝色

11. [2] 以下用于化工产品检验的器具中，属于国家计量局发布的强制检定的工作计量器具是（　　）。

A. 量筒、天平　　B. 台秤、密度计　　C. 烧杯、砝码　　D. 温度计、量杯

12. [3] 国家一级标准物质的代号用（　　）表示。

A. GB　　B. GBW　　C. GBW（E）　　D. GB/T

13. [3] 质量的法定计量单位是（　　）。

A. 牛顿、千克、克　　B. 牛顿、千克

C. 千克、克、公斤、斤　　D. 千克、克

14. [2]（　　）不属于计量器具。

A. 量筒、量气管、移液管　　B. 注射器、量杯、天平

C. 称量瓶、滴定管、移液管　　D. 电子秤、容量瓶、滴定管

15. [2] 行业产品质量是指（　　）。

A. 行业有关法规、质量标准以及合同规定的对产品适用、安全和其他特性的要求

B. 企业领导根据用户的要求进行协商的意项

C. 生产厂长根据自身条件制订的要求

D. 厂办根据企业领导的指示制订的企业方针

16. [2] 下列叙述中（　　）不是中国标准定义中涉及的内容。

A. 对重复性事物或概念所做的统一规定

B. 它以科学、技术和实践经验的综合成果为基础

C. 经公认的权威机构批准

D. 以特定形式发布，作为共同遵守的准则和依据

17. [2] ISO9000 系列标准所定义的质量是指一组固有（　　）满足要求的程度。

A. 特征　　B. 特点　　C. 性质　　D. 特性

18. [2] 质量控制是为了达到质量要求所采取的（　　）和活动。

A. 操作技术　　B. 试验技术　　C. 检测技术　　D. 作业技术

19. [2] 质量管理体系的有效性是指其运行的结果达到组织所设定的质量（　　）的程度及其体系运行的经济性。

A. 方针　　B. 承诺　　C. 保证　　D. 目标

20. [2] 在列举出的在实验室认可要求中，属于质量体系保证的是（　　）。

A. 技术标准的保证　　B. 检验过程的质量保证

C. 质量问题申诉处理的保证　　D. 领导人员的保证

21. [1] 下列所述（　　）是检验报告填写中的注意事项。

A. 中控检验可不出检验报告

B. 运用公式合理、规范

C. 在检验报告中，对杂质的测定，不能有“0”、“无”等出现，最多只能填“未检出”或小于某特定值

D. 检验报告中必须有分析人，分析人填写检验报告后，就可报结果

22. [1] 在下列危险化学品中属于类别有误的是（　）。

A. 氧化剂和有机过氧化物，该类化合物也可分为：一级氧化剂、二级氧化剂和三级氧化剂

B. 毒害品，毒害品分为：剧毒品、有毒品和有害品等

C. 腐蚀品，酸性腐蚀品有：硫酸、氢氟酸、无水三氯化铝、甲酸、苯酚等

D. 含水类化合物，如二水合草酸、五水硫酸铜等

23. [2] 对于危险化学品贮存管理的叙述不正确的是（　）。

A. 化学药品贮存室要由专人保管，并有严格的账目和管理制度

B. 化学药品应按类存放、特别是危险化学品按其特性单独存放

C. 遇火、遇潮、易燃烧产生有毒气体的化学药品，不得在露天、潮湿、漏雨和低洼容易积水的地点存放

D. 受光照射容易燃烧、爆炸或产生有毒气体的化学药品和桶装、瓶装的易燃液体，就要放在完全不见光的地方，不得见光和通风

二、判断题

1. [3] 化工产品质量检验中，主成分含量达到标准规定的要求，如仅有一项杂质含量不能达到标准规定的要求时，可判定为合格产品。（　）

2. [2] 在日本的 PPM 管理体系中 PPM 的含义是百万分之一和完美的产品质量。（　）

3. [3] 质量体系只管理产品质量，对产品负责。（　）

4. [2] 国家标准是企业必须执行的标准。（　）

5. [2] 中华人民共和国强制性国家标准的代号是 GB/T。（　）

6. [2] 按照标准化的对象性质，可将标准分成为三大类：技术标准、管理标准和工作标准。（　）

7. [3] 标准化的目的是为了在一定范围内获得最佳秩序。（　）

8. [3] ISO14000 指的是质量管理体系，ISO19000 指的是环境管理体系。（　）

9. [3] 国际标准是由非政府性的国际标准化组织制定颁布的，在我国受到限制。（　）

10. [2] 当产品中的某项指标达不到国家标准的要求时，需要制定企业标准。（　）

11. [2] 国外先进标准是指未经 ISO 确认并公布的其他国际组织的标准、发达国家的国家标准、区域性组织的标准。（　）

12. [2] 计量检定就是对精密的刻度仪器进行校准。（　）

13. [2] 对出厂前成品检验中高含量的测定，或标准滴定溶液测定中，涉及使用滴定管时，此滴定管应带校正值。（　）

14. [2] 一般情况下量筒可以不进行校正，但若需要校正，则应半年校正一次。（　）

15. [2] 国际单位制规定了 16 个词头及它们通用的符号，国际上称 SI 词头。（　）

16. [3] 11.48g 换算为毫克的正确写法是 11480mg。（　）

17. [2] 质量控制是为了达到质量管理目的而采取的有计划和有系统的活动。（　）

18. [2] 检测出杂质的含量远离指标界线时，在检验报告填写中一般只保留一致有效数值。（　）

19. [3] 测温、测体积、测长度、测流量等用的器具统称为计量器具。（　）

20. [2] 产品质量涉及生产工艺、技术能力、质量标准、相关法规、合同规定等多方因

素要求。(　　)

三、多选题

1. [3] 根据中华人民共和国计量法，下列说法正确的是（　　）。
   A. 进口的计量器具，必须经县级以上人民政府计量行政部门检定合格后，方可销售
   B. 个体工商户可以制造、修理简易的计量器具
   C. 使用计量器具不得破坏其准确度，损害国家和消费者的利益
   D. 制造、销售未经考核合格的计量器具新产品的，责令停止制造、销售该种新产品，没收违法所得，可以并处罚款
   E. 列入强制检定目录的工作计量器具，实行强制检定
2. [2] 国家法定计量单位中关于物质的量应废除的单位有（　　）。
   A. 摩尔　　B. 毫摩尔　　C. 克分子数　　D. 摩尔数
3. [2] 我国企业产品质量检验可用的标准有（　　）。
   A. 国家标准和行业标准　　B. 国际标准
   C. 合同双方当事人约定的标准　　D. 企业自行制定的标准
4. [2] 质量认证的基本条件是（　　）。
   A. 认证的产品必须是质量优良的产品
   B. 该产品的组织必须有完善的质量体系并正常进行
   C. 有通过“化验室认可的化验室”
   D. 必备的质量报告体系
5. [2] 下列标准必须制定为强制性标准的是（　　）。
   A. 分析（或检测）方法标准　　B. 环保标准
   C. 食品卫生标准　　D. 国家标准
6. [1] 不是国际标准化组织的代号是（　　）。
   A. SOS　　B. IEC　　C. ISO
   D. WTO　　E. GB
7. [2] 化工企业产品标准是由概述部分、正文部分、补充部分组成，其中正文部分包括（　　）。
   A. 封面与首页　　B. 目次　　C. 产品标准名称　　D. 技术要求

第四章

化学反应与溶液基础知识

一、单选题

1. [3] Ag^{+}的鉴定可用（　　）。
   A. 碘化钾纸上色谱法　　B. 玫瑰红酸钠法
   C. 铬酸钾法　　D. 以上三种方法
2. [2] 在铵盐存在下，利用氨水作为沉淀剂沉淀Fe^{3+}，若铵盐浓度固定，增大氨的浓度，$Fe(OH)_3$沉淀对Ca^{2+}、Mg^{2+}、Zn^{2+}、Ni^{2+}四种离子的吸附量将是（　　）。
   A. 四种离子都增加　　B. 四种离子都减少
   C. Ca^{2+}、Mg^{2+}增加而Zn^{2+}、Ni^{2+}减少　　D. Zn^{2+}、Ni^{2+}增加而Ca^{2+}、Mg^{2+}减少
3. [2] 在通常情况下，对于四组分系统平衡时所具有的最大自由度数为（　　）。
   A. 3　　B. 4　　C. 5　　D. 6
4. [2] 若在水中溶解KNO_3和Na_2SO_4两种盐，形成不饱和溶液，则该体系的组分数为（　　）。
   A. 3　　B. 4　　C. 5　　D. 6
5. [1] 在$CO(g)$、$H_2(g)$和$CH_3OH(g)$构成的系统中，在一定温度和压力下发生了如下化学变化，$CO(g)+H_2(g) \longrightarrow CH_3OH(g)$，则系统组分数为（　　）。
   A. 1　　B. 2　　C. 3　　D. 4
6. [2] 在一抽空的容器中放入少许$NH_4Cl(s)$且已分解完全；$NH_4Cl(s) \longrightarrow NH_3(g)+HCl(g)$，则该系统的独立组分数和自由度分别是（　　）。
   A. 2、2　　B. 2、1　　C. 1、1　　D. 1、2
7. [1] 在密闭的容器中，KNO_3饱和溶液与其水蒸气呈平衡，并且存在着从溶液中析出的细小KNO_3晶体，该系统中自由度为（　　）。
   A. 0　　B. 1　　C. 2　　D. 3
8. [2] 在石灰窑中，分解反应$CaCO_3(s) \Longrightarrow CaO(s)+CO_2(g)$已达平衡，则该系统的独立组分数、相数、自由度分别是（　　）。
   A. 2、3、1　　B. 2、2、2　　C. 1、2、2　　D. 1、1、1
9. [1] 在一个抽空容器中放入过量的$NH_4I(s)$及$NH_4Cl(s)$，并发生下列反应$NH_4Cl(s) \Longrightarrow NH_3(g)+HCl(g)$，$NH_4I(s) \Longrightarrow NH_3(g)+HI(g)$。此平衡系统的相数$\Phi$，组分数$C$，自由度

数 f 分别为（　　）。

A. 2、2、2　　B. 2、3、3　　C. 3、3、2　　D. 3、2、1

10. [2] 某萃取体系的萃取百分率为98%，$V_{有}=V_{水}$，则分配系数为（　　）。

A. 98　　B. 94　　C. 49　　D. 24.5

11. [1] 某温度时，CCl_4 中溶有摩尔分数为0.01的某物质，此温度时纯 CCl_4 的饱和蒸气压为11.4kPa，则溶剂的蒸气压下降值为（　　）。

A. 0.01kPa　　B. 11.4kPa　　C. 0.114kPa　　D. 以上都不对

12. [1] 浓度均为0.1mol/kg的NaCl、H_2SO_4 和 $C_6H_{12}O_6$（葡萄糖）溶液，按照它们的蒸气压从小到大的顺序排列为（　　）。

A. $p(NaCl)<p(H_2SO_4)<p(C_6H_{12}O_6)$　　B. $p(H_2SO_4)<p(NaCl)<p(C_6H_{12}O_6)$

C. $p(NaCl)<p(C_6H_{12}O_6)<p(H_2SO_4)$　　D. $p(NaCl)=p(H_2SO_4)=p(C_6H_{12}O_6)$

13. [1] 下列相同的稀溶液，蒸气压最高的是（　　）。

A. HAc水溶液　　B. $CaCl_2$ 水溶液　　C. 蔗糖水溶液　　D. NaCl水溶液

14. [2] 已知373K时液体A的饱和蒸气压为133.24kPa，液体B的饱和蒸气压为66.62kPa。设A和B形成理想溶液，当溶液中A的物质的量分数为0.5时，在气相中A的物质的分数为（　　）。

A. 1　　B. 1/2　　C. 1/3　　D. 1/4

15. [2] 将蔗糖溶于纯水中形成稀溶液，与纯水比较，其沸点（　　）。

A. 降低　　B. 升高　　C. 无影响　　D. 不能确定

16. [2] 某难挥发的非电解质稀溶液的沸点为100.40℃，则其凝固点为（　　）(水的 $K_b=0.512K \cdot kg/mol$，$K_f=1.86K \cdot kg/mol$)。

A. －0.11℃　　B. －0.40℃　　C. －0.75℃　　D. －1.45℃

17. [3] 在常压下，将蔗糖溶于纯水形成一定浓度的稀溶液，冷却时首先析出的是纯冰，相对于纯水而言将会出现沸点（　　）。

A. 升高　　B. 降低　　C. 不变　　D. 无一定变化规律

18. [1] 为防止水箱结冰，可加入甘油以降低其凝固点。如需使凝固点降到－3.15℃，在100g水中应加入甘油（　　）g。(已知水的凝固点下降常数1.86℃·kg/mol)

A. 5　　B. 10　　C. 15　　D. 20

19. [1] 在0.50kg水中溶入 1.95×10^{-5} kg的葡萄糖，经实验测得此水溶液的凝固点降低值为0.402K，则葡萄糖的质量为（水的 $K_f=1.86K \cdot kg/mol$）（　　）。

A. 0.100kg/mol　　B. 0.1804kg/mol　　C. 0.36kg/mol　　D. 0.0200kg/mol

20. [2] 在相同温度及压力下，把一定体积的水分散成许多小水滴，经这一变化过程以下性质保持不变的是（　　）。

A. 总表面能　　B. 比表面

C. 液面下的附加压力　　D. 表面张力

21. [2] 对于弯曲液面 K_s 产生的附加压力 ΔP 一定（　　）。

A. 大于零　　B. 等于零　　C. 小于零　　D. 不等于零

22. [3] 水平液面的附加压力为零，这是因为（　　）。

A. 表面张力为零　　B. 曲率半径为零

C. 表面积太小　　D. 曲率半径无限大

23. [3] 对于化学吸附，下面说法中不正确的是（　　）。

A. 吸附是单分子层　　B. 吸附力来源于化学键力

C. 吸附热接近反应热　　D. 吸附速率较快，升高温度则降低吸附速率

24. ［2］已知$CO(g)+H_2O(g) \longrightarrow CO_2(g)+H_2(g)$是基元反应，该反应是（　）级反应。

A. 一级　B. 二级　C. 三级　D. 四级

25. ［1］已知某反应的级数为一级，则可确定该反应一定是（　）。

A. 简单反应　B. 单分子反应　C. 复杂反应　D. 上述都有可能

26. ［2］二级反应2A→B其半衰期（　）。

A. 与A的起始浓度无关　B. 与A的起始浓度成正比

C. 与A的起始浓度成反比　D. 与A的起始浓度平方成反比

27. ［1］二级反应是（　）。

A. 反应的半衰期与反应物起始浓度成无关　B. $\ln c$对t作图得一直线

C. 反应的半衰期与反应物起始浓度成反比　D. 反应速率与反应物浓度一次方成正比

28. ［3］反应A→Y，当A反应掉3/4时，所用时间是半衰期的3倍。则该反应为（　）。

A. 零级反应　B. 一级反应　C. 二级反应　D. 三级反应

29. ［2］某反应在恒温恒压下进行，当加入催化剂时，反应速率明显加快。若无催化剂时反应平衡常数为K，活化能为E，有催化剂时反应平衡常数为K'，活化能为E'。则存在下述关系（　）。

A. $K'>K$，$E<E'$　B. $K'=K$，$E>E'$　C. $K'=K$，$E'=E$　D. $K'<K$，$E<E'$

30. ［3］下列关于单相催化反应的叙述中错误的是（　）。

A. 酸碱催化属于单相催化反应

B. 单相催化反应有液相催化和气相催化

C. 氢气和氮气在铁上催化合成氨是单相催化反应

D. 单相催化反应时催化剂与反应物能均匀接触

31. ［2］取a g某物质在氧气中完全燃烧，将其产物与足量的过氧化钠固体完全反应，反应后固体的质量恰好也增加了a g。下列物质中不能满足上述结果的是（　）。

A. H_2　B. CO　C. $C_6H_{12}O_6$　D. $C_{12}H_{22}O_{11}$

32. ［2］11.2L甲烷、乙烷、甲醛组成的混合气体，完全燃烧后生成15.68L（气体体积均在标准状况下测定），混合气体中乙烷的体积分数为（　）。

A. 0.2　B. 0.4　C. 0.6　D. 0.8

33. ［1］下列化合物最易发生亲电加成反应的是（　）。

A. 1-丁烯　B. 2-丁烯　C. 异丁烯　D. 正丁烷

34. ［2］下列碳原子稳定性最大的是（　）。

A. 叔丁基碳原子　B. 异丙基碳正离子　C. 乙基碳正离子　D. 甲基碳正离子

35. ［1］具有对映异构现象的烷烃的碳原子数最少为（　）。

A. 6　B. 7　C. 8　D. 9

36. ［1］据报道，近来发现了一种新的星际分子氰基辛炔，其结构式为：HC≡C—C≡C—C≡C—C≡C—C≡N。对该物质判断正确的是（　）。

A. 晶体的硬度与金刚石相当　B. 能使酸性高锰酸钾溶液褪色

C. 不能发生加成反应　D. 可由乙炔和含氮化合物加聚制得

37. ［2］下列化合物碳原子电负性最大的是（　）。

A. 丙烷　B. 乙醇　C. 乙醛　D. 乙酸

38. ［3］用化学方法区别1-丁炔和2-丁炔，应采用的试剂是（　）。

A. 浓硫酸　B. 酸性高锰酸钾

C. 氯化亚铜的氨浓溶液　D. 溴水

39. ［2］某芳香族有机物的分子式为$C_8H_6O_2$，它的分子（除苯环外不含其他环）中不可能有（　　）。

A. 两个羟基　　B. 一个醛基　　C. 两个醛基　　D. 一个羧基

40. [1] 下列物质中，没有固定沸点的是（　　）。

A. 聚乙烯　　B. 甲苯　　C. 氯仿　　D. 甲苯

41. [2] 冰箱制冷剂氟氯甲烷在高空中受紫外线辐射产生 Cl 原子，并进行下列反应：$Cl+O_3 \longrightarrow ClO+O_2$，$ClO+O \longrightarrow Cl+O_2$，下列说法不正确的是（　　）。

A. 反应后将 O_3转变为 O_2　　B. Cl 原子是总反应的催化剂

C. 氟氯甲烷是总反应的催化剂　　D. Cl 原子反复起分解 O_3的作用

42. [1] A、B、C 三种醇同足量的金属钠完全反应，在相同条件下产生相同体积的氢气，消耗这三种醇的物质的量之比为 3∶6∶2，则 A、B、C 三种醇分子里羟基数之比是（　　）。

A. 3∶2∶1　　B. 2∶6∶3　　C. 3∶1∶2　　D. 2∶1∶3

43. [2] 二甘醇可用作溶剂、纺织助剂等，一旦进入人体会导致急性肾衰竭，危及生命。二甘醇的结构简式是 $HO—CH_2CH_2—O—CH_2CH_2—OH$。下列有关二甘醇的叙述正确的是（　　）。

A. 不能发生消去反应　　B. 能发生取代反应

C. 能溶于水，不溶于乙醇　　D. 符合通式 $C_nH_{2n}O_3$

44. [1] 下列化合物，能形成分子内氢键的是（　　）。

A. 邻甲基苯酚　　B. 对甲基苯酚　　C. 邻硝基苯酚　　D. 对硝基苯酚

45. [1] 下列化合物与金属钠反应，速率最快的是（　　）。

A. 苯甲醇　　B. 叔丁醇　　C. 异丁醇　　D. 甲醇

46. [2] 一定质量的无水乙醇完全燃烧时放出的热量为 Q，它所生成的 CO_2用过量饱和石灰水完全吸收可得 100g$CaCO_3$沉淀，则完全燃烧 1mol 无水乙醇时放出的热量是（　　）。

A. 0.5Q　　B. Q　　C. 2Q　　D. 5Q

47. [3] 下列化合物不能发生康尼查罗反应的是（　　）。

A. 乙醛　　B. 甲醛　　C. 2,2-二甲基丙醛　　D. 苯甲醛

48. [2] 下列化合物中不与格氏试剂作用的是（　　）。

A. 苯甲醛　　B. 苯甲醚　　C. 乙酸　　D. 苯甲醇

49. [1] 卡尔·费休试剂所用的试剂是（　　）。

A. 碘、三氧化硫、吡啶、甲醇　　B. 碘、三氧化硫、吡啶、乙二醇

C. 碘、二氧化硫、吡啶、甲醇　　D. 碘化钾、二氧化硫、吡啶、甲醇

50. [1] 将苯、三氯甲烷、乙醇、丙酮混装于同一种容器中，则该液体中可能存在的相数是（　　）。

A. 1 相　　B. 2 相　　C. 3 相　　D. 4 相

二、判断题

1. [1] 非常细的铁粉与硫黄粉混合得很均匀，那么相数为 1。（　　）

2. [1] 将物质体系内物理性质和化学性质完全相同的均匀部分的总和叫做相。（　　）

3. [1] 水在 1 个大气压、373K 时只有一相。（　　）

4. [1] 相是指体系中一切具有相同物理性质和化学性质的任何均匀部分，相与相之间可以由分界面区别开来。（　　）

5. [2] 反应 $N_2+3H_2 = 2NH_3$达到平衡，则该体系的组分数为 2。（　　）

6. [3] 由 C(s)、H_2O(g)、H_2(g)、CO(g) 和 CO_2(g) 建立化学平衡，则平衡体系中

有 4 个组分数。(　　)

7. [2] 相平衡时，物系中的相数、组分数和自由度之间关系的定律是 $C=\Phi-f+2$。(　　)

8. [2] NaCl 的水溶液中，只有 Na^{+}、Cl^{-}、H^{+} 和 OH^{-} 才是这个体系的组分，而 NaCl 和 H_2O 却不是组分，因为它们不能单独分离和独立存在。(　　)

9. [1] 稀溶液的蒸气压下降指的是溶液中溶剂的蒸气压比其纯态时的蒸气压下降了。(　　)

10. [1] 在纯溶剂中加入难挥发非电解质作溶质时，所得溶液蒸气压要比纯溶剂的低。(　　)

11. [1] 不可能用简单精馏的方法将两组分恒沸混合物分离为两个纯组分。(　　)

12. [1] 将少量挥发性液体加入溶剂中形成稀溶液，则溶液的沸点一定高于纯溶剂的沸点。(　　)

13. [2] 凝固点测定，当液体中有固体析出时，液体温度会突然上升。(　　)

14. [2] 在一个标准大气压下，将蔗糖溶于纯水中所形成的稀溶液缓慢地降温时，首先析出的是纯冰。相对于纯水而言将会出现凝固点上升现象。(　　)

15. [1] 分配定律表述了物质在互不相溶的两相中达到溶解平衡时，该物质在两相中浓度的比值是一个常数。(　　)

16. [1] 分配定律是表示某溶质在两个互不相溶的溶剂中溶解量之间的关系。(　　)

17. [1] 分配定律不适用于溶质在水相和有机相中有多种存在形式，或在萃取过程中发生离解、缔合等反应的情况。(　　)

18. [1] 物质 B 溶解在两个同时存在的互不相溶的液体里，达到平衡后，该物质在两相中的质量摩尔浓度之比等于常数。(　　)

19. [2] 一定量的萃取溶剂，分作几次萃取，比使用同样数量溶剂萃取一次有利得多，这是分配定律的原理应用。(　　)

20. [2] 比表面 Gibbs 自由能和表面张力是两个根本不同的概念。(　　)

21. [1] 垂直作用于单位长度上平行于液体表面的紧缩力称为表面张力。(　　)

22. [2] 一个稳定的气泡之所以呈球形，其原因是气泡表面任一点上所受到的附加压力都相等，使各个方向的附加压力相互抵消。(　　)

23. [1] 固体系统可降低单位表面吉布斯函数，导致固体表面具有吸附能力。(　　)

24. [2] 测定微量含金矿物中的金含量，常用活性炭进行吸附，使金元素富集到活性炭中，该种吸附属于化学吸附。(　　)

25. [1] 固体对气体的物理吸附和化学吸附的作用力是一样的，即为范德华力。(　　)

26. [1] 极性吸附剂易于吸附极性的溶质。(　　)

27. [2] 物理吸附仅仅是一种物理作用，吸附稳定性不高，化学吸附的作用力较强，在红外、紫外-可见光谱中会出现新的特征吸收带。这两种吸附都具有选择性，吸附和脱附速率随温度的升高而加快。(　　)

28. [2] 化学反应 $3A(aq)+B(aq)\longrightarrow 2C(aq)$，当其速率方程式中各物质浓度均为 1.0mol/L 时，其反应速率系数在数值上等于其反应速率(　　)。

29. [1] 一级反应的半衰期与反应物起始浓度成反比(　　)。

30. [1] 二级反应的反应速率与反应物浓度二次方成正比(　　)。

31. [2] 一般温度升高，化学反应速率加快。如果活化能越大，则反应速率受温度的影响也越大。(　　)

32. [2] 通常升高同样温度，E_a 较大的反应速率增大倍数较多。(　　)

33. [2] 乙烯中含有的乙醚可用浓硫酸除去。(　　)

34. [2] 1-溴丁烷中含有正丁醇、正丁醚和丁烯，可用浓硫酸除去。(　　)

35. [1] 邻、对位定位基都能使苯环活化，间位定位基都能苯环钝化。(　　)

36. [3] 丙三醇是乙二醇的同系物。(　　)

37. [2] 伯胺在0℃与亚硝酸反应放出氮气。(　　)

38. [2] 凡是烃基与羟基相连的化合物都是醇。(　　)

39. [1] 凡是醛在稀碱溶液中均能发生羟醛缩合反应。(　　)

40. [3] 醛和酮催化加氢可分别生成伯醇和仲醇。(　　)

三、多选题

1. [1] 向X溶液中通入过量的Cl_2，再滴加$Ba(NO_3)_2$和稀HNO_3溶液，溶液中析出白色沉淀，X盐可能是(　　)。

A. Na_2SO_4　　B. $CaCl_2$　　C. $AgNO_3$　　D. Na_2CO_3

2. [1] 将苯、三氯甲烷、乙醇、丙酮混装于同一种容器中，则该液体中可能存在的相数是(　　)。

A. 1相　　B. 2相　　C. 3相　　D. 4相

3. [1] 下列体系中组分数为2的有(　　)。

A. 糖水　　B. 氯化钠溶液　　C. 水-乙醇-琥珀腈　　D. 纯水

4. [3] 加压于冰，冰可部分熔化成水，解释错误的原因有(　　)。

A. 加压生热　　B. 冰的晶格受压崩溃　　C. 冰熔化时吸热

D. 冰的密度小于水　　E. 冰的密度大于水

5. [2] 对于难挥发的非电解质稀溶液，以下说法正确的是(　　)。

A. 稀溶液的蒸气压比纯溶剂的高　　B. 稀溶液的沸点比纯溶剂的低

C. 稀溶液的蒸气压比纯溶剂的低　　D. 稀溶液的沸点比纯溶剂的高

6. [1] 在一密闭容器中有大小不同的两滴水，那么(　　)。

A. 大水滴与小水滴趋于大小相同　　B. 大水滴变大，小水滴变小

C. 大水滴蒸气压高，小水滴蒸气压低　　D. 大水滴变小，小水滴变大

E. 大水滴蒸气压低，小水滴蒸气压高

7. [3] 物理吸附和化学吸附的区别有(　　)。

A. 物理吸附是由于范德华力的作用，而化学吸附是由于化学键的作用

B. 物理吸附的吸附热较小，而化学吸附的吸附热较大

C. 物理吸附没有选择性，而化学吸附有选择性

D. 高温时易于形成物理吸附，而低温时易于形成化学吸附

8. [2] 有关拉乌尔定律下列叙述正确的是(　　)。

A. 拉乌尔定律是溶液的基本定律之一

B. 拉乌尔定律只适用于稀溶液，且溶质是非挥发性物质

C. 拉乌尔定律的表达式为$p_A=p_A^*x_A$

D. 对于理想溶液，在所有浓度范围内，均符合拉乌尔定律

9. [3] 作为理想溶液应符合的条件是(　　)。

A. 各组分在量上无论按什么比例均能彼此互溶

B. 形成溶液时无热效应

C. 溶液的容积是各组分单独存在时容积的总和

D. 在任何组成时，各组分的蒸气压与液相中组成的关系都能符合拉乌尔定律

10. [1] 下列关于一级反应说法正确的是（　　）。

A. 一级反应的速率与反应物浓度的一次方成正比反应

B. 一级速率方程为$-dc/dt=kc$

C. 一级速率常数量纲与所反应物的浓度单位无关

D. 一级反应的半衰期与反应物的起始浓度有关

11. [3] 下列反应中活化能不为零的是（　　）。

A. $A\cdot + BC \longrightarrow AB + C\cdot$　　B. $A\cdot + A\cdot + M \longrightarrow A_2 + M$

C. $A_2 + M \longrightarrow 2A\cdot + M$　　D. $A_2 + B_2 \longrightarrow 2AB$

E. $B\cdot + B\cdot + M \longrightarrow B_2 + M$

12. [1] 二级反应是（　　）。

A. 反应的半衰期与反应物起始浓度成反比　　B. $1/c$ 对 t 作图得一直线

C. 反应的半衰期与反应物起始浓度无关　　D. 反应速率与反应物浓度二次方成正比

13. [1] 在二级反应中，对反应速率产生影响的因素是（　　）。

A. 温度、浓度　　B. 压强、催化剂

C. 相界面、反应物特性　　D. 分子扩散、吸附

14. [2] 10mL 某种气态烃，在 50mL 氧气里充分燃烧，得到液态水和体积为 35mL 的混合气体（所有气体体积都是在同温同压下测定的），则该气态烃可能是（　　）。

A. 甲烷　　B. 乙烷　　C. 丙烷　　D. 丙烯

15. [2] C_8H_{18}经多步裂化，最后完全转化为C_4H_8、C_3H_6、C_2H_4、C_2H_6、CH_4五种气体的混合物。该混合物的平均相对分子质量可能是（　　）。

A. 28　　B. 30　　C. 38　　D. 40

16. [3] 下列物质不发生康尼查罗反应的是（　　）。

A. 甲醛　　B. 苯甲醛　　C. 3-甲基丁醛

D. 2,2-二甲基丙醛　　E. 丙酮

17. [1] 烯烃在一定条件下发生氧化反应时，C═C 双键发生断裂，RCH═CHR′可以氧化成 RCHO 和 R′CHO。在该条件下，下列烯烃分别被氧化后，产物中可能有乙醛的是（　　）。

A. $CH_3CH{=}CH(CH_2)_2CH_3$　　B. $CH_2{=}CH(CH_2)_3CH_3$

C. $CH_3CH{=}CHCH{=}CHCH_3$　　D. $CH_3CH_2CH{=}CHCH_2CH_3$

18. [2] 下列反应中，属于消除反应的是（　　）。

A. 溴乙烷与氢氧化钾水溶液共热　　B. 溴乙烷与氢氧化钾醇溶液共热

C. 乙醇与浓硫酸加热制乙烯　　D. 乙醇与浓硫酸加热制乙醚

19. [2] 下列物质能与斐林试剂反应的是（　　）。

A. 乙醛　　B. 苯甲醛　　C. 甲醛　　D. 苯乙醛

20. [1] 某有机物 X 能发生水解反应，水解产物为 Y 和 Z。同温同压下，相同质量的 Y 和 Z 的蒸气所占体积相同，化合物 X 可能是（　　）。

A. 乙酸丙酯　　B. 甲酸乙酯　　C. 乙酸甲酯　　D. 乙酸乙酯

第五章

滴定分析基础知识

一、单选题

1. [2] 下列方法中可用于减小滴定过程中的偶然误差的是（　　）。
   A. 进行对照试验　　B. 进行空白试验
   C. 进行仪器校准　　D. 增加平行测定次数
2. [2] 一个分析方法的准确度是反映该方法（　　）的重要指标，它决定着分析结果的可靠性。
   A. 系统误差　　B. 随机误差　　C. 标准偏差　　D. 正确
3. [2] 在容量分析中，由于存在副反应而产生的误差称为（　　）。
   A. 公差　　B. 系统误差　　C. 随机误差　　D. 相对误差
4. [3] 下述论述中正确的是（　　）。
   A. 方法误差属于系统误差　　B. 系统误差包括操作失误
   C. 系统误差呈现正态分布　　D. 偶然误差具有单向性
5. [2] 对同一盐酸溶液进行标定，甲的相对平均偏差为0.1%、乙为0.4%、丙为0.8%，对其实验结果的评论错误的是（　　）。
   A. 甲的精密度最高　　B. 甲的准确度最高
   C. 丙的精密度最低　　D. 丙的准确度最低
6. [1] 下列论述中正确的是（　　）。
   A. 准确度高一定需要精密度高　　B. 分析测量的过失误差是不可避免的
   C. 精密度高则系统误差一定小　　D. 精密度高准确度一定高
7. [2] 标准偏差的大小说明（　　）。
   A. 数据的分散程度　　B. 数据与平均值的偏离程度
   C. 数据的大小　　D. 数据的集中程度
8. [2] 衡量样本平均值的离散程度时，应采用（　　）。
   A. 标准偏差　　B. 相对标准偏差
   C. 极差　　D. 平均值的标准偏差
9. [1] 将置于普通干燥器中保存的$Na_2B_4O_7 \cdot 10H_2O$作为基准物质用于标定盐酸的浓度，

则盐酸的浓度将（　　）。

A. 偏高　　B. 偏低　　C. 无影响　　D. 不能确定

10. [2] 总体标准偏差的大小说明（　　）。

A. 数据的分散程度　　B. 数据与平均值的偏离程度

C. 数据的大小　　D. 工序能力的大小

11. [2] 在一分析天平上称取一份试样，可能引起的最大绝对误差为 0.0002g，如要求称量的相对误差小于或等于 0.1%，则称取的试样质量应该是（　　）。

A. 大于 0.2g　　B. 大于或等于 0.2g　　C. 大于 0.4g　　D. 小于 0.2g

12. [2] 当置信度为 0.95 时，测得 Al_2O_3 的 μ 置信区间为（35.21±0.10）%，其意义是（　　）。

A. 在所测定的数据中有 95% 在此区间内

B. 若再进行测定，将有 95% 的数据落入此区间内

C. 总体平均值 μ 落入此区间的概率为 0.95

D. 在此区间内包含 μ 值的概率为 0.95

13. [2] 重量法测定硅酸盐中 SiO_2 的含量，结果分别为：37.40%、37.20%、37.32%、37.52%、37.34%，平均偏差和相对平均偏差分别是（　　）。

A. 0.04%、0.58%　　B. 0.08%、0.22%

C. 0.06%、0.48%　　D. 0.12%、0.32%

14. [2] pH=5.26 中的有效数字是（　　）位。

A. 0　　B. 2　　C. 3　　D. 4

15. [2] 分析工作中实际能够测量到的数字称为（　　）。

A. 精密数字　　B. 准确数字　　C. 可靠数字　　D. 有效数字

16. [2] 由计算器计算 9.25×0.21334÷(1.200×100) 的结果为 0.0164449，按有效数字规则将结果修约为（　　）。

A. 0.016445　　B. 0.01645　　C. 0.01644　　D. 0.0164

17. [2] 下列数据记录正确的是（　　）。

A. 分析天平 0.28g　　B. 移液管 25mL

C. 滴定管 25.00mL　　D. 量筒 25.00mL

18. [1] 在一组平行测定中，测得试样中钙的质量分数分别为 22.38、22.37、22.36、22.40、22.48，用 Q 检验判断、应弃去的是（　　）。（已知：$Q_{0.90}=0.64$，$n=5$）

A. 22.38　　B. 22.4　　C. 22.48　　D. 22.36

19. [3] 将 1245.51 修约为四位有效数字，正确的是（　　）。

A. 1.246×10^3　　B. 1245　　C. 1.245×10^3　　D. 12.45×10^3

20. [2] 某煤中水分含量在 5% 至 10% 之间时，规定平行测定结果的允许绝对偏差不大于 0.3%，对某一煤实验进行 3 次平行测定，其结果分别为 7.17%、7.31% 及 7.72%，应弃去的是（　　）。

A. 0.0772　　B. 0.0717　　C. 7.72%　　D. 0.0731

21. [1] 若一组数据中最小测定值为可疑时，$4\bar{d}$ 法检验的公式为是否满足（　　）$\geqslant 4\bar{d}$。

A. $|x_{\min}-M|$　　B. S/R

C. $(x_n-x_{n-1})/R$　　D. $(x_2-x_1)/(x_n-x_1)$

22. [2] 测定某试样，五次结果的平均值为 32.30%，$S=0.13\%$，置信度为 95% 时（$t=2.78$），置信区间报告如下，其中合理的是（　　）%。

A. 32.30±0.16　　B. 32.30±0.162　　C. 32.30±0.1616　　D. 32.30±0.21

23. [2] 下列说法错误的是（　　）。

A. 置信区间是在一定的概率范围内，估计出来的包括可能参数在内的一个区间

B. 置信度越高，置信区间就越宽

C. 置信度越高，置信区间就越窄

D. 在一定置信度下，适当增加测定次数，置信区间会变窄

24. [2] 下列有关置信区间的定义中，正确的是（　　）。

A. 以真值为中心的某一区间包括测定结果的平均值的概率

B. 在一定置信度时，以测量值的平均值为中心的，包括真值在内的可靠范围

C. 总体平均值与测定结果的平均值相等的概率

D. 在一定置信度时，以真值为中心的可靠范围

25. [2] 置信区间的大小受（　　）的影响。

A. 总体平均值　　B. 平均值　　C. 置信度　　D. 真值

26. [3] 进行中和滴定时，事先不应该用所盛溶液润洗的仪器是（　　）。

A. 酸式滴定管　　B. 碱式滴定管　　C. 锥形瓶　　D. 移液管

27. [2] 刻度“0”在上方的用于测量液体体积的仪器是（　　）。

A. 滴定管　　B. 温度计　　C. 量筒　　D. 烧杯

28. [3] 要准确量取 25.00mL 的稀盐酸，可用的量器是（　　）。

A. 25mL 的量筒　　B. 25mL 的酸式滴定管

C. 25mL 的碱式滴定管　　D. 25mL 的烧杯

29. [3] 准确量取 25.00mL 高锰酸钾溶液，可选择的仪器是（　　）。

A. 50mL 量筒　　B. 10mL 量筒

C. 50mL 酸式滴定管　　D. 50mL 碱式滴定管

30. [1] 下列电子天平精度最低的是（　　）。

A. WDZK-1 上皿天平（分度值 0.1g）　　B. QD-1 型天平（分度值 0.01g）

C. KIT 数字式天平（分度值 0.1mg）　　D. MD200-1 型天平（分度值 10mg）

31. [1] 滴定管的体积校正：25℃时由滴定管中放出 20.01mL 水，称其质量为 20.01g，已知 25℃时 1mL 的水质量为 0.99617g，则此滴定管此处的体积校正值为（　　）。

A. 0.08mL　　B. 0.04mL　　C. 0.02mL　　D. 0.06mL

32. [2] 16℃时 1mL 水的质量为 0.99780g，在此温度下校正 10mL 单标线移液管，称得其放出的纯水质量为 10.04g，此移液管在 20℃时的校正值是（　　）mL。

A. －0.02　　B. ＋0.02　　C. －0.06　　D. ＋0.06

33. [2] 在 21℃时由滴定管中放出 10.03mL 纯水，其质量为 10.04g。查表知 21℃时 1mL 纯水的质量为 0.99700g。该体积段的校正值为（　　）。

A. ＋0.04mL　　B. －0.04mL　　C. 0.00mL　　D. 0.03mL

34. [2] 用电光天平称量时，天平的零点为－0.3mg，当砝码和环码加到 11.3500g 时，天平停点为＋4.5mg。此物重为（　　）。

A. 11.3545g　　B. 11.3548g　　C. 11.3542g　　D. 11.0545g

35. [2] 在分析天平上称出一份样品，称前调整零点为 0，当砝码加到 12.24g 时，投影屏映出停点为＋4.6mg，称后检查零点为－0.2mg，该样品的质量为（　　）。

A. 12.2448g　　B. 12.2451g　　C. 12.2446g　　D. 12.2441g

36. [3] 使分析天平较快停止摆动的部件是（　　）。

A. 吊耳　　B. 指针　　C. 阻尼器　　D. 平衡螺丝

37. [2] 天平及砝码应定时检定，一般规定检定时间间隔不超过（　　）。

A. 半年　　B. 一年　　C. 二年　　D. 三年

38. [1] 电子天平的显示器上无任何显示，可能产生的原因是（ ）。

A. 无工作电压　　B. 被承载物带静电

C. 天平未经调校　　D. 室温及天平温度变化太大

二、判断题

1. [1] 对滴定终点颜色的判断，有人偏深有人偏浅，所造成的误差为系统误差。（ ）

2. [2] 使用滴定管时，每次滴定应从"0"分度开始，是为了减少偶然误差。（ ）

3. [1] 测定的精密度好，但准确度不一定好，消除了系统误差后，精密度好的，结果准确度就好。（ ）

4. [2] 随机误差影响测定结果的精密度。（ ）

5. [2] 偏差会随着测定次数的增加而增大。（ ）

6. [2] 做的平行次数越多，结果的相对误差越小。（ ）

7. [2] 配位滴定法测得某样品中Al含量分别为33.64%、33.83%、33.40%、33.50%。则这组测量值的变异系数为0.6%。（ ）

8. [2] pH=3.05的有效数字是三位。（ ）

9. [3] 两位分析者同时测定某一试样中硫的质量分数，称取试样均为3.5g，分别报告结果如下：甲：0.042%，0.041%；乙：0.04099%，0.04201%。甲的报告是合理的。（ ）

10. [1] pH=3.05的有效数字是两位。（ ）

11. [1] 用 $Na_2C_2O_4$ 标定 $KMnO_4$ 溶液得到4个结果，分别为：0.1015、0.1012、0.1019和0.1013（mol/L），用Q检验法来确定0.1019应舍去。（当 $n=4$ 时，$Q_{0.90}=0.76$）（ ）

12. [1] 化学分析中，置信度越大，置信区间就越大。（ ）

13. [2] 分析测定结果的偶然误差可通过适当增加平行测定次数来减免。（ ）

14. [3] 微量滴定管及半微量滴定管用于消耗标准滴定溶液较少的微量及半微量测定。（ ）

15. [3] 若想使容量瓶干燥，可在烘箱中烘烤。（ ）

16. [2] 移液管的体积校正：一支10.00mL（20℃）的移液管，放出的水在20℃时称量为9.9814g，已知该温度时1mL的水质量为0.99718g，则此移液管在校准后的体积为10.01mL。（ ）

三、多选题

1. [2] 下列误差属于系统误差的是（ ）。

A. 标准物质不合格　　B. 试样未经充分混合

C. 称量读错砝码　　D. 滴定管未校准

2. [3] 下述情况中，属于系统误差的是（ ）。

A. 滴定前用标准滴定溶液将滴定管淋洗几遍　B. 称量用砝码没有检定

C. 称量时未等称量物冷却至室温就进行称量　D. 滴定前用被滴定溶液洗涤锥形瓶

E. 指示剂变色后未能在变色点变色

3. [1] 某分析结果的精密度很好，准确度很差，可能的原因是（ ）。

A. 称量记录有差错　　B. 砝码未校正

C. 试剂不纯　　D. 所用计量器具未校正

4. [2] 不影响测定结果准确度的因素有（ ）。

A. 滴定管读数时最后一位估测不准　　B. 沉淀重量法中沉淀剂未过量

C. 标定 EDTA 用的基准 ZnO 未进行处理　　D. 碱式滴定管使用过程中产生了气泡

E. 以甲基橙为指示剂用 HCl 滴定含有 Na_2CO_3 的 NaOH 溶液

5. [3] 在下列情况中，对测定结果产生负误差的是（　　）。

A. 以失去结晶水的硼砂为基准物质标定盐酸溶液的浓度

B. 标定氢氧化钠溶液的邻苯二甲酸氢钾中含有少量邻苯二甲酸

C. 以 HCl 标准溶液滴定某酸样时，滴定完毕滴定管尖嘴处挂有溶液

D. 测定某石料中钙镁含量时，试样在称量时吸了潮

6. [3] 在下列情况中，对结果产生正误差的是（　　）。

A. 以 HCl 标准溶液滴定某碱样，所用滴定管因未洗净，滴定时管内壁挂有液滴

B. 以 $K_2Cr_2O_7$ 为基准物、用碘量法标定 $Na_2S_2O_3$ 溶液的浓度时，滴定速度过快，并过早读出滴定管读数

C. 标定标准溶液的基准物质，在称量时吸潮了（标定时用直接法）

D. EDTA 标准溶液滴定钙镁含量时，滴定速度过快

7. [2] 用万分之一的分析天平称取 1g 样品，则称量所引起的误差是（　　）。

A. ±0.1mg　　B. ±0.1%　　C. ±0.01%　　D. ±1%

8. [2] 下列数据中，有效数字位数是四位的有（　　）。

A. 0.0520　　B. pH=10.30　　C. 10.30　　D. 40.02%

9. [1] 按 Q 检验法（当 $n=4$ 时，$Q_{0.90}=0.76$）删除可疑值。（　　）组数据中无可疑值删除。

A. 97.50，98.50，99.00，99.50　　B. 0.1042，0.1044，0.1045，0.1047

C. 3.03，3.04，3.05，3.13　　D. 0. 2122，0.2126，0.2130，0.2134

10. [2] 两位分析人员对同一样品进行分析，得到两组分析数据，要判断两组分析之间有无系统误差，涉及的方法是（　　）。

A. Q 检验法　　B. t 检验法　　C. F 和 t 联合检验法　　D. F 检验法

11. [3] 显著性检验的最主要方法应当包括（　　）。

A. t 检验法　　B. 狄克松（Dixon）检验法

C. 格鲁布斯（CruBBs）检验法　　D. F 检验法

12. [3] 下列有关平均值的置信区间的论述错误的是（　　）。

A. 测定次数越多，平均值的置信区间越小

B. 平均值越大，平均值的置信区间越宽

C. 一组测量值的精密度越高，平均值的置信区间越小

D. 给定的置信度越小，平均值的置信区间越宽

13. [2] 下列有关平均值的置信区间的论述中，错误的有（　　）。

A. 同条件下测定次数越多，则置信区间越小

B. 同条件下平均值的数值越大，则置信区间越大

C. 同条件下测定的精密度越高，则置信区间越小

D. 给定的置信度越小，则置信区间也越小

E. 置信度越高，置信区间越大，分析结果越可靠

14. [1] 下列有关线性回归方程的说法，正确的是（　　）。

A. 其建立大多用最大二乘法

B. 吸光度与浓度的线性相关系数越接近 1 越好

C. 根据回归分析方法得出的数学表达式称为回归方程，它可能是直线，也可能是曲线

D. 只有在散点图大致呈线性时，求出的回归直线方程才有实际意义

15. [2] 为提高滴定分析的准确度，对标准溶液必须做到（ ）。

A. 正确地配制

B. 准确地标定

C. 对有些标准溶液必须当天配、当天标、当天用

D. 所有标准溶液必须计算至小数点后第四位

16. [2] 有关容量瓶的使用错误的是（ ）。

A. 通常可以用容量瓶代替试剂瓶使用

B. 先将固体药品转入容量瓶后加水溶解配制标准溶液

C. 用后洗净用烘箱烘干

D. 定容时，无色溶液弯月面下缘和标线相切即可

17. [2] 仪器分析用的标准溶液通常配制成浓度为（ ）的贮备溶液。

A. 1μg/mL　B. 0.1mg/mL　C. 0.1μg/mL　D. 1mg/mL

18. [2] 在配制微量分析用标准溶液时，下列说法正确的是（ ）。

A. 需用基准物质或高纯试剂配制　B. 配制 1μg/mL 的标准溶液作为贮备液

C. 配制时用水至少要符合实验室三级水的标准　D. 硅标液应存放在带塞的玻璃瓶中

19. [2] 标准溶液配制好后，要用符合试剂要求的密闭容器盛放，并贴上标签，标签上不包括（ ）。

A. 有效期　B. 浓度　C. 介质　D. 配制日期　E. 物质结构式

20. [2] 10℃时，滴定用去 26.00mL 0.1mol/L 标准溶液，该温度下 1L 0.1mol/L 标准溶液的补正值为＋1.5mL，则 20℃时该溶液的体积不正确的为（ ）mL。

A. 26　B. 26.04　C. 27.5　D. 24.5　E. 25.5

21. [2] 分析仪器的噪音通常有（ ）几种形式。

A. 以零为中心的无规则抖动　B. 长期噪声或起伏

C. 漂移　D. 啸叫

四、计算题

1. [3] 按有效数字运算规则，计算下列结果。

(1) $0.03250 \times 5.703 \times 60.1 \div 126.4$

(2) $(1.276 \times 4.17)+(1.7 \times 10^{-4})-(0.0021764 \times 0.0121)$

(3) $(1.5 \times 10^{-8}\times 6.1 \times 10^{-8} \div 3.3 \div 10^{-5})^{1/2}$

2. [2] 天平称量的相对误差为±0.1%，称量：(1) 0.5g；(2) 1g；(3) 2g。试计算绝对误差各为多少。

3. [2] 某铁矿石中含铁量为 39.19%，若甲分析结果是 39.12%、39.15%、39.18%；乙分析结果是 39.18%、39.23%、39.25。试比较甲、乙两人分析结果的准确度和精密度。

4. [2] 按 GB 534—82 规定检测工业硫酸中硫酸质量分数，公差（允许误差）≤±0.20%。今有一批硫酸，甲的测定结果为 98.05%、98.37%；乙的测定结果为 98.10%、98.51%。问甲、乙两人的测定结果中，哪一位合格？由合格者确定的硫酸质量分数是多少？

5. [2] 钢中铬含量五次测定结果是：1.12%、1.15%、1.11%、1.16%、1.12%。试计算标准偏差、相对标准偏差和分析结果的置信区间（置信度为 95%）。

6. [2] 有一试样，其中蛋白质的含量经多次测定，结果为：35.10%、34.86%、34.92%、35.36%、35.11%、34.77%、35.19%、34.98%。根据 Q 检验法决定可疑数据的取舍，然后计算平均值、标准偏差、置信度分别为 90%和 95%时平均值的置信区间。

7. [2] 按极值误差传递，估计 HCl 溶液浓度标定误差，称 Na_2CO_3 基准物 0.1400g，甲基橙为指示剂，标定消耗 HCl 溶液 22.10mL。

8. [2] EDTA 法测定水泥中铁含量，分析结果为 6.12%、6.82%、6.32%、6.22%、6.02%、6.32%。根据 Q 检验法判断 6.82%是否应舍弃。

9. [1] 甲、乙两位分析者分析同一批石灰石中钙的含量，测得结果如下：

甲　20.48%、20.55%、20.58%、20.60%、20.53%、20.55%

乙　20.44%、20.64%、20.56%、20.70%、20.78%、20.52%

正确表示分析结果平均值、中位数、极差、平均偏差、相对平均偏差、标准偏差、变异系数、平均值的置信区间。

10. [1] 用硼砂及碳酸钠两种基准物标定盐酸溶液浓度，标定结果如下：

用硼砂标定：0.1012、0.1015、0.1018、0.1021 mol/L

用碳酸钠标定：0.1018、0.1017、0.1019、0.1023、0.1021 mol/L

试判断 $P=95\%$时两种基准物标定 HCl 溶液浓度，如何表示结果？哪种基准物更好？

11. [3] 将下列数字修约成四位有效数字：83.6424；0.57777；5.4262×10^{-7}；3000.24。

12. [1] 分析某试样中某一主要成分的含量，重复测定 6 次，其结果为 49.69%、50.90%、48.49%、51.75%、51.47%、48.80%，求平均值在 90%、95%和 99%的置信度的置信区间。

五、综合题

1. [1] 下列情况分别引起什么误差？如果是系统误差，应如何消除？

(1) 砝码被腐蚀；

(2) 天平的两臂不等长；

(3) 滴定管未校准；

(4) 容量瓶和移液管不配套；

(5) 在称样时试样吸收了少量水分；

(6) 试剂里含有微量的被测组分；

(7) 天平零点突然有变动；

(8) 读取滴定管读数时，最后一位数字估计不准；

(9) 重量法测定 SiO_2 时，试液中硅酸沉淀不完全；

(10) 以含量约为 98%的 Na_2CO_3 为基准试剂来标定盐酸溶液。

2. [2] 简述定量分析的过程。

3. [2] 滴定分析法对滴定反应有什么要求？

4. [2] 基准物质必须具备哪些条件？

5. [2] 滴定分析计算的基本原则是什么？

第六章

酸碱滴定知识

一、单选题

1. [2] NaOH 滴定 H_3PO_4 以酚酞为指示剂，终点时生成（　　）。（已知 H_3PO_4 的各级离解常数：$K_{a1}=6.9\times10^{-3}$，$K_{a2}=6.2\times10^{-8}$，$K_{a3}=4.8\times10^{-13}$）

   A. NaH_2PO_4　　B. Na_2HPO_4

   C. Na_3PO_4　　D. $NaH_2PO_4+Na_2HPO_4$

2. [1] 对某一元弱酸溶液，物质的量浓度为 c_a，解离常数为 K_a，存在 $c_aK_a\geqslant20K_w$，且 $c_a/K_a\geqslant500$，则该一元弱酸溶液 $[H^+]$ 的最简计算公式为（　　）。

   A. $\sqrt{c_aK_a}$　　B. K_ac_a　　C. $\sqrt{K_a}$　　D. $pK_a\times c_a$

3. [2] 将 0.2mol/L HA（$K_a=1.0\times10^{-5}$）与 0.2mol/L HB（$K_a=1.0\times10^{-9}$）等体积混合，混合后溶液的 pH 为（　　）。

   A. 3　　B. 3.15　　C. 3.3　　D. 4.15

4. [2] 某碱试液以酚酞为指示剂，用标准盐酸溶液滴定至终点时，耗去盐酸体积为 V_1，继续以甲基橙为指示剂滴定至终点，又耗去盐酸体积为 V_2，若 $V_2<V_1$，则此碱试液是（　　）。

   A. Na_2CO_3　　B. $Na_2CO_3+NaHCO_3$

   C. $NaHCO_3$　　D. $NaOH+Na_2CO_3$

5. [1] 下列有关 Na_2CO_3 在水溶液中质子条件的叙述中，正确的是（　　）。

   A. $[H^+]+2[Na^+]+[HCO_3^-]=[OH^-]$

   B. $[H^+]+2[H_2CO_3]+[HCO_3^-]=[OH^-]$

   C. $[H^+]+[H_2CO_3]+[HCO_3^-]=[OH^-]$

   D. $[H^+]+[HCO_3^-]=[OH^-]+2[CO_3^{2-}]$

6. [2] 已知 $K(HAc)=1.75\times10^{-5}$，0.20mol/L 的 NaAc 溶液 pH 为（　　）。

   A. 2.72　　B. 4.97　　C. 9.03　　D. 11.27

7. [1] 以浓度为 0.1000mol/L 的氢氧化钠溶液滴定 20mL 浓度为 0.1000mol/L 的盐酸，理论终点后，氢氧化钠过量 0.02mL，此时溶液的 pH 为（　　）。

A. 1　　B. 3.3　　C. 8　　D. 9.7

8. [2] 用0.1mol/LNaOH滴定0.1mol/L的甲酸（pK_a=3.74），适用的指示剂为（　　）。

A. 甲基橙（3.46）　　B. 百里酚兰（1.65）　　C. 甲基红（5.00）　　D. 酚酞（9.1）

9. [1] 用双指示剂法测由Na_2CO_3和$NaHCO_3$组成的混合碱，以酚酞为指示剂，用标准盐酸溶液滴定至终点时，耗去盐酸体积为V_1，继以甲基橙为指示剂滴定至终点，又耗去盐酸体积为V_2。达到计量点时，所需盐酸标准溶液体积关系为（　　）。

A. $V_1<V_2$　　B. $V_1>V_2$　　C. $V_1=V_2$　　D. 无法判断

10. [2] 有一磷酸盐溶液，可能由Na_3PO_4、Na_2HPO_4、NaH_2PO_4或其中二者的混合物组成，今以百里酚酞为指示剂，用盐酸标准滴定溶液滴定至终点时消耗V_1mL，再加入甲基红指示剂，继续用盐酸标准滴定溶液滴定至终点时又消耗V_2mL。当$V_2>V_1$，$V_1>0$时，溶液的组成为（　　）。

A. $Na_2HPO_4+NaH_2PO_4$　　B. $Na_3PO_4+Na_2HPO_4$

C. Na_2HPO_4　　D. $Na_3PO_4+NaH_2PO_4$

11. [3] $c(Na_2CO_3)$=0.10mol/L的Na_2CO_3水溶液的pH是（　　）。（$K_{a1}=4.2\times10^{-7}$，$K_{a2}=5.6\times10^{-11}$）

A. 11.63　　B. 8.70　　C. 2.37　　D. 5.6

12. [1] NaAc溶解于水，其pH（　　）。

A. 大于7　　B. 小于7　　C. 等于7　　D. 为0

13. [1] 测定水质总碱度时，V_1表示以酚酞为指示剂滴定至终点消耗的盐酸体积，V_2表示以甲基橙为指示剂滴定至终点所消耗的盐酸体积，若$V_1=0$，$V_2>0$，说明水中（　　）。

A. 仅有氢氧化物　　B. 既有碳酸盐又有氢氧化物

C. 仅有碳酸盐　　D. 只有碳酸氢盐

14. [1] 分别用浓度$c(NaOH)$为0.10mol/L和浓度$c(1/5KMnO_4)$为0.10mol/L的两种溶液滴定相同质量的$KHC_2O_4\cdot H_2C_2O_4\cdot 2H_2O$，则滴定消耗的两种溶液的体积（$V$）关系是（　　）。

A. $V(NaOH)=V(KMnO_4)$　　B. $5V(NaOH)=V(KMnO_4)$

C. $3V(NaOH)=4V(KMnO_4)$　　D. $4V(NaOH)=3V(KMnO_4)$

15. [1] 讨论酸碱滴定曲线的最终目的是（　　）。

A. 了解滴定过程　　B. 找出溶液pH变化规律

C. 找出pH突跃范围　　D. 选择合适的指示剂

16. [2] 下列阴离子的水溶液，若浓度相同，则（　　）碱度最强。

A. $CN^-[K(CN^-)=6.2\times10^{-10}]$

B. $S^{2-}(H_2S: K_{a1}=1.3\times10^{-7}, K_{a2}=7.1\times10^{-15})$

C. $F^-[K(HF)=3.5\times10^{-4}]$

D. $CH_3COO^-[K(HAc)=1.8\times10^{-5}]$

17. [1] 已知$K_b(NH_3)=1.8\times10^{-5}$，则其共轭酸的$K_a$值为（　　）。

A. 1.8×10^{-9}　　B. 1.8×10^{-10}　　C. 5.6×10^{-10}　　D. 5.6×10^{-5}

18. [1] 已知在一定温度下，氨水的$K_b=1.8\times10^{-5}$，其浓度为0.500mol/L时溶液的pH为（　　）。

A. 2.52　　B. 11.48　　C. 9.23　　D. 12.47

19. [1] 用0.1000mol/L HCl滴定0.1000mol/L NaOH时的pH突跃范围是9.7～4.3，用0.01mol/L HCl滴定0.01mol/L NaOH的pH突跃范围是（　　）。

A. 9.7～4.3　B. 8.7～4.3　C. 8.7～5.3　D. 10.7～3.3

20. [2] 用盐酸溶液滴定 Na_2CO_3 溶液的第一、二个化学计量点可分别用（　）为指示剂。
A. 甲基红和甲基橙　B. 酚酞和甲基橙　C. 甲基橙和酚酞　D. 酚酞和甲基红

21. [1] 有一碱液，可能为 NaOH、$NaHCO_3$ 或 Na_2CO_3 或它们的混合物，用 HCl 标准滴定溶液滴定至酚酞终点时耗去 HCl 的体积为 V_1，继续以甲基橙为指示剂又耗去 HCl 的体积为 V_2，且 $V_1<V_2$，则此碱液为（　）。
A. Na_2CO_3　B. $Na_2CO_3+NaHCO_3$
C. $NaHCO_3$　D. $NaOH+Na_2CO_3$

22. [1] 在 HCl 滴定 NaOH 时，一般选择甲基橙而不是酚酞作为指示剂，主要是由于（　）。
A. 甲基橙水溶液好　B. CO_2 对甲基橙终点影响小
C. 甲基橙变色范围较狭窄　D. 甲基橙是双色指示剂

23. [1] 在酸碱滴定中，选择强酸强碱作为滴定剂的理由是（　）。
A. 强酸强碱可以直接配制标准溶液　B. 使滴定突跃尽量大
C. 加快滴定反应速率　D. 使滴定曲线较完美

24. [1] 既可用来标定 NaOH 溶液，也可用作标定 $KMnO_4$ 的物质为（　）。
A. $H_2C_2O_4\cdot 2H_2O$　B. $Na_2C_2O_4$　C. HCl　D. H_2SO_4

25. [2] 下列物质中，能用氢氧化钠标准溶液直接滴定的是（　）。[K_a(苯酚)$=1.1\times10^{-10}$；$K_b(NH_3)=1.8\times10^{-5}$；$K_a(HAc)=1.8\times10^{-5}$；草酸：$K_{a1}=5.9\times10^{-2}$，$K_{a2}=6.4\times10^{-5}$]
A. 苯酚　B. 氯化铵　C. 醋酸钠　D. 草酸

26. [1] 已知 0.1mol/L 一元弱酸 HR 溶液的 pH=5.0，则 0.1mol/L NaR 溶液的 pH 为（　）。
A. 9　B. 10　C. 11　D. 12

27. [2] 已知 H_3PO_4 的 $pK_{a1}=2.12$，$pK_{a2}=7.20$，$pK_{a3}=12.36$。0.10mol/L Na_2HPO_4 溶液的 pH 约为（　）。
A. 4.7　B. 7.3　C. 10.1　D. 9.8

28. [2] 以 NaOH 滴定 H_3PO_4（$K_{a1}=7.5\times10^{-3}$，$K_{a2}=6.2\times10^{-8}$，$K_{a3}=5.0\times10^{-13}$）至生成 Na_2HPO_4 时，溶液的 pH 应当是（　）。
A. 4.33　B. 12.3　C. 9.75　D. 7.21

29. [1] 用 0.1000mol/LNaOH 标准溶液滴定同浓度的 $H_2C_2O_4$（$K_{a1}=5.9\times10^{-2}$，$K_{a2}=6.4\times10^{-5}$）时，有几个滴定突跃？应选用何种指示剂？（　）
A. 二个突跃，甲基橙（$pK_{HIn}=3.40$）　B. 二个突跃，甲基红（$pK_{HIn}=5.00$）
C. 一个突跃，溴百里酚蓝（$pK_{HIn}=7.30$）　D. 一个突跃，酚酞（$pK_{HIn}=9.10$）

30. [1] 用同一 NaOH 溶液，分别滴定体积相同的 H_2SO_4 和 HAc 溶液，消耗的体积相等，这说明 H_2SO_4 和 HAc 两溶液中的（　）。
A. 氢离子浓度相等　B. H_2SO_4 和 HAc 的浓度相等
C. H_2SO_4 的浓度为 HAc 浓度的 1/2　D. H_2SO_4 和 HAc 的电离度相等

31. [3] 有一混合碱 NaOH 和 Na_2CO_3，用 HCl 标准溶液滴定至酚酞褪色，用去 V_1 mL。然后加入甲基橙继续用 HCl 标准溶液滴定，用去 V_2 mL。则 V_1 与 V_2 的关系为（　）。
A. $V_1>V_2$　B. $V_1<V_2$　C. $V_1=V_2$　D. $2V_1=V_2$

32. [1] 在 1mol/LHAc 的溶液中，欲使氢离子浓度增大，可采取的方法是（　）。

A. 加水　　B. 加 NaAc

C. 加 NaOH　　D. 加 0.1mol/L HCl

33. [1] 0.5mol/LHAc 溶液与 0.1mol/LNaOH 溶液等体积混合，混合溶液的 pH 为（　　）。[pK_a(HAc)=4.76]

A. 2.5　　B. 13　　C. 7.8　　D. 4.1

34. [1] pH=9 的 NH_3-NH_4Cl 缓冲溶液配制正确的是（　　）。（已知 NH_4^+ 的 $K_a=1\times10^{-9.26}$）

A. 将 35g NH_4Cl 溶于适量水中，加 15mol/L 的 $NH_3\cdot H_2O$ 24mL 用水稀释至 500mL

B. 将 3g NH_4Cl 溶于适量水中，加 15mol/L 的 $NH_3\cdot H_2O$ 207mL 用水稀释至 500mL

C. 将 60g NH_4Cl 溶于适量水中，加 15mol/L 的 $NH_3\cdot H_2O$ 1.4mL 用水稀释至 500mL

D. 将 27g NH_4Cl 溶于适量水中，加 15mol/L 的 $NH_3\cdot H_2O$ 197mL 用水稀释至 500mL

35. [1] 测得某种新合成的有机酸的 pK_a值为 12.35，其 K_a值应表示为（　　）。

A. 4.467×10^{-13}　　B. 4.5×10^{-13}　　C. 4.46×10^{-13}　　D. 4.4666×10^{-13}

36. [2] 将 0.30mol/L $NH_3\cdot H_2O$ 100mL 与 0.45mol/L NH_4Cl 100mL 混合所得缓冲溶液的 pH 是（　　）。氨水的 $K_b=1.8\times10^{-5}$。（设混合后总体积为混合前体积之和）

A. 11.85　　B. 6.78　　C. 9.08　　D. 13.74

37. [1] 某弱碱 MOH 的 $K_b=1\times10^{-5}$，则其 0.1mol/L 水溶液的 pH 为（　　）。

A. 3.0　　B. 5.0　　C. 9.0　　D. 11

38. [2] 已知 H_3PO_4的 pK_{a1}、pK_{a2}、pK_{a3}分别为 2.12、7.20、12.36，则 PO_4^{3-} 的 pK_{b1}为（　　）。

A. 11.88　　B. 6.8　　C. 1.64　　D. 2.12

39. [2] 已知邻苯二甲酸氢钾（用 KHP 表示）的摩尔质量为 204.2g/mol，用它来标定 0.1mol/L 的 NaOH 溶液，宜称取 KHP 质量为（　　）。

A. 0.25g 左右　　B. 1g 左右　　C. 0.6g 左右　　D. 0.1g 左右

40. [2] 用 0.1000mol/L NaOH 标准溶液滴定 20.00mL 0.1000mol/L HAc 溶液，达到化学计量点时，其溶液的 pH（　　）。

A. pH<7　　B. pH>7　　C. pH=7　　D. 不确定

41. [2] 用 0.1000mol/L NaOH 滴定 0.1000mol/L HAc（$pK_a=4.7$）时的 pH 突跃范围为 7.7～9.7，由此可以推断用 0.1000mol/L NaOH 滴定 pK_a为 3.7 的 0.1mol/L 某一元酸的 pH 突跃范围为（　　）。

A. 6.7～8.7　　B. 6.7～9.7　　C. 8.7～10.7　　D. 7.7～10.7

42. [1] 用 c(HCl)=0.1mol/L HCl 溶液滴定 $c(NH_3)$=0.1mol/L 氨水溶液化学计量点时溶液的 pH 为（　　）。

A. 等于 7.0　　B. 小于 7.0　　C. 等于 8.0　　D. 大于 7.0

43. [2] 用 $NaAc\cdot 3H_2O$ 晶体，2.0mol/L HAc 来配制 pH 为 5.0 的 HAc-NaAc 缓冲溶液 1L，其正确的配制是（　　）。$M(NaAc\cdot 3H_2O)$=136.0g/mol，$K_a=1.8\times10^{-5}$。

A. 将 49g$NaAc\cdot 3H_2O$ 放入少量水中溶解，再加入 50mL2.0mol/L HAc 溶液，用水稀释 1L

B. 将 98g$NaAc\cdot 3H_2O$ 放少量水中溶解，再加入 50mL2.0mol/L HAc 溶液，用水稀释至 1L

C. 将 25g$NaAc\cdot 3H_2O$ 放少量水中溶解，再加入 100mL2.0mol/L HAc 溶液，用水稀释至 1L

D. 将 49g$NaAc\cdot 3H_2O$ 放少量水中溶解，再加入 100mL2.0mol/L HAc 溶液，用水稀

释至1L

44. [2] 用酸碱滴定法测定工业醋酸中的乙酸含量，应选择的指示剂是（ ）。
A. 酚酞　B. 甲基橙
C. 甲基红　D. 甲基红-次甲基蓝

45. [3] 有三瓶A、B、C同体积同浓度的$H_2C_2O_4$、$NaHC_2O_4$、$Na_2C_2O_4$，用HCl、NaOH、H_2O调节至相同的pH和同样的体积，此时溶液中的$[HC_2O_4^-]$（ ）。
A. A瓶最小　B. B瓶最小　C. C瓶最小　D. 三瓶相同

46. [2] 有一浓度为0.1mol/L的三元弱酸，已知$K_{a1}=7.6\times10^{-2}$，$K_{a2}=6.3\times10^{-7}$，$K_{a3}=4.4\times10^{-13}$，则有（ ）个滴定突跃。
A. 1　B. 2　C. 3　D. 4

47. [2] 0.10mol/L Na_2S溶液的pH为（ ）。（H_2S的K_{a1}、K_{a2}分别为1.3×10^{-7}、7.1×10^{-15}）
A. 4.5　B. 2.03　C. 9.5　D. 13.58

48. [1] 用NaOH溶液滴定下列（ ）多元酸时，会出现两个pH突跃。
A. H_2SO_3（$K_{a1}=1.3\times10^{-2}$、$K_{a2}=6.3\times10^{-8}$）
B. H_2CO_3（$K_{a1}=4.2\times10^{-7}$、$K_{a2}=5.6\times10^{-11}$）
C. H_2SO_4（$K_{a1}\geqslant1$、$K_{a2}=1.2\times10^{-2}$）
D. $H_2C_2O_4$（$K_{a1}=5.9\times10^{-2}$、$K_{a2}=6.4\times10^{-5}$）

49. [3] 计算二元弱酸的pH时，若$K_{a1}\gg K_{a2}$，经常（ ）。
A. 只计算第一级离解　B. 一、二级离解必须同时考虑
C. 只计算第二级离解　D. 忽略第一级离解，只计算第二级离解

50. [1] 将25.00mL 0.400mol/L H_3PO_4和30.00mL 0.500mol/L Na_3PO_4溶液混合并稀释至100.00mL后，溶液组成是（ ）。
A. $H_3PO_4+NaH_2PO_4$　B. $Na_3PO_4+Na_2HPO_4$
C. $NaH_2PO_4+Na_2HPO_4$　D. $H_3PO_4+Na_3PO_4$

51. [1] 下列对碱具有拉平效应的溶剂为（ ）。
A. HAc　B. $NH_3\cdot H_2O$　C. 吡啶　D. Na_2CO_3

52. [1] 为区分HCl、$HClO_4$、H_2SO_4、HNO_3四种酸的强度大小，可采用的溶剂是（ ）。
A. 水　B. 吡啶　C. 冰醋酸　D. 液氨

53. [2] 某碱在18℃时的平衡常数为1.84×10^{-5}，在25℃时的平衡常数为1.87×10^{-5}，则说明该碱（ ）。
A. 在18℃时溶解度比25℃时小　B. 碱的电离是一个放热过程
C. 温度高时电离度变大　D. 温度低时溶液中的氢氧根离子浓度变大

54. [1] 0.20mol/L乙二胺溶液的pH值为（$K_{b1}=8.5\times10^{-5}$，$K_{b2}=7.1\times10^{-8}$）（ ）。
A. 11.62　B. 11.26　C. 10.52　D. 10.25

55. [1] 0.050mol/L联氨溶液的pH值为（$K_{b1}=3.0\times10^{-6}$，$K_{b2}=7.6\times10^{-15}$）（ ）。
A. 10.95　B. 10.59　C. 9.95　D. 9.59

56. [1] 0.10mol/L硫酸羟胺溶液的pH值为（$K_b=9.1\times10^{-9}$）（ ）。
A. 3.48　B. 4.52　C. 4.02　D. 5.52

57. [2] 0.10mol/L NaF溶液的pH值为（$K_a=6.6\times10^{-4}$）（ ）。
A. 10.09　B. 8.09　C. 9.09　D. 9.82

58. [2] 0.10mol/L Na_3PO_4溶液的pH值为（$K_{a1}=7.6\times10^{-3}$，$K_{a2}=6.3\times10^{-8}$，$K_{a3}=4.4\times10^{-13}$）（ ）。

A. 12.68　　B. 10.68　　C. 6.68　　D. 11.68

59. [1] 0.10mol/L NaH_2PO_4 溶液的 pH 值为（$K_{a1}=7.6\times10^{-3}$，$K_{a2}=6.3\times10^{-8}$，$K_{a3}=4.4\times10^{-13}$）（　）。

A. 4.66　　B. 9.78　　C. 6.68　　D. 4.10

60. [2] 用 NaOH 滴定盐酸和硼酸的混合液时会出现（　）个突跃。

A. 0　　B. 1　　C. 2　　D. 3

61. [2] 用 NaOH 滴定醋酸和硼酸的混合液时会出现（　）个突跃。

A. 1　　B. 2　　C. 3　　D. 0

62. [2] 有一碱液，可能是 K_2CO_3、KOH 和 $KHCO_3$ 或其中两者的混合物。今用 HCl 标准滴定溶液滴定，以酚酞为指示剂时，消耗体积为 V_1，继续加入甲基橙作指示剂，再用 HCl 溶液滴定，又消耗体积为 V_2，且 $V_2>V_1$，则溶液由（　）组成。

A. K_2CO_3 和 KOH　　B. K_2CO_3 和 $KHCO_3$

C. K_2CO_3　　D. $KHCO_3$

63. [1] 用 0.1000mol/L 的 NaOH 标准滴定溶液滴定 0.1000mol/L 的 HCl 至 pH=9.00，则终点误差为（　）。

A. 0.01%　　B. 0.02%　　C. 0.05%　　D. 0.1%

64. [1] 用 0.1000mol/L 的 HCl 标准滴定溶液滴定 0.1000mol/L 的 NH_3 溶液至 pH=4.00，则终点误差为（　）。

A. 0.05%　　B. 0.1%　　C. 0.2%　　D. 0.02%

65. [3] 下列各组酸碱对中，不属于共轭酸碱对的是（　）。

A. H_2CO_3-HCO_3^-　　B. H_3O^+-OH^-　　C. HPO_4^{2-}-PO_4^{3-}　　D. NH_3-NH_2^-

66. [1] 浓度为 $c(HAc)(mol/L)$ 的溶液中加入 $c(NaOH)(mol/L)$ 后的质子平衡方程是（　）。

A. $c(HAc)=[H^+]+[Ac^-]$　　B. $c(HAc)=c(NaOH)$

C. $[H^+]=[Ac^-]+[OH^-]$　　D. $[H^+]+[HAc]=[OH^-]$

67. [1] 对于高氯酸、硫酸、盐酸和硝酸四种酸具有拉平效应的溶剂是（　）。

A. 水　　B. 冰醋酸　　C. 甲酸　　D. 醋酐

68. [1] 对于高氯酸、硫酸、盐酸和硝酸四种酸不具有拉平效应的溶剂是（　）。

A. 水　　B. 吡啶　　C. 冰醋酸　　D. 乙二胺

69. [1] 对于硫酸、盐酸和醋酸三种酸具有拉平效应的溶剂是（　）。

A. 水　　B. 醋酐　　C. 冰醋酸　　D. 液氨

70. [1] 对于高氯酸、硫酸、盐酸和硝酸四种酸具有区分效应的溶剂是（　）。

A. 水　　B. 吡啶　　C. 冰醋酸　　D. 乙二胺

二、判断题

1. [1] 酸碱溶液浓度越小，滴定曲线化学计量点附近的滴定突跃越长，可供选择的指示剂越多。（　）

2. [1] 酸碱滴定中有时需要用颜色变化明显的变色范围较窄的指示剂即混合指示剂。（　）

3. [1] 非水滴定中，H_2O 是 HCl、H_2SO_4、HNO_3 等的拉平性溶剂。（　）

4. [1] 酸碱滴定法测定有机弱碱，当碱性很弱（$K_b<10^{-8}$）时可采用非水溶剂。（　）

5. [1] 酸碱滴定法测定分子量较大的难溶于水的羧酸时，可采用中性乙醇为溶剂。（　）

6. ［2］用因吸潮带有少量湿存水的基准试剂 Na_2CO_3 标定 HCl 溶液的浓度时，结果偏高；若用此 HCl 溶液测定某有机碱的摩尔质量时结果也偏高。（　）

7. ［1］用 0.1mol/L NaOH 溶液滴定 100mL 0.1mol/L 盐酸时，如果滴定误差在±0.1%以内，反应完毕后，溶液的 pH 范围为 4.3～9.7。（　）

8. ［1］用 0.1000mol/L HCl 溶液滴定 0.1000mol/L 氨水溶液，化学计量点时溶液的 pH 小于 7。（　）

9. ［2］$H_2C_2O_4$ 的两步离解常数为 $K_{a1}=5.6\times10^{-2}$、$K_{a2}=5.1\times10^{-5}$，因此不能分步滴定。（　）

10. ［2］多元酸能否分步滴定，可从其二级浓度常数 K_{a1} 与 K_{a2} 的比值判断，当 $K_{a1}/K_{a2}>10^5$ 时，可基本断定能分步滴定。（　）

11. ［1］强酸滴定弱碱时，只有当 $cK_a\geqslant10^{-8}$，此弱碱才能用标准酸溶液直接目视滴定。（　）

12. ［3］若一种弱酸不能被强碱滴定，则其相同浓度的共轭碱必定可被强酸滴定。（　）

13. ［3］双指示剂法测定混合碱含量，已知试样消耗标准滴定溶液盐酸的体积 $V_1>V_2$，则混合碱的组成为 Na_2CO_3+NaOH。（　）

14. ［2］已知 0.1mol/L 一元弱酸的 HB 的 pH=3.0，其等浓度的共轭碱 NaB 的 pH 为 9。（已知：$K_ac>20\ K_w$ 且 $c/K_a>500$）。（　）

15. ［2］H_2SO_4 是二元酸，因此用 NaOH 滴定有两个突跃。（　）

16. ［2］盐酸和硼酸都可以用 NaOH 标准溶液直接滴定。（　）

17. ［1］K_2SiF_6 法测定硅酸盐中硅的含量，滴定时，应选择酚酞作指示剂。（　）

18. ［2］酸碱指示剂本身必须是有机弱酸或有机弱碱。（　）

19. ［2］酚酞和甲基橙都可用于强碱滴定弱酸的指示剂。（　）

20. ［2］按质子理论，Na_2HPO_4 是两性物质。（　）

21. ［1］30mL 0.005mol/L H_2SO_4 的 pH 值是 2。（　）

22. ［1］0.1mol/L HAc-NaAc 缓冲溶液的 pH 值是 4.74（$K_a=1.8\times10^{-5}$）。（　）

23. ［1］1L 溶液中含有 98.08gH_2SO_4，则 $c(1/2H_2SO_4)=2$mol/L。（　）

24. ［2］在 50mL pH=10 的 NH_3-NH_4Cl 缓冲溶液中，加入 20mL $c(NaOH)=1$mol/L 的 NaOH 溶液，溶液的 pH 值基本保持不变。（　）

25. ［3］甲基橙在酸性溶液中为红色，在碱性溶液中为橙色。（　）

26. ［3］用氢氧化钠标准滴定溶液滴定醋酸溶液时，以酚酞为指示剂，则滴定终点溶液的颜色为浅粉红色。（　）

27. ［2］用 NaOH 标准滴定溶液分别滴定体积相同的 H_2SO_4 和 HCOOH 溶液，若消耗 NaOH 体积相同，则有 $c(H_2SO_4)=c(HCOOH)$。（　）

28. ［3］影响酸的强弱因素有内因是酸自身的结构和外因溶剂的作用，此外还与溶液的温度和溶液的浓度有关。（　）

29. ［3］影响碱的强弱因素有内因是酸自身的结构和外因溶剂的作用，此外还与溶液的温度、溶液的浓度和空气的压力有关。（　）

30. ［2］多元弱酸溶液 pH 值的计算一般按一元弱酸溶液处理。（　）

31. ［2］多元弱碱溶液 pH 值的计算一般按一元弱碱溶液处理。（　）

32. ［2］$NaHCO_3$ 溶液酸度的计算公式是 $[H^+]=\sqrt{K_{a1}K_{a2}}$。（　）

33. ［2］对于多元酸 H_3AO_4，其 $K_{a1}/K_{a2}\geqslant10^{-4}$，是衡量其能否对第二步离解进行分

步滴定的条件之一。(　　)

34. [1] 拉平效应是指不同类型酸或碱的强度拉平到溶剂化质子的强度水平的现象。(　　)

35. [1] 硫酸、盐酸和硝酸三种酸在冰醋酸中的强度由强至弱的顺序是：硝酸＞硫酸＞盐酸。(　　)

36. [2] 在非水滴定中，弱酸性物质一般应选择冰乙酸、乙酸酐等作溶剂。(　　)

37. [2] 对于非水滴定中溶剂的选择应注意纯度高、黏度小、挥发性小、使用安全。(　　)

38. [2] 非水滴定中，以冰醋酸为溶剂测定苯胺纯度时常选用百里酚蓝作指示剂。(　　)

39. [2] 非水滴定中，在配制高氯酸标准滴定溶液时应加入醋酸酐溶液来除去水分。(　　)

40. [3] 以硼砂标定盐酸溶液时，硼砂的基本单元是 $Na_2B_4O_7 \cdot 10H_2O$。(　　)

三、多选题

1. [1] 在下列溶液中，可作为缓冲溶液的是(　　)。

A. 弱酸及其盐溶液　　B. 弱碱及其盐溶液

C. 高浓度的强酸或强碱溶液　　D. 中性化合物溶液

2. [1] 标定 HCl 溶液常用的基准物有(　　)。

A. 无水 Na_2CO_3　　B. 硼砂 ($Na_2B_4O_7 \cdot 10H_2O$)

C. 草酸 ($H_2C_2O_4 \cdot 2H_2O$)　　D. $CaCO_3$

3. [3] 下列说法正确的是(　　)。

A. 配制溶液时，所用的试剂越纯越好

B. 基本单元可以是原子、分子、离子、电子等粒子

C. 酸度和酸的浓度是不一样的

D. 因滴定终点与化学计量点不完全符合引起的分析误差叫终点误差

E. 精密度高准确度肯定也高

4. [2] 非水滴定溶剂的种类有(　　)。

A. 酸性溶剂　B. 碱性溶剂　C. 两性溶剂　D. 惰性溶剂　E. 中性溶剂

5. [1] 用双指示剂法测定烧碱含量时，下列叙述正确的是(　　)。

A. 吸出试液后立即滴定　　B. 以酚酞为指示剂时，滴定速度不要太快

C. 以酚酞为指示剂时，滴定速度要快　　D. 以酚酞为指示剂时，应不断摇动

6. [1] 标定盐酸可用的基准物质有(　　)。

A. 邻苯二甲酸氢钾　B. 硼砂　C. 无水碳酸钠　D. 草酸钠

7. [1] 欲配制 pH 为 3 的缓冲溶液，应选择的弱酸及其弱酸盐是(　　)。

A. 醋酸 ($pK_a=4.74$)　　B. 甲酸 ($pK_a=3.74$)

C. 一氯乙酸 ($pK_a=2.86$)　　D. 二氯乙酸 ($pK_a=1.30$)

8. [1] 下列关于判断酸碱滴定能否直接进行的叙述正确的是(　　)。

A. 当弱酸的电离常数 $K_a<10^{-9}$ 时，可以用强碱溶液直接滴定

B. 当弱酸的浓度 c 和弱酸的电离常数 K_a 的乘积 $cK_a \geqslant 10^{-8}$ 时，滴定可以直接进行

C. 极弱碱的共轭酸是较强的弱酸，只要能满足 $cK_b \geqslant 10^{-8}$ 的要求，就可以用标准溶液直接滴定

D. 对于弱碱，只有当 $cK_a \leqslant 10^{-8}$ 时，才能用酸标准溶液直接进行滴定

9. [1] 下列物质中，既是质子酸，又是质子碱的是(　　)。

A. NH_4^+　B. HS^-　C. PO_4^{3-}　D. HCO_3^-

10. [1] 下列多元弱酸能分步滴定的有(　　)。

A. H_2SO_3 ($K_{a1}=1.3\times10^{-2}$，$K_{a2}=6.3\times10^{-8}$)

B. H_2CO_3（$K_{a1}=4.2\times10^{-7}$，$K_{a2}=5.6\times10^{-11}$）

C. $H_2C_2O_4$（$K_{a1}=5.9\times10^{-2}$，$K_{a2}=6.4\times10^{-5}$）

D. H_3PO_3（$K_{a1}=5.0\times10^{-2}$，$K_{a2}=2.5\times10^{-7}$）

11. [1] 下列物质中，能用 NaOH 标准溶液直接滴定的是（　　）。

A. 苯酚　B. NH_4Cl　C. 邻苯二甲酸　D. $(NH_4)_2SO_4$　E. $C_6H_5NH_2\cdot HCl$

12. [3] 下列有关 Na_2CO_3 在水溶液中质子条件的叙述，不正确的是（　　）。

A. $[H^+]+2[Na^+]+[HCO_3^-]=[OH^-]$

B. $[H^+]+2[H_2CO_3]+[HCO_3^-]=[OH^-]$

C. $[H^+]+[H_2CO_3]+[HCO_3^-]=[OH^-]$

D. $[H^+]+[HCO_3^-]=[OH^-]+2[CO_3^{2-}]$

E. $[H^+]+2[H_2CO_3]+[HCO_3^-]=2[OH^-]$

13. [2] 不是 HCl、$HClO_4$、H_2SO_4、HNO_3 的拉平溶剂的是（　　）。

A. 冰醋酸　B. 水　C. 甲酸　D. 苯　E. 氯仿

14. [1] H_2O 对（　　）具有区分性效应。

A. HCl 和 HNO_3　B. H_2SO_4 和 H_2CO_3　C. HCl 和 HAc　D. HCOOH 和 HF

15. [2] 下列物质中，可在非水酸性溶剂中滴定的是（　　）。

A. 苯甲酸　B. NaAc　C. 苯酚　D. 吡啶　E. α-氨基乙酸

16. [3] 在非水溶液滴定中，不是标定高氯酸-冰醋酸溶液常用的基准试剂的是（　　）。

A. 邻苯二甲酸氢钾　B. 无水碳酸钠　C. 硼砂　D. 碳酸钙　E. 草酸钙

17. [2] 非水酸碱滴定主要用于测定（　　）。

A. 在水溶液中不能直接滴定的弱酸、弱碱　B. 反应速率慢的酸碱物质

C. 难溶于水的酸碱物质　D. 强度相近的混合酸或碱中的各组分

18. [1] 在下面有关非水滴定法的叙述中，正确的是（　　）。

A. 质子自递常数越小的溶剂，滴定时溶液的 pH 变化范围越小

B. $LiAlH_4$ 常用作非水氧化还原滴定的强还原剂

C. 同一种酸在不同碱性的溶剂中，酸的强度不同

D. 常用电位法或指示剂法确定滴定终点

19. [2] 以强化法测定硼酸纯度时，可用（　　）使之转化为较强的酸。

A. 甲醇　B. 甘油　C. 乙醇　D. 甘露醇　E. 苯酚

20. [1] 用非水滴定法测定钢铁中碳含量时，吸收液兼滴定液的组成为（　　）。

A. 氢氧化钠　B. 氢氧化钾　C. 乙醇　D. 氨水

21. [2] 用 0.1mol/L NaOH 滴定 0.1mol/L HCOOH（$pK_a=3.74$）。对此滴定适用的指示剂（　　）。

A. 酚酞　B. 溴甲酚绿　C. 甲基橙　D. 百里酚蓝

22. [1] 在对非水酸碱滴定的叙述中正确的是（　　）。

A. 用非水酸碱滴定法测定羧酸盐时可用冰乙酸作溶剂

B. 用非水酸碱滴定法测定羧酸盐时可用二甲基甲酰胺作溶剂

C. 用非水酸碱滴定法测定羧酸盐时可用苯作溶剂

D. 用冰乙酸作溶剂测定羧酸盐时，可用甲基红作指示剂

E. 用冰乙酸作溶剂测定羧酸盐时，可用结晶紫作指示剂

F. 用二甲基甲酰胺作溶剂测定羧酸盐时，可用酚酞作指示剂

G. 用二甲基甲酰胺作溶剂测定羧酸盐时，可用甲基红作指示剂

23. [1] 当用酸滴定法测定化学试剂主含量时，以下说法不正确的是（　　）。

A. 在 GB/T 631—89 中，氨水含量测定是“滴加 2 滴甲基红-亚甲基蓝混合指示剂，以 1mol/L 盐酸标准滴定液滴定至溶液呈红色”。

B. 在 GB/T 629—81（84）中，氢氧化钠含量测定是“滴加 2 滴甲基红-亚甲基蓝混合指示剂，以 1mol/L 盐酸标准滴定液滴定至溶液呈红色”。

C. 在 HB/T 2629—94 中，氢氧化钡含量测定是“滴加 2 滴 10g/L 酚酞指示剂，以 1mol/L 盐酸标准滴定液滴定至溶液红色消失”。

D. 在 GB/T 2306—80 中，氢氧化钾含量测定是“滴加 2 滴甲基红-亚甲基蓝混合指示剂，以 1mol/L 盐酸标准滴定液滴定至溶液呈红色”。

E. 在 GB/T 9856—88 中，碳酸钠含量测定是“滴加 10 滴溴甲酚绿-甲基红混合指示剂，以 0.5mol/L 盐酸标准滴定液滴定至溶液呈暗红色”。

F. 在 GB/T 654—94 中，碳酸钡含量测定是“滴加 10 滴溴甲酚绿-甲基红混合指示剂，以 1mol/L 盐酸标准滴定液滴定至溶液呈暗红色”。

G. 在 GB/T 1263—86 中，磷酸氢二钠含量测定是“滴加 3 滴 1g/L 甲基红指示剂，以 0.5mol/L 盐酸标准滴定液滴定至溶液呈橙红色”。

24. [2] 0.10mol/L 的 Na_2HPO_4 可用公式（　　）计算溶液中的 H^+ 离子浓度，其 pH 值为（　　）。（已知 $pK_{a1}=2.12$，$pK_{a2}=7.20$，$pK_{a3}=12.36$）

A. $[H^+]=\sqrt{K_{a1}K_{a2}}$　　B. $[H^+]=\sqrt{K_{a2}K_{a3}}$

C. $[H^+]=\sqrt{c(Na_2HPO_4)K_{a1}}$　　D. $[H^+]=\sqrt{\dfrac{c(Na_2HPO_4)K_w}{K_{a3}}}$

E. 4.56　　F. 9.78　　G. 1.56

25. [2] 0.050mol/LNH_4Cl 溶液可用公式（　　）计算溶液中的 H^+ 离子浓度，其 pH 值为（　　）。（已知 $pK_b=4.74$）

A. $[H^+]=\sqrt{c(NH_4Cl)K_b}$　　B. $[H^+]=\sqrt{K_{a1}K_{a2}}$

C. $[H^+]=\sqrt{\dfrac{c(NH_4Cl)K_w}{K_b}}$　　D. $[H^+]=\dfrac{-K_b+\sqrt{K_b^2+4c(NH_4Cl)K_b}}{2}$

E. 3.02　　F. 5.28　　G. 3.03

四、计算题

1. [3] 计算 pH=5.0 时 0.1mol/L 的 $H_2C_2O_4$ 中 $C_2O_4^{2-}$ 的浓度。

2. [3] 计算下列溶液的 pH 值：

(1) 0.05mol/L 的 H_3BO_3，　查表：$K_a(H_3BO_3)=5.7\times10^{-10}$；

(2) 0.1mol/L 的 NaCl；

(3) 0.05mol/L 的 $NaHCO_3$，　查表：$K_{a1}(H_2CO_3)=4.2\times10^{-7}$，$K_{a2}(H_2CO_3)=5.6\times10^{-11}$。

3. [2] 计算下列滴定中化学计量点的 pH 值，并指出选用何种指示剂指示终点：

(1) 0.2000mol/L 的 HCl 滴定 20.00mL 0.2000mol/L 的 NaOH；

(2) 0.2000mol/L 的 NaOH 滴定 20.00mL 0.2000mol/L 的 HAc。

4. [2] 用 0.1000mol/L 的 NaOH 溶液滴定 20.00mL 0.1000mol/L 的甲酸溶液时，化学计量点时 pH 为多少？应选何种指示剂指示终点？滴定突跃为多少？

5. [2] 称取混合碱试样 0.6800g，以酚酞为指示剂，用 0.2000mol/L 的 HCl 标准溶液滴定至终点，消耗 HCl 溶液体积 $V_1=26.80$mL，然后加入甲基橙指示剂滴定至终点，又消耗 HCl 溶液体积 $V_2=23.00$mL，判断混合碱的组成，并计算各组分的质量分数。

6. [2] 采用$KHC_2O_4 \cdot H_2C_2O_4 \cdot 2H_2O$基准物质2.369g，标定NaOH溶液时，消耗NaOH溶液的体积为29.05mL，计算NaOH溶液的浓度。

7. [2] 某试样2.000g，采用蒸馏法测氮的质量分数，蒸出的氨用50.00mL 0.5000mol/L的H_3BO_3标准溶液吸收，然后以溴甲酚绿与甲基红为指示剂，用0.05000mol/L的HCl溶液45.00mL滴定，计算试样中氮的质量分数。

8. [2] 阿司匹林即乙酰水杨酸，化学式为$HOOCCH_2C_6H_4COOH$，其摩尔质量$M=$180.16g/mol。现称取试样0.2500g，准确加入浓度为0.1020mol/L的NaOH标准溶液50.00mL，煮沸10min，冷却后需用浓度为0.05050mol/L的H_2SO_4标准溶液25.00mL滴定过量的NaOH（以酚酞为指示剂）。求该试样中乙酰水杨酸的质量分数。

9. [3] 计算0.1mol/L的NH_4Cl溶液的pH。

10. [1] 依据碳酸盐溶液中H_2CO_3、HCO_3^-和CO_3^{2-}的分布系数，若浓度c为0.2mol/L，上述各型体在pH为4.0、9.0时的平衡浓度各为多少？

11. [2] 若溶液中HAc、NaAc、和$Na_2C_2O_4$浓度分别为0.50mol/L、0.50mol/L和1.0×10^{-4}mol/L，计算此溶液中$C_2O_4^{2-}$的平衡浓度。

12. [2] 计算下列溶液的pH（等体积混合）：

（1）pH1.00＋pH3.00；

（2）pH3.00＋pH8.00；

（3）pH8.00＋pH8.00；

（4）pH3.00＋pH8.00。

13. [2] 有机物中氮含量测定（克氏定氮法），称样0.2000g用25.00mL0.1mol/L HCl标准溶液吸收氨，过量HCl用0.1000mol/L NaOH标准溶液回滴，甲基橙为指示剂，消耗NaOH标准溶液8.10mL，计算样品中氮的含量。

14. [2] 含NaOH和Na_2CO_3的试样0.7225g，溶解后稀释定容为100mL。取20.00mL试液，以甲基橙为指示剂，用0.1135 mol/L HCl 26.12mL滴定至终点，另取一份20.00mL试液，加入过量$BaCl_2$溶液，以酚酞作指示剂，用HCl标准溶液20.27mL滴至终点，计算试样中NaOH和Na_2CO_3的各自含量。

15. [2] 称取混合碱试样0.6839g，以酚酞为指示剂，用0.2000mol/L的HCl标准溶液滴定至终点，用去HCl溶液23.10mL，再加入甲基橙指示剂，继续滴定至终点，又耗去HCl溶液26.81mL，求混合碱的组成及各组分含量。

16. [1] 为使c(HCl)＝1.003mol/L的盐酸标准滴定溶液滴定的毫升数的3倍恰好等于样品中Na_2CO_3的质量分数，问需要称取样品多少克？

17. [3] 150mL 1mol/L的HCl与250mL 1.5mol/L的$NH_3 \cdot H_2O$溶液混合，稀释至1L。计算溶液的pH。

18. [2] 欲配制1L pH＝10.00的NH_3-NH_4Cl的缓冲溶液，现有250mL 10mol/L的$NH_3 \cdot H_2O$溶液，还需称取NH_4Cl固体多少克？

19. [2] 20g六亚甲基四胺，加浓HCl（按12 mol/L计）4.0mL，稀释至100mL，溶液的pH值是多少？此溶液是否是缓冲溶液？

20. [1] 计算用0.1000 mol/L的NaOH滴定0.1000 mol/L的HCOOH在pH＝9.00时的终点误差？

21. [1] 测定钢铁中的碳含量，称取钢铁试样20.0000g，试样在氧气流中经高温燃烧，将产生的二氧化碳导入含有百里香酚蓝和百里酚酞指示剂的丙酮-甲醇混合吸收液中，然后用浓度为0.1503mol/L甲醇钠标准溶液滴定至终点，消耗该溶液30.50mL，试计算该钢铁中碳的质量分数。

五、综合题

1. [3] 质子理论和电离理论相比较，最主要的不同点是什么？

2. [3] 根据质子理论，什么是酸？什么是碱？什么是两性物质？各举例说明。

3. [2] 找出下列物质中相应的共轭酸碱对，并用质子理论分析下列物质中哪种物质为最强酸？哪种物质碱性最强？

HAc、HF、HCl、NH_4^+、$(CH_2)_6N_4$、$NaAc$、NH_3、CO_3^{2-}、HCO_3^-、H_3PO_4、F^-、$H_2PO_4^-$、Cl^-、$(CH_2)_6N_4H^+$

4. [2] 什么叫质子条件？它与酸碱溶液 $[H^+]$ 计算公式有什么关系？写出下列物质的质子条件。(1) $HCOOH$、(2) NH_3、(3) $NaAc$、(4) NH_4NO_3、(5) NaH_2PO_4。

5. [3] 何谓滴定突跃？它的大小与哪些因素有关？酸碱滴定中指示剂的选择原则是什么？

6. [2] 若用已吸收少量水的无水碳酸钠标定 HCl 溶液的浓度，问所标出的浓度偏高还是偏低？

7. [2] 若使硼砂未能保存在相对湿度 60%，而是存放在相对湿度 30%的容器中，采用该硼砂标定 HCl 溶液时，所标定的浓度是偏高还是偏低？

8. [1] 非水滴定法有什么特点？所使用的溶剂主要有几类？

9. [1] 用非水滴定法测定醋酸钠、乳酸钠、苯甲酸、吡啶，应分别选用何种溶剂？

10. [2] 如何选择缓冲溶液？

11. [2] 简述指示剂的选择原则。

12. [2] 什么叫混合指示剂？

13. [2] 什么叫指示剂的变色范围？

14. [2] 影响酸碱指示剂变色范围的因素是什么？

15. [2] 满足什么条件时就能用强酸（碱）分步进行滴定？

16. [1] 如何配制无 CO_3^{2-} 的 NaOH 标准溶液？

17. [2] 为什么氢氧化钠可以滴定醋酸不能滴定硼酸？

18. [1] 在 GB/T 601—2002 中盐酸标准滴定溶液的标定，操作步骤如下：

“按下表的规定称取于 270～300℃高温炉中灼烧至恒重的工作基准试剂无水碳酸钠，溶于 50mL 水中，加 10 滴溴甲酚绿-甲基红指示液，用配制好的盐酸溶液滴定至溶液由绿色变为暗红色，煮沸 2min，冷却后继续滴定至溶液再呈暗红色。同时做空白试验。”

盐酸标准滴定溶液的浓度[c(HCl)]/(mol/L)	工作基准试剂无水碳酸钠的质量 m/g
1	1.9
0.5	0.95
0.1	0.2

问：(1) 如何理解此标定使用溴甲酚绿-甲基红指示液，而不用甲基橙指示液？

(2) 如何保障标定数据平行性和可比性？

第七章

配位滴定知识

一、单选题

1. [2] EDTA酸效应曲线不能回答的问题是（　　）。
   A. 进行各金属离子滴定时的最低pH
   B. 在一定pH范围内滴定某种金属离子时，哪些离子可能有干扰
   C. 控制溶液的酸度，有可能在同一溶液中连续测定几种离子
   D. 准确测定各离子时溶液的最低酸度
2. [3] EDTA滴定金属离子M。MY的绝对稳定常数为K_{MY}，当金属离子M的浓度为0.01mol/L时，下列$\lg\alpha_{Y(H)}$对应的pH是滴定金属离子M的最高允许酸度的是（　　）。
   A. $\lg\alpha_{Y(H)} \geqslant \lg K_{MY}-8$　　B. $\lg\alpha_{Y(H)} = \lg K_{MY}-8$
   C. $\lg\alpha_{Y(H)} \geqslant \lg K_{MY}-6$　　D. $\lg\alpha_{Y(H)} \leqslant \lg K_{MY}-3$
3. [3] 采用返滴定法测定Al^{3+}的含量时，欲在pH=5.5的条件下以某一金属离子的标准溶液返滴定过量的EDTA，此金属离子标准溶液最好选用（　　）。
   A. Ca^{2+}　　B. Pb^{2+}　　C. Fe^{3+}　　D. Mg^{2+}
4. [3] 用EDTA标准滴定溶液滴定金属离子M，若要求相对误差小于0.1%，则要求（　　）。
   A. $c_M K'_{MY} \geqslant 10^6$　　B. $c_M K'_{MY} \leqslant 10^6$
   C. $K'_{MY} \geqslant 10^6$　　D. $K'_{MY}\alpha_{Y(H)} \geqslant 10^6$
5. [3] 直接配位滴定终点呈现的是（　　）的颜色。
   A. 金属-指示剂配合物　　B. 配位剂-指示剂混合物
   C. 游离金属指示剂　　D. 配位剂-金属配合物
6. [2] Al^{3+}能封闭铬黑T指示剂，加入（　　）可解除。
   A. 三乙醇胺　　B. KCN　　C. NH_4F　　D. NH_4SCN
7. [2] 用EDTA测定Zn^{2+}时，Cr^{3+}干扰，为消除影响，应采用的方法是（　　）。
   A. 控制酸度　　B. 配位掩蔽　　C. 氧化还原掩蔽　　D. 沉淀掩蔽
8. [3] 提高配位滴定的选择性可采用的方法是（　　）。
   A. 增大滴定剂的浓度　　B. 控制溶液温度

C. 控制溶液的酸度　　D. 减小滴定剂的浓度

9. [2] 配位滴定中加入缓冲溶液的原因是（　）。

A. EDTA 配位能力与酸度有关　　B. 金属指示剂有其使用的酸度范围

C. EDTA 与金属离子反应过程中会释放出 H^+　　D. K'_{MY}会随酸度改变而改变

10. [2] 将 0.5600g 含钙试样溶解成 250mL 试液，用 0.02000mol/L 的 EDTA 溶液滴定，消耗 30.00mL，则试样中 CaO 的含量为（　）。$M(CaO)=56.08g/mol$。

A. 3.00%　　B. 6.01%　　C. 12.02%　　D. 30.00%

11. [2] 配位滴定时，金属离子 M 和 N 的浓度相近，通过控制溶液酸度实现连续测定 M 和 N 的条件是（　）。

A. $\lg K_{NY}-\lg K_{MY}\geqslant 2$ 和 $\lg cK'_{MY}\geqslant 6$ 和 $\lg cK'_{NY}\geqslant 6$

B. $\lg K_{NY}-\lg K_{MY}\geqslant 5$ 和 $\lg cK'_{MY}\geqslant 3$ 和 $\lg cK'_{NY}\geqslant 3$

C. $\lg K_{MY}-\lg K_{NY}\geqslant 5$ 和 $\lg cK'_{MY}\geqslant 6$ 和 $\lg cK'_{NY}\geqslant 6$

D. $\lg K_{NY}-\lg K_{MY}\geqslant 8$ 和 $\lg cK'_{MY}\geqslant 4$ 和 $\lg cK'_{NY}\geqslant 4$

12. [2] 滴定近终点时，滴定速度一定要慢，摇动一定要特别充分，原因是（　）。

A. 指示剂易发生僵化现象　　B. 近终点时存在一滴定突跃

C. 指示剂易发生封闭现象　　D. 近终点时溶液不易混匀

13. [2] 在配位滴定中，直接滴定法的条件包括（　）。

A. $\lg cK'_{MY}\leqslant 8$　　B. 溶液中无干扰离子

C. 有变色敏锐无封闭作用的指示剂　　D. 反应在酸性溶液中进行

14. [1] 已知几种金属浓度相近，$\lg K_{NiY}=19.20$，$\lg K_{CeY}=16.0$，$\lg K_{ZnY}=16.50$，$\lg K_{CaY}=10.69$，$\lg K_{AlY}=16.3$，其中调节 pH 值就可不干扰 Al^{3+} 测定的是（　）。

A. Ni^{2+}　　B. Ce^{2+}　　C. Zn^{2+}　　D. Ca

15. [2] 在 EDTA 配位滴定中，下列有关酸效应系数的叙述，正确的是（　）。

A. 酸效应系数越大，配合物的稳定性越大

B. 酸效应系数越小，配合物的稳定性越大

C. pH 值越大，酸效应系数越大

D. 酸效应系数越大，配位滴定曲线的 pM 突跃范围越大

16. [2] 金属指示剂的僵化现象可以通过下面哪种方法消除（　）。

A. 加入掩蔽剂　　B. 将溶液稀释

C. 加入有机溶剂或加热　　D. 冷却

17. [2] 取水样 100mL，用 $c(EDTA)=0.02000mol/L$ 标准溶液测定水的总硬度，用去 4.00mL，计算水的总硬度是（　）（用 $CaCO_3$ mg/L 表示）。$M(CaCO_3)=100.09g/mol$。

A. 20.02mg/L　　B. 40.04 mg/L　　C. 60.06 mg/L　　D. 80.07mg/L

18. [1] 以配位滴定法测定铝。30.00mL0.01000mol/L 的 EDTA 溶液相当于 Al_2O_3（其摩尔质量为 101.96g/mol）多少毫克？（　）

A. 30.59　　B. 15.29　　C. 0.01529　　D. 10.20

19. [2] 在 Fe^{3+}、Al^{3+}、Ca^{2+}、Mg^{2+} 的混合液中，用 EDTA 法测定 Fe^{3+}、Al^{3+} 的含量，消除 Ca^{2+}、Mg^{2+} 干扰，最简便的方法是（　）。

A. 沉淀分离　　B. 控制酸度　　C. 配位掩蔽　　D. 离子交换

20. [3] 准确滴定单一金属离子的条件是（　）。

A. $\lg c_M K'_{MY}\geqslant 8$　　B. $\lg c_M K_{MY}\geqslant 8$　　C. $\lg c_M K'_{MY}\geqslant 6$　　D. $\lg c_M K_{MY}\geqslant 6$

21. [2] 下列对氨羧配位剂的叙述中，不正确的是（　）。

A. 氨羧配位剂是一类有机通用型配位剂

B. 氨羧配位剂是一类含有氨基和羧基的有机通用型配位剂

C. 氨羧配位剂中只含有氨基和羧基，不含其他基团

D. 最常用的氨羧配位剂是 EDTA

22. [1] 在测定三价铁时，若控制 pH＞3 进行滴定，造成的测定结果偏低的主要原因是（　　）。

A. 共存离子对被测离子配位平衡的影响

B. 被测离子水解，对被测离子配位平衡的影响

C. 酸度变化对配位剂的作用，引起对被测离子配位平衡的影响

D. 共存配位剂，对被测离子配位平衡的影响

23. [1] 在测定含氰根的锌溶液时，若加甲醛量不够，造成的以 EDTA 法测定结果偏低的主要原因是（　　）。

A. 共存离子对被测离子配位平衡的影响

B. 被测离子水解，对被测离子配位平衡的影响

C. 酸度变化对配位剂的作用，引起对被测离子配位平衡的影响

D. 共存配位剂，对被测离子配位平衡的影响

24. [2] 在测定含镁的钙溶液时，若溶液 pH 值控制不当，造成的用 EDTA 法测定结果偏高的主要原因是（　　）。

A. 共存离子对被测离子配位平衡的影响

B. 被测离子水解，对被测离子配位平衡的影响

C. 酸度变化对配位剂的作用，引起对被测离子配位平衡的影响

D. 共存配位剂，对被测离子配位平衡的影响

25. [1] 称取含磷样品 0.1000g，溶解后把磷沉淀为 $MgNH_4PO_4$，此沉淀过滤洗涤再溶解，最后用 0.01000mol/L 的 EDTA 标准溶液滴定，消耗 20.00mL，样品中 P_2O_5 的百分含量为（　　）。已知 $M(MgNH_4PO_4)=137.32$g/mol，$M(P_2O_5)=141.95$g/mol。

A. 13.73%　　B. 14.20%　　C. 27.46%　　D. 28.39%

26. [3] 在 pH=10 的氨性溶液中，用铬黑 T 作指示剂，用 0.020mol/L 的 EDTA 滴定同浓度的 Zn^{2+}，终点时 $p'Zn=6.52$，则终点误差为（　　）。已知 $\lg K'_{ZnY}=11.05$。

A. −0.01%　　B. −0.02%　　C. 0.01%　　D. 0.02%

27. [2] 用 EDTA 法测定铜合金（Cu、Zn、Pb）中 Zn 和 Pb 的含量时，一般将制成的铜合金试液先用（　　）在碱性条件下掩蔽去除 Cu^{2+}、Zn^{2+} 后，用 EDTA 先滴定 Pb^{2+}，然后在试液中加入甲醛，再用 EDTA 滴定 Zn^{2+}。

A. 硫脲　　B. 三乙醇胺　　C. Na_2S　　D. KCN

28. [2] 用二甲酚橙作指示剂，EDTA 法测定铝盐中的铝常采用返滴定方式，原因不是（　　）。

A. 不易直接滴定到终点　　B. Al^{3+} 易水解

C. Al^{3+} 对指示剂有封闭　　D. 配位稳定常数＜10^8

29. [2] 用 EDTA 测定 Ag^+ 时，一般采用置换滴定方法，其主要原因是（　　）。

A. Ag^+ 与 EDTA 的配合物不稳定（$\lg K_{AgY}=7.32$）

B. Ag^+ 与 EDTA 配合反应速率慢

C. 改善指示剂指示滴定终点的敏锐性

D. Ag^+ 易水解

30. [1] 配位滴定中，在使用掩蔽剂消除共存离子的干扰时，下列注意事项中说法不正确的是（　　）。

A. 掩蔽剂不与待测离子配合，或形成配合物的稳定常数远小于待测离子与 EDTA 配合

物的稳定性

B. 干扰离子与掩蔽剂所形成的配合物的稳定性应比与 EDTA 形成的配合物更稳定

C. 在滴定待测离子所控制的酸度范围内掩蔽剂应以离子形式存在，应具有较强的掩蔽能力

D. 掩蔽剂与干扰离子所形成的配合物应是无色或浅色的，不影响终点的判断

31. [2] 在直接配位滴定中，关于金属指示剂的选择，下列说法不正确的是（　　）。

A. MIn 与 M 应具有明显不同的颜色

B. 指示剂-金属离子配合物与 EDTA-金属离子配合物的稳定性关系为 $\lg K'_{MY}-\lg K'_{MIn}>2$

C. 指示剂与金属离子形成的配合物应易溶于水

D. 应避免产生指示剂的封闭与僵化现象

32. [2] 在 pH=5 时（$\lg\alpha_{Y(H)}=6.45$），用 0.01mol/L 的 EDTA 滴定 0.01mol/L 的金属离子，若要求相对误差小于 0.1%，则可以滴定的金属离子为（　　）。

A. Mg^{2+}($\lg K_{MgY}=8.7$)　　B. Ca^{2+}($\lg K_{CaY}=10.69$)

C. Ba^{2+}($\lg K_{BaY}=7.86$)　　D. Zn^{2+}($\lg K_{ZnY}=16.50$)

33. [2] 当 pH=10.0 时 EDTA 的酸效应系数是（$K_{a1}=1.3\times10^{-1}$、$K_{a2}=2.5\times10^{-2}$、$K_{a3}=1.0\times10^{-2}$、$K_{a4}=2.2\times10^{-3}$、$K_{a5}=6.9\times10^{-7}$、$K_{a6}=5.5\times10^{-11}$)（　　）。

A. $\lg\alpha_{Y(H)}=0.45$　　B. $\lg\alpha_{Y(H)}=0.38$　　C. $\lg\alpha_{Y(H)}=0.26$　　D. $\lg\alpha_{Y(H)}=0.00$

34. [3] 测定 Ba^{2+} 时，加入过量 EDTA 后，以 Mg^{2+} 标准溶液返滴定，应选择的指示剂是（　　）。

A. 二甲酚橙　　B. 铬黑 T　　C. 钙指示剂　　D. 酚酞

35. [1] 在 EDTA 配位滴定中的金属（M)、指示剂（In）的应用条件中不正确的是（　　）。

A. 在滴定的 pH 值范围内，金属-指示剂的配合物的颜色与游离指示剂的颜色有明显差异

B. 指示剂与金属离子形成的配合物应易溶于水

C. MIn 应有足够的稳定性，且 $K'_{MIn}>K'_{MY}$

D. 应避免产生指示剂的封闭与僵化现象

36. [2] 下列拟定操作规程中不属于配位滴定方式选择过程中涉及的问题是（　　）。

A. 共存物在滴定过程中的干扰　　B. 指示剂在选定条件下的作用

C. 反应速率对滴定过程的影响　　D. 酸度变化对滴定方式的影响

37. [2] 在拟定配位滴定操作中，不属于指示剂选择应注意的问题是（　　）。

A. 要从滴定程序上考虑，指示剂颜色变化的敏锐性

B. 要从滴定程序上考虑，指示剂与被测离子的反应速率

C. 要从反应环境上考虑，共存物对指示剂颜色变化的干扰

D. 要从观察者对某些颜色的敏感性考虑，确定指示剂的用量

二、判断题

1. [3] 金属指示剂与金属离子生成的配合物越稳定，测定准确度越高。（　　）

2. [2] 在配离子 $[Cu(NH_3)_4]^{2+}$ 解离平衡中，改变体系的酸度，不能使配离子平衡发生移动。（　　）

3. [3] 中心离子的未成对电子数越多，配合物的磁矩越大。（　　）

4. [3] 配位数最少等于中心离子的配位体的数目。（　　）

5. [3] Fe^{2+} 既能形成内轨型配合物又能形成外轨型配合物。（　　）

6. [3] 内轨配合物一定比外轨配合物稳定。（　　）

7. [2] 若是两种金属离子与EDTA形成的配合物的$\lg K_{MY}$值相差不大，也可以利用控制溶液酸度的方法达到分步滴定。( )

8. [3] 酸效应系数越大，配合物的实际稳定性越大。( )

9. [1] 在EDTA滴定过程中不断有H^+释放出来，因此，在配位滴定中常须加入一定量的碱以控制溶液的酸度。( )

10. [2] 钙指示剂配制成固体使用是因为其易发生封闭现象。( )

11. [2] 金属指示剂的封闭是由于指示剂与金属离子生成的配合物过于稳定造成的。( )

12. [3] 金属指示剂的僵化现象是指滴定时终点没有出现。( )

13. [2] 在同一溶液中如果有两种以上金属离子，只有通过控制溶液的酸度方法才能进行配位滴定。( )

14. [2] 配位滴定只能测定高价的金属离子，不能测定低价金属离子和非金属离子。( )

15. [2] 当溶液中Bi^{3+}、Pb^{2+}浓度均为10^{-2} mol/L时，可以选择滴定Bi^{3+}。(已知：$\lg K_{BiY}=27.94$，$\lg K_{PbY}=18.04$)( )

16. [1] EDTA酸效应系数$\alpha_{Y(H)}$随溶液中pH值变化而变化。pH值低，则$\alpha_{Y(H)}$值高，对配位滴定有利。( )

17. [2] 配位滴定中pH≥12时可不考虑酸效应，此时配合物的条件稳定常数与绝对稳定常数相等。( )

18. [2] 若被测金属离子与EDTA配位反应速率慢，则一般可采用置换滴定方式进行测定。( )

19. [2] 配位滴定中，溶液的最佳酸度范围是由EDTA决定的。( )

20. [2] 金属指示剂本身的颜色易受溶液pH值的影响。( )

21. [1] 在EDTA配位滴定中，条件稳定常数越大，滴定突跃范围越大。因此，滴定时pH越大，滴定突跃范围越小。( )

22. [2] 能够根据EDTA的酸效应曲线来确定某一金属离子单独被滴定的最高pH值。( )

23. [2] EDTA的酸效应系数$\alpha_{Y(H)}$与溶液的pH有关，pH越大，则$\alpha_{Y(H)}$也越大。( )

24. [2] 在只考虑酸效应的配位反应中，酸度越大形成配合物的条件稳定常数越大。( )

25. [1] 金属指示剂In，与金属离子形成的配合物为MIn，当[MIn]与[In]的比值为2时对应的pM与金属指示剂In的理论变色点pM_t相等。( )

26. [2] 用EDTA进行配位滴定时，被滴定的金属离子(M)浓度增大，$\lg K'_{MY}$也增大，所以滴定突跃将变大。( )

27. [2] 滴定Ca^{2+}、Mg^{2+}总量时要控制pH≈10，而滴定Ca^{2+}分量时要控制pH为12～13。若pH>13时测Ca^{2+}则无法确定终点。( )

28. [1] 在pH=5时($\lg\alpha_{Y(H)}=6.45$)用0.01mol/L的EDTA可准确滴定0.01mol/L的Mg^{2+}($\lg K_{MgY}=8.7$)，即滴定的相对误差小于0.1%。( )

29. [2] 在选择配位滴定的指示剂时，应注意指示剂-金属离子配合物与EDTA-金属离子配合物的稳定性关系为$\lg K'_{MY}-\lg K'_{MIn}>2$，避免产生指示剂的封闭与僵化现象。( )

30. [2] 在Bi^{3+}、Fe^{3+}共存的溶液中，测定Bi^{3+}时，应加入三乙醇胺消除Fe^{3+}干扰。( )

31. [1] 用酸度提高配位滴定的选择性时，选择酸度的一般原则是：被测离子的最小允

许 pH 值＜pH＜干扰离子的最小允许 pH 值。(　　)

32. [2] 配位滴定中，与 EDTA 反应较慢或对指示剂有封闭作用的金属离子一般应采用返滴定法进行测定。(　　)

33. [2] 配位滴定法中，铅铋混合液中 Pb^{2+}、Bi^{3+} 的含量可通过控制酸度进行连续滴定测定。(　　)

34. [2] 利用配位滴定法测定无机盐中的 SO_4^{2-} 时，加入过量的 $BaCl_2$ 溶液，使生成 $BaSO_4$ 沉淀，剩余的 Ba^{2+} 用 EDTA 标准滴定溶液滴定，则有 $n(SO_4^{2-})=n(Ba^{2+})=n(EDTA)$。(　　)

35. [1] 在 pH＝13 时，分别用钙指示剂和铬黑 T 作指示剂，用 0.010mol/L 的 EDTA 滴定同浓度的钙离子时，则钙指示剂的终点误差较铬黑 T 的终点误差小。(　　)

三、多选题

1. [2] 以 EDTA 为滴定剂，下列叙述中错误的有（　　）。
   A. EDTA 具有广泛的配位性能，几乎能与所有金属离子形成配合物
   B. EDTA 配合物配位比简单，多数情况下都形成 1∶1 配合物
   C. EDTA 配合物难溶于水，使配位反应较迅速
   D. EDTA 配合物稳定性高，能与金属离子形成具有多个五元环结构的螯合物
   E. 不论溶液 pH 的大小，只形成 MY 一种形式配合物

2. [2] EDTA 与金属离子形成的配合物的特点（　　）。
   A. 经常出现逐级配位现象　　B. 形成配合物易溶于水
   C. 反应速率非常慢　　D. 形成配合物较稳定

3. [3] EDTA 与绝大多数金属离子形成的螯合物具有下面特点（　　）。
   A. 计量关系简单　　B. 配合物十分稳定
   C. 配合物水溶性极好　　D. 配合物都是红色

4. [2] 对于酸效应曲线，下列说法不正确的有（　　）。
   A. 利用酸效应曲线可确定单独滴定某种金属离子时所允许的最低酸度
   B. 不可以判断混合物金属离子溶液能否连续滴定
   C. 可找出单独滴定某金属离子时所允许的最高酸度
   D. 酸效应曲线代表溶液 pH 与溶液中的 MY 的绝对稳定常数（$\lg K_{MY}$）以及溶液中 EDTA 的酸效应系数的对数（$\lg\alpha$）之间的关系

5. [3] 以 EDTA 标准溶液连续滴定铅铋时，两次终点的颜色变化不正确的是（　　）。
   A. 紫红色→纯蓝色　　B. 纯蓝色→紫红色　　C. 灰色→蓝绿色
   D. 亮黄色→紫红色　　E. 紫红色→亮黄色

6. [3] EDTA 的酸效应曲线是指（　　）。
   A. $\alpha_{Y(H)}$-pH 曲线　　B. pM-pH 曲线
   C. $\lg\alpha_{Y(H)}$-pH 曲线　　D. K_{MY}-pH 曲线

7. [1] EDTA 滴定 Ca^{2+} 的突跃本应很大，但在实际滴定中却表现为很小，这可能是由于滴定时（　　）。
   A. 溶液的 pH 太高
   B. 被滴定物浓度太小
   C. 指示剂变色范围太宽
   D. 反应产物的副反应严重

8. [2] 目前配位滴定中常用的指示剂主要有（　　）。

A. 铬黑 T、二甲酚橙　B. PAN、酸性铬蓝 K　C. 钙指示剂　D. 甲基橙

9. [1] 在 EDTA 配位滴定中金属离子指示剂的应用条件是（　）。

A. MIn 的稳定性适当地小于 MY 的稳定性　B. In 与 MIn 应有显著不同的颜色

C. In 与 MIn 应当都能溶于水　D. MIn 应有足够的稳定性，且 $K'_{MIn} \geqslant K'_{MY}$

10. [2] 配位滴定法中消除干扰离子的方法有（　）。

A. 配位掩蔽法　B. 沉淀掩蔽法　C. 氧化还原掩蔽法　D. 化学分离

11. [2] 已知几种金属浓度相近，$\lg K_{NiY}=19.20$，$\lg K_{CeY}=16.0$，$\lg K_{ZnY}=16.50$，$\lg K_{CaY}=10.69$，$\lg K_{AlY}=16.3$，其中调节 pH 仍对 Al^{3+} 测定有干扰的是（　）。

A. Ni^{2+}　B. Ce^{3+}　C. Zn^{2+}　D. Ca^{2+}

12. [2] 由于铬黑 T 不能指示 EDTA 滴定 Ba^{2+} 终点，在找不到合适的指示剂时，常用（　）测定钡含量。

A. 沉淀掩蔽法　B. 返滴定法　C. 置换滴定法　D. 间接滴定法

13. [1] 在 EDTA 配位滴定中，若只存在酸效应，则下列说法正确的是（　）。

A. 若金属离子越易水解，则准确滴定要求的最低酸度就越高

B. 配合物稳定性越大，允许酸度越小

C. 加入缓冲溶液可使指示剂变色反应在一稳定的适宜酸度范围内

D. 加入缓冲溶液可使配合物条件稳定常数不随滴定的进行而明显变小

14. [2] EDTA 直接滴定法需符合（　）。

A. $c_M K'_{MY} \geqslant 10^6$　B. $c_M K'_{MY} \geqslant c_N K'_{NY}$

C. $\dfrac{c_M K'_{MY}}{c_N K'_{NY}} \geqslant 10^5$　D. 要有某种指示剂可选用

15. [2] 某 EDTA 滴定的 pM 突跃范围很大，这说明滴定时的（　）。

A. M 的浓度很大　B. 酸度很大

C. 反应完成的程度很大　D. 反应平衡常数很大

16. [2] 下列（　）能降低配合物 MY 的稳定性。

A. M 的水解效应　B. EDTA 的酸效应

C. M 的其他配位效应　D. pH 的缓冲效应

17. [2] 水的总硬度测定中，不需用蒸馏水淋洗的容器是（　）。

A. 锥形瓶　B. 滴定管　C. 取水样的移液管　D. 水样瓶

四、计算题

1. [2] 移取含 Bi^{3+}、Pb^{2+} 试液 50.0mL 各两份，其中一份以 XO 为指示剂，用 0.010mol/L 的 EDTA 标准溶液滴定到终点时，消耗 EDTA 标准溶液 25.0mL，于另一份试液中加入铅汞齐，待 Bi^{3+} 置换反应完全后，用同一浓度的 EDTA 标准溶液滴定至终点，消耗 30.0mL，计算试液中的 Bi^{3+}、Pb^{2+} 浓度各为多少？

2. [2] 称取含硫试样 0.3010g，处理为可溶性硫酸盐，溶于适量水中，加入 $BaCl_2$ 溶液 30.00mL，形成 $BaSO_4$ 沉淀，然后用 $c(EDTA)=0.02010mol/L$ 的 EDTA 标准滴定溶液滴定过量的 Ba^{2+}，消耗 10.02mL。在相同条件下，以 30.00mL$BaCl_2$ 溶液做空白试验，消耗 25.00mL 的 EDTA 溶液。计算试样中硫含量的质量分数。$M(S)=32.07g/mol$。

3. [3] 用纯 Zn 标定 EDTA 溶液，若称取的纯 Zn 粒为 0.5942g，用 HCl 溶液溶解后转移入 500mL 容量瓶中，稀释至标线。吸取该锌标准溶液 25.00mL，用 EDTA 溶液滴定，消耗 24.05mL，计算 EDTA 溶液的准确浓度。$M(Zn)=65.38g/mol$。

4. [3] 称取含钙试样 0.2000g，溶解后转入 100mL 容量瓶中，稀释至标线。吸取此溶

液 25.00mL，以钙指示剂为指示剂，在 pH＝12.0 时用 0.02000 mol/LEDTA 标准溶液滴定，消耗 EDTA19.86mL，求试样中 $CaCO_3$ 的质量分数。$M(CaCO_3)=100.09g/mol$。

5. ［2］测定合金钢中 Ni 的含量。称取 0.500g 试样，处理后制成 250.0mL 试液。准确移取 50.00mL 试液，用丁二酮肟将其中沉淀分离。所得的沉淀溶于热 HCl 中，得到 Ni^{2+} 试液。在所得试液中，加入浓度为 0.05000mol/L 的 EDTA 标准溶液 30.00mL，反应完全后，多余的 EDTA 用 $c(Zn^{2+})=0.02500$ mol/L 标准液溶液返滴定，消耗 14.56mL，计算合金钢中试样中 Ni 的质量分数。$M(Ni)=58.69g/mol$。

6. ［1］称取的 Bi、Pb、Cd 合金试样 2.420g，用 HNO_3 溶解后，在 250mL 容量瓶中配制成溶液。移取试液 50.00mL，调 pH＝1，以二甲酚橙为指示剂，用 $c(EDTA)=0.02479$ mol/LEDTA 标准溶液滴定，消耗 EDTA25.67mL。再用六次甲基四胺缓冲溶液将 pH 调至 5，再以上述 EDTA 滴定，消耗 EDTA 溶液 24.76mL。再加入邻二氮菲，此时用 $c[Pb(NO_3)_2]=0.02479$ mol/L $Pb(NO_3)_2$ 标准溶液滴定，消耗 6.76mL。计算合金试样中 Bi、Pb、Cd 的质量分数。$M(Bi)=208.98g/mol$，$M(Cd)=112.41g/mol$，$M(Pb)=207.2g/mol$。

7. ［2］称取含氟矿样 0.5000g，溶解后，在弱碱介质中加入 0.1000mol/L Ca^{2+} 标准溶液 50.00mL，Ca^{2+} 将 F^- 沉淀后分离。滤液中过量的 Ca^{2+}，在 pH＝10.0 的条件下用 0.05000 mol/LEDTA 标准溶液返滴定，消耗 20.00mL。计算试样中氟的质量分数。$M(F)=19.00g/mol$。

8. ［1］锡青铜中 Sn 的测定。称取试样 0.2000g，制成溶液，加入过量的 EDTA 标准溶液，使共存 Cu^{2+}、Zn^{2+}、Pb^{2+} 的全部生成配合物。剩余的 EDTA 用 0.1000mol/L $Zn(Ac)_2$ 标准溶液滴定至终点（以二甲酚橙为指示剂，不计消耗体积）。然后加入适量 NH_4F，同时置换出 EDTA（此时只有 Sn^{4+} 与 F^- 生成 SnF_6^{2-}），再用 $Zn(Ac)_2$ 标准溶液滴定，用去 12.30mL，求锡青铜试样中 Sn 的质量分数。$M(Sn)=118.7g/mol$。

9. ［2］称取干燥的 $Al(OH)_3$ 凝胶 0.3986g，处理后在 250mL 容量瓶中配制成试液。吸取此试液 25.00mL，准确加入 0.05000 mol/L EDTA 溶液 25.00mL，反应后过量的 EDTA 用 0.05000 mol/L Zn^{2+} 标准溶液返滴定，用去 15.02mL，计算试样中 Al_2O_3 的质量分数。$M(Al_2O_3)=101.96g/mol$。

五、综合题

1. ［2］EDTA 和金属离子形成的配合物有哪些特点？

2. ［2］配位滴定中，金属离子能够被准确滴定的具体含义是什么？金属离子能被准确滴定的条件是什么？

3. ［1］金属离子指示剂应具备哪些条件？为什么金属离子指示剂使用时要求一定的 pH 范围。

4. ［2］什么是配位滴定的选择性？提高配位滴定选择性的方法有哪些？

5. ［2］配位滴定的方式有几种？它们分别在什么情况下使用？

6. ［2］简述金属指示剂的作用原理。

7. ［3］简述使用金属指示剂过程中存在的问题。

第八章

氧化还原滴定知识

一、单选题

1. [1] 已知25℃，$\varphi_{Ag^{+}/Ag}=0.799V$，AgCl的$K_{sp}=1.8\times10^{-10}$，当$[Cl^{-}]=1.0mol/L$时，该电极电位值为（　　）V。

   A. 0.799　　B. 0.2　　C. 0.675　　D. 0.858

2. [3] 氧化还原反应的平衡常数K的大小取决于（　　）的大小。

   A. 氧化剂和还原剂两电对的条件电极电位差

   B. 氧化剂和还原剂两电对的标准电极电位差

   C. 反应进行的完全程度

   D. 反应速率

3. [1] 在$1.00\times10^{-3}mol/L$的酸性Fe^{3+}溶液中加入过量的汞发生反应$2Hg+2Fe^{3+}=Hg_2{}^{2+}+2Fe^{2+}$。25℃达到平衡时，$Fe^{3+}$和$Fe^{2+}$的浓度各为$4.6\times10^{-5}mol/L$和$9.5\times10^{-4}mol/L$，则此反应的$K$和$\Delta\varphi^{\ominus}$各为（　　）。

   A. 0.21和0.021V　　B. 9.9×10^{-3}和0.059V

   C. 9.8×10^{-3}和0.12V　　D. 4.9和0.021V

4. [2] 标定$KMnO_4$时，第1滴加入没有褪色以前，不能加入第2滴，加入几滴后，方可加快滴定速度原因是（　　）。

   A. $KMnO_4$自身是指示剂，待有足够$KMnO_4$时才能加快滴定速度

   B. O_2为该反应催化剂，待有足够氧时才能加快滴定速度

   C. Mn^{2+}为该反应催化剂，待有足够Mn^{2+}才能加快滴定速度

   D. MnO_2为该反应催化剂，待有足够MnO_2才能加快滴定速度

5. [2] 若某溶液中有Fe^{2+}、Cl^{-}和I^{-}共存，要氧化除去I^{-}而不影响Fe^{2+}和Cl^{-}，可加入的试剂是（　　）。

   A. Cl_2　　B. $KMnO_4$　　C. $FeCl_3$　　D. HCl

6. [1] 用高锰酸钾法测定硅酸盐样品中Ca^{2+}的含量。称取样品0.5972g，在一定条件下，将Ca^{2+}沉淀为CaC_2O_4，过滤，洗涤沉淀，将洗涤的CaC_2O_4溶于稀硫酸中，用$c(KMnO_4)=$

0.05052mol/L 的 $KMnO_4$ 标准溶液滴定，消耗 25.62mL，硅酸盐中 Ca 的质量分数为（　　）。已知 $M(Ca)=40.08g/mol$。

A. 24.19%　　B. 21.72%　　C. 48.38%　　D. 74.60%

7. [3] 用同一浓度的高锰酸钾溶液分别滴定相同体积的 $FeSO_4$ 和 $H_2C_2O_4$ 溶液，消耗的高锰酸钾溶液的体积也相同，则说明两溶液的浓度 c 的关系是（　　）。

A. $c(FeSO_4)=c(H_2C_2O_4)$　　B. $c(FeSO_4)=2c(H_2C_2O_4)$

C. $2c(FeSO_4)=c(H_2C_2O_4)$　　D. $c(FeSO_4)=4c(H_2C_2O_4)$

8. [2] 软锰矿主要成分是 MnO_2，测定方法是过量 $Na_2C_2O_4$ 与试样反应后，用 $KMnO_4$ 标准溶液返滴定过剩的 $C_2O_4^{2-}$，然后求出 MnO_2 含量。不用还原剂标准溶液直接滴定的原因是（　　）。

A. 没有合适还原剂　　B. 没有合适指示剂

C. 由于 MnO_2 是难溶物质，直接滴定不适宜　　D. 防止其他成分干扰

9. [2] 在高锰酸钾法测铁中，一般使用硫酸而不是盐酸来调节酸度，其主要原因是（　　）。

A. 盐酸强度不足　　B. 硫酸可起催化作用

C. Cl^- 能与高锰酸钾作用　　D. 以上均不对

10. [2] 在酸性介质中，用 $KMnO_4$ 溶液滴定草酸盐溶液时，滴定应（　　）。

A. 像酸碱滴定那样快速进行

B. 始终缓慢地进行

C. 在开始时缓慢，以后逐步加快，近终点时又减慢滴定速度

D. 开始时快，然后减慢

11. [1] 以 $K_2Cr_2O_7$ 法测定铁矿石中铁含量时，用 $c(K_2Cr_2O_7)=0.02mol/L$ 滴定，消耗 18.26mL。设试样含铁以 Fe_2O_3（其摩尔质量为 159.69g/mol）计约为 50%，则试样称取量应为（　　）。

A. 0.1g 左右　　B. 0.2g 左右　　C. 1g 左右　　D. 0.35g 左右

12. [2] 在重铬酸钾法测定硅含量大的矿石中的铁时，常加入（　　）。

A. NaF　　B. HCl　　C. NH_4Cl　　D. HNO_3

13. [2] 重铬酸钾测铁，现已采用 $SnCl_2$-$TiCl_3$ 还原 Fe^{3+} 为 Fe^{2+}，稍过量的 $TiCl_3$ 用下列方法指示（　　）。

A. Ti^{3+} 的紫色　　B. Fe^{3+} 的黄色

C. Na_2WO_4 还原为钨蓝　　D. 四价钛的沉淀

14. [2] 碘量法测定 $CuSO_4$ 含量，试样溶液中加入过量的 KI，下列叙述其作用错误的是（　　）。

A. 还原 Cu^{2+} 为 Cu^+　　B. 防止 I_2 挥发

C. 与 Cu^+ 形成 CuI 沉淀　　D. 把 $CuSO_4$ 还原成单质 Cu

15. [2] 间接碘量法要求在中性或弱酸性介质中进行测定，若酸度太高，将会（　　）。

A. 反应不定量　　B. I_2 易挥发

C. 终点不明显　　D. I^- 被氧化，$Na_2S_2O_3$ 被分解

16. [3] 间接碘量法中加入淀粉指示剂的适宜时间是（　　）。

A. 滴定开始时

B. 滴定至近终点，溶液呈浅黄色时

C. 滴定至 I_3^- 离子的红棕色褪尽，溶液呈无色时

D. 在标准溶液滴定了近 50%时

17. [2] 碘量法测定铜含量时，为消除 Fe^{3+} 的干扰，可加入（　　）。

A. $(NH_4)_2C_2O_4$　B. NH_2OH　C. NH_4HF_2　D. NH_4Cl

18. [3] 下列氧化还原滴定指示剂属于专属的是（　）。

A. 二苯胺磺酸钠　B. 次甲基蓝　C. 淀粉溶液　D. 高锰酸钾

19. [3] 反应式 $2KMnO_4 + 3H_2SO_4 + 5H_2O_2 = K_2SO_4 + 2MnSO_4 + 5O_2\uparrow + 8H_2O$ 中，氧化剂是（　）。

A. H_2O_2　B. H_2SO_4　C. $KMnO_4$　D. $MnSO_4$

20. [3] 用 $KMnO_4$ 法测 H_2O_2，滴定必须在（　）。

A. 中性或弱酸性介质中　B. $c(H_2SO_4)=1mol/L$ 介质中

C. pH=10 氨性缓冲溶液中　D. 强碱性介质中

21. [3] 用 $KMnO_4$ 法测定 Fe^{2+}，可选用下列哪种指示剂（　）。

A. 甲基红-溴甲酚绿　B. 二苯胺磺酸钠　C. 铬黑 T　D. 自身指示剂

22. [2] 在 1mol/L 的 H_2SO_4 溶液中，$\varphi^{\ominus\prime}_{Ce^{4+}/Ce^{3+}}=1.44V$；$\varphi^{\ominus\prime}_{Fe^{3+}/Fe^{2+}}=0.68V$；以 Ce^{4+} 滴定 Fe^{2+} 时，最适宜的指示剂为（　）。

A. 二苯胺磺酸钠（$\varphi^{\ominus\prime}_{In}=0.84V$）　B. 邻苯胺基苯甲酸（$\varphi^{\ominus\prime}_{In}=0.89V$）

C. 邻二氮菲-亚铁（$\varphi^{\ominus\prime}_{In}=1.06V$）　D. 硝基邻二氮菲-亚铁（$\varphi^{\ominus\prime}_{In}=1.25V$）

23. [2] 在间接碘量法测定中，下列操作正确的是（　）。

A. 边滴定边快速摇动

B. 加入过量 KI，并在室温和避免阳光直射的条件下滴定

C. 在 70～80℃恒温条件下滴定

D. 滴定一开始就加入淀粉指示剂

24. [2] 间接碘量法测定水中 Cu^{2+} 含量，介质的 pH 值应控制在（　）。

A. 强酸性　B. 弱酸性　C. 弱碱性　D. 强碱性

25. [1] 以 0.015mol/L Fe^{2+} 溶液滴定 0.015mol/L Br_2 溶液（$2Fe^{2+} + Br_2 = 2Fe^{3+} + 2Br^-$），当滴定到计量点时溶液中 Br^- 的浓度（单位：mol/L）为（　）。

A. 0.010　B. 0.015/2　C. 0.015/3　D. 0.015/4

26. [2] 用 $Na_2C_2O_4$ 标定高锰酸钾中，刚开始时褪色较慢，但之后褪色变快的原因是（　）。

A. 温度过低　B. 反应进行后，温度升高

C. Mn^{2+} 催化作用　D. 高锰酸钾浓度变小

27. [3] 用 $Na_2C_2O_4$ 标定 $KMnO_4$ 溶液时，溶液的温度一般不超过（　），以防 $H_2C_2O_4$ 的分解。

A. 60℃　B. 75 ℃　C. 40 ℃　D. 85℃

28. [2] 为减小间接碘量法的分析误差，下面哪些方法不适用（　）。

A. 开始慢摇快滴，终点快摇慢滴　B. 反应时放置于暗处

C. 加入催化剂　D. 在碘量瓶中进行反应和滴定

29. [2] 用草酸钠标定高锰酸钾溶液时，刚开始时褪色较慢，但之后褪色变快的原因是（　）。

A. 温度过低　B. 反应进行后，温度升高

C. Mn^{2+} 催化作用　D. $KMnO_4$ 浓度变小

30. [2] 下列几种标准溶液一般采用直接法配制的是（　）。

A. $KMnO_4$ 标准溶液　B. I_2 标准溶液

C. $K_2Cr_2O_7$ 标准溶液　D. $Na_2S_2O_3$ 标准溶液

31. [2] 已知一氧化还原指示剂的 $\varphi_{In}=0.72V$，$n=1$，那么该指示剂的变色范围为（　）V。

A. 0.661～0.72　　B. 0.72～0.779　　C. 0.661～0.779　　D. 0.62～0.82

32. [1] 已知 $\varphi^{\ominus}_{Hg_2^{2+}/Hg}=0.793V$ 和 Hg_2Cl_2 的 $K_{sp}=1.3\times10^{-18}$。若在 Cl^- 保持 0.10mol/L 溶液中，则上述电对的电极电位应是（　）。

A. 0.324V　　B. 1.26V　　C. 0.144V　　D. −0.324V

33. [1] 以 0.01mol/L $K_2Cr_2O_7$ 溶液滴定 25.00mL Fe^{3+} 溶液耗去 $K_2Cr_2O_7$ 25.00mL，每毫升 Fe^{3+} 溶液含的毫克数为（　）。[M(Fe)=55.85g/mol]

A. 3.351　　B. 0.3351　　C. 0.5585　　D. 1.676

34. [2] 配制 I_2 标准溶液时，是将 I_2 溶解在（　）中。

A. 水　　B. KI 溶液　　C. HCl 溶液　　D. KOH 溶液

35. [2] 用草酸钠作基准物标定高锰酸钾标准溶液时，开始反应速率慢，稍后，反应速率明显加快，这是（　）起催化作用。

A. 氢离子　　B. MnO_4^-　　C. Mn^{2+}　　D. CO_2

36. [2] 利用电极电位可判断氧化还原反应的性质，但它不能判别（　）。

A. 氧化还原反应速率　　B. 氧化还原反应方向

C. 氧化还原能力大小　　D. 氧化还原的完全程度

E. 氧化还原的次序

37. [2] 在拟定氧化还原滴定滴定操作中，不属于滴定操作应涉及的问题是（　）。

A. 称量方式和称量速度的控制

B. 用什么样的酸或碱控制反应条件

C. 用自身颜色变化，还是用专属指示剂或用外加指示剂确定滴定终点

D. 滴定过程中溶剂的选择

38. [1] 已知 $\varphi^{\ominus}_{Ag^+/Ag}=0.7995V$ 和 AgI 的 $K_{sp}=9.3\times10^{-17}$。若在 I^- 保持 1.0mol/L 溶液中，则上述电对的电极电位应是（　）。

A. −0.146V　　B. 0.146V　　C. 0.327V　　D. −0.327V

39. [1] 在标准状态下，$2Fe^{3+}+Sn^{2+}=2Fe^{2+}+Sn^{4+}$ 反应的平衡常数应是（　）。（$\varphi^{\ominus}_{Sn^{4+}/Sn^{2+}}=0.15V$，$\varphi^{\ominus}_{Fe^{3+}/Fe^{2+}}=0.771V$）

A. 3.4×10^{10}　　B. 4.1×10^{15}　　C. 1.1×10^{21}　　D. 1.3×10^{42}

40. [2] 增加碘化钾的用量，可加快重铬酸钾氧化碘的速率，它属于（　）。

A. 反应物浓度的影响　　B. 温度的影响

C. 催化剂的影响　　D. 诱导反应的影响

41. [2] 将金属锌插入到 0.1mol/L 硝酸锌溶液和将金属锌插入到 1.0mol/L 硝酸锌溶液所组成的电池应记为（　）。

A. Zn | $ZnNO_3$Zn | $ZnNO_3$

B. Zn | $ZnNO_3ZnNO_3$ | Zn

C. Zn | $ZnNO_3$(0.1mol/L) ‖ $ZnNO_3$(1.0mol/L) | Zn

D. Zn | $ZnNO_3$(1.0mol/L) ‖ $ZnNO_3$(0.1mol/L) | Zn

42. [2] $Pb^{2+}+Sn=Pb+Sn^{2+}$ 反应，已知 $E^{\ominus}_{Pb^{2+}/Pb}=-0.13V$、$\varphi^{\ominus}_{Sn^{2+}/Sn}=-0.14V$，在标准状态下，反应向（　）进行，当 [$Pb^{2+}$] =0.50mol/L 时，反应又向（　）进行。

A. 左、左　　B. 左、右　　C. 右、右　　D. 右、左

43. [3] 用重铬酸钾标定硫代硫酸钠时，重铬酸钾与碘化钾反应时需要（　），并且（　）。

A. 见光，放置 3min　　B. 避光，放置 3min

C. 避光，放置 1h　　D. 见光，放置 1h

二、判断题

1. [3] 原电池中，电子由负极经导线流到正极，再由正极经溶液到负极，从而构成了回路。(　　)

2. [3] 在设计原电池时，电位高的电极为正极，电位低的电极为负极。(　　)

3. [2] 有酸或碱参与氧化还原反应，溶液的酸度影响氧化还原电对的电极电势。(　　)

4. [2] 在自发进行的氧化还原反应中，总是发生标准电极电势高的氧化态被还原的反应。(　　)

5. [2] 在氧化还原反应中，两电对的电极电势的相对大小决定氧化还原反应速率的大小。(　　)

6. [2] 若某溶液中有 Fe^{2+}、Cl^- 和 I^- 共存，要氧化除去 I^- 而不影响 Fe^{2+} 和 Cl^-，可加入的试剂是 $FeCl_3$。(　　)

7. [3] 在碘量法中使用碘量瓶可以防止碘的挥发。(　　)

8. [2] $KMnO_4$溶液不稳定的原因是还原性杂质和自身分解的作用。(　　)

9. [2] 用高锰酸钾滴定时，从开始就快速滴定，因为 $KMnO_4$不稳定。(　　)

10. [1] 重铬酸钾法的终点，由于 Cr^{3+} 的绿色影响观察，常采取的措施是加较多的水稀释。(　　)

11. [2] 用于 $K_2Cr_2O_7$法中的酸性介质只能是硫酸，而不能用盐酸。(　　)

12. [2] 间接碘量法加入 KI 一定要过量，淀粉指示剂要在接近终点时加入。(　　)

13. [1] 用间接碘量法测定试样时，最好在碘量瓶中进行，并应避免阳光照射，为减少 I^- 与空气接触，滴定时不宜过度摇动。(　　)

14. [3] 碘量法要求在碱性溶液中进行。(　　)

15. [3] 碘量法中所有测定方法都是要先加入淀粉作为指示剂。(　　)

16. [2] 氧化还原滴定曲线是溶液的 E 值和离子浓度的关系曲线。(　　)

17. [2] 碘量瓶主要用于碘量法或其他生成挥发性物质的定量分析。(　　)

18. [3] 用高锰酸钾法测定 H_2O_2时，需通过加热来加速反应。(　　)

19. [2] 在配制高锰酸钾溶液的过程中，有过滤操作这是为了除去沉淀物。(　　)

20. [2] $K_2Cr_2O_7$标准溶液可以直接配制，而且配制好的 $K_2Cr_2O_7$ 标准溶液可长期保存在密闭容器中。(　　)

21. [2] 在氧化还原滴定曲线上电位突跃的大小与两电对电极电位之差有关。(　　)

22. [1] 用间接碘量法测定胆矾含量时，可在中性或弱酸性溶液中用 $Na_2S_2O_3$ 标准溶液滴定反应生成的 I_2。(　　)

23. [2] $KMnO_4$能与具有还原性的阴离子反应，如 $KMnO_4$和 H_2O_2能产生氧气。(　　)

24. [2] $K_2Cr_2O_7$标准溶液滴定 Fe^{2+} 既能在硫酸介质中进行，又能在盐酸介质中进行。(　　)

25. [2] 标定 $KMnO_4$溶液时，第一滴 $KMnO_4$加入后溶液的红色褪去很慢，而以后红色褪去越来越快。(　　)

26. [2] 在中性溶液中，$2H^+/H_2$ 的电极电位（298.15K，H_2压力为 1atm 时）是 −0.414V。(　　)

27. [2] 配制 $KMnO_4$标准溶液时，需要将 $KMnO_4$溶液煮沸一定时间并放置数天，配好的 $KMnO_4$溶液要用滤纸过滤后才能保存。(　　)

28. [1] 溶液酸度越高，$KMnO_4$ 氧化能力越强，与 $Na_2C_2O_4$反应越完全，所以用 $Na_2C_2O_4$标定 $KMnO_4$时，溶液酸度越高越好。(　　)

29. [2] 用基准试剂草酸钠标定 $KMnO_4$ 溶液时，需将溶液加热至 75～85℃进行滴定。若超过此温度，会使测定结果偏低。(　　)

30. [2] $Na_2S_2O_3$ 标准溶液可以直接配制。$Na_2S_2O_3$ 标准溶液可以直接配制，因为结晶的 $Na_2S_2O_3 \cdot 5H_2O$ 容易风化，并含有少量杂质。只能采用标定法。(　　)

31. [1] 用 $K_2Cr_2O_7$ 作基准物质标定 $Na_2S_2O_3$ 溶液时，要加入过量的 KI 和 HCl 溶液，放置一定时间后才能加水稀释，在滴定前还要加水稀释。(　　)

32. [1] 标定 I_2 溶液时，既可以用 $Na_2S_2O_3$ 滴定 I_2 溶液，也可以用 I_2 滴定 $Na_2S_2O_3$ 溶液，且都采用淀粉指示剂。这两种情况下加入淀粉指示剂的时间是相同的。(　　)

33. [2] 使用直接碘量法滴定时，淀粉指示剂应在近终点时加入；使用间接碘量法滴定时，淀粉指示剂应在滴定开始时加入。(　　)

34. [3] 配制高锰酸钾标准溶液既可用直接法、也可以用间接法。(　　)

35. [2] 配好 $Na_2S_2O_3$ 标准滴定溶液后煮沸约 10min。其作用主要是除去 CO_2 和杀死微生物，促进 $Na_2S_2O_3$ 标准滴定溶液趋于稳定。(　　)

36. [1] 在间接碘量法测合金中的铜含量时，若 KSCN 加入过早，会使结果偏高。(　　)

三、多选题

1. [1] 铋酸钠 ($NaBiO_3$) 在酸性溶液中可以把 Mn^{2+} 氧化成 MnO_4^-。在调节该溶液的酸性时，不应选用的酸是 (　　)。
   A. 氢硫酸　　B. 浓盐酸
   C. 稀硝酸　　D. 1∶1 的 H_2SO_4

2. [3] 需要加入适当氧化剂才能实现的变化是 (　　)。
   A. $HNO_3 \rightarrow NO_2$　　B. $PCl_3 \rightarrow PCl_5$　　C. $CO_3^{2-} \rightarrow CO_2$
   D. $I^- \rightarrow IO_3^-$　　E. $CrO_4^{2-} \rightarrow Cr_2O_7^{2-}$

3. [2] 关于影响氧化还原反应速率的因素，下列说法正确的是 (　　)。
   A. 不同性质的氧化剂反应速率可能相差很大
   B. 一般情况下，增加反应物的浓度就能加快反应速率
   C. 所有的氧化还原反应都可通过加热的方法来加快反应速率
   D. 催化剂的使用是提高反应速率的有效方法

4. [2] 用间接碘量法进行定量分析时，应注意的问题为 (　　)。
   A. 在碘量瓶中进行　　B. 淀粉指示剂应在滴定开始前加入
   C. 应避免阳光直射　　D. 标定碘标准溶液

5. [2] 新配制的高锰酸钾溶液可用 (　　) 标定其浓度。
   A. 基准草酸钠直接标定
   B. 加 KI 用硫代硫酸钠标准溶液间接标定
   C. 称取一定量的硫酸亚铁铵溶于水后，用高锰酸钾滴定
   D. 重铬酸钾基准溶液标定
   E. 基准纯铁直接标定

6. [1] 在 $Na_2S_2O_3$ 标准滴定溶液的标定过程中，下列操作错误的是 (　　)。
   A. 边滴定边剧烈摇动
   B. 加入过量 KI，并在室温和避免阳光直射的条件下滴定
   C. 在 70～80℃恒温条件下滴定
   D. 滴定一开始就加入淀粉指示剂
   E. 滴定速度要恒定

7. [3] 被高锰酸钾溶液污染的滴定管可用（　　）溶液洗涤。

A. 铬酸洗液　　B. 碳酸钠　　C. 草酸　　D. 硫酸亚铁

8. [3] $KMnO_4$法中不宜使用的酸是（　　）。

A. HCl　　B. HNO_3　　C. HAc　　D. $H_2C_2O_4$

9. [2] 对高锰酸钾滴定法，下列说法正确的是（　　）。

A. 可在盐酸介质中进行滴定　　B. 直接法可测定还原性物质

C. 标准滴定溶液用标定法制备　　D. 在硫酸介质中进行滴定

E. 无法直接测定氧化性物质

10. [2] 重铬酸钾滴定法测铁时，加入 H_3PO_4的作用，正确的是（　　）。

A. 防止沉淀　　B. 提高酸度　　C. 降低 Fe^{3+}/Fe^{2+} 电位，使突跃范围增大

D. 防止 Fe^{2+} 氧化　　E. 变色明显

11. [3] 能用碘量法直接测定的物质是（　　）。

A. SO_2　　B. 维生素 C　　C. Cu^{2+}　　D. H_2O_2

12. [2] 碘量法中使用碘量瓶的目的是（　　）。

A. 防止碘的挥发　　B. 防止溶液与空气的接触

C. 提高测定的灵敏度　　D. 防止溶液溅出

13. [2] 在间接碘量法测定中，下列操作错误的是（　　）

A. 边滴定边快速摇动

B. 加入过量 KI，并在室温和避免阳光直射的条件下滴定

C. 在 70～80℃恒温条件下滴定

D. 滴定一开始就加入淀粉指示剂

E. 使用碘量瓶

14. [2] 在氧化剂含量测定中下列说法正确的是（　　）。

A. 在 GB/T 643—88 中，高锰酸钾是用草酸法测定

B. 在 GB/T 642—86 中，重铬酸钾是用硫酸亚铁铵法测定

C. 在 GB/T 6684—86 中，30%双氧水是用高锰酸钾法测定

D. 在 GB/T 1281—93 中，液溴是用间接碘量法测定

15. [2] 还原剂含量测定中下列说法正确的是（　　）。

A. 在 GB/T 6685—86 中，盐酸羟胺是用硫酸铁铵-高锰酸钾法测定

B. 在 GB/T 638—88 中，氯化亚锡是用硫酸铁铵-高锰酸钾法测定

C. 在 GB/T 637—88 中，硫代硫酸钠是用直接碘量法测定

D. 在 GB/T 673—84 中，三氧化二砷是用间接碘量法测定

16. [2] 对于间接碘量法测定还原性物质，下列说法正确的有（　　）。

A. 被滴定的溶液应为中性或微酸性

B. 被滴定的溶液中应有适当过量的 KI

C. 近终点时加入指示剂，滴定终点时被滴定的溶液的蓝色刚好消失

D. 滴定速度可适当加快，摇动被滴定的溶液也应同时加剧

E. 被滴定的溶液中存在的 Cu^{2+} 对测定无影响

17. [2] 在碘量法中为了减少 I_2的挥发，常采用的措施有（　　）。

A. 使用碘量瓶　　B. 溶液酸度控制在 pH>8

C. 适当加热增加 I_2的溶解度，减少挥发　　D. 加入过量 KI

18. [1] 在酸性溶液中 KB_rO_3与过量的 KI 反应，达到平衡时溶液中的（　　）。

A. 两电对 BrO_3^-/Br^- 与 $I_2/2I^-$ 的电位相等

B. 反应产物I_2与 KBr 的物质的量相等

C. 溶液中已无BrO_3^-存在

D. 反应中消耗的$KBrO_3$的物质的量与产物I_2的物质的量之比为 1∶3

19. [2] 为下例①～④滴定选择合适的指示剂（　　）。

① 以Ce^{4+}滴定Fe^{2+}　　② 以$KBrO_3$标定$Na_2S_2O_3$

③ 以$KMnO_4$滴定$H_2C_2O_4$　　④ 以I_2滴定维生素 C

A. 淀粉　　B. 甲基橙　　C. 二苯胺磺酸钠　　D. 自身指示剂

20. [3] 配制$Na_2S_2O_3$标准溶液时，应用新煮沸的冷却蒸馏水并加入少量的Na_2CO_3，其目的是（　　）。

A. 防止$Na_2S_2O_3$氧化　　B. 增加$Na_2S_2O_3$溶解度

C. 驱除CO_2　　D. 易于过滤　　E. 杀死微生物

21. [1] 以下关于氧化还原滴定中的指示剂的叙述正确的是（　　）。

A. 能与氧化剂或还原剂产生特殊颜色的试剂称氧化还原指示剂

B. 专属指示剂本身可以发生颜色的变化，它随溶液电位的不同而改变颜色

C. 以$K_2Cr_2O_7$滴定Fe^{2+}，采用二苯胺磺酸钠为指示剂，滴定终点是紫红色褪去

D. 在高锰酸钾法中一般无须外加指示剂

E. 邻二氮菲-亚铁盐指示剂的还原形是红色，氧化形是浅蓝色

22. [2] 在拟定氧化还原滴定操作中，属于控制溶液酸度时应注意的问题是（　　）。

A. 用单一酸调节反应条件，还是用混酸调节反应条件

B. 用非还原性酸，还是用具有弱还原性的酸调节反应条件

C. 用浓酸调节，还是用稀酸调节

D. 用量筒加酸调节还是用移液管加酸调节

23. [2] 在拟定氧化还原滴定滴定操作中，属于滴定操作应涉及的问题是（　　）。

A. 滴定条件的选择和控制　　B. 被测液酸碱度的控制

C. 滴定终点确定的方法　　D. 滴定过程中溶剂的选择

四、计算题

1. [3] 计算银电极在 0.0100mol/L NaCl 溶液中电极电位，已知电极反应 $Ag^+ + Cl^- \longrightarrow AgCl\downarrow$，$\varphi^{\ominus}_{Ag^+/Ag}=0.799V$，$K_{sp}(AgCl)=1.8\times10^{-10}$。

2. [3] 溶解氧测定法是基于碱性条件下加$MnSO_4$，将氧固定，酸化后碘量法测定，某河流污染普查，若测定时，取样 100mL，碘量法测定溶解氧时消耗 0.02000 mol/L$Na_2S_2O_3$ 5.00mL，计算 DO 以 mg/L 表示，并问此河流是否污染。$M(O)=16.00g/mol$。

3. [1] 有一含 KI 和 KBr 的样品 1.0000g，溶于水并稀释至 200.0mL，移取 50.00mL，在中性介质用Br_2处理以使I^-被氧化成IO_3^-，过量的Br_2加热煮沸除去，向溶液中加入过量 KI，酸化后，用 0.05000 mol/L$Na_2S_2O_3$标准溶液滴定生成的I_2，用去 40.80mL。再移取另一份 50.00mL，用$K_2Cr_2O_7$在强酸溶液中氧化 KI 和 KBr，使生成的I_2和Br_2被蒸馏出来，并被吸收在浓 KI 溶液中，再用前述$Na_2S_2O_3$标准溶液滴定Br_2与 KI 反应生成的I_2，共用去 29.80mL，试计算原样品中 KI 和 KBr 的含量。$M(KI)=166.00g/mol$，$M(KBr)=119.00g/mol$。

4. [2] 用基准物As_2O_3标定$KMnO_4$标准滴定溶液，若 0.2112g 的As_2O_3在酸性溶液中恰好与 36.42mL 的$KMnO_4$反应，求该$KMnO_4$标准滴定溶液的物质的量浓度$c\left(\frac{1}{5}KMnO_4\right)$。$M(As_2O_3)=197.84g/mol$。

5. ［2］称取铜试样0.4217g，用碘量法滴定，矿样经处理后，加入H_2SO_4和KI，析出I_2，然后用$Na_2S_2O_3$标准溶液滴定，消耗35.16mL，而41.22mL$Na_2S_2O_3$相当于0.2121g$K_2Cr_2O_7$，求铜矿中CuO的质量分数。$M(CuO)=79.55g/mol$，$M(K_2Cr_2O_7)=294.2g/mol$。

6. ［2］测定稀土中铈（Ce）含量。称取试样量为1.000g，用H_2SO_4溶解后，加过硫酸铵氧化（$AgNO_3$为催化剂），稀释至100.0mL，取25.00mL。用$c(Fe^{2+})=0.05000$ mol/L的Fe^{2+}标准滴定溶液滴定，用去6.32mL，计算稀土中$CeCl_4$的质量分数（反应为$Ce^{4+}+Fe^{2+}=Ce^{3+}+Fe^{3+}$）。$M(CeCl_4)=281.93g/mol$。

7. ［2］称取炼铜中所得渣粉0.5000g，测其中锑量。用HNO_3溶解试样，经分离铜后，将Sb^{5+}还原为Sb^{3+}，然后在HCl溶液中，用$c\left(\frac{1}{6}KBrO_3\right)=0.1000$ mol/L的$KBrO_3$标准溶液滴定，消耗$KBrO_3$ 22.20mL，计算Sb的质量分数。$M(Sb)=121.75g/mol$。

8. ［1］称取苯酚试样0.5005g，用NaOH溶解后，准确配制成250mL试液，移取25.00mL试液于碘量瓶中，加入$KBrO_3$-KBr标准溶液25.00mL及HCl溶液，使苯酚溴化为三溴苯酚，加入KI溶液，使未反应的Br_2还原并析出定量的I_2，然后用$c(Na_2S_2O_3)=0.1008$ mol/L的$Na_2S_2O_3$标准滴定溶液滴定，用去15.05mL。另取25.00mL $KBrO_3$-KBr标准溶液，加HCl和KI溶液，析出I_2，用上述的$Na_2S_2O_3$标准溶液滴定，用去40.20mL，计算苯酚的质量分数。已知$M_{苯酚}=94.11g/mol$。

9. ［2］称取0.4000g软锰矿样，用$c\left(\frac{1}{2}H_2C_2O_4\right)=0.2000$ mol/L的$H_2C_2O_4$溶液50.00mL处理，过量的$H_2C_2O_4$用$c\left(\frac{1}{5}KMnO_4\right)=0.1152$ mol/L $KMnO_4$标准溶液返滴，消耗$KMnO_4$溶液10.55mL，求矿石中MnO_2的质量分数。$M(MnO_2)=86.94g/mol$。

10. ［2］称取甲醇试样0.1000g，在H_2SO_4中与25.00mL $c\left(\frac{1}{6}K_2Cr_2O_7\right)=0.1000$mol/L $K_2Cr_2O_7$溶液作用。反应后过量的$K_2Cr_2O_7$用0.1000 mol/L的Fe^{2+}标准溶液返滴定，用去Fe^{2+}溶液10.00mL，计算试样中甲醇的质量分数。$M_{甲醇}=32.05g/mol$。

五、综合题

1. ［2］氧化还原滴定法的特点？
2. ［2］在氧化还原预处理时，为除去剩余的$KMnO_4$、$(NH_4)_2S_2O_8$、$SnCl_2$等预氧化还原剂，常采用什么方法？
3. ［2］用$K_2Cr_2O_7$标准溶液滴定Fe^{2+}时，为什么要加入H_3PO_4？
4. ［2］在直接碘量法和间接碘量法中，淀粉指示液的加入时间和终点颜色变化有何不同？
5. ［1］草酸钠标定高锰酸钾溶液时应注意哪些滴定条件？
6. ［3］影响氧化还原反应速率的主要因素有哪些？可采取哪些措施加速反应的完成？
7. ［3］影响条件电极电位的因素有哪些？
8. ［2］简述氧化还原指示剂的变色原理。

第九章

沉淀滴定知识

一、单选题

1. [2] 已知 25℃时 $K_{sp}(BaSO_4)=1.8\times10^{-10}$，在 400mL 的该溶液中由于沉淀的溶解而造成的损失为（　　）g。$M(BaSO_4)=233.4g/mol$。

   A. 6.5×10^{-4}　　B. 1.2×10^{-3}　　C. 3.2×10^{-4}　　D. 1.8×10^{-7}

2. [1] 在 Cl^-、Br^-、CrO_4^{2-} 溶液中，三种离子的浓度均为 0.10mol/L，加入 $AgNO_3$ 溶液，沉淀的顺序为（　　）。已知 $K_{sp}(AgCl)=1.8\times10^{-10}$，$K_{sp}(AgBr)=5.0\times10^{-13}$，$K_{sp}(Ag_2CrO_4)=2.0\times10^{-12}$。

   A. Cl^-、Br^-、CrO_4^{2-}　　B. Br^-、Cl^-、CrO_4^{2-}

   C. CrO_4^{2-}、Cl^-、Br^-　　D. 三者同时沉淀

3. [2] 向 AgCl 的饱和溶液中加入浓氨水，沉淀的溶解度将（　　）。

   A. 不变　　B. 增大　　C. 减小　　D. 无影响

4. [2] 在含有 $PbCl_2$ 白色沉淀的饱和溶液中加入过量 KI 溶液，则最后溶液存在的是（　　）[$K_{sp}(PbCl_2)>K_{sp}(PbI_2)$]。

   A. $PbCl_2$沉淀　　B. $PbCl_2$、PbI_2沉淀　　C. PbI_2沉淀　　D. 无沉淀

5. [2] 在海水中 $c(Cl^-)\approx10^{-5}$ mol/L，$c(I^-)\approx2.2\times10^{-13}$ mol/L，此时加入 $AgNO_3$ 试剂，（　　）先沉淀。已知：$K_{sp}(AgCl)=1.8\times10^{-10}$，$K_{sp}(AgI)=8.3\times10^{-17}$。

   A. Cl^-　　B. I^-　　C. 同时沉淀　　D. 不发生沉淀

6. [3] AgCl 和 Ag_2CrO_4 的溶度积分别为 1.8×10^{-10} 和 2.0×10^{-12}，则下面叙述中正确的是（　　）。

   A. AgCl 与 Ag_2CrO_4 的溶解度相等

   B. AgCl 的溶解度大于 Ag_2CrO_4

   C. 二者类型不同，不能由溶度积大小直接判断溶解度大小

   D. 都是难溶盐，溶解度无意义

7. [2] AgCl 在 0.001mol/L NaCl 中的溶解度（mol/L）为（　　）。K_{sp}为 1.8×10^{-10}。

   A. 1.8×10^{-10}　　B. 1.34×10^{-5}　　C. 9.0×10^{-5}　　D. 1.8×10^{-7}

8. [2] 已知 $K_{sp}(AgCl)=1.8\times10^{-10}$，$K_{sp}(Ag_2CrO_4)=2.0\times10^{-12}$，在 Cl^- 和 CrO_4^{2-} 浓度皆为 0.10mol/L 的溶液中，逐滴加入 $AgNO_3$ 溶液，情况为（　　）。

A. Ag_2CrO_4 先沉淀　　B. 只有 Ag_2CrO_4 沉淀
C. AgCl 先沉淀　　D. 同时沉淀

9. [3] 莫尔法确定终点的指示剂是（　　）。

A. K_2CrO_4　　B. $K_2Cr_2O_7$　　C. $NH_4Fe(SO_4)_2$　　D. 荧光黄

10. [1] 利用莫尔法测定 Cl^- 含量时，要求介质的 pH 值在 6.5～10.5 之间，若酸度过高，则（　　）。

A. AgCl 沉淀不完全　　B. AgCl 沉淀吸附 Cl^- 能力增强
C. Ag_2CrO_4 沉淀不易形成　　D. 形成 Ag_2O 沉淀

11. [2] 下列说法正确的是（　　）。

A. 莫尔法能测定 Cl^-、I^-、Ag^+
B. 福尔哈德法能测定的离子有 Cl^-、Br^-、I^-、SCN^-、Ag^+
C. 福尔哈德法只能测定的离子有 Cl^-、Br^-、I^-、SCN^-
D. 沉淀滴定中吸附指示剂的选择，要求沉淀胶体微粒对指示剂的吸附能力应略大于对待测离子的吸附能力

12. [1] 用福尔哈德法测定 Cl^- 时，如果不加硝基苯（或邻苯二甲酸二丁酯），会使分析结果（　　）。

A. 偏高　　B. 偏低
C. 无影响　　D. 可能偏高也可能偏低

13. [2] 用银量法测定 NaCl 和 Na_3PO_4 中 Cl^- 时，应选用（　　）作指示剂。

A. K_2CrO_4　　B. 荧光黄　　C. 铁铵矾　　D. 曙红

14. [2] 在含有 AgCl 沉淀的溶液中，加入 $NH_3\cdot H_2O$，则 AgCl 沉淀（　　）。

A. 增多　　B. 转化　　C. 溶解　　D. 不变

15. [2] 用法扬司法测定氯含量时，在荧光黄指示剂中加入糊精的目的是（　　）。

A. 加快沉淀凝聚　　B. 减小沉淀比表面
C. 加大沉淀比表面　　D. 加速沉淀的转化

16. [2] 用氯化钠基准试剂标定 $AgNO_3$ 溶液浓度时，溶液酸度过大，会使标定结果（　　）。

A. 偏高　　B. 偏低
C. 不影响　　D. 难以确定其影响

17. [3] 含有 NaCl（pH=4），采用下列方法测定 Cl^-，其中最准确的方法是（　　）。

A. 用莫尔法测定　　B. 用福尔哈德法测定
C. 用法扬司法（采用曙红指示剂）测定　　D. 高锰酸钾法

二、判断题

1. [1] 向含 AgCl 固体的溶液中加适量的水使 AgCl 溶解又达平衡时，AgCl 溶度积不变，其溶解度也不变。（　　）
2. [3] 在沉淀滴定中，银量法主要指莫尔法、福尔哈德法和法扬司法。（　　）
3. [3] 根据同离子效应，沉淀剂加得越多，沉淀越完全。（　　）
4. [2] 莫尔法中 K_2CrO_4 指示剂指示终点的原理是分级沉淀的原理。（　　）
5. [3] 沉淀的溶度积越大，它的溶解度也越大。（　　）
6. [2] 在莫尔法中，指示剂的加入量对测定结果没有影响。（　　）
7. [2] 水中 Cl^- 的含量可用 $AgNO_3$ 溶液直接滴定。（　　）

8. [2] 以铁铵矾为指示剂，用 NH_4SCN 标准滴定溶液滴定 Ag^+ 时应在碱性条件下进行。(   )

9. [2] 莫尔法使用铁铵矾作指示剂，而福尔哈德法使用铬酸钾作指示剂。(   )

10. [2] Ag_2CrO_4 的溶度积 [$K_{sp}(AgCrO_4)=2.0\times10^{-12}$] 小于 AgCl 的溶度积 [$K_{sp}(AgCl)=1.8\times10^{-10}$]，所以在含有相同浓度的 CrO_4^{2-} 试液中滴加 $AgNO_3$ 时，则 Ag_2CrO_4 首先沉淀。(   )

11. [2] 福尔哈德法测定氯离子的含量时，在溶液中加入硝基苯的作用是为了避免 AgCl 转化为 AgSCN。(   )

12. [1] 在沉淀滴定银量法中，各种指示终点的指示剂都有其特定的酸度使用范围。(   )

13. [1] 强氧化剂、汞盐等干扰福尔哈德法滴定的物质，应预先分离出去。(   )

三、多选题

1. [3] 溶液 [H^+] ≥0.30mol/L 时，能生成硫化物沉淀的离子是（   ）。
   A. Pb^{2+}　B. Cu^{2+}　C. Cd^{2+}　D. Zn^{2+}　E. Fe^{2+}
2. [2] 向 AgCl 的饱和溶液中加入浓氨水，沉淀的溶解度将（   ）。
   A. 不变　B. 增大　C. 减小　D. 无影响　E. 有 AgCl 沉淀将溶解
3. [2] 下列试剂中，可作为银量法指示剂的有（   ）。
   A. 铬酸钾　B. 铁铵钒　C. 硫氰酸铵　D. 硝酸银　E. 荧光黄
4. [2] 福尔哈德法中的返滴定法主要用于测定（   ）。
   A. Ag^+、K^+　B. Cl^-、Br^-　C. I^-、SCN^-　D. Na^+、Fe^{2+}
5. [2] 下列叙述中哪些是沉淀滴定反应必须符合的条件（   ）。
   A. 沉淀反应要迅速、定量地完成　B. 沉淀的溶解度要不受外界条件的影响
   C. 要有确定滴定反应终点的方法　D. 沉淀要有颜色
6. [1] 关于莫尔法的条件选择，下列说法正确的是（   ）。
   A. 指示剂 K_2CrO_4 的用量应大于 0.01mol/L，避免终点拖后
   B. 溶液 pH 值控制在 6.5～10.5
   C. 近终点时应剧烈摇动，减 AgCl 沉淀对 Cl^- 吸附
   D. 含铵盐的溶液 pH 值控制在 6.5～7.2
7. [1] 用法扬司法测定溶液中的 Cl^- 含量，下列说法正确的是（   ）。
   A. 标准滴定溶液是 $AgNO_3$ 溶液
   B. 滴定化学计量点前 AgCl 胶体沉淀表面不带电荷，不吸附指示剂
   C. 化学计量点后微过量的 Ag^+ 使 AgCl 胶体沉淀表面带正电荷，指示剂被吸附，呈现粉红色指示终点
   D. 计算：$n(Cl^-)=n(Ag^+)$
8. [3] 下列方法中属于沉淀滴定法的是（   ）。
   A. 莫尔法　B. 福尔哈德法　C. 法扬司法　D. 铈量法

四、计算题

1. [2] 用福尔哈德法标定 $AgNO_3$ 和 NH_4SCN 溶液的浓度，称取基准氯化物 0.2000g，加入 50.00mL 的 $AgNO_3$ 溶液，用 NH_4SCN 溶液回滴过量的 $AgNO_3$ 溶液，消耗 25.02mL。现已知 1.20mL 的 $AgNO_3$ 溶液相当于 1.00mL 的 NH_4SCN 溶液。求 $AgNO_3$ 溶液的物质的量浓度。$M(NaCl)=58.44g/mol$。

2. [2] 称取含 NaCl 和 NaBr 的试样 0.5000g，溶解后用 0.1000mol/L 的 $AgNO_3$ 溶液滴定，终点时消耗 22.00mL，另取 0.5000g 试样，溶解后用 $AgNO_3$ 处理得到沉淀质量为 0.4020g。计算试样中 NaCl 和 NaBr 的质量分数。$M(NaCl)=58.44g/mol$，$M(NaBr)=102.92g/mol$，$M(AgCl)=143.32g/mol$，$M(AgBr)=187.78g/mol$。

3. [3] NaCl 试液 20.00mL，用 0.1023 mol/L $AgNO_3$ 标准滴定溶液滴定至终点，消耗了 27.00mL。求 NaCl 溶液中含 NaCl 多少？$M(NaCl)=58.44g/mol$。

4. [2] 称取含砷矿试样 1.000g，溶解并氧化成 AsO_4^{3-}，然后沉淀为 Ag_3AsO_4。将沉淀过滤、洗涤，溶于 HNO_3 中，用 0.1100mol/L NH_4SCN 溶液 25.00mL 滴定至终点，计算矿样中砷的质量分数。$M(As)=74.92g/mol$。

五、综合题

1. [1] 简述莫尔法的指示剂作用原理。
2. [3] 滴定分析的沉淀反应必须符合什么条件？
3. [2] 吸附指示剂的作用原理。

第十章 分子吸收光谱法知识

一、单选题

1. [3] 目视比色法中，常用的标准系列法是比较（　　）。
   A. 入射光的强度　　B. 吸收光的强度
   C. 透过光的强度　　D. 溶液颜色的深浅
2. [3] 在分光光度法中，宜选用的吸光度读数范围（　　）。
   A. 0～0.2　　B. 0.1～∞　　C. 1～2　　D. 0.2～0.8
3. [3] 721 分光光度计的波长使用范围为（　　）nm。
   A. 320～760　　B. 340～760　　C. 400～760　　D. 520～760
4. [3] 光子能量 E 与波长 λ、频率 ν 和速度 c 及 h（普朗克常数）之间的关系为（　　）。
   A. $E=h/\nu$　　B. $E=h/\nu=h\lambda/c$　　C. $E=h\nu=hc/\lambda$　　D. $E=c\lambda/h$
5. [1] 使用 721 型分光光度计时，仪器在 100%处经常漂移的原因是（　　）。
   A. 保险丝断了　　B. 电流表动线圈不通电
   C. 稳压电源输出导线断了　　D. 电源不稳定
6. [2] 可见-紫外分光度法的适合检测波长范围是（　　）。
   A. 400～760nm　　B. 200～400nm　　C. 200～760nm　　D. 200～1000nm
7. [1] 入射光波长选择的原则是（　　）。
   A. 吸收最大　　B. 干扰最小　　C. 吸收最大干扰最小　　D. 吸光系数最大
8. [1] 有两种不同有色溶液均符合朗伯-比耳定律，测定时若比色皿厚度，入射光强度及溶液浓度皆相等，以下说法正确的是（　　）。
   A. 透过光强度相等　　B. 吸光度相等
   C. 吸光系数相等　　D. 以上说法都不对
9. [1] 某有色溶液在某一波长下用 2cm 吸收池测得其吸光度为 0.750，若改用 0.5cm 和 3cm 吸收池，则吸光度各为（　　）。

A. 0.188/1.125　　B. 0.108/1.105　　C. 0.088/1.025　　D. 0.180/1.120

10. [2] 下列分子中能产生紫外吸收的是（　　）。

A. NaO　　B. C_2H_2　　C. CH_4　　D. K_2O

11. [2] 如果显色剂或其他试剂对测定波长有吸收，此时的参比溶液应采用（　　）。

A. 溶剂参比　　B. 试剂参比　　C. 试液参比　　D. 褪色参比

12. [2] 用分光光度法测定样品中两组分含量时，若两组分吸收曲线重叠，其定量方法是根据（　　）建立的多组分光谱分析数学模型。

A. 朗伯定律　　B. 朗伯定律和加和性原理

C. 比尔定律　　D. 比尔定律和加和性原理

13. [3] 紫外-可见分光光度计结构组成为（　　）。

A. 光源—吸收池—单色器—检测器—信号显示系统

B. 光源—单色器—吸收池—检测器—信号显示系统

C. 单色器—吸收池—光源—检测器—信号显示系统

D. 光源—吸收池—单色器—检测器

14. [2] 紫外-可见分光光度计分析所用的光谱是（　　）光谱。

A. 原子吸收　　B. 分子吸收　　C. 分子发射　　D. 质子吸收

15. [2] 紫外光检验波长准确度的方法用（　　）吸收曲线来检查。

A. 甲苯蒸气　　B. 苯蒸气　　C. 镨铷滤光片　　D. 以上三种

16. [1] 并不是所有的分子振动形式其相应的红外谱带都能被观察到，这是因为（　　）。

A. 分子既有振动运动，又有转动运动，太复杂　　B. 分子中有些振动能量是简并的

C. 因为分子中有 C、H、O 以外的原子存在　　D. 分子某些振动能量相互太强了

17. [2] Cl_2分子在红外光谱图上基频吸收峰的数目为（　　）。

A. 0　　B. 1　　C. 2　　D. 3

18. [2] 苯分子的振动自由度为（　　）。

A. 18　　B. 12　　C. 30　　D. 31

19. [2] 水分子有几个红外谱带，波数最高的谱带所对应的振动形式是（　　）振动。

A. 2个，不对称伸缩　　B. 4个，弯曲　　C. 3个，不对称伸缩　　D. 2个，对称伸缩

20. [2] 试比较同一周期内下列情况的伸缩振动（不考虑费米共振与生成氢键）产生的红外吸收峰，频率最小的是（　　）。

A. C—H　　B. N—H　　C. O—H　　D. F—H

21. [2] 在含羰基的分子中，增加羰基的极性会使分子中该键的红外吸收带（　　）。

A. 向高波数方向移动　B. 向低波数方向移动　C. 不移动　　D. 稍有振动

22. [1] 在下列不同溶剂中，测定羧酸的红外光谱时，C ═O 伸缩振动频率出现最高者为（　　）。

A. 气体　　B. 正构烷烃　　C. 乙醚　　D. 乙醇

23. [1] 在以下三种分子式中 C ═C 双键的红外吸收最强的是（　　）。(1) $CH_3—CH═CH_2$；(2) $CH_3—CH═CH—CH_3$(顺式)；(3) $CH_3—CH═CH—CH_3$(反式)。

A. (1) 最强　　B. (2) 最强　　C. (3) 最强　　D. 强度相同

24. [1] 某化合物的相对分子质量为 72，红外光谱指出，该化合物含羰基，则该化合物可能的分子式为（　　）。

A. C_4H_8O　　B. $C_3H_4O_2$　　C. C_3H_6NO　　D. (A) 或 (B)

25. [3] 下面四种气体中不吸收红外光的有（　　）。

A. H_2O　　B. CO_2　　C. CH_4　　D. N_2

26. [2] 红外光谱仪样品压片制作时一般在一定的压力下，同时进行抽真空去除一些气体，其压力和气体是（　　）。

A. $1 \sim 2 \times 10^7$ Pa，CO_2　　B. $1 \sim 2 \times 10^6$ Pa，CO_2

C. $1 \sim 2 \times 10^4$ Pa，O_2　　D. $1 \sim 2 \times 10^7$ Pa，N_2

27. [3] 反射镜或准直镜脱位，将造成 721 型分光光度计光源（　　）的故障。

A. 无法调零　　B. 无法调“100%”　　C. 无透射光　　D. 无单色光

28. [1] 下列化合物中，吸收波长最长的化合物是（　　）。

A. $CH_3(CH_2)_6CH_3$　　B. $(CH_2)_2C{=}CHCH_2CH{=}C(CH_3)_2$

C. $CH_2{=}CHCH{=}CHCH_3$　　D. $CH_2{=}CHCH{=}CHCH{=}CHCH_3$

29. [3] 下述操作中正确的是（　　）。

A. 比色皿外壁有水珠　　B. 手捏比色皿的透光面

C. 手捏比色皿的毛面　　D. 用报纸去擦比色皿外壁的水

30. [2] 用邻菲罗啉法测定锅炉水中的铁，pH 需控制在 4～6 之间，通常选择（　　）缓冲溶液较合适。

A. 邻苯二甲酸氢钾　　B. NH_3-NH_4Cl　　C. $NaHCO_3$-Na_2CO_3　　D. HAc-NaAc

31. [2] 分光光度法测定时，测量有色溶液的浓度相对标准偏差最小的吸光度是（　　）。

A. 0.434　　B. 0.20　　C. 0.433　　D. 0.343

32. [2] 透明有色溶液被稀释时，其最大吸收波长位置（　　）。

A. 向长波长方向移动　　B. 向短波长方向移动

C. 不移动，但吸收峰高度降低　　D. 不移动，但吸收峰高度增高

33. [1] 移动 721 型分光光度计时，应将检流计（　　），以防受震动影响读数的准确性。

A. 拆下　　B. 固定　　C. 包裹　　D. 短路

34. [1] 对于 721 型分光光度计，说法不正确的是（　　）。

A. 搬动后要检查波长的准确性　　B. 长时间使用后要检查波长的准确性

C. 波长的准确性不能用镨钕滤光片检定　　D. 应及时更换干燥剂

35. [2] 721 型分光光度计不能测定（　　）。

A. 单组分溶液　　B. 多组分溶液

C. 吸收光波长>850nm 的溶液　　D. 较浓的溶液

36. [1] 导致分光光度计电表指针从“0”～“100%”均左右摇摆不定的原因中，下列哪条不正确（　　）。

A. 稳压电源失灵　　B. 仪器零部件配置不合理，产生实验误差

C. 仪器光电管暗盒内手潮　　D. 仪器光源灯附近有较严重的气浪波动

37. [2] 721 型分光光度计接通电源后，指示灯及光源灯都不亮，电流表无偏转的原因，下列哪一条不正确（　　）。

A. 光路电压不够　　B. 熔丝不断　　C. 电源开关接触不良　　D. 电源变压

38. [1] 在分光光度法测定中，配制的标准溶液，如果其实际浓度低于规定浓度，将使分析结果产生（　　）。

A. 正的系统误差　　B. 负的系统误差　　C. 无误差　　D. 不能确定

39. [2] 邻二氮菲分光光度法测水中微量铁的试样中，参比溶液是采用（　　）。

A. 溶液参比　　B. 空白溶液　　C. 样品参比　　D. 褪色参比

40. [1] 在分光光度法中，（　　）是导致偏离朗伯-比尔定律的因素之一。

A. 吸光物质浓度>0.01mol/L　　B. 单色光波长

C. 液层厚度　　D. 大气压力

41. [2] 符合比尔定律的有色溶液稀释时，其最大吸收峰的波长（　　）。

A. 向长波方向移动　　B. 向短波方向移动

C. 不移动，但峰高值降低　　D. 不移动，但峰高值增大

42. [1] 水中铁的吸光光度法测定所用的显色剂较多，其中（　　）分光光度法的灵敏度高，稳定性好，干扰容易消除，是目前普遍采用的一种方法。

A. 邻二氮菲　　B. 磺基水杨酸　　C. 硫氰酸盐　　D. 5-Br-PDDAP

43. [1] 分光光度计测定中，工作曲线弯曲的原因可能是（　　）。

A. 溶液浓度太大　　B. 溶液浓度太稀　　C. 参比溶液有问题　　D. 仪器有故障

44. [2] 物质的颜色是由于选择性吸收了白光中的某些波长的光所致。硫酸铜溶液呈蓝色是由于它吸收了白光中的（　　）。

A. 蓝色光波　　B. 绿色光波　　C. 黄色光波　　D. 青色光波

45. [2] 分光光度法分析中，如果显色剂无色，而被测试液中含有其他有色离子时，宜选择（　　）作参比液可消除影响。

A. 蒸馏水　　B. 不加显色剂的待测液

C. 掩蔽掉被测离子并加入显色剂的溶液　　D. 加入显色剂的溶液的被测试液

46. [2] 下面几种常用的激发光源中，分析的线性范围最大的是（　　）。

A. 直流电弧　　B. 交流电弧

C. 电火花　　D. 高频电感耦合等离子体

47. [2] 在分光光度法中，运用朗伯-比尔定律进行定量分析采用的入射光为（　　）。

A. 白光　　B. 单色光　　C. 可见光　　D. 紫外光

48. [1] 按一般光度法用空白溶液作参比溶液，测得某试液的透射比为 10%，如果更改参比溶液，用一般分光光度法测得透射比为 20% 的标准溶液作参比溶液，则试液的透光率应等于（　　）。

A. 8%　　B. 40%　　C. 50%　　D. 80%

49. [2] 在分光光度法中对有色溶液进行测量，测量的是（　　）。

A. 入射光的强度　　B. 透过溶液光的强度

C. 有色溶液的吸光度　　D. 反射光的强度

50. [2] 在分光光度计的检测系统中，用光电管代替硒光电池，可以提高测量的（　　）。

A. 灵敏度　　B. 准确度　　C. 精密度　　D. 重现性

51. [2] 紫外分光光度法中，吸收池是用（　　）制作的。

A. 普通玻璃　　B. 光学玻璃　　C. 石英玻璃　　D. 透明塑料

52. [2] 可见分光光度法中，使用的光源是（　　）。

A. 钨丝灯　　B. 氢灯　　C. 氘灯　　D. 汞灯

53. [2] I_0为入射光的强度，I_a为吸收光的强度，I_t为透射光的强度，那么，透光率是（　　）。

A. I_0-I_a　　B. I_0/I_t　　C. I_t/I_0　　D. I_a/I_0

54. [1] 双波长分光光度法以（　　）做参比。

A. 样品溶液本身　　B. 蒸馏水　　C. 空白溶液　　D. 试剂

55. [2] 在分光光度分析中，绘制标准曲线和进行样品测定时，应使（　　）保持一致。

A. 浓度　　B. 温度　　C. 标样量　　D. 吸光度

56. [1] 用硫氰酸盐作显色剂测定 Co^{2+} 时，Fe^{3+} 有干扰，可用（　　）作为掩蔽剂。

A. 氟化物　　B. 氯化物　　C. 氢氧化物　　D. 硫化物

57. [2] 721 型分光光度计底部干燥筒内的干燥剂要（　　）。

A. 定期更换　　B. 使用时更换　　C. 保持潮湿　　D. 不用更换

58. [2] 红外吸收峰的强度，根据（　　）的大小可粗略分为五级。

A. 吸光度 A　　B. 透光率 T　　C. 波长 λ　　D. 摩尔吸光系数 ε

59. [2] 有甲、乙两个不同浓度的同一有色物质的溶液，用同一厚度的比色皿，在同一波长下测得的吸光度为：A(甲)＝0.20；A(乙)＝0.30。若甲的浓度为 4.0×10^{-4} mol/L，则乙的浓度为（　　）。

A. 8.0×10^{-4} mol/L　　B. 6.0×10^{-4} mol/L

C. 1.0×10^{-4} mol/L　　D. 1.2×10^{-4} mol/L

60. [2]（　　）属于显色条件的选择。

A. 选择合适波长的入射光　　B. 控制适当的读数范围

C. 选择适当的参比液　　D. 选择适当的缓冲液

61. [2] 下列选项中不是分光光度计检测项目的是（　　）。

A. 吸收池成套性　　B. 噪声　　C. 稳定度　　D. 波长准确度

62. [2] 石英吸收池成套性检查时，吸收池内装（　　）在 220nm 测定。

A. 高锰酸钾　　B. 自来水　　C. 重铬酸钾　　D. 蒸馏水

63. [2] 玻璃吸收池成套性检查时，吸收池内装（　　）在 400nm 测定，装（　　）在 600nm 测定。

A. 蒸馏水、重铬酸钾　　B. 重铬酸钾、蒸馏水

C. 蒸馏水、蒸馏水　　D. 重铬酸钾、重铬酸钾

64. [1] 波长准确度是指单色光最大强度的波长值与波长指示值之差。钨灯用镨钕滤光片在（　）左右的吸收峰作为参考波长。

A. 546.07 nm　　B. 800nm　　C. 486.13 nm　　D. 486.00nm

65. [2] 721 分光光度计的检测器是（　　）。

A. 硒光电池　　B. 光电管　　C. 光电倍增管　　D. 微安表

66. [3] 分光光度计的核心部件是（　　）。

A. 光源　　B. 单色器　　C. 检测器　　D. 显示器

67. [2]（　　）属于显色条件的选择。

A. 选择合适的测定波长　　B. 选择适当的参比溶液

C. 选择适当的缓冲溶液　　D. 选择适当的比色皿厚度

68. [2] 可见分光光度计的光学元件受到污染时，会使仪器在比色时的灵敏度降低，因此应该（　）。

A. 用无水乙醇清洗光学元件　　B. 用乙醚清洗光学元件

C. 用无水乙醇-乙醚混合液清洗光学元件　　D. 用乙醇清洗光学元件

69. [2] 当紫外分光光度计的光源反射镜或准直镜被玷污只能用（　　）。

A. 纱布擦洗　　B. 绸布擦洗　　C. 脱脂棉擦洗　　D. 洗耳球吹

二、判断题

1. [1] 选择光谱通带实际上就是选择狭缝宽度。（　　）

2. [2] 在分光光度法中，测定所用的参比溶液总是采用不含被测物质和显色剂的空白溶液。（　　）

3. [2] 目视比色法必须在符合光吸收定律情况下才能使用。（　　）

4. [2] 光谱定量分析中，各标样和试样的摄谱条件必须一致。（　　）

5. [1] 线性回归中的相关系数是用来作为判断两个变量之间相关关系的一个量度。（　　）

6. [1] 任何型号的分光光度计都由光源、单色器、吸收池和显示系统四个部分组成。( )

7. [3] 在定量测定时同一厂家出品的同一规格的比色皿也要经过检验配套。( )

8. [2] 四氯乙烯分子在红外光谱上没有 υ(C═C) 吸收带。( )

9. [3] 不考虑其他因素条件的影响，在酸、醛、酯、酰卤和酰胺类化合物中，出现C═O伸缩振动频率的大小顺序是：酰卤＞酰胺＞酸＞醛＞酯。( )

10. [2] 分光光度计使用的光电倍增管，负高压越高灵敏度就越高。( )

11. [3] 不同浓度的高锰酸钾溶液，它们的最大吸收波长也不同。( )

12. [2] 目视比色法必须在符合吸收定律的条件下才能使用。( )

13. [1] 当透射比是10%时，则吸光度 A＝－1。( )

14. [3] 单色器是一种能从复合光中分出一种所需波长的单色光的光学装置。( )

15. [1] 在进行紫外吸收光谱分析时，用来溶解待测物质的溶剂对待测物质的吸收峰的波长、强度及形状等不会产生影响。( )

16. [3] 比色分析时，待测溶液注到比色皿的四分之三高度处。( )

17. [2] 溶液的最大吸收波长是随着溶液浓度的增加而增大。( )

18. [1] 为使 721 型分光光度计稳定工作，防止电压波动影响测定，最好能较为加一个电源稳压器。( )

19. [2] 用分光光度计进行比色测定时，必须选择最大的吸收波长进行比色，这样灵敏度高。( )

20. [2] 摩尔吸光系数越大，表示该物质对某波长光的吸收能力愈强，比色测定的灵敏度就愈高。( )

21. [3] 两种适当颜色的光，按一定的强度比例混合后得到白光，这两种颜色的光称为互补光。( )

22. [1] 比色分析中，在吸收物质的吸光度随波长变化不大的光谱区内，采用多色光所引起的偏离不会十分明显。( )

23. [2] 红外光谱法最大的特点是其高度的特征性。( )

24. [3] 把复色光分解为单色光的现象叫色散。( )

25. [2] 玻璃棱镜的色散不成线性，而且能吸收紫外光。( )

26. [2] 作为色散元件，光栅色散率大而且为线性，但是不适合紫外和红外光区。( )

27. [3] 摩尔吸光系数的物理意义是：溶液浓度为 1mol/L，吸收池厚度为 1cm，在一定波长下测得的吸光度值。( )

28. [3] 溶液颜色是基于物质对光的选择性吸收的结果。( )

29. [2] 吸光系数与入射光的强度、溶液厚度和浓度有关。( )

30. [1] 显色剂用量对显色反应有影响，显色剂过量太多会发生副反应。改变有色配合物的配位比等。因此，必须通过实验合理选择显色剂的用量。( )

31. [1] 紫外吸收光谱与可见吸收光谱一样，是由 K 层和 L 层电子的跃迁而产生。( )

32. [1] 有机化合物的定性一般用红外光谱，紫外光谱常用于有机化合物的官能团定性。( )

33. [2] 用紫外分光光度法测定试样中有机物含量时，所用的吸收池可用丙酮清洗。( )

34. [2] 单波长双光束分光光度计使用了两个单色器。( )

35. [2] 在红外光谱分析中，对不同的分析样品（气体、液体和固体）应选用相应的吸收池。( )

36. [3] 手拿比色皿时只能拿毛玻璃面，不能拿透光面。(　　)

37. [1] 一般来说，红外光谱定量分析准确度和精密度不如紫外光谱。(　　)

38. [2] 使用红外光谱法进行定量分析的灵敏度和准确度均高于紫外可见吸收光谱法。(　　)

39. [1] 苯的紫外吸收带是 R 吸收带。(　　)

40. [2] 标准工作曲线不过原点的可能的原因是参比溶液选择不当。(　　)

41. [2] CO_2分子中的 C—O—O 对称伸缩振动不产生红外吸收带。(　　)

42. [2] 紫外可见分光光度分析中，在入射光强度足够强的前提下，单色器狭缝越窄越好。(　　)

43. [2] 在分光光度法中，溶液的吸光度与溶液浓度成正比。(　　)

44. [3] 物质的颜色是由于选择性地吸收了白光中的某些波长的光所致，溶液呈现红色是由于它吸收了白光中的红色光波。(　　)

45. [2] 朗伯-比尔定律中的浓度是指吸光物质的浓度，不是分析物的浓度。(　　)

46. [3] 分光光度计的检测器的作用是将光信号转变为电信号。(　　)

47. [1] 可见分光光度计的光学元件受到污染时，会使仪器在比色时的灵敏度降低，因此应该用无水乙醇清洗光学元件。(　　)

48. [2] 当紫外分光光度计的光源反射镜或准直镜被玷污时，不能用任何纱布、绸布或棉球擦洗，只能用干净的洗耳球吹或用其他压缩气体吹。(　　)

49. [2] 比色操作时，读完读数后应立即关闭样品室盖，以免损坏光电管。(　　)

三、多选题

1. [1] 下列分析方法遵循朗伯-比尔定律的是(　　)。
   A. 原子吸收光谱法　　B. 原子发射光谱法
   C. 紫外-可见光分光光度法　　D. 气相色谱法

2. [2] 7504C 紫外可见分光光度计通常要调校的是(　　)。
   A. 光源灯　　B. 波长　　C. 透射比　　D. 光路系统

3. [1] 722 型可见分光光度计与 754 型紫外分光光度计技术参数相同的有(　　)。
   A. 波长范围　　B. 波长准确度　　C. 波长重复性　　D. 吸光度范围

4. [1] 当分光光度计 100%点不稳定时，通常采用(　　)方法处理。
   A. 查看光电管暗盒内是否受潮，更换干燥的硅胶
   B. 对于受潮较重的仪器，可用吹风机对暗盒内、外吹热风，使潮气逐渐地从暗盒内挥发掉
   C. 更换波长
   D. 更换光电管

5. [1] 分光光度计的检验项目包括(　　)。
   A. 波长准确度的检验　　B. 透射比准确度的检验
   C. 吸收池配套性的检验　　D. 单色器性能的检验

6. [1] 分光光度计接通电源后，指示灯和光源灯都不亮，电流表无偏转的原因有(　　)。
   A. 电源开头接触不良或已坏　　B. 电流表坏
   C. 保险丝断　　D. 电源变压器初级线圈已断

7. [1] 属于分光光度计单色器组成部分有的有(　　)。
   A. 入射狭缝　　B. 准光镜　　C. 波长凸轮　　D. 色散器

8. [1] 紫外分光光度法对有机物进行定性分析的依据是(　　)等。

A. 峰的形状　B. 曲线坐标　C. 峰的数目　D. 峰的位置

9. [1] 分子吸收光谱与原子吸收光谱的相同点有（　　）。

A. 都是在电磁射线作用下产生的吸收光谱

B. 都是核外层电子的跃迁

C. 它们的谱带半宽度都在 10nm 左右

D. 它们的波长范围均在近紫外到近红外区（180～1000nm）

10. [2] 光电管暗盒内硅胶受潮可能引起（　　）。

A. 光门未开时，电表指针无法调回 0 位　B. 电表指针从 0 到 100%摇摆不定

C. 仪器使用过程中 0 点经常变化　D. 仪器使用过程中 100%处经常变化

11. [2] 检验可见及紫外分光光度计波长正确性时，应分别绘制的吸收曲线是（　　）。

A. 甲苯蒸气　B. 苯蒸气　C. 镨钕滤光片　D. 重铬酸钾溶液

12. [1] 参比溶液的种类有（　　）。

A. 溶剂参比　B. 试剂参比　C. 试液参比　D. 褪色参比

13. [2] 分光光度计不能调零时，应采用（　　）办法尝试解决。

A. 修复光门部件　B. 调 100%旋钮　C. 更换干燥剂　D. 检修电路

14. [2] 在分光光度法的测定中，光度测量条件的选择包括（　　）。

A. 选择合适的显色剂　B. 选择合适的测量波长

C. 选择合适的参比溶液　D. 选择吸光度的测量范围

15. [1] 分光光度计出现百分透光率调不到 100，常考虑解决的方法是（　　）。

A. 换新的光电池　B. 调换灯泡　C. 调整灯泡位置　D. 换比色皿

16. [3] 高锰酸钾溶液对可见光中的（　　）光有吸收，所以溶液显示其互补光（　　）。

A. 蓝色　B. 黄色　C. 绿色　D. 紫色

17. [1] 红外分光光度计的检测器主要有（　　）。

A. 高真空热电偶　B. 测热辐射计　C. 气体检测器　D. 光电检测器

18. [2] 绝大多数化合物在红外光谱图上出现的峰数远小于理论上计算的振动数，是由（　　）。

A. 没有偶极矩变化的振动，不产生红外吸收

B. 相同频率的振动吸收重叠，即简并

C. 仪器不能区别那些频率十分接近的振动，或吸收带很弱，仪器检测不出来

D. 有些吸收带落在仪器检测范围之外

19. [3] 用红外光激发分子使之产生振动能级跃迁时，化学键越强，则（　　）。

A. 吸收光子的能量越大　B. 吸收光子的波长越长

C. 吸收光子的频率越大　D. 吸收光子的数目越多

20. [2] 红外光谱的吸收强度一般定性地用很强（vs）、强（s）、中（m）、弱（w）和很弱（vw）等表示。按摩尔吸光系数 ε 的大小划分吸收峰的强弱等级，具体是（　　）。

A. $\varepsilon>100$，非常强峰（vs）　B. $20<\varepsilon<100$，强峰（s）

C. $10<\varepsilon<20$，中强峰（m）　D. $1<\varepsilon<10$，弱峰（w）

21. [1] 能与气相色谱仪联用的红外光谱仪为（　　）。

A. 色散型红外分光光度计　B. 双光束红外分光光度计

C. 傅里叶变换红外分光光度计　D. 快扫描红外分光光度计

22. [3] 红外光谱技术在刑侦工作中主要用于物证鉴定，其优点为（　　）。

A. 样品不受物理状态的限制　B. 样品容易回收

C. 样品用量少　D. 鉴定结果充分可靠

23. [3] 一般激光红外光源的特点为（　　）。

A. 单色性好　　B. 相干性好　　C. 方向性强　　D. 亮度高

24. [1] 分光光度计常用的光电转换器有（　　）。

A. 光电池　　B. 光电管　　C. 光电倍增管　　D. 光电二极管

25. [3] 下列（　　）是721分光光度计凸轮咬死的维修步骤之一。

A. 用金相砂纸对凸轮轴上硬性污物进行小心打磨

B. 用沾乙醚的棉球对准直镜表面进行清理

C. 把波长盘上负20度对准读数刻线后进行紧固安装

D. 用镨钕滤光片对仪器波长进行检查校正

26. [2] 影响吸光系数 K 的因素是（　　）。

A. 吸光物质的性质　　B. 入射光的波长　　C. 溶液温度　　D. 溶液浓度

27. [2] 朗伯-比尔定律的数学表达式中，其比例常数的三种表示方法为（　　）。

A. 吸光系数　　B. 比例常数　　C. 摩尔吸光系数　　D. 比吸光系数

28. [2] 摩尔吸光系数很大，则表明（　　）。

A. 该物质的浓度很大　　B. 光通过该物质溶液的光程长

C. 该物质对某波长的光吸收能力很强　　D. 测定该物质的方法的灵敏度高

29. [2] 某溶液浓度为 c_S 时测得 $T=50.0\%$，若测定条件不变，测定浓度为 $1/2c_S$ 的溶液时（　　）。

A. $T=25.0\%$　　B. $T=70.7\%$　　C. $A=0.3$　　D. $A=0.15$

四、计算题

1. [2] 某含铁约0.20%的试样，用邻二氮杂菲亚铁光度法 $\varepsilon=(1.1\times10^4)$ 测定，试样溶解后稀释至100mL，用1.00cm的比色皿，在508nm波长下测定吸光度。为使吸光度的测量引起的浓度相对误差最小，应当称取试样多少克？[M(Fe)=55.85]

2. [2] 丁二酮肟对含镍量为0.12%的某试样进行比色分析测定，若配制100mL试液，波长470nm处用1.0cm的比色皿进行测定，计算当测量误差控制在最小时，应称取试样多少克。[已知：$\varepsilon=1.3\times10^4$，$M$(Ni)=58.69]

3. [1] 用磷钼蓝比色法测定钢中磷的含量。

(1) 标准曲线的绘制：准确移取0.01000mol/L的 Na_2HPO_4 标准溶液12.50mL置于250mL容量瓶中，加水稀释至刻度，然后分别取 VmL此溶液注入100mL容量瓶中，用钼酸铵显色后加水稀释至刻度，分别测定如下：

V/mL	0	1.00	2.00	3.00	4.00	5.00
T/%	0.000	0.119	0.237	0.357	0.485	0.602

根据表中数据绘制 A-c(mg/mL) 标准曲线。

(2) 称取钢样1.313g，溶于酸，移入250mL容量瓶中，加水稀至刻度，取此溶液5.0mL于100mL容量瓶中，显色后用水稀至刻度测得 $T=50.0\%$，求试样中P的百分含量。[M(P)=30.97]

4. [2] 以丁二酮肟光度法测定微量镍，若配合物丁二酮肟镍的浓度为 1.70×10^{-5} mol/L，用2.0cm吸收池在470nm波长下测得透光率为30.0%。计算配合物在该波长的摩尔吸光系数。

5. [2] 以邻二氮菲光度法测定Fe(Ⅱ)，称取试样0.500g，经处理后，加入显色剂，最后定容为50.0mL。用1.0cm的吸收池，在510nm波长下测得吸光度 $A=0.430$。计算试样中铁的百分含量；当溶液稀释1倍后，其百分透射比将是多少？[$\varepsilon_{510}=1.1\times10^4$ L/(mol·cm)]

五、综合题

1. [2] 试从原理和仪器上比较原子吸收分光光度法和紫外可见分光光度法的异同点。
2. [2] 如何区别紫外吸收光谱曲线中的 $n\rightarrow\pi^*$ 和 $\pi\rightarrow\pi^*$？
3. [2] 用分光光度法作试样定量分析时应如何选择参比溶液？
4. [1] 已知某化合物的分子式为 C_8H_8O，其红外谱图如下，试解析其结构。

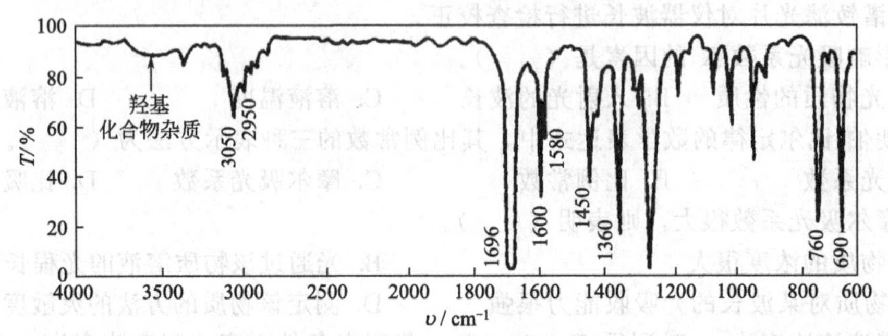

5. [1] 已知某化合物的分子式为 $C_3H_6O_2$，其红外谱图如下，试解析其结构。

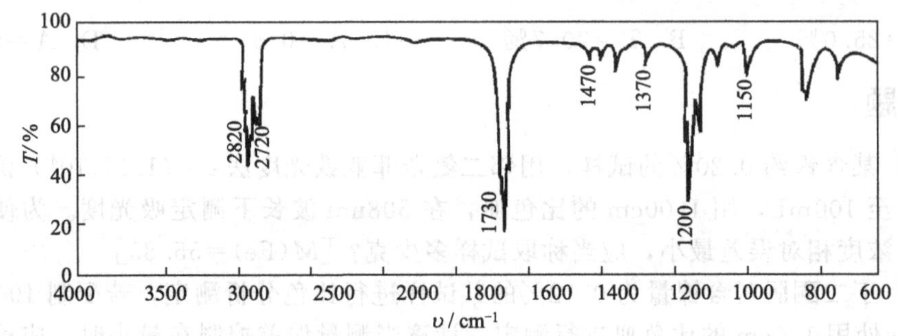

6. [2] 产生红外吸收的条件是什么？是否所有的分子振动都会产生红外吸收光谱？为什么？

第十一章 原子吸收光谱法知识

一、单选题

1. [1] 原子吸收分光光度法测定钙时，PO_4^{3-} 有干扰，消除的方法是加入（　　）。

A. $LaCl_3$　　B. NaCl　　C. CH_3COCH_3　　D. $CHCl_3$

2. [2] 不可做原子吸收分光光度计光源的有（　　）。

A. 空心阴极灯　　B. 蒸气放电灯　　C. 钨灯　　D. 高频无极放电灯

3. [2] 关闭原子吸收光谱仪的先后顺序是（　　）。

A. 关闭排风装置、关闭乙炔钢瓶总阀、关闭助燃气开关、关闭气路电源总开关、关闭空气压缩机并释放剩余气体

B. 关闭空气压缩机并释放剩余气体、关闭乙炔钢瓶总阀、关闭助燃气开关、关闭气路电源总开关、关闭排风装置

C. 关闭乙炔钢瓶总阀、关闭助燃气开关、关闭气路电源总开关、关闭空气压缩机并释放剩余气体、关闭排风装置

D. 关闭乙炔钢瓶总阀、关闭助燃气开关、关闭气路电源总开关、关闭排风装置、关闭空气压缩机并释放剩余气体

4. [2] 下列关于空心阴极灯使用描述不正确的是（　　）。

A. 空心阴极灯发光强度与工作电流有关　　B. 增大工作电流可增加发光强度

C. 工作电流越大越好　　D. 工作电流过小，会导致稳定性下降

5. [1] 为保证峰值吸收的测量，要求原子分光光度计的光源发射出的线光谱比吸收线宽度（　　）。

A. 窄而强　　B. 宽而强　　C. 窄而弱　　D. 宽而弱

6. [2] 原子吸收分析中可以用来表征吸收线轮廓的是（　　）。

A. 发射线的半宽度　　B. 中心频率　　C. 谱线轮廓　　D. 吸收线的半宽度

7. [2] 原子吸收光谱法是基于从光源辐射出待测元素的特征谱线，通过样品蒸气时，被蒸气中待测元素的（　　）所吸收，由辐射特征谱线减弱的程度，求出样品中待测元素含量。

A. 分子　B. 离子　C. 激发态原子　D. 基态原子

8. [1] 在原子吸收分析中，下列中火焰组成的温度最高（　）。

A. 空气-煤气　B. 空气-乙炔　C. 氧气-氢气　D. 笑气-乙炔

9. [1] 充氖气的空心阴极灯负辉光的正常颜色是（　）。

A. 橙色　B. 紫色　C. 蓝色　D. 粉红色

10. [1] 双光束原子吸收分光光度计与单光束原子吸收分光光度计相比，前者突出的优点是（　）。

A. 可以抵消因光源的变化而产生的误差　B. 便于采用最大的狭缝宽度

C. 可以扩大波长的应用范围　D. 允许采用较小的光谱通带

11. [1] 现代原子吸收光谱仪的分光系统的组成主要是（　）。

A. 棱镜＋凹面镜＋狭缝　B. 棱镜＋透镜＋狭缝

C. 光栅＋凹面镜＋狭缝　D. 光栅＋透镜＋狭缝

12. [1] 原子吸收分析对光源进行调制，主要是为了消除（　）。

A. 光源透射光的干扰　B. 原子化器火焰的干扰

C. 背景干扰　D. 物理干扰

13. [2] 原子吸收光度法中，当吸收线附近无干扰线存在时，下列说法正确的是（　）。

A. 应放宽狭缝，以减少光谱通带　B. 应放宽狭缝，以增加光谱通带

C. 应调窄狭缝，以减少光谱通带　D. 应调窄狭缝，以增加光谱通带

14. [1] As 元素最合适的原子化方法是（　）。

A. 火焰原子化法　B. 氢化物原子化法　C. 石墨炉原子化法　D. 等离子原子化法

15. [1] 下列几种物质对原子吸光光度法的光谱干扰最大的是（　）。

A. 盐酸　B. 硝酸　C. 高氯酸　D. 硫酸

16. [2] 原子吸收光度法的背景干扰，主要表现为（　）形式。

A. 火焰中被测元素发射的谱线　B. 火焰中干扰元素发射的谱线

C. 光源产生的非共振线　D. 火焰中产生的分子吸收

17. [1] 下列火焰适于 Cr 元素测定的是（　）。

A. 中性火焰　B. 化学计量火焰　C. 富燃火焰　D. 贫然火焰

18. [1] 原子吸收仪器中溶液提升喷口与撞击球距离太近，会造成（　）。

A. 仪器吸收值偏大　B. 火焰中原子去密度增大，吸收值很高

C. 雾化效果不好、噪声太大且吸收不稳定　D. 溶液用量减少

19. [2] 调节燃烧器高度目的是为了得到（　）。

A. 吸光度最大　B. 透光度最大　C. 入射光强最大　D. 火焰温度最高

20. [1] 原子吸收分光光度计开机预热 30min 后，进行点火试验，但无吸收。下列导致这一现象的原因中不是的是（　）。

A. 工作电流选择过大，对于空心阴极较小的元素灯，工作电流大时没有吸收

B. 燃烧缝不平行于光轴，即元素灯发出的光线不通过火焰就没有吸收

C. 仪器部件不配套或电压不稳定

D. 标准溶液配制不合适

21. [1] 在原子吸收分光光度计中，若灯不发光可（　）。

A. 将正负极反接 30min 以上　B. 用较高电压（600V 以上）起辉

C. 串接 2～10kΩ 电阻　D. 在 50mA 下放电

22. [1] 在原子吸收分析中，当溶液的提升速度较低时，一般在溶液中混入表面张力小、密度小的有机溶剂，其目的是（　）。

A. 使火焰容易燃烧　　B. 提高雾化效率
C. 增加溶液黏度　　D. 增加溶液提升量

23. [1] 对于火焰原子吸收光谱仪的维护，(　　) 是不允许的。
A. 透镜表面沾有指纹或油污应用汽油将其洗去
B. 空心阴极灯窗口如有沾污，用镜头纸擦净
C. 元素灯长期不用，应每隔一段时间在额定电流下空烧
D. 仪器不用时应用罩子罩好

24. [1] 原子吸收空心阴极灯加大灯电流后，灯内阴、阳极尾部发光的原因是（　　）。
A. 灯电压不够
B. 灯电压太大
C. 阴、阳极间屏蔽性能差，当电流大时被击穿放电，空心阴极灯坏。
D. 灯的阴、阳极有轻微短路

25. [2] 原子吸收的定量方法——标准加入法可消除的干扰是（　　）。
A. 分子吸收　　B. 背景吸收　　C. 基体效应　　D. 物理干扰

26. [2] 原子空心阴极灯的主要操作参数是（　　）。
A. 灯电流　　B. 灯电压　　C. 阴极温度　　D. 内充气体压力

27. [1] 富燃焰是助燃比（　　）化学计量的火焰。
A. 大于　　B. 小于　　C. 等于　　D. 内充气体压力

28. [2] 火焰原子吸收光谱分析的定量方法有（　　）。（其中：1. 标准曲线法　2. 内标法　3. 标准加入法　4. 公式法　5. 归一化法　6. 保留指数法）
A. 1、3　　B. 2、3、4　　C. 3、4、5　　D. 4、5、6

29. [1] 原子吸收分光光度法测 Al，若光谱通带为 0.2nm，光栅的线色散倒数为 2nm/mm，则分光系统中的狭缝宽度为（　　）mm。
A. 10　　B. 1　　C. 0.1　　D. 0.01

30. [2] 原子发射光谱是由下列哪种跃迁产生的？（　　）
A. 辐射能使气态原子外层电子激发　　B. 辐射能使气态原子内层电子激发
C. 电热能使气态原子内层电子激发　　D. 电热能使气态原子外层电子激发

31. [3] 原子吸收光谱分析中，光源的作用是（　　）。
A. 在广泛的区域内发射连续光谱　　B. 提供试样蒸发和激发所需要的能量
C. 发射待测元素基态原子所吸收的共振辐射　　D. 产生足够强度的散射光

32. [2] 在原子吸收分析中，如灯中有连续背景发射，宜采用（　　）。
A. 减小狭缝　　B. 用纯度较高的单元素灯
C. 另选测定波长　　D. 用化学方法分离

33. [3] 原子吸收分析属于（　　）。
A. 紫外吸收　　B. 分子吸收　　C. 原子吸收　　D. 红外吸收

34. [3] 原子吸收光谱仪由（　　）组成。
A. 光源、原子化系统、检测系统　　B. 光源、原子化系统、分光系统
C. 原子化系统、分光系统、检测系统　　D. 光源、原子化系统、分光系统、检测系统

35. [1] 能够消除由于光源发射光不稳定引起的基线漂移的原子吸收光谱仪称为（　　）。
A. 石墨炉原子吸收光谱仪　　B. 火焰原子吸收光谱仪
C. 双光束原子吸收光谱仪　　D. 单光束原子吸收光谱仪

36. [2] 可以同时检测多种元素的原子吸收光谱仪成为（　　）。
A. 双光束原子吸收光谱仪　　B. 多道原子吸收光谱仪

C. 单光束原子吸收光谱仪　　D. 单道原子吸收光谱仪

37. [2] 原子吸收光谱仪操作的开机顺序是（　　）。
A. 开总电源、开空心阴极灯、开空气、开乙炔气、开通风机、点火、测量
B. 开总电源、开空心阴极灯、开乙炔气、开通风机、开空气、点火、测量
C. 开总电源、开空心阴极灯、开通风机、开乙炔气、开空气、点火、测量
D. 开总电源、开空心阴极灯、开通风机、开空气、开乙炔气、点火、测量

38. [2] 原子吸收光谱仪的操作的关机顺序是（　　）。
A. 关空气、关空心阴极灯、关总电源、关通风机、关乙炔气
B. 关通风机、关空气、关空心阴极灯、关总电源、关通风机
C. 关乙炔气、关空气、关空心阴极灯、关总电源、关通风机
D. 关空心阴极灯、关总电源、关通风机、关空气、关乙炔气

39. [2] 原子吸收光谱仪的操作的关机顺序是关乙炔气、关空气、关空心阴极灯、关总电源、关通风机，这样做的目的不是为了（　）。
A. 保护仪器，防止着火　　B. 测量准确
C. 保护仪器，防止中毒　　D. 保护仪器

40. [2] 对于不锈钢雾化室，在喷过酸、碱溶液后，要立即喷（　　），以免不锈钢雾化室被腐蚀。
A. 稀乙醇　　B. 稀盐酸　　C. 自来水　　D. 去离子水

41. [2] 在雾化燃烧系统上的废液嘴上接一塑料管，并形成（　　），隔绝燃烧室和大气。
A. 密封　　B. 双水封　　C. 水封　　D. 油封

42. [2] 气路系统如果采用聚乙烯塑料管，则要定期（　　），以防止乙炔气渗漏。
A. 检查是否漏电　　B. 检查是否漏气
C. 检查乙炔压力表　　D. 检查乙炔流量表

43. [2] 原子吸收分光光度计中可以提供锐线光源的是（　　）。
A. 钨灯和氘灯　　B. 无极放电灯和钨灯
C. 空心阴极灯和钨灯　　D. 空心阴极灯和无极放电灯

44. [2] 如果空心阴极灯的阴极由 2～3 种元素组成，则这种灯可以测定（　　）。
A. 1 种元素　　B. 2～3 种元素　　C. 多种元素　　D. 所有元素

45. [2] 空心阴极灯的选择是根据（　　）。
A. 空心阴极灯的使用电流　　B. 被测元素的浓度
C. 被测元素的性质　　D. 被测元素的种类

46. [3] 如果被测组分是铜，则应选择（　　）。
A. 镁空心阴极灯　　B. 铁空心阴极灯
C. 铜空心阴极灯　　D. 钙空心阴极灯

47. [3] 空心阴极灯在使用前应（　　）。
A. 放掉气体　　B. 加油　　C. 洗涤　　D. 预热

48. [2] 评价空心阴极灯的优劣指标没有（　　）。
A. 发光强度　　B. 灯是否漏气　　C. 发光稳定性　　D. 灯的寿命

49. [3] 空心阴极灯应在（　　）使用。
A. 最小灯电流以上　　B. 最小灯电流以下
C. 最大灯电流以上　　D. 最大灯电流以下

50. [2] 长期不用的空心阴极灯应每隔（　　）在额定工作电流下点燃（　　）。
A. 1～2 个季度，3～4h　　B. 1～2 个季度，15～60min

C. 1～2 个月，15～60min　　D. 1～2 个月，3～4h

51. [2] 下表为某同学做的灯电流的选择实验数据，则此空心阴极灯的灯电流应选择（　　）。

灯电流/mA	1.3	2.0	3.0	4.0	5.0	6.0
A	0.3	0.35	0.5	0.5	0.6	0.6

A. 6.0mA　　B. 5.0mA　　C. 3.0mA　　D. 1.3mA

52. [2] 下表为某同学做的灯电流的选择实验数据，则此空心阴极灯的灯电流应选择（　　）。

灯电流/mA	1.3	2.0	3.0	4.0	5.0	6.0
A	0.5	0.5	0.5	0.5	0.6	0.6

A. 2.0mA　　B. 1.3mA　　C. 5.0mA　　D. 6.0mA

53. [1] 在火焰原子吸收光谱法中，测定（　　）元素可用 N_2O-C_2H_4 火焰。

A. 钾　　B. 钙　　C. 镁　　D. 硅

54. [2] 在火焰原子吸收光谱法中，测定元素铝宜选用（　　）火焰。

A. 空气-乙炔富燃　　B. 空气-乙炔贫燃

C. N_2O-C_2H_4 富燃　　D. N_2O-C_2H_4 贫燃

55. [2] 由于溶液浓度及组成发生变化，而引起测定的吸光度发生变化，这种现象称为（　　）。

A. 电离效应　　B. 基体效应　　C. 化学干扰　　D. 光谱干扰

56. [2] 原子吸收分光光度法中，在测定钙的含量时，溶液中少量 PO_4^{3-} 产生的干扰为（　　）。

A. 电离干扰　　B. 物理干扰　　C. 化学干扰　　D. 光谱干扰

57. [3] 在原子吸收光谱法中的物理干扰可用下述（　　）的方法消除。

A. 扣除背景　　B. 加释放剂

C. 配制与待测试样组成相似的标准溶液　　D. 加保护剂

58. [2] 在原子吸收光谱法中的基体效应不能用下述（　　）消除。

A. 标准加入法　　B. 稀释法

C. 配制与待测试样组成相似的标准溶液　　D. 扣除背景

59. [3] 在原子吸收光谱法中的电离效应可采用下述（　　）消除。

A. 降低光源强度　　B. 稀释法　　C. 加入抑电离剂　　D. 扣除背景

60. [2] 在测定铝铵矾 [$NH_4Al(SO_4)_2 \cdot 12H_2O$] 中微量的钙时，为克服铝的干扰，可添加（　　）试剂。

A. NaOH　　B. EDTA　　C. 8-羟基喹啉　　D. 硫脲

61. [2] 原子吸收法测定微量的钙时，为克服 PO_4^{3-} 的干扰，可添加（　　）试剂。

A. NaOH　　B. EDTA　　C. 丙三醇　　D. 硫脲

62. [2] 在原子吸收光谱法中，下列（　　）的方法不能消除背景干扰的影响。

A. 用次灵敏线作为分析线　　B. 用氘灯进行校正

C. 用自吸收进行校正　　D. 用塞曼效应进行校正

63. [2] 在原子吸收光谱法中，消除发射光谱干扰的方法可采用（　　）。(1) 用次灵敏线作为分析线；(2) 氘灯校正；(3) 自吸收校正；(4) 选用窄的光谱通带。

A. 1、3　　B. 2、4　　C. 3、4　　D. 1、4

64. [2] 在原子吸收光谱法中，下列（　　）的方法不能消除发射光谱干扰的影响。

A. 用次灵敏线作为分析线　　B. 氘灯校正

C. 选用窄的光谱通带　　D. 换空心阴极灯（减少杂质或惰性气体的影响）

65. [2] 用原子吸收光谱法测定有害元素汞时，采用的原子化方法是（　　）。

A. 火焰原子化法　　B. 石墨炉原子化法

C. 氢化物原子化法　　D. 低温原子化法

66. [2] 用原子吸收光谱法对贵重物品进行分析时，宜采用的原子化方法是（　　）。

A. 火焰原子化法　　B. 石墨炉原子化法

C. 氢化物原子化法　　D. 低温原子化法

67. [2] 用原子吸收光谱法对样品中硒含量进行分析时，常采用的原子化方法是（　　）。

A. 火焰原子化法　　B. 石墨炉原子化法

C. 氢化物原子化法　　D. 低温原子化法

68. [1] 欲测 Co240.73nm 的吸收值，为防止 Co240.63nm 的干扰，应选择的狭缝宽度为（　　）。(单色器的线色散率的倒数为 2.0nm/mm)

A. 0.1mm　　B. 0.02mm　　C. 0.5mm　　D. 1mm

69. [1] 欲测 Co240.73nm 的吸收值，为防止 Co240.63nm 的干扰，应选择的光谱通带为（　　）。

A. 0.1nm　　B. 0.2nm　　C. 0.5nm　　D. 1nm

70. [2] 欲测 Cu324.8nm 的吸收值，为防止 Cu327.4nm 的干扰，并获得较高的信噪比，应选择的光谱通带为（　）。

A. 0.2nm　　B. 0.5nm　　C. 1.0nm　　D. 5.0nm

71. [1] 用原子吸收光度法测定铜的灵敏度为 0.04μg/mL (1%)，当某试样含铜的质量分数约为 0.1%时，如配制成 25.00mL 溶液，使试液的浓度在灵敏度的 25～100 倍的范围内，至少应称取的试样为（　）。

A. 0.001g　　B. 0.010g　　C. 0.025g　　D. 0.100g

72. [3] 在原子吸收光度法中，当吸收 1%时，其吸光度应为（　　）。

A. 2　　B. 0.01　　C. 0.044　　D. 0.0044

73. [2] 用原子吸收光度法测定镉含量，称含镉试样 0.2500g，经处理溶解后，移入 250mL 容量瓶，稀释至刻度，取 10.00mL，定容至 25.00mL，测得吸光度值为 0.30，已知取 10.00mL 浓度为 0.5μg/mL 的铬标液，定容至 25.00mL 后，测得其吸光度为 0.25，则待测样品中的铬含量为（　）。

A. 0.05%　　B. 0.06%　　C. 0.15%　　D. 0.20%

74. [2] 下面有关原子吸收分光光度计的使用方法中叙述错误的是（　　）。

A. 单缝和三缝燃烧器的喷火口应定期清理积炭

B. 空心阴极灯长期不用，应定期点燃

C. 对不锈钢雾化室，在喷过样品后，应立即用酸吸喷 5～10min 进行清洗。

D. 对不锈钢雾化室，在喷过样品后，应立即用去离子水吸喷 5～10min 进行清洗。

75. [2] 下面有关原子吸收分光光度计的使用方法中叙述正确的是（　　）。

A. 对不锈钢雾化室，在喷过样品后，应立即用酸吸喷 5～10min 进行清洗。

B. 经常检查废液缸上的水封，防止发生回火

C. 单色器上的光学元件可以用手清洁

D. 燃气乙炔钢瓶应与原子吸收光谱仪放在一室

76. [2] 使用原子吸收光谱仪的房间不应（　　）。

A. 密封　　B. 有良好的通风设备

C. 有空气净化器　　D. 有稳压器

77. [2] 火焰原子吸收法的吸收条件选择，其中包括：分析线的选择、空心阴极灯灯电流的

选择、(　　) 的选择等方面。

A. 火焰种类　　　　　　　　B. 燃助比

C. 火焰性质　　　　　　　　D. 火焰种类和火焰性质

78. [3] 当用峰值吸收代替积分吸收测定时，应采用的光源是 (　　)。

A. 待测元素的空心阴极灯　　　　B. 氢灯

C. 氘灯　　　　　　　　D. 卤钨灯

79. [1] 在火焰原子吸收光谱法中，测定 (　　) 元素可用空气-乙炔火焰。

A. 铷　　B. 钨　　C. 锆　　D. 铪

二、判断题

1. [1] 在使用原子吸收光谱法测定样品时，有时加入镧盐是为了消除化学干扰，加入铯盐是为了消除电离干扰。(　　)

2. [1] 空心阴极灯点燃后，充有氖气灯的正常颜色是成橙红色。(　　)

3. [2] 在原子吸收分光光度法中，一定要选择共振线作分析线。(　　)

4. [2] 原子吸收光谱仪和 751 型分光光度计一样，都是以氢弧灯作为光源。(　　)

5. [3] 每种元素的基态原子都有若干条吸收线，其中最灵敏线和次灵敏线在一定条件下均可作为分析线。(　　)

6. [2] 原子吸收光谱法选用的吸收分析线一定是最强的共振吸收线。(　　)

7. [1] 原子吸收检测中适当减小电流，可消除原子化器内的直流发射干扰。(　　)

8. [1] 在原子吸收法中，能够导致谱线峰值产生位移和轮廓不对称的变宽是自吸变宽。(　　)

9. [2] 原子吸收检测中测定 Ca 元素时，加入 $LaCl_3$ 可以消除 PO_4^{3-} 的干扰。(　　)

10. [2] 原子吸收光谱分析中的背景干扰会使吸光度增加，因而导致测定结果偏低。(　　)

11. [3] 单色器的狭缝宽度决定了光谱通带的大小，而增加光谱通带就可以增加光的强度，提高分析的灵敏度，因而狭缝宽度越大越好。(　　)

12. [2] 原子吸收光谱分析中，测量的方式是峰值吸收，而以吸光度值反映其大小。(　　)

13. [1] 原子吸收检测中当燃气和助燃气的流量发生变化，原来的工作曲线仍然适用。(　　)

14. [2] 空心阴极灯亮，但高压开启后无能量显示，可能是无高压。(　　)

15. [1] 空心阴极灯阳极光闪动的主要原因是阳极表面放电不均匀。(　　)

16. [3] 在原子吸收分光光度法中，对谱线复杂的元素常用较小的狭缝进行测定。(　　)

17. [2] 原子吸收仪器和其他分光光度计一样，具有相同的内外光路结构，遵守朗伯-比耳定律。(　　)

18. [1] 空心阴极灯常采用脉冲供电方式。(　　)

19. [1] 石墨炉原子法中，选择灰化温度的原则是，在保证被测元素不损失的前提下，尽量选择较高的灰化温度以减少灰化时间。(　　)

20. [2] 对大多数元素来说，共振线是元素所有谱线中最灵敏的谱线，因此，通常选用元素的共振线作为分析线。(　　)

21. [2] 贫燃性火焰是指燃烧气流量大于化学计量时形成的火焰。(　　)

22. [1] 调试火焰原子吸收光谱仪只需选择波长大于 250nm 的元素灯。(　　)

23. [2] 原子吸收光谱法中常用空气-乙炔火焰，当调节空气与乙炔的体积比为 4∶1

时，其火焰称为富燃性火焰。(　　)

24. [1] 原子吸收光谱仪的光栅上有污物影响正常使用时，可用柔软的擦镜纸擦拭干净。(　　)

25. [3] 原子吸收法是依据溶液中待测离子对特征光产生的选择性吸收实现定量测定的。(　　)

26. [2] 标准加入法的定量关系曲线一定是一条不经过原点的曲线。(　　)

27. [2] 原子吸收分光光度计中常用的检测器是光电池。(　　)

28. [2] 在原子发射光谱摄谱法定性分析时采用哈特曼光阑是为了防止板移时谱线产生位移。(　　)

29. [2] 原子具有电子能级，是线光谱；分子具有电子能级、振动能级、转动能级，是带光谱。(　　)

30. [3] 灵敏度和检测限是衡量原子吸收光谱仪性能的两个重要指标。(　　)

31. [2] 原子吸收光谱分析的波长范围是190～800nm。(　　)

32. [2] 干扰消除的方法分为两类，一类是不分离的情况下消除干扰，另一类是分离杂质消除干扰。应尽可能采用第一类方法。(　　)

33. [2] 原子吸收与紫外分光光度法一样，标准曲线可重复使用。(　　)

34. [3] 不同元素的原子从基态激发到第一激发态时，吸收的能量不同，因而各种元素的共振线不同而各具特征性，这种共振线称为该元素的特征谱线。(　　)

35. [2] 原子吸收分光光度法定量的前提假设之一是：基态原子数近似等于总原子数。(　　)

36. [2] 实现峰值吸收代替积分吸收的条件之一是：发射线的 $\Delta\nu_{1/2}$ 大于吸收线的 $\Delta\nu_{1/2}$。(　　)

37. [2] 原子吸收分光光度计、紫外分光光度计、高效液相色谱等仪器应安装排风罩。(　　)

38. [1] 原子吸收光谱分析中，由于共振吸收线一般最灵敏，所以在高浓度样品分析中应以共振吸收线为分析线。(　　)

39. [2] 火焰原子吸收光谱仪的燃烧器高度应调节至测量光束通过火焰的第一反应区。(　　)

40. [1] 在原子吸收光谱法分析中，火焰中的难熔氧化物或炭粒等固体颗粒物的存在将产生背景干扰。(　　)

41. [2] 在原子吸收光谱法测定钾时，常加入1%的CsCl，以抑制待测元素电离干扰的影响。(　　)

42. [2] 在测定水中微量的钙时，加入EDTA的目的是避免 Mg^{2+} 的干扰。(　　)

43. [1] 在原子吸收光谱法中，消除背景干扰的影响较理想的方法是采用塞曼效应校正背景。(　　)

44. [2] 在原子吸收光谱法中，石墨炉原子化法一般比火焰原子化法的精密度高。(　　)

45. [2] 对于谱线简单、无干扰的元素，一般采用较宽的狭缝宽度，以减少灯电流和光电倍增管的高压来提高信噪比。(　　)

46. [2] 原子吸收分光光度法的定量依据是比耳定律。(　　)

47. [2] 原子吸收光谱仪应安装在防震实验台上。(　　)

48. [2] 空心阴极灯的电源为高压电源。(　　)

三、多选题

1. [1] 可用于原子吸收分光光度计光源的有（　　）。
   A. 空心阴极灯　　B. 蒸气放电灯
   C. 钨灯　　D. 高频无极放电灯
2. [2] 原子吸收分光光度计的主要部件是（　　）。
   A. 单色器　　B. 检测器　　C. 高压泵　　D. 光源
3. [2] 原子吸收光谱仪主要由（　　）等部件组成。
   A. 光源　　B. 原子化器　　C. 单色器　　D. 检测系统
4. [1] 石墨炉原子化过程包括（　　）。
   A. 灰化阶段　　B. 干燥阶段　　C. 原子化阶段　　D. 除残阶段
5. [3] 下列元素不适合用空心阴极灯作光源的是（　　）。
   A. Ca　　B. As　　C. Zn　　D. Sn
6. [1] 下列关于空心阴极灯使用的描述正确的是（　　）。
   A. 空心阴极灯发光强度与工作电流有关　　B. 增大工作电流可增加发光强度
   C. 工作电流越大越好　　D. 工作电流过小，会导致稳定性下降
7. [2] 自吸与（　　）因素有关。
   A. 激发电位　　B. 蒸气云的半径
   C. 光谱线的固有强度　　D. 跃迁几率
8. [3] 非火焰原子化的种类有（　　）。
   A. 钽舟原子化　　B. 碳棒原子化
   C. 石墨杯原子化　　D. 阴极溅射原子化
9. [3] 原子吸收光谱分析的干扰主要来自于（　　）。
   A. 原子化器　　B. 光源
   C. 基体效应　　D. 组分之间的化学作用
10. [3] 在原子吸收分光光度法中，与原子化器有关的干扰为（　　）。
    A. 背景吸收　　B. 基体效应
    C. 火焰成分对光的吸收　　D. 雾化时的气体压力
11. [3] 在原子吸收分析中，由于火焰发射背景信号很高，应采取的措施有（　　）。
    A. 减小光谱通带　　B. 改变燃烧器高度
    C. 加入有机试剂　　D. 使用高功率的光源
12. [1] 原子吸收分析时消除化学干扰因素的方法有（　　）。
    A. 使用高温火焰　　B. 加入释放剂
    C. 加入保护剂　　D. 加入基体改进剂
13. [2] 原子吸收光谱中的化学干扰可用下述（　　）的方法消除。
    A. 加入释放剂　　B. 加入保护剂
    C. 采用标准加入法　　D. 扣除背景
14. [1] 在火焰原子化过程中，伴随着产生一系列的化学反应，下列反应不可能发生的是（　　）。
    A. 裂变　　B. 化合　　C. 聚合　　D. 电离
15. [3] 下列元素可用氢化物原子化法进行测定的是（　　）。
    A. Al　　B. As　　C. Pb　　D. Mg
16. [2] 在原子吸收光谱法测定条件的选择过程中，下列操作正确的是（　　）。
    A. 在保证稳定和合适光强输出的情况下，尽量选用较低的灯电流

B. 使用较宽的狭缝宽度

C. 尽量提高原子化温度

D. 调整燃烧器的高度，使测量光束从基态原子浓度最大的火焰区通过

17. [2] 导致原子吸收分光光度法的标准曲线弯曲有关的原因是（　　）。

A. 光源灯失气，发射背景大

B. 光谱狭缝宽度选择不当

C. 测定样品浓度太高，仪器工作在非线性区域

D. 工作电流过小，由于“自蚀”效应使谱线变窄

18. [2] 原子吸收法中能导致灵敏度降低的原因有（　　）。

A. 灯电流过大　　B. 雾化器毛细管堵塞

C. 燃助比不适合　　D. 撞击球与喷嘴的相对位置未调整好

19. [3] 下列导致原子吸收分光光度计噪声过大的原因中不正确的是（　　）。

A. 电压不稳定

B. 空心阴极灯有问题

C. 灯电流、狭缝、乙炔气和助燃气流量的设置不适当

D. 实验室附近有磁场干扰

20. [3] 下列元素不适合用空心阴极灯作光源的是（　　）。

A. Ca　　B. As　　C. Zn　　D. Sn

21. [2] 原子吸收光谱法中，不是锐线光源辐射光通过的区域有（　　）。

A. 预燃区　　B. 第一反应区

C. 第二反应区　　D. 中间薄层区

22. [1] 原子吸收仪器的分光系统主要有（　　）。

A. 色散元件　　B. 反射镜　　C. 狭缝　　D. 光电倍增管

23. [2] 原子吸收测镁时加入氯化锶溶液的目的是（　　）。

A. 使测定吸光度值减小

B. 使待测元素从干扰元素的化合物中释放出来

C. 使之与干扰元素反应，生成更稳定的化合物

D. 消除干扰

24. [1] 在原子吸收光谱法中说法正确的是（　　）。

A. 富燃火焰适合于测定易形成难解离氧化物的元素

B. 原子吸收光谱法中检测器具有将单色器分出的光信号鉴别的能力

C. 石墨炉原子化器的背景干扰比火焰原子化器的背景干扰小

D. 能与待测物形成稳定、易挥发、易于原子化组分，而防止干扰发生的试剂被称为保护剂

四、计算题

1. [1] 已知铅的分析线为216.7nm，在附近有锑的一条分析线217.6nm，问若选用线色散率倒数为2nm/mm的单色器，狭缝宽度为0.2mm时，锑是否干扰。

2. [2] 用火焰原子化法测定血清中钾的浓度（人正常血清中含K量为3.5～8.5mmol/L)。将四份0.20mL血清试样分别加入25mL容量瓶中，再分别加入浓度为40mg/mL的K标准溶液如下表体积，用去离子水稀释到刻度。测得吸光度如下。

$V(K)_{标}$/mL	0.00	1.00	2.00	4.00
A	0.105	0.216	0.328	0.550

计算血清中 K 的含量，并说明是否在正常范围内。[已知 $M(K)=39.10g/mol$]

3. [2] 原子吸收光谱法测微量铁。铁标液由 0.2160g $NH_4Fe(SO_4)_2 \cdot 12H_2O$ 溶解稀至 500mL 制得。标准曲线数据如下：(均稀释至 50mL)

标准铁液/mL	0.0	2.0	4.0	6.0	8.0	10.0
吸光度 A	0.0	0.165	0.320	0.480	0.630	0.790

5.00mL 试液稀释至 250mL 后吸取 2.00mL 置于 50mL 容量瓶相同条件下测得吸光度为 0.555，求试液中铁含量（g/L 表示）。{$M(Fe)=55.85$，$M[NH_4Fe(SO_4)_2 \cdot 12H_2O]=482.18$}

4. [1] 用原子吸收光谱测定水样中钴的浓度。分别吸取水样 10.0mL 于 50mL 容量瓶中，然后向各容量瓶中加入不同体积的 6.00μg/mL 钴标准溶液，并稀释至刻度，在同样条件下测定吸光度，由下表数据用作图法求得水样中钴的浓度。

溶液数	水样体积/mL	Co 标液体积/mL	稀释最后体积/mL	吸光度
1	0	0	50.0	0.042
2	10.0	0	50.0	0.201
3	10.0	10.0	50.0	0.292
4	10.0	20.0	50.0	0.378
5	10.0	30.0	50.0	0.467
6	10.0	40.0	50.0	0.554

5. [2] A、B 两个仪器分析厂生产的原子吸收分光光度计，对浓度为 0.2μg/g 的镁标准溶液进行测定，吸光度分别为 0.042、0.056。试问哪一个厂生产的原子吸收分光光度计对 Mg 特征浓度低。

6. [2] 0.050μg/mL 的镍标准溶液，在石墨炉原子化器的原子吸收分光光度计上，每次以 5μg 与去离子水交替连续测定 10 次，测定的吸光度如下表所示。求该原子吸收分光光度计对镍的检出限。

测定次数	1	2	3	4	5	6	7	8	9	10
吸光度	0.165	0.170	0.166	0.165	0.168	0.167	0.168	0.166	0.170	0.167

五、综合题

1. [2] 非火焰原子吸收光谱法的主要优点是什么？
2. [2] 试说明原子吸收光谱法中产生标准曲线弯曲可能有哪些原因？
3. [2] 写出原子吸收分光光度计结构图中各部分原件的名称、作用和特点。

锐线光源⟶原子蒸气⟶单色器⟶检测系统⟶记录系统

4. [2] 原子吸收光谱分析中为什么要用锐线光源？
5. [2] 原子发射光谱分析所用仪器由哪几部分组成，其主要作用是什么？

第十二章 电化学分析法知识

一、单选题

1. [2] 用离子选择性电极法测定氟离子含量时，加入的 TISAB 的组成中不包括（ ）。
   A. NaCl B. NaAc C. HCl D. 柠檬酸钠
2. [2] pH 标准缓冲溶液应贮存于（ ）中密封保存。
   A. 金属瓶 B. 塑料瓶 C. 烧杯 D. 容量瓶
3. [1] pHS-2 型酸度计是由（ ）电极组成的工作电池。
   A. 甘汞电极-玻璃电极 B. 银-氯化银-玻璃电极
   C. 甘汞电极-银-氯化银 D. 甘汞电极-单晶膜电极
4. [2] pH 玻璃电极产生的不对称电位来源于（ ）。
   A. 内外玻璃膜表面特性不同 B. 内外溶液中 H^+ 浓度不同
   C. 内外溶液的 H^+ 活度系数不同 D. 内外参比电极不一样
5. [1] 玻璃膜电极能测定溶液 pH 是因为（ ）。
   A. 在一定温度下玻璃膜电极的膜电位与试液 pH 成直线关系
   B. 玻璃膜电极的膜电位与试液 pH 成直线关系
   C. 在一定温度下玻璃膜电极的膜电位与试液中氢离子浓度成直线关系
   D. 在 25℃时，玻璃膜电极的膜电位与试液 pH 成直线关系
6. [1] 将 Ag-AgCl 电极（$\varphi^{\ominus}_{(AgCl/Ag)}=0.2222V$）与饱和甘汞电极（$\varphi^{\ominus}=0.2415V$）组成原电池，电池反应的平衡常数为（ ）。
   A. 4.9 B. 5.4 C. 4.5 D. 3.8
7. [1] 膜电极（离子选择性电极）与金属电极的区别是（ ）。
   A. 膜电极的薄膜并不给出或得到电子，而是选择性地让一些电子渗透
   B. 膜电极的薄膜并不给出或得到电子，而是选择性地让一些分子渗透
   C. 膜电极的薄膜并不给出或得到电子，而是选择性地让一些原子渗透
   D. 膜电极的薄膜并不给出或得到电子，而是选择性地让一些离子渗透（包含着离子交换过程）
8. [2] 下面说法正确的是（ ）。

A. 用玻璃电极测定溶液的 pH 时，它会受溶液中氧化剂或还原剂的影响

B. 在用玻璃电极测定 pH>9 的溶液时，它对钠离子和其他碱金属离子没有响应

C. pH 玻璃电极有内参比电极，因此整个玻璃电极的电位应是内参比电极电位和膜电位之和

D. 以上说法都不正确

9. [1] 在电动势的测定中盐桥的主要作用是（　　）。

A. 减小液体的接界电势　　B. 增加液体的接界电势

C. 减小液体的不对称电势　　D. 增加液体的不对称电势

10. [3] 在实验测定溶液 pH 时，都是用标准缓冲溶液来校正电极，其目的是消除（　　）的影响。

A. 不对称电位　　B. 液接电位

C. 温度　　D. 不对称电位和液接电位

11. [3] 玻璃电极在使用时，必须浸泡 24h 左右，其目的是（　　）。

A. 消除内外水化胶层与干玻璃层之间的两个扩散电位

B. 减小玻璃膜和试液间的相界电位 $E_{内}$

C. 减小玻璃膜和内参比液间的相界电位 $E_{外}$

D. 减小不对称电位，使其趋于一稳定值

12. [1] 用氟离子选择电极测定溶液中氟离子含量时，主要干扰离子是（　　）。

A. 其他卤素离子　　B. NO_3^-　　C. Na^+　　D. OH^-

13. [2] 用 $AgNO_3$ 标准溶液电位滴定 Cl^-、Br^-、I^- 时，可以用作参比电极的是（　　）。

A. 铂电极　　B. 卤化银电极

C. 双盐桥饱和甘汞电极　　D. 玻璃电极

14. [2] 在自动电位滴定法测 HAc 的实验中，可用于确定反应终点的方法是（　　）。

A. 电导法　　B. 滴定曲线法　　C. 指示剂法　　D. 光度法

15. [2] 在自动电位滴定法测 HAc 的实验中，指示滴定终点的是（　　）。

A. 酚酞　　B. 甲基橙　　C. 指示剂　　D. 自动电位滴定仪

16. [1] K_{ij} 称为电极的选择性系数，通常 K_{ij} 越小，说明（　　）。

A. 电极的选择性越高　　B. 电极的选择性越低

C. 与电极选择性无关　　D. 分情况而定

17. [1] 待测离子 i 与干扰离子 j，其选择性系数 K_{ij}（　　），则说明电极对被测离子有选择性响应。

A. ≫1　　B. >1　　C. ≪1　　D. 1

18. [1] 微库仑法测定氯元素的原理是根据（　　）。

A. 法拉第定律　　B. 牛顿第一定律

C. 牛顿第二定律　　D. 朗伯比尔定律

19. [2] pH 复合电极暂时不用时应该放置在（　　）保存。

A. 纯水中　　B. 0.4mol/L KCl 溶液中

C. 4mol/L KCl 溶液中　　D. 饱和 KCl 溶液中

20. [1] UJ25 型直流高电势电位差计测原电池电动势的方法是（　　）。

A. 串联电阻法　　B. 对消法　　C. 并联电阻法　　D. 电桥平衡法

21. [2] 测量 pH 时，需用标准 pH 溶液定位，这是为了（　　）。

A. 避免产生酸差　　B. 避免产生碱差

C. 消除温度影响　　D. 消除不对称电位和液接电位

22. [2] 普通玻璃电极不能用于测定pH>10的溶液，是由于（ ）。

A. OH^-在电极上响应　B. Na^+在电极上响应

C. NH_4^+在电极上响应　D. 玻璃电极内阻太大

23. [2] 在电位滴定中，以E-V（E为电位，V为滴定剂体积）作图绘制滴定曲线，滴定终点为（ ）。

A. 曲线的最大斜率点　B. 曲线最小斜率点

C. E为最大值的点　D. E为最小值的点

24. [1] 在薄膜电极中，基于界面发生化学反应进行测定的是（ ）。

A. 玻璃电极　B. 气敏电极　C. 固体膜电极　D. 液体膜电极

25. [2] 在电导分析中使用纯度较高的蒸馏水是为消除（ ）对测定的影响。

A. 电极极化　B. 电容　C. 温度　D. 杂质

26. [2] pH玻璃电极膜电位的产生是由于（ ）。

A. H^+透过玻璃膜　B. H^+得到电子

C. Na^+得到电子　D. 溶液中H^+和玻璃膜水合层中的H^+的交换作用

27. [2] 在直接电位法的装置中，将待测离子活度转换为对应的电极电位的组件是（ ）。

A. 离子计　B. 离子选择性电极　C. 参比电极　D. 电磁搅拌器

28. [2] 用pH玻璃电极测定pH=5的溶液，其电极电位为+0.0435V，测定另一未知试液时，电极电位则为+0.0145 V。电极的响应斜率为58.0 mV/pH，此未知液的pH值为（ ）。

A. 4.0　B. 4.5　C. 5.5　D. 5.0

29. [2] 在电导分析中，使用高频交流电源可以消除（ ）的影响。

A. 电极极化和电容　B. 电极极化　C. 温度　D. 杂质

30. [3] 玻璃电极使用前，需要（ ）。

A. 在酸性溶液中浸泡1h　B. 在碱性溶液中浸泡1h

C. 在水溶液中浸泡24h　D. 测量的pH值不同，浸泡溶液不同

31. [2] 根据氟离子选择电极的膜电位和内参比电极来分析，其电极的内冲液中一定含有（ ）。

A. 一定浓度的F^-和Cl^-　B. 一定浓度的H^+

C. 一定浓度的F^-和H^+　D. 一定浓度Cl^-和H^+

32. [2] 甘汞参比电极的电位随电极内KCl溶液浓度的增加而产生什么变化（ ）。

A. 增加　B. 减小　C. 不变　D. 两者无直接关系

33. [2] $E=K'+0.059\text{pH}$，通常采用比较法进行pH值测定，这是由于（ ）。

A. K'项与测定条件无关

B. 比较法测量的准确性高

C. 公式中K'项包含了不易测定的不对称电位与液接电位

D. 习惯

34. [2] 利用电极选择性系数估计干扰离子所产生的相对误差，对于一价离子正确的计算式为（ ）。

A. $\frac{K_{ij}a_j}{a_i}$　B. $\frac{K_{ij}a_j}{a_j}$　C. $\frac{K_{ij}}{a_i}$　D. $\frac{a_j}{K_{ij}a_i}$

35. [2] 电导是溶液导电能力的量度，它与溶液中的（ ）有关。

A. pH值　B. 溶液浓度　C. 导电离子总数　D. 溶质的溶解度

36. [3] 电解时，任一物质在电极上析出的量与通过电解池的（ ）成正比。

A. 电流　　B. 电压　　C. 电量　　D. 电动势

37. [2] 用复合电极测溶液 pH，测得 pH=4.0 的缓冲溶液的电池电动势为−0.14V，测得试液的电动势为 0.02V，则试液的 pH 为（　　）。

A. 5.7　　B. 6.7　　C. 7.0　　D. 9.86

38. [2] 酸度计使用前必须熟悉使用说明书，其目的在于（　　）。

A. 掌握仪器性能，了解操作规程　　B. 了解电路原理图

C. 掌握仪器的电子构件　　D. 了解仪器结构

39. [2] 用玻璃电极测量溶液的 pH 值时，采用的定量分析方法为（　　）。

A. 标准曲线法　　B. 直接比较法

C. 增量法　　D. 连续加入标准法

40. [3] 电位分析法中由一个指示电极和一个参比电极与试液组成（　　）。

A. 滴定池　　B. 电解池　　C. 原电池　　D. 电导池

41. [2] 在电位滴定法中，（　　）是可以通过计算来确定滴定终点所消耗的标准滴定溶液体积的方法。

A. 滴定曲线　　B. 一级微商

C. 二级微商的内插法　　D. E-V 曲线法

42. [2] 221 型玻璃电极适合测定的溶液 pH 值范围为（　　）。

A. 1～7　　B. 7～14　　C. 1～10　　D. 1～14

43. [2] 电导滴定法是根据滴定过程中由于化学反应所引起的溶液（　　）来确定滴定终点的。

A. 电导　　B. 电导率　　C. 电导变化　　D. 电导率变化

44. [2] 离子选择性电极的选择性主要取决于（　　）。

A. 离子浓度　　B. 电极膜活性材料的性质

C. 待测离子活度　　D. 测定温度

45. [2] 用控制电位电解时，电解完成的标志是（　　）。

A. 电解电流达到最大值　　B. 电解电流达到某恒定的最小值

C. 电解电流为零　　D. 辅助电极的电位达到达到定值

46. [2] 以测量通过电解池的电量，从而求出物质的量的方法称为（　　）。

A. 电导分析法　　B. 电解分析法

C. 库仑分析法　　D. 电位滴定法

47. [2] 用银离子选择电极作指示电极，电位滴定测定牛奶中氯离子含量时，如以饱和甘汞电极作为参比电极，双盐桥应选用的溶液为（　　）。

A. KNO_3　　B. KCl　　C. KBr　　D. KF

48. [2] 电位法测定溶液 pH 值时，定位操作的作用是（　　）。

A. 消除温度的影响　　B. 消除电极常数不一致造成的影响

C. 消除离子强度的影响　　D. 消除参比电极的影响

49. [2] 测定果汁中氯化物含量时，应选用的指示电极为（　　）。

A. 氯离子选择性电极　　B. 铜离子选择性电极

C. 钾离子选择性电极　　D. 玻璃电极

50. [1] 各厂生产的氟离子选择性电极的性能指标不同，均以 K_{F^-,Cl^-} 表示如下。若 Cl^- 的活度为 F^- 的 100 倍，要使干扰小于 0.1%，应选用下面（　　）种。

A. 10^{-5}　　B. 10^{-4}　　C. 10^{-3}　　D. 10^{-2}

51. [2] 库仑分析法的基本原理是（　　）。

A. 欧姆定律　B. 法拉第电解定律　C. 能斯特方程　D. 比耳定律

52. [2]（　）不是控制电位库仑分析法仪器系统的组件。

A. 电解池（包括电极）　B. 库仑计

C. 控制电极电位仪　D. 计时器

53. [2]（　）不是控制电位库仑分析法仪器系统的组件。

A. 电解池（包括电极）　B. 电磁阀

C. 库仑计　D. 控制电极电位仪

54. [1] 库仑法测定微量的水时，作为滴定剂的 I_2 是在（　）上产生的。

A. 指示电极　B. 参比电极　C. 电解阴极　D. 电解阳极

55. [2] 库仑滴定法与普通滴定法的主要区别是（　）。

A. 滴定反应原理　B. 操作难易程度

C. 滴定剂是通过电解在电极上产生的　D. 准确度

56. [2] 关于电流效率下列说法不正确的是（　）。

A. 因为总会有副反应发生，所以电流效率总是小于 100%

B. 控制电位电解时，选择适当的电位，就可以得到较高的电流效率

C. 控制电流电解时，因为后续的干扰反应总是在一定电解时间后发生，所以选择适当的电解时间，就可以得到较高的电流效率。

D. 若能选择适当的电极反应以产生滴定剂，就可以得到较高的电流效率

57. [2] 库仑滴定不适用于（　）。

A. 副反应多的分析　B. 微量分析　C. 痕量分析　D. 有机物分析

58. [2] 用库仑滴定测定有机弱酸时，能在阴极产生滴定剂的物质为（　）。

A. Cl_2　B. H^+　C. OH^-　D. H_2O

59. [2] 伏安法分析中电析的理论基础是（　）。

A. 法拉第电解定律　B. 库仑定律

C. 能斯特方程　D. 尤考维奇公式

60. [2] 阳极溶出伏安法的两个主要步骤为（　）。

A. 电解与称重　B. 电解与终点判断

C. 电析与溶出　D. 滴定与阳极电位的二阶微商处理

61. [2] 阳极溶出伏安法伏安曲线中峰值电流的大小（　）。

A. 与浓度成正比　B. 与浓度的对数成正比

C. 与待分析物质的性质有关　D. 与浓度成反比

62. [2]（　）不是阳极溶出伏安仪器的组成部件。

A. 电解池　B. 玻碳汞膜电极　C. 极谱仪　D. 库仑计

63. [2]（　）不是阳极溶出伏安仪器的组成部件。

A. 电解池　B. 玻璃电极　C. 极谱仪　D. 记录仪

64. [2]（　）是阳极溶出伏安仪器的组成部件。

A. 电解池　B. 玻璃电极　C. 滴定管　D. 甘汞电极

65. [2] 阳极溶出伏安法待测物的浓度与伏安曲线中（　）成正比。

A. 峰值电流　B. 峰值电位　C. 峰宽　D. 峰面积

66. [2] 阳极溶出伏安法伏安曲线中的峰值电位（　）。

A. 与浓度成正比　B. 与浓度的对数成正比

C. 与待分析物质的性质有关　D. 与浓度符合能斯特方程

67. [2]（　）不是阳极溶出伏安法中常用的定量方法。

A. 工作曲线法　　B. 标准加入法　　C. 内标法　　D. 示差法

68. [2] 在电位滴定分析过程中，下列叙述可减少测定误差的方法是（　　）。
A. 正确选择电极　　B. 选择适宜的测量挡
C. 控制搅拌速度，降低读数误差　　D. 控制溶液浓度，防止离子缔合

69. [2] 在电位滴定分析过程中，下列叙述可减少测定误差的方法是（　　）。
A. 选择适宜的衰减挡　　B. 控制溶液的电流
C. 控制搅拌速度，降低读数误差　　D. 正确选择电极

70. [2] 在电位滴定分析过程中，下列叙述可减少测定误差的方法是（　　）。
A. 选择合适的电压　　B. 充分活化电极
C. 扩大测量范围　　D. 改变溶液的酸碱性

71. [2] pH 计的校正方法是将电极插入一标准缓冲溶液中，调好温度值。将斜率旋钮调到（　　），调节定位旋钮至仪器显示 pH 值与标准缓冲溶液相同。取出冲洗电极后，在插入另一标准缓冲溶液中，定位旋钮不动，调节斜率旋钮至仪器显示 pH 值与标准缓冲溶液相同。此时，仪器校正完成，可以测量。但测量时，定位旋钮和斜率旋钮不能再动。
A. 关闭　　B. 一固定值　　C. 最小　　D. 最大

72. [2] pH 计的校正方法是将电极插入一标准缓冲溶液中，调好温度值。将（　　）调到最大，调节（　　）至仪器显示 pH 值与标准缓冲溶液相同。取出冲洗电极后，在插入另一标准缓冲溶液中，定位旋钮不动，调节斜率旋钮至仪器显示 pH 值与标准缓冲溶液相同。此时，仪器校正完成，可以测量。但测量时，定位旋钮和斜率旋钮不能再动。
A. 定位旋钮、斜率旋钮　　B. 斜率旋钮、定位旋钮
C. 定位旋钮、定位旋钮　　D. 斜率旋钮、斜率旋钮

73. [2] 自动电位滴定计主要由（　　）四部分组成。
A. 电池、搅拌器、测量仪表、滴定装置
B. 电池、搅拌器、测量仪表、自动滴定装置
C. 电池、搅拌器、测量仪表、电磁阀
D. 电池、搅拌器、测量仪表、乳胶管

74. [2] 自动电位滴定计主要由（　　）、搅拌器、测量仪表、自动滴定装置四部分组成。
A. 乳胶管　　B. 电磁阀　　C. 电池　　D. 参比电极

75. [2] 自动电位计主要由电池、搅拌器、（　　）、自动滴定装置四部分组成。
A. 测量仪表　　B. 参比电极　　C. 电磁阀　　D. 乳胶管

76. [2] 自动电位滴定计在滴定开始时，（　　）使电磁阀断续开、关，滴定自动进行。
A. 电位测量信号　　B. 电位流出信号
C. 电位输入信号　　D. 电位连续信号

77. [2] 自动电位滴定计在滴定开始时，电位测量信号使（　　）断续开、关，滴定自动进行。
A. 控制阀　　B. 电磁阀　　C. 乳胶管　　D. 毛细管

78. [2] 自动电位滴定计在滴定开始时，电位测量信号使电磁阀（　　），滴定自动进行。
A. 自动开、关　　B. 连续开、关　　C. 断续开、关　　D. 自动关闭

二、判断题

1. [2] 用电位滴定法测定硫酸亚铁铵中亚铁离子浓度时，加入的混合酸是由盐酸和磷酸制成的。（　）

2. [1] 测溶液的 pH 时玻璃电极的电位与溶液的氢离子浓度成正比。（　　）

3. [1] 汞膜电极应保存在弱酸性的蒸馏水中或插入纯汞中，不宜暴露在空气中。(　)

4. [2] 膜电位与待测离子活度的对数呈线性关系，是应用离子选择性电极测定离子活度的基础。(　)

5. [1] 标准氢电极是常用的指示电极。(　)

6. [1] 氟离子电极的敏感膜材料是晶体氟化镧。(　)

7. [1] 普通酸度计通电后可立即开始测量。(　)

8. [2] 玻璃电极不是离子选择性电极。(　)

9. [2] 库仑分析法的理论基础是法拉第电解定律。(　)

10. [2] 玻璃电极上有油污时，可用无水乙醇、铬酸洗液或浓硫酸浸泡、洗涤。(　)

11. [2] 复合玻璃电极使用前一般要在蒸馏水中活化浸泡 24h 以上。(　)

12. [1] 玻璃电极使用一定时间后，电极会老化，性能大大下降，可以用低浓度的 HF 溶液进行活化修复。(　)

13. [1] 电导滴定法是根据滴定过程中由于化学反应所引起溶液电导率的变化来确定滴定终点的。(　)

14. [1] 微库仑法测定有机氯含量时，指示电流的变化是由于试液中氯离子同电解液中的银离子反应所致。(　)

15. [2] 酸度计必须置于相对湿度为 55%～85%无振动，无酸碱腐蚀，室内温度稳定的地方。(　)

16. [2] 参比电极的电极电位不随温度变化是其特性之一。(　)

17. [2] Ag-AgCl 参比电极的电位随电极内 KCl 溶液浓度的增加而增加。(　)

18. [2] 甘汞电极和 Ag-AgCl 电极只能作为参比电极使用。(　)

19. [2] 根据 TISAB 的作用推测，测 F^- 时，所使用的 TIASB 中应含有 NaCl 和 HAc-NaAc。(　)

20. [2] 在实际测定溶液 pH 值时，常用标准缓冲溶液来校正，其目的是为了消除不对称电位。(　)

21. [2] 离子选择性电极法用于溶液中待测离子定量测定，依据的是其电极电位与溶液中待测离子活度之间有线性关系。(　)

22. [2] 用离子选择电极标准加入法进行定量分析时，对加入标准溶液的要求为体积要小，其浓度要低。(　)

23. [2] pH 玻璃电极产生的不对称电位来源于内外玻璃膜表面特性不同。(　)

24. [2] pH 玻璃电极产生酸误差的原因是 H^+ 与 H_2O 形成 H_3O^+，结果 H^+ 降低，pH 增高。(　)

25. [1] 氨气敏电极的电极电位随试液中 NH_4^+ 或气体试样中 NH_3 的增加而减小。(　)

26. [2] pH 计的电动势与氢离子浓度的关系式为 $E=K+0.0592\ln[H^+]$(25℃)。(　)

27. [3] pH 玻璃电极在使用之前应浸泡 24h 以上，方可使用。(　)

28. [2] 有可逆电对的电位滴定法只能用永停法确定终点。(　)

29. [2] 用玻璃电极测定溶液的 pH 值时，必须首先进行定位校正。(　)

30. [2] 酸度计测定溶液的 pH 值时，使用的玻璃电极属于晶体膜电极。(　)

31. [2] 在电位滴定中，终点附近每次加入的滴定剂的体积一般约为 0.10mL。(　)

32. [2] 在电位滴定中，滴定终点的体积为 $\Delta^2 E/\Delta V^2$-V（二阶微商）曲线的最高点所对应的体积。(　)

33. [2] 玻璃电极在初次使用时，一定要在蒸馏水或 0.1mol/L HCl 溶液中浸泡 24h 以上。(　　)

34. [3] 电位法的基本原理是指示电极的电极电位与被测离子的活度符合能斯特方程。(　　)

35. [3] 库仑分析的关键是保证电流效率的重复不变。(　　)

36. [2] 库仑酸碱滴定分析中，有机弱酸的测定是以水在阴极电解生成 OH^- 作为滴定剂的。(　　)

三、多选题

1. [2] 使用甘汞电极时，操作方法正确的是（　　）。

A. 使用时先取下电极下端口的小胶帽，再取下上侧加液口的小胶帽

B. 电极内饱和 KCl 溶液应完全浸没内电极，同时电极下端要保持少量的 KCl 晶体

C. 电极玻璃弯管处不应有气泡

D. 电极下端的陶瓷芯毛细管应通畅

2. [2] 膜电位的建立是由于（　　）。

A. 溶液中离子与电极膜上离子之间发生交换作用的结果

B. 溶液中离子与内参比溶液离子之间发生交换作用的结果

C. 内参比溶液中离子与电极膜上离子之间发生交换作用的结果

D. 溶液中离子与电极膜水化层中离子之间发生交换作用的结果

3. [1] 为了使标准溶液的离子强度与试液的离子强度相同，通常采用的方法是（　　）。

A. 固定离子溶液的本底　　B. 加入离子强度调节剂

C. 向溶液中加入待测离子　　D. 将标准溶液稀释

4. [2] 能作为沉淀滴定指示电极的是（　　）。

A. 锑电极　　B. 铂电极　　C. 汞电极　　D. 银电极

5. [3] 如果酸度计可以定位和测量，但到达平衡点缓慢，可能的原因是（　　）。

A. 玻璃电极老化

B. 甘汞电极内饱和氯化钾溶液没有充满电极

C. 玻璃电极干燥太久

D. 电极内导线断路

6. [2] 校正酸度计时，若定位器能调 pH＝6.86 但不能调 pH＝4.00，可能的原因是（　　）。

A. 仪器输入端开路　　B. 电极失效

C. 斜率电位器损坏　　D. pH-mV 按键开关失效

7. [2] 下例（　　）可用永停滴定法指示终点进行定量测定。

A. 用碘标准溶液测定硫代硫酸钠的含量

B. 用基准碳酸钠标定盐酸溶液的浓度

C. 用亚硝酸钠标准溶液测定磺胺类药物的含量

D. 用 KarlFischer 法测定药物中的微量水分

8. [2] 库仑滴定装置主要由（　　）组成。

A. 滴定装置　　B. 放电系统　　C. 发生系统　　D. 指示系统

9. [2] 库仑法中影响电流效率的因素有（　　）。

A. 溶液温度　　B. 可溶性气体

C. 电解液中杂质　　D. 电极自身的反应

10. [2] 酸度计使用时最容易出现故障的部位是（　　）。

A. 电极和仪器的连接处　　　　　　　　B. 信号输出部分
C. 电极信号输入端　　　　　　　　　　D. 仪器的显示部分

11. [2] 在电位滴定中，滴定终点为（　）。
A. *E-V* 曲线的最小斜率点　　　　　　B. *E-V* 曲线的最大斜率点
C. *E* 值最正的点　　　　　　　　　　D. 二阶微商为零的点

12. [2] 在使用饱和甘汞电极时，不正确的说法是（　）。
A. 电极下端要保持有少量 KCl 晶体存在
B. 使用前应检查玻璃弯管处是否有气泡，并及时排除
C. 当待测溶液中含有 Ag^+、S^{2-}、Cl^- 及高氯酸等物质时，应加置 KCl 盐桥
D. 安装电极时，内参比溶液的液面应比待测溶液的液面低

13. [3] 可用作参比电极的有（　）。
A. 标准氢电极　　　　　　　　　　　　B. 气敏电极
C. 银-氯化银电极　　　　　　　　　　D. 玻璃电极

14. [2] 总离子强度调节剂的作用主要有（　　）。
A. 维持试液和标准溶液恒定的离子强度
B. 保持试液在离子选择性电极适当的 pH 范围内，避免 H^+ 和 OH^- 的干扰
C. 消除被测离子的干扰
D. 消除迟滞效应

15. [3] 玻璃电极包括下列哪一项（　）。
A. Ag-AgCl 内参比电极　　　　　　　　B. 一定浓度的 HCl 溶液
C. 饱和 KCl 溶液　　　　　　　　　　D. 玻璃膜

16. [1] 若使用永停滴定法滴定至化学计量点时电流降至最低点，则说明（　）。
A. 滴定剂和被滴定剂均为不可逆电对
B. 滴定剂和被滴定剂均为可逆电对
C. 滴定剂为可逆电对，被滴定剂为不可逆电对
D. 滴定剂为不可逆电对，被滴定剂为可逆电对

四、计算题

1. [2] 用 pH 玻璃电极测定 pH＝5.0 的溶液，其电极电位为＋0.0435V；测定另一未知试液时电极电位则为＋0.0145V，电极的响应斜率每 pH 改变为 59.0mV，求此未知液的 pH 值。

2. [2] 取 10mL 含 Cl^- 的水样，插入氯离子电极和参比电极，测得电动势为 200mV，加入 0.1mL0.1 mol/L 的 NaCl 标准溶液后电动势为 185mV。已知电极的响应斜率为 59mV。求水样中氯离子含量。

3. [2] 取 100mL 含 Cl^- 水样插入氯离子选择性电极（接“＋”）和参比电极，测得电动势为 0.200V，加入 1.00×10^{-2} mol/L 的氯化钠标准溶液 1.00mL 后，测得电动势为 0.185V。已知电极响应斜率为 59mV，求水样中 Cl^- 的浓度。

4. [2] 测定某种海产品中碘含量，取 1.00g 试样处理后，配置成 100mL 试样溶液，用碘离子选择电极和参比电极测得电动势为－37.5mV，加入 1.0×10^{-2} mol/L 的 KI 标准溶液 1.00mL，测得电动势为－64.9 mV。计算溶液中碘的含量，以 mg/g 表示。[M(I)＝126.9]

5. [2] 用氟离子选择电极测定某一含 F^- 的试样溶液 50.0mL，测得其电位为 86.5mV。加入 5.00×10^{-2} mol/L 氟标准溶液 0.50mL 后测得其电位为 68.0mV。已知该电

极的实际斜率为 59.0mV/pF，试求试样溶液中 F^- 的含量为多少（mol/L)?

五、综合题

1. [2] 用酸度计测 pH 值时，为什么必须用标准缓冲溶液校正仪器？应如何进行？

2. [2] 电位法定量分析时，用标准曲线法需要加入离子强度调节剂（TISAB)。试问 TISAB 的组成和作用是什么。

3. [2] 何谓参比电极，对参比电极的有什么要求？

4. [2] pH 玻璃电极膜电位的产生的机理是什么？

5. [3] 电位滴定法与直接电位法相比有何特点？

第十三章

色谱分析法知识

一、单选题

1. [2] 在气液色谱中，色谱柱的使用上限温度取决于（　　）。

   A. 样品中沸点最高组分的沸点　　B. 样品中各组分沸点的平均值

   C. 固定液的沸点　　D. 固定液的最高使用温度

2. [3] 单柱单气路气相色谱仪的工作流程为：由高压气瓶供给的载气依次经（　　）。

   A. 减压阀，稳压阀，转子流量计，色谱柱，检测器后放空

   B. 稳压阀，减压阀，转子流量计，色谱柱，检测器后放空

   C. 减压阀，稳压阀，色谱柱，转子流量计，检测器后放空

   D. 稳压阀，减压阀，色谱柱，转子流量计，检测器后放空

3. [3] 启动气相色谱仪时，若使用热导池检测器，有如下操作步骤：1—开载气；2—汽化室升温；3—检测室升温；4—色谱柱升温；5—开桥电流；6—开记录仪，下面操作次序中绝对不允许的是（　　）。

   A. 2—3—4—5—6—1　　B. 1—2—3—4—5—6

   C. 1—2—3—4—6—5　　D. 1—3—2—4—6—5

4. [2] 固定其他条件，色谱柱的理论塔板高度，将随载气的线速增加而（　　）。

   A. 基本不变　　B. 变大　　C. 减小　　D. 先减小后增大

5. [1] 气相色谱分析腐蚀性气体宜选用（　　）。

   A. 101 白色载体　　B. GDX 系列载体

   C. 6201 红色载体　　D. 13X 分子筛载体

6. [3] 气相色谱分析的仪器中，色谱分离系统是装填了固定相的色谱柱，色谱柱的作用是（　　）。

   A. 分离混合物组分　　B. 感应混合物各组分的浓度或质量

   C. 与样品发生化学反应　　D. 将其混合物的量信号转变成电信号

7. [1] 在气相色谱分析中，应用热导池为检测器时，记录仪基线无法调回，产生这现象的原因是（　　）。

   A. 记录仪滑线电阻脏　　B. 热导检测器热丝断

C. 进样器被污染　　D. 热导检测器不能加热

8. [1] 气液色谱法中，火焰离子化检测器（　　）优于热导检测器。

A. 装置简单化　　B. 灵敏度　　C. 适用范围　　D. 分离效果

9. [2] 气相色谱分析影响组分之间分离程度的最大因素是（　　）。

A. 进样量　　B. 柱温　　C. 载体粒度　　D. 汽化室温度

10. [3] 在气固色谱中各组分在吸附剂上分离的原理是（　　）。

A. 各组分的溶解度不一样　　B. 各组分电负性不一样

C. 各组分颗粒大小不一样　　D. 各组分的吸附能力不一样

11. [2] 高效液相色谱流动相脱气稍差会造成（　　）。

A. 分离不好，噪声增加　　B. 保留时间改变，灵敏度下降

C. 保留时间改变，噪声增加　　D. 基线噪声增大，灵敏度下降

12. [3] 液相色谱流动相过滤必须使用（　　）粒径的过滤膜。

A. 0.5μm　　B. 0.45μm　　C. 0.6μm　　D. 0.55μm

13. [3] 气相色谱仪一般都有载气系统，它包含（　　）。

A. 气源、气体净化　　B. 气源、气体净化、气体流速控制

C. 气源　　D. 气源、气体净化、气体流速控制和测量

14. [2] 火焰光度检测器（FPD），是一种高灵敏度，仅对（　　）产生检测信号的高选择检测器。

A. 含硫磷的有机物　　B. 含硫的有机物

C. 含磷的有机物　　D. 有机物

15. [1] FID 点火前需要加热至 100℃的原因是（　　）。

A. 易于点火　　B. 点火后为不容易熄灭

C. 防止水分凝结产生噪声　　D. 容易产生信号

16. [3] 使用氢火焰离子化检测器时，最适宜的载气是（　　）。

A. H_2　　B. He　　C. Ar　　D. N_2

17. [3] 气相色谱仪对气源纯度要求很高，一般都需要（　　）处理。

A. 净化　　B. 过滤　　C. 脱色　　D. 再生

18. [3] 在色谱法中，按分离原理分类，气固色谱法属于（　　）。

A. 排阻色谱法　　B. 吸附色谱法

C. 分配色谱法　　D. 离子交换色谱法

19. [3] 在气相色谱分析中，试样的出峰顺序由（　　）决定。

A. 记录仪　　B. 检测系统　　C. 进样系统　　D. 分离系统

20. [3] 液固吸附色谱是基于各组分（　　）的差异进行混合物分离的。

A. 溶解度　　B. 热导率　　C. 吸附能力　　D. 分配能力

21. [2] 分析宽沸程多组分混合物，可采用（　　）。

A. 气液色谱　　B. 程序升温气相色谱

C. 气固色谱　　D. 裂解气相色谱

22. [2]（　　）可作为反相键合相色谱的极性改性剂。

A. 正己烷　　B. 乙腈　　C. 氯仿　　D. 水

23. [2] 一般反相烷基键合固定相要求在 pH（　　）之间使用，pH 值过大会引起基体硅胶的溶解。

A. 2～10　　B. 3～6　　C. 1～9　　D. 2～8

24. [2] 一般评价烷基键合相色谱柱时所用的样品为（　　）。

A. 苯、萘、联苯、尿嘧啶　　B. 苯、萘、联苯、菲

C. 苯、甲苯、二甲苯、三甲苯　　D. 苯、甲苯、二甲苯、联苯

25. [1] 在分离条件下，药物中间体吲哚羧酸产品中所有主、副产品及杂质都能分离，且在254nm下都出峰，使用下列何种定量方法最简便（　　）。

A. 归一化法　　B. 外标法　　C. 内标法　　D. 标准加入法

26. [3] 使用 20μL 的定量管（LOOP）实现 20μL 的精确进样，最好使用（　　）的进样器？

A. 20μL　　B. 25μL　　C. 50μL　　D. 100μL

27. [3] 在高效液相色谱中，色谱柱的长度一般在（　　）范围内。

A. 10～30cm　　B. 20～50m　　C. 1～2m　　D. 2～5m

28. [2] 在气相色谱分析中，（　　）会使各组分的保留时间缩短并趋于一致。

A. 检测温升高　　B. 汽化温升高

C. 柱温升高　　D. 增大固定液用量

29. [3] 在下列气相色谱的检测器中，属于浓度型，且对所有物质都有响应的是（　　）。

A. 热导池检测器　　B. 电子俘获检测器

C. 氢火焰离子化检测器　　D. 火焰光度检测器

30. [2] 增加气相色谱分离室的温度，可能出现下列哪种结果（　　）。

A. 保留时间缩短，色谱峰变低，变宽，峰面积保持一定

B. 保留时间缩短，色谱峰变高，变窄，峰面积保持一定

C. 保留时间缩短，色谱峰变高，变窄，峰面积变小

D. 保留时间缩短，色谱峰变高，变窄，峰面积变大

31. [2] 在液相色谱中，某组分的保留值大小实际反映了哪些部分的分子间作用力？（　　）

A. 组分与流动相　　B. 组分与固定相

C. 组分与流动相和固定相　　D. 组分与组分

32. [1] 将 20mL 某 NaCl 溶液通过氢型离子交换树脂，经定量交换后，流出液用 0.1mol/L NaOH 溶液滴定时耗去 40mL。该 NaCl 溶液的浓度（单位：mol/L）为（　　）。

A. 0.05　　B. 0.1　　C. 0.2　　D. 0.3

33. [2] 当样品中各组分都能流出色谱柱产生彼此分离较好的色谱峰时，若要求对所有组分都作定量分析，可选用（　　）。

A. 外标法　　B. 标准曲线法　　C. 归一化法　　D. 内标法

34. [2] 在气相色谱热导型检测器分析中，控制适宜桥流的作用是（　　）。

A. 缩短分析时间　　B. 使色谱图更好看

C. 提高分析结果的灵敏度　　D. 提高分离效果

35. [2] 热导检测器在仪器上清洗时不能（　　）。

A. 通载气　　B. 升高柱温至 200℃

C. 通电桥电流　　D. 检测器温度升至 200℃

36. [2] 毛细色谱柱（　　）优于填充色谱柱。

A. 气路简单化　　B. 灵敏度　　C. 适用范围　　D. 分离效果

37. [2] 在液相色谱中，为了改变柱子的选择性，可以进行（　　）的操作。

A. 改变柱长　　B. 改变填料粒度

C. 改变流动相或固定相种类　　D. 改变流动相的流速

38. [2] 在气相色谱分析中，当用非极性固定液来分离非极性组分时，各组分的出峰顺序是（　　）。

A. 按质量的大小，质量小的组分先出　　B. 按沸点的大小，沸点小的组分先出

C. 按极性的大小，极性小的组分先出　　D. 无法确定

39. [2] 在色谱分析中，采用内标法定量时，应通过文献或测定得到（　　）。

A. 内标物的绝对校正因子　　B. 待测组分的绝对校正因子

C. 内标物的相对校正因子　　D. 待测组分相对于内标物的相对校正因子

40. [2] 去除载气中的微量水分，通常使用变色硅胶过滤器。正常状态良好的变色硅胶过滤器中装填的变色硅胶应呈（　　）。

A. 黄色　　B. 粉色　　C. 白色　　D. 蓝色

41. [2] 正己烷、正己醇、苯在正相色谱中的洗脱顺序为（　　）。

A. 正己醇、苯、正己烷　　B. 正己烷、苯、正己醇

C. 苯、正己烷、正己醇　　D. 正己烷、正己醇、苯

42. [1] 在环保分析中，常常要监测水中多环芳烃，如用高效液相色谱分析，应选用（　　）。

A. 荧光检测器　　B. 示差折光检测器

C. 电导检测器　　D. 紫外吸收检测器

43. [2] 涂渍固定液时，为了尽快使溶剂蒸发可采用（　　）。

A. 炒干　　B. 烘箱烤　　C. 红外灯照　　D. 快速搅拌

44. [2] 毛细管柱中分离效能最高的柱是（　　）。

A. 多孔层毛细管柱　　B. 填充毛细管柱

C. 空心毛细管柱　　D. 不确定

45. [2] 降低载气流速，柱效提高，表明（　　）。

A. 传质阻力项是影响柱效的主要因素　　B. 分子扩散项是影响柱效的主要因素

C. 涡流扩散项是影响柱效的主要因素　　D. 降低载气流速是提高柱效的唯一途径

46. [1] 其他条件相同，理论塔板数增加 1 倍，则相邻峰的分离度将（　　）。

A. 减少为原来的 $1/\sqrt{2}$　　B. 增加 1 倍

C. 增加到$\sqrt{2}$倍　　D. 不变

47. [2] 反相键合相色谱是指（　　）。

A. 固定相为极性，流动相为非极性

B. 固定相的极性远小于流动相的极性

C. 被键合的载体为极性，键合的官能团的极性小于载体极性

D. 被键合的载体为非极性，键合的官能团的极性大于载体极性

48. [1] 气相色谱测定丙酮，检测器选用（　　）。

A. 热导池检测器　　B. 氢火焰检测器

C. 电子俘获检测器　　D. 氮磷检测器

49. [2] 气相色谱分析中提高柱温则（　　）。

A. 保留时间缩短　　B. 组分间分离加大

C. 色谱峰面积加大　　D. 检测器灵敏度下降

50. [2] 填充色谱柱的制备过程为（　　）。

A. 色谱柱管的处理、固体吸附剂或载体的处理、载体的涂渍、色谱柱的装填

B. 色谱柱管的处理、固体吸附剂或载体的处理、载体的涂渍、色谱柱的老化

C. 色谱柱管的处理、固体吸附剂或载体的处理、色谱柱的装填、色谱柱的老化

D. 色谱柱管的处理、固体吸附剂或载体的处理、载体的涂渍、色谱柱的装填、色谱柱的老化

51. [2] 填充色谱柱的制备中，载体的涂渍正确的是（ ）。

A. 把固定液和载体一起溶解在有机溶剂中

B. 先将载体全部溶解在有机溶剂中，再加入一定量的固定液

C. 先将固定液全部溶解在有机溶剂中，再加入一定量的载体

D. 把有机溶剂和载体一起溶解在固定液中

52. [2] 从理论和实践都证明，液担比越低，柱效（ ）。

A. 不变　　B. 越小　　C. 越低　　D. 越高

53. [2] 一般而言，选择玻璃做载体，则液担比（ ）。

A. 可大于 1∶100　　B. 可小于 1∶100　　C. 5∶50　　D. (5～30)∶100

54. [2] 气相色谱法中，在采用低固定液含量柱，高载气线速进行快速色谱分析时，采用（ ）作载气可以改善气相传质阻力。

A. H_2　　B. N_2　　C. He　　D. Ne

55. [1] 在分析苯、甲苯、乙苯的混合物时，汽化室的温度宜选为（ ）。已知苯、甲苯、乙苯的沸点分别为 80.1℃、110.6℃和 136.1℃。

A. 80℃　　B. 120℃　　C. 160℃　　D. 200℃

56. [2] 在气液色谱中，色谱柱使用的下限温度（ ）。

A. 应该不低于试样中沸点最高组分的沸点

B. 应该不低于试样中沸点最低组分的沸点

C. 应该不低于固定液的熔点

D. 应该等于试样中各组分沸点的平均值或高于平均沸点 10℃

57. [2] 在气相色谱分析中，为兼顾色谱柱的分离选择性及柱效率，柱温一般选择为（ ）。

A. 试样中沸点最高组分的沸点

B. 试样中沸点最低组分的沸点

C. 低于固定液的沸点 10℃

D. 等于试样中各组分沸点的平均值或高于平均沸点 10℃

58. [2] 气相色谱法中为延长色谱柱的使用寿命，对每种固定液都有一个（ ）。

A. 最低使用温度　　B. 最高使用温度

C. 最佳使用温度　　D. 放置环境温度

59. [2] 气相色谱检测器的温度必须保证样品不出现（ ）现象。

A. 冷凝　　B. 升华　　C. 汽化　　D. 分解

60. [1] 用气相色谱法测定废水中苯含量时常采用的检测器是（ ）。

A. 热导池检测器　　B. 氢火焰检测器

C. 电子捕获检测器　　D. 火焰光度检测器

61. [2] 用气相色谱法测定 O_2、N_2、CO 和 CH_4 等气体的混合物时常采用的检测器是（ ）。

A. 热导池检测器　　B. 氢火焰检测器

C. 电子捕获检测器　　D. 火焰光度检测器

62. [1] 用气相色谱法测定含氯农药时常采用的检测器是（ ）。

A. 热导池检测器　　B. 氢火焰检测器

C. 电子捕获检测器　　D. 火焰光度检测器

63. [2] 对于氢火焰离子化检测器，一般选择检测器的温度为（　　）。

A. 试样中沸点最高组分的沸点　　B. 试样中沸点最低组分的沸点

C. 与柱温相近　　D. 一般选择150℃左右（大于100℃）

64. [1] 气相色谱分析中，常采用的提高氢火焰离子化检测器的灵敏度的方法是（　　）。

A. 降低检测室的温度　　B. 离子化室电极形状和距离

C. 增大极化电压　　D. 提高气体纯度和改善 N_2 : H_2 : 空气的流速比

65. [2] 色谱图中，扣除死体积之后的保留体积称为（　　）。

A. 保留时间　　B. 调整保留体积

C. 相对保留体积　　D. 校正保留体积

66. [2] 在气相色谱中，若两组分峰完全重叠，则其分离度值为（　　）。

A. 0　　B. 0.5　　C. 1.0　　D. 1.5

67. [2] 在气相色谱中，衡量相邻两组分峰是否能分离的指标是（　　）。

A. 选择性　　B. 柱效能　　C. 保留值　　D. 分离度

68. [2] 在气相色谱定性分析中，在样品中加入某纯物质使其中某待测组分的色谱峰增高来定性的方法属于（　　）。

A. 利用化学反应定性　　B. 利用保留值定性

C. 利用检测器的选择性定性　　D. 与其他仪器结合定性

69. [2] 在气相色谱定性分析中，实验室之间可以通用的定性参数是（　　）。

A. 调整保留时间　　B. 校正保留时间

C. 保留时间　　D. 相对保留值

70. [1] 在法庭上，涉及审定一个非法的药品，起诉表明该非法药品经气相色谱分析测得的保留时间，在相同条件下，刚好与已知非法药品的保留时间一致。辩护证明：有几个无毒的化合物与该非法药品具有相同的保留值。在这种情况下应选择（　　）进行定性，作进一步检定为好。

A. 利用相对保留值　　B. 利用加入已知物以增加峰高的方法

C. 利用保留值的双柱法　　D. 利用文献保留指数

71. [3] 在气相色谱定量分析中，在已知量的试样中加入已知量的能与试样组分完全分离且能在待测物附近出峰的某纯物质来进行定量分析的方法，属于（　　）。

A. 归一化方法　　B. 内标法

C. 外标法-比较法　　D. 外标法-标准工作曲线法

72. [3] 在气相色谱定量分析中，只有试样中所有组分都能出彼此分离较好的峰才能使用的方法是（　　）。

A. 归一化方法　　B. 内标法

C. 外标法-比较法　　D. 外标法-标准工作曲线法

73. [2] 内标法测定水中甲醇的含量，称取2.500g，加入内标物丙酮0.1200g，混匀后进样，得到甲醇峰面积120，丙酮峰面积250，则水中甲醇含量为（　　）。已知甲醇 $f'=0.75$，丙酮 $f'=0.87$。

A. 11.60%　　B. 8.62%　　C. 2.67%　　D. 1.99%

74. [2] 凝胶渗透色谱柱能将被测物按分子体积大小进行分离，分子量越大，则（　　）。

A. 在流动相中的浓度越小　　B. 在色谱柱中的保留时间越小

C. 流出色谱柱越晚　　D. 在固定相中的浓度越大

75. [2] 离子交换色谱根据溶质离子与层析介质的中心离子相互作用能力的不同进行分离，一般来讲，作用能力越大，则（　）。

A. 在流动相中的浓度越大　　B. 在色谱柱中的保留时间越长

C. 流出色谱柱越早　　D. 离子交换平衡常数越小

76. [3] 高效液相色谱仪主要有（　）组成。(1) 高压气体钢瓶 (2) 高压输液泵 (3) 六通阀进样器 (4) 色谱柱 (5) 热导池检测器 (6) 紫外检测器 (7) 程序升温控制 (8) 梯度洗脱。

A. 1、3、4、5、7　　B. 1、3、4、6、7

C. 2、3、4、6、8　　D. 2、3、5、6、7

77. [2] 高压输液泵中，（　）在输送流动相时无脉冲。

A. 气动放大泵　　B. 单活塞往复泵

C. 双活塞往复泵　　D. 隔膜往复泵

78. [2] 液相色谱法测定高聚物分子量时常用的流动相为（　）。

A. 水　　B. 甲醇　　C. 四氢呋喃　　D. 正庚烷

79. [2] 用高效液相色谱法测定某聚合物的相对分子量时，应选择（　）作为分离柱。

A. 离子交换色谱柱　　B. 凝胶色谱柱

C. 硅胶柱　　D. C_{18}烷基键合硅胶柱

80. [1] 用高效液相色谱法分析锅炉排放水中阴离子时，应选择（　）作为分离柱。

A. 阴离子交换色谱柱　　B. 阳离子交换色谱柱

C. 凝胶色谱柱　　D. 硅胶柱

二、判断题

1. [3] 色谱试剂是用作色谱分析的标准物质。（　）

2. [1] 气相色谱微量注射器使用前要先用 HCl 洗净。（　）

3. [2] 气相色谱仪主要由气路系统、单色器、分离系统、检测系统、数据处理系统和温度控制系统六大部分组成。（　）

4. [2] 检测器池体温度不能低于样品的沸点，以免样品在检测器内冷凝。（　）

5. [2] 气相色谱分析中，当热导池检测器的桥路电流和钨丝温度一定时，适当降低池体温度，可以提高灵敏度。（　）

6. [1] FID 检测器是典型的非破坏型质量型检测器。（　）

7. [2] 相对保留值仅与柱温、固定相性质有关，与操作条件无关。（　）

8. [2] 某试样的色谱图上出现三个峰，该试样最多有三个组分。（　）

9. [3] 气相色谱分析时进样时间应控制在 1s 以内。（　）

10. [1] 堵住色谱柱出口，流量计不下降到零，说明气路不泄漏。（　）

11. [1] 在液相色谱分析中选择流动相比选择柱温更重要。（　）

12. [3] 高效液相色谱专用检测器包括紫外检测器、折射率检测器、电导检测器、荧光检测器。（　）

13. [3] 气相色谱仪操作结束时，一般要先降低柱箱、检测器的温度至接近室温才可关机。（　）

14. [1] 气相色谱热导池检测器的钨丝如果有断，一般表现为桥电流不能进行正常调

节。（　　）

15. ［2］接好色谱柱，开启气源，输出压力调在 0.2～0.4MPa。关载气稳压阀，待 30min 后，仪器上压力表指示的压力下降小于 0.005MPa，则说明此段不漏气。（　　）

16. ［2］色谱体系的最小检测量是指恰能产生与噪声相鉴别的信号时进入色谱柱的最小物质量。（　　）

17. ［2］气相色谱分析结束后，先关闭高压气瓶和载气稳压阀，再关闭总电源。（　　）

18. ［1］气相色谱气路安装完毕后，应对气路密封性进行检查。在检查时，为避免管道受损，常用肥皂水进行探漏。（　　）

19. ［1］高效液相色谱仪的流程为：高压泵将贮液器中的流动相稳定输送至分析体系，在色谱柱之前通过进样器将样品导入，流动相将样品依次带入预柱和色谱柱，在色谱柱中各组分被分离，并依次随流动相流至检测器，检测到的信号送至工作站记录、处理和保存。（　　）

20. ［3］因高压氢气钢瓶需避免日晒，所以最好放在楼道或实验室里。（　　）

21. ［2］色谱定量时，用峰高乘以半峰宽为峰面积，则半峰宽是指峰底宽度的一半。（　　）

22. ［2］使用气相色谱仪在关机前应将汽化室温度降低至 50℃以下，再关闭电源。（　　）

23. ［2］氢焰检测器是一种通用型检测器，既能用于有机物分析，也能用于检测无机化合物。（　　）

24. ［2］色谱柱是高效液相色谱最重要的部件，要求耐高温耐腐蚀，所以一般用塑料制作。（　　）

25. ［3］根据分离原理的不同，液相色谱可分为液固吸附色谱、液液色谱法、离子交换色谱法和凝胶色谱法四种类型。（　　）

26. ［2］键合固定相具有使用过程不流失、化学稳定性好、适于梯度洗脱、载样量小的特点。（　　）

27. ［3］利用保留值的色谱定性分析，是所有定性方法中最捷径最准确的方法。（　　）

28. ［2］高效液相色谱分析的应用范围比气相色谱分析的大。（　　）

29. ［2］测定有机溶剂中微量水最好选用 FID 检测器。（　　）

30. ［2］在色谱分离过程中，单位柱长内组分在两相间的分配次数越多，则相应的分离效果也越好。（　　）

31. ［2］用气相色谱法分析非极性组分时，一般选择极性固定液，各组分按沸点由低到高的顺序流出。（　　）

32. ［2］高分子微球耐腐蚀，热稳定性好，无流失，适合于分析水、醇类及其他含氧化合物。（　　）

33. ［2］毛细管色谱柱比填充柱更适合于结构、性能相似的组分的分离。（　　）

34. ［2］色谱外标法的准确性较高，但前提是仪器的稳定性高且操作重复性好。（　　）

35. ［3］气相色谱分析中，调整保留时间是组分从进样到出现峰最大值所需的时间。（　　）

36. ［2］只要是试样中不存在的物质，均可选作内标法中的内标物。（　　）

37. ［3］气相色谱分析中分离度的大小综合了溶剂效率和柱效率两者对分离的影响。（　　）

38. ［2］色谱定量分析时，面积归一法要求进样量特别准确。（　　）

39. [2] 在热导检测器中，载气与被测组分的热导率差值越小，灵敏度越高。(　　)

40. [2] 色谱柱、检测器、汽化室三者最好分别恒温，但不少气相色谱仪的色谱柱、汽化室置于同一恒温室中，效果也很好。(　　)

41. [2] 活性炭作气相色谱的固定相时通常用来分析活性气体和低沸点烃类。(　　)

42. [2] 分离非极性和极性混合物时，一般选用极性固定液。此时，试样中极性组分先出峰，非极性组分后出峰。(　　)

43. [2] HPLC分析中，使用示差折光检测器时，可以进行梯度洗脱。(　　)

44. [2] 使用热导池检测器时，必须在有载气通过热导池的情况下，才能对桥电路供电。(　　)

45. [1] 绝对响应值和绝对校正因子不受操作条件影响，只因检测器的种类而改变。(　　)

46. [2] 气相色谱定量分析时，内标法和外标法均要求进样量特别准确。(　　)

47. [3] 色谱分析是把保留时间作为气相色谱定性分析的依据的。(　　)

48. [2] 在气固色谱中，如被分离组分沸点、极性相近但分子直径不同，可选用活性炭作吸附剂。(　　)

49. [2] 色谱柱的分离效能主要是由柱中填充的固定相所决定的。(　　)

50. [2] 样品中有四个组分，用气相色谱法测定，有一组分含量已知但在色谱中未能检出，可采用归一化法测定这个组分。(　　)

51. [3] 色谱柱的选择性可用“总分离效能指标”来表示，它可定义为：相邻两色谱峰的保留时间的差值与两色谱峰宽之和的比值。(　　)

52. [2] 分离非极性组分，一般选用非极性固定液，各组分按沸点顺序流出。(　　)

53. [2] 气固色谱中，各组分的分离是基于组分在吸附剂上的溶解和析出能力不同。(　　)

54. [3] 气相色谱分析中，保留时间与被测组分的浓度无关。(　　)

55. [2] 气固色谱用固体吸附剂作固定相，常用的固体吸附剂有活性炭、氧化铝、硅胶、分子筛和高分子微球。(　　)

56. [2] 色谱法测定有机物水分通常选择GDX固定相，为了提高灵敏度可以选择氢火焰检测器。(　　)

57. [1] 在液相色谱法中，提高柱效最有效的途径是减小填料粒度。(　　)

58. [2] 在液相色谱中，范第姆特方程中的涡流扩散项对柱效的影响可以忽略。(　　)

59. [3] 在气相色谱分析中，用于定性分析的参数是峰面积。(　　)

60. [2] 对某一组分来说，在一定的柱长下，色谱峰的宽或窄主要决定于组分在色谱柱中的扩散速率。(　　)

61. [1] 在色谱分析中，柱长从1m增加到4m，其他条件不变，则分离度增加4倍。(　　)

62. [2] 色谱分析中，噪声和漂移产生的原因主要有检测器不稳定、检测器和数据处理方面的机械和电噪声、载气不纯或压力控制不稳、色谱柱的污染等。(　　)

63. [1] 色谱分析中，只要组分浓度达到检测限就可以进行定量分析。(　　)

64. [2] 通常气相色谱仪的载气流速设定在最佳流速或者更高一点。(　　)

65. [2] 程序升温的初始温度应设置在样品中最易挥发组分的沸点附近。(　　)

66. [3] 液相色谱中，化学键合固定相的分离机理是典型的液—液分配过程。(　　)

67. [1] 气相色谱分析中仪器预热不充分则基线不稳，但仍可进样分析。(　　)

68. [3] 色谱峰宽 W 等于2倍半峰宽 $W_{1/2}$。(　　)

69. [3] 为提高柱效应使用分子量小的载气（常用氢气）。(　　)

70. [2] 气相色谱分析中转子流量计显示的载气流速十分准确。(　　)

71. [2] 气相色谱分析中温度显示表头显示的温度值不是十分准确。(　　)

72. [2] 在气相色谱中试样中各组分能够被相互分离的基础是各组分具有不同的热导率。(　　)

73. [1] 分析混合烷烃试样时，可选择极性固定相，按沸点大小顺序出峰。(　　)

74. [2] 色谱柱塔板理论数 n 与保留时间 t_R 的平方呈正比，组分的保留时间越长，色谱柱理论塔板数 n 值越大，分离效率越高。(　　)

75. [1] 控制载气流速是调节分离度的重要手段，降低载气流速，柱效增加，当载气流速降到最小时，柱效最高，但分析时间较长。(　　)

76. [2] 气相色谱固定液要有一定的结合力，有助于附着在担体上。(　　)

77. [3] 对气相色谱常用担体的要求之一是担体化学性质稳定且无吸附性。(　　)

78. [2] 气相色谱中汽化室的温度要求比样品组分最高沸点高出 50～100℃，比柱温高 100℃以上。(　　)

79. [1] 在气相色谱分析中，柱温的选择应兼顾色谱柱的选择性及柱效率，一般选择柱温等于试样中各组分沸点的平均值或高于平均沸点 10℃时为宜。(　　)

80. [2] 为防止检测器积水增大噪声，氢焰离子化检测器的温度应大于 100℃（常用 150℃）。(　　)

三、多选题

1. [2] 气液色谱填充柱的制备过程主要包括（　　）。
   A. 柱管的选择与清洗　　B. 固定液的涂渍
   C. 色谱柱的装填　　D. 色谱柱的老化

2. [2] 用于清洗气相色谱不锈钢填充柱的溶剂是（　　）。
   A. 6mol/LHCl 水溶液　　B. 5%～10%NaOH 水溶液
   C. 水　　D. HAc-NaAc 溶液

3. [3] 气液色谱分析中用作固定液的物质必须符合以下要求（　　）。
   A. 极性物质　　B. 沸点较高，不易挥发
   C. 化学性质稳定　　D. 不同组分必须有不同的分配系数

4. [2] 影响热导池灵敏度的主要因素有（　　）。
   A. 桥电流　　B. 载气性质
   C. 池体温度　　D. 热敏元件材料及性质

5. [3] 气相色谱的定性参数有（　　）。
   A. 保留指数　　B. 相对保留值　　C. 峰高　　D. 峰面积

6. [3] 气相色谱分析中使用归一化法定量的前提是（　　）。
   A. 所有的组分都要被分离开　　B. 所有的组分都要能流出色谱柱
   C. 组分必须是有机物　　D. 检测器必须对所有组分产生响应

7. [1] 旧色谱柱柱效低分离不好，可采用的方法是（　　）。
   A. 用强溶剂冲洗
   B. 刮除被污染的床层，用同型的填料填补柱效可部分恢复
   C. 污染严重，则废弃或重新填装
   D. 使用合适的流动相或使用流动相溶解样品

8. [3] 常用的液相色谱检测器有（　　）。

A. 氢火焰离子化检测器　　B. 紫外-可见光检测器
C. 折光指数检测器　　D. 荧光检测器

9. [1] 可以用来配制高效液相色谱流动相的溶剂是（　　）。
A. 甲醇　　B. 水　　C. 甲烷　　D. 乙腈　　E. 乙醚

10. [2] 高效液相色谱流动相必须进行脱气处理，主要有（　　）几种形式。
A. 加热脱气法　　B. 抽吸脱气法
C. 吹氦脱气法　　D. 超声波振荡脱气法

11. [2] 气相色谱仪对环境温度要求并不苛刻，一般要求（　　）。
A. 在 5～35℃的室温条件　　B. 湿度在 20%～85%为宜
C. 良好的接地　　D. 较好的通风、排风
E. 易燃气体气源室远离明火

12. [2] 高效液相色谱柱使用过程中要注意护柱，下列方法中正确的是（　　）。
A. 最好用预柱
B. 每次做完分析，都要进行柱冲洗
C. 尽量避免反冲
D. 普通 C_{18} 柱尽量避免在 40℃以上的温度下分析

13. [2] 给液相色谱柱加温，升高温度的目的一般是为了（　　），但一般不要超过 40℃。
A. 降低溶剂的黏度　　B. 增加溶质的溶解度
C. 改进峰形和分离度　　D. 加快反应速率

14. [3] 下列说法中是气相色谱特点的是（　　）。
A. 选择性好　　B. 分离效率高
C. 可用来直接分析未知物　　D. 分析速度快

15. [3] 下列系统中是气相色谱仪的系统之一的是（　　）。
A. 检测记录系统　　B. 温度控制系统
C. 气体流量控制系统　　D. 光电转换系统

16. [2] 下列哪种说法不正确？（　　）
A. 分离非极性组分一般选用极性固定液
B. 色谱柱寿命与操作条件无关
C. 汽化室的温度要求比样品组分的沸点高 50～100℃
D. 相对校正因子不受操作条件影响，只随检测器种类不同而改变

17. [1] 关于范第姆特方程式下列哪种说法是不正确的？（　　）
A. 载气最佳流速这一点，柱塔板高度最大
B. 载气最佳流速这一点，柱塔板高度最小
C. 塔板高度最小时，载气流速最小
D. 塔板高度最小时，载气流速最大

18. [2] 下列用于高效液相色谱的检测器，可以使用梯度洗脱的是（　　）。
A. 紫外检测器　　B. 荧光检测器
C. 蒸发光散射检测器　　D. 示差折光检测器

19. [1] 在气相色谱中，试样的分离是基于固定相对试样各组分的吸附或溶解能力不同来进行的，对于先从色谱柱中流出的组分来说，其在色谱柱中的情况，下面说法正确的是（　　）。
A. 它在固定相中的吸附或溶解能力强　　B. 它在气相中的浓度大
C. 它的分配系数小　　D. 它的保留值小

20. [2] 与气相色谱分析相比，高效液相色谱分析的特点是（　　）。

A. 流动相的压力低　　B. 柱效高

C. 可作流动相的物质种类多　　D. 色谱柱短

21. [2] 气相色谱的安装与调试中，对下列哪一个条件符合要求（　　）。

A. 室内不应有易燃易爆和腐蚀性气体

B. 一般要求控制温度在10～40℃，空气的相对湿度应控制在≤85%

C. 仪器有良好的接地，最好设有专线

D. 实验室应远离电场、强磁场

22. [2] 固定液用量大对气相色谱过程的影响为（　　）。

A. 柱容量大　　B. 保留时间长

C. 峰宽加大　　D. 对检测器灵敏度要求提高

23. [3] 下述符合色谱中对担体的要求是（　　）。

A. 表面应是化学活性的　　B. 多孔性

C. 热稳定性好　　D. 粒度均匀而细小

24. [1] 色谱柱柱长增加，其他条件不变时，不会发生变化的参数有（　　）。

A. 保留时间　　B. 分配系数　　C. 分配比　　D. 塔板高度

25. [2] 指出下列哪些参数改变不会引起相对保留值的增加（　　）。

A. 柱长增加　　B. 相比率增加

C. 降低柱温　　D. 流动相速度降低

26. [2] 在液相色谱中，会影响分离效果的是（　　）。

A. 改变固定相种类　　B. 改变流动相流速

C. 改变流动相配比　　D. 改变流动相种类

27. [2] 下列叙述中（　　）是对气相色谱固定液的要求。

A. 热稳定性好，在使用温度下不会发生热解或化学反应

B. 蒸气压低，不会造成固定液易流失现象的发生

C. 对样品具有一定的选择性，这有助于样品的分离

D. 黏度要高，它有助于样品中的被测组分附着在柱上，便于分离

28. [3] 下列化合物（　　）是气相色谱常用的固定液。

A. 角鲨烷　　B. SE-30　　C. XE-60　　D. KHP-20

29. [2] 在下列有关色谱图的术语中，正确的是（　　）。

A. 峰高一半处的峰宽为半峰宽

B. 扣除死时间之后的保留时间为调整保留时间

C. 色谱峰两侧拐点的切线在基线上的截距为峰宽

D. 两保留值之比为相对保留值

30. [3] 关于高效液相色谱仪的基本流程，下列说法正确的是（　　）。

A. 高压输液系统的作用是将待测试样溶解，并带入色谱主进行分离，带入检测器进行检测，最后排出

B. 进样系统主要采用六通阀进样，主要作用是保持每次进样量一致

C. 分离系统色谱柱的作用是根据待分离物质与固定相作用力的不同，使混合物得以分离

D. 检测器的作用是将色谱柱流出物中样品组成和含量的变化转化为可供检测的信号

31. [3] 下列检测器中，（　　）不属于质量型检测器。

A. 紫外-可见检测器　　B. 示差折光检测器

C. 荧光检测器　　D. 蒸发光散射检测器

32. [2] 在列举的条件中（　　）属于气相色谱仪的技术指标。

A. 温度控制，柱恒温箱为室温至 420℃　　B. 注样器为室温至 420℃

C. 检测器为室温至 420℃　　D. 微机控制，具有全键盘操作

33. [2] 在列举的条件中（　　）属于液相色谱仪紫外检测器的技术指标。

A. 紫外检测器波长范围为 190～700nm　　B. 波长精度<±1nm

C. 波长重复性<±0.5nm　　D. 漂移<10 微伏/月

34. [2] 在气-固色谱中，样品中各组分的分离是基于（　　）。

A. 组分的物理性质不同　　B. 组分溶解度的不同

C. 组分在吸附剂上吸附能力不同　　D. 组分的挥发性不同

E. 组分在吸附剂上脱附能力的不同

35. [2] 范第姆特方程式主要说明（　　）。

A. 板高的概念　　B. 色谱峰扩张

C. 柱效降低的影响因素　　D. 组分在两相间分配情况

E. 色谱分离操作条件的选择

36. [2] 相对质量校正因子 f' 与下列哪些因数有关（　　）。

A. 试样　　B. 固定相　　C. 标准物质　　D. 检测器类型

37. [2] 色谱法选用吸附剂和流动相（展开剂）的依据是（　　）。

A. 被分离化合物的极性　　B. 流动相极性

C. 流动相对被分离的溶解能力　　D. 吸附剂的吸附性

E. 吸附剂的颜色

38. [1] 在气-液色谱中，首先流出色谱柱的组分是（　　）。

A. 吸附能力大的　　B. 吸附能力小的

C. 挥发性大的　　D. 溶解能力小的

39. [2] 在气相色谱法中，必须要用相对校正因子定量的方法为（　　）。

A. 归一化法　　B. 工作曲线法　　C. 内标法　　D. 追加法

40. [2] 在气相色谱中，（　　）是属于用已知物对照定性方法。

A. 利用保留值　　B. 追加法

C. 利用科瓦特保留指数　　D. 色质联用

41. [2] 色谱柱的温度会影响（　　），因此应严格控制。

A. 色谱柱效能　　B. 色谱柱的分离度

C. 色谱柱的选择性　　D. 组分的分配系数

42. [1] 下列有关色谱检测器的灵敏度和检测限的说法正确的是（　　）。

A. 灵敏度和检测限都是衡量检测器敏感程度的指标，前者越大，后者越小，检测器的性能越好

B. 灵敏度是指通过检测器物质的量变化时，该物质响应值的变化率

C. 检测限是指产生两倍于噪声信号的响应值时，进入检测器的组分的量

D. 灵敏度表示检测器对组分的敏感程度，检测限表示检测器可以测量的组分最低浓度

43. [2] 在色谱分析中，表示相邻两个组分分离的好坏，可用（　　）来说明。

A. 分离度　　B. 相对保留值　　C. 分配系数　　D. 容量因子

44. [2] 色谱分析中内标法适用于（　　）样品的分析。

A. 需要较复杂的前处理过程的　　B. 进样量难以精确控制的

C. 组分复杂出峰不完全的　　D. 色谱条件常会发生微小变化的

45. [3] 下列组分中，在 FID 中有响应的是（　　）。

A. 氦气　　B. 氮气　　C. 甲烷　　D. 甲醇

46. [2] 提高色谱柱柱效的可行方法是（　　）。

A. 选择粒度为 3～5μm 的固定相　　B. 降低固定相的粒度分布

C. 选球形固定相　　D. 匀浆装柱　　E. 增加柱长

47. [2] 塔板理论中，理论塔板数与色谱参数间的正确关系式是（　　）。

A. $n=5.45\left(\frac{t_R}{W_{1/2}}\right)^2$　　B. $n=5.54\left(\frac{t_R}{W_{1/2}}\right)^2$

C. $n=16\left(\frac{t_R}{W_{1/2}}\right)^2$　　D. $n=16\left(\frac{t_R}{W_b}\right)^2$

48. [2] 下列描述不正确的是（　　）。

A. 分配系数与载气流速有关　　B. 分配系数与固定液有关

C. 分配系数大表示选择性好　　D. 分配系数大表示灵敏度高

49. [3]（　　）是气相色谱的部件。

A. 色谱　　B. 检测器　　C. 单色器　　D. 载气系统

50. [2] 能被氢火焰检测器检测的组分是（　　）。

A. 四氯化碳　　B. 烯烃　　C. 烷烃　　D. 醇系物

51. [2] 色谱柱加长则（　　）。

A. 分析速度慢　　B. 色谱峰分离加大

C. 峰宽变小　　D. 使用氢气做载气有利

四、综合题

1. [1] 某厂在用气相色谱法测定有机锡含量，操作规程规定用 TCD 检测器。

某天，某检验员由于未及时开好仪器，不能按规定时间进行检验，而旁边的 FID 型检测器的色谱仪正好稳定，同时填充柱也能使用，于是该检验员就用 FID 型检测器的色谱仪作了检验，测定结果非常好，于是每次她当班时均用 FID 型检测器测定有机锡含量。但 2 周后同事发现那台 FID 型检测器的色谱仪灵敏度下降，开始时大家还未注意，只是想可能是固定液流失所制，4 周后发现检测器的色谱仪无信号输出。试分析可能的原因，应如何处理。

2. [1] 使用电子俘获检测器做检验时发现其基线漂移增大、噪声增大、线性范围变小、在较大的色谱峰后出现负峰，这是什么原因，应如何处理？

3. [1] 对同一样品进行气相色谱分析，柱温相同情况下获下述两张谱图。

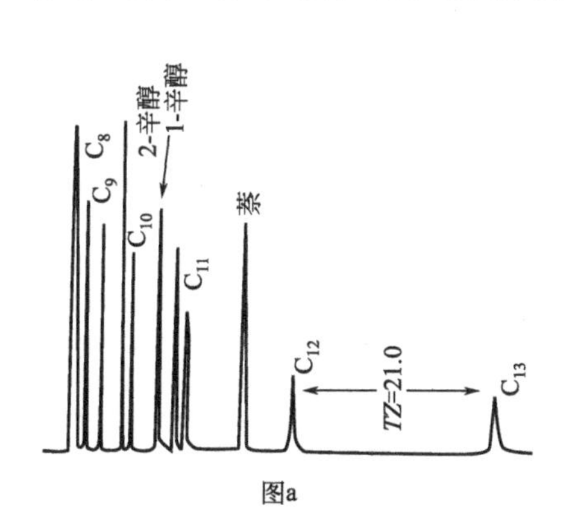

图a

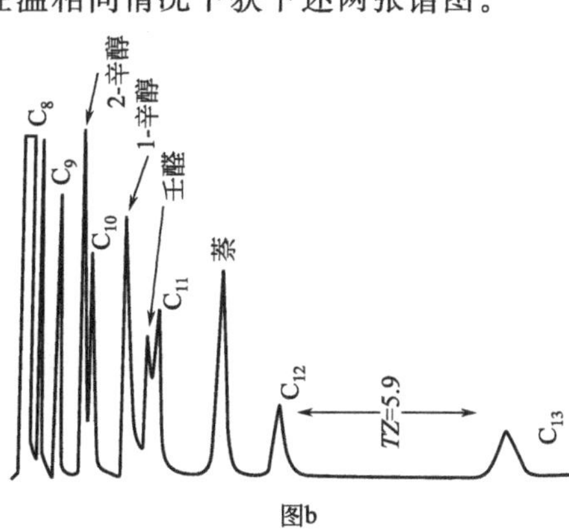

图b

4. [2] 在液-液分配色谱中，为什么可分为正相色谱及反相色谱？

5. [2] 何为梯度洗提？它与气相色谱中的程序升温有何异同之处？

6. [2] 用气相色谱法测定苯中微量水和水中微量苯色谱条件有何不同？详细说明原因？

7. [2] 进行气相色谱分析时，如果试样组分较简单，如何利用标准样品对试样中被测组分进行定性分析？当试样组分较复杂时，将采用什么方法？

8. [2] 分流进样时应注意的问题是什么？

9. [1] 设计气相色谱法分析土壤中微量苯的方法。要求写出色谱参考条件、两种样品处理方法。

10. [2] 当下列参数改变时：(1) 柱长缩短，(2) 固定相改变，(3) 流动相流速增加，(4) 相比减少，是否会引起分配系数的改变？为什么？

11. [2] 当下述参数改变时：(1) 增大分配比，(2) 流动相速度增加，(3) 减小相比，(4) 提高柱温，是否会使色谱峰变窄？为什么？

12. [2] 仪器构造及应用范围上简要比较气相色谱及液相色谱的异同点。

13. [2] 液相色谱法有几种类型？它们的保留机理是什么？在这些类型的应用中，最适宜分离的物质是什么？

14. [2] 对担体和固定液的要求分别是什么？

15. [2] 试述“相似相溶”原理应用于固定液选择的合理性及其存在的问题。

第十四章

工业分析知识

一、单选题

1. [1] 取20.00mL混合均匀的水样用重铬酸钾法测定，用0.1000mol/L硫酸亚铁铵标准溶液滴定空白实验消耗体积为10.08mL，测定消耗体积为7.04mL，求该水样中COD的含量（　　）mg/L。

   A. 120　　B. 122.0　　C. 121.0　　D. 121.6

2. [2]（　　）是评定液体火灾危险性的主要依据。

   A. 燃点　　B. 闪点　　C. 自燃点　　D. 着火点

3. [2] 11.2L甲烷、乙烷、甲醛组成的混合气体，完全燃烧后生成15.68L气体（气体体积均在标准状况下测定），混合气体中乙烷的体积分数为（　　）。

   A. 0.2　　B. 0.4　　C. 0.6　　D. 0.8

4. [2] 4-氨基安替比林直接分光光度法是测定水中（　　）的含量的方法。

   A. 挥发酚　　B. 溶解氧　　C. 生化需氧量　　D. 化学需氧量

5. [2] GB/T 4102.4—83燃烧-库仑法测定碳量时燃烧后气体通入电解池引起（　　）浓度的变化。

   A. Ag^+　　B. I^-　　C. H^+　　D. Na^+

6. [2] 闭口杯闪点测定仪的杯内所盛的试油量太多，测得的结果比正常值（　　）。

   A. 低　　B. 高

   C. 相同　　D. 有可能高也有可能低

7. [3] 采集天然水样时，应将取样瓶浸入水下面（　　）cm处取样。

   A. 10　　B. 30　　C. 50　　D. 70

8. [1] 测定不稳定成分的水样采集方法应该（　　）。

   A. 取好样后密封保存，送到实验室检测　　B. 采集完水样后马上送到实验室检测

   C. 现场取样，随取随测　　D. 以上方法都可以

9. [2] 测定石油产品中水分时，使用的溶剂为工业溶剂油或直馏汽油在（　　）℃以上的馏分。

   A. 50　　B. 80　　C. 100　　D. 120

10. [1] 测定石油产品中水分时，下述说法中对溶剂作用的描述不正确的是（　　）。

A. 降低试样的黏度　　B. 便于将水蒸出

C. 可使水、溶剂、油品混合物的沸点升高　　D. 防止过热现象

11. [1] 称取分析基煤样 1.2000g，测定挥发分时失去质量 0.1420g，如已知分析水分为 4%，则煤试样中挥发分的质量分数为（　　）。

A. 4%　　B. 7.83%　　C. 88.17%　　D. 84.17%

12. [1] 称取空气干燥煤样 1.0000g，测定其水分时失去质量为 0.0600g，则空气干燥煤样的水分含量为（　　）。

A. 0.60%　　B. 6%　　C. 88%　　D. 4%

13. [2] 纯碱的生产方法很多，当前应用最广泛的纯碱生成方法为（　　）。

A. 氨碱法　　B. 路布兰制碱法　　C. 侯氏制碱法　　D. 其他方法

14. [3] 从气体钢瓶中采集气体样品时，一般是用（　　）。

A. 常压下采样方法　　B. 正压下采样方法

C. 负压下采样方法　　D. 流水抽气泵采样

15. [3] 对工业气体进行分析时，一般测量气体的（　　）。

A. 重量　　B. 体积　　C. 物理性质　　D. 化学性质

16. [1] 对精煤、其他洗煤和粒度大于 100mm 的块煤在火车车皮中采样时每车至少取（　　）个子样。

A. 1　　B. 2　　C. 3　　D. 4

17. [3] 二氨替比林甲烷光度法测定硅酸盐中二氧化钛含量时，生成的产物颜色为（　　）。

A. 红色　　B. 绿色　　C. 黄色　　D. 蓝色

18. [2] 氟硅酸钾滴定法测定钢铁中硅含量时标准滴定溶液为（　　）。

A. 氢氟酸　　B. 盐酸　　C. 氢氧化钠　　D. 硫代硫酸钠

19. [2] 高氯酸脱水重量法测定钢铁中硅含量时，加入硫酸-氢氟酸处理的目的是（　　）。

A. 使硅酸脱水　　B. 使硅成四氟化硅挥发除去

C. 分解　　D. 氧化

20. [2] 高氯酸脱水重量法测定钢铁中硅含量时，硼存在引入（　　）。

A. 正误差　　B. 负误差　　C. 不产生误差　　D. 不确定

21. [1] 高温燃烧-酸碱滴定法测定煤样，在氧气流中燃烧，煤中硫生成硫的氧化物，用（　　）吸收生成硫酸，用氢氧化钠溶液滴定。

A. H_2O　　B. 盐酸溶液　　C. 过氧化氢　　D. 碘化钾溶液

22. [2] 过氧化氢光度法测定硅酸盐中二氧化钛含量，其最大波长为（　　）nm。

A. 420　　B. 415　　C. 410　　D. 405

23. [2] 含 CO 与 N_2 的样气 10mL，在标准状态下加入过量氧气使 CO 完全燃烧后，气体体积减小了 2mL，则样气中有 CO（　　）。

A. 2mL　　B. 4mL　　C. 6mL　　D. 8mL

24. [1] 含有 CO_2、O_2 及 CO 的混合气体 75.0mL，依次用 KOH 溶液、焦性没食子酸的碱性溶液、氯化亚铜的氨性溶液吸收后，气体体积依次减小至 70.0mL、63.0mL 和 60.0mL，求各成分在原气体中的体积分数。

A. CO_2 3.34%、O_2 9.33%、CO 4.00%　　B. CO_2 6.67%、O_2 4.66%、CO 4.00%

C. CO_2 6.67%、O_2 9.33%、CO 2.00%　　D. CO_2 6.67%、O_2 9.33%、CO 4.00%

25. [1] 煤中灰分测定时的温度为（　　）。

A. 105℃　　B. 110℃　　C. 700℃　　D. 815℃

26. [2] 挥发性较强的石油产品比挥发性低的石油产品的闪点（　　）。

A. 高　　B. 低　　C. 一样　　D. 无法判断

27. [1] 碱熔融法不能用的熔剂有（　　）。

A. 碳酸钠　　B. 碳酸钾　　C. 氢氧化钠　　D. 氯化钠

28. [2] 氯化铵、结晶硝铵、硫酸铵、过磷酸钙、钙镁磷肥、氯化钾等产品水分的测定采用（　　）。

A. 碳化钙法　　B. 卡尔・费休法　　C. 真空干燥法　　D. 化学分析法

29. [2] 氯化亚锡还原-磷钼蓝光度法测定钢铁中磷含量时在波长（　　）nm 处测量吸光度。

A. 520　　B. 580　　C. 630　　D. 690

30. [3] 煤的挥发分测定，煤样放在（　　）之中。

A. 烧杯　　B. 称量瓶　　C. 带盖的瓷坩埚　　D. 瓷舟

31. [1] 煤的挥发分测定，在温度为 900 ℃下隔绝空气加热（　　）min。

A. 3　　B. 5　　C. 7　　D. 9

32. [2] 煤流采样时，采样器的开口应当至少是煤标称最大粒度的 3 倍并不小于（　　）mm。

A. 10　　B. 20　　C. 30　　D. 40

33. [2] 煤中氮的测定采用的方法为（　　）。

A. 酸碱滴定法　　B. 配位滴定法　　C. 氧化还原滴定法　　D. 沉淀滴定法

34. [2] 哪种方法不能测定水中的氯化物含量？（　　）

A. 莫尔法　　B. 汞盐滴定法　　C. 电位滴定法　　D. 高锰酸钾法

35. [2] 尿素产品中的水分测定时，采用的方法是（　　）。

A. 碳化钙法　　B. 卡尔・费休法　　C. 真空干燥法　　D. 化学分析法

36. [1] 取 200mL 水样，用硫酸钡重量法测定水中硫酸根的含量，称得沉淀的质量为 2.5125g，硫酸根的含量为（　　）mg/L。

A. 5.752　　B. 5.231　　C. 5.171　　D. 5.512

37. [2] 全水分煤样采集时，要求装样量不得超过煤样瓶容积的（　　）。

A. 1/2　　B. 2/3　　C. 3/4　　D. 4/5

38. [3] 燃烧-碘量法钢铁中硫量时指示剂为（　　）。

A. 碘　　B. 淀粉　　C. 甲基橙　　D. 铬黑 T

39. [3] 四苯硼酸钠容量法用于下列（　　）肥料元素的分析。

A. K　　B. N　　C. P　　D. Mg

40. [2] 亚砷酸钠-亚硝酸钠滴定法测定钢铁中锰量，以硝酸银为催化剂、用过硫酸铵将二价锰氧化为（　　）价锰。

A. 三　　B. 四　　C. 五　　D. 七

41. [2] 液体受外力作用移动时，液体分子间产生内摩擦力的性质，称为（　　）。

A. 压力　　B. 黏度　　C. 密度　　D. 冷滤点

42. [2] 一车或一船舱装载的筛选煤基本采样单元最少子样数为（　　）。

A. 60　　B. 30　　C. 20　　D. 18

43. [1] 移取 2.00mL 水样，用二苯碳酰二肼分光光度法测定六价铬，从标准曲线上查得六价铬的质量为 0.1μg。求水中铬的含量（　　）mg/L。

A. 0.05　　B. 0.5　　C. 0.1　　D. 1

44. [1] 移取水样 50mL，进行矿化度的测定，蒸发皿的质量为 25.7468g，测定后蒸发皿及残渣质量为25.7478g，计算水的矿化度为（　）mg/L。

A. 100　　B. 200　　C. 150　　D. 250

45. [2] 以下测定项目不属于煤样的半工业组成的是（　）。

A. 水分　　B. 总硫　　C. 固定碳　　D. 挥发分

46. [3] 用氢氟酸分解试样时应用（　）。

A. 玻璃器皿　　B. 陶瓷器皿　　C. 镍器皿　　D. 聚四氟乙烯器皿

47. [1] 油品的闪点与（　）无关。

A. 馏分组成　　B. 烃类组成　　C. 压力　　D. 温度

48. [2] 有效磷提取必须先用水提取水溶性含磷化合物，再用（　）提取柠檬酸溶性含磷化合物。

A. 水　　B. 碱性柠檬酸铵　　C. 酸性柠檬酸铵　　D. 柠檬酸

49. [3] 欲测定SiO_2的总的含量，需将灼烧称重后的SiO_2以HF处理，宜用下列何种坩埚（　）。

A. 瓷坩埚　　B. 铂坩埚　　C. 镍坩埚　　D. 刚玉坩埚

50. [1] 在40mLCO、CH_4、N_2的混合气体中，加入过量的空气，经燃烧后，测得体积缩减了42mL，生成36mLCO_2，气体中CH_4的体积分数为（　）。

A. 10%　　B. 40%　　C. 50%　　D. 90%

51. [2] 在测定煤中水分时，空气干燥煤样的粒度要求为（　）。

A. <0.1mm　　B. <0.2mm　　C. >0.1mm　　D. >0.2mm

52. [3] 在煤中全硫分析中，全硫的测定方法有很多，（　）方法是世界公认的测定煤中全硫含量的标准方法。

A. 高温燃烧-酸碱滴定法　　B. 配位滴定法

C. 艾氏卡法　　D. 库仑滴定法

53. [3] 在溶解钢铁试样时，磷酸一般不单独使用，加入的目的，是利用其对部分金属离子的（　）作用。

A. 氧化　　B. 还原　　C. 配位　　D. 酸性

54. [1] 黏度计常数为$0.4780mm^2/s^2$，试样在20℃时的流动时间为322.0s、322.4s、322.6s和321.0s，此温度下的运动黏度为（　）。

A. $151.3mm^2/s$　　B. $153.9mm^2/s$　　C. $156.7mm^2/s$　　D. $160.5mm^2/s$

二、判断题

1. [1] 铂坩埚与大多数试剂不反应，可用王水在铂坩埚里溶解样品。（　）
2. [2] 铂器皿内可以加热或熔融碱金属。（　）
3. [2] 采集商品煤样品时，煤的批量增大，子样个数要相应增多。（　）
4. [2] 采样方法是根据气体压力的不同可分为略高于大气压的取样、高压气体取样和等于或低于大气压的气体取样。（　）
5. [2] 测定运动黏度时，黏度计的选择：务使试样的流动时间不少于200s，内径0.4mm的黏度计流动时间不少于300s。（　）
6. [2] 从高温高压的管道中采集水样时，必须安装减压装置和冷却器。（　）
7. [2] 对产品杂质的分析，可采用限量分析。（　）
8. [2] 对产品主成分的分析，必须采用标准分析法，对精确度要求较高。（　）
9. [3] 对工业分析用样品进行采样时，要求采样具有代表性。（　）
10. [3] 对于负压下的气体样品，采样时可用气囊采样。（　）

11. [1] 二安替比林甲烷光度法测定硅酸盐中二氧化钛含量时，用用抗坏血酸消除 Fe^{3+} 的干扰。( )

12. [2] 二安替比林甲烷-磷钼酸重量法测定钢铁中磷含量时的沉淀剂为二安替比林甲烷-钼酸钠混合液。( )

13. [3] 硅酸盐经典分析系统基本上是建立在沉淀分离和重量法的基础上。( )

14. [2] 化工产品采样量在满足需要前提下，样品量越少越好，但其量至少满足三次重复检测，备考样品和加工处理的要求。( )

15. [3] 化工生产分析主要是对化工产品生产过程中的原料、中间产品及最终产品的分析。( )

16. [3] 磷矾钼黄光度法测定五氧化二磷含量时的测定波长为 380nm。( )

17. [2] 磷肥中水溶性磷用水抽取，有效磷不可用 EDTA 液抽取。( )

18. [2] 煤分析样品取样的基本原则是有代表性。( )

19. [2] 煤经加热干馏，水及部分有机物质裂解生成的气态产物挥发逸出，不挥发部分即为焦炭。( )

20. [1] 煤在规定条件下隔绝空气加热进行水分校正后的质量损失即为挥发分。( )

21. [2] 煤中的无机组分包括水和矿物质两部分。( )

22. [2] 煤中挥发分的测定，加热时间应严格控制在 7min。( )

23. [1] 煤中水分测定采用空气干燥法，将煤样干燥后，从干燥箱取出称量瓶，放在空气中冷却至室温（约 20 min），称量。( )

24. [3] 煤中水分测定的仲裁分析为通氮干燥法。( )

25. [2] 燃烧-气体容量法测定钢铁中碳含量时二氧化锰或矾酸银的作用是除硫剂。( )

26. [2] 熔融固体样品时，应根据熔融物质的性质选用合适材质的坩埚。( )

27. [3] 石油及其产品是一复杂的混合物，无恒定的沸点，所以其沸点只能以某一温度（沸点）范围来表示。( )

28. [2] 水质标准是水质指标要求达到的合格范围，是对各种用途的水中污染物质的最高容许浓度或限量阈值的具体限制和要求。( )

29. [3] 水中溶解氧的含量随水的深度的增加而减少。( )

30. [2] 随机不均匀物料必须随机采样。( )

31. [3] 为送往实验室供检验或测试而制备的样品称为实验室样品。( )

32. [2] 吸收滴定法是用吸收剂将被测组分吸收完全后，用滴定的方法测量生成物的量或剩余吸收剂的量，从而计算出被测组分含量。( )

33. [2] 吸收体积法是利用气体的化学特性，使气体混合物与特定的吸收剂接触，被测组分在吸收剂中定量地发生化学吸收。( )

34. [2] 吸收体积法中测量气体体积时，不用记录环境的温度和压力。( )

35. [3] 氧化铝色谱分离-硫酸钡重量法测定硫含量时消解后滤液通过活性氧化铝色谱柱目的是去除干扰离子。( )

36. [2] 油品黏度与化学组成没有关系，它不能反映油品烃类组成的特性。( )

37. [2] 于高温炉中用燃烧法将钢铁试样中的碳和硫转化为 CO_2 和 SO_3。( )

38. [1] 原子吸收分光光度法测定氧化钾、氧化钠含量时，以锶盐消除硅、铝、钛等的干扰。( )

39. [2] 原子吸收分光光度法测定氧化钾含量时的测定波长为 589.0nm。( )

40. [1] 在火车顶部采煤样时，设首末个子样点时应各距开车角 0.5m 处。( )

41. [2] 在某一恒定的温度下，测黏度计毛细管常数与流动时间的乘积，即为该温度下

测定液体的运动黏度。( )

42. [2] 在镍坩埚中做熔融实验，其熔融温度一般不超过 900℃。( )

43. [1] 在石油或石油产品的分析检验中，一般不做成分测定，而通常主要是根据有机化合物的某些物理性质，作为衡量石油产品质量的指标。( )

44. [3] 真色是未经过过滤或离心的原始水的颜色。( )

45. [3] 重氮偶合分光光度法测定生活水中的亚硝酸盐氮含量，pH 控制为 1.7 以下。( )

46. [3] 子样是指用采样器从一个采样单元中一次取得的一定量物料。( )

三、多选题

1. [2] 10mL 某种气态烃，在 50mL 氧气里充分燃烧，得到液态水和体积为 35mL 的混合气体（所有气体体积都是在同温同压下测定的），则该气态烃可能是（ ）。

   A. 甲烷　B. 乙烷　C. 丙烷　D. 丙烯

2. [1] 艾氏卡法是全硫的测定方法，方法中所用艾氏卡试剂的包括（ ）。

   A. 氧化镁　B. 无水碳酸钠　C. 氧化钠　D. 无水碳酸镁

3. [1] 氨态氮（NH_4^+ 或 NH_3）的测定方法有（ ）。

   A. 直接滴定法　B. 甲醛法　C. 蒸馏后滴定法　D. 碳化钙法

4. [1] 按照国标工业碳酸钠的成品分析的内容包括（ ）。

   A. 总碱量的测定　B. 不挥发物分析　C. 烧失量的测定　D. 不挥发物分析

5. [2] 采集液体样品时采样用的容器必须（ ）。

   A. 严密　B. 洁净　C. 干燥　D. 密封

6. [1] 常见的固体样品的采样工具有（ ）。

   A. 采样斗　B. 采样铲　C. 探管　D. 手工螺旋钻

7. [1] 氮肥中氮的存在形式有（ ）。

   A. 游离态　B. 氨态　C. 硝酸态　D. 有机态

8. [2] 对煤堆采样时，要求将子样按点分布在煤堆的（ ）。

   A. 顶部　B. 中心　C. 腰部　D. 底部

9. [1] 分解试样的方法很多，选择分解试样的方法时应考虑（ ）等问题。

   A. 样品组成　B. 测定对象　C. 测定方法　D. 干扰元素

10. [1] 氟硅酸钾滴定法测定钢铁中硅含量时沉淀前加 20% 的氯化钙 5mL，沉淀过滤在 10min 内完成的目的为消除（ ）的干扰。

    A. 硼　B. 铝　C. 锆　D. 钛

11. [2] 钢铁中绝大部分磷化物溶于氧化性酸中，生成（ ）。

    A. 正磷酸　B. 偏磷酸　C. 次磷酸　D. PH_3

12. [1] 工业分析检测具有如下特点：（ ）。

    A. 工业物料成分往往比较复杂，而且干扰因素较多

    B. 抽取的工业物料样品有充分的典型代表性

    C. 工业物料的分析检测要快速

    D. 不同的工业物料分析测定结果的准确度和允许差要求不同

13. [1] 工业过氧化氢成品分析的内容包括（ ）。

    A. 过氧化氢含量的测定　B. 氯化物含量的测定

    C. 游离酸含量的测定　D. 不挥发物分析

14. [1] 工业浓硝酸成品分析中亚硝酸盐组分的分析常采用（ ）。

A. 配位滴定法　　B. 氧化还原滴定法
C. 分光光度法　　D. 原子吸收法

15. [0] 硅酸盐快速分析系统有（　　）。
A. 碱熔分析系统　　B. 酸熔分析系统
C. 锂盐熔融分析系统　　D. 经典分析系统

16. [1] 硅酸盐试样处理中，半熔（烧结）法与熔融法相比较，其优点为（　　）。
A. 熔剂用量少　　B. 熔样时间短　　C. 分解完全　　D. 干扰少

17. [3] 硅酸盐试样的分解方法有（　　）。
A. 酸分解法　　B. 水溶解法　　C. 熔融法　　D. 半熔法

18. [2] 化工生产分析主要是对化工产品生产过程中的（　　）的分析。
A. 原料　　B. 副产品　　C. 中间产品　　D. 最终产品

19. [1] 化学肥料有效成分是指肥料中营养元素的含量，各种化肥的有效成分以下元素的质量分数计，（　　）是错误的。
A. 氮肥的有效成分以氮元素的质量分数计（N%）
B. 磷肥的有效成分含量，以有效磷的质量分数计（P_2O_5%）
C. 钾肥的有效成分以氧化钾的质量分数计（K_2O%）
D. 复合肥是以氮元素的质量分数计（N%）

20. [1] 火焰原子吸收光谱法测定钢铁中锰量时试样分解需要用（　　）。
A. 盐酸　　B. 硫酸　　C. 硝酸　　D. 高氯酸

21. [1] 开口杯和闭口杯闪点测定仪的区别是（　　）。
A. 仪器不同　　B. 温度计不同
C. 加热和引火条件不同　　D. 坩埚不同

22. [1] 磷肥分析中磷含量的测定常用的方法有（　　）。
A. 磷钼酸喹啉重量法　　B. 磷钼酸铵容量法
C. 钒钼酸铵分光光度法　　D. 磷钼酸喹啉容量法　　E. 卡尔·费休法

23. [1] 硫酸中砷含量的测定采用的方法为（　　）。
A. 二乙基二硫代氨基甲酸银光度法　　B. 氧化还原滴定法
C. 砷斑法　　D. 原子吸收法

24. [2] 煤的工业分析项目主要包括（　　）。
A. 水分　　B. 灰分　　C. 挥发分　　D. 固定碳

25. [2] 煤的元素分析包括（　　）。
A. 碳　　B. 氢　　C. 氧　　D. 硫

26. [1] 柠檬酸溶性磷化合物及其提取，因化合物其性质不同，在提取时选用的提取剂也不相同。常用的提取剂为柠檬酸溶性试剂有（　　）。
A. 酸性柠檬酸铵溶液　　B. 彼得曼试剂
C. 柠檬酸溶液　　D. 中性柠檬酸铵溶液

27. [2] 气体分析与固体、液体物质的分析方法有所不同，是由于气体（　　）。
A. 质量轻　　B. 流动性大　　C. 体积随温度或压力变化而变化
D. 不易称取质量　　E. 有颜色

28. [3] 气体化学分析法所使用的仪器主要有（　　）。
A. 奥氏气体分析仪　　B. 苏式气体分析仪
C. 分光光度计　　D. 原子吸收光谱仪

29. [1] 燃烧-非水滴定法测定总碳量时滴定介质为（　　）。

A. 丙酮　　B. 乙醇　　C. 乙醇胺　　D. 乙醇钾

30. [3] 试样制备过程通常经过（　）基本步骤。

A. 破碎　　B. 混匀　　C. 缩分　　D. 筛分

31. [1] 水的化学需氧量测定方法主要有（　　）。

A. 高锰酸钾法　　B. 重铬酸钾法　　C. 碘量法　　D. 库仑滴定法

32. [3] 水的碱度可分为（　）。

A. 酚酞碱度　　B. 总碱度　　C. 碱度　　D. 甲基橙碱度

33. [2] 水体中的氨氮以（　　）形式存在。

A. N　　B. NO_2^-　　C. NH_3　　D. NH_4^+

34. [2] 水样存放时间不受（　　）的影响。

A. 取样容器　　B. 温度　　C. 存放条件　　D. 水样性质　　E. 取样方法

35. [1] 水样的保存方法（　）。

A. 冷藏法　　B. 冷冻法　　C. 常温保存法　　D. 化学试剂加入法

36. [2] 水质分析的过程一般包括（　）。

A. 水样的采集　　B. 预处理　　C. 依次分析

D. 结果计算与整理　　E. 分析结果的质量审查

37. [3] 水中重金属包括（　　）。

A. 镉　　B. 铅　　C. 汞　　D. 铁

38. [2] 下列描述正确的是（　　）。

A. 黏度增大，润滑油的流动性变差

B. 工业齿轮油按 40℃运动黏度划分牌号

C. 润滑油黏度过小，则会降低油膜支撑能力，增大磨损

D. 黏度影响喷气式发动机燃料的雾化

39. [1] 下列哪个农药不属于有机氯农药（　　）。

A. 代森锌　　B. 三唑酮　　C. 滴滴涕

D. 三乙膦酸铝　　E. 都不是

40. [2] 下列气体中可以用吸收法测定的有（　　）。

A. CH_4　　B. H_2　　C. O_2　　D. CO

41. [2] 下列装置属于水分测定器的组成部分的是（　）。

A. 蛇形冷凝管　　B. 圆底烧瓶　　C. 直管式冷凝管　　D. 接收器

42. [1] 酰胺态氮的测定方法有（　　）。

A. 尿素酶法　　B. 德瓦达合金还原法　　C. 铁粉还原法　　D. 蒸馏后滴定法

43. [1] 硝态氮（NO_3^-）的测定有（　）。

A. 直接滴定法　　B. 铁粉还原法　　C. 德瓦达合金还原法　　D. 氮试剂重量法

44. [3] 液体样品的采样工具有（　）。

A. 采样勺　　B. 采样瓶　　C. 采样罐　　D. 采样管

45. [3] 一般化工生产分析包括（　）。

A. 原材料方法　　B. 中间产品分析　　C. 产品分析　　D. 副产品分析

46. [3] 用于测定运动黏度的仪器有（　　）。

A. 秒表　　B. 毛细管黏度计　　C. 温度计　　D. 恒温水槽

47. [1] 在煤中全硫分析中，全硫的测定方法有（　　）。

A. 原子吸收法　　B. 艾氏卡法

C. 库仑滴定法　　D. 高温燃烧-酸碱滴定法

四、计算题

1. [2] 称取工业碳酸钠产品 0.4000g，用 1.0000 mol/L 盐酸标准滴定溶液滴定，消耗盐酸体积 7.10mL，求工业碳酸钠中碳酸钠的含量。

2. [2] 含有 CO_2、O_2、CO、CH_4、H_2、N_2 等成分的混合气体 99.6mL，用吸收法吸收 CO_2、O_2、CO 后体积依次减小至 96.3mL、89.4mL、75.8mL；取剩余气体 25.0mL，加入过量的氧气进行燃烧，体积缩减了 12.0mL，生成 5.0mL CO_2。求气体中各成分的体积分数。

3. [2] 称取水泥试样 0.5000g，碱熔后分离除去 SiO_2，收集滤液并定容于 250mL 的容量瓶中。移取 25.00mL 溶液，加入磺基水杨酸钠指示剂，调整 pH＝2 用 0.02500mol/L 的 EDTA 标准滴定溶液滴定，消耗 3.30mL，计算试样中的氧化铁的含量。[$M(Fe_2O_3)$＝159.69g/mol]

4. [2] 从 A、B 两个溶解氧瓶中分别移取 100.00mL 溶液分别于 250mL 锥形瓶中，用 0.01012mol/L $Na_2S_2O_3$ 溶液滴定至淡黄色，加入 1mL 淀粉溶液继续滴定，溶液由蓝色变无色为终点，A 瓶消耗 $Na_2S_2O_3$ 溶液 1.50mL，B 瓶消耗 $Na_2S_2O_3$ 溶液 0.64mL，求该水样中溶解氧的含量（O_2，mg/L）。[$M(O_2)$＝16.00g/mol]

5. [2] 称取空气干燥煤样 1.2400g，测定其挥发分时失去质量为 0.1320g，测定灰分时残渣的质量是 0.1120g。如已知此煤中 M_{ad} 为 4.20%，求试样中挥发分、灰分和固定碳的质量分数。

6. [2] 含有 CO_2、O_2、CO 的混合气体 97.5mL，依次用氢氧化钾、焦性没食子酸-氢氧化钾溶液、氯化亚铜-氨水吸收液吸收后。其体积依次减小至 95.6mL、90.2mL、77.3mL，计算以上各组分的原体积分数。

7. [2] 20℃时运动黏度为 $3.9\times10^{-5}m^2/s$ 的标准样品，在毛细管黏度计中的流出时间为 372.8s。在 50℃恒温浴中，测得某种油料试样在同一支毛细管黏度计中的流出时间为 139.2s，求该试样的运动黏度。

8. [2] 用气体容量法测定钢铁试样中碳含量，称取钢样 1.000g，在 20℃、101.3kPa 时，测得二氧化碳的体积为 5.20mL，求试样中碳的质量分数。

9. [2] 称取氯化钾化肥试样 24.132g，溶于水，过滤后制成 500mL 溶液。移取 25.00mL，再稀释至 500mL。吸取其中 15.00mL 与过量的四苯硼酸钠溶液反应，得到 0.1451g 四苯硼酸钾沉淀。求肥料中氧化钾的含量。[$M(K_2O)$＝94.20g/mol，$M_{四苯硼酸钾}$＝358.45g/mol]

五、综合题

1. [2] 什么是水的溶解氧？如何用碘量法测定水的溶解氧？
2. [2] 什么是挥发酚？如何测定挥发酚？
3. [2] 什么是水的颜色，其测定方法有哪些，如何测定？
4. [2] 什么是化学需氧量？如何用重铬酸钾法测定化学需氧量？
5. [2] 煤中硫含量的测定有哪几种方法？各自有什么特点？
6. [2] 煤中水分测定有几种方法？
7. [2] 什么是煤的灰分？煤的灰分来自矿物质，有哪几种情况？煤的灰分测定有几种方法？
8. [2] 什么是煤的挥发分？如何测定煤的挥发分？
9. [2] 气体分析仪中的吸收瓶有几种类型？各有何用途？
10. [2] 吸收体积法的原理是什么？

11. [2] 氯化氢的测定原理是什么？

12. [2] 硫化氢的测定原理是什么？

13. [2] 什么是石油产品的闪点、燃点和自燃点？有哪些区别和联系？

14. [2] 烧结法与熔融法有何区别？其优点是什么？

15. [2] 无汞盐-重铬酸钾法测定铁时、还原高价铁时，选用什么样的指示剂？原理是什么？

16. [2] 测定五氧化二磷的光度法主要有哪几种，各有何特点？

17. [2] 简述燃烧-碘量法和燃烧-酸碱滴定法的测硫测定原理。

18. [2] 简述燃烧气体容量法测定钢铁中总碳含量的方法原理。

19. [2] 简述测定钢铁中磷——磷钼蓝光度法测定原理。

20. [2] 对磷肥中磷的定量方法有哪几种？各方法的测定原理、使用范围和特点如何？

21. [2] 试述四苯硼酸钠称量法和滴定分析法测定氧化钾含量的原理，并比较它们的异同点。

22. [2] 简述浓硝酸成品分析中硝酸含量的测定过程。

23. [2] 如何测定原料矿石和炉渣中有效硫含量及总硫含量？

24. [2] 简述碘-淀粉溶液吸收法测定二氧化硫的原理及方法。

25. [2] 如何用吸收中和法测定三氧化硫的含量？

第十五章 有机分析知识

一、单选题

1. [2] 取 a g 某物质在氧气中完全燃烧，将其产物与足量的过氧化钠固体完全反应，反应后固体的质量恰好也增加了 a g。下列物质中不能满足上述结果的是（　　）。

   A. H_2　　B. CO　　C. $C_6H_{12}O_6$　　D. $C_{12}H_{22}O_{11}$

2. [1] 卡尔·费休试剂所用的试剂是（　　）。

   A. 碘、三氧化硫、吡啶、甲醇　　B. 碘、三氧化硫、吡啶、乙二醇

   C. 碘、二氧化硫、吡啶、甲醇　　D. 碘化钾、二氧化硫、吡啶、甲醇

3. [2] 催化氧化法测有机物中的碳和氢的含量时，CO_2 和 H_2O 所采用的吸收剂为（　　）。

   A. 都是碱石棉　　B. 都是高氯酸镁

   C. CO_2 是碱石棉，H_2O 是高氯酸镁　　D. CO_2 是高氯酸镁，H_2O 是碱石棉

4. [1] 烯基化合物测定时，常用过量的氯化碘溶液与不饱和化合物分子中的双键进行定量的加成反应，反应完全后，加入碘化钾溶液，与剩余的氯化碘作用析出碘，以淀粉作指示剂，用硫代硫酸钠标准溶液滴定，同时做空白实验。这是（　　）。

   A. 酸碱滴定法　　B. 沉淀滴定法　　C. 电位滴定法　　D. 返滴定法

5. [1] 下列物质中，常作为有机物中卤素含量测定的指示剂的是（　　）。

   A. 二苯卡巴腙　　B. 淀粉　　C. 钍啉　　D. 酚酞

6. [1] 用钠熔法分解有机物后，以稀 HNO_3 酸化并煮沸 5min，加入 $AgNO_3$ 溶液，有淡黄色沉淀出现，则说明该有机物含（　　）元素。

   A. S　　B. X　　C. N　　D. C

7. [3] 汞液滴定法使用的指示剂是（　　）。

   A. 酚酞　　B. 二苯卡巴腙　　C. 钍啉　　D. 淀粉

8. [3] 测定有机化合物中硫含量时，样品处理后，以钍啉为为指示剂，用高氯钡标准溶液滴定终点时溶液颜色为（　　）。

   A. 蓝色　　B. 红色　　C. 绿色　　D. 黄色

9. [3] 氧瓶燃烧法测定有机硫含量时，在 pH=4 下，以钍啉为指示剂，用高氯酸钡标准溶

液滴定，终点颜色难以辨认，可加入（　　）做屏蔽剂，使终点由淡黄绿色变为玫瑰红色。

A. 六亚甲基四胺　　B. 亚甲基蓝　　C. 亚硫酸钠　　D. 乙酸铅

10. [2] 氧瓶燃烧法测有机物中硫含量时，分解产物用（　　）吸收。

A. 氢氧化钠溶液　　B. 稀硫酸溶液

C. 高氯酸钡　　D. 过氧化氢水溶液

11. [1] 有机物经钠熔后的溶液用稀 HAc 酸化，加入稀 $Pb(Ac)_2$ 溶液，有黑色沉淀，说明该化合物中含（　　）元素。

A. N　　B. S　　C. I　　D. Cl

12. [2] 德瓦达合金还原法只适用于（　　）测定。

A. 氨态氮　　B. 硝态氮　　C. 有机态氮　　D. 过磷酸钙

13. [3] 杜马法测定氮时，试样在装有氧化铜和还原铜的燃烧管中燃烧分解，有机含氮化合物中的氮转变为（　　）。

A. 氮气　　B. 一氧化氮　　C. 氧化二氮　　D. 氨气

14. [3] 凯达尔定氮法的关键步骤是消化，为加速分解过程，缩短消化时间，常加入适量的（　　）。

A. 无水碳酸钠　　B. 无水碳酸钾　　C. 无水硫酸钾　　D. 草酸钾

15. [1] 一个未知化合物，官能团鉴定实验时得到如下结果：(1) 硝酸铈铵试验（+）；(2) *N*-溴代丁二酰亚胺试验，结果为橙色；(3) 红外光谱表明在 $3400cm^{-1}$ 有一较强的宽吸收峰。下面说法中正确的是（　　）。

A. 该化合物可能是脂肪族伯醇，碳原子数在 10 以下

B. 该化合物可能是脂肪族仲醇，碳原子数在 10 以上

C. 该化合物可能是脂肪族仲醇，碳原子数在 10 以下

D. 该化合物可能是脂肪族伯胺，碳原子数在 10 以下

16. [2] 测定淀粉中羰基含量时，在沸水浴中使淀粉完全糊化，冷却，调 pH 值至 3.2，移入 500mL 的带玻璃塞锥形瓶中，精确加入 60mL 羟胺试剂，加塞，在（　　）℃下保持 4h。

A. 25　　B. 30　　C. 40　　D. 60

17. [2] 肟化法测定羰基化合物加入吡啶的目的是（　　）。

A. 催化剂　　B. 调节溶液的酸度

C. 抑制逆反应发生　　D. 加快反应速率

18. [1] 盐酸羟胺肟化法测定羰基物时，终点指示剂应选（　　）。

A. 中性红　　B. 溴酚蓝　　C. 酚酞　　D. 亚甲基蓝

19. [1] 淀粉糊滴定法测定氧化淀粉中羧基含量，用 0.1mol/L NaOH 标准溶液滴定，用（　　）作指示剂。

A. 甲基红　　B. 甲基橙　　C. 酚酞　　D. 百里酚蓝

20. [2] 酰胺法测定酸酐含量，不干扰测定结果的物质是（　　）。

A. 盐酸　　B. 羧酸　　C. 硫酸　　D. 高氯酸

21. [2] 重氮化法测定磺胺类药物要使用过量的盐酸，下列原因叙述错误的是（　　）。

A. 可以抑制副反应的发生　　B. 增加重氮盐的稳定性

C. 加速重氮化反应　　D. 便于 KI 淀粉试纸指示终点

22. [2] 韦氏加成法在与被测物反应时碘量瓶中存在了少量的水，将使碘值（　　）。

A. 偏高　　B. 偏低　　C. 不能确定　　D. 不变

23. [2] 乙酰化法测定脂肪族醇的羟值时，消除酚和醛干扰的方法是（　　）。

A. 邻苯二甲酸酐酰化法　　B. 苯二甲酸酐酰化法

C. 乙酸酐-乙酸钠酰化法　　D. 高锰酸钾氧化法

24. [3] 测定某右旋物质，用蒸馏水校正零点为－0.55°，该物质溶液在旋光仪上读数为6.24°，则其旋光度为（　　）。

A. －6.79°　　B. －5.69°　　C. 6.79°　　D. 5.69°

25. [3] 亚硫酸氢钠加成法测定醛和甲基酮时，必须使用大量过量的试剂，一般0.02～0.04mol 试样加（　　）mol Na_2SO_3。

A. 0.25　　B. 2.5　　C. 0.5　　D. 2.0

26. [2] 下列说法错误的是（　　）。

A. 元素定量多用于结构分析

B. 氧化性物质的存在不影响羟胺肟化法测定羰基

C. 官能团定量多用于成分分析

D. 根据酰化成酯的反应能定量测定醇的含量

27. [3] 用有机溶剂萃取分离某待分离组分，设试样水溶液体积为$V_水$，含待分离组分m_0(g)，已知待分离组分在有机相和水相中的分配比为D，分别用体积为$V_有$的有机萃取剂连续萃取两次后，剩余在水相中的待分离组分质量m_2(g) 表达式正确的是（　　）。

A. $m_2=m_1\times\left(\dfrac{V_有}{DV_有+V_水}\right)^2$　　B. $m_2=m_0\times\left(\dfrac{V_水}{DV_有+V_水}\right)^2$

C. $m_2=m_0\times\left(\dfrac{V_水}{DV_有+V_水}\right)$　　D. $m_2=m_0\times\left(\dfrac{V_水}{DV_有+V_水}\right)^4$

28. [2] 下列试样既能用密度瓶法又能用韦氏天平法测定其密度的是（　　）。

A. 丙酮　　B. 汽油　　C. 乙醚　　D. 甘油

29. [2] 以下关于折射率测定法的应用的范畴，（　　）是错误的。

A. 可用于测定化合物的纯度　　B. 可用于测定溶液的浓度

C. 可用于定性分析　　D. 可用于测定化合物的密度

30. [3]（　　）不适合于重氮化法的终点判断。

A. 结晶紫　　B. 中性红

C. “永停法”　　D. 淀粉碘化钾试纸

31. [2] 以下哪一种方法比较适用于苯胺含量的测定（　　）。

A. 酸滴定法　　B. 乙酰化法　　C. 重氮化法　　D. 杜马法

32. [3] 用纸层析法分离有机混合物涉及各组分在流动相和固定相中的分配作用，通常情况下该法的固定相是指（　　）。

A. 滤纸中的纤维素　　B. 试样中的水

C. 展开剂中的水　　D. 滤纸中的吸附水

33. [3] 韦氏天平法测定密度的基本依据是（　　）。

A. 阿基米德定律　　B. 牛顿定律　　C. 欧姆定律　　D. 引力定律

34. [3] 氧瓶燃烧法所用的燃烧瓶是（　　）。

A. 透明玻璃瓶　　B. 硬质塑料瓶

C. 硬质玻璃锥形磨口瓶　　D. 装碘量瓶

35. [3] 氧瓶燃烧法所用的燃烧瓶塞尾部熔封的金属丝应是（　　）。

A. 金丝　　B. 铜丝　　C. 银丝　　D. 铂丝

36. [2] 在质谱图中被称为基峰或标准峰的是（　　）。

A. 一定是分子离子峰　　B. 质荷比最大的峰

C. 强度最小的离子峰　　D. 强度最大的离子峰

37. [3] 以下核中不能进行核磁共振实验的有（　　）。

A. ^{1}H　　B. ^{12}C　　C. ^{13}C　　D. ^{31}P

38. [2] 有机化合物的旋光性是由于（　　）产生的。

A. 有机化合物的分子中有不饱和键

B. 有机化合物的分子中引入了能形成氢键的官能团

C. 有机化合物的分子中含有不对称结构

D. 有机化合物的分子含有卤素

39. [2] 燃烧法测定有机物碳、氢含量时能够消除硫、卤干扰的催化剂是（　　）。

A. $CuO+Co_3O_4$　　B. Co_3O_4　　C. CuO　　D. $AgMnO_4$

40. [2] 有机官能团定量分析方法是（　）进行定量分析。

A. 直接利用有机物的物理或化学性质

B. 将有机物转变成无机物后

C. 在激烈条件下转变为无机物

D. 直接用仪器分析方法测定

41. [2] 官能团定量分析为了使反应完全经常采用（　　）。

A. 试剂过量和加入催化剂　　B. 试剂过量和产物移走

C. 回流加热和加催化剂　　D. 产物移走和加热

42. [3] 氧瓶燃烧法测定卤素含量时，常用（　　）标准滴定溶液测定卤离子的含量。

A. 硝酸汞　　B. 二苯卡巴腙　　C. 氢氧化钠　　D. 盐酸

43. [1] 碘酸钾-碘化钾氧化法测定羧酸时，每一个羧基能产生（　　）个碘分子。

A. 0.5　　B. 1　　C. 2　　D. 3

44. [2] 卡尔·费休法测定水分时，是根据（　　）时需要定量的水参加而测定样品中水分的。

A. SO_2氧化I_2　　B. I_2氧化SO_2　　C. I_2氧化甲醇　　D. SO_2氧化甲醇

45. [1] 用密度瓶法测密度时，20℃纯水质量为50.2506g，试样质量为48.3600g，已知20℃时纯水的密度为0.9982g/cm^3，该试样密度为（　　）g/cm^3。

A. 0.9606　　B. 1.0372　　C. 0.9641　　D. 1.0410

46. [2] 碘酸钠氧化法测定糖含量时，测定对象（　　）。

A. 醛糖　　B. 酮糖　　C. 醛糖和酮糖　　D. 蔗糖

47. [2] 皂化法测定较难皂化的酯，溶剂的选择应为（　　）。

A. 低沸点　　B. 高沸点　　C. 任意选　　D. 水

48. [2] ICl加成法测定油脂碘值时，使样品反应完全的试剂量为（　　）。

A. 样品量的2～2.5倍　　B. 样品量的1～1.5倍

C. 样品量的2～3倍　　D. 样品量的0.5～1倍

49. [2] ICl加成法测油脂时，以V_0、V分别表示$Na_2S_2O_3$滴定液的空白测定值与样品测定值，以下关系式正确者为（　　）。

A. $V=(2\sim3)\ V_0$　　B. $V=(1/2\sim3/5)\ V_0$

C. $V_0=(1\sim1.5)\ V$　　D. $V=(1\sim2)\ V_0$

50. [1] 乙酐-吡啶-高氯酸法测醇时，酰化剂过量50%以上才能反应完全，所以NaOH滴定剂的用量V_0（空白测定值）与V（样品测定值）之间的关系为（　　）。

A. $V>2/3\ V_0$　　B. $V>1/2\ V_0$　　C. $V>1/3V_0$　　D. $V=V_0$

51. [3] 费林试剂直接滴定法测定还原糖含量时，使终点灵敏所加的指示剂为（　　）。
A. 中性红　　B. 溴酚蓝　　C. 酚酞　　D. 亚甲基蓝

52. [2] 斐林试验要求的温度为（　　）。
A. 室温　　B. 直接加热　　C. 沸水浴　　D. 冰水浴

53. [1] 下列说法错误的是（　　）。
A. 聚醚多元醇可用邻苯二甲酸酐酰化法测定其羟值
B. 硝酸铈铵法可在可见光区测定微量羟基化合物
C. 乙酰化法可以测定伯、仲胺的含量
D. 乙酰化法可以测定水溶液中的醇类

二、判断题

1. [2] 采用高锰酸银催化热解定量测定碳氢含量的方法为热分解法。（　　）

2. [1] 催化加氢测定不饱和化合物时，溶剂、试剂及容器不能含有硫化物或一氧化碳。（　　）

3. [1] 活泼氢的测定（如醇类、胺类、酰胺类、酚类、硫醇类、酸类、磺酰胺类），可采用与格氏试剂作用放出甲烷，或与 $LiAlH_4$ 作用放出氢，测量生成气体的体积可计算氢的含量。（　　）

4. [1] 氧瓶燃烧法除了能用来定量测定卤素和硫以外，已广泛应用于有机物中硼等其他非金属元素与金属元素的定量测定。（　　）

5. [2] 在碱性试液中加入亚硝酰铁氰化钠溶液后，若溶液呈紫色，则表明试液中可能含有 S^{2-}。（　　）

6. [3] 杜马法对于大多数含氮有机化合物的氮含量测定都适用。（　　）

7. [1] 醇羟基和酚羟基都可被卤原子取代，且不需要催化剂即可反应，故可用于定量分析。（　　）

8. [1] 乙酸酐-乙酸钠法测羟基物时，用 NaOH 中和乙酸时不慎过量，造成结果偏大。（　　）

9. [2] 乙酸酐-乙酸钠法测定醇含量可消除伯胺和仲胺的干扰，在反应条件下伯胺和仲胺酰化为相应的酰胺，醇酰化为酯。用碱中和后，加入过量的碱，酯被定量地皂化，而酰胺不反应。（　　）

10. [2] 费林溶液能使脂肪醛发生氧化，同时生成红色的氧化亚铜沉淀。（　　）

11. [2] 羰基化合物能与羟胺起先进缩合反应，是一个完全的反应，通过测定反应生成的酸或水来求出醛酮的含量。（　　）

12. [2] 微量羧酸或酯的测定均可用羟肟酸铁比色法来进行。（　　）

13. [3] 重氮化法测定苯胺须在强酸性及低温条件下进行。（　　）

14. [2] ICl 加成法测定油脂碘值时，要使样品反应完全卤化剂应过量 10%～15%。（　　）

15. [3] 酸值是指在规定的条件下，中和 1g 试样中的酸性物质所消耗的 KOH 的毫克数。（　　）

16. [1] 用氧瓶燃烧法测定卤素含量时，试样分解后，燃烧瓶中棕色烟雾未消失即打开瓶塞，将使测定结果偏高。（　　）

17. [2] 加热蒸馏过程中忘记加入沸石，一旦发觉，应立即向正在加热的蒸馏瓶中补加。（　　）

18. [1] 理化测试仪器及成分分析仪器，如酸度计、电导仪、量热计、色谱仪等都属于绝对测量的仪器。( )

19. [2] 沸点和折射率是检验液体有机化合物纯度的标志之一。( )

20. [2] 毛细管法测定熔点时升温速率是测定准确熔点的关键。( )

21. [2] 以韦氏天平测定某液体密度的结果如下：1 号骑码在 9 位槽，2 号骑码在钩环处，4 号骑码在 5 位槽，则此液体的密度为 1.0005。( )

22. [2] 氧瓶燃烧法测定有机卤含量，以二苯卡巴腙作指示剂，用硝酸汞标准溶液滴定吸收液中的卤离子时，终点颜色由紫红色变为黄色。( )

23. [2] 经典杜马法定氮常用氧化铜作催化剂，也可用四氧化三钴和高锰酸银的热解产物作为催化-氧化剂。( )

24. [2] 碱皂化法的特点是可以在醛存在下直接测定酯。( )

25. [2] 韦氏法测定碘值时的加成反应应避光、密闭且不应有水存在。( )

26. [2] 氧瓶燃烧法测定有机物中卤素含量时，试样量不同，所用的燃烧瓶的体积也应有所不同。( )

27. [2] 有机官能团之间的转化反应速率一般较快，反应是不可逆的。( )

28. [3] 重氮化法反应一般应在高温的条件下进行。( )

29. [1] 芳酰胺可以直接用亚硝酸钠标准溶液滴定。( )

30. [2] 亚钛还原法测定硝基化合物可以在中性条件下进行。( )

31. [1] 肟化法测定苯乙酮可以在室温条件下放置 10min，然后用氢氧化钠标准溶液滴定。( )

32. [2] 催化加氢可以测定所有不饱和化合物含量。( )

33. [2] 有机元素定量分析仪器都是把有机物转变为无机物然后再进行定量分析。( )

34. [3] 杜马法测定有机物中总氮是在氧气流作用下将有机物中氮转变为氮气。( )

35. [1] 杜马法测定有机物中的氮含量时，生成不溶于 KOH 的甲烷，将导致结果偏高。( )

36. [2] 所有有机物中的水分，都可以用卡尔·费休法测定。( )

37. [3] 溶度分组试验中，所有样品都需要做水的溶解试验。( )

38. [1] 质谱中质荷比最大的峰不一定是分子离子峰。( )

三、多选题

1. [1] 含溴有机物用氧瓶燃烧法分解试样后，得到的混合物有（ ）。

A. $Na_2S_2O_3$　　B. HBr　　C. Br_2　　D. $HBrO_3$

2. [3] 费休试剂是测定微量水的标准溶液，它的组成有（ ）。

A. SO_2 和 I_2　　B. 吡啶　　C. 丙酮　　D. 甲醇

3. [1] 用溴加成法测定不饱和键时，避免取代反应的注意事项是（ ）。

A. 避免光照　　B. 低温

C. 高温　　D. 滴定时不要振荡

4. [3] 酚羟基可用（ ）法测定。

A. 非水滴定　　B. 溴量法　　C. 比色法

D. 重铬酸钾氧化法　　E. 硫酸钾法

5. [2] 下列属于采用氧化分解法测定有机化合物中硫是（ ）。

A. 封管燃烧分解法　　B. 接触燃烧法

C. 弹筒熔融法　　D. 氧瓶燃烧法

6. [1] 肟化法测定醛和酮时，终点确定困难的原因是（　　）。

A. 构成缓冲体系　　B. pH 值太小　　C. 没有合适的指示剂　　D. 突跃范围小

7. [1] 采用氧瓶燃烧法测定有机化合物中的硫的含量时，为了使终点变色敏锐，常采取的措施是（　　）。

A. 加入少量的亚甲基蓝溶液作屏蔽剂

B. 用亚甲基蓝作指示剂

C. 滴定在乙醇或异丙醇介质中进行

D. 加入少量溴酚蓝的乙醇溶液作屏蔽剂

8. [2] 克达尔法测有机物中氮含量时，常用的催化剂有（　　）。

A. 硫酸铜　　B. 硒粉　　C. 氧化汞　　D. 汞

9. [3] 测定羰基化合物的通常方法有（　　）。

A. 羟胺肟化法、银离子氧化法　　B. 氧瓶燃烧法、次碘酸钠氧化法

C. 2,4-二硝基苯肼法、亚硫酸氢钠法　　D. 碘量法、硫代硫酸钠法

10. [2] 油脂酸败度测定法是通过测定（　　）以检查油脂的酸败程度。

A. 酸值　　B. 皂化值　　C. 羰基值　　D. 过氧化值　　E. 碘值

11. [1] 下列说法正确的是（　　）。

A. 韦氏法测油脂碘值　　B. 乙酰化法测季戊四醇

C. 肟化法测丙酮　　D. 亚硫酸钠法测甲醛

12. [1] 采用燃烧分解法测定有机物中碳和氢含量时，常用的吸水剂是（　　）。

A. 无水氯化钙　　B. 高氯酸镁　　C. 碱石棉　　D. 硫酸

13. [2] 用括号内试剂除去下列各物质中的少量杂质，正确的是（　　）。

A. 溴苯中的溴（KI 溶液）　　B. 溴乙烷中的乙醇（水）

C. 乙酸乙酯中的乙酸（饱和 Na_2CO_3溶液）　　D. 苯中的甲苯（Br_2水）

14. [2] 氧瓶燃烧法测定有机元素时，瓶中铂丝所起的作用为（　　）。

A. 氧化　　B. 还原　　C. 催化　　D. 支撑

15. [2] 用氧瓶燃烧法测定有机化合物中的卤素含量时，下面叙述中不正确的是（　　）。

A. 氧瓶燃烧法测定有机卤含量，以二苯卡巴腙作指示剂，用硝酸汞标准溶液滴定吸收液中的卤离子时，终点颜色由紫红色变为黄色

B. 一般情况下，有机氯化物燃烧分解后，可用过氧化氢的碱液吸收；有机溴化物分解后，可用水或碱液吸收

C. 汞量法测定有机碘化物时，硝酸汞标准溶液可用标准碘代苯甲酸进行标定

D. 碘量法测定有机碘化物时，分解吸收后的溶液可用乙酸-乙酸钠缓冲溶液调节 pH

16. [2] 过碘酸氧化法能测定（　　）。

A. 乙醇　　B. 乙二醇　　C. 丙三醇　　D. 己六醇

17. [3] 有关氧瓶燃烧法测定有机物中硫的叙述正确的是（　　）。

A. 有机硫化物在氧瓶中燃烧分解

B. 滴定在乙醇或异丙醇介质中进行

C. 磷不干扰测定

D. 终点时溶液由红色变为黄色

18. [1] 下列叙述不正确的是（　　）。

A. 皂化法测酯，可用皂化值和酯值表示结果

B. 酯值包含游离酸所耗KOH的量

C. 酯值=酸值+皂化值

D. 皂化法测酯，碱的浓度越大越好

19. [2] 乙酰化法测定羟基时，常加入吡啶，其作用是（ ）。

A. 中和反应生成的乙酸　　B. 防止乙酸挥发

C. 将乙酸移走，破坏化学平衡　　D. 作催化剂

20. [3] 有机物中水分的测定方法有（ ）。

A. 干燥法　　B. 蒸馏法　　C. 卡尔·费休法　　D. 气相色谱法

21. [2] 将有机卤素转变为无机卤素的方法有（ ）。

A. 氧瓶燃烧法　　B. 碱性还原法　　C. 碱性氧化法

D. 直接回流法　　E. 开环法

22. [1] 下列叙述正确的是（ ）。

A. 测定比旋光度可用于定性鉴定

B. 不能用旋光分析法在酮糖存在下测定醛糖

C. 旋光分析法可用于测定旋光性物质的浓度

D. 旋光度是旋光性物质的特性常数

23. [1] 下列叙述中不正确的是（ ）。

A. 根据相似相溶原理分析，只要有机化合物，就不能溶于水中

B. 甲醇、乙醇、异丙醇可以以任意比例溶于水

C. 丁醇、丁酸、丁胺等化合物均不能溶于水和乙醚、苯等有机溶剂中

D. 多数酯易溶于有机溶剂中，而不溶于水中

24. [1] 下列叙述中不正确的是（ ）。

A. 磺酸类化合物能溶于5%NaOH溶液中

B. 酰胺类化合物能溶于5%NaOH溶液中

C. 大部分烯醇类化合物能溶于5%NaOH溶液中

D. 所有羧酸类化合物都能溶于5%NaOH溶液中

E. 苯酚能溶于5%$NaHCO_3$溶液中

25. [3] 下列叙述中（ ）属于经典有机未知物剖析步骤。

A. 拿到化合物时，首先要进行初步检验，以确认可能是有机化合物，还是无机化合物

B. 通过元素定性分析，了解化合物的组成，为选择测定方法提供依据

C. 通过原子吸收分光光度计分析，确定化合物的组成

D. 通过官能团定量分析，确定官能团在分子中的含量或数目

26. [1] 下列说法正确的是（ ）。

A. 用溴的四氯化碳检验，若红棕色褪去，则说明一定含有不饱和烃存在

B. 含有不饱和烃的化合物，可使紫红色高锰酸钾褪去而生成棕色沉淀

C. 当不饱和烃化合物燃烧时，火焰发黄，并带有黑烟

D. 对亲电试剂的加成反应，三键不如双键活泼，因此和溴的四氯化碳溶液反应，炔烃的反应速率比烯烃的反应速率慢

27. [1] 选择下列（ ）试剂能将苯酚和苯胺混合物分离。

A. 1.0mol/LHCl　　B. 1. 0mol/LNaOH

C. 1.0mol/L$NaHCO_3$　　D. 1.0mol/L热HNO_3

E. 乙醚

28. [2] 托伦（Tollen）试剂可以区分（ ）中有机化合物。

A. CH_3COCH_3和 HCHO　　B. CH_3CH_2OH 和 CH_3CHO

C. $C_2H_5COC_2H_5$和 C_4H_9COOH　　D. HC≡CH 和 HC≡$CHCH_3$

29. [1] 甲醛是一个有毒很大的有机化合物，用（　　）可以鉴别它可能存在。

A. 2,4-二硝基苯溶液　　B. 硫酸铜和酒石酸钾钠的氢氧化钠溶液

C. 硝酸银氨溶液　　D. 品红-亚硫酸溶液

E. 2,4-二硝基苯肼

30. [2] 能溶于水而不溶于乙醚中的有机化合物为（　　）。

A. 丙三醇　B. 丙醛　C. 乙酸乙酯　D. α-丙氨酸　E. 醋酸钠

31. [1] 经钠熔法后，有机化合物中氮元素的鉴定以下叙述中正确的有（　　）。

A. 在氟离子存在下，氰离子与亚铁盐作用后，再与铁离子作用生成蓝色沉淀，表示有氮元素

B. 能用对，对-二氨基联苯-醋酸铜试剂鉴定氮元素的存在

C. 在酸性情况下，能用氯化铁检验，若被检溶液中出现蓝色，表示有氮元素

D. 当金属钠用量较少时，有机化合物中氮易生成硫氰酸钠，在酸性情况下，可用氯化铁检验

E. 当有机化合物中含有氯和氮时，可用硝酸银溶液检验产生沉淀，表示有氮元素

32. [1] 对某些官能团的检验，有下列检验说法用卢卡斯试验法检验伯、仲、叔醇时，叙述正确的是（　　）。

A. 该方法只适用于在试剂中能溶解的醇，一般为 C_6 以下的一元醇

B. 该方法是伯、仲、叔醇特有的方法，适用于所有的伯、仲、叔醇

C. 苄基醇和烯丙基醇与盐酸氯化锌虽然会发生反应，但生成物不会干扰检验

D. 卢卡斯试验在制备过程中，为使氯化锌充分溶于盐酸，可加少量水，使氯化锌溶解

E. 仲醇生成持久性的蓝色溶液

四、综合题

1. [2] 重氮化法测定芳伯胺的原理。为什么要加入盐酸使反应液保持酸性？

2. [2] 简述燃烧法测定碳和氢的原理。燃烧分解为何不在空气流中进行？

3. [2] 简述氧瓶燃烧法测定的原理。举两例说明此法测定时选用何种吸收液。

4. [2] 写出硝基苯、苯酚、苯甲酸的分离流程图。

5. [2] 官能团鉴定试验区别下列化合物：C_2H_5CHO、CH_3COCH_3、C_6H_5CHO

6. [1] 官能团鉴定试验区别下列化合物：$(CH_3)_2C(OH)CH_2CH_3$、$CH_3CH(OH)CH_2CH_2CH_3$、$CH_3CH_2CH(OH)CH_2CH_3$、$CH_3(CH_2)_3CH_2OH$。

7. [1] 一无色液体，其质谱数据如下，推测其分子式。

m/z	相对丰度/%	m/z	相对丰度/%
27	40	57	2
28	7.5	58	6
29	8.5	70	1
31	1	71	76
39	18	72	3
41	26	86	1
42	10	99	2
43	100	114(M)	13
44	3.5	115(M+1)	1
55	3	116(M+2)	0.06

8. [1] 某芳烃（$M=134$），质谱图上于 m/z 91 处显一强峰，试问其结构可能为下列化合物中的哪一种？

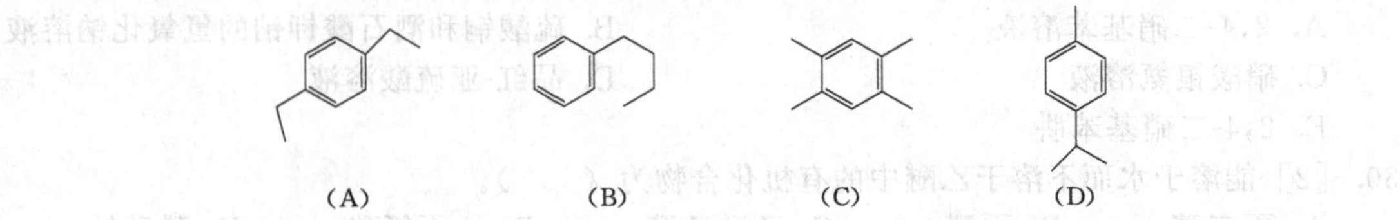

9. [1] 某化合物疑为3，3-二甲基-2-丁醇（$M=102$）或其异构体3-甲基-3-戊醇，其质谱图上在 m/z 87（30%）及 m/z 45（80%）处显两个强峰，在 m/z 102（2%）处显一弱峰，试推测化合物结构。

10. [1] 根据下图的质谱图，提出分子的结构式。

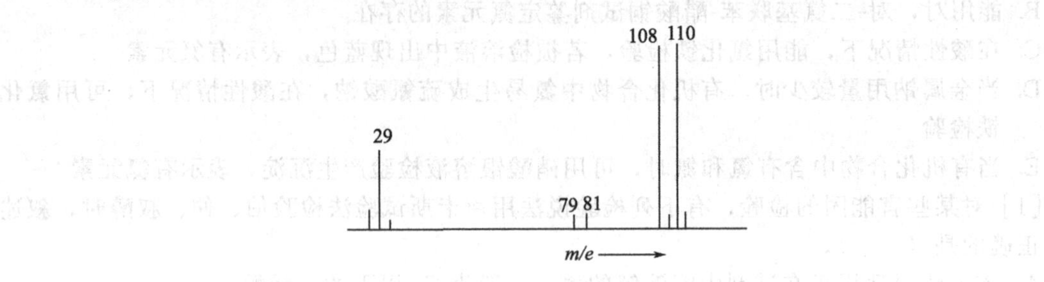

第十六章

环境保护基础知识

一、单选题

1. [1] 关于生态农业，下面哪一种说法正确（　　）。
   A. 是人与自然协调的农业，可使生态系统中的每一样物质都得到充分利用，因而不破坏环境
   B. 是不需要外界投入，完全自己养活自己的封闭农业系统
   C. 是始终投入很大、产量不高的农业，但因为产品质量高，经济效益并不低
   D. 以上说法都不正确
2. [1] 处置和利用固体废物对维护国家的可持续发展具有意义，其基本原则不包括（　　）。
   A. 资源化　　B. 最小化　　C. 投弃化　　D. 无害化
3. [1]“南极臭氧空洞不断缩小”这一现象说明（　　）。
   A. 大气对人类排放的有害气体的自净能力增强
   B. 人类已经不必关心臭氧空洞等环境问题
   C. 环境与发展问题得到国际社会的普遍关注
   D. 50年后，全求变暖等大气环境问题都将得到解决
4. [1] 发电厂可以用煤、天然气及核燃料作能源，这些燃料中会造成温室效应的是（　　）。
   A. 煤和天然气　　B. 只有煤　　C. 只有天然气　　D. 三种燃料均可
5. [2] 我国大气污染的最主要类型是（　　）。
   A. 煤烟型　　B. 石油型　　C. 特殊型　　D. 油烟型
6. [3] 植物叶面粗糙，多生茸毛，有的还分泌油脂和黏性物质，这些特性使森林能更有效地（　　）。
   A. 净化空气　　B. 过滤尘埃　　C. 杀灭细菌　　D. 消除噪声
7. [2] 按我国地表水环境质量标准，（　　）类水主要适用于集中式生活饮用水地表水源地一级保护区等。
   A. Ⅰ　　B. Ⅱ　　C. Ⅲ　　D. Ⅳ

8. [1] 我国淡水资源的人均值是世界人均水量的（　　）。

A. 0.2　　B. 2 倍　　C. 1.5 倍　　D. 1/4

9. [3] 下列有关热污染的危害，错误的是（　　）。

A. 水体致病微生物过度繁殖　　B. 酸雨

C. 局部地区干旱　　D. 城市热岛效应

10. [2] 排污费是（　　）。

A. 环保行政主管部门依法向排污单位强制收取的一种费用

B. 排水费用

C. 垃圾处理费用

D. 供水费用

11. [3] 最先提出清洁生产概念的国家是（　　）。

A. 中国　　B. 美国　　C. 日本　　D. 瑞典

12. [1] 我国城市地下水下降的主要原因是（　　）。

A. 降雨减少　　B. 城市化过程中不透水地面的增加

C. 森林植被被破坏　　D. 过量的开采地下水

13. [1] 颗粒污染物中，粒径在 10 μm 以下的称为（　　）。

A. TSP　　B. 飘尘　　C. 降尘　　D. 烟尘

14. [2] 造成全球气候的温室气体，主要为（　　）。

A. 一氧化碳　　B. 甲烷　　C. 氮氧化物　　D. 二氧化碳

15. [1] 环境污染按污染产生的来源分为（　　）。

A. 工业污染、农业污染、交通运输污染、水污染等

B. 工业污染、农业污染、大气污染、水污染等

C. 工业污染、农业污染、大气污染、生活污染等

D. 工业污染、农业污染、交通运输污染、生活污染等

16. [2] 汽车尾气中的主要污染物是（　　）。

A. 碳氢化合物、氮氧化物　　B. 一氧化碳、铅化合物

C. 二氧化碳、二氧化硫　　D. 一氧化碳、二氧化硫

17. [2] 生态系统是（　　）。

A. 自然界是生物与生物，生物与无机环境之间相互作用，相互依存所形成的这种统一体，成为生态系统

B. 自然界是生物与有机物，生物与无机环境之间相互作用，相互依存所形成的这种统一体，成为生态系统

C. 自然界是生物与生物，生物与有机环境之间相互作用，相互依存所形成的这种统一体，成为生态系统

D. 自然界是生物与生物，有机物与无机环境之间相互作用，相互依存所形成的这种统一体，成为生态系统

18. [2] 空气污染是（　　）。

A. 指“进入空气中的有害物质（如二氧化硫、氮氧化物、一氧化碳、二氧化碳、碳氢化合物等）”

B. 指“进入空气中的有害物质（如二氧化硫、氮氧化物、一氧化碳、氧气、碳氢化合物等）”

C. 指“进入空气中的有害物质（如二氧化硫、氮氧化物、一氧化碳、二氧化碳、固体颗粒物等）”

D. 指“进入空气中的有害物质（如二氧化硫、氮氧化物、一氧化碳、烟尘、碳氢化合物等）”

19. [2] 下列重金属中，（　　）可以以液相存在于自然界中。

A. As　　B. Ar　　C. Cr　　D. Hg

20. [2] 当今世界人类面临的五大问题是（　　）。

A. 人口、粮食、能源、资源、环境问题

B. 人口、经济、能源、资源、环境问题

C. 人口、经济、发展、粮食、资源问题

D. 粮食、能源、人口、环境、发展问题

二、判断题

1. [2] 火山喷发、地震、森林火灾、台风、洪水、海啸等属于第二环境问题；酸雨、光化学烟雾等现象属于第一环境问题。（　　）

2. [3] 生态系统结构的复杂程度决定其调节能力的强弱，不管其调节能力强与弱，都是有一定限度的。（　　）

3. [2] 对大气污染实施控制的技术性措施主要包括大气污染物生成前和生成后控制这两条途径。（　　）

4. [2] 为了加强区域性大气污染防治，我国实行了酸雨和二氧化碳控制区划定制度。（　　）

5. [1] 南极地区因人迹罕至从而避免了海洋环境污染。（　　）

6. [1] 噪声排放是指噪声源向周围生活环境辐射噪声。（　　）

7. [1] 改革开放20多年来，我国环境保护工作取得了一定成绩，但全国环境形势依然严峻，以农村为中心的环境污染正在加剧并向城市蔓延。（　　）

8. [1] BOD和COD这两个水质指标是用来表示水中有机物的含量的。（　　）

9. [3] 造成英国“伦敦烟雾事件”的主要污染是二氧化碳和氮氧化物。（　　）

10. [2] 固体废弃物特点的是污染的特殊性，危害的严重性、资源性。（　　）

11. [1] 铅对人体造成的危害属于慢性危害。（　　）

12. [2] 八大公害事件的水俣病是由于镉中毒引起的。（　　）

13. [1] 溶剂萃取属于污水处理技术化学法。（　　）

14. [2] 温室气体是指具有温室效应的气体，即可破坏大气层与地面间红外线辐射正常关系，吸收地球释放出来的红外线辐射，阻止地球热量的散失，使地球发生可感觉到的气温升高的恒量气体。（　　）

15. [3] 酸雨危害、臭氧层破坏、人口增长属于当今社会人类所面临的重大环境问题。（　　）

三、多选题

1. [2] 生物多样性包括（　　）。

A. 遗传多样性　　B. 物种多样性

C. 生态系统多样性　　D. 种类多样性

2. [2] 下列（　　）属于可持续发展思想的基本原则。

A. 公平性原则　　B. 持续性原则　　C. 共同性原则　　D. 全球性原则

3. [3] 下列哪一项属于自然环境的范畴（　　）。

A. 大气环境　　B. 居住环境　　C. 水环境　　D. 地质环境

4. [1] 下列哪一项属于当今社会人类所面临的重大环境问题（　）。

A. 酸雨危害　B. 臭氧层破坏　C. 土地沙漠化　D. 人口增长

5. [1] 下列资源中属于农业资源的是（　）。

A. 矿产资源　B. 土地资源　C. 水资源　D. 气候资源

6. [1] 以下属于有毒的化学水质指标的是（　）。

A. 重金属　B. 多环芳烃　C. 各种农药　D. 溶解氧

7. [3] 污染物对遗传有很大影响，对人体遗传的危害，主要表现在（　）和致畸作用。

A. 致病　B. 致突变　C. 致癌　D. 致死亡

8. [1] 生态系统的非生物成分包括（　）。

A. 阳光和水　B. 植物　C. 空气　D. 土壤

9. [2] 大气的主要组成成分包括下面的（　）。

A. 稀有组分　B. 恒定组分　C. 可变组分　D. 不定组分

10. [1] 近些年探测，海底"可燃冰"（天然气水合物）储量极为丰富，其开发技术亦日趋成熟。开始利用"可燃冰"将产生的环境效益有（　）。

A. 可取代一些核电站，减少核废料的污染

B. 无 CO_2 排放，减缓全球变暖速度

C. 可取代水电站，改善大气质量

D. 部分替代煤和石油，减轻对大气的污染

11. [2] 下列属于水体化学性污染的有（　）。

A. 热污染　B. 酸碱污染　C. 有机有毒污染　D. 悬浮物污染

12. [1] 属于污水处理的物理方法是（　）。

A. 过滤法　B. 中和法　C. 浮选法　D. 吸附法

13. [2] 根据我国法律规定，将固体废物分为（　）。

A. 可降解废物　B. 工业固体废物

C. 城市生活废弃物　D. 危险废物

E. 农业废弃物

14. [1] 放射性污染的具体防护方法有（　）。

A. 时间防护　B. 接地防护　C. 距离防护　D. 吸收防护　E. 屏蔽防护

15. [3] 我国环境保护可采取的手段有（　）。

A. 行政手段　B. 法律手段　C. 科学技术手段　D. 宣传教育手段

模拟试题

模拟试题一

一、单选题

1. 欲配制 pH＝10 的缓冲溶液选用的物质组成是（　　）。
   A. NH_3-NH_4Cl　　B. HAc-NaAc　　C. NH_3-NaAc　　D. HAc-NH_3
2. 闭口杯闪点测定仪的杯内所盛的试油量太多，测得的结果比正常值（　　）。
   A. 低　　B. 高
   C. 相同　　D. 有可能高也有可能低
3. 用艾氏卡法测煤中全硫含量时，艾氏卡试剂的组成为（　　）。
   A. $MgO+Na_2CO_3(1+2)$　　B. $MgO+Na_2CO_3(2+1)$
   C. $MgO+Na_2CO_3(3+1)$　　D. $MgO+Na_2CO_3(1+3)$
4. 催化氧化法测有机物中的碳和氢的含量时，CO_2和 H_2O 所采用的吸收剂为（　　）。
   A. 都是碱石棉　　B. 都是高氯酸镁
   C. CO_2是碱石棉，H_2O 是高氯酸镁　　D. CO_2是高氯酸镁，H_2O 是碱石棉
5. 在液相色谱法中，提高柱效最有效的途径是（　　）。
   A. 提高柱温　　B. 降低板高　　C. 降低流动相流速　　D. 减小填料粒度
6. 热导池检测器的灵敏度随着桥电流增大而增高，因此，在实际操作时桥电流应该（　　）。
   A. 越大越好　　B. 越小越好
   C. 选用最高允许电流　　D. 在灵敏度满足需要时尽量用小桥流
7. 固定其他条件，色谱柱的理论塔板高度，将随载气的线速度增加而（　　）。
   A. 基本不变　　B. 变大　　C. 减小　　D. 先减小后增大
8. 原子吸收光谱法是基于从光源辐射出待测元素的特征谱线，通过样品蒸气时，被蒸气中待测元素的（　　）所吸收，由辐射特征谱线减弱的程度，求出样品中待测元素含量。
   A. 分子　　B. 离子　　C. 激发态原子　　D. 基态原子
9. 在红外光谱分析中，用 KBr 制作为试样池，这是因为（　　）。
   A. KBr 晶体在 $4000\sim400cm^{-1}$范围内不会散射红外光
   B. KBr 在 $4000\sim400cm^{-1}$范围内有良好的红外光吸收特性
   C. KBr 在 $4000\sim400cm^{-1}$范围内无红外光吸收
   D. 在 $4000\sim400cm^{-1}$范围内，KBr 对红外无反射
10. 有两种不同有色溶液均符合朗伯-比耳定律，测定时若比色皿厚度，入射光强度及溶液浓度皆相等，以下说法正确的是（　　）。

A. 透过光强度相等　　B. 吸光度相等
C. 吸光系数相等　　D. 以上说法都不对

11. 分光光度法测定微量铁试验中，铁标溶液是用（　　）药品配制成的。
A. 无水氯化铁　　B. 硫酸亚铁铵　　C. 硫酸铁铵　　D. 硝酸铁

12. 25℃时 AgCl 在纯水中的溶解度为 1.34×10^{-5} mol/L，则该温度下 AgCl 的 K_{sp} 值为（　　）。
A. 8.8×10^{-10}　　B. 5.6×10^{-10}　　C. 3.5×10^{-10}　　D. 1.8×10^{-10}

13. EDTA 滴定金属离子 M，MY 的绝对稳定常数为 K_{MY}，当金属离子 M 的浓度为 0.01mol/L 时，下列 $\lg\alpha_{Y(H)}$ 对应的 pH 值是滴定金属离子 M 的最高允许酸度的是（　　）。
A. $\lg\alpha_{Y(H)} \geqslant \lg K_{MY} - 8$　　B. $\lg\alpha_{Y(H)} = \lg K_{MY} - 8$
C. $\lg\alpha_{Y(H)} \geqslant \lg K_{MY} - 6$　　D. $\lg\alpha_{Y(H)} \leqslant \lg K_{MY} - 3$

14. 产生金属指示剂的封闭现象是因为（　　）。
A. 指示剂不稳定　　B. MIn 溶解度小
C. $K'_{MIn} < K'_{MY}$　　D. $K'_{MIn} > K'_{MY}$

15. 间接碘量法对植物油中碘值进行测定时，指示剂淀粉溶液应（　　）。
A. 滴定开始前加入　　B. 滴定一半时加入
C. 滴定近终点时加入　　D. 滴定终点加入

16. 在配位滴定中，金属离子与 EDTA 形成配合物越稳定，在滴定时允许的 pH 值（　　）。
A. 越高　　B. 越低　　C. 中性　　D. 不要求

17. 乙二胺四乙酸根 $(^{-}OOCCH_2)_2NCH_2CH_2N(CH_2COO^{-})_2$ 可提供的配位原子数为（　　）。
A. 2　　B. 4　　C. 6　　D. 8

18. 酸碱滴定中选择指示剂的原则是（　　）。
A. 指示剂应在 pH=7.0 时变色
B. 指示剂的变色点与化学计量点完全符合
C. 指示剂的变色范围全部或部分落入滴定的 pH 突跃范围之内
D. 指示剂的变色范围应全部落在滴定的 pH 突跃范围之内

19. 双指示剂法测混合碱，加入酚酞指示剂时，消耗 HCl 标准滴定溶液体积为 15.20mL。加入甲基橙作指示剂，继续滴定又消耗了 HCl 标准溶液 25.72mL，那么溶液中存在（　　）。
A. $NaOH + Na_2CO_3$　　B. $Na_2CO_3 + NaHCO_3$
C. $NaHCO_3$　　D. Na_2CO_3

20. 使分析天平较快停止摆动的部件是（　　）。
A. 吊耳　　B. 指针　　C. 阻尼器　　D. 平衡螺丝

21. 实验室三级水不能用以下办法来进行制备（　　）。
A. 蒸馏　　B. 电渗析　　C. 过滤　　D. 离子交换

22. 可用下述那种方法减少滴定过程中的偶然误差（　　）。
A. 进行对照试验　　B. 进行空白试验
C. 进行仪器校准　　D. 增加平行测定次数

23. 各种试剂按纯度从高到低的代号顺序是（　　）。
A. G. R. >A. R. >C. P.　　B. G. R. >C. P. >A. R.
C. A. R. >C. P. >G. R.　　D. C. P. >A. R. >G. R.

24. 使用浓盐酸、浓硝酸，必须在（　　）中进行。

A. 大容器　　B. 玻璃器皿　　C. 耐腐蚀容器　　D. 通风橱

25. 计量器具的检定标识为黄色说明（　　）。

A. 合格，可使用　　B. 不合格应停用

C. 检测功能合格，其他功能失效　　D. 没有特殊意义

26. 我国企业产品质量检验不可用下列哪些标准（　　）。

A. 国家标准和行业标准　　B. 国际标准

C. 合同双方当事人约定的标准　　D. 企业自行制定的标准

27. 高级分析工是属国家职业资格等级（　　）。

A. 四级　　B. 三级　　C. 二级　　D. 一级

28. pH 玻璃电极和 SCE 组成工作电池，25℃时测得 pH=4.00 的标液电动势是 0.209V，而未知试液电动势 E_x=0.312V，则未知试液 pH 值为（　　）。

A. 4.7　　B. 5.7　　C. 6.7　　D. 7.7

29. 在 21℃时由滴定管中放出 10.07mL 纯水，其质量为 10.04g。查表知 21℃时 1mL 纯水的质量为 0.99700g。该体积段的校正值为（　　）。

A. +0.04mL　　B. −0.04mL　　C. 0.00mL　　D. 0.03mL

30. $c(Na_2CO_3)$=0.31mol/L 的 Na_2CO_3 水溶液的 pH 是（　　）。$K_{a1}=4.2\times10^{-7}$、$K_{a2}=5.6\times10^{-11}$。

A. 2.13　　B. 5.6　　C. 11.87　　D. 12.13

31. 下列四个数据中修改为四位有效数字后为 0.5624 的是（　　）。

(1) 0.56235　　(2) 0.562349　　(3) 0.56245　　(4) 0.562361

A. 1，2，4　　B. 1，3，4　　C. 2，3，4　　D. 1，2，3，4

32. 比较两组测定结果的精密度（　　）。甲组：0.19%，0.19%，0.20%，0.21%，0.25%；乙组：0.18%，0.20%，0.20%，0.21%，0.22%。

A. 甲、乙两组相同　　B. 甲组比乙组高　　C. 乙组比甲组高　　D. 无法判别

33. 已知酸性介质中 $\varphi^{\ominus}_{Ce^{4+}/Ce^{3+}}=1.44V$，$\varphi^{\ominus}_{Fe^{3+}/Fe^{2+}}=0.68V$。以 0.1000mol/L $Ce(SO_4)_2$ 标准溶液滴定 0.1000mol/LFe^{2+} 溶液，化学计量点电位为（　　）。

A. 0.85V　　B. 0.92V　　C. 1.18V　　D. 1.06V

34. 在沉淀滴定分析中，若采用法扬斯法滴定 Cl^- 时应选择的指示剂是（　　）。

A. 铁铵钒　　B. K_2CrO_4　　C. 曙红　　D. 荧光黄

35. 称取铁矿试样 0.5000g，溶解后将全部铁还原为亚铁，用 0.01500mol/L $K_2Cr_2O_7$ 标准溶液滴定至化学计量点时，消耗 $K_2Cr_2O_7$ 的体积 33.45mL，求试样中的铁以 Fe 表示时，质量分数为（　　）。$M(Fe)$=55.85。

A. 46.46　　B. 33.63　　C. 48.08　　D. 38.56

二、判断题

1. 由于 $K_{sp}(Ag_2CrO_4)=2.0\times10^{-12}$ 小于 $K_{sp}(AgCl)=1.8\times10^{-10}$，因此在 CrO_4^{2-} 和 Cl^- 浓度相等时，滴加硝酸盐，铬酸银首先沉淀下来。（　　）

2. 11.48g 换算为毫克的正确写法是 11480mg。（　　）

3. 实验中，应根据分析任务、分析方法对分析结果准确度的要求等选用不同等级的试剂。（　　）

4. Q 检验法适用于测定次数为 $3\leqslant n\leqslant10$ 时的测试。（　　）

5. 腐蚀性中毒是通过皮肤进入皮下组织，不一定立即引起表面的灼伤。（　　）

6. 铂器皿可以用还原焰，特别是有烟的火焰加热。（　　）

7. 不同的气体钢瓶应配专用的减压阀，为防止气瓶充气时装错发生爆炸，可燃气体钢瓶的螺纹是正扣（右旋）的，非可燃气体则为反扣（左旋）。（ ）

8. 两根银丝分别插入盛有0.1mol/L和1mol/L$AgNO_3$溶液的烧杯中，且用盐桥将两只烧杯中的溶液连接起来，便可组成一个原电池。（ ）

9. 电极反应$Cu^{2+}+2e \rightarrow Cu$和$Fe^{3+}+e \rightarrow Fe^{2+}$中的离子浓度减小一半时，$\varphi_{Cu^{2+}/Cu}$和$\varphi_{Fe^{3+}/Fe}$的值都不变。（ ）

10. 从高温高压的管道中采集水样时，必须按装减压装置和冷却器。（ ）

11. 熔融固体样品时，应根据熔融物质的性质选用合适材质的坩埚。（ ）

12. 酚类与氯化铁发生显色反应。（ ）

13. 吸光系数越小，说明比色分析方法的灵敏度越高。（ ）

14. 用氯化钠基准试剂标定$AgNO_3$溶液浓度时，溶液酸度过大，会使标定结果没有影响。（ ）

15. 气相色谱仪的结构是气路系统—进样系统—色谱分离系统—检测系统—数据处理及显示系统。（ ）

16. 空心阴极灯点燃后，充有氖气灯的正常颜色是成红色。（ ）

17. 无论何种酸或碱，只要其浓度足够大，都可被强碱或强酸溶液定量滴定。（ ）

18. 金属（M）离子指示剂（In）应用的条件是$K'_{MIn}>K'_{MY}$（ ）

19. 用EDTA测定Ca^{2+}、Mg^{2+}总量时，以铬黑T作指示剂，pH值应控制在pH=12。（ ）

20. 由于$KMnO_4$具有很强的氧化性，所以$KMnO_4$法只能用于测定还原性物质。（ ）

21. 四氯乙烯分子在红外光谱上没有$\nu(C=C)$吸收带。（ ）

22. 石墨炉原子化法与火焰原子化法比较，其优点之一是原子化效率高。（ ）

23. 库仑分析法的理论基础是法拉第电解定律。（ ）

24. 相对保留值仅与柱温、固定相性质有关，与操作条件无关。（ ）

25. 在原子吸收测量过程中，如果测定的灵敏度降低，可能的原因之一是，雾化器没有调整好，排障方法是调整撞击球与喷嘴的位置。（ ）

26.《中华人民共和国标准化法》于1988年4月1日发布实施。（ ）

27. 某物质的真实质量为1.00g，用天平称量称得0.99g，则相对误差为-1%。

28. $H_2C_2O_4$的两步离解常数为$K_{a1}=5.6\times10^{-2}$，$K_{a2}=5.1\times10^{-5}$，因此能分步滴定。（ ）

29. 用NaOH标准溶液标定HCl溶液浓度时，以酚酞作指示剂，若NaOH溶液因贮存不当吸收了CO_2，则测定结果偏低。（ ）

30. 膜电位与待测离子活度成线形关系，是应用离子选择性电极测定离子活度的基础。（ ）

三、多选题

1. 下列反应中，氧化剂与还原剂物质的量的关系为1∶2的是（ ）。

A. $O_3+2KI+H_2O = 2KOH+I_2+O_2$

B. $2CH_3COOH+Ca(ClO)_2 = 2HClO+Ca(CH_3COO)_2$

C. $I_2+2NaClO_3 = 2NaIO_3+Cl_2$

D. $4HCl+MnO_2 = MnCl_2+Cl_2\uparrow+2H_2O$

2. 下列说法正确的有（ ）。

A. 无定形沉淀要在较浓的热溶液中进行沉淀，加入沉淀剂速度适当快

B. 沉淀称量法测定中，要求沉淀式和称量式相同

C. 由于混晶而带入沉淀中的杂质通过洗涤是不能除掉的

D. 可以将 $AgNO_3$溶液放入在碱式滴定管进行滴定操作

3. 我国的法定计量单位由以下几部分组成（　　）。

A. SI 基本单位和 SI 辅助单位

B. 具有专门名称的 SI 导出单位

C. 国家选定的非国际制单位和组合形式单位

D. 十进倍数和分数单位

4. 用于清洗气相色谱不锈钢填充柱的溶剂是（　　）。

A. 6mol/LHCl 水溶液　　B. 5%～10%NaOH 水溶液

C. 水　　D. HAc-NaAc 溶液

5. 下列说法正确的是（　　）。

A. 无限多次测量的偶然误差服从正态分布

B. 有限次测量的偶然误差服从 t 分布

C. t 分布曲线随自由度 f 的不同而改变

D. t 分布就是正态分布

6. 用重量法测定 SO_4^{2-} 含量，$BaSO_4$沉淀中有少量 $Fe_2(SO_4)_3$，则对结果的影响为（　　）。

A. 正误差　　B. 负误差

C. 对准确度有影响　　D. 对精密度有影响

7. 下列有关毒物特性的描述正确的是（　　）。

A. 越易溶于水的毒物其危害性也就越大　　B. 毒物颗粒越小、危害性越大

C. 挥发性越小、危害性越大　　D. 沸点越低、危害性越大

8. 洗涤下列仪器时，不能使用去污粉洗刷的是（　　）。

A. 移液管　　B. 锥形瓶　　C. 容量瓶　　D. 滴定管

9. 有关容量瓶的使用错误的是（　　）。

A. 通常可以用容量瓶代替试剂瓶使用

B. 先将固体药品转入容量瓶后加水溶解配制标准溶液

C. 用后洗净用烘箱烘干

D. 定容时，无色溶液弯月面下缘和标线相切即可

10. 下列天平不能较快显示重量数字的是（　　）。

A. 全自动机械加码电光天平　　B. 半自动电光天平

C. 阻尼天平　　D. 电子天平

11. 乙炔气瓶要用专门的乙炔减压阀，使用时要注意（　　）。

A. 检漏

B. 二次表的压力控制在 0.5MPa 左右

C. 停止用气进时先松开二次表的开关旋钮，后关气瓶总开关

D. 先关乙炔气瓶的开关，再松开二次表的开关旋钮

12. 欲配制 0.1mol/L 的 HCl 标准溶液，需选用的量器是（　　）。

A. 烧杯　　B. 滴定管　　C. 移液管　　D. 量筒

13. EDTA 配位滴定法，消除其他金属离子干扰常用的方法有（　　）。

A. 加掩蔽剂　　B. 使形成沉淀　　C. 改变金属离子价态　　D. 萃取分离

14. 铋酸钠（$NaBiO_3$）在酸性溶液中可以把 Mn^{2+} 氧化成 MnO_4^-。在调节该溶液的酸性时，

不应选用的酸是（　　）。

A. 氢硫酸　　B. 浓盐酸　　C. 稀硝酸　　D. 1∶1 的 H_2SO_4

15. 配制硫代硫酸钠标准溶液时，以下操作正确的是（　　）。

A. 用煮沸冷却后的蒸馏水配制　　B. 加少许 Na_2CO_3

C. 配制后放置 8～10 天　　D. 配制后应立即标定

16. EDTA 与金属离子配位的主要特点有（　　）。

A. 因生成的配合物稳定性很高，故 EDTA 配位能力与溶液酸度无关

B. 能与大多数金属离子形成稳定的配合物

C. 无论金属离子有无颜色，均生成无色配合物

D. 生成的配合物大都易溶于水

17. 在含有固体 AgCl 的饱和溶液中分别加入下列物质，能使 AgCl 的溶解度减小的物质有（　　）。

A. 盐酸　　B. $AgNO_3$　　C. KNO_3　　D. 氨水

18. 硅酸盐试样处理中，半熔（烧结）法与熔融法相比较，其优点为（　　）。

A. 熔剂用量少　　B. 熔样时间短　　C. 分解完全　　D. 干扰少

19. 10mL 某种气态烃，在 50mL 氧气里充分燃烧，得到液态水和体积为 35mL 的混合气体（所有气体体积都是在同温同压下测定的），则该气态烃可能是（　　）。

A. 甲烷　　B. 乙烷　　C. 丙烷　　D. 丙烯

20. 下列物质能与斐林试剂反应的是（　　）。

A. 乙醛　　B. 苯甲醛　　C. 甲醛　　D. 苯乙醛

21. 透光度调不到 100%的原因有（　　）。

A. 卤钨灯不亮　　B. 样品室有挡光现象　　C. 光路不准　　D. 放大器坏

22. 我国防治燃煤产生大气污染的主要措施包括（　　）。

A. 提高燃煤品质，减少燃煤污染

B. 对酸雨控制区和二氧化硫污染控制区实行严格的区域性污染防治措施

C. 加强对城市燃煤污染的防治

D. 城市居民禁止直接燃用原煤

23. 以 EDTA 标准溶液连续滴定 Pb^{2+}，Bi^{3+} 时，两次终点的颜色变化不正确为（　　）。

A. 紫红色→纯蓝色　　B. 纯蓝色→紫红色

C. 灰色→蓝绿色　　D. 亮黄色→紫红色

24. 新型双指数程序涂渍填充柱的制备方法和一般填充柱制备方法的不同之处在于（　　）。

A. 色谱柱的预处理不同　　B. 固定液涂渍的浓度不同

C. 固定相填装长度不同　　D. 色谱柱的老化方法不同

25. 色谱填充柱老化的目的是（　　）。

A. 使载体和固定相的变得粒度均匀

B. 使固定液在载体表面涂布得更均匀

C. 彻底除去固定相中残存的溶剂和杂质

D. 避免载体颗粒破碎和固定液的氧化

26. 使用饱和甘汞电极时，正确性的说法是（　　）。

A. 电极下端要保持有少量的氯化钾晶体存在

B. 使用前应检查玻璃弯管处是否有气泡

C. 使用前要检查电极下端陶瓷芯毛细管是否畅通

D. 安装电极时，内参比溶液的液面要比待测溶液的液面要低

27. 重铬酸钾溶液对可见光中的（　　）有吸收，所以溶液显示其互补光（　　）。

A. 蓝色　　B. 黄色　　C. 绿色　　D. 紫色

28. EDTA 滴定 Ca^{2+} 的突跃本应很大，但在实际滴定中却表现为很小，这可能是由于滴定时（　　）。

A. 溶液的 pH 值太高　　B. 被滴定物浓度太小

C. 指示剂变色范围太宽　　D. 反应产物的副反应严重

29. 提高配位滴定的选择性可采用的方法是（　　）。

A. 增大滴定剂的浓度　　B. 控制溶液温度

C. 控制溶液的酸度　　D. 利用掩蔽剂消除干扰

30. 红外光谱产生的必要条件是（　　）。

A. 光子的能量与振动能级的能量相等　　B. 化学键振动过程中 $\Delta\mu \neq 0$

C. 化合物分子必须具有 π 轨道　　D. 化合物分子应具有 n 电子

31. 燃烧器的缝口存积盐类时，火焰可能出现分叉，这时应当（　　）。

A. 熄灭火焰　　B. 用滤纸插入缝口擦拭

C. 用刀片插入缝口轻轻刮除积盐　　D. 用水冲洗。

32. 分析仪器的噪声通常有（　　）种形式。

A. 以零为中心的无规则抖动　　B. 长期噪声或起伏

C. 漂移　　D. 啸叫

33. 非水滴定的溶剂的种类有（　　）。

A. 酸性溶剂　　B. 碱性溶剂　　C. 两性溶剂　　D. 惰性溶剂

34. 下列物质为共轭酸碱对的是（　　）。

A. $H_2PO_4^-$ 与 HPO_4^{2-}　　B. H_3PO_4 与 HPO_4^{2-}

C. H_3PO_4 与 $H_2PO_4^-$　　D. HPO_4^{2-} 与 PO_4^{3-}

35. 红外样品制备方法有（　　）。

A. 压片法　　B. 石蜡糊法　　C. 薄膜法　　D. 液体池法

模拟试题二

一、单选题

1. 测定 SO_2 的质量分数，得到下列数据（%）：28.62，28.59，28.51，28.52，28.61；则置信度为 95%时平均值的置信区间为（　　）。（已知置信度为 95%，$n=5$，$t=2.776$）
   A. 28.57±0.12　　B. 28.57±0.13　　C. 28.56±0.13　　D. 28.57±0.06
2. As 元素最合适的原子化方法是（　　）。
   A. 火焰原子化法　　B. 氢化物原子化法
   C. 石墨炉原子化法　　D. 等离子原子化法
3. Cl_2 分子在红外光谱图上基频吸收峰的数目为（　　）。
   A. 0　　B. 1　　C. 2　　D. 3
4. pH＝5.26 中的有效数字是（　　）位。
   A. 0　　B. 2　　C. 3　　D. 4
5. 玻璃电极的内参比电极是（　　）。
   A. 银电极　　B. 氯化银电极　　C. 铂电极　　D. 银-氯化银电极
6. 打开浓盐酸、浓硝酸、浓氨水等试剂瓶塞时，应在（　　）中进行。
   A. 冷水浴　　B. 走廊　　C. 通风橱　　D. 药品库
7. 分光光度法测定微量铁试验中，铁标溶液是用（　　）药品配制成的。
   A. 无水氯化铁　　B. 硫酸亚铁铵　　C. 硫酸铁铵　　D. 硝酸铁
8. 含无机酸的废液可采用（　　）处理。
   A. 沉淀法　　B. 萃取法　　C. 中和法　　D. 氧化还原法
9. 急性呼吸系统中毒后的急救方法正确的是（　　）。
   A. 要反复进行多次洗胃
   B. 立即用大量自来水冲洗
   C. 用 3%～5%碳酸氢钠溶液或用（1＋5000）高锰酸钾溶液洗胃
   D. 应使中毒者迅速离开现场，移到通风良好的地方，呼吸新鲜空气
10. 凯达尔定氮法的关键步骤是消化，为加速分解过程，缩短消化时间，常加入适量的（　　）。
   A. 无水碳酸钠　　B. 无水碳酸钾　　C. 无水硫酸钾　　D. 草酸钾
11. 库仑分析法是通过（　　）来进行定量分析的。
   A. 称量电解析出物的质量　　B. 准确测定电解池中某种离子消耗的量
   C. 准确测量电解过程中所消耗的电量　　D. 准确测定电解液浓度的变化

12. 离子选择性电极的选择性主要取决于（　　）。

A. 离子浓度　　B. 电极膜活性材料的性质

C. 待测离子活度　　D. 测定温度

13. 气相色谱的主要部件包括（　　）。

A. 载气系统、分光系统、色谱柱、检测器

B. 载气系统、进样系统、色谱柱、检测器

C. 载气系统、原子化装置、色谱柱、检测器

D. 载气系统、光源、色谱柱、检测器

14. 氢火焰检测器的检测依据是（　　）。

A. 不同溶液折射率不同　　B. 被测组分对紫外光的选择性吸收

C. 有机分子在氢氧焰中发生电离　　D. 不同气体热导率不同

15. 全水分煤样采集时要求装样量不得超过煤样瓶容积的（　　）。

A. 1/2　　B. 2/3　　C. 3/4　　D. 4/5

16. 天平及砝码应定时检定，一般规定检定时间间隔不超过（　　）。

A. 半年　　B. 一年　　C. 二年　　D. 三年

17. 氧瓶燃烧法测有机物中硫含量时，分解产物用（　　）吸收。

A. 氢氧化钠溶液　　B. 稀硫酸溶液

C. 高氯酸钡　　D. 过氧化氢水溶液

18. 液液分配色谱法的分离原理是利用混合物中各组分在固定相和流动相中溶解度的差异进行分离的，分配系数大的组分（　　）大。

A. 峰高　　B. 峰面　　C. 峰宽　　D. 保留值

19. 乙酸酐-乙酸钠酰化法测羟基时，加入过量的碱的目的是（　　）。

A. 催化　　B. 中和　　C. 皂化　　D. 氧化

20. 以下测定项目不属于煤样的半工业组成的是（　　）。

A. 水分　　B. 总硫　　C. 固定碳　　D. 挥发分

21. 由原子无规则的热运动所产生的谱线变宽称为（　　）。

A. 自然变宽　　B. 赫鲁兹马克变宽　　C. 劳伦茨变宽　　D. 多普勒变宽

22. 有关臭氧层破坏的说法，正确的是（　　）。

A. 人类使用电冰箱、空调释放大量的硫氧化物和氮氧化物所致

B. 臭氧主要分布在近地面的对流层，容易被人类活动所破坏

C. 臭氧层空洞的出现，使世界各地区降水和干湿状况将发生变化

D. 保护臭氧层的主要措施是逐步淘汰破坏臭氧层物质的排放

23. 有机溴化物燃烧分解后，用（　　）吸收。

A. 水　　B. 碱溶液

C. 过氧化氢的碱溶液　　D. 硫酸肼和 KOH 混合液

24. 原子荧光与原子吸收光谱仪结构上的主要区别在（　　）。

A. 光源　　B. 光路　　C. 单色器　　D. 原子化器

25. 在含羰基的分子中，增加羰基的极性会使分子中该键的红外吸收带（　　）。

A. 向高波数方向移动　B. 向低波数方向移动　C. 不移动　　D. 稍有振动

26. 0.04mol/LH_2CO_3溶液的 pH 值为（　　）。（$K_{a1}=4.3\times10^{-7}$，$K_{a2}=5.6\times10^{-11}$）

A. 4.73　　B. 5.61　　C. 3.89　　D. 7

27. EDTA 滴定金属离子 M，MY 的绝对稳定常数为 K_{MY}，当金属离子 M 的浓度为 0.01mol/L 时，下列 $\lg\alpha_{Y(H)}$ 对应的 pH 值是滴定金属离子 M 的最高允许酸度的是（　　）。

A. $\lg\alpha_{Y(H)}\geqslant\lg K_{MY}-8$　　B. $\lg\alpha_{Y(H)}=\lg K_{MY}-8$

C. $\lg\alpha_{Y(H)} \geqslant \lg K_{MY} - 6$　　D. $\lg\alpha_{Y(H)} \leqslant \lg K_{MY} - 3$

28. 碘量法测定黄铜中的铜含量，为除去 Fe^{3+} 干扰，可加入（　　）。

A. 碘化钾　　B. 氟化氢铵　　C. HNO_3　　D. H_2O_2

29. 某溶液中主要含有 Fe^{3+}、Al^{3+}、Pb^{2+}、Mg^{2+}，以乙酰丙酮为掩蔽剂、六亚甲基四胺为缓冲溶液，在 pH 为 5～6 时，以二甲酚橙为指示剂，用 EDTA 标准溶液滴定，所测得的是（　　）。

A. Fe^{3+} 含量　　B. Al^{3+} 含量　　C. Pb^{2+} 含量　　D. Mg^{2+} 含量

30. 提高配位滴定的选择性可采用的方法是（　　）。

A. 增大滴定剂的浓度　　B. 配位掩蔽法

C. 减小溶液的酸度　　D. 减小滴定剂的浓度

31. 氧化还原滴定中，硫代硫酸钠的基本单元是（　　）。

A. $Na_2S_2O_3$　　B. $1/2Na_2S_2O_3$　　C. $1/3Na_2S_2O_3$　　D. $1/4Na_2S_2O_3$

32. 用 0.1mol/LNaOH 滴定 0.1mol/L 的甲酸（$pK_a=3.74$），适用的指示剂为（　　）。

A. 甲基橙（3.46）　　B. 百里酚兰（1.65）　　C. 甲基红（5.00）　　D. 酚酞（9.1）

33. 欲配制 pH＝5 的缓冲溶液，应选用下列（　　）共轭酸碱对。

A. $NH_2OH_2^+$-NH_2OH（NH_2OH 的 $pK_b=3.38$）

B. HAc-Ac^-（HAc 的 $pK_a=4.74$）

C. NH_4^+-$NH_3 \cdot H_2O$（$NH_3 \cdot H_2O$ 的 $pK_b=4.74$）

D. HCOOH-$HCOO^-$（HCOOH 的 $pK_a=3.74$）

34. $0.0234 \times 4.303 \times 71.07 \div 127.5$ 的计算结果是（　　）。

A. 0.0561259　　B. 0.056　　C. 0.05613　　D. 0.0561

35. 若以冰醋酸作溶剂，四种酸：(1) $HClO_4$ (2) HNO_3 (3) HCl (4) H_2SO_4 的强度顺序应为（　　）。

A. 2，4，1，3　　B. 1，4，3，2　　C. 4，2，3，1　　D. 3，2，4，1

二、判断题

1. 玻璃电极膜电位的产生是由于电子的转移。（　　）

2. 不少显色反应需要一定时间才能完成，而且形成的有色配合物的稳定性也不一样，因此必须在显色后一定时间内进行。（　　）

3. 凡遇有人触电，必须用最快的方法使触电者脱离电源。（　　）

4. 傅里变换叶红外光谱仪与色散型仪器不同，采用单光束分光元件。（　　）

5. 化验室的安全包括：防火、防爆、防中毒、防腐蚀、防烫伤、保证压力容器和气瓶的安全、电器的安全以及防止环境污染等。（　　）

6. 空心阴极灯点燃后，充有氖气灯的正常颜色是成红色。（　　）

7. 平均偏差常用来表示一组测量数据的分散程度。（　　）

8. 气相色谱填充柱的液担比越大越好。（　　）

9. 认真负责、实事求是、坚持原则、一丝不苟地依据标准进行检验和判定是化学检验工的职业守则内容之一。（　　）

10. 闪点是指液体挥发出的蒸气在与空气形成混合物后，遇火源能够闪燃的最高温度。（　　）

11. 商品煤样的子样质量，由煤的粒度决定。（　　）

12. 石墨炉原子化法与火焰原子化法比较，其优点之一是原子化效率高。（　　）

13. 韦氏法主要用来测定动、植物油脂的碘值，韦氏液的主要成分为碘和碘化钾溶液。（　　）

14. 盐酸羟胺-吡啶肟化法测定羰基化合物含量时，加入吡啶的目的是与生成的盐酸结合以降低酸的浓度，抑制逆反应。(　　)

15. 在分光光度法中，测定所用的参比溶液总是采用不含被测物质和显色剂的空白溶液。(　　)

16. 在红外光谱中 C—H、C—C、C—O、C—Cl、C—Br 键的伸缩振动频率依次增加。(　　)

17. 在库仑法分析中，电流效率不能达到百分之百的原因之一，是电解过程中有副反应产生。(　　)

18. 在气相色谱分析中通过保留值完全可以准确地给被测物定性。(　　)

19. 在原子吸收分光光度法中，对谱线复杂的元素常用较小的狭缝进行测定。(　　)

20. 组分 1 和组分 2 的峰顶点距离为 1.08cm，而 $W_1=0.65$cm，$W_2=0.76$cm。则组分 1 和组分 2 不能完全分离。(　　)

21. 12℃时 0.1mol/L 某标准溶液的温度补正值为+1.3，滴定用去 26.35mL，校正为 20℃时的体积是 26.32mL。(　　)

22. EDTA 滴定某种金属离子的最低 pH 可以在酸效应曲线上方便地查出。(　　)

23. $H_2C_2O_4$的两步离解常数为 $K_{a1}=5.6\times10^{-2}$，$K_{a2}=5.1\times10^{-5}$，因此不能分步滴定。(　　)

24. 溶液的酸度越高，$KMnO_4$氧化草酸钠的反应进行得越完全，所以用基准草酸钠标定 $KMnO_4$溶液时，溶液的酸度越高越好(　　)。

25. 在测定水硬度的过程中、加入 NH_3-NH_4Cl 是为了保持溶液酸度基本不变。(　　)

26. 重铬酸钾法的终点，由于 Cr^{3+} 的绿色影响观察，常采取的措施是加较多的水稀释。(　　)

27. 25℃时，$BaSO_4$ 的 $K_{sp}=1.1\times10^{-10}$，则 $BaSO_4$ 溶解度是 1.2×10^{-20} mol/L。(　　)

28. 用 EDTA 滴定混合 M 和 N 金属离子的溶液，如果 $\Delta pM=\pm0.2$，$E_t<\pm0.5\%$且 M 与 N 离子浓度相等时，$\Delta \lg K\geqslant5$ 即可判定 M、N 离子可利用控制酸度来进行分步滴定。(　　)

29. 用间接碘量法测定试样时，最好在碘量瓶中进行，并应避免阳光照射，为减少 I^- 与空气接触，滴定时不宜过度摇动。(　　)

30. 硝酸银标准溶液应装在棕色碱式滴定管中进行滴定。(　　)

三、多选题

1. 滴定管的消耗的实际体积计算错误的是(　　)。
   A. 终点时滴定管示数
   B. 终点时滴定管示数+滴定管体积校正值
   C. 终点时滴定管示数+滴定管体积校正值+温度校正值
   D. 终点时滴定管示数+滴定管体积校正值+温度补正值
   E. 终点时滴定管示数−空白值

2. 对煤堆采样时，要求将子样按点分布在煤堆的(　　)。
   A. 顶部　　B. 中心　　C. 腰部　　D. 底部

3. 红外固体制样方法有(　　)。
   A. 压片法　　B. 石蜡糊法　　C. 薄膜法　　D. 液体池法

4. 红外光谱仪主要有(　　)部件组成。

A. 光源　　B. 样品室　　C. 单色器　　D. 检测器

5. 化学试剂根据用途可分为（　　）。

A. 一般化学试剂　　B. 特殊化学试剂

C. 专用化学试剂　　D. 标准试剂

E. 指示剂

6. 卡尔·费休试剂是测定微量水的标准溶液，它的组成有（　　）。

A. SO_2和I_2　　B. 吡啶　　C. 丙酮　　D. 甲醇

7. 空气干燥煤样水分的测定方法有（　　）。

A. 自然干燥法　　B. 通氮干燥法　　C. 甲苯蒸馏法　　D. 空气干燥法

8. 气相色谱定量分析方法有（　　）。

A. 标准曲线法　　B. 归一化法　　C. 内标法定量　　D. 外标法定量

9. 气相色谱法制备性能良好的填充柱，需遵循的原则（　　）。

A. 尽可能筛选粒度分布均匀担体和固定相填料

B. 保证固定液在担体表面涂渍均匀

C. 保证固定相填料在色谱柱内填充均匀

D. 避免担体颗粒破碎和固定液的氧化作用等。

10. 汽油等有机溶剂着火时下列物质能用于灭火的是（　　）。

A. 二氧化碳　　B. 沙子　　C. 四氯化碳　　D. 泡沫灭火器

11. 使用甘汞电极时，操作是正确的是（　　）。

A. 使用时先取下电极下端口的小胶帽，再取下上侧加液口的小胶帽

B. 电极内饱和 KCl 溶液应完全浸没内电极，同时电极下端要保持少量的 KCl 晶体

C. 电极玻璃弯管处不应有气泡

D. 电极下端的陶瓷芯毛细管应通畅

12. 我国防治燃煤产生大气污染的主要措施包括（　　）。

A. 提高燃煤品质，减少燃煤污染

B. 对酸雨控制区和二氧化硫污染控制区实行严格的区域性污染防治措施

C. 加强对城市燃煤污染的防治

D. 城市居民禁止直接燃用原煤

13. 下列关于离子选择系数描述正确的是（　　）。

A. 表示在相同实验条件下，产生相同电位的待测离子活度与干扰离子活度的比值

B. 越大越好

C. 越小越好

D. 是一个常数

14. 下列哪个农药不属于有机氯农药（　　）。

A. 代森锌　　B. 三唑酮　　C. 滴滴涕　　D. 三乙膦酸铝

15. 下述情况（　　）属于分析人员不应有的操作失误。

A. 滴定前用标准滴定溶液将滴定管淋洗几遍　　B. 称量用砝码没有检定

C. 称量时未等称量物冷却至室温就进行称量　　D. 滴定前用被滴定溶液洗涤锥形瓶

16. 液固吸附色谱中，流动相选择应满足以下要求（　　）。

A. 流动相不影响样品检测　　B. 样品不能溶解在流动相中

C. 优先选择黏度小的流动相　　D. 流动相不得与样品和吸附剂反应

17. 乙炔气瓶要用专门的乙炔减压阀，使用时要注意（　　）。

A. 检漏

B. 二次表的压力控制在 0.5MPa 左右

C. 停止用气进时先松开二次表的开关旋钮，后关气瓶总开关

D. 先关乙炔气瓶的开关，再松开二次表的开关旋钮

18. 影响热导池灵敏度的主要因素有（　　）。

A. 桥电流　　B. 载气性质

C. 池体温度　　D. 热敏元件材料及性质

19. 原子吸收测镁时加入氯化锶溶液的目的（　　）。

A. 使测定吸光度值减小

B. 使待测元素从干扰元素的化合物中释放出来

C. 使之与干扰元素反应，生成更易挥发的化合物

D. 消除干扰

20. 原子吸收分光光度计的主要部件是（　　）。

A. 单色器　　B. 检测器　　C. 高压泵　　D. 光源

21. 非水酸碱滴定中，常用的滴定剂是（　　）。

A. 盐酸的乙酸溶液　　B. 高氯酸的乙酸溶液

C. 氢氧化钠的二甲基甲酰胺溶液　　D. 甲醇钠的二甲基甲酰胺溶液

22. EDTA 滴定 Ca^{2+} 的突跃本应很大，但在实际滴定中却表现为很小，这可能是由于滴定时（　　）。

A. 溶液的 pH 值太低　　B. 被滴定物浓度太小

C. 指示剂变色范围太宽　　D. 反应产物的副反应严重

23. 按质子理论，下列物质中具有两性的物质是（　　）。

A. HCO_3^-　　B. $(CH_2)_6N_4H^+$

C. HPO_4^{2-}　　D. HS^-

24. 不能作为氧化还原滴定指示电极的是（　　）。

A. 锑电极　　B. 铂电极　　C. 汞电极　　D. 银电极

25. 对于间接碘量法测定还原性物质，下列说法正确的是（　　）。

A. 被滴定的溶液应为中性或弱酸性

B. 被滴定的溶液中应有适当过量的 KI

C. 近终点时加入指示剂，滴定终点时被滴定的溶液蓝色刚好消失

D. 被滴定的溶液中存在的铜离子对测定无影响

26. 高锰酸钾法可以直接滴定的物质为（　　）。

A. As^{3+}　　B. Fe^{2+}　　C. $C_2O_4^{2-}$　　D. Fe^{3+}

27. 下列有关混合酸碱滴定的说法，正确的有（　　）。

A. 化学计量点的 pH 值，取决于溶液在化学计量点时的组成

B. 应特别注意溶液中不能被滴定的酸或碱对溶液 pH 值的影响

C. 不被滴定的酸或碱，不影响化学计量点的 pH 值

D. 有时不被滴定的酸或碱的 pH 值，即为化学计量点的 pH 值

E. 化学计量点的 pH 值，与溶液在化学计量点时的组成无关

28. 温度对反应速率的影响（　　）。

A. 反应速率随温度变化呈指数关系

B. 温度升高只影响正向反应速率

C. 温度升高正、逆向反应速率都增大

D. 温度对反应速率的影响可用阿累尼乌斯公式表达

29. 下列物质中，那几种不能用标准强碱溶液直接滴定（ ）。

A. 盐酸苯胺 $C_6H_5NH_2 \cdot HCl$（$C_6H_5NH_2$的 $K_b=4.6\times10^{-10}$）

B. 邻苯二甲酸氢钾（邻苯二甲酸的 $K_a=2.9\times10^{-6}$）

C. $(NH_4)_2SO_4$（$NH_3 \cdot H_2O$ 的 $K_b=1.8\times10^{-5}$）

D. 苯酚（$K_a=1.1\times10^{-10}$）

30. 重铬酸钾滴定法测铁，加入 H_3PO_4的作用，错误的是（ ）。

A. 防止沉淀　　B. 提高酸度

C. 降低 Fe^{3+}/Fe^{2+}电位，使突跃范围增大　　D. 消除 Fe^{3+}黄色的影响

31. 不影响测定结果准确度的因素有（ ）。

A. 滴定管读数时最后一位估测不准

B. 沉淀重量法中沉淀剂加入量未过量

C. 标定 EDTA 用的基准 ZnO 未进行处理

D. 以甲基橙为指示剂用 HCl 滴定含有 Na_2CO_3的 NaOH 溶液

32. 下列试剂中，可作为银量法指示剂的有（ ）。

A. 铬酸钾　　B. 铁铵钒　　C. 硫氰酸铵　　D. 硝酸银　　E. 荧光黄

33. GBW（E）081046-硝酸银滴定溶液标准物质规定，0.1mol/L 的硝酸银滴定溶液标准物质的下列说法正确的有（ ）。

A. 在 25℃±5℃条件下保存

B. 在 20℃±2℃条件下保存

C. 稳定贮存有效期为 6 个月

D. 使用时应将溶液直接倒入滴定管中，以防污染

E. 稳定贮存有效期为 3 个月

34. 以下用于化工产品检验的器具属于国家计量局发布的强制检定的工作计量器具是（ ）。

A. 分光光度计、天平　　B. 台秤、酸度计

C. 密度计、砝码　　D. 温度计、量杯

35. 用重量法测定 SO_4^{2-} 含量，$BaSO_4$ 沉淀中有少量 $Fe_2(SO_4)_3$，则对结果的影响为（ ）。

A. 正误差　　B. 负误差

C. 对准确度有影响　　D. 对精密度有影响

模拟试题三

一、单选题

1. 准确量取 25.00mL 高锰酸钾溶液，可选择的仪器是（　　）。
   A. 50mL 量筒　　B. 10mL 量筒　　C. 50mL 酸式滴定管　　D. 50mL 碱式滴定管
2. 从气体钢瓶中采集气体样品一般用（　　）采样方法。
   A. 常压下采样方法　　B. 正压下采样方法　　C. 负压下采样方法　　D. 流水抽气泵采样
3. 当未知样中含 Fe 量约为 10μg/mL 时，采用直接比较法定量时，标准溶液的浓度应为（　　）。
   A. 20μg/mL　　B. 15μg/mL　　C. 11μg/mL　　D. 5μgm/L
4. 常用光度计分光的重要器件是（　　）。
   A. 棱镜（或光栅）＋狭缝　　B. 棱镜　　C. 反射镜　　D. 准直透镜
5. 欲分析 165～360nm 的波谱区的原子吸收光谱，应选用的光源为（　　）。
   A. 钨灯　　B. 能斯特灯　　C. 空心阴极灯　　D. 氘灯
6. 在实验测定溶液 pH 值时，都是用标准缓冲溶液来校正电极，其目的是消除（　　）的影响。
   A. 不对称电位　　B. 液接电位　　C. 温度　　D. 不对称电位和液接电位
7. 在高效液相色谱流程中，试样混合物在（　　）中被分离。
   A. 检测器　　B. 记录器　　C. 色谱柱　　D. 进样器
8. 分析测定中出现的下列情况，属于偶然误差的是（　　）。
   A. 滴定时所加试剂中含有微量的被测物质　　B. 滴定管的最后一位读数偏高或偏低　　C. 所用试剂含干扰离子　　D. 室温升高
9. 三人对同一样品的分析，采用同样的方法，测得结果为，甲：31.27%、31.26%、31.28%；乙：31.17%、31.22%、31.21%；丙：31.32%、31.28%、31.30%。则甲、乙、丙三人精密度的高低顺序为（　　）。
   A. 甲＞丙＞乙　　B. 甲＞乙＞丙　　C. 乙＞甲＞丙　　D. 丙＞甲＞乙
10. 应该放在远离有机物及还原物质的地方，使用时不能戴橡皮手套的是（　　）。

A. 浓硫酸　　B. 浓盐酸　　C. 浓硝酸　　D. 浓高氯酸

11. 0.1mol/LNH_4Cl溶液的 pH 值为（　　）。氨水的$K_b=1.8\times10^{-5}$。

A. 5.13　　B. 6.13　　C. 6.87　　D. 7.0

12. 有一磷酸盐溶液，可能由Na_3PO_4、Na_2HPO_4、NaH_2PO_4或其中二者的混合物组成，今以百里酚酞为指示剂，用盐酸标准滴定溶液滴定至终点时消耗V_1mL，再加入甲基红指示剂，继续用盐酸标准滴定溶液滴定至终点时又消耗V_2mL。当$V_2>V_1$，$V_1>0$时，溶液的组成为（　　）。

A. $Na_2HPO_4+NaH_2PO_4$　　B. $Na_3PO_4+Na_2HPO_4$

C. Na_2HPO_4　　D. $Na_3PO_4+NaH_2PO_4$

13. 采用返滴定法测定Al^{3+}的含量时，欲在 pH＝5.5 的条件下以某一金属离子的标准溶液返滴定过量的 EDTA，此金属离子标准溶液最好选用（　　）。

A. Ca^{2+}　　B. Pb^{2+}　　C. Fe^{3+}　　D. Mg^{2+}

14. 采取的样品量应满足（　　）。

A. 一次检测需要量　　B. 二次检测需要量

C. 三次检测需要量　　D. 五次检测需要量

15. 玻璃电极在使用前一定要在水中浸泡几小时，目的在于（　　）。

A. 清洗电极　　B. 活化电极　　C. 校正电极　　D. 检查电极好坏

16. 直接配位滴定终点呈现的是（　　）的颜色。

A. 金属-指示剂配合物　　B. 配位剂-指示剂混合物

C. 游离金属指示剂　　D. 配位剂-金属配合物

17. 某溶液主要含有Ca^{2+}、Mg^{2+}及少量Al^{3+}、Fe^{3+}，今在 pH＝10 时加入三乙醇胺后，用 EDTA 滴定，用铬黑 T 为指示剂，则测出的是（　　）的含量。

A. Mg^{2+}　　B. Ca^{2+}、Mg^{2+}

C. Al^{3+}、Fe^{3+}　　D. Ca^{2+}、Mg^{2+}、Al^{3+}、Fe^{3+}

18. 下列测定中，需要加热的有（　　）。

A. $KMnO_4$溶液滴定H_2O_2　　B. $KMnO_4$溶液滴定$H_2C_2O_4$

C. 银量法测定水中氯　　D. 碘量法测定$CuSO_4$

19. 在间接碘量法中，滴定终点的颜色变化是（　　）。

A. 蓝色恰好消失　　B. 出现蓝色　　C. 出现浅黄色　　D. 黄色恰好消失

20. 用红外吸收光谱法测定有机物结构时，试样应该是（　　）。

A. 单质　　B. 纯物质　　C. 混合物　　D. 任何试样

21. 使原子吸收谱线变宽的因素较多，其中（　　）是主要因素。

A. 压力变宽　　B. 劳伦兹变宽　　C. 自然变宽　　D. 多普勒变宽

22. 用原子吸收光谱法测定钙时，加入 EDTA 是为了消除（　　）干扰。

A. 硫酸　　B. 钠　　C. 磷酸　　D. 镁

23. 原子吸收分光光度计调节燃烧器高度目的是为了得到（　　）。

A. 吸光度最小　　B. 透光度最小　　C. 入射光强最大　　D. 火焰温度最高

24. 下列方法中，不属于气相色谱定量分析方法的是（　　）。

A. 峰面积测量　　B. 峰高测量

C. 标准曲线法　　D. 相对保留值测量

25. 采用氧瓶燃烧法测定硫的含量，有机物中的硫转化为（　　）。

A. H_2S　　B. SO_2　　C. SO_3　　D. SO_2和SO_3

26. 高碘酸氧化法可测定（　　）。

A. 伯醇　B. 仲醇　C. 叔醇　D. α-多羟基醇

27. 肟化法测定羰基化合物为了使反应完全，通常试剂过量，并（　）。

A. 加入乙醇　B. 加入吡啶

C. 回流加热 30min　D. 严格控制 pH=4

28. 含 CO 与 N_2 的样气 10mL，在标准状态下加入过量氧气使 CO 完全燃烧后，气体体积减小了 2mL，则样气中有 CO（　）。

A. 2mL　B. 4mL　C. 6mL　D. 8mL

29. 化学检验工必备的专业素质是（　）。

A. 语言表达能力　B. 社交能力

C. 较强的颜色分辨能力　D. 良好的嗅觉辨味能力

30. 下列关于校准与检定的叙述不正确的是（　）。

A. 校准不具有强制性，检定则属执法行为

B. 校准的依据是校准规范、校准方法，检定的依据则是按法定程序审批公布的计量检定规程

C. 校准和检定主要要求都是确定测量仪器的示值误差

D. 校准通常不判断测量仪器合格与否，检定则必须作出合格与否的结论

31. IUPAC 把 C 级标准试剂的含量规定为（　）。

A. 原子量标准　B. 含量为 (100±0.02)%

C. 含量为 (100±0.05)%　D. 含量为 (100±0.10)%

32. 用 0.1000mol/LHCl 滴定 0.1000mol/LNaOH 时的 pH 值突跃范围是 9.7～4.3，用 0.01mol/LHCl 滴定 0.01mol/LNaOH 的 pH 值突跃范围是（　）。

A. 9.7～4.3　B. 8.7～4.3　C. 8.7～5.3　D. 10.7～3.3

33. K_{ij} 称为电极的选择性系数，通常 K_{ij} 越小，说明（　）。

A. 电极的选择性越高　B. 电极的选择性越低

C. 与电极选择性无关　D. 分情况而定

34. 采用气相色谱法分析羟基化合物，对 C_4～C_{14} 共 38 种醇进行分离，较理想的分离条件是（　）。

A. 填充柱长 1m、柱温 100℃、载气流速 20mL/min

B. 填充柱长 2m、柱温 100℃、载气流速 60mL/min

C. 毛细管柱长 40m、柱温 100℃、恒温

D. 毛细管柱长 40m、柱温 100℃、程序升温

35. 在配位滴定中，金属离子与 EDTA 形成配合物越稳定，在滴定时允许的 pH 值（　）。

A. 越高　B. 越低　C. 中性　D. 不要求

二、判断题

1 . GB 3935.1—1996 定义标准为：为在一定的范围内获得最佳程序，对实际的或潜在的问题制定共同和重复使用的规则的活动。（　）

2. 化学试剂中二级品试剂常用于微量分析、标准溶液的配制、精密分析工作。（　）

3. 在 3～10 次的分析测定中，离群值的取舍常用 $4\bar{d}$ 法检验；显著性差异的检验方法在分析工作中常用的是 t 检验法和 F 检验法。（　）

4. 若一种弱酸不能被强碱滴定，则其相同浓度的共轭碱必定可被强酸滴定。（　）

5. 在红外光谱中 C—H，C—C，C—O，C—Cl，C—Br 键的伸缩振动频率依次增加。（　）

6. 每种元素的基态原子都有若干条吸收线，其中最灵敏线和次灵敏线在一定条件下均可作为分析线。(　　)

7. FID 检测器属于浓度型检测器。(　　)

8. 反相键合液相色谱法中常用的流动相是水-甲醇。(　　)

9. 色谱柱的老化温度应略高于操作时的使用温度，色谱柱老化合格的标志是接通记录仪后基线走得平直。(　　)

10. 容量瓶与移液管不配套会引起偶然误差。(　　)

11. 平均偏差常用来表示一组测量数据的分散程度。(　　)

12. 实验室中油类物质引发的火灾可用二氧化碳灭火器进行灭火。(　　)

13. 增加还原态的浓度时，电对的电极电势减小(　　)。

14. EDTA 滴定某种金属离子的最高 pH 值可以在酸效应曲线上方便地查出。(　　)

15. 商品煤样的子样质量，由煤的粒度决定。(　　)

16. 原子吸收光谱分析中灯电流的选择原则是：在保证放电稳定和有适当光强输出情况下，尽量选用低的工作电流。(　　)

17. 已知 25mL 移液管在 20℃的体积校准值为－0.01mL，则 20℃该移液管的真实体积是 25.01mL。(　　)

18. 用 EDTA 测定 Ca^{2+}、Mg^{2+} 总量时，以铬黑 T 作指示剂应控制 pH＝12。(　　)

19. 当溶液中 Bi^{3+}、Pb^{2+} 浓度均为 10^{-2} mol/L 时，可以选择滴定 Bi^{3+}。(已知：$\lg K_{BiY}=27.94$，$\lg K_{PbY}=18.04$)(　　)

20. 酸雨是大气污染引起的，是 pH 值小于 6.5 的雨、雪、雾、雹和其他形式的大气降水。(　　)

21. 饱和甘汞电极是常用的参比电极、其电极电位是恒定不变的。(　　)

22. 库仑分析法要得到准确结果，应保证电极反应有100％电流效率。(　　)

23. 在气相色谱分析中通过保留值完全可以准确地给被测物定性。(　　)

24. 费林溶液能使脂肪醛发生氧化，同时生成红色的氧化亚铜沉淀。(　　)

25. 闪点是指液体挥发出的蒸气在与空气形成混合物后，遇火源能够闪燃的最高温度。(　　)

26. 玻璃电极测定 pH＜1 的溶液时，pH 值读数偏高；测定 pH＞10 的溶液 pH 值偏低。(　　)

27. 液-液分配色谱的分离原理与液液萃取原理相同，都是分配定律。(　　)

28. 2000 版 ISO 9000 族标准的结构有四个核心标准。(　　)

29. 酸碱滴定法测定分子量较大的难溶于水的羧酸时，可采用中性乙醇为溶剂。(　　)

30. 对石英比色皿进行成套性检查时用的是重铬酸钾的高氯酸溶液。(　　)

三、多选题

1. 按污染物的特性划分的污染类型包括(　　)。

A. 大气污染　　B. 放射污染　　C. 生物污染　　D. 化学污染

2. 下述情况中，属于系统误差的是(　　)。

A. 滴定前用标准滴定溶液将滴定管淋洗几遍

B. 称量用砝码没有检定

C. 称量时未等称量物冷却至室温就进行称量

D. 滴定前用被滴定溶液洗涤锥形瓶

E. 指示剂变色后未能在变色点变色

3. 下列有关混合酸碱滴定的说法，正确的有（　　）。

A. 化学计量点的 pH 值，取决于溶液在化学计量点时的组成

B. 应特别注意溶液中不能被滴定的酸或碱对溶液 pH 值的影响

C. 不被滴定的酸或碱，不影响化学计量点的 pH 值

D. 有时不被滴定的酸或碱的 pH 值，即为化学计量点的 pH 值

E. 化学计量点的 pH 值，与溶液在化学计量点时的组成无关

4. 洗涤下列仪器时，不能使用去污粉洗刷的是（　　）。

A. 移液管　　B. 锥形瓶　　C. 容量瓶　　D. 滴定管

5. 下列试剂中，可作为银量法指示剂的有（　　）。

A. 铬酸钾　　B. 铁铵矾　　C. 硫氰酸铵　　D. 硝酸银　　E. 荧光黄

6. 液体样品的采样工具有（　　）。

A. 采样勺　　B. 采样瓶　　C. 采样罐　　D. 采样管

7. 碱熔融法常用的熔剂有（　　）。

A. 碳酸钠　　B. 碳酸钾　　C. 氢氧化钠　　D. 氯化钠

8. 液固吸附色谱中，流动相选择应满足以下要求（　　）。

A. 流动相不影响样品检测　　B. 样品不能溶解在流动相中

C. 优先选择黏度小的流动相　　D. 流动相不得与样品和吸附剂反应

9. 酚羟基可用（　　）法测定。

A. 非水滴定　　B. 溴量法

C. 比色法　　D. 重铬酸钾氧化法

10. 我国企业产品质量检验可用的标准有（　　）。

A. 国家标准和行业标准　　B. 国际标准

C. 合同双方当事人约定的标准　　D. 企业自行制定的标准

11. 技术标准按产生作用的范围可分为（　　）。

A. 行业标准　　B. 国家标准　　C. 地方标准　　D. 企业标准

12. 下列数据中，有效数字位数为四位的是（　　）。

A. $[H^+]=0.006\ mol/L$　　B. $pH=11.78$

C. $w(MgO)=14.18\%$　　D. $c(NaOH)=0.1132\ mol/L$

13. 浓硝酸、浓硫酸、浓盐酸等溅到皮肤上，做法正确的是（　　）。

A. 用大量水冲洗　　B. 用稀苏打水冲洗

C. 起水泡处可涂红汞或红药水　　D. 损伤面可涂氧化锌软膏

14. 下列（　　）溶液是 pH 测定用的标准溶液。

A. $0.05mol/L\ C_8H_5O_4K$

B. $1mol/L\ HAc+1mol/L\ NaAc$

C. $0.01mol/L\ Na_2B_4O_7\cdot10H_2O$（硼砂）

D. $0.025mol/L\ KH_2PO_4+0.025mol/L\ Na_2HPO_4$

15. 双指示剂法测定精制盐水中 NaOH 和 Na_2CO_3 的含量，如滴定时第一滴定终点 HCl 标准滴定溶液过量。则下列说法正确的有（　　）。

A. NaOH 的测定结果是偏高

B. Na_2CO_3 的测定结果是偏低

C. 只影响 NaOH 的测定结果

D. 对 NaOH 和 Na_2CO_3 的测定结果无影响

16. 在 $Na_2S_2O_3$ 标准滴定溶液的标定过程中，下列操作错误的是（　　）。

A. 边滴定边剧烈摇动

B. 加入过量 KI，并在室温和避免阳光直射的条件下滴定

C. 在 70～80℃恒温条件下滴定

D. 滴定一开始就加入淀粉指示剂

17. 在气-液色谱填充柱的制备过程中，下列做法正确的是（　　）。

A. 一般选用柱内径为 3～4mm，柱长为 1～2m 长的不锈钢柱子

B. 一般常用的液载比是 25%左右

C. 新装填好的色谱柱即可接入色谱仪的气路中，用于进样分析

D. 在色谱柱的装填时，要保证固定相在色谱柱内填充均匀

18. 预混合型火焰原子化器的组成部件中有（　　）。

A. 雾化器　　B. 燃烧器　　C. 石墨管　　D. 预混合室

19. EDTA 直接滴定法需符合（　　）。

A. $(c_M K_{MY})/(c_N K_{NY}) \geqslant 5$　　B. $K'_{MY}/K'_{MIn} \geqslant 10^2$

C. $c_M K'_{MY} \geqslant 10^5$　　D. 要有某种指示剂可选用

20. 由于铬黑 T 不能指示 EDTA 滴定 Ba^{2+} 终点，在找不到合适的指示剂时，常用（　　）测定钡含量。

A. 沉淀掩蔽法　　B. 返滴定法　　C. 置换滴定法　　D. 间接滴定法

21. 高锰酸钾法可以直接滴定的物质为（　　）。

A. Ca^{2+}　　B. Fe^{2+}　　C. $C_2O_4^{2-}$　　D. Fe^{3+}

22. 碘量法中使用碘量瓶的目的是（　　）。

A. 防止碘的挥发　　B. 防止溶液与空气的接触

C. 提高测定的灵敏度　　D. 防止溶液溅出

23. 红外光谱仪主要由（　　）部件组成。

A. 光源　　B. 样品室　　C. 单色器　　D. 检测器

24. 原子吸收检测中，下列哪些方法有利于消除物理干扰？（　　）

A. 配制与被测试样相似组成的标准溶液

B. 采用标准加入法或选用适当溶剂稀释试液

C. 调整撞击小球位置以产生更多细雾

D. 加入保护剂或释放剂

25. 在电位滴定中，判断滴定终点的方法有（　　）。

A. E-V（E 为电位，V 为滴定剂体积）作图

B. $\Delta^2 E/\Delta V^2$-V（E 为电位，V 为滴定剂体积）作图

C. $\Delta E/\Delta V$-V（E 为电位，V 为滴定剂体积）作图

D. 直接读数法

26. 库仑滴定法的原始基准是（　　）。

A. 标准溶液　　B. 指示电极　　C. 计时器　　D. 恒电流

27. 气相色谱分析的定量方法中，（　　）方法必须用到校正因子。

A. 外标法　　B. 内标法　　C. 标准曲线法　　D. 归一化法

28. 乙酰化法测定羟基时，常加入吡啶，其作用是（　　）。

A. 中和反应生成的乙酸　　B. 防止乙酸挥发

C. 将乙酸移走，破坏化学平衡　　D. 作催化剂

29. 凯氏定氮法测定有机氮含量全过程包括（　　）等步骤。

A. 消化　　B. 碱化蒸馏　　C. 吸收　　D. 滴定

30. 下列气体中可以用吸收法测定的有（　　）。

A. CH_4　　B. H_2　　C. O_2　　D. CO

31. 酸度计使用时最容易出现故障的部位是（　　）。

A. 电极和仪器的连接处　　B. 信号输出部分

C. 电极信号输入端　　D. 仪器的显示部分

E. 仪器的电源部分

32. 欲配制 pH 为 3 的缓冲溶液，应选择的弱酸及其弱酸盐是（　　）。

A. 醋酸（$pK_a=4.74$）　　B. 甲酸（$pK_a=3.74$）

C. 一氯乙酸（$pK_a=2.86$）　　D. 二氯乙酸（$pK_a=1.30$）

33. 分光光度计的检验项目包括（　　）。

A. 波长准确度的检验　　B. 透射比准确度的检验

C. 吸收池配套性的检验　　D. 单色器性能的检验

34. 非水酸碱滴定中，常用的滴定剂是（　　）。

A. 盐酸的乙酸溶液　　B. 高氯酸的乙酸溶液

C. 氢氧化钠的二甲基甲酰胺溶液　　D. 甲醇钠的二甲基甲酰胺溶液

35. 含碘有机物用氧瓶燃烧法分解试样后，用 KOH 吸收，得到的混合物有（　　）。

A. $Na_2S_2O_3$　　B. KI　　C. I_2　　D. KIO_3

模拟试题四

一、单选题

1. AgCl 和 Ag_2CrO_4 的溶度积分别为 1.8×10^{-10} 和 2.0×10^{-12}，则下面叙述中正确的是（　　）。
   A. AgCl 与 Ag_2CrO_4 的溶解度相等
   B. AgCl 的溶解度大于 Ag_2CrO_4
   C. 二者类型不同，不能由溶度积大小直接判断溶解度大小
   D. 都是难溶盐，溶解度无意义
2. 苯分子的振动自由度为（　　）。
   A. 18　　B. 12　　C. 30　　D. 31
3. 标定 $Na_2S_2O_3$ 溶液的基准试剂是（　　）。
   A. $Na_2C_2O_4$　　B. $(NH_3)_2C_2O_4$　　C. Fe　　D. $K_2Cr_2O_7$
4. 采样探子适用于（　　）样品的采集。
   A. 气体　　B. 液体　　C. 固体粉末　　D. 坚硬的固体
5. 测定 SO_2 的质量分数，得到下列数据（%）：28.62，28.59，28.51，28.52，28.61。则置信度为 95%时平均值的置信区间为（　　）。（已知置信度为 95%，$n=5$，$t=2.776$）
   A. 28.57±0.12　　B. 28.57±0.13　　C. 28.56±0.13　　D. 28.57±0.06
6. 测定水中微量氟，最为合适的方法有（　　）。
   A. 沉淀滴定法　　B. 离子选择电极法　　C. 火焰光度法　　D. 发射光谱法
7. 在金属离子 M 和 N 等浓度的混合液中，以 HIn 为指示剂，用 EDTA 标准溶液直接滴定其中的 M，若 $TE\leqslant0.1\%$、$\Delta pM=\pm0.2$，则要求（　　）。
   A. $\lg K_{MY}-\lg K_{NY}\geqslant6$　　B. $K_{MY}<K_{MIn}$
   C. $pH=pK_{MY}$　　D. NIn 与 HIn 的颜色应有明显差别
8. 滴定管的体积校正：25℃时由滴定管中放出 20.01mL 水，称其质量为 20.01g，已知 25℃时 1mL 的水质量为 0.99617g，则此滴定管此处的体积校正值为（　　）。
   A. ＋0.04mL　　B. －0.04mL　　C. ＋0.08mL　　D. －0.08mL
9. 对于火焰原子吸收光谱仪的维护，（　　）是不允许的。
   A. 透镜表面沾有指纹或油污应用汽油将其洗去
   B. 空心阴极灯窗口如有沾污，可用镜头纸擦净
   C. 元素灯长期不用，则每隔一段时间在额定电流下空烧

D. 仪器不用时应用罩子罩好

10. 高碘酸氧化法可测定（　）。

A. 伯醇　　B. 仲醇　　C. 叔醇　　D. α-多羟基醇

11. 共轭酸碱对中，K_a、K_b的关系是（　）。

A. $K_a/K_b=1$　　B. $K_a/K_b=K_s$　　C. $K_a/K_b=1$　　D. $K_aK_b=K_s$

12. 国际纯粹化学和应用化学联合会将作为标准物质的化学试剂按纯度分为（　）。

A. 6 级　　B. 5 级　　C. 4 级　　D. 3 级

13. 计量标准主标准器及主要配套设备经检定和自检合格，应贴上的彩色标志是（　）。

A. 蓝色　　B. 红色　　C. 橙色　　D. 绿色

14. 金属钠着火，可选用的灭火器是（　）。

A. 泡沫式灭火器　　B. 干粉灭火器　　C. 1211 灭火器　　D. 7150 灭火器

15. 用钠熔法分解有机物后，以稀 HNO_3 酸化并煮沸 5min，加入 $AgNO_3$ 溶液，有淡黄色沉淀出现，则说明该有机物含（　）元素。

A. S　　B. X　　C. N　　D. C

16. 实验室用酸度计结构一般由（　）组成。

A. 电极系统和高阻抗毫伏计　　B. pH 玻璃电和饱和甘汞电极

C. 显示器和高阻抗毫伏计　　D. 显示器和电极系统

17. 使原子吸收谱线变宽的因素较多，其中（　）是主要因素。

A. 压力变宽　　B. 劳伦兹变宽　　C. 温度变宽　　D. 多普勒变宽

18. 为区分 HCl、$HClO_4$、H_2SO_4、HNO_3四种酸的强度大小，可采用的溶剂是（　）。

A. 水　　B. 吡啶　　C. 冰醋酸　　D. 液氨

19. 下列不属于原子吸收分光光度计组成部分的是（　）。

A. 光源　　B. 单色器　　C. 吸收池　　D. 检测器

20. 下列关于瓷器皿的说法中，不正确的是（　）。

A. 瓷器皿可用作称量分析中的称量器皿

B. 可以用氢氟酸在瓷皿中分解处理样品

C. 瓷器皿不适合熔融分解碱金属的碳酸盐

D. 瓷器皿耐高温

21. 乙二胺四乙酸根（$^-OOCCH_2)_2NCH_2CH_2N(CH_2COO^-)_2$可提供的配位原子数为（　）。

A. 2　　B. 4　　C. 6　　D. 8

22. 用 0.1000mol/LNaOH 标准溶液滴定同浓度的 $H_2C_2O_4$（$K_{a1}=5.9\times10^{-2}$、$K_{a2}=6.4\times10^{-5}$）时，有几个滴定突跃，应选用何种指示剂？（　）

A. 两个突跃，甲基橙（$pK_{HIn}=3.40$）　　B. 两个突跃，甲基红（$pK_{HIn}=5.00$）

C. 一个突跃，溴百里酚蓝（$pK_{HIn}=7.30$）　　D. 一个突跃，酚酞（$pK_{HIn}=9.10$）

23. 用 0.1000mol/LNaOH 滴定 0.1000mol/LHAc（$pK_a=4.7$）时的 pH 突跃范围为 7.7～9.7，由此可以推断用 0.1000mol/LNaOH 滴定 pK_a为 3.7 的 0.1mol/L 某一元酸的 pH 值突跃范围为（　）。

A. 6.7～8.7　　B. 6.7～9.7　　C. 8.7～10.7　　D. 7.7～10.7

24. 用采样器从一个采样单元中一次取得的一定量物料称为（　）。

A. 样品　　B. 子样　　C. 原始平均试样　　D. 实验室样品

25. 用离子选择性电极法测定氟离子含量时，加入的 TISAB 的组成中不包括（　）。

A. NaCl　　B. NaAC　　C. HCl　　D. 柠檬酸钠

26. 用邻苯二甲酸氢钾（KHP）标定 0.1mol/L 的 NaOH 溶液，若使测量滴定体积的相对误差小于 0.1%，最少应称取基准物（　　）克。[M(KHP)=204.2g/mol]

A. 0.41　　B. 0.62　　C. 0.82　　D. 0

27. 用原子吸收光谱法测定钙时，加入 EDTA 是为了消除（　　）干扰。

A. 硫酸　　B. 钠　　C. 磷酸　　D. 镁

28. 由计算器计算 9.25×0.21334÷(1.200×100) 的结果为 0.0164449，按有效数字规则将结果修约为（　　）。

A. 0.016445　　B. 0.01645　　C. 0.01644　　D. 0.0164

29. 有 H_2 和 N_2 的混合气体 50mL，加空气燃烧后，体积减小 15mL，则 H_2 在混合气体中的体积百分含量为（　　）。

A. 30%　　B. 20%　　C. 10%　　D. 45%

30. 有关臭氧层破坏的说法，正确的是（　　）。

A. 人类使用电冰箱、空调释放大量的硫氧化物和氮氧化物所致

B. 臭氧主要分布在近地面的对流层，容易被人类活动所破坏

C. 臭氧层空洞的出现，使世界各地区降水和干湿状况将发生变化

D. 保护臭氧层的主要措施是逐步淘汰破坏臭氧层物质的排放

31. 有机溴化物燃烧分解后，用（　　）吸收。

A. 水　　B. 碱溶液

C. 过氧化氢的碱溶液　　D. 硫酸肼和 KOH 混合液

32. 有三瓶 A、B、C 同体积同浓度的 $H_2C_2O_4$、$NaHC_2O_4$、$Na_2C_2O_4$，用 HCl、NaOH、H_2O 调节至相同的 pH 和同样的体积，此时溶液中的 $[HC_2O_4^-]$（　　）。

A. A 瓶最小　　B. B 瓶最小　　C. C 瓶最小　　D. 三瓶相同

33. 在分光光度法中，宜选用的吸光度读数范围（　　）。

A. 0～0.2　　B. 0.1～∞　　C. 1～2　　D. 0.2～0.8

34. 在间接碘量法中，若酸度过强，则会有（　　）产生。

A. SO_2　　B. S　　C. SO_2 和 S　　D. H_2S

35. 在自动电位滴定法测 HAc 的实验中，自动电位滴定仪中控制滴定速率的机械装置是（　　）。

A. 搅拌器　　B. 滴定管活塞　　C. pH 计　　D. 电磁阀

二、判断题

1.《中国文献分类法》于 1989 年 7 月试行。（　　）

2. 2000 版 ISO9000 族标准的结构有四个核心标准。（　　）

3. $H_2C_2O_4$ 的两步离解常数为 $K_{a1}=5.6\times10^{-2}$，$K_{a2}=5.1\times10^{-5}$，因此不能分步滴定。（　　）

4. pH=3.05 的有效数字是三位。（　　）

5. 不同的气体钢瓶应配专用的减压阀，为防止气瓶充气时装错发生爆炸，可燃气体钢瓶的螺纹是正扣（右旋）的，非可燃气体则为反扣（左旋）。（　　）

6. 测定蛋白质中的氮，最常用的是凯氏定氮法，用浓硫酸和催化剂将蛋白质消解，将有机氮转化成氨。（　　）

7. 对照试验是用以检查试剂或蒸馏水是否含有被鉴定离子的方法。（　　）

8. 凡是能发生银镜反应的物质都是醛。（　　）

9. 氟离子电极的敏感膜材料是晶体氟化镧。（　　）

10. 高效液相色谱专用检测器包括紫外检测器、折光指数检测器、电导检测器、荧光检测器（ ）

11. 化学试剂 A. R. 是分析纯，为二级品，其包装瓶签为红色。（ ）

12. 计量检定就是对精密的刻度仪器进行校准。（ ）

13. 可持续发展的概念，最初是由我国环境学家提出来的。（ ）

14. 气相色谱分析中，提高柱温能提高柱子的选择性，但会延长分析时间，降低柱效率。（ ）

15. 气相色谱微量注射器使用前要先用 HCl 洗净。（ ）

16. 认真负责，实事求是，坚持原则，一丝不苟地依据标准进行检验和判定是化学检验工的职业守则内容之一。（ ）

17. 商品煤样的子样质量，由煤的粒度决定。（ ）

18. 使用滴定管时，每次滴定应从“0”分度开始，是为了减少偶然误差。（ ）

19. 酸碱溶液浓度越小，滴定曲线化学计量点附近的滴定突跃越长，可供选择的指示剂越多。（ ）

20. 我国的标准等级分为国家标准、行业标准和企业标准三级。（ ）

21. 我国的法定计量单位是以国际单位制为基础，同时选用一些符合我国国情的非国际单位制单位所构成。（ ）

22. 仪器分析中，浓度低于 0.1mg/mL 的标准溶液，常在临用前用较高浓度的标准溶液在容量瓶内稀释而成。（ ）

23. 用间接碘量法测定试样时，最好在碘量瓶中进行，并应避免阳光照射，为减少 I^- 与空气接触，滴定时不宜过度摇动。（ ）

24. 用氧瓶燃烧法测定卤素含量时，试样分解后，燃烧瓶中棕色烟雾未消失即打开瓶塞，将使测定结果偏高。（ ）

25. 有酸或碱参与的氧化还原反应，溶液的酸度会影响氧化还原电对的电极电势。（ ）

26. 原子吸收检测中测定 Ca 元素时，加入 $LaCl_3$ 可以消除 PO_4^{3-} 的干扰。（ ）

27. 在配位滴定中，要准确滴定 M 离子而 N 离子不干扰须满足 $\lg K_{MY}-\lg K_{NY}\geqslant 5$。（ ）

28. 质量作用定律只适用于基元反应。（ ）

29. 锥形瓶可以用去污粉直接刷洗。（ ）

30. 组分 1 和组分 2 的峰顶点距离为 1.08cm，而 $W_1=0.65$cm，$W_2=0.76$cm。则组分 1 和组分 2 不能完全分离。（ ）

三、选择题

1. 按《中华人民共和国标准化法》规定，我国标准分为（ ）。

A. 国家标准　B. 行业标准　C. 专业标准　D. 地方标准

2. 不影响测定结果准确度的因素有（ ）。

A. 滴定管读数时最后一位估测不准

B. 沉淀重量法中沉淀剂加入量未过量

C. 标定 EDTA 用的基准 ZnO 未进行处理

D. 碱式滴定管使用过程中产生了气泡

E. 以甲基橙为指示剂用 HCl 滴定含有 Na_2CO_3 的 NaOH 溶液

3. 采用燃烧分解法测定有机物中碳和氢含量时，常用的吸水剂是（ ）。

A. 无水氯化钙　B. 高氯酸镁　C. 碱石棉　D. 浓硫酸

4. 从我国大气环境的现状分析，大气中主要污染物为（　　）。

A. 一氧化碳　　B. 二氧化硫　　C. 烟尘　　D. 氮氧化物

5. 多原子的振动形式有（　　）。

A. 伸缩振动　　B. 弯曲振动　　C. 面内摇摆振动　　D. 卷曲振动

6. 分光光度计的比色皿使用要注意（　　）。

A. 不能拿比色皿的毛玻璃面

B. 比色皿中试样装入量一般应为2/3～3/4之间

C. 比色皿一定要洁净

D. 一定要使用成套玻璃比色皿

7. 工业用水分析的项目通常包括（　　）。

A. 碱度　　B. 酸度　　C. pH值　　D. 硬度

8. 卡尔·费休试剂是测定微量水的标准溶液，它的组成有（　　）。

A. SO_2　　B. 吡啶　　C. I_2　　D. 甲醇

9. 克达尔法测有机物中氮含量时，常用的催化剂有（　　）。

A. 硫酸铜　　B. 硒粉　　C. 氧化汞　　D. 汞

10. 空气干燥煤样水分的测定方法有（　　）。

A. 自然干燥法　　B. 通氮干燥法　　C. 甲苯蒸馏法　　D. 空气干燥法

11. 离子强度调节缓冲剂可用来消除的影响有（　　）。

A. 溶液酸度　　B. 离子强度　　C. 电极常数　　D. 干扰离子

12. 两位分析人员对同一样品进行分析，得到两组分析分析数据，要判断两组分析之间有无系统误差，涉及的方法有（　　）。

A. Q检验法　　B. t检验法　　C. F和t联合检验法　　D. F检验法

13. 能用碘量法直接测定的物质的是（　　）。

A. SO_2　　B. 维生素C　　C. Cu^{2+}　　D. H_2O_2

14. 气相色谱分析中常用的载气有（　　）。

A. 氮气　　B. 氧气　　C. 氢气　　D. 甲烷

15. 气液色谱分析中用于做固定液的物质必须符合以下要求（　　）。

A. 极性物质　　B. 沸点较高，不易挥发

C. 化学性质稳定　　D. 不同组分必须有不同的分配系数

16. 提高载气流速则（　　）。

A. 保留时间增加　　B. 组分间分离变差　　C. 峰宽变小　　D. 柱容量下降

17. 同温同压下，理想稀薄溶液引起的蒸汽压的降低值与（　　）有关。

A. 溶质的性质　　B. 溶剂的性质　　C. 溶质的数量　　D. 溶剂的温度

18. 我国试剂标准的基准试剂相当于IUPAC中的（　　）。

A. B级　　B. A级　　C. D级　　D. C级

19. 下列多元弱酸能分步滴定的有（　　）。

A. H_2SO_3（$K_{a1}=1.3\times10^{-2}$，$K_{a2}=6.3\times10^{-8}$）

B. H_2CO_3（$K_{a1}=4.2\times10^{-7}$，$K_{a2}=5.6\times10^{-11}$）

C. $H_2C_2O_4$（$K_{a1}=5.9\times10^{-2}$，$K_{a2}=6.4\times10^{-5}$）

D. H_3PO_3（$K_{a1}=5.0\times10^{-2}$，$K_{a2}=2.5\times10^{-7}$）

20. 下列光源不能作为原子吸收分光光度计的光源（　　）。

A. 钨灯　　B. 氘灯　　C. 直流电弧　　D. 空心阴极灯

21. 下列溶液，不易被氧化，不易分解，且能存放在玻璃试剂瓶中的是（　　）。

A. 氢氟酸　　B. 甲酸　　C. 石炭酸　　D. 乙酸

22. 下列属于标准物质特性的是（　　）。

A. 均匀性　　B. 氧化性　　C. 准确性　　D. 稳定性

23. 下列属于化学检验工职业守则的内容（　　）。

A. 爱岗敬业，工作热情主动

B. 认真负责，实事求是，坚持原则，一丝不苟地依据标准进行检验和判定

C. 努力学习，不断提高基础理论水平和操作技能

D. 遵纪守法，热爱学习

24. 下列说法正确的有（　　）。

A. 无定形沉淀要在较浓的热溶液中进行沉淀，加入沉淀剂速度适当快

B. 沉淀称量法测定中，要求沉淀式和称量式相同

C. 由于混晶而带入沉淀中的杂质通过洗涤是不能除掉的

D. 可以将 $AgNO_3$溶液放入在碱式滴定管进行滴定操作

E. 根据同离子效应，可加入大量沉淀剂以降低沉淀在水中的溶解度

25. 下列有关实验室安全知识说法正确的有（　　）。

A. 稀释硫酸必须在烧杯等耐热容器中进行，且只能将水在不断搅拌下缓缓注入硫酸

B. 有毒、有腐蚀性液体操作必须在通风橱内进行

C. 氰化物、砷化物的废液应小心倒入废液缸，均匀倒入水槽中，以免腐蚀下水道

D. 易燃溶剂加热应采用水浴加热或沙浴，并避免明火

26. 需贮于棕色具磨口塞试剂瓶中的标准溶液为（　　）。

A. I_2　　B. $Na_2S_2O_3$　　C. HCl　　D. $AgNO_3$

27. 有机物中氮的定量方法有（　　）。

A. 凯氏法　　B. 杜马法

C. 气相色谱中热导检测器法　　D. 重量法

28. 原子吸收检测中，下列哪些方法有利于消除物理干扰（　　）。

A. 配制与被测试样相似组成的标准溶液

B. 采用标准加入法或选用适当溶剂稀释试液

C. 调整撞击小球位置以产生更多细雾

D. 加入保护剂或释放剂

29. 在分光光度法的测定中，测量条件的选择包括（　　）。

A. 选择合适的显色剂　　B. 选择合适的测量波长

C. 选择合适的参比溶液　　D. 选择吸光度的测量范围

30. 在配位滴定中，指示剂应具备的条件是（　　）。

A. $K_{MIn} < K_{MY}$　　B. 指示剂与金属离子显色要灵敏

C. MIn 应易溶于水　　D. $K_{MIn} > K_{MY}$

31. 在配制微量分析用标准溶液时，下列说法正确的是（　　）。

A. 需用基准物质或高纯试剂配制

B. 配制 1μg/mL 的标准溶液作为贮备液

C. 配制时用水至少要符合实验室三级水的标准

D. 硅标液应存放在带塞的玻璃瓶中

32. 在酸性溶液中 $KBrO_3$与过量的 KI 反应，达到平衡时溶液中的（　　）。

A. 两电对 BrO_3^-/Br-与 $I_2/2I^-$ 的电位相等

B. 反应产物 I_2与 KBr 的物质的量相等

C. 溶液中已无 BrO_3^- 存在

D. 反应中消耗的 $KBrO_3$ 的物质的量与产物 I_2 的物质的量之比为 1∶3

33. 在下列有关留样的作用中，叙述正确的是（　　）。

A. 复核备考用

B. 比对仪器、试剂、试验方法是否有随机误差

C. 查处检验用

D. 考核分析人员检验数据时，作对照样品用

34. 在原子吸收光谱分析中，为了防止回火，各种火焰点燃和熄灭时，燃气与助燃气的开关必须遵守的原则是（　　）。

A. 先开助燃气，后关助燃气　　B. 先开燃气，后关燃气

C. 后开助燃气，先关助燃气　　D. 后开燃气，先关燃气

35. 下述情况（　　）属于分析人员不应有的操作失误。

A. 滴定前用标准滴定溶液将滴定管淋洗几遍　B. 称量用砝码没有检定

C. 称量时未等称量物冷却至室温就进行称量　D. 滴定前用被滴定溶液洗涤锥形瓶

模拟试题五

一、单选题

1. 0.1mol/LNH_4Cl溶液的pH为（　　）。氨水的$K_b=1.8\times10^{-5}$。
   A. 5.13　　B. 6.13　　C. 6.87　　D. 7.0
2. 1972年的第27届联合国大会接受并通过联合国人类环境会议的建议，规定每年的（　　）为“世界环境日”。
   A. 5月6日　　B. 9月16日　　C. 10月16日　　D. 6月5日
3. As元素最合适的原子化方法是（　　）。
   A. 火焰原子化法　　B. 氢化物原子化法
   C. 石墨炉原子化法　　D. 等离子原子化法
4. EDTA酸效应曲线不能回答的问题是（　　）。
   A. 进行各金属离子滴定时的最低pH值
   B. 在一定pH值范围内滴定某种金属离子时，哪些离子可能有干扰
   C. 控制溶液的酸度，有可能在同一溶液中连续测定几种离子
   D. 准确测定各离子时溶液的最低酸度
5. 标定NaOH溶液常用的基准物是（　　）。
   A. 无水Na_2CO_3　　B. 邻苯二甲酸氢钾　　C. $CaCO_3$　　D. 硼砂
6. 采样探子适用于（　　）样品的采集。
   A. 气体　　B. 液体　　C. 固体粉末　　D. 坚硬的固体
7. 测定有机化合物中硫含量时，样品处理后，以钍啉为为指示剂，用高氯钡标准溶液滴定终点时溶液颜色为（　　）。
   A. 蓝色　　B. 红色　　C. 氯色　　D. 黄色
8. 待测离子i与干扰离子j，其选择性系数K_{ij}（　　）则说明电极对被测离子有选择性响应。
   A. $\gg1$　　B. >1　　C. $\ll1$　　D. 1
9. 当溶液中有两种离子共存时，欲以EDTA溶液滴定M而N不受干扰的条件是（　　）。
   A. $K'_{MY}/K'_{NY}\geqslant10^5$　　B. $K'_{MY}/K'_{NY}\geqslant10^{-5}$
   C. $K'_{MY}/K'_{NY}\leqslant10^6$　　D. $K'_{MY}/K'_{NY}=10^8$
10. 滴定分析中，若怀疑试剂在放置中失效可通过（　　）方法检验。
    A. 仪器校正　　B. 对照分析　　C. 空白试验　　D. 无合适方法
11. 滴定管的体积校正：25℃时由滴定管中放出20.01mL水，称其质量为20.01g，已知

25℃时1mL的水质量为0.99617g，则此滴定管此处的体积校正值为（　　）。

A. +0.04mL　　B. −0.04mL　　C. +0.08mL　　D. −0.08mL

12. 关闭原子吸收光谱仪的先后顺序是（　　）。

A. 关闭排风装置、关闭乙炔钢瓶总阀、关闭助燃气开关、关闭气路电源总开关、关闭空气压缩机并释放剩余气体

B. 关闭空气压缩机并释放剩余气体、关闭乙炔钢瓶总阀、关闭助燃气开关、关闭气路电源总开关、关闭排风装置

C. 关闭乙炔钢瓶总阀、关闭助燃气开关、关闭气路电源总开关、关闭空气压缩机并释放剩余气体、关闭排风装置

D. 关闭乙炔钢瓶总阀、关闭助燃气开关、关闭气路电源总开关、关闭排风装置、关闭空气压缩机并释放剩余气体

13. 化学检验工必备的专业素质是（　　）。

A. 语言表达能力　　B. 社交能力

C. 较强的颜色分辨能力　　D. 良好的嗅觉辨味能力

14. 某人根据置信度为95%对某项分析结果计算后，写出如下报告，合理的是（　　）。

A. (25.48±0.1)%　　B. (25.48±0.135)%

C. (25.48±0.1348)%　　D. (25.48±0.13)%

15. 某有色溶液在某一波长下用2cm吸收池测得其吸光度为0.750，若改用0.5cm和3cm吸收池，则吸光度各为（　　）。

A. 0.188/1.125　　B. 0.108/1.105　　C. 0.088/1.025　　D. 0.180/1.120

16. 气相色谱定量分析时，当样品中各组分不能全部出峰或在多种组分中只需定量其中某几个组分时，可选用（　　）。

A. 归一化法　　B. 标准曲线法　　C. 比较法　　D. 内标法

17. 氢火焰检测器的检测依据是（　　）。

A. 不同溶液折射率不同　　B. 被测组分对紫外光的选择性吸收

C. 有机分子在氢氧焰中发生电离　　D. 不同气体热导率不同

18. 食盐水溶液中可以电离出四种离子，说明其中的组分数为（　　）。

A. 1　　B. 2　　C. 3　　D. 4

19. 算式(30.582−7.44)+(1.6−0.5263)中，绝对误差最大的数据是（　　）。

A. 30.582　　B. 7.44　　C. 1.6　　D. 0.5263

20. 讨论酸碱滴定曲线的最终目的是（　　）。

A. 了解滴定过程　　B. 找出溶液pH值变化规律

C. 找出pH值突跃范围　　D. 选择合适的指示剂

21. 为区分HCl、$HClO_4$、H_2SO_4、HNO_3四种酸的强度大小，可采用的溶剂是（　　）。

A. 水　　B. 吡啶　　C. 冰醋酸　　D. 液氨

22. 下列容量瓶的使用不正确的是（　　）。

A. 使用前应检查是否漏水　　B. 瓶塞与瓶应配套使用

C. 使用前在烘箱中烘干　　D. 容量瓶不宜代替试剂瓶使用

23. 向AgCl的饱和溶液中加入浓氨水，沉淀的溶解度将（　　）。

A. 不变　　B. 增大　　C. 减小　　D. 无影响

24. 液液分配色谱法的分离原理是利用混合物中各组分在固定相和流动相中溶解度的差异进行分离的，分配系数大的组分（　　）大。

A. 峰高　　B. 峰面　　C. 峰宽　　D. 保留值

25. 影响氧化还原反应平衡常数的因素是（　　）。

A. 反应物浓度　　B. 催化剂　　C. 温度　　D. 诱导作用

26. 优级纯、分析纯、化学纯试剂的代号依次为（　　）。

A. G. R.、A. R.、C. P.　　B. A. R.、G. R.、C. P.

C. C. P.、G. R.、A. R.　　D. G. R.、C. P.、A. R.

27. 由分析操作过程中某些不确定的因素造成的误差称为（　　）

A. 绝对误差　　B. 相对误差　　C. 系统误差　　D. 随机误差

28. 有效数字是指实际上能测量得到的数字，只保留末一位（　　）数字，其余数字均为准确数字。

A. 可疑　　B. 准确　　C. 不可读　　D. 可读

29. 原子吸收分光光度法中，对于组分复杂、干扰较多而又不清楚组成的样品，可采用以下定量方法（　　）。

A. 标准加入法　　B. 工作曲线法　　C. 直接比较法　　D. 标准曲线法

30. 原子吸收光谱产生的原因是（　　）。

A. 分子中电子能级跃迁　　B. 转动能级跃迁

C. 振动能级跃迁　　D. 原子最外层电子跃迁

31. 在干燥器中通过干燥的硼砂用来标定盐酸其结果有何影响（　　）。

A. 偏高　　B. 偏低　　C. 无影响　　D. 不能确定

32. 在海水中 $c(Cl^-)\approx 10^{-5}$ mol/L，$c(I^-)\approx 2.2\times 10^{-13}$ mol/L，此时加入 $AgNO_3$ 试剂，问（　　）先沉淀，已知：$K_{sp}(AgCl)=1.8\times 10^{-10}$，$K_{sp}(AgI)=8.3\times 10^{-17}$。

A. Cl^-　　B. I^-　　C. 同时沉淀　　D. 不发生沉淀

33. 在以下三种分子式中 C ═C 双键的红外吸收哪一种最强？（　　）（1）CH_3—CH ═ CH_2；（2）CH_3—CH ═CH—CH_3(顺式)；（3）CH_3—CH ═CH—CH_3(反式)。

A. （1）最强　　B. （2）最强　　C. （3）最强　　D. 强度相同

34. 在自动电位滴定法测 HAc 的实验中，自动电位滴定仪中控制滴定速率的机械装置是（　　）。

A. 搅拌器　　B. 滴定管活塞　　C. pH 计　　D. 电磁阀

35. 紫外可见分光光度计是根据被测量物质分子对紫外可见波段范围的单色辐射的（　　）来进行物质的定性的。

A. 散射　　B. 吸收　　C. 反射　　D. 受激辐射

二、判断题

1. 12℃时 0.1mol/L 某标准溶液的温度补正值为 +1.3，滴定用去 26.35mL，校正为 20℃时的体积是 26.32mL。（　　）

2. EDTA 滴定某金属离子有一允许的最高酸度（pH 值），溶液的 pH 值再增大就不能准确滴定该金属离子了。（　　）

3. EDTA 滴定中，消除共存离子干扰的通用方法是控制溶液的酸度。（　　）

4. 按《中华人民共和国标准化法》规定，我国标准分为四级，即国家标准、行业标准、地方标准和企业标准。（　　）

5. 玻璃电极膜电位的产生是由于电子的转移。（　　）

6. 测定微量含金矿物中的金含量，常用活性炭进行吸附，使金元素富集到活性炭中，该种吸附属于化学吸附。（　　）

7. 产品质量水平划分为优等品、一等品、二等品和三等品四个等级。（　　）

8. 电子捕获检测器对含有S、P元素的化合物具有很高的灵敏度。(　　)

9. 对于常压下的气体，只需放开取样点上的活塞，气体即可自动流入气体取样器中。(　　)

10. 分配定律不适用于溶质在水相和有机相中有多种存在形式，或在萃取过程中发生离解、缔合等反应的情况。(　　)

11. 改变氧化还原反应条件使电对的电极电势增大，就可以使氧化还原反应按正反应方向进行。(　　)

12. 光的吸收定律不仅适用于溶液，同样也适用于气体和固体。(　　)

13. 环境污染对人体的危害分为急性危害、慢性危害和短期危害。(　　)

14. 火焰原子化法中常用气体是空气-乙炔。(　　)

15. 库仑分析法的理论基础是法拉第电解定律。(　　)

16. 配合物的配位体都是带负电荷的离子，可以抵消中心离子的正电荷。(　　)

17. 配位滴定法测得某样品中Al含量分别为33.64%、33.83%、33.40%、33.50%。则这组测量值的变异系数为0.6%。(　　)

18. 气相色谱填充柱的液担比越大越好。(　　)

19. 氢火焰离子化检测器是依据不同组分气体的热导率不同来实现物质测定的。(　　)

20. 实验室所用水为三级水用于一般化学分析试验，可以用蒸馏、离子交换等方法制取。(　　)

21. 四氯乙烯分子在红外光谱上没有ν(C═C)吸收带。(　　)

22. 酸碱滴定法测定有机弱碱，当碱性很弱($K_b<10^{-8}$)时可采用非水溶剂。(　　)

23. 微量滴定管及半微量滴定管用于消耗标准滴定溶液较少的微量及半微量测定。(　　)

24. 为防止发生意外，气体钢瓶重新充气前瓶内残余气体应尽可能用尽。(　　)

25. 我国企业产品质量检验不可用合同双方当事人约定的标准。(　　)

26. 氧瓶燃烧法除了能用来定量测定卤素和硫以外，已广泛应用于有机物中硼等其他非金属元素与金属元素的定量测定。(　　)

27. 欲使沉淀溶解，应设法降低有关离子的浓度，保持$Q_i<K_{sp}$，沉淀即不断溶解，直至消失。(　　)

28. 在测定水硬度的过程中、加入NH_3-NH_4Cl是为了保持溶液酸度基本不变。(　　)

29. 在实验室中，皮肤溅上浓碱时，在用大量水冲洗后继而用5%小苏打溶液处理。(　　)

30. 子样是指用采样器从一个采样单元中一次取得的一定量物料。(　　)

三、多选题

1. 下列有关平均值的置信区间的论述中，正确的有(　　)。
   A. 同条件下测定次数越多，则置信区间越小
   B. 同条件下平均值的数值越大，则置信区间越大
   C. 同条件下测定的精密度越高，则置信区间越小
   D. 给定的置信度越小，则置信区间也越小

2. 准确度、精密度、系统误差、偶然误差的关系为(　　)。
   A. 准确度高，精密度一定高
   B. 准确度高，系统误差、偶然误差一定小
   C. 精密度高，系统误差、偶然误差一定小

D. 系统误差小，准确度一定高

3. EDTA与金属离子的配合物有如下特点（　　）。

A. EDTA具有广泛的配位性能，几乎能与所有金属离子形成配合物

B. EDTA配合物配位比简单，多数情况下都形成1∶1配合物

C. EDTA配合物难溶于水，使配位反应较迅速

D. EDTA配合物稳定性高，能与金属离子形成具有多个五元环结构的螯合物

4. 当挥发性溶剂中加入非挥发性溶质时就能使溶剂的（　　）。

A. 蒸气压降低　B. 沸点升高　C. 凝固点升高　D. 蒸气压升高

5. 分光光度法中判断出测得的吸光度有问题，可能的原因包括（　　）。

A. 比色皿没有放正位置　B. 比色皿配套性不好

C. 比色皿毛面放于透光位置　D. 比色皿润洗不到位

6. 给液相色谱柱加温，升高温度的目的一般是为了（　　），但一般不要超过40℃。

A. 降低溶剂的黏度　B. 增加溶质的溶解度

C. 改进峰形和分离度　D. 加快反应速率

7. 关于高压气瓶存放及安全使用，正确的说法是（　　）。

A. 气瓶内气体不可用尽，以防倒灌

B. 使用钢瓶中的气体时要用减压阀，各种气体的减压阀可通用

C. 气瓶可以混用，没有影响

D. 气瓶应存放在阴凉、干燥、远离热源的地方，易燃气体气瓶与明火距离不小于5m

E. 禁止敲击、碰撞气瓶

8. 红外固体制样方法有（　　）。

A. 压片法　B. 石蜡糊法　C. 薄膜法　D. 液体池法

9. 库仑滴定装置是由（　　）组成。

A. 发生装置　B. 指示装置　C. 电解池　D. 滴定剂

10. 农民在温室大棚增施二氧化碳的目的是（　　）。

A. 杀菌消毒　B. 提供光合作用的原料

C. 提高温室大棚的温度　D. 吸收太阳紫外线和可见光

11. 气相色谱仪样品不能分离，原因可能是（　　）。

A. 柱温太高　B. 色谱柱太短　C. 固定液流失　D. 载气流速太高

12. 熔融法测定矿物中的少量钨，用NaOH分解物料时，可选用（　　）坩埚。

A. 铂金坩埚　B. 银坩埚　C. 铁坩埚　D. 镍坩埚

13. 如果酸度计可以定位和测量，但到达平衡点缓慢，这可能有以下原因造成（　　）。

A. 玻璃电极衰老

B. 甘汞电极内饱和氯化钾溶液没有充满电极

C. 玻璃电极干燥太久

D. 电极内导线断路

14. 实验室三级水须检验的项目为（　　）。

A. pH值范围　B. 电导率　C. 吸光度　D. 可氧化物质

15. 使用饱和甘汞电极时，正确性的说法是（　　）。

A. 电极下端要保持有少量的氯化钾晶体存在

B. 使用前应检查玻璃弯管处是否有气泡

C. 使用前要检查电极下端陶瓷芯毛细管是否畅通

D. 安装电极时，内参比溶液的液面要比待测溶液的液面要低

16. 水质指标按其性质可分为（　　）。

A. 物理指标　　B. 物理化学指标　　C. 化学指标　　D. 微生物学指标

17. 为减小间接碘量法的分析误差，滴定时可用下列（　　）方法。

A. 快摇慢滴　　B. 慢摇快滴

C. 开始慢摇快滴，终点前快摇慢滴　　D. 反应时放置暗处

18. 我国企业产品质量检验可用下列哪些标准（　　）。

A. 国家标准和行业标准　　B. 国际标准

C. 合同双方当事人约定的标准　　D. 企业自行制定的标准

19. 下列分析方法遵循朗伯-比尔定律（　　）。

A. 原子吸收光谱法　　B. 原子发射光谱法

C. 紫外-可见光分光光度法　　D. 气相色谱法

20. 下列关于一级反应说法正确是（　　）。

A. 一级反应的速率与反应物浓度的一次方成正比反应

B. 一级速率方程为 $-dc/dt=kc$

C. 一级速率常数量纲与所反应物的浓度单位无关

D. 一级反应的半衰期与反应物的起始浓度有关

21. 下列基准物质中，可用于标定EDTA的是（　　）。

A. 无水碳酸钠　　B. 氧化锌　　C. 碳酸钙　　D. 重铬酸钾　　E. 草酸钠

22. 下列试剂中，可作为银量法指示剂的有（　　）。

A. 铬酸钾　　B. 铁铵钒　　C. 硫氰酸铵　　D. 硝酸银　　E. 荧光黄

23. 下列说法正确的是（　　）。

A. 韦氏法测油脂碘值　　B. 乙酰化法测季戊四醇

C. 肟化法测丙酮　　D. 亚硫酸钠法测甲醛

24. 下列物质中，那几种不能用标准强碱溶液直接滴定（　　）。

A. 盐酸苯胺 $C_6H_5NH_2 \cdot HCl$（$C_6H_5NH_2$ 的 $K_b=4.6\times10^{-10}$）

B. 邻苯二甲酸氢钾（邻苯二甲酸的 $K_a=2.9\times10^{-6}$）

C. $(NH_4)_2SO_4$（$NH_3 \cdot H_2O$ 的 $K_b=1.8\times10^{-5}$）

D. 苯酚（$K_a=1.1\times10^{-10}$）

E. NH_4Cl

25. 下列物质中，能自身发生羟醛缩合反应的是（　　）。

A. 苯甲醛　　B. 苯乙醛　　C. 乙醛　　D. 甲醛

26. 氧瓶燃烧法测定有机元素时，瓶中铂丝所起的作用为（　　）。

A. 氧化　　B. 还原　　C. 催化　　D. 支撑

27. 液固吸附色谱中，流动相选择应满足以下要求（　　）。

A. 流动相不影响样品检测　　B. 样品不能溶解在流动相中

C. 优先选择黏度小的流动相　　D. 流动相不得与样品和吸附剂反应

28. 液体样品的采样工具有（　　）。

A. 采样勺　　B. 采样瓶　　C. 采样罐　　D. 采样管

29. 已知几种金属浓度相近，$\lg K_{NiY}=19.20$，$\lg K_{CeY}=16.0$，$\lg K_{ZnY}=16.50$，$\lg K_{CaY}=10.69$，$\lg K_{AlY}=16.3$，其中调节pH值仍对 Al^{3+} 测定有干扰的是（　　）。

A. Ni^{2+}　　B. Ce^{3+}　　C. Zn^{2+}　　D. Ca^{2+}　　E. 全部都有干扰

30. 以强化法测定硼酸纯度时，为使之转化为较强酸（　　）。

A. 甲醇　　B. 甘油　　C. 乙醇　　D. 甘露醇　　E. 苯酚

31. 以下用于化工产品检验的器具属于国家计量局发布的强制检定的工作计量器具是（　　）。

A. 分光光度计、天平

B. 台秤、酸度计

C. 烧杯、砝码

D. 温度计、量杯

32. 用 $Na_2C_2O_4$ 标定 $KMnO_4$ 的浓度，满足式（　　）。

A. $n(KMnO_4)=5n(Na_2C_2O_4)$

B. $n\left(\frac{1}{5}KMnO_4\right)=n\left(\frac{1}{2}Na_2C_2O_4\right)$

C. $(KMnO_4)=2/5n(Na_2C_2O_4)$

D. $n(KMnO_4)=5/2n(Na_2C_2O_4)$

33. 原子吸收分析中，排除吸收线重叠干扰，宜采用（　　）。

A. 减小狭缝

B. 另选定波长

C. 用化学方法分离

D. 用纯度较高的单元素灯

34. 原子吸收光谱分析中，为了防止回火，各种火焰点燃和熄灭时，燃气与助燃气的开关必须遵守的原则是（　　）。

A. 先开助燃气，后关助燃气

B. 先开燃气，后关燃气

C. 后开助燃气，先关助燃气

D. 后开燃气，先关燃气

35. 在下列情况中，对测定结果产生负误差的是（　　）。

A. 以失去结果水的硼砂为基准物质标定盐酸溶液的浓度

B. 标定氢氧化钠溶液的邻苯二甲酸氢钾中含有少量邻苯二甲酸

C. 以 HCl 标准溶液滴定某酸样时，滴定完毕滴定管尖嘴处挂有溶液

D. 测定某石料中钙镁含量时，试样在称量时吸了潮

参考答案

中级篇

第一章　职业道德

一、单选题

1. B　2. B　3. D　4. B　5. C　6. A　7. D

二、判断题

1. √　2. ×　3. √　4. √　5. √　6. √　7. ×　8. ×

三、多选题

1. ABCD　2. ABCD　3. ABC　4. ABCD　5. ABCD　6. ABCD　7. ABCD　8. BCD　9. BCD
10. AC　11. ABCD

第二章　化验室基础知识

一、单选题

1. A　2. D　3. C　4. D　5. A　6. D　7. C　8. B　9. A　10. C　11. A　12. B　13. A
14. C　15. C　16. C　17. B　18. C　19. B　20. B　21. B　22. B　23. D　24. C　25. C　26. A
27. C　28. B　29. A　30. D　31. D　32. C　33. C　34. A　35. D　36. B　37. D　38. C　39. C
40. C　41. A　42. A　43. C　44. C　45. A　46. B　47. C　48. B　49. A　50. D　51. C　52. C
53. B　54. C　55. D　56. B　57. D　58. B　59. C　60. C　61. D　62. A　63. D　64. D　65. C
66. B　67. D　68. C　69. B　70. A　71. B　72. A　73. A　74. D　75. D　76. A　77. A　78. D
79. A　80. B　81. C　82. D　83. D　84. D　85. C　86. C　87. C　88. B　89. C　90. D　91. B
92. D　93. D　94. A　95. D　96. C　97. C　98. B　99. C　100. C

二、判断题

1. √　2. ×　3. ×　4. ×　5. √　6. √　7. ×　8. ×　9. ×　10. √　11. ×　12. √　13. √
14. √　15. ×　16. ×　17. √　18. √　19. √　20. ×　21. ×　22. ×　23. ×　24. ×　25. ×　26. √
27. √　28. √　29. ×　30. √　31. ×　32. √　33. ×　34. √　35. √　36. √　37. √　38. ×　39. ×
40. √　41. ×　42. √　43. ×　44. √　45. ×　46. ×　47. ×　48. √　49. √　50. ×　51. √　52. ×
53. √　54. ×　55. √　56. √　57. √　58. √　59. √　60. √　61. √　62. ×　63. √　64. √　65. √
66. ×　67. ×

三、多选题

1. AB　2. ACDE　3. ABCD　4. AC　5. BCD　6. ABCDE　7. BC　8. ABC　9. AD
10. BD　11. CD　12. AB　13. ABC　14. ABCD　15. ACD　16. AD　17. ACD　18. AB
19. ABC　20. ABC　21. BD　22. ABD　23. ABC　24. AC　25. ABC　26. ABCD　27. BCD
28. ABC　29. AB　30. ACD　31. ACD　32. BC　33. BC　34. AC　35. ACD　36. ABC
37. ADE　38. BC　39. AD　40. ABDF　41. ABCDF　42. AD　43. ACD　44. CD　45. BD
46. AB　47. CD　48. ABC　49. AC　50. BCD　51. AB　52. ABD　53. AC　54. AD

55. AC　56. BC　57. AD　58. AC

第三章　化验室管理与质量控制

一、单选题

1. C　2. A　3. C　4. D　5. A　6. A　7. B　8. D　9. D　10. C　11. C　12. B　13. A
14. B　15. A　16. D　17. C　18. A　19. B　20. B　21. C　22. A　23. D　24. B　25. C　26. B
27. B　28. B　29. A　30. D　31. C　32. A　33. A　34. A　35. C　36. D　37. C　38. B　39. C
40. C　41. B　42. A　43. D　44. C　45. B　46. A　47. A　48. D　49. A　50. B　51. B　52. B
53. B　54. C　55. B　56. D　57. D　58. C　59. D　60. D　61. B　62. B　63. D　64. D　65. D
66. D

二、判断题

1. √　2. ×　3. √　4. √　5. ×　6. √　7. √　8. ×　9. ×　10. √　11. √　12. √　13. √
14. ×　15. ×　16. √　17. ×　18. ×　19. √　20. ×　21. √　22. √　23. ×　24. √　25. ×　26. √
27. ×　28. ×　29. ×　30. ×　31. √　32. √　33. √　34. ×　35. √　36. ×　37. ×　38. √　39. √
40. ×　41. ×　42. √　43. ×　44. ×　45. √　46. ×　47. ×　48. √　49. √　50. ×　51. ×　52. √
53. √　54. ×　55. ×　56. ×　57. ×　58. √　59. √　60. √　61. √　62. ×　63. ×　64. ×　65. ×
66. √　67. √　68. √　69. √　70. √　71. √　72. √　73. √

三、多选题

1. ABC　2. ABC　3. CD　4. AB　5. ABCD　6. ABD　7. ABC　8. ABD　9. ABC
10. AB　11. ABC　12. ABC　13. AC　14. ABCD　15. CD　16. BC　17. ABC　18. AB
19. ACD　20. BCD　21. ABD　22. AB　23. ACD　24. ABCD　25. ACD　26. BCDE　27. ABC
28. ABC　29. ABC　30. AC　31. BD　32. ABD　33. ACE　34. ABCD　35. ABCD　36. ABE
37. ABC　38. ABCD　39. ABD

第四章　化学反应与溶液基础知识

一、单选题

1. C　2. B　3. D　4. C　5. C　6. B　7. B　8. B　9. A　10. D　11. A　12. B　13. C
14. C　15. A　16. D　17. B　18. C　19. D　20. C　21. B　22. A　23. A　24. B　25. B　26. C
27. B　28. C　29. A　30. A　31. B　32. D　33. B　34. B　35. A　36. C　37. C　38. B　39. C
40. C　41. C　42. B　43. A　44. C　45. C　46. B　47. C　48. A　49. C　50. C　51. A　52. B
53. A　54. C　55. B　56. D　57. C　58. C　59. D　60. C　61. A　62. D　63. C　64. D

二、判断题

1. ×　2. √　3. √　4. √　5. ×　6. ×　7. ×　8. √　9. ×　10. ×　11. ×　12. √　13. √
14. ×　15. ×　16. ×　17. ×　18. ×　19. ×　20. ×　21. ×　22. ×　23. ×　24. ×　25. √　26. √
27. ×　28. ×　29. ×　30. ×　31. ×　32. √　33. ×　34. √　35. √　36. ×　37. √　38. ×　39. √
40. √　41. ×　42. ×　43. √　44. √　45. √　46. √　47. ×　48. ×　49. ×　50. ×　51. √　52. ×
53. √　54. ×　55. √　56. ×　57. √　58. √　59. √　60. √

三、多选题

1. AC　2. BC　3. ABD　4. AC　5. ABCD　6. ABC　7. BCD　8. AB　9. BD
10. ACD　11. ABCD　12. ABC　13. ACD　14. ABD　15. ACD　16. ABD　17. ABCD　18. AC
19. AB　20. AC　21. BCDE　22. AB　23. ACD　24. ACD　25. AD　26. ABC　27. BCD
28. BC　29. BC　30. AD　31. BD　32. BCD

第五章　滴定分析基础知识

一、单选题

1. B　2. B　3. B　4. A　5. B　6. C　7. C　8. D　9. D　10. B　11. B　12. C　13. C
14. A　15. C　16. C　17. C　18. D　19. C　20. D　21. C　22. C　23. C　24. A　25. C　26. B
27. A　28. B　29. A　30. A　31. D　32. C　33. B　34. D　35. C　36. A　37. A　38. B　39. B
40. C　41. D　42. C　43. B　44. C　45. C　46. A　47. D　48. D　49. C　50. C　51. C　52. C
53. A　54. B　55. D　56. D　57. B　58. C　59. B　60. C　61. B　62. D　63. B　64. A　65. C

66. C　67. B　68. C　69. D　70. B　71. C　72. B　73. C　74. B　75. C　76. A　77. B　78. A

二、判断题

1. √　2. ×　3. ×　4. √　5. ×　6. √　7. √　8. ×　9. ×　10. √　11. √　12. ×　13. ×
14. √　15. ×　16. √　17. ×　18. ×　19. ×　20. √　21. √　22. ×　23. ×　24. ×　25. ×　26. ×
27. ×　28. ×　29. ×　30. ×　31. √　32. ×　33. ×　34. ×　35. ×　36. ×　37. √　38. √　39. √
40. √　41. √　42. √　43. ×　44. ×　45. ×　46. ×　47. ×　48. ×　49. ×　50. ×　51. √　52. √
53. ×

三、多选题

1. ABC　2. AC　3. ABC　4. CD　5. BCD　6. ABD　7. AD　8. BC　9. BCD
10. AB　11. BCD　12. ACD　13. ABCD　14. ABC　15. CD　16. AD　17. CD　18. ABC
19. ACD　20. CD　21. ABD　22. ACD　23. AC　24. ABCE　25. CD　26. ABD　27. BC
28. ABC　29. BCD　30. BCD　31. AD　32. ABC　33. ABCD　34. BD　35. CD　36. BCDE
37. ABC　38. ABCE　39. ABCD　40. ABCD　41. ABCD　42. ABD　43. BD　44. AD　45. CD
46. ACD　47. BCD　48. CD　49. BD　50. BC　51. BC　52. ABC

四、计算题

1. 解：(1) 3.00　　(2) 1.28

2. 解：(1) $E_r=(\pm0.01/2.00)\times100\%=\pm0.5\%$

(2) $E_r=\pm0.05\%$

(3) $E_r=\pm0.025\%$

3. 解：分析结果（平均值）为：24.90%

$E_a=24.90\%-24.95\%=-0.05\%$

$E_r=-0.05\%/24.95\%=-0.2\%$

4. 解：$\overline{X}=41.25\%$；

$\overline{d}=(0.01\%+0.02\%+0.02\%+0.01\%)/4=0.015\%$

$s=0.018\%$

5. 解：(1) Q检验法

排列：1.53%、1.54%、1.61%、1.83%

$x_n-x_1=0.30\%$；$x_n-x_{n-1}=0.22\%$；$x_2-x_1=0.01\%$；

90%置信度下，$n=4$ 时，查表：$Q_{表}=0.76$

$Q_n=0.73<Q_{表}$、$Q_1=0.033<Q_{表}$，所以无可疑数据。

(2) $4\overline{d}$ 检验法

1.83%为可疑值，$\overline{X}=1.56\%$，$\overline{d}=0.03\%$，$|1.83\%-1.56\%|=0.27\%>4\overline{d}$，所以1.83%应舍弃。

6. 解：至少为 0.1000g　体积至少为 20.00mL

7. 解：$\overline{x}=0.2043\text{mol/L}$ $\overline{d}=\frac{1}{4}\times(0.0002+0.0006+0.0004+0)=0.0003(\text{mol/L})$

相对平均偏差$=0.0003/0.2043\times100\%=0.15\%$

$S=0.00043$

$cV=0.00043/0.2043\times100\%=0.21\%$

8. 解：7.5；0.74；8.1；56

9. 解：(1) 平均值=34.28%；中位值=34.27%；平均偏差=0.065%；相对平均偏差=0.19%；标准偏差=0.082%；平均值的标准偏差 0.033%。

(2) 绝对误差=−0.05%，相对误差=−0.15%。

10. 解：4.71 舍弃，4.99 保留。

第六章　酸碱滴定知识

一、单选题

1. C　2. A　3. B　4. A　5. B　6. A　7. B　8. B　9. B　10. B　11. D　12. D　13. A
14. A　15. C　16. A　17. B　18. A　19. A　20. A　21. A　22. D　23. C　24. D　25. B　26. C
27. B　28. D　29. B　30. B　31. B　32. A　33. D　34. D　35. A　36. B　37. B　38. C　39. A

40. B　41. D　42. C　43. B　44. A　45. A　46. C　47. B　48. D　49. B　50. A　51. C　52. D
53. D　54. B　55. C　56. C　57. A　58. D　59. B　60. A　61. B　62. B　63. B　64. B　65. B
66. A　67. C　68. A　69. C　70. B　71. B　72. C　73. D　74. B　75. B　76. B　77. B　78. B
79. B　80. C　81. B　82. B　83. A　84. A　85. A　86. A　87. C　88. C　89. A　90. A　91. A
92. B　93. C　94. A　95. C　96. C　97. C

二、判断题

1. ×　2. ×　3. ×　4. ×　5. ×　6. ×　7. √　8. √　9. ×　10. ×　11. ×　12. √　13. ×
14. ×　15. ×　16. ×　17. ×　18. √　19. ×　20. ×　21. ×　22. ×　23. √　24. ×　25. √　26. ×
27. √　28. √　29. √　30. √　31. ×　32. ×　33. ×　34. ×　35. ×　36. √　37. ×　38. √　39. ×
40. √　41. ×　42. √　43. ×　44. √　45. ×　46. ×　47. ×　48. ×　49. √　50. √　51. ×　52. √
53. ×　54. ×　55. ×　56. √　57. ×　58. √　59. ×　60. ×

三、多选题

1. ACD　2. ACD　3. ABC　4. AB　5. ACD　6. AB　7. BCD　8. AD　9. CD
10. BD　11. CD　12. CD　13. ABC　14. BCD　15. ABD　16. ABCE　17. ABC　18. BD
19. AC　20. BCD　21. AC　22. ABC　23. BCD　24. AB　25. CD　26. G　27. AEFG
28. AF　29. CG

四、计算题

1. 解：$\delta_{Ac^-}=K_a/([H^+]+K_a)$

$=1.8\times10^{-5}/(10^{-5}+1.8\times10^{-5})=0.64$

所以 $[Ac^-]=\delta_{Ac^-}c(HAc)=0.64\times0.1=0.064$ (mol/L)

2. 解：(1) 0.05mol/L 的 NaAc　查表：$K_a(HAc)=1.8\times10^{-5}$

因为 $c/K_b=0.05/(K_w/K_a)=0.05\times1.8\times10^{-5}/10^{-14}>500$

又因为 $cK_b=0.05\times10^{-14}/1.8\times10^{-5}=2.8\times10^{-11}>20K_w$

所以 $[OH^-]=\sqrt{cK_b}=\sqrt{0.05\times10^{-14}/1.8\times10^{-5}}=5.27\times10^{-6}$

即：pOH=5.28；pH=8.72

(2) 0.05mol/L 的 NH_4Cl　查表：$K_b(NH_3)=1.8\times10^{-5}$

因为 $c/K_a=0.05/(K_w/K_b)=0.05\times1.8\times10^{-5}/10^{-14}>500$

又因为 $cK_a=0.05\times10^{-14}/1.8\times10^{-5}=2.8\times10^{-11}>20K_w$

所以 $[H^+]=\sqrt{cK_a}=\sqrt{0.05\times10^{-14}/1.8\times10^{-5}}=5.27\times10^{-6}$

即：pH=5.28

3. 解：$c(NH_3)=15\times350/10000=5.25$mol/L

因为 $pH=pK_a+\lg[c(NH_4^+)/c(NH_3)]$　所以 $c(NH_4^+)=0.945$mol/L

$m(NH_4Cl)=cVM=0.945\times1.0\times53.45=51$ (g)

4. 解：(1) pH=7.00；选用中性红作为指示剂

(2) 化学计量点时 $c(NH_4Cl)=0.1$mol/L，$K_b=1.8\times10^{-5}$、$K_a=5.56\times10^{-10}$

因为 $c/K_a>500$；$cK_a>20K_w$

$[H^+]=\sqrt{cK_a}=7.46\times10^{-6}$ mol/L，

所以 pH=5.13；选用甲基红作为指示剂

5. 解：$c(HCl)=2m/MV=2\times0.1500/(105.99\times0.02560)=0.1106$ (mol/L)

6. 解：$m=1/2cVM=1/2\times0.05\times(20\sim30)\times10^{-3}\times381.37=0.19\sim0.29$ (g)

7. 解：因为 $V_2>V_1$，所以混合碱组成为 Na_2CO_3 和 $NaHCO_3$

$Na_2CO_3\%=(0.1800\times23.00\times10^{-3}\times105.99/0.6800)\times100\%=64.53\%$

$NaHCO_3\%=[0.1800\times(26.80-23.00)\times10^{-3}\times84.01/0.6800]\times100\%=8.45\%$

8. 解：化学计量关系为：$SiO_2 \Leftrightarrow K_2SiF_6 \Leftrightarrow 4HF \Leftrightarrow 4NaOH$

$w(SiO_2)=[(0.1024\times25.54\times10^{-3}\times60.08)/(4\times0.1080)]\times100\%=36.37\%$

9. 解：$w(CaCO_3)=[0.1471\times(25.00-10.15\times1.032)\times10^{-3}\times100.09/(2\times0.1582)]\times100\%$

$=67.59\%$

$w(CO_2)=(44.01/100.09)\times 67.59\%=29.72\%$

10. 解：(1) $[H^+]=0.05000mol/L$，$pH=1.30$.

(2) $[H^+]=0.05000mol/L$，$pH=1.30$.

(3) 因为 $c/K_a>500$；$cK_a>20K_w$

$[H^+]=\sqrt{cK_a}=1.87\times 10^{-3}mol/L$

所以 $pH=2.73$

(4) 因为 $c/K_a<500$；$cK_a>20K_w$

$[H^+]=1/2(-K_a+\sqrt{4cK_a+K_a^2})=1.91\times 10^{-5}$ (mol/L)

所以 $pH=4.72$

(5) 因为 $c/K_a<500$；$cK_a>20K_w$

$[H^+]=1/2(-K_a+\sqrt{4cK_a+K_a^2})=5.0\times 10^{-2}$ (mol/L)

所以 $pH=1.31$

11. 解：(1) 因为 $[OH^-]=0.05000mol/L$，$pOH=1.30$

所以 $pH=12.70$

(2) 因为 $[OH^-]=0.05000mol/L$，$pOH=1.30$

所以 $pH=12.70$

(3) 因为 $c/K_b>500$；$cK_b>20K_w$

$[OH^-]=\sqrt{cK_b}=1.87\times 10^{-3}mol/L$，$pOH=2.73$

所以 $pH=11.27$

(4) 因为 $c/K_b<500$；$cK_b>20K_w$

$[OH^-]=1/2(-K_a+\sqrt{4cK_b+K_b{}^2})=1.91\times 10^{-3}(mol/L)$，$pOH=4.71$

所以 $pH=9.29$

12. 解：(1) $pH=-lgC=6.70$

(2) $pH=14-pOH=9.00$

(3) $[H^+]=\dfrac{-K_a+\sqrt{K_a^2+4cK_a}}{2}=3.44\times 10^{-5}$ (mol/L)，$pH=4.46$

(4) $[H^+]=\sqrt{cK_a}=\sqrt{0.1\times 1.8\times 10^{-5}}=1.3\times 10^{-3}$ (mol/L)，$pH=2.88$

(5) $[H^+]=\sqrt{cK_a}=\sqrt{0.1\times 4.2\times 10^{-7}}=2.05\times 10^{-4}$ (mol/L)，$pH=3.69$

13. 解：(1) 前：$pH=2.0$　　后：$c=\dfrac{0.01}{10}=1.0\times 10^{-3}$ (mol/L)　　$pH=3.00$

$\Delta pH=3.0-2.0=1.0$

(2) 前：$pOH=13.0$　　后：$c=\dfrac{0.1}{10}=1.0\times 10^{-2}$ (mol/L)　　$pOH=12.0$

$\Delta pH=12.0-13.0=-1.0$

(3) 前：$[H^+]=\dfrac{c(HAc)}{c(Ac^-)}\times K_{HAc}=\dfrac{0.10}{0.10}\times 1.75\times 10^{-5}$ (mol/l)　　$pH=4.76$

后：$[H^+]=\dfrac{1.75\times 10^{-5}}{10}=1.75\times 10^{-6}$ (mol/L)　　$pH=5.76$

$\Delta pH=5.76-4.76=1$

(4) 前：$[OH^-]=\dfrac{c(NH_3)}{c(NH_4^+)}K_{NH_3}=\dfrac{1.0}{1.0}\times 1.8\times 10^{-5}=1.8\times 10^{-5}$ (mol/L)

$pH=14+lg1.8\times 10^{-5}=9.26$　　$[H^+]=5.50\times 10^{-10}mol/L$

$[H^+]=\dfrac{5.50\times 10^{-10}}{10}\times 5.50\times 10^{-10}$ (mol/L)　$pH=10.26$

$\Delta pH=10.26-9.26=1.00$

14. 解：$Na_2CO_3\%=\dfrac{\left[\frac{1}{2}c(HCl)2V_1M(Na_2CO_3)\right]}{m\times 1000}\times 100\%=75.02\%$

$$w(NaHCO_3)=\frac{c(HCl)(V_2-2V_1)M(NaHCO_3)}{m\times1000}\times100\%=22.19\%$$

15. 解：$w(H_2C_2O_4\cdot2H_2O)=\dfrac{\frac{1}{2}c(NaOH)V(NaOH)M(H_2C_2O_4\cdot2H_2O)}{m_s}\times100\%=94.55\%$

16. 解：$w(NaOH)=\dfrac{c(HCl)V_2M(NaOH)}{m_s}\times100\%=24.47\%$

$$w(Na_2O_3)=\frac{\frac{1}{2}c(HCl)\times(V_1-V_2)M(Na_2CO_3)}{m_s}\times100\%=32.53\%$$

17. 解：$w(N)=\dfrac{[c(HCl)V(HCl)-c(NaOH)V(NaOH)]M(N)}{m_s}\times100=33.91\%$

18. 解：$w(N)=\dfrac{(0.2002\times50.00-0.104\times20.76)\times10^{-3}\times14.01}{0.7569}\times100\%=14.67\%$

19. 解：$w[(NH_4)_2SO_4]=\dfrac{\frac{1}{2}\times(c_{酸}V_{酸}-c_{碱}V_{碱})\times10^{-3}\times M[(NH_4)_2SO_4]}{m\times\frac{25.00}{250}}\times100\%=98.99\%$

$$w(N)=\frac{(c_{酸}V_{酸}-c_{碱}V_{碱})\times10^{-3}\times M(N)}{m\times\frac{25.00}{250}}\times100\%=20.99\%$$

20. 解：设：NaOH 的体积为 V

因为 $pH=pK_a+\lg\dfrac{c_b}{c_a}$，$3.00=3.77+\lg\dfrac{1.0V}{40.01-1.0V}$

所以 $V=5.81mL$

因为 $pH=pK_a+\lg\dfrac{c_b}{c_a}$，$4.00=3.77+\lg\dfrac{1.0V}{40.01-1.0V}$

所以 $V=25.19mL$

21. 解：$c(Ac^-)=0.08000mol/L$

$[OH^-]=\sqrt{cK_b}=6.7\times10^{-6}mol/L$，$pOH=5.17$

所以 $pH=8.83$

22. 解：$Et=\dfrac{10^{-10}-10^{-4}}{0.0500}=-0.0020$

23. 解：因为 $V_{酚酞}<V_{甲基橙}$，所以混合碱是由 Na_2CO_3 和 $NaHCO_3$ 组成。

$$w(Na_2CO_3)=\frac{V_{酚酞}c(HCl)\times\frac{106.0}{1000}}{m}\times100\%=73.04\%$$

$$w(NaHCO_3)=\frac{(V_{甲基橙}-V_{酚酞})c(HCl)\times\frac{84.01}{1000}}{m}\times100\%=21.60\%$$

24. 解：$w(H_2SO_4)=\dfrac{\frac{1}{2}cVM}{m_s\times\frac{25.00}{250.0}}\times100\%=98.04\%$

25. 解：$w(SiO_2)=[(4.0726\times28.42\times10^{-3}\times60.08)/(4\times5.000)]\times100\%=34.77\%$

26. 解：$w(H_2O_2)=[(0.3162\times17.08\times10^{-3}\times34.02)/(2\times5.00)]\times100=1.837g/mL$

27. 解：(1) $pH=pK_a+\lg\dfrac{c(Ac^-)}{c(HAc)}=4.76+\lg\dfrac{1.0}{1.0}=4.76$

(2) $pH=pK_a+\lg\dfrac{c(Ac^-)}{c(HAc)}=4.76+\lg\dfrac{0.1}{0.1}=4.7$

(3) $pOH=pK_a+\lg\frac{c(NH_4^+)}{c(NH_3)}=4.75+\lg\frac{1.0}{1.0}=4.75$

$pH=14-pOH=9.25$

(4) $pH=1/2pK_{a1}+1/2pK_{a2}=1/2\times2.16+1/2\times7.21=4.68$

28. 解：$w(P_2O_5)=\frac{\frac{1}{2}[c(NaOH)V(NaOH)-c(HNO_3)V(HNO_3)]M(P_2O_5)}{m_s}\times100\%=3.55\%$

29. 解：设体积为 V

$1/2c\times2VM(Na_2CO_3)+c(50-2V)M(NaHCO_3)=0.7650$

$0.2000V\times106.0+0.2000(50-2V)\times84.01=0.7650$

$V=6.05mL$

30. 解：$c=\frac{m}{MV}=\frac{0.4680}{25.50\times10^{-3}\times122.12}=0.1503\ (mol/L)$

第七章　配位滴定知识

一、单选题

1. A　2. C　3. C　4. D　5. B　6. D　7. D　8. A　9. C　10. A　11. A　12. D　13. D
14. A　15. C　16. C　17. D　18. D　19. B　20. D　21. A　22. C　23. C　24. A　25. A　26. B
27. B　28. C　29. B　30. B　31. B　32. C　33. B　34. A　35. A　36. C　37. B　38. C　39. D
40. D　41. C　42. D　43. C　44. C　45. B　46. D　47. A　48. B　49. A　50. B　51. A　52. C
53. A　54. D　55. B　56. A　57. D　58. D　59. B　60. B　61. C　62. D

二、判断题

1. ×　2. √　3. ×　4. √　5. ×　6. ×　7. ×　8. √　9. ×　10. ×　11. ×　12. √　13. √
14. ×　15. √　16. √　17. ×　18. ×　19. √　20. ×　21. √　22. √　23. ×　24. ×　25. ×　26. √
27. ×　28. ×　29. √　30. √　31. ×　32. ×　33. ×　34. ×　35. √　36. ×　37. √　38. ×　39. √
40. ×　41. √　42. √　43. √　44. √　45. √　46. ×　47. ×　48. ×　49. ×　50. √　51. ×　52. √
53. ×　54. ×　55. √

三、多选题

1. ABD　2. ABC　3. AB　4. ABD　5. ABC　6. ABCD　7. BCD　8. ABD　9. BD
10. ABC　11. ABCD　12. ABCD　13. BC　14. AB　15. BC　16. BCD　17. BCD　18. AD
19. ABCD　20. CD　21. ACD　22. ABCD　23. CD　24. ABD　25. ABC　26. BC　27. AC
28. AB　29. CD　30. BE　31. AC　32. CD

四、计算题

1. 解：(1) 当 pH=5.0 时：$pK_{a1}\sim pK_{a6}$ 为 0.9、1.6、2.0、2.67、6.16、10.26，

则：$\alpha_{Y(H)}=1+[H^+]/K_{a6}+[H^+]^2/K_{a6}K_{a5}+\cdots+[H^+]^6/K_{a6}K_{a5}K_{a4}K_{a3}K_{a2}K_{a1}\approx10^{6.45}$

所以 $\lg\alpha_{Y(H)}=6.45$

(2) 当 pH=10.0 时：$\alpha_{Y(H)}=10^{0.45}$；所以 $\lg\alpha_{Y(H)}=0.45$

2. 解：当 pH=3.5 时　$\alpha_{Y(H)}=10^{9.48}$；所以 $\lg\alpha_{Y(H)}=9.48$

(1) Zn^{2+}：$\lg K_{ZnY}=16.50$，$\lg K_{ZnY}'=16.50-9.48=7.02$

$\lg cK'_{ZnY}=\lg0.02+7.02=5.32<6$；所以不能

(2) Cu^{2+}：$\lg K_{CuY}=18.80$，$\lg K'_{CuY}=18.80-9.48=9.32$

$\lg cK'_{CuY}=\lg0.02+9.32=7.62>6$；所以能

3. 解：(1) 当 pH=5.0 时，$\lg\alpha_{Y(H)}=6.45$；$\lg K'=16.31-6.45=9.86$　即：$K'=10^{9.86}$

(2) $\lg cK'=\lg0.02+9.86=8.16>6$；所以能准确滴定

4. 解：查表得 $\lg K_{BiY}=27.94$；$\lg K_{NiY}=18.62$

因为 $\lg K'=\lg K-\lg\alpha_{Y(H)}\geqslant8$，即 $\lg\alpha_{Y(H)}\leqslant\lg K-8$

所以对于 Bi^{3+}：$\lg\alpha_{Y(H)}\leqslant19.94$；对于 Ni^{2+}：$\lg\alpha_{Y(H)}\leqslant10.62$

查表，$\lg\alpha_{Y(H)}\leqslant19.94$ 时，pH≥0.6

$\lg\alpha_{Y(H)}\leqslant 10.62$ 时，$pH\geqslant 3.2$

最小的值 pH 为 3.2。

$\Delta\lg(cK)=27.94-18.62=9.32>5$，可以选择性滴定 Bi^{3+}，而 Ni^{2+} 不干扰，当 $pH\geqslant 0.6$ 时，滴定 Bi^{3+}；当 $pH\geqslant 2$ 时，Bi^{3+} 将水解析出沉淀，此时（pH=0.6～2）Ni^{2+} 与 Y 不配位；当 $pH\geqslant 3.2$ 时，可滴定 Ni^{2+}，而 Bi^{3+} 不干扰。

5. 解：(1) $c(\text{EDTA})=\dfrac{0.1005\times\dfrac{25.00}{100}}{100.09\times 24.50\times 10^{-3}}=0.01025$ (mol/L)

(2) $T_{\text{ZnO/EDTA}}=0.01025\times 1\times 10^{-3}\times 81.38=0.8341$ (mg/mL)

$T_{\text{Fe}_2\text{O}_3\text{/EDTA}}=0.01025\times 1\times 10^{-3}\times 159.69/2=0.8184$ (mg/mL)

6. 解：$\rho(\text{CaCO}_3)=\dfrac{0.01016\times 10.43\times 100.09}{100}=0.1061$ (mg/mL)

$\rho(\text{MgCO}_3)=\dfrac{0.01016\times(15.28-10.43)\times 84.32}{100}=0.04155$ (mg/mL)

7. 解：$w(\text{Al})=\dfrac{(0.05000\times 25.00-0.02000\times 21.50)\times 10^{-3}\times 26.98}{1.250}\times 100\%=1.77\%$

8. 解：$w(\text{ZnCl}_2)=\dfrac{0.01024\times 17.61\times 10^{-3}\times 136.3}{0.2500\times\dfrac{25.00}{250}}\times 100\%=98.31\%$

9. 解：$w(\text{Fe}_2\text{O}_3)=\dfrac{0.02008\times 15.20\times 10^{-3}\times\dfrac{1}{2}\times 159.69}{0.2015}\times 100\%=12.09\%$

$w(\text{Al}_2\text{O}_3)=\dfrac{(0.02008\times 25.00-0.02112\times 8.16)\times 10^{-3}\times\dfrac{1}{2}\times 101.96}{0.2015}\times 100\%=8.34\%$

10. 解：$w(\text{P})=\dfrac{0.01004\times 21.04\times 10^{-3}\times 30.97}{0.1084}\times 100\%=6.04\%$

11. 解：$c(\text{Cd})=\dfrac{0.02002\times 10.15\times 10^{-3}}{25.00\times 10^{-3}}=0.008128$ (mol/L)

在 pH=1 时，只能滴定 Bi^{3+}，

$c(\text{Bi})=\dfrac{0.02015\times 20.28\times 10^{-3}}{25.00\times 10^{-3}}=0.01635$ (mol/L)

在 pH=5.5 时，可以滴定 Pb^{2+} 和 Cd^{2+}，

$c(\text{Pb})=\dfrac{(0.02015\times 30.16-0.02002\times 10.15)\times 10^{-3}}{25.00\times 10^{-3}}=0.01608$ (mol/L)

12. 解：$w(\text{S})=\dfrac{(0.05000\times 20.00-0.02500\times 20.00)\times 10^{-3}\times 32.07}{0.5000}\times 100\%=3.21\%$

13. 解：$w(\text{Sn})=\dfrac{0.01163\times 20.28\times 10^{-3}\times 118.7}{0.2634}\times 100\%=10.63\%$

14. 解：(1) $c(\text{Ga})=\dfrac{0.05000\times 10.78\times 10^{-3}}{25.00\times 10^{-3}}=0.02156$ (mol/L)

(2) $m=cVM=0.02156\times 25.00\times 10^{-3}\times 69.723=0.03758$ (g)

15. 解：在 pH=2 时测定 Fe^{3+}

$\rho(\text{Fe}^{3+})=\dfrac{0.01500\times 15.40\times 55.85}{25.00}=0.5161$ (mg/mL)

在 pH=2 时测定 Fe^{3+}

$\rho(\text{Fe}^{2+})=\dfrac{0.01500\times 14.10\times 55.85}{25.00}=0.4725$ (mg/mL)

16. 解：$w(\text{Fe}_2\text{O}_3)=\dfrac{0.02000\times 5.60\times 10^{-3}\times\dfrac{1}{2}\times 159.69}{0.5000\times\dfrac{100}{250}}\times 100\%=4.47\%$

$$w(Al_2O_3)=\frac{0.00500\times24.15\times\frac{1}{2}\times101.96}{0.5000\times249.69\times\frac{100}{250}}\times100\%=12.33\%$$

17. 解：$d=\frac{(0.02010\times25.00-0.01005\times8.24)\times10^{-3}\times52.00}{7.10\times5.04\times\frac{25}{100}}=0.0244$ (mm)

18. 解：$m=cVM=0.02\times30.00\times10^{-3}\times65.38=0.0392$ (g)

$m=cVM=0.02\times30.00\times10^{-3}\times100.09=0.0601$ (g)

$m=cVM=0.02\times30.00\times10^{-3}\times24.30=0.0146$ (g)

19. (1) 解：pH=10 时　$\lg\alpha_{Y(H)}=0.45$　$\lg K_{MgY}=8.69$

$\lg K'_{MgY}=\lg K_{MgY}-\lg\alpha_{Y[H]}=8.69-0.45=8.24$

(2) 解：pH=10 时　$\lg K_{ZnY}=16.50$

$\lg K'_{MgY}=\lg K_{MY}-\lg K_{Zn}-\lg\alpha_{Y(H)}$

$\alpha_{Zn}=\alpha_{Zn(NH_3)}+\alpha_{Zn(OH)}-1=10^{5.10}$

$\alpha_{Zn(NH_3)}=1+\beta_1[NH_3]+\beta_2[NH_3]^2+\beta_3[NH_3]^3+\beta_4[NH_3]^4=10^{5.10}$

pH=10　$\alpha_{Y(H)}=10^{0.45}$

$\lg K'_{ZnY}=16.50-5.10-0.45=10.95$

20. 解：(1) Bi^{3+}　$\lg\alpha_{Y(H)}=27.94-8=19.94$　pH=0～1

(2) Ca^{2+}　$\lg\alpha_{Y(H)}=10.69-8=2.69$　pH=7～8

(3) Bi^{3+}-Pb^{2+}　$\Delta\lg K_{稳}=27.94-18.04=9.90>6$　可以分步准滴。

Bi^{3+}　pH=0～1　Pb^{2+}　pH=3～4

21. 解：$w(Fe_2O_3)=\frac{\frac{1}{2}c(EDTA)V[EDTA(Fe^{3+})]M(Fe_2O_3)\times10^{-3}}{m\times\frac{25.00}{250}}\times100\%=47.91\%$

$$w(Al_2O_3)=\frac{\frac{1}{2}[c(EDTA)V(EDTA)-c(Cu^{2+})V(Cu^{2+})]M(Al_2O_3)\times10^{-3}}{m\times\frac{25.00}{250}}\times100\%=20.39\%$$

$$w(CaO)=\frac{c(EDTA)V[EDTA(Ca^{2+})]M(CaO)\times10^{-3}}{m\times\frac{25.00}{250}}\times100\%=11.22\%$$

$$w(MgO)=\frac{c(EDTA)[V(Ca^{2+}-Mg^{2+})-V(Ca^{2+})]M(MgO)\times10^{-3}}{m\times\frac{25.00}{250}}\times100\%=28.21\%$$

22. 解：$w(Sn)=\frac{m'\times\frac{M(Sn)}{M(SnO_2)}}{m}\times100\%=12.44\%$

$$w(Bi)=\frac{c(EDTA)VM(Bi)\times\frac{500}{50}\times10^{-3}}{m}\times100\%=50.49\%$$

$$w(Cd)=\frac{c[Pb(NO_3)_2]V[Pb(NO_3)_2]M(Cd)\times\frac{500}{50}\times10^{-3}}{m}\times100\%=13.81\%$$

$$w(Pb)=\frac{\{c(EDTA)V_2-c[Pb(NO_3)_2]V[Pb(NO_3)_2]\}M(Pb)\times\frac{500}{50}\times10^{-3}}{m}\times100\%=22.82\%$$

23. 解：$w(Zn)=\frac{c(ZnSO_4)V(ZnSO_4)M(Zn)\times10^{-3}}{m_s}\times100\%=8.30\%$

$$w(Al)=\frac{c(ZnSO_4)V(ZnSO_4)M(Al)\times10^{-3}}{m_s}\times100\%=13.96\%$$

24. 解：$$w(SO_4^{2-})=\frac{(0.05000\times25.00-0.02000\times17.15)\times96.07\times10^{-3}}{3.000\times\frac{25.00}{250.0}}\times100\%=29.05\%$$

25. 解：$$w(Mg^{2+})=\frac{0.05000\times4.10\times10^{-3}\times24.30}{0.5000\times\frac{25.00}{100}}\times100\%=3.99\%$$

$$w(Zn^{2+})=\frac{0.05000\times13.40\times10^{-3}\times65.38}{0.5000\times\frac{25.00}{100}}\times100\%=35.04\%$$

$$w(Cu^{2+})=\frac{0.05000\times(37.30-13.40)\times10^{-3}\times63.55}{0.5000\times\frac{25.00}{100}}\times100\%=60.75\%$$

26. 解：

$$w(Pb)=\frac{0.01000\times22.60\times10^{-3}\times207.2}{0.4800\times\frac{25.00}{100.0}}\times100\%=39.02\%$$

$$w(Mg)=\frac{(0.02000\times46.40-0.01000\times22.60)\times10^{-3}\times24.30}{0.4800\times\frac{25.00}{100.0}}\times100\%=14.22\%$$

$$w(Zn)=\frac{0.02000\times44.10\times10^{-3}\times65.38}{0.4800\times\frac{25.00}{100.0}}\times100\%=48.05\%$$

第八章　氧化还原滴定知识

一、单选题

1. D　2. A　3. C　4. C　5. D　6. A　7. B　8. B　9. B　10. A　11. C　12. A　13. C
14. C　15. B　16. C　17. A　18. D　19. D　20. C　21. B　22. A　23. B　24. D　25. B　26. B
27. A　28. A　29. A　30. B　31. D　32. D　33. C　34. B　35. C　36. B　37. A　38. A　39. A
40. C　41. C　42. C　43. B　44. A　45. C　46. D　47. A　48. B　49. A　50. C　51. C　52. A
53. C　54. C　55. D　56. C　57. B　58. D　59. B　60. A　61. B　62. D　63. B　64. C　65. A
66. B　67. C　68. A　69. B　70. D　71. A　72. C　73. D

二、判断题

1. √　2. ×　3. √　4. ×　5. √　6. ×　7. √　8. ×　9. ×　10. ×　11. ×　12. √　13. √
14. ×　15. √　16. ×　17. √　18. ×　19. √　20. ×　21. √　22. ×　23. ×　24. ×　25. ×　26. ×
27. √　28. √　29. ×　30. √　31. √　32. √　33. √　34. ×　35. √　36. ×　37. √　38. √　39. ×
40. ×　41. √　42. ×　43. √　44. ×　45. ×　46. ×　47. ×　48. √　49. ×　50. √　51. √　52. √
53. √　54. √　55. √　56. √　57. √　58. √

三、多选题

1. ACD　2. BD　3. BC　4. BC　5. AD　6. ABC　7. ABC　8. AC　9. ACD
10. BC　11. ABC　12. BC　13. ACD　14. ACD　15. ACD　16. CD　17. ABD　18. ABC
19. ABC　20. CD　21. ABC　22. ABC　23. AC　24. BD　25. AD　26. AB　27. ACD
28. BCD　29. BDE　30. ACD　31. ABD　32. CD　33. BC　34. ABD　35. ACD　36. BCD
37. AC　38. ABC

四、计算题

1. 解：(1) $c(KMnO_4)=1.1580/(158.0\times100\times10^{-3})=0.07329$ (mol/L)

(2) $c(K_2Cr_2O_7)=0.4900/(294.2\times100\times10^{-3})=0.01666$ (mol/L)

2. 解：$T_{CaO/KMnO_4}=0.004000\times1.00\times10^{-3}\times56.08=0.0001122$ (g/mL)

$T_{CaCO_3/KMnO_4}=0.004000\times1.00\times10^{-3}\times100.09=0.002002$ (g/mL)

3. 解：$w(MnO_2)=\dfrac{\left(\dfrac{0.4020}{1/2\times134.00}-0.1000\times20.00\times10^{-3}\right)\times\dfrac{1}{2}\times86.94}{1.000}\times100\%=17.39\%$

4. 解：$w(Fe_2O_3)=\dfrac{0.05040\times26.78\times10^{-3}\times\dfrac{1}{2}\times159.69}{0.2000}\times100\%=53.88\%$

5. 解：$c(Na_2S_2O_3)=\dfrac{\dfrac{0.3567}{\dfrac{1}{6}\times214.00}\times\dfrac{25.00}{100}}{24.98\times10^{-3}}=0.1001$ (mol/L)

6. 解：$c(Na_2S_2O_3)=\dfrac{6\times0.004175}{167.01\times1\times10^{-3}}=0.1500$ (mol/L)

$w(Cu)=\dfrac{0.1500\times20.00\times10^{-3}\times63.55}{0.6000}\times100\%=31.78\%$

7. 解：$w(FeCl_3\cdot6H_2O)=\dfrac{0.1000\times18.17\times10^{-3}\times270.3}{0.5000}\times100\%=98.23\%$

8. 解：$w(Sb_2S_3)=\dfrac{0.02500\times20.00\times10^{-3}\times\dfrac{1}{2}\times339.7}{0.1000}\times100\%=84.92\%$

9. 解：$m(H_2CrO_4)=1/3\times0.1000\times40.00\times10^{-3}\times118.02=0.1574$ (g)

$m(HCl)=(0.2000\times40.00\times10^{-3}-2\times0.1574/118.02)\times36.45=0.1944$ (g)

$c(HCl)=0.1944/(36.45\times25.00\times10^{-3})=0.2133$ (mol/L)

$c(H_2CrO_4)=0.1574/(118.02\times25.00\times10^{-3})=0.05335$ (mol/L)

10. 解：$c(I_2)=\dfrac{2\times0.4123}{197.84\times40.28\times10^{-3}}=0.1035$ (mol/L)

$w(N_2H_4)=\dfrac{0.1035\times42.41\times10^{-3}\times\dfrac{1}{2}\times32.05}{1.4286\times\dfrac{50.00}{1000}}\times100\%=98.48\%$

11. 解：与 PbO 和 PbO_2 反应的 $H_2C_2O_4$ 的物质的量为：

$n_1=[0.1250\times10.00-(5/2)\times0.02000\times5.00]\times10^{-3}=0.00100$ (mol)

$PbC_2O_4\downarrow$ 溶解后产生的 $C_2O_4^{2-}$ 的物质的量为：

$n_2=(5/2)\times0.02000\times0.01500=0.00075$ (mol)

列方程组：$n_1=n(PbO)+2n(PbO_2)=0.00100$ (1)

$n_2=n(PbO)+n(PbO_2)=0.00075$ (2)

由式(1)、式(2) 解得：$n(PbO)=0.00050$mol；$n(PbO_2)=0.00025$mol

$w(PbO)=(0.00050\times223.2/0.6170)\times100\%=18.09\%$

$w(PbO_2)=(0.00025\times239.2/0.6170)\times100\%=9.69\%$

12. 解：$w_{苯酚}=\dfrac{\left(0.05000\times12.50\times10^{-3}-\dfrac{1}{6}\times0.05003\times14.96\times10^{-3}\right)\times94.11}{0.2500}\times100\%=18.83\%$

13. 解：$w_{丙酮}=\dfrac{\left(0.05000\times50.00\times10^{-3}-\dfrac{1}{2}\times0.1000\times10.00\times10^{-3}\right)\times\dfrac{1}{3}\times58.08}{0.1000}\times100\%=38.72\%$

14. 解：(1) $\varphi_{Fe^{3+}/Fe^{2+}}=\varphi^{\ominus}_{Fe^{3+}/Fe^{2+}}+0.059\lg\dfrac{[Fe^{3+}]}{[Fe^{2+}]}=0.652$

(2) $\varphi_{Fe^{3+}/Fe^{2+}}=\varphi^{\ominus}_{Fe^{3+}/Fe^{2+}}+0.059\lg\dfrac{[Fe^{3+}]}{[Fe^{2+}]}=0.711$

(3) $\varphi_{Fe^{3+}/Fe^{2+}}=\varphi^{\ominus}_{Fe^{3+}/Fe^{2+}}+0.059\lg\dfrac{[Fe^{3+}]}{[Fe^{2+}]}=0.77$

(4) $\varphi_{Fe^{3+}/Fe^{2+}}=\varphi^{\ominus}_{Fe^{3+}/Fe^{2+}}+0.059\lg\frac{[Fe^{3+}]}{[Fe^{2+}]}=0.829$

(5) $\varphi_{Fe^{3+}/Fe^{2+}}=\varphi^{\ominus}_{Fe^{3+}/Fe^{2+}}+0.059\lg\frac{[Fe^{3+}]}{[Fe^{2+}]}=0.888$

15. 解：$c(KMnO_4)=0.2000/2=0.1000$ (mol/L)

$c(1/5KMnO_4)=5\times0.1000=0.5000$ (mol/L)

16. 解：$$w(FeO)=\frac{c\left(\frac{1}{5}KMnO_4\right)V(KMnO_4)M(FeO)\times10^{-3}}{m_{样}}\times100\%=36.00\%$$

17. 解：$$\rho_{酚}=\frac{\frac{1}{6}\times0.0200\times10\times94.11}{\frac{0.025}{10}}=1254.8\ (mg/L)$$

答：该污染源超标。

18. 解：$$w(As_2O_3)=\frac{\frac{1}{2}\times0.0500\times20.00\times197.84\times10^{-3}}{0.1000}\times100\%=98.92\%$$

19. 解：$$\rho_{Vc}=\frac{\frac{1}{2}(0.5000\times25-0.0200\times2)\times176.1}{100}=10.97(mg/mL)$$

20. 解：$$w(Ca^{2+})=\frac{\frac{1}{2}c(KMnO_4)V(KMnO_4)M(Ca)}{m_s}\times100\%=19.66\%$$

21. 解：$$w(Fe)=\frac{c(Cr_2O_7^{2-})V(Cr_2O_7^{2-})M(Fe)}{m_s\times\frac{25.00}{250}}\times100\%=37.78\%$$

22. 解：$w(NaNO_2)=$

$$\frac{\{c[Ce(SO_4)_2]V[Ce(SO_4)_2]-c[(NH_4)_2Fe(SO_4)_2]V[(NH_4)_2Fe(SO_4)_2]\}\times\frac{1}{2}\times M(NaNO_2)}{m_s\times\frac{25.00}{500}}\times100\%$$

$=78.66\%$

23. 解：$$\varphi_{sp}=\frac{1.44+0.68}{2}=1.06\ (V)$$

24. 解：$$\varphi_{sp}=\frac{2\times0.14+0.70}{2+1}=0.33\ (V)$$

25. 解：(1) $c\left(\frac{1}{6}K_2Cr_2O_7\right)=0.1500mol/L$

(2) $c\left(\frac{1}{5}KMnO_4\right)=1.000mol/L$

26. 解：$$c\left(\frac{1}{6}K_2Cr_2O_7\right)=\frac{T\times1000}{M}=\frac{0.00525\times1000}{55.85}=0.09400\ (mol/L)$$

27. 解：$m=cVM=0.5000\times500\times10^{-3}\times294.2/6=12.26$ (g)

28. 解：$m=cVM=0.2000\times1.0\times248.17=49.63$ (g)

29. 解：$$w(Fe)=\frac{c\left(\frac{1}{5}KMnO_4\right)V(KMnO_4)M(Fe)\times10^{-3}}{m_{样}}\times100\%=55.96\%$$

$$w(FeO)=\frac{c\left(\frac{1}{5}KMnO_4\right)V(KMnO_4)M(FeO)\times10^{-3}}{m_{样}}\times100\%=71.99\%$$

$$w(Fe_2O_3)=\frac{\frac{1}{2}\times 0.1000\times 15.03\times 159.69\times 10^{-3}}{0.1500}\times 100\%=80.00\%$$

30\. 解：$$w(H_2O_2)=\frac{\frac{1}{2}\times 0.1000\times 17.38\times 10^{-3}\times 34.01}{1.0028\times \frac{25.00}{250.0}}\times 100\%=29.47\%$$

第九章　沉淀滴定知识

一、单选题

1\. D　2. D　3. C　4. B　5. D　6. A　7. D　8. B　9. B　10. D　11. A　12. C　13. C
14\. B　15. A　16. B　17. B　18. B　19. C　20. A　21. A　22. A　23. C　24. A　25. D　26. D
27\. B　28. B　29. B

二、判断题

1\. ×　2. ×　3. √　4. ×　5. ×　6. √　7. ×　8. √　9. ×　10. √　11. √　12. ×　13. √
14\. √　15. √　16. ×　17. √　18. √　19. √　20. ×　21. √　22. √　23. √　24. ×　25. √

三、多选题

1\. AB　2. ABE　3. CD　4. AD　5. ACD　6. CD　7. ABD　8. ABC　9. ABD
10\. ACD

四、计算题

1\. 解：$c(AgNO_3)=\frac{0.1169}{58.44\times 20.00\times 10^{-3}}=0.1000$ (mol/L)

2\. 解：设 KCl 为 xg；则 KBr 为 $(0.3208-x)$g

$$\frac{x}{74.56}+\frac{(0.3208-x)}{119.00}=0.1014\times 30.20\times 10^{-3}$$

所以 $x=0.07314$g

即：KCl%＝22.80%；KBr%＝77.20%

3\. 解：$\frac{0.5000}{39.10+126.9+16x}=0.1000\times 23.26\times 10^{-3}$

解得 $x=3$

4\. 解：$m=(0.1020\times 40.00-0.09800\times 15.00)\times 10^{-3}\times \frac{1}{2}\times 208.24=0.2178$ (g)

5\. 解：$w(Ag)=\frac{c(NH_4SCN)V(NH_4SCN)M(Ag)}{m_s}\times 100\%=85.58\%$

6\. 解：$w(Cl^-)=\frac{[c(AgNO_3)V(AgNO_3)-c(NH_4SCN)V(NH_4SCN)]M(Cl)}{m_s}\times 100\%=40.56\%$

7\. 解：$w(NaCl)=\frac{c(AgNO_3)V(AgNO_3)M(NaCl)}{m_s}\times 100\%=27.69\%$

$m(AgBr)=0.5064-c(AgNO_3)V(AgNO_3)M(AgCl)=0.07992$g

$n(NaBr)=n(AgBr)=\frac{m(AgBr)}{M(AgBr)}=\frac{0.07992}{187.78}=4.255\times 10^{-4}$(mol)

$w(NaBr)=\frac{n(AgBr)M(NaBr)}{m_s}\times 100\%=\frac{4.255\times 10^{-4}\times 102.92}{0.6280}\times 100\%=6.97\%$

8\. 解：$w(KI)=\frac{c(AgNO_3)V(AgNO_3)M(KI)}{m_s}\times 100\%=10.05\%$

9\. 解：$w(ZnS)=\frac{(0.1004\times 50.00-0.1000\times 15.50)\times \frac{97.44}{2\times 1000}}{0.2000}\times 100\%=84.53\%$

10\. 解：I^- 先生成沉淀，　$Cl^-/I^-=2.17\times 10^6$

11. 解：$w(NaCl)=\frac{[c(AgNO_3)V(AgNO_3)-c(NH_4SCN)V(NH_4SCN)]M(NaCl)}{m_s\times\frac{25.00}{250.0}}\times100\%=42.87\%$

第十章　分子吸收光谱法知识

一、单选题

1. A　2. C　3. C　4. D　5. D　6. B　7. A　8. B　9. D　10. C　11. C　12. A　13. D
14. B　15. C　16. C　17. A　18. A　19. C　20. B　21. C　22. C　23. C　24. A　25. C　26. C
27. B　28. B　29. A　30. B　31. B　32. D　33. C　34. A　35. B　36. A　37. B　38. D　39. A
40. C　41. C　42. C　43. C　44. B　45. B　46. D　47. C　48. A　49. A　50. D　51. A　52. B
53. C　54. C　55. D　56. C　57. B　58. B　59. B　60. D　61. B　62. B　63. D　64. D　65. C
66. A　67. D　68. A　69. C　70. C　71. D　72. A　73. C　74. B　75. D　76. D

二、判断题

1. √　2. √　3. √　4. ×　5. √　6. ×　7. ×　8. ×　9. √　10. ×　11. √　12. ×　13. ×
14. ×　15. √　16. √　17. ×　18. ×　19. √　20. ×　21. ×　22. ×　23. √　24. √　25. ×　26. ×
27. √　28. ×　29. ×　30. √　31. √　32. ×　33. √　34. √　35. ×　36. ×　37. ×　38. √

三、多选题

1. ABCD　2. ABCD　3. ABCD　4. BC　5. ACD　6. ABD　7. ABCD　8. ABCD　9. ABC
10. ABD　11. BD　12. ABCD　13. ABCD　14. AB　15. BD　16. ABCD　17. AB　18. ABCD
19. ABCD　20. AB　21. ABCD　22. ABC　23. AC　24. ABC　25. BC　26. ABC　27. ACD
28. ABC　29. AB　30. BD　31. ABD　32. ABD　33. ACD　34. AD　35. BC　36. AC
37. ACD　38. ACD　39. ABC　40. ABC　41. ABC　42. ACD　43. ACD　44. BD　45. ABCD
46. ABD　47. ABCD　48. BD　49. CD　50. AB　51. BD

四、计算题

1. 解：$A=-\lg T=\varepsilon bc=\varepsilon b\frac{0.0010\times\frac{1000}{100}}{Mr}$

$$M=\frac{\varepsilon b\times0.010}{-\lg T}=\frac{2.24\times10^3\times0.010\times2}{-\lg0.522}=159\ (g/mol)$$

2. 解：$a=88L/(g\cdot cm)$；$\varepsilon=1.8\times10^4L/(mol\cdot cm)$

3. 解：98.4%

4. 解：$1.51\times10^4L/(mol\cdot cm)$

5. 解：$5.82\times10^{-5}\sim1.56\times10^{-5}mol/L$

第十一章　原子吸收光谱法知识

一、单选题

1. D　2. A　3. D　4. A　5. D　6. D　7. B　8. D　9. B　10. D　11. C　12. C　13. B
14. B　15. C　16. D　17. C　18. B　19. D　20. A　21. A　22. C　23. A　24. C　25. B　26. A
27. C　28. D　29. C　30. A　31. C　32. A　33. A　34. B　35. D　36. B　37. C　38. B　39. D
40. D　41. A　42. A　43. D　44. C　45. C　46. A　47. D　48. D　49. C　50. C　51. B　52. C
53. B　54. C　55. D

二、判断题

1. √　2. ×　3. ×　4. ×　5. ×　6. ×　7. ×　8. ×　9. √　10. √　11. ×　12. √　13. √
14. ×　15. √　16. √　17. √　18. √　19. √　20. √　21. ×　22. √　23. √　24. √　25. ×　26. √
27. ×　28. √　29. √　30. √　31. √　32. √　33. √　34. √　35. ×　36. ×　37. √　38. √　39. √
40. ×　41. √　42. ×　43. √

三、多选题

1. ABC　2. ABD　3. ABCD　4. ABD　5. AD　6. ABD　7. ABD　8. ABC　9. ABC
10. ABCD　11. ABC　12. ABD　13. ABC　14. ABCD　15. ABCD　16. ABC　17. BD　18. ABC

19. ABCD 20. BCD 21. ABC 22. ABD 23. AC 24. ABCD 25. BC 26. AB 27. ABC
28. BC 29. ABCD 30. ABC 31. AD 32. BCD 33. AD 34. ABC 35. AC 36. ABCD
37. BC 38. ABCD

四、计算题

1. 解：狭缝宽度＝光谱通带/线色散率倒数＝(286.33－285.21)/2＝0.56 (mm)

答：狭缝宽度若小于 0.56mm 时会有干扰，若开 0.2mm 则锡不干扰

2. 解：$w(\mathrm{Cu})=\dfrac{6.23\times 250}{9.9860\times 100000}=0.00156=0.16\%$

3. 解：回收率$=\dfrac{9.0\times 10^{-6}-4.6\times 10\times 10^{-6}}{5.0\times 10^{-6}}=0.88=88\%$

4. 解：标准加入法

$$\begin{cases} A_1=kc_x=0.435 \\ A_2=k\times\dfrac{9c_x+1\times 100}{9+1}=0.835 \end{cases}\qquad \text{解得 } c_x=9.81\mathrm{mg/L}$$

5. 解：0.080mg/mL×1%

第十二章 电化学分析法知识

一、单选题

1. B 2. B 3. C 4. C 5. B 6. C 7. D 8. B 9. D 10. C 11. B 12. A 13. C
14. C 15. C 16. A 17. C 18. C 19. D 20. D 21. B 22. B 23. C 24. C 25. A 26. A
27. D 28. B 29. A 30. B 31. D 32. A 33. A 34. D 35. C 36. A 37. D 38. B 39. D
40. B 41. D 42. A 43. B 44. A

二、判断题

1. × 2. × 3. × 4. √ 5. × 6. × 7. √ 8. √ 9. √ 10. √ 11. √ 12. × 13. √
14. √ 15. √ 16. × 17. √ 18. √ 19. √ 20. × 21. × 22. √ 23. × 24. √ 25. × 26. √
27. √ 28. √ 29. √ 30. × 31. × 32. × 33. √ 34. √ 35. √ 36. × 37. √ 38. × 39. √
40. √ 41. × 42. √ 43. √ 44. √ 45. × 46. √ 47. √

三、多选题

1. AB 2. ABC 3. ABD 4. ABD 5. ACD 6. ACD 7. ABC 8. ABCD 9. ABC
10. ACD 11. AC 12. ABD 13. ABD 14. ABC 15. AC 16. ABD 17. ABCD 18. ABCD
19. ABCD 20. ABCD 21. CD 22. AB 23. ABCD 24. AB 25. BD 26. ABC 27. ABC
28. ABCD 29. ABC 30. BCD

四、计算题

1. 解：$pH_x=4.0+\dfrac{0.02-(-0.14)}{0.059}=6.7$

2. 解：$c_x=\dfrac{c_sV_s}{V_x+V_s}\left(10^{n\Delta E/s}-\dfrac{V_x}{V_x+V_s}\right)^{-1}=\dfrac{0.50\times 100}{50+0.50}\left(10^{2\times 29.5/59}-\dfrac{50}{50+0.50}\right)^{-1}$

$=0.11\ (\mu\mathrm{g/L})$

3. 解：$c_x=\dfrac{c_sV_s}{V_x+V_s}\left(10^{n\Delta E/s}-\dfrac{V_x}{V_x+V_s}\right)^{-1}=\dfrac{10\times 100}{50+10}\left(10^{59/59}-\dfrac{50}{50+10}\right)^{-1}$

$=1.82\ (\mu\mathrm{g/L})$

4. 解：$\dfrac{\Delta E}{\Delta V}=\dfrac{E_2-E_1}{V_2-V_1}=\dfrac{175-160}{14.7-14.6}=150$

$$\frac{\Delta^2 E}{\Delta V^2}=\frac{(\Delta E/\Delta V)_{14.75}-(\Delta E/\Delta V)_{14.65}}{V_{14.75}-V_{14.65}}=\frac{160-150}{14.75-14.65}=1000$$

依此类推列出下表：

$\Delta E/\Delta V$	150	160	290	400	200	100
$\Delta^2 E/\Delta V^2$	1000	1300	1100	−2000	−1000	
V/mL	14.65	14.75	14.85	14.95	15.05	15.15

$\Delta^2 E/\Delta V^2=0$ 时即为终点。

由上述数据得

滴定剂体积/mL	14.90	$V_终$	15.00
$\Delta^2 E/\Delta V^2$	1100	0	−2000

$$\frac{15.00-14.90}{-2000-1100}=\frac{V_终-14.9}{0-1100}$$

$$V_终=14.90+\frac{1100}{1100+2000}\times 0.10=14.94\ (\text{mL})$$

则 $$w(NaHCO_3)=\frac{1.005\times 14.94\times 10^{-3}\times 84.01}{1.500}=0.8409=84.09\%$$

5. 解：1.97×10^{-3} mol/L

第十三章 色谱分析法知识

一、单选题

1. A 2. A 3. C 4. A 5. D 6. B 7. A 8. D 9. C 10. D 11. B 12. C 13. A 14. A 15. B 16. D 17. B 18. B 19. A 20. D 21. D 22. C 23. A 24. D 25. D 26. A 27. C 28. A 29. D 30. C 31. A 32. C 33. D 34. D 35. B 36. B 37. A 38. B 39. C 40. A 41. D 42. B 43. A 44. C 45. A 46. D 47. A 48. B 49. D 50. C 51. C 52. B 53. B 54. C 55. A 56. A 57. A 58. C 59. D 60. C 61. A 62. C 63. A 64. A 65. C 66. C 67. B

二、判断题

1. √ 2. × 3. √ 4. × 5. √ 6. √ 7. √ 8. × 9. √ 10. × 11. × 12. × 13. √ 14. × 15. √ 16. × 17. × 18. × 19. × 20. √ 21. √ 22. √ 23. × 24. × 25. √ 26. × 27. × 28. √ 29. × 30. × 31. √ 32. × 33. × 34. √ 35. √ 36. √ 37. √ 38. × 39. × 40. × 41. × 42. √ 43. √ 44. √ 45. × 46. √ 47. × 48. × 49. × 50. √ 51. √ 52. × 53. √ 54. × 55. ×

三、多选题

1. AD 2. BC 3. ABCD 4. BC 5. AB 6. ABCD 7. BC 8. ABCD 9. ABCD 10. ABCD 11. ABC 12. BC 13. AB 14. BD 15. ABCD 16. ABCD 17. ABCD 18. BD 19. AC 20. AC 21. AD 22. AB 23. BC 24. AC 25. ABD 26. BD 27. AC 28. ABC 29. ACD 30. ACD 31. ABC 32. ACD 33. ABD 34. ABC 35. ABCD 36. ABC 37. ACD 38. AC 39. ABC 40. ABD

四、计算题

1. 解：$$w_1=\frac{5.100\times 1.22}{5.100\times 1.22+9.020\times 1.12+4.000\times 1.00+7.050\times 0.99}=\frac{6.222}{27.3}=22.8\%$$

$$w_2=\frac{9.020\times 1.12}{27.3}=37.0\%$$

$$w_3=\frac{4.000\times 1.00}{27.3}=14.7\%$$

$$w_4=\frac{7.050\times 0.99}{27.3}=25.6\%$$

2. 解：$$w_1=\frac{1.63\times 0.87}{1.63\times 0.87+1.52\times 1.02+3.30\times 1.10}=0.2150=21.5\%$$

$$w_2=\frac{1.52\times1.02}{6.60}=0.2350=21.3\%$$

$$w_3=\frac{3.30\times1.10}{6.60}=0.5500=55.0\%$$

3\. 解：$f'_{水/甲醇}=\frac{m_1}{m_2}\times\frac{A_2}{A_1}=\frac{1.8333\times2.483}{2.3501\times3.405}=0.5689$

$$w(H_2O)=\frac{m_2A_1}{mA_2}f'=\frac{0.088\times4.989}{4.3726\times1.109}\times0.5689=0.05151=5.15\%$$

4\. 解：$w_{苯}=\frac{1.00\times38.4\times0.0421}{1.04\times53.9\times5.119}=0.00563=0.56\%$

5\. 解：求 f_{H_2O/CH_3OH}

由相对校正因子计算公式

$$f_{H_2O/CH_3OH}=\frac{m_{水}}{m_{甲醇}}\times\frac{A_{甲醇}}{A_{水}}=\frac{1.8325}{2.3411}\times\frac{2.4}{3.3}=0.5693$$

则 $w(H_2O)=\frac{m_{甲醇}}{m_{样}}\times\frac{A_{水}}{A_{甲醇}}\times f_{H_2O/CH_3OH}=\frac{0.0091}{4.5438}\times\frac{5.8}{1.3}\times0.5693=0.005087=0.51\%$

6\. 解：(1) $R=2(t_{RC}-t_{RB})/(Y_B+Y_C)=2\times(15.4-14.4)/(1.07+1.16)=0.897$

(2) $L_{1.5}/L_{0.897}=(1.5)^2/(0.897)^2$

$L_{1.5}=1.00\times2.80=2.80$ (m)

(3) $t_{1.5}/t_{0.897}=L_{1.5}/L_{0.897}=(1.5)^2/(0.897)^2$

$t_{1.5}=15.4\times2.80=43.1$ (min)

(4) 分离度随柱长平方根的增加而增加，但分析时间却随柱长增加而呈线性增加。因此在达到一定分离度的条件下应尽可能使用短柱，一般填充柱柱长为1～5m。计算柱长的简便方法是先选择一个极性适宜的任意长度的色谱柱，测定分离度，而后确定柱长是否适宜。

7\. 解：记录纸速：$F=1200\text{mm/h}=\frac{1}{30}\text{cm/s}$

统一 t_R 与 $Y_{1/2}$ 的单位：$t_{R1}=80\text{s}\times\frac{1}{30}\text{cm/s}=\frac{8}{3}\text{cm}$

$$t_{R2}=122\text{s}\times\frac{1}{30}\text{cm/s}=\frac{61}{15}\text{cm}$$

$$t_{R3}=181\text{s}\times\frac{1}{30}\text{cm/s}=\frac{181}{30}\text{cm}$$

对组分苯：$n_1=5.54\left(\frac{t_{R1}}{Y_{\frac{1}{2}}(1)}\right)^2=5.54\times\left(\frac{\frac{8}{3}}{0.211}\right)^2\approx885$

$$H_1=\frac{L}{n_1}=\frac{2\text{m}}{885}=2.26\text{mm}$$

对组分甲苯：$n_2=5.54\left(\frac{t_{R2}}{Y_{\frac{1}{2}}(2)}\right)^2=5.54\times\left(\frac{\frac{61}{15}}{0.291}\right)^2\approx1082$

$$H_2=\frac{L}{n_2}=\frac{2\text{m}}{1082}=1.85\text{mm}$$

对组分乙苯：$n_3=5.54\left(\frac{t_{R3}}{Y_{\frac{1}{2}}(3)}\right)^2=5.54\times\left(\frac{\frac{181}{30}}{0.409}\right)^2\approx1206$

$$H_3=\frac{L}{n_3}=\frac{2\text{m}}{1206}=1.66\text{mm}$$

8\. 解：(1) 对组分2，$t_{R2}=17\text{min}$，$Y=1\text{min}$，$t_M=1\text{min}$

所以 $n_2=16\left(-\frac{t_R}{Y}\right)^2=16\times\left(-\frac{17}{1}\right)^2=4624$

(2) $t'_{R1}=t_{R1}-t_M=14\text{min}-1\text{min}=13\text{min}$

$t'_{R2}=t_{R2}-t_M=17\text{min}-1\text{min}=16\text{min}$

(3) $\alpha=\frac{t'_{R2}}{t'_{R1}}=\frac{16}{13}$

$$n_{有效}=16R^2\left(\frac{\alpha}{\alpha-1}\right)^2=16\times1.5^2\times\left(\frac{\frac{16}{13}}{\frac{16}{13}-1}\right)^2=1024$$

$$H_{有效}=\frac{L}{n_{2有效}}=\frac{3\text{m}}{16\left(-\frac{16}{1}\right)^2}=0.732\text{mm}$$

所以 $L_{min}=n_{有效}H_{有效}=1024\times0.732\text{mm}=0.75\text{m}$

9\. 解：(1) 对丁烯 $t_{R2}=4.8\text{min}$，$t_M=0.5\text{min}$

所以分配比 $k=\frac{t_R-t_M}{t_M}=\frac{4.8-0.5}{0.5}=8.6$

(2) $R=\frac{t_{R(2)}-t_{R(1)}}{\frac{1}{2}(0.8+1.0)}=\frac{4.8-3.5}{\frac{1}{2}(0.8+1.0)}\approx1.44$

10\. 解：最佳流速 $u_{最佳}=\sqrt{\frac{B}{C}}=\sqrt{\frac{0.36\text{cm}^2/\text{s}}{4.3\times10^{-2}\text{s}}}=2.89\text{cm/s}$

最小塔板高度　$H_{最小}=A+2\sqrt{BC}=0.15\text{cm}+2\sqrt{0.36+4.3\times10^{-2}}\text{cm}=3.99\text{cm}$

11\. 解：由题可知

$t_A=15.0\text{min}$，$t_B=25.0\text{min}$，$t_0=t_C=2.0\text{min}$

$t'_A=t_A-t_0=13.0\text{min}$，$t'_B=t_B-t_0=23.0\text{min}$

(1) B组分相对于A的相对保留时间为 $\gamma_{B,A}=t'_B/t'_A=23.0/13.0=1.77$

(2) A组分相对于B的相对保留时间为 $\gamma_{A,B}=t'_A/t'_B=13.0/23.0=0.57$

(3) 组分A在柱中的容量因子 $k=t'_A/t_0=13.0/2.0=6.5$

(4) 组分B流出柱子需25.0min，那么，B分子通过固定相的平均时间为25.0−2.0=23.0min.

12\. 解：由题知 $t_R=5.0\text{min}$，$t_M=1.0\text{min}$，$V_s=2.0\text{mL}$，$F_0=50\text{mL/min}$

(1) 分配比 $k=t'_R/t_M=(t_R-t_M)/t_M=(5.0-1.0)/1.0=4$

(2) 死体积 $V_m=F_0t_M=50$ (mL)

(3) 分配系数 $K=k(V_m/V_s)=4\times(50/2)=100$

(4) 保留体积 $V_R=F_0t_R=250$ (mL)

13\. 解：由题知 $Y_t=50\text{s}$，$t_R=50\text{min}=3000\text{s}$，则

该柱子的理论塔板数为 $n=16\times(t_R/Y_t)^2=16\times(3000/50)^2=57600$ (块)

第十四章　工业分析知识

一、单选题

1\. A　2. B　3. A　4. C　5. C　6. B　7. A　8. D　9. D　10. A　11. C　12. D　13. D
14\. C　15. B　16. C　17. C　18. C　19. A　20. B　21. D　22. B　23. D　24. B　25. B　26. A
27\. D　28. A　29. B　30. A　31. A　32. A　33. A　34. B　35. B　36. A　37. B　38. B　39. B
40\. A　41. B　42. C

二、判断题

1\. √　2. ×　3. ×　4. ×　5. ×　6. √　7. ×　8. ×　9. √　10. √　11. ×　12. ×　13. √
14\. ×　15. √　16. ×　17. √　18. ×　19. √　20. √　21. √　22. √　23. ×

三、多选题

1\. ABC　2. ABCD　3. BCD　4. CD　5. BC　6. ABD　7. AC　8. AB　9. BCD
10\. ABCD　11. AB　12. ABC　13. BCD　14. ABCD　15. AB　16. ABCD　17. BCD　18. ABCD
19\. ACD　20. ABC　21. ACD　22. ACD　23. CD

四、计算题

1. 解：$V(CH_4)+V(CO)=V(CO_2)=18.0$

$V_{缩}=2V(CH_4)+\frac{1}{2}V(CO)=19.0$

得　$V(CH_4)=6.67mL$，$V(CO)=11.33mL$

$w(CH_4)=\frac{6.67}{26.0}\times 100\%=25.65\%$

$w(CO)=\frac{11.33}{26.0}\times 100\%=43.58\%$

$w(N_2)=(100-25.65-43.58)\%=30.77\%$

2. 解：$w(CaO)=\frac{c(EDTA)V(EDTA)M(CaO)}{m_s\times\frac{10.00}{250}}\times 100\%=80.40\%$

3. 解：$DO(O_2, mg/L)=\frac{c(Na_2S_2O_3)V(Na_2S_2O_3)\times 0.008}{V_{水}}\times 10^6$

$=\frac{0.01000\times 2.50\times 0.008}{50.00}\times 10^6=4.00\ (mg/L)$

4. 解：$V(CH_4)=V(CO_2)=17.0$

$V_{缩}=2V(CH_4)+\frac{3}{2}V(H_2)=35.0$

得　$V(CH_4)=17.0mL$　$V(H_2)=0.67mL$

$w(CH_4)=\frac{17.0}{25.0}\times 100\%=68.0\%$

$w(H_2)=\frac{0.67}{25.0}\times 100\%=2.68\%$

5. 解：$\nu=C\tau=135.0\times 2.00=270.0\ (mm^2/s)$

6. 解：$w(C)=\frac{Ax\times 20f}{m}\times 100\%=0.028\%$

7. 解：$w(P_2O_5)=\frac{m\times\frac{141.95}{2\times 2213.9}}{m_s\times\frac{V}{500}}\times 100\%=14.00\%$

8. 解：$w_s=\frac{\frac{1}{2}\times 0.02005\times 2.35\times 10^{-3}\times 32.01}{0.2000}\times 100\%=37.70\%$

9. 解：$X_{ad}=\frac{m_1}{m}\times 100\%=\frac{0.1150}{1.2000}\times 100\%=9.58\%$

$X_{ar}=X_{ad}\times\frac{100-M_{ar}}{100-M_{ad}}=9.48\%$

$X_d=X_{ad}\times\frac{100}{100-M_{ad}}=9.71\%$

10. 解：$w(SiO_2)=\frac{c(NaOH)V(NaOH)M\left(\frac{1}{4}SiO_2\right)}{m_s}\times 100\%=2.82\%$

第十五章　有机分析知识

一、单选题

1. A　2. B　3. B　4. B　5. B　6. D　7. B　8. B　9. C　10. D　11. B　12. C　13. C
14. B　15. D　16. A　17. A　18. B　19. A　20. A　21. B　22. C　23. A　24. D　25. C　26. B
27. A　28. C　29. C

二、判断题

1. ×　2. √　3. √　4. ×　5. √　6. ×　7. ×　8. √　9. ×　10. ×　11. ×　12. √　13. ×

14. × 15. × 16. √ 17. √ 18. × 19. √ 20. × 21. √ 22. × 23. × 24. √ 25. √

三、多选题

1. BCD 2. AC 3. ABD 4. BCD 5. ABC 6. ABCD 7. ABD 8. ABCD 9. AD
10. ABC 11. BD 12. ABCD 13. ACD 14. ABCDE 15. ABCD 16. ABCD 17. ABC 18. ABC

四、计算题

1. 解：C：77.09%，H：7.51%，N：14.98%

实验式 $(C_6H_7N)_n$，分子式 C_6H_7N，结构式 $C_6H_5—NH_2$

2. 解：因为该化合物的相对分子质量为 128±1，而 I 的相对原子质量为 126.9，所以该化合物不可能是碘的有机化合物。

H 的原子数：9.40×2÷18÷11.10＝0.09409

碳的原子数：15.26÷43.999÷11.10＝0.03125

卤素的原子数：109.92÷143.35÷24.74＝0.03099

硅的原子数：43.48÷60.08÷46.72＝0.01549

则 Si∶X∶C∶H＝0.01549∶0.03099∶0.03125∶0.09409＝1∶2∶2∶6

则该化合物的经验式为：$(CH_3)_2SiX_2$

根据该化合物的相对分子质量为 128±1，所以该化合物的经验式为：$(CH_3)_2SiCl_2$

3. 解：20.02%

4. 解：54.31%

5. 解：乙酸酐的含量 99.20%，乙酸的含量 0.58%

6. 解：29.00%

7. 解：126

8. 解：80.56%

9. 解：酸值＝0.07477，皂化值＝479.1，酯值＝479.0。

10. 解：

$$酸值=\frac{Vc\times56.11}{m}=\frac{0.08\times0.02\times56.11}{0.9990}=0.09\ (\text{mg KOH/g})$$

$$游离乙酸含量=\frac{VcM}{1000m}\times100\%=\frac{0.08\times0.02\times60.05}{1000\times0.9990}\times100\%=0.0096\%$$

$$皂化值=\frac{(V_0-V)c\times56.11}{m}=\frac{(43.45-24.25)\times0.5831\times56.11}{0.9990}=628.81\ (\text{mg KOH/g})$$

酯值＝皂化值－酸值＝628.81－0.090＝628.72 (mg KOH/g)

$$乙酸乙酯含量=\frac{酯值\times M}{1000\times56.11}\times100\%=\frac{628.72\times88.11}{1000\times56.11}\times100\%=98.73\%$$

11. 解：$T=4.94\times10^{-3}$，葡萄糖的纯度＝95.25%

第十六章 环境保护基础知识

一、单选题

1. D 2. B 3. C 4. A 5. B 6. A 7. A 8. C 9. C 10. A 11. C 12. A 13. A
14. A 15. C 16. C 17. B 18. D 19. A 20. C 21. C 22. A 23. A 24. A 25. C 26. A
27. A 28. A 29. B 30. A

二、判断题

1. × 2. × 3. × 4. × 5. √ 6. × 7. √ 8. × 9. √ 10. × 11. √ 12. × 13. √
14. × 15. √ 16. × 17. √ 18. × 19. × 20. √

三、多选题

1. BCD 2. AC 3. ABCD 4. ABCDE 5. BCD 6. ABCD 7. BCD 8. BC 9. ABCD
10. ABCD 11. BC 12. ACD 13. ABCD 14. ABC 15. ABCD 16. ABCD 17. ACDE 18. ABCD
19. BD 20. AB 21. ACD 22. BCD 23. ABD 24. ABC

高级篇

第一章　职业道德

一、单选题

1. A　2. B　3. B　4. B　5. A

二、判断题

1. ×　2. √　3. √　4. √

三、多选题

1. ABC　2. ACD　3. ABD　4. ABD　5. ABD

第二章　化验室基础知识

一、单选题

1. C　2. D　3. B　4. B　5. B　6. A　7. B　8. C　9. C　10. D　11. C　12. B　13. A
14. C　15. B　16. C　17. B　18. D　19. A　20. B　21. A　22. B　23. C

二、判断题

1. √　2. ×　3. √　4. √　5. √　6. √　7. √　8. ×　9. √　10. √　11. ×　12. √　13. ×
14. √　15. √　16. √　17. √　18. √　19. √

三、多选题

1. ABD　2. ABCD　3. ABCD　4. ACD　5. ACD　6. ABCDE　7. ABC　8. ABD　9. ABD
10. AB　11. ABCD　12. AD　13. ABD　14. AC　15. BD　16. CD

第三章　化验室管理与质量控制

一、单选题

1. C　2. C　3. C　4. C　5. C　6. B　7. B　8. D　9. C　10. A　11. B　12. B　13. D
14. D　15. A　16. C　17. D　18. D　19. D　20. D　21. C　22. D　23. D

二、判断题

1. ×　2. √　3. ×　4. ×　5. ×　6. √　7. √　8. ×　9. ×　10. ×　11. √　12. ×　13. √
14. ×　15. √　16. ×　17. ×　18. ×　19. √　20. √

三、多选题

1. BCDE　2. CD　3. ABD　4. ABC　5. BC　6. ABDE　7. ABC

第四章　化学反应与溶液基础知识

一、单选题

1. C　2. C　3. C　4. A　5. B　6. D　7. B　8. A　9. C　10. C　11. C　12. B　13. C
14. C　15. B　16. C　17. A　18. C　19. B　20. D　21. D　22. D　23. D　24. B　25. D　26. C
27. C　28. C　29. B　30. C　31. D　32. B　33. C　34. A　35. B　36. B　37. A　38. C　39. D

40. A　41. C　42. D　43. B　44. C　45. D　46. C　47. A　48. B　49. C　50. A

二、判断题

1. ×　2. √　3. ×　4. √　5. √　6. ×　7. ×　8. ×　9. √　10. √　11. √　12. ×　13. √
14. ×　15. √　16. √　17. √　18. √　19. √　20. ×　21. √　22. √　23. √　24. ×　25. ×　26. √
27. ×　28. √　29. ×　30. √　31. √　32. √　33. √　34. ×　35. ×　36. ×　37. ×　38. ×　39. ×
40. √

三、多选题

1. AC　2. ABCD　3. AB　4. ABCE　5. CD　6. AD　7. ABC　8. ABCD　9. ABCD
10. ABC　11. ACD　12. ABD　13. ABC　14. BD　15. BC　16. CE　17. AC　18. BC
19. ACD　20. AB

第五章　滴定分析基础知识

一、单选题

1. D　2. A　3. B　4. A　5. B　6. A　7. A　8. D　9. B　10. A　11. B　12. D　13. B
14. B　15. D　16. D　17. C　18. C　19. A　20. C　21. A　22. A　23. C　24. B　25. C　26. C
27. A　28. B　29. C　30. A　31. A　32. D　33. A　34. B　35. A　36. C　37. B　38. A

二、判断题

1. √　2. ×　3. √　4. √　5. ×　6. ×　7. √　8. ×　9. √　10. √　11. ×　12. √　13. √
14. √　15. ×　16. √

三、多选题

1. AD　2. BE　3. BCD　4. ADE　5. ABD　6. AC　7. AC　8. CD　9. ABD
10. BCD　11. AD　12. BD　13. BE　14. BCD　15. ABC　16. ABC　17. BD　18. AC
19. CE　20. ACDE　21. ABC

四、计算题

1. 解：(1) 0.0884　(2) 5.34　(3) 5.3×10^{-6}

2. 解：(1) $E_a=0.5\times(\pm0.1\%)=\pm0.0005g$
(2) $E_a=1\times(\pm0.1\%)=\pm0.001g$
(3) $E_a=2\times(\pm0.1\%)=\pm0.002g$

3. 解：甲　$\overline{X}=39.15\%$；$E_a=39.15\%-39.19\%=-0.04\%$；$s=0.03\%$
乙　$\overline{X}=39.22\%$；$E_a=0.03\%$；$s=0.04\%$
通过计算可知：甲的分析结果精密度高，但准确度不高；
乙的分析结果精密度较高（不如甲），但准确度高。

4. 解：以2倍公差为标准可知，甲的分析结果合格。
$$w=(98.05\%+98.37\%)/2=98.21\%$$

5. 解：$\overline{X}=1.13\%$；$s=0.022\%$；$cV=0.019\%$；
95%的置信度下，当 $n=5$ 时，查表得：$t=2.776$，
所以 $\mu=(1.13\pm0.03)\%$

6. 解：排列34.77%、34.86%、34.92%、34.98%、35.10%、35.11%、35.19%、35.36%；
计算得：$Q_1=0.15$；$Q_n=0.29$
90%置信度下，$n=5$ 时，查表 $Q_{90\%}=0.47$，比较后 x_1、x_n 均应保留；
95%置信度下，$n=5$ 时，查表 $Q_{95\%}=0.64$，比较后 x_1、x_n 均应保留。
$\overline{X}=35.04\%$；$s=0.19\%$；
90%置信度下，$n=5$ 时，查表 $t=1.895$，$\mu=(35.04\pm0.13)\%$
95%置信度下，$n=5$ 时，查表 $t=2.365$，$\mu=(35.04\pm0.16)\%$

7. 解：$M(Na_2CO_3)=105.99g/mol$
$c=\frac{2m}{MV}=0.1195mol/L$
估计HCl溶液浓度标定误差为±1%

8. 解：6.02%、6.12%、6.22%、6.32%、6.32%、6.82%

$X_6-X_1=6.82\%-6.02\%=0.80\%$

$X_6-X_5=6.82\%-6.32\%=0.50\%$

$Q=\frac{X_6-X_5}{X_6-X_1}=0.625$

$n=6$ 时　$Q_{0.90}=0.56$　$Q>Q_{表}$　所以6.82%应舍弃

$Q_{0.95}=0.76$　$Q<Q_{表}$　所以6.82%应保留

9. 解：甲　$\overline{x}=20.60\%$　$M=20.55\%$　$R=20.60\%-20.48\%=0.12\%$

$\overline{d}=0.05$　相对平均偏差$=0.25\%$

$S=0.070$　$cV=0.34\%$

查表：$f=5$ 时，$P=0.95$ 时 $t=2.57$　　$\mu=(20.60\pm0.07)\%$

$P=0.99$ 时 $t=4.03$　　$\mu=(20.60\pm0.12)\%$

乙　$\overline{x}=20.61\%$　$M=20.60\%$　$R=0.34\%$

$\overline{d}=0.10$　相对平均偏差$=0.48\%$

$S=0.12$　$cV=0.58\%$

$P=0.95$ 时　$\mu=(20.61\pm0.13)\%$

$P=0.99$ 时　$\mu=(20.61\pm0.20)\%$

10. 解：硼砂：$\overline{x}=(0.1012+0.1015+0.1018+0.1021)/4=0.1016$ (mol/L)

$S=0.00039$

$P=95\%$　$a=1-P=1-0.95=0.05$　$f=4-1=3$

查表：$t_{a'f}=t_{0.05}$，$t_3=3.18$　　$\mu=0.1016\pm0.00062$

碳酸钠：$\overline{x}=(0.1018+0.1017+0.1019+0.1023+0.1021)/5=0.1020$mol/L

$S=0.00024$

$P=95\%$　$a=1-P=1-0.95=0.05$　$f=5-1=4$

查表：$t_{a'f}=t_{0.05}$，$t_4=2.78$　　$\mu=0.1020\pm0.00030$

由上述，所以判断用碳酸钠为基准物更好。

11. 解：83.64；0.5778；5.426×10^{-7}；3000

12. 解：$\mu=(50.18\pm1.15)\%$，$\mu=(50.18\pm1.46)\%$，$\mu=(50.18\pm2.29)\%$。

五、综合题

1. 答：(1) 系统误差中的仪器误差，可采用校正仪器消除，或更换。
(2) 系统误差中的仪器误差，可采用校正仪器消除。
(3) 系统误差中的仪器误差，可采用校正仪器消除。
(4) 系统误差中的仪器误差，可采用校正仪器消除。
(5) 系统误差中的试剂误差，可采用校正方法消除。
(6) 系统误差中的试剂误差，可采用空白试验消除。
(7) 偶然误差，可采用多次测定消除。
(8) 系统误差中的操作误差，可采用多次测定消除。
(9) 系统误差中的方法误差，可采用校正方法消除。
(10) 系统误差中的试剂误差，可采用对照试验消除。

2. 答：(1) 取样 (2) 试样的分解 (3) 消除干扰 (4) 测定 (5) 分析结果计算及评价。

3. 答：(1) 反应要按一定的化学反应式进行，即反应应具有确定的化学计量关系，不发生副反应。
(2) 反应必须定量进行，通常要求反应完全程度≥99.9%。
(3) 反应速率要快。对于速率较慢的反应，可以通过加热、增加反应物浓度、加入催化剂等措施来加快。
(4) 有适当的方法确定滴定的终点。

4. 答：(1) 组成恒定并与化学式相符。若含结晶水，例如 $H_2C_2O_4\cdot2H_2O$、$Na_2B_4O_7\cdot10H_2O$ 等，其结晶水的实际含量也应与化学式严格相符。

(2) 纯度足够高（达 99.9%以上），杂质含量应低于分析方法允许的误差限。

(3) 性质稳定，不易吸收空气中的水分和 CO_2，不分解，不易被空气所氧化。

(4) 有较大的摩尔质量，以减少称量时相对误差。

5. 答：(1) 根据滴定剂 A 与被测组分 B 的化学计量数的比计算。

(2) 根据等物质的量规则计算。

第六章　酸碱滴定知识

一、单选题

1. B　2. A　3. A　4. D　5. B　6. C　7. D　8. D　9. A　10. B　11. A　12. A　13. D
14. D　15. D　16. B　17. C　18. B　19. C　20. B　21. B　22. B　23. B　24. A　25. D　26. C
27. D　28. C　29. D　30. C　31. A　32. D　33. D　34. A　35. B　36. C　37. D　38. C　39. C
40. B　41. B　42. B　43. D　44. A　45. D　46. B　47. D　48. A　49. A　50. C　51. A　52. C
53. C　54. A　55. B　56. A　57. B　58. A　59. A　60. B　61. A　62. B　63. B　64. C　65. B
66. D　67. A　68. C　69. D　70. C

二、判断题

1. ×　2. √　3. √　4. √　5. √　6. ×　7. √　8. √　9. √　10. √　11. ×　12. √　13. √
14. √　15. ×　16. ×　17. √　18. √　19. ×　20. √　21. √　22. √　23. √　24. ×　25. ×　26. √
27. ×　28. √　29. ×　30. √　31. √　32. √　33. ×　34. √　35. ×　36. ×　37. √　38. ×　39. √
40. ×

三、多选题

1. ABC　2. AB　3. BCD　4. ABCD　5. ABD　6. BC　7. BC　8. BC　9. BD
10. ABD　11. CE　12. ACDE　13. ACDE　14. BCD　15. BDE　16. BCDE　17. ACD　18. BCD
19. BD　20. BC　21. AD　22. AE　23. BDFG　24. BF　25. CF

四、计算题

1. 解：$\delta(C_2O_4^{2-})=K_{a1}K_{a2}/([H^+]^2+K_{a1}[H^+]+K_{a1}K_{a2})$

$=5.9\times10^{-2}\times6.4\times10^{-5}/(10^{-10}+5.9\times10^{-2}\times10^{-5}+5.9\times10^{-2}\times6.4\times10^{-5})=0.86$

所以 $[C_2O_4^{2-}]=\delta(C_2O_4^{2-})c=0.86\times0.1=0.086$ (mol/L)

2. 解：(1) 0.05mol/L 的 H_3BO_3　　查表：$K_a(H_3BO_3)=5.7\times10^{-10}$

因为 $c/K_a=0.05/5.7\times10^{-10}>500$

又因为 $cK_a=0.05\times5.7\times10^{-10}>20K_w$

所以 $[H^+]=\sqrt{cK_a}=\sqrt{0.05\times5.7\times10^{-10}}=5.34\times10^{-6}$

即：pH=5.27

(2) 0.1mol/L 的 NaCl　　pH=7.00

(3) 0.05mol/L 的 $NaHCO_3$　　查表：$K_{a1}(H_2CO_3)=4.2\times10^{-7}$；$K_{a2}(H_2CO_3)=5.6\times10^{-11}$

因为 $c/K_{a1}=0.05/4.2\times10^{-7}>20$

又因为 $cK_{a2}=0.05\times5.6\times10^{-11}>20K_w$

所以 $[H^+]=\sqrt{K_{a1}K_{a2}}=\sqrt{4.2\times10^{-7}\times5.6\times10^{-11}}=4.85\times10^{-9}$

即：pH=8.31

3. 解：(1) pH=7.00；选用中性红作为指示剂

(2) 化学计量点时 $c(NaAc)=0.1$mol/L，$K_b=K_w/K_a=10^{-14}/(1.8\times10^{-5})=5.56\times10^{-10}$

因为 $c/K_b>500$；　$cK_b>20K_w$

$[OH^-]=\sqrt{cK_b}=7.46\times10^{-6}$ mol/L，　　pOH=5.13；

所以 pH=8.87；选用酚酞作为指示剂

4. 解：查表 K_a (HCOOH) $=1.8\times10^{-4}$

(1) 加入 19.98mL 的 NaOH 时：

$[HCOO^-]=19.98\times0.1000/39.98=4.997\times10^{-2}$ (mol/L)；

$[HCOOH]=0.02\times0.1000/39.98=5\times10^{-5}$ (mol/L)；

所以 $[H^+]=1.8\times10^{-4}\times5\times10^{-5}/4.997\times10^{-2}=1.8\times10^{-7}$； 即 pH=6.74

(2) 加入20.00mL的NaOH时：$c(HCOONa)=0.05mol/L$；$K_b(HCOO^-)=5.56\times10^{-11}$

因为 $cK_b>20K_w$； $c/K_b>500$

所以 $[OH^-]=\sqrt{cK_b}=\sqrt{0.05\times5.56\times10^{-11}}=1.67\times10^{-6}$ (mol/L)； 即 pH=8.22

(3) 加入20.02mL的NaOH时：

$[OH^-]=0.02\times0.1000/40.02=5\times10^{-5}$ (mol/L)； 即 pH=9.70

所以化学计量点时的pH=8.22；可选用酚酞作为指示剂；滴定突跃范围是：6.74～9.70。

5. 解：因为 $V_1>V_2$、所以混合碱组成为 Na_2CO_3 和 NaOH

$Na_2CO_3\%=(0.2000\times23.00\times10^{-3}\times105.99/0.6800)\times100\%=71.70\%$

$NaOH\%=[0.2000\times(26.80-23.00)\times10^{-3}\times40.00/0.6800]\times100\%=4.47\%$

6. 解：$2KHC_2O_4\cdot H_2C_2O_4\cdot 2H_2O+6NaOH\longrightarrow 3Na_2C_2O_4+K_2C_2O_4+8H_2O$

$c(NaOH)=3m/MV=(3\times2.369)/(40.00\times29.05\times10^{-3})=0.9624$ (mol/L)

7. 解：反应为 $NH_3+H_3BO_3\longrightarrow NH_4H_2BO_3$

$NH_4H_2BO_3+HCl\longrightarrow NH_4Cl+H_3BO_3$

$w(N)=(0.05000\times45.00\times10^{-3}\times14.01/2.000)\times100\%=1.58\%$

8. 解：$w(HOOCCH_2C_6H_4COOH)=(0.1020\times50.00-2\times0.05050\times25.00)\times10^{-3}\times180.16/(2\times0.2500)\times100\%=92.78\%$

9. 解：$[H^+]=\sqrt{\frac{K_w}{K_b}\times c}=\sqrt{\frac{1\times10^{-14}}{1.8\times10^{-5}}\times0.1}$ (mol/L) $=7.45\times10^{-6}$ mol/L

pH=5.13

10. 解：$K_{a1}=4.2\times10^{-3}$ $K_{a2}=5.6\times10^{-11}$

pH=4.0时，$[H^+]=1.0\times10^{-4}$ mol/L

$$\delta(H_2CO_3)=\frac{[H^+]^2}{[H^+]^2+K_{a1}[H^+]+K_{a1}K_{a2}}=0.9958$$

$$\delta(HCO_3^-)=\frac{K_{a1}[H^+]}{[H^+]^2+K_{a1}[H^+]+K_{a1}K_{a2}}=0.0042$$

$$\delta(CO_3^{2-})=\frac{K_{a1}K_{a2}}{[H^+]^2+K_{a1}[H^+]+K_{a1}K_{a2}}=0.0$$

$[H_2CO_3]=c\times\delta(H_2CO_3)=0.2\times0.9958=1.99\times10^{-1}$ (mol/L)

$[HCO_3^-]=c\times\delta(HCO_3^-)=0.2\times0.0042=8.4\times10^{-4}$ (mol/L)

$[CO_3^{2-}]=c\times\delta(CO_3^{2-})=0.0\times0.98=0.0$ (mol/L)

pH=9.0时，$[H^+]=1.0\times10^{-9}$ mol/L

$$\delta(H_2CO_3)=\frac{[H^+]^2}{[H^+]^2+K_{a1}[H^+]+K_{a1}K_{a2}}=0.0022$$

$$\delta(HCO_3^-)=\frac{K_{a1}[H^+]}{[H^+]^2+K_{a1}[H^+]+K_{a1}K_{a2}}=0.9448$$

$$\delta(CO_3^{2-})=\frac{K_{a1}K_{a2}}{[H^+]^2+K_{a1}[H^+]+K_{a1}K_{a2}}=0.053$$

$[H_2CO_3]=c\times\delta(H_2CO_3)=0.2\times0.0022=4.4\times10^{-4}$ (mol/L)

$[HCO_3^-]=c\times\delta(HCO_3^-)=0.2\times0.9448=0.189\times10^{-1}$ (mol/L)

$[CO_3^{2-}]=c\times\delta(CO_3^{2-})=0.2\times0.053=1.06\times10^{-2}$ (mol/L)

11. 解：$H_2C_2O_4$：$K_{a1}=5.6\times10^{-2}$ $K_{a2}=5.1\times10^{-5}$

$[H^+]=\frac{c(HAc)}{c(Ac^-)}K_{Ac^-}=\frac{0.5}{0.5}\times1.75\times10^{-5}=1.75\times10^{-5}$ (mol/L)

$$\delta(C_2O_4^{2-})=\frac{K_{a1}K_{a2}}{[H^+]^2+K_{a1}[H^+]+K_{a1}K_{a2}}=0.74$$

$[C_2O_4^{2-}]=c\times\delta(C_2O_4^{2-})=1.0\times10^{-4}\times0.74=7.4\times10^{-5}$ (mol/L)

12. 解：(1) 因为 pH=1.00 时，$[H^+]=0.10mol/L$；pH=3.00 时，$[H^+]=0.10mol/L$

(2) pH=3.0 $[H^+]=1.0\times10^{-3}mol/L$ pH=8.0 $[H^+]=1.0\times10^{-8}mol/L$

等体积混合：$[H^+]=5.0\times10^{-2}mol/L$ $[H^+]=5.0\times10^{-9}mol/L$

所以 $[H^+]=5.0\times10^{-4}mol/L$ pH=3.30

(3) pH=8.00

(4) pH=8.00 $[H^+]=1.0\times10^{-8}mol/L$ pH=10.0 $[H^+]=1.0\times10^{-10}mol/L$

等体积混合：$[H^+]=5.0\times10^{-9}mol/L$ $[H^+]=5.0\times10^{-11}mol/L$

所以 $[H^+]=5.05\times10^{-9}mol/L$ pH=8.30

13. 解：$N\%=\dfrac{[c(HCl)V(HCl)-c(NaOH)V(NaOH)]M(N)}{m\times1000}\times100\%=11.83\%$

14. 解：$w(NaOH)=\dfrac{c(HCl)V_2M(NaOH)}{m_s}\times100\%=63.70\%$

$w(Na_2O_3)=\dfrac{\frac{1}{2}c(HCl)(V_1-V_2)M(Na_2CO_3)}{m_s}\times100\%=24.35\%$

15. 解：因为 $V_{酚酞}<V_{甲基橙}$，所以混合碱是由 Na_2CO_3 和 $NaHCO_3$ 组成。

$w(Na_2CO_3)=\dfrac{V_{酚酞}c(HCl)\times\frac{106.0}{1000}}{m}\times100\%=71.61\%$

$w(NaHCO_3)=\dfrac{(V_{甲基橙}-V_{酚酞})c(HCl)\times\frac{84.01}{1000}}{m}\times100\%=9.11\%$

16. 解：设滴定体积为 V mL，称样量为 m g，根据题意列方程

$\dfrac{1.003V\times0.05300}{m}\times100=3V$

$m=1.7720g$

17. 解：因为 $c(NH_3)=0.2250mol/L$，$c(NH_4{}^+)=0.1500mol/L$

所以 $pOH=pK_a+\lg\dfrac{c(NH_4^+)}{c(NH_3)}=4.75+\lg\dfrac{0.1500}{0.2250}=4.58$

pH=14−pOH=9.42

18. 解：因为 $c(NH_3)=2.5000mol/L$，pH=10.0

所以 pOH=4.0

$pOH=pK_a+\lg\dfrac{c(NH_4^+)}{c(NH_3)}=4.0$

所以 $c(NH_4{}^+)=0.4450mol/L$，$m=cVM=24.07$ (g)

19. 解：是缓冲溶液

因为 $pH=pK_a+\lg\dfrac{c_b}{c_a}$，$pH=5.13+\lg\dfrac{0.09470}{0.04800}$ 所以 pH=5.43

20. 解：$E_t=\dfrac{10^{-5.00}-2.94\times10^{-7}}{0.0500}=0.00019$

21. 解：$w(C)=\dfrac{cVM}{m_s}=\dfrac{0.1503\times30.50\times12.01\times10^{-3}}{20.0000}\times100\%=0.28\%$

五、综合题

1. 答：电离理论认为在水溶液中电离出 H^+ 的物质是酸，在水溶液中电离出 OH^- 的物质是碱；质子理论认为给出质子的物质是酸，接受质子的物质是碱。

2. 答：给出质子的物质是酸，如 HCl；接受质子的物质是碱，如 NaOH；既可以给出质子显示酸性、又可以接受质子显示碱性的物质，如 $NaHCO_3$。

3. 答：共轭酸碱对如下：HAc-NaAc、$HF-F^-$、$HCl-Cl^-$、$NH_4{}^+-NH_3$、 $(CH_2)_6N_4-(CH_2)_6N_4H^+$、

CO_3^{2-}-HCO_3^-、H_3PO_4-$H_2PO_4^-$

根据质子理论：HAc($K_a=1.8\times10^{-5}$)；HF($K_a=3.5\times10^{-4}$)；NH_4^+($K_a=5.5\times10^{-10}$)；$(CH_2)_6N_4H^+$($K_a=7.1\times10^{-6}$)；HCO_3^-($K_a=5.6\times10^{-11}$)；H_3PO_4($K_a=7.6\times10^{-3}$)；HCl($K_a\gg1$)

所以 HCl 为最强酸、CO_3^{2-}为最强碱。

4. 答：质子条件是指：根据酸碱反应平衡体系中质子转移的严格数量关系列出的等式。

根据质子条件可以计算酸碱溶液的 [H^+]。

(1) HCOOH：$[H^+]=[HCOO^-]+[OH^-]$

(2) NH_3：$[H^+]+[NH_4^+]=[OH^-]$

(3) NaAc：$[H^+]+[HAc]=[OH^-]$

(4) NH_4NO_3：$[H^+]=[NH_3]+[OH^-]$

(5) NaH_2PO_4：$[H^+]+[H_3PO_4]=[HPO_4^{2-}]+2[PO_4^{3-}]+[OH^-]$

5. 答：(1) 在滴定到化学计量点前后 0.1%时，滴定曲线上出现的一段垂直线称为滴定突跃。

(2) 弱酸（碱）溶液浓度和它们的离解常数。

(3) 指示剂的变色范围全部或部分处于滴定突跃范围之内。

6. 答：因为 $c(HCl)=2m/MV$

所以 m 理论值比实际值要大，而 V 理论值比实际值要小，标出的浓度偏高。

7. 答：硼砂基准物带有 $10H_2O$，保存环境的相对湿度不达标准 60%，则结晶水不够 10 个，称量的质量 m 理论值比实际质量要低，消耗体积 V 理论值比实际体积大，标出的浓度偏低。

8. 答：特点包括：(1) 可采用两性溶剂和惰性溶剂；(2) 具有区分效应和拉平效应；(3) 可用于测定难溶于水的有机物。

所使用的溶剂有：(1) 两性溶剂（包括中性、酸性、碱性）；(2) 惰性溶剂。

9. 答：选用酸性溶剂的有：醋酸钠、乳酸钠、吡啶；选用碱性溶剂的有：苯甲酸。

10. 答：(1) 缓冲溶液对测量过程应没有干扰；

(2) 所需控制的 pH 值应在缓冲溶液的缓冲范围之内。如果缓冲溶液是由弱酸及其共轭碱组成的，则所选的弱酸的 pK_a值应尽量与所需控制的 pH 值一致。

(3) 缓冲溶液应有足够的缓冲容量以满足实际工作需要。为此，在配制缓冲溶液时，应尽量控制弱酸与共轭碱的浓度比接近于 1∶1，所用缓冲溶液的总浓度尽量大一些（一般可控制在 0.01～1mol/L 之间）。

(4) 组成缓冲溶液的物质应廉价易得，避免污染环境。

11. 答：(1) 是指示剂的变色范围全部或部分地落入滴定突跃范围内。

(2) 是指示剂的变色点尽量靠近化学计量点。

12. 答：混合指示剂是利用颜色之间的互补作用，使变色范围变窄，从而使终点时颜色变化敏锐。

13. 答：当溶液的 pH 由 $pK_{HIn}-1$ 向 $pK_{HIn}+1$ 逐渐改变时，理论上人眼可以看到指示剂由酸式色逐渐过渡到碱式色。这种理论上可以看到的引起指示剂颜色变化的 pH 间隔，我们称之为指示剂的理论变色范围。

14. 答：(1) 温度 (2) 指示剂用量 (3) 离子强度 (4) 滴定程序。

15. 答：(1) 当 $c_aK_{a1}\geqslant10^{-8}$时，这一级离解的 H^+可以被直接滴定；

(2) 当相邻的两个 K_a的比值，等于或大于 10^5时，较强的那一级离解的 H^+先被滴定，出现第一个滴定突跃，较弱的那一级离解的 H^+后被滴定。但能否出现第二个滴定突跃，则取决于酸的第二级离解常数值是否满足 $c_aK_{a2}\geqslant10^{-8}$

(3) 如果相邻的两个 K_a的比值小于 10^5时，滴定时两个滴定突跃将混在一起，这时只出现一个滴定突跃。

16. 答：先配制 NaOH 的饱和溶液（取分析纯 NaOH 约 110g，溶于 100mL 无 CO_2的蒸馏水中），密闭静置数日，待其中的 Na_2CO_3沉降后取上层清液作贮备液（由于浓碱腐蚀玻璃，因此饱和 NaOH 溶液应当保存在塑料瓶或内壁涂有石蜡的瓶中），其浓度约为 20mol/L。配制时，根据所需浓度，移取一定体积的 NaOH 饱和溶液，再用无 CO_2的蒸馏水稀释至所需的体积。

17. 答：因为醋酸的 $K_a=1.8\times10^{-5}$，$c_0K_a\geqslant10^{-8}$，硼酸的 $K_a=5.8\times10^{-10}$，$c_0K_a\leqslant10^{-8}$，所以氢氧化

钠不能直接滴定硼酸。

18. 答：(1) 美国标准认为在滴定终点时，产物为 NaCl，滴定剂过半滴时，该溶液恰好是酸性溶液，pH 值在 5.1 左右，落在溴甲酚绿-甲基红混合指示剂的变色范围内；而前苏联标准认为在滴定终点时，产物有 NaCl 和 CO_2，CO_2在水中的溶解生成 H_2CO_3，其饱和浓度约为 0.04mol/L，其 H_2CO_3 电离使溶液 pH 值达约 3.89，正好是甲基橙的变色范围。同时溴甲酚绿-甲基红混合指示剂颜色变化敏锐，有利于滴定终点的观测，而甲基橙指示剂颜色变化不敏锐，不利于滴定终点的观测。

(2) 与浓度有关，滴定速度有关，同时还与加热时机的确定有关。滴定速度稍慢，增加摇瓶速度，特别是在近终点时加热，有利于数据的平行。

第七章 配位滴定知识

一、单选题

1. D 2. B 3. B 4. A 5. C 6. A 7. C 8. C 9. C 10. B 11. C 12. B 13. C
14. D 15. B 16. C 17. D 18. B 19. B 20. C 21. C 22. C 23. D 24. A 25. B 26. C
27. D 28. D 29. A 30. C 31. A 32. D 33. A 34. B 35. C 36. D 37. A

二、判断题

1. × 2. × 3. √ 4. √ 5. √ 6. √ 7. × 8. × 9. × 10. × 11. √ 12. × 13. ×
14. × 15. √ 16. × 17. × 18. × 19. √ 20. √ 21. × 22. × 23. × 24. × 25. × 26. √
27. √ 28. × 29. √ 30. × 31. √ 32. √ 33. √ 34. × 35. √

三、多选题

1. CE 2. BD 3. ABC 4. AB 5. ABCD 6. CD 7. ABD 8. ABC 9. ABC
10. ABCD 11. ABC 12. BC 13. ACD 14. ACD 15. AD 16. ABC 17. CD

四、计算题

1. 解：设原试液中 Bi^{3+}、Pb^{2+} 的浓度分别为 c_1 和 c_2，依题意：

$$(c_1+c_2)\times 50.0=0.010\times 25.0 \quad (1)$$

置换反应为： $2Bi^{3+} + 3Pb = 3Pb^{2+} + 2Bi$

置换出的 Pb^{2+} 为： $1.5c_1$

则：$(c_2+1.5c_1)\times 50.0=0.010\times 30.0$ (2)

由式(1) 和式(2) 解方程得：$\begin{cases} c_1=c(Bi^{3+})=0.0020\text{mol/L} \\ c_2=c(Pb^{2+})=0.0030\text{mol/L} \end{cases}$

2. 解：$w(S)=\dfrac{(25.00-10.02)\times 0.2010\times \dfrac{32.07}{1000}}{0.3010}\times 100\%=3.21\%$

3. 解：$c=\dfrac{m\times \dfrac{25.00}{500}}{MV}=\dfrac{0.5942\times 0.05}{24.05\times 10^{-3}\times 65.38}=0.01889\ (\text{mol/L})$

4. 解： $w(CaCO_3)=\dfrac{0.02000\times 19.86\times 10^{-3}\times 100.09}{0.2000\times \dfrac{25.00}{100.0}}\times 100\%=79.51\%$

5. 解：$w(Ni)=\dfrac{(0.05000\times 30.00-0.02500\times 14.56)\times 10^{-3}\times 58.69}{0.5000\times \dfrac{50.00}{250.0}}\times 100\%=66.67\%$

6. 解：$w(Bi)=\dfrac{c(EDTA)VM(Bi)\times 10^{-3}}{m\times \dfrac{50.00}{250.0}}\times 100\%=27.48\%$

$$w(Cd)=\frac{c[Pb(NO_3)_2]V[Pb(NO_3)_2]M(Cd)\times 10^{-3}}{m\times \dfrac{50.00}{250.0}}\times 100\%=3.89\%$$

$$w(Pb)=\frac{\{c(EDTA)V_2-c[Pb(NO_3)_2]V[Pb(NO_3)_2]\}M(Pb)\times 10^{-3}}{m\times \dfrac{50.00}{250.0}}\times 100\%=19.10\%$$

7. 解：$w(F)=\frac{(0.1000\times 50.00-0.05000\times 20.00)\times 2\times 10^{-3}\times 19.00}{0.5000}\times 100\%=30.40\%$

8. 解：$w(Sn)=\frac{0.1000\times 12.30\times 10^{-3}\times 118.7}{0.2000}\times 100\%=73.00\%$

9. 解：$w(Al_2O_3)=\frac{\frac{1}{2}[c(EDTA)V(EDTA)-c(Cu^{2+})V(Cu^{2+})]M(Al_2O_3)\times 10^{-3}}{m\times \frac{25.00}{250}}\times 100\%=63.82\%$

五、综合题

1. 答：(1) EDTA与金属离子配位时形成五个五元环，具有特殊的稳定性。

(2) EDTA与不同价态的金属离子生成配合物时，配位比简单。

(3) 生成的配合物易溶于水。

(4) EDTA与无色金属离子配位形成无色配合物，可用指示剂指示终点；EDTA与有色金属离子配位形成配合物的颜色加深，不利于观察。

(5) 配位能力与溶液酸度、温度有关和其他配位剂的存在等有关，外界条件的变化也能影响配合物的稳定性。

2. 答：(1) 目测终点与化学计量点二者的pM之差ΔpM为±0.2pM单位，允许终点误差为±0.1%时，可以准确测定单一金属离子。

(2) $\lg cK'_{MY}\geqslant 6$时，可以准确滴定。

3. 答：(1) 在滴定的pH值范围内，游离的指示剂本色同MIn的颜色应显著不同；显色反应灵敏、迅速，变色可逆性良好；MIn稳定性适当；In应较稳定，便于贮藏和使用；MIn应易水解，否则出现僵化。

(2) In在不同pH值范围内呈现不同的颜色，影响终点颜色的判断。

4. 答：(1) 在几种金属离子共存时，配位剂与被测离子配位，而不受共存离子干扰的能力。

(2) 控制溶液酸度；掩蔽、解蔽法；化学分离、选其他配位滴定剂

5. 答：(1) 直接滴定：用于金属离子和配位剂配位迅速；有变色敏锐的指示剂，不受共存离子的“封闭”作用；在一定滴定条件下金属离子不发生其他反应。

(2) 返滴定：用于金属与配位剂配位缓慢；在滴定的pH值条件下水解；对指示剂“封闭”；无合适的指示剂。

(3) 置换滴定：用于金属离子与配位剂配位不完全；金属离子与共存离子均可与配位剂配位。

(4) 间接滴定：用于金属离子与配位剂不稳定或不能配位。

6. 答：金属指示剂是一种有机染料，也是一种配位剂，能与某些金属离子反应，生成与其本身颜色显著不同的配合物以指示终点。

在滴定前加入金属指示剂（用In表示金属指示剂的配位基团），则In与待测金属离子M有如下反应（省略电荷）：

$$\underset{\text{甲色}}{M+In}\rightleftharpoons \underset{\text{乙色}}{MIn}$$

这时溶液呈MIn（乙色）的颜色。当滴入EDTA溶液后，Y先与游离的M结合。至化学计量点附近，Y夺取MIn中的M，

$MIn+Y\rightleftharpoons MY+In$使指示剂In游离出来，溶液由乙色变为甲色，指示滴定终点的到达。

7. 答：(1) 指示剂的封闭现象 (2) 指示剂的僵化现象 (3) 指示剂的氧化变质现象。

第八章 氧化还原滴定知识

一、单选题

1. B 2. A 3. A 4. C 5. C 6. B 7. B 8. C 9. C 10. C 11. D 12. A 13. C 14. D 15. D 16. B 17. C 18. C 19. C 20. B 21. D 22. C 23. B 24. B 25. A 26. C 27. D 28. C 29. C 30. C 31. C 32. A 33. A 34. B 35. C 36. A 37. D 38. A 39. C 40. A 41. C 42. D 43. B

二、判断题

1. × 2. √ 3. √ 4. × 5. × 6. √ 7. √ 8. √ 9. × 10. √ 11. × 12. √ 13. √
14. × 15. × 16. × 17. √ 18. × 19. √ 20. √ 21. √ 22. × 23. √ 24. √ 25. √ 26. √
27. × 28. × 29. × 30. × 31. √ 32. × 33. × 34. × 35. √ 36. ×

三、多选题

1. AB 2. BD 3. ABD 4. AC 5. ABCE 6. ACDE 7. CD 8. ABCD 9. BCDE
10. CE 11. AB 12. AB 13. ACD 14. CD 15. ABC 16. ABC 17. AD 18. AD
19. CBDA 20. CE 21. DE 22. ABC 23. ABC

四、计算题

1. 解：$\varphi_{Ag^+/Ag}=\varphi_{Ag^+/Ag}^{\ominus}+\dfrac{0.059}{n}\lg\dfrac{K_{sp}(AgCl)}{[Cl^-]}=0.342$

2. 解：$w(O)=\dfrac{\frac{1}{2}c(Na_2S_2O_3)V(Na_2S_2O_3)M(O)\times1000}{100}=8.00\ (mg/L)$

答：此河流没有污染

3. 解：$w(KI)=\dfrac{\frac{1}{6}c(Na_2S_2O_3)V(Na_2S_2O_3)M(KI)}{m_s\times\frac{50.00}{200}}\times100\%=22.58\%$

$w(KBr)=\dfrac{c(Na_2S_2O_3)V(Na_2S_2O_3)M(KBr)}{m_s\times\frac{50.00}{200}}\times100\%=70.92\%$

4. 解：$c\left(\frac{1}{5}KMnO_4\right)=\dfrac{m(As_2O_3)}{M\left(\frac{1}{4}As_2O_3\right)V(KMnO_4)}=0.1172\ (mol/L)$

5. 解：$c(Na_2S_2O_3)=\dfrac{0.2121}{\frac{1}{6}\times294.2\times41.22\times10^{-3}}=0.1049\ (mol/L)$

$w(CuO)=\dfrac{0.1049\times35.16\times10^{-3}\times79.55}{0.4217}\times100\%=69.58\%$

6. 解：$w(CeCl_4)=\dfrac{0.05000\times6.32\times10^{-3}\times281.93}{1.000\times\frac{25.00}{100.0}}\times100\%=35.64\%$

7. 解：$w(Sb)=\dfrac{3\times\frac{1}{6}\times0.1000\times22.20\times10^{-3}\times121.75}{0.5000}\times100\%=27.03\%$

8. 解：$w_{酚}=\dfrac{\frac{1}{6}\times0.1008(40.20-15.05)\times10^{-3}\times94.11}{0.5005\times\frac{25.00}{250.0}}\times100\%=79.45\%$

9. 解：$w(MnO_2)=\dfrac{(0.2000\times50.00-0.1152\times10.55)\times10^{-3}\times\frac{1}{2}\times86.94}{0.4000}\times100\%=95.48\%$

10. 解：$w(CH_3OH)=\dfrac{(0.1000\times25.00-0.1000\times10.00)\times10^{-3}\times\frac{1}{6}\times32.05}{0.1000}\times100\%=8.01\%$

五、综合题

1. 答：(1) 氧化还原反应的机理较复杂，副反应多，因此与化学计量有关的问题更复杂。
(2) 氧化还原反应比其他所有类型的反应速率都慢。
(3) 氧化还原滴定可以用氧化剂作滴定剂，也可用还原剂作滴定剂。因此有多种方法。
(4) 氧化还原滴定法主要用来测定氧化剂或还原剂，也可以用来测定不具有氧化性或还原性的金属离子或阴离子，所以应用范围较广。

2. 答：(1) 过量的 MnO_4^- 可以用亚硝酸盐将它还原，而多余的亚硝酸盐用尿素使之分解除去。

$2MnO_4^- + 5NO_2^- + 6H^+ \longrightarrow 2Mn^{2+} + 5NO_3^- + 3H_2O$

$2NO_2^- + CO(NH_2)_2 + 2H^+ \longrightarrow 2N_2\uparrow + CO_2\uparrow + 3H_2O$

(2) 过量的 $(NH_4)_2S_2O_8$ 可用煮沸的方法除去，其反应为：

$2S_2O_8^{2-} + 2H_2O \longrightarrow 4HSO_4^- + O_2$

(3) 过量的 $SnCl_2$ 加入 $HgCl_2$ 除去。$SnCl_2 + 2HgCl_2 \longrightarrow SnCl_4 + Hg_2Cl_2$

3. 答：(1) 是降低 Fe^{3+}/Fe^{2+} 电对的电极电位，使滴定突跃范围增大让二苯胺磺酸钠变色点的电位落在滴定突跃范围之内。

(2) 是使滴定反应的产物生成无色的 $Fe(HPO_4)_2^-$，消除 Fe^{3+} 黄色的干扰，有利于滴定终点的观察。

4. 答：直接碘量法用淀粉指示液指示终点时，应在滴定开始时加入。终点时，溶液由无色突变为蓝色。间接碘量法用淀粉指示液指示终点时，应等滴至 I_2 的黄色很浅时再加入淀粉指示液（若过早加入淀粉，它与 I_2 形成的蓝色配合物会吸留部分 I_2，往往易使终点提前且不明显）。终点时，溶液由蓝色转无色。

5. 答：(1) 温度　$Na_2C_2O_4$ 溶液加热至 70～85℃再进行滴定。不能使温度超过 90℃，

(2) 酸度　溶液应保持足够大的酸度，一般控制酸度为 0.5～1mol/L。如果酸度不足，易生成 MnO_2 沉淀，酸度过高则又会使 $H_2C_2O_4$ 分解。

(3) 滴定速率　MnO_4^- 与 $C_2O_4^{2-}$ 的反应开始时速率很慢，当有 Mn^{2+} 生成之后，反应速率逐渐加快。

(4) 滴定终点　用 $KMnO_4$ 溶液滴定至溶液呈淡粉红色 30s 不褪色即为终点。放置时间过长，空气中还原性物质能使 $KMnO_4$ 还原而褪色。

6. 答：(1) 浓度、温度、催化剂、诱导反应。

(2) 增加反应物浓度、升高温度、使用催化剂、诱导反应。

7. 答：(1) 离子强度的影响 (2) 生成沉淀的影响

(3) 形成配合物的影响 (4) 溶液的酸度对反应方向的影响

8. 答：这类指示剂本身是氧化剂或还原剂，它的氧化态和还原态具有不同的颜色。在滴定过程中，指示剂由氧化态转为还原态，或由还原态转为氧化态时，溶液颜色随之发生变化，从而指示滴定终点。

第九章　沉淀滴定知识

一、单选题

1. B　2. B　3. B　4. C　5. A　6. C　7. D　8. C　9. A　10. C　11. B　12. B　13. C　14. C　15. C　16. B　17. B

二、判断题

1. √　2. √　3. ×　4. √　5. ×　6. ×　7. √　8. ×　9. ×　10. ×　11. √　12. √　13. √

三、多选题

1. ABCE　2. BE　3. ABE　4. BC　5. AC　6. BCD　7. ACD　8. ABC

四、计算题

1. 解：$c(AgNO_3) = \dfrac{0.2000}{\left(50.00 - \dfrac{1.20\times25.02}{1.00}\right)\times10^{-3}\times58.44}$ mol/L $= 0.1713$ mol/L

2. 解：设 NaCl 和 NaBr 的质量分别为 x(g) 和 y(g)，则

$$\frac{x}{58.44} + \frac{y}{102.92} = 0.1000\times22.00\times10^{-3} \quad (1)$$

$$\frac{143.3}{58.44}\times x + \frac{187.8}{102.92}\times y = 0.4020 \quad (2)$$

解方程得：$x = 0.01470$g；　$y = 0.2005$g

故　$w(NaCl) = \dfrac{0.01470}{0.5000}\times100\% = 2.94\%$；

$w(NaBr) = \dfrac{0.2005}{0.5000}\times100\% = 40.10\%$

3. 解：$\rho(NaCl)=\dfrac{0.1023\times27.00\times10^{-3}\times58.44}{20.00\times10^{-3}}=8.07g/L$

4. 解：$w(As)=\dfrac{\frac{1}{3}\times0.1100\times25.00\times10^{-3}\times74.92}{1.000}\times100\%=6.87\%$

五、综合题

1. 答：以测定 Cl^- 为例，K_2CrO_4 作指示剂，用 $AgNO_3$ 标准溶液滴定，其反应为：

$$Ag^+ + Cl^- \longrightarrow AgCl\downarrow \quad (白色)$$

$$2Ag^+ + CrO_4^{2-} \longrightarrow Ag_2CrO_4\downarrow \quad (砖红色)$$

这个方法的依据是多级沉淀原理，由于 AgCl 的溶解度比 Ag_2CrO_4 的溶解度小，因此在用 $AgNO_3$ 标准溶液滴定时，AgCl 先析出沉淀，当滴定剂 Ag^+ 与 Cl^- 达到化学计量点时，微过量的 Ag^+ 与 CrO_4^{2-} 反应析出砖红色的 Ag_2CrO_4 沉淀，指示滴定终点的到达。

2. 答：(1) 沉淀反应必须迅速，并按一定的化学计量关系进行。

(2) 生成的沉淀应具有恒定的组成，而且溶解度必须很小。

(3) 有确定化学计量点的简单方法。

(4) 沉淀的吸附现象不影响滴定终点的确定。

3. 答：荧光黄是一种有机弱酸，用 HFI 表示，在水溶液中可离解为荧光黄阴离子 FI^-，呈黄绿色：$HFI \cdot FI^- + H^+$　在化学计量点前，生成的 AgCl 沉淀在过量的 Cl^- 溶液中，AgCl 沉淀吸附 Cl^- 而带负电荷，形成的 $(AgCl)\cdot Cl^-$ 不吸附指示剂阴离子 FI^-，溶液呈黄绿色。达化学计量点时，微过量的 $AgNO_3$ 可使 AgCl 沉淀吸附 Ag^+ 形成 $(AgCl)\cdot Ag^+$ 而带正电荷，此带正电荷的 $(AgCl)\cdot Ag^+$ 吸附荧光黄阴离子 FI^-，结构发生变化呈现粉红色，使整个溶液由黄绿色变成粉红色，指示终点的到达。

$$\underset{(黄绿色)}{(AgCl)\cdot Ag^+ + FI^-} \xrightarrow{吸附} \underset{(粉红色)}{(AgCl)\cdot Ag\cdot FI}$$

第十章　分子吸收光谱法知识

一、单选题

1. D　2. D　3. C　4. C　5. D　6. C　7. C　8. D　9. A　10. B　11. B　12. D　13. B
14. B　15. B　16. B　17. A　18. C　19. C　20. A　21. B　22. A　23. A　24. D　25. D　26. A
27. D　28. D　29. C　30. D　31. A　32. C　33. D　34. C　35. C　36. B　37. A　38. A　39. B
40. A　41. C　42. A　43. A　44. C　45. B　46. D　47. B　48. C　49. C　50. A　51. C　52. A
53. C　54. A　55. B　56. A　57. A　58. D　59. B　60. B　61. B　62. D　63. B　64. B　65. B
66. B　67. C　68. C　69. D

二、判断题

1. √　2. ×　3. ×　4. √　5. √　6. ×　7. √　8. √　9. ×　10. √　11. ×　12. ×　13. ×
14. √　15. ×　16. √　17. ×　18. √　19. ×　20. √　21. √　22. ×　23. √　24. √　25. √　26. ×
27. √　28. √　29. ×　30. √　31. ×　32. √　33. ×　34. ×　35. √　36. √　37. ×　38. √　39. ×
40. √　41. √　42. √　43. ×　44. ×　45. √　46. √　47. ×　48. √　49. ×

三、多选题

1. AC　2. ABC　3. BCD　4. ABD　5. ABC　6. ACD　7. ABD　8. ACD　9. AD
10. AB　11. BC　12. ABCD　13. ABCD　14. BCD　15. ABC　16. CD　17. ABCD　18. ABCD
19. AC　20. ABCD　21. CD　22. ABCD　23. ABCD　24. ABCD　25. ACD　26. ABC　27. ABD
28. CD　29. BD

四、计算题

1. 解：$m(Fe)=\dfrac{0.434\times55.85\times100}{1.1\times10^4\times1.0\times1000\times0.20\%}=0.11\ (g)$

2. 解：$A=0.434$

$0.434=1.3\times 104\times 1.0c$

$c(Fe^{3+})=3.3\times 10^{-5}$ (mol/L)

$m=(3.3\times 10^{-5}\times 58.69\times 100)/1000\times 0.12\%=0.16$ (g)

3\. 解：(1) $Na_2HPO_4 \longrightarrow P$

$c_1=0.01000mol/L \quad V_1=12.50mL \longrightarrow V_2=250mL$

$c_2V_2=c_1V_1$

$$c_2=\frac{c_1V_1}{V_2}=\frac{0.01000\times 12.5}{250.0}=5.00\times 10^{-4} \text{ (mol/L)}$$

取 V mL、c_2 溶液稀释至 100mL　则溶液中含 P (mg/mL)

$$c(P)=\frac{c_2VM(P)}{100.0}=\frac{5.00\times 10^{-4}V\times 30.97}{100.0}=1.55V\times 10^{-4}\text{(mg/mL)}$$

V	0	1.00	2.00	3.00	4.00	5.00
$c(P)/10^{-4}$(mg/mL)	0	1.55	3.10	4.65	6.20	7.75
A	0	0.119	0.238	0.356	0.485	0.602

根据表格绘制曲线

(2) 因测得 $T_x=50.0\%$

则　$A_x=-\lg T_x=0.301$

由工作曲线查得 $A_x=0.301$　则 $c_x=3.9\times 10^{-4}$ (mg/mL)

$$w(P)\%=\frac{c_x\times 100\times 10^{-3}}{m\times\frac{5.00}{250.0}}\times 100=\frac{3.9\times 10^{-4}\times 100\times 10^{-3}}{1.313\times\frac{5.00}{250.0}}\times 100=0.15$$

4\. 解：1.54×10^4

5\. 解：0.0218%

五、综合题

1\. 答：相同点：(1) 均属于光吸收分析方法，且符合比尔定律；

(2) 仪器装置均由四部分组成（光源，试样架，单色器，检测及读数系统）。

不同点：(1) 光源不同。分光光度法是分子吸收（宽带吸收），采用连续光源，原子吸收是锐线吸收（窄带吸收），采用锐线光源；

(2) 吸收池不同，且排列位置不同。分光光度法吸收池是比色皿，置于单色器之后，原子吸收法则为原子化器，置于单色器之前。

2\. 答：它们的摩尔吸收系数差异很大，故可用摩尔吸收系数不同加以区别；也可在不同极性溶剂中测定最大吸收波长，观察红移和紫移，以区别这两种跃迁类型。

3\. 答：参比溶液可选用溶剂空白、试剂空白、试样空白等

在测定波长下只有溶剂有吸收时，需要以溶剂作空白；

在测定波长下试剂有吸收时，需要以试剂作空白；

当被测试样为有色溶液时，需要用试样作空白。

4\. 答：第一步　通过不饱和度计算，$n=5$ 应含有一个苯环和一个双键；

第二步　从图谱上看，$3050cm^{-1}$ 为苯环上 C—H 的伸缩振动吸收峰，$1600cm^{-1}$、$1580cm^{-1}$ 和 $1450cm^{-1}$ 是苯环 C═C 骨架的伸缩振动吸收峰，而 $760cm^{-1}$、$690cm^{-1}$ 是苯环单取代后的 C—H 面外变形振动吸收峰；

第三步　$2950cm^{-1}$ 应为 CH_3 的伸缩振动吸收峰；$1696cm^{-1}$ 应为羰基的伸缩振动吸收峰，说明是 Ar—CO—R 结构；

结论：该化合物应是 Ar—CO—CH_3。

5\. 答：从图谱的吸收峰位置找对应的官能团。

第一步在 $2820cm^{-1}$、$2720cm^{-1}$ 的吸收峰，应为 C—H 的伸缩振动吸收峰。

第二步在 $1730cm^{-1}$ 进一步证实含有高羰基氢。

第三步在 $1470cm^{-1}$ 和 $1370cm^{-1}$ 的吸收峰，应为 CH_2 的变形振动吸收峰。第四步在 $1150cm^{-1}$ 的吸收峰，应为羧基中 C—O 振动吸收峰，同时在 $1200cm^{-1}$ 的最大吸收峰，为 HCOOR 中羧基的吸收峰。

结论：该化合物应是甲酸乙酯（$HCOOCH_2CH_3$）

6. 答：条件：(1) 辐射应具有刚好能满足物质跃迁时所需要的能量；

(2) 辐射与物质之间有偶合作用。

如果红外光的振动频率和分子中个基团的振动频率不符合，该部分的红外光就不会被吸收。

第十一章　原子吸收光谱法知识

一、单选题

1. A　2. C　3. C　4. C　5. A　6. C　7. D　8. D　9. A　10. A　11. C　12. B　13. B
14. B　15. D　16. D　17. C　18. C　19. A　20. C　21. B　22. D　23. A　24. C　25. C　26. A
27. B　28. A　29. C　30. D　31. C　32. B　33. C　34. D　35. C　36. B　37. D　38. C　39. B
40. D　41. C　42. B　43. D　44. B　45. D　46. C　47. D　48. B　49. D　50. C　51. C　52. B
53. D　54. C　55. B　56. C　57. C　58. D　59. C　60. B　61. B　62. A　63. D　64. B　65. D
66. B　67. C　68. B　69. A　70. C　71. C　72. D　73. C　74. C　75. B　76. A　77. D　78. A
79. A

二、判断题

1. √　2. √　3. ×　4. ×　5. √　6. ×　7. ×　8. √　9. √　10. ×　11. ×　12. √　13. ×
14. √　15. √　16. √　17. ×　18. √　19. √　20. √　21. ×　22. √　23. ×　24. ×　25. ×　26. ×
27. ×　28. √　29. √　30. √　31. √　32. √　33. ×　34. √　35. √　36. √　37. ×　38. ×　39. ×
40. √　41. √　42. ×　43. √　44. ×　45. √　46. √　47. √　48. √

三、多选题

1. ABD　2. ABD　3. ABCD　4. ABCD　5. BD　6. ABD　7. BC　8. ABCD　9. ABCD
10. AC　11. ABD　12. ABCD　13. AB　14. AC　15. BC　16. AD　17. ABCD　18. ABCD
19. BC　20. BD　21. ABC　22. ABC　23. BCD　24. AD

四、计算题

1. 解：狭缝宽度＝光谱通带/线色散率倒数＝(217.6－216.7)/2＝0.45 (mm)

答：狭缝宽度若小于 0.45mm 时会有干扰，若开 0.2mm 则锑不干扰

2. 解：4.96mmol/L，在正常范围

3. 解：铁标准溶液的浓度为：$Fe^{3+}=\dfrac{0.2160\times\dfrac{55.85}{482.18}\times10^{3}}{500}=0.0500$ (mg/mL)

4. 解：图略，由图中得到 $c_x=2.18\mu g/mL$，原始浓度为 $c_x=10.9\mu g/mL$。

5. 解：$m_c=\dfrac{\rho_s V\times0.0044}{A}$

由特征浓度的计算公式可知，相同测试条件下特征浓度的值与吸光度的值成反比，因此 B 仪器分析厂生产的原子吸收分光光度计对 Mg 特征浓度低。

6. 解：$D_L=\dfrac{\rho\times3\sigma}{\overline{A}}$

$\rho=0.050\mu g/mL$

$$\sigma=\sqrt{\frac{\sum_{i=1}^{n}(A_i-\overline{A})^2}{n-1}}=0.0329$$

$\overline{A}=0.1672$

$$D_L=\frac{\rho\times3\sigma}{\overline{A}}=\frac{0.050\times3\times0.0329}{0.1672}=2.95\times10^{-6}\ (\mu g/mL)$$

五、综合题

1. 答：(1) 检出限低；(2) 取样量小；(3) 物理干扰小；(4) 可用于真空紫外区。

2. 答：(1) 低分子量的醇、酮和酯可降低溶液的表面张力，提高雾化效率，增加试样进入火焰中的量；

(2) 与水不混溶的有机溶剂，如甲基异丁基酮，萃取金属离子的螯合物后直接将萃取物雾化进入火焰中原子化，可增强吸收信号，从而提高灵敏度，达到分离与富集的作用。

3. 答：(1) 空心阴极灯，产生锐线光源，提供恒定光强度的分析线，确保在测定条件下吸光系数 K 为定值。对在高背景、低浓度、准确测定要求时，多用塞曼扣除和氘灯扣除法操作。

(2) 原子化器，分两大类：火焰原子化器和无火焰原子化器，火焰原子化器由雾化器、预混合室和燃烧器三部分组成，作用是将被测物原子化。

① 火焰光度法的特点是操作简便、重复性好，对大多数元素有较高的灵敏度；缺点是原子化效率低，灵敏度不够高，不能直接测定固体样品。

② 石墨炉法的特点是原子化效率高，灵敏度高，试样用量少；缺点是重复性较火焰法差，共存物干扰大，背景影响严重。

③ 化学原子化法的特点是灵敏度高，试样用量少，干扰物少；缺点是适用元素有限。

(3) 单色器一般由两个凹透镜、光栅和狭缝等组成。确保光谱通带的质量。

(4) 检测系统包括光电倍增管和信号放大系统。

(5) 记录系统包括显示和输出打印两部分。

4. 答：原子吸收法的定量依据使比尔定律，而比尔定律只适应于单色光，并且只有当光源的带宽比吸收峰的宽度窄时，吸光度和浓度的线性关系才成立。然而即使使用一个质量很好的单色器，其所提供的有效带宽也要明显大于原子吸收线的宽度。若采用连续光源和单色器分光的方法测定原子吸收则不可避免的出现非线性校正曲线，且灵敏度也很低。故原子吸收光谱分析中要用锐线光源。

5. 答：原子发射光谱分析所用仪器装置通常包括光源、光谱仪和检测器三部分组成。

光源作用是提供能量，使物质蒸发和激发。

光谱仪作用是把复合光分解为单色光，即起分光作用。

检测器是进行光谱信号检测，常用检测方法有摄谱法和光电法。摄谱法是用感光板记录光谱信号，光电法是用光电倍增管等光电子元件检测光谱信号。

第十二章 电化学分析法知识

一、单选题

1. C 2. B 3. B 4. A 5. A 6. C 7. D 8. C 9. A 10. D 11. D 12. D 13. C
14. B 15. D 16. A 17. C 18. A 19. C 20. B 21. D 22. B 23. A 24. B 25. D 26. D
27. B 28. B 29. A 30. C 31. A 32. B 33. C 34. B 35. C 36. C 37. B 38. A 39. B
40. C 41. C 42. C 43. D 44. B 45. B 46. C 47. A 48. B 49. A 50. A 51. B 52. D
53. B 54. D 55. C 56. A 57. A 58. D 59. D 60. C 61. A 62. D 63. B 64. A 65. A
66. C 67. D 68. C 69. C 70. B 71. D 72. B 73. B 74. C 75. A 76. A 77. B 78. C

二、判断题

1.× 2.× 3.× 4.√ 5.× 6.√ 7.× 8.× 9.√ 10.× 11.× 12.√ 13.×
14.√ 15.× 16.× 17.× 18.× 19.√ 20.× 21.× 22.× 23.× 24.× 25.× 26.×
27.√ 28.× 29.√ 30.× 31.√ 32.× 33.√ 34.√ 35.√ 36.√

三、多选题

1. ABCD 2. AD 3. AB 4. CD 5. ABC 6. BC 7. ACD 8. CD 9. BCD
10. AC 11. BD 12. CD 13. ACD 14. ABC 15. ABD 16. BD

四、计算题

1. 解：$E=E-0.059\text{pH}$

$+0.0435=E-0.059\times5$ (1)

$+0.0145=E-0.059\text{pH}$ (2)

解式(1) 和式(2)，则 $pH=5.5$

2. 解：已知 $E_1=0.200V$，$E_2=0.185V$

$$\begin{cases} E_1=K-0.059\lg c_x \\ E_2=K-0.059\lg\left(c_x+\dfrac{0.1\times 0.1}{10}\right) \end{cases}$$

下式减上式，得 $0.015=0.059\lg\dfrac{c_x+10^{-3}}{c_x}$

则 $c_x=1.26\times10^{-3}$ mol/L

3. 解：$c_x=\dfrac{c_sV_s}{V_x}(10^{\Delta E/S}-1)^{-1}=1.26\times10^{-2}$ (mol/L)

4. 解：0.652mg/g

5. 解：根据标准加入法公式：$c(F^-)=\dfrac{\Delta c}{10^{\Delta E/S}-1}=\dfrac{5.00\times10^{-4}}{10^{\frac{86.5-6.0}{59.0}}-1}=4.72\times10^{-4}$ (mol/L)

五、综合题

1. 答：电位法测定溶液 pH 值，是以 pH 玻璃电极为指示电极，饱和甘汞电极为参比电极与待测液组成工作电池，电池电动势 $E=K+0.059pH$ (25℃)。式中 K 是一个不固定的常数，很难通过计算得到，因此采用已知 pH 值的标准缓冲溶液在酸度计上进行校正。

   即先测定已知 pH 值标准缓冲溶液的电动势，然后再测定试液的电池电动势，若测量条件不变，可得 $pH_x=pH_s+(E_x-E_s)/0.059$ (25℃)，通过分别测定标准缓冲溶液和试液所组成工作电池电动势就可求出试液的 pH 值。

2. 答：对于较复杂的体系，样品的本底较复杂，在这种情况下，标准和样品的溶液中需分别加入离子强度调节剂 TISAB。它的组成和主要作用有：

   (1) 中性电解质。用来维持标准和样品溶液的离子强度，这样可以用浓度来代替活度。

   (2) 缓冲试剂。可以维持试液在离子选择电极适合的 pH 值范围，避免 H^+ 或 OH^- 的干扰。

   (3) 掩蔽剂。用以掩蔽干扰离子。

3. 答：在电位分析中电位已知且恒定，用来提供电位标准的电极称为参比电极。

   对参比电极的要求是：

   ① 电极的电位值已知且恒定。

   ② 受外界影响小，对温度或浓度变化没有滞后现象。

   ③ 具有良好的重现性和稳定性。

4. 答：当玻璃电极与待测溶液接触时，膜外表面水化层中的氢离子活度与溶液中的氢离子活度不同，氢离子将向活度小的相迁移。氢离子的迁移改变了水化层和溶液相界面的电荷分布，从而改变了外相界面电位。同理，玻璃电极内膜与内参比溶液同样也产生内相界面电位。

5. 答：与直接电位法相比，电位滴定法不需要准确的测量电极电位的绝对准确值，只是根据电池电动势的突跃确定滴定终点。因此，温度、液接电位等因素对测定并不构成影响，其准确度优于直接电位法。

第十三章　色谱分析法知识

一、单选题

1. D　2. A　3. A　4. D　5. B　6. A　7. B　8. B　9. B　10. D　11. D　12. B　13. D
14. A　15. C　16. D　17. A　18. B　19. D　20. C　21. B　22. B　23. D　24. B　25. A　26. D
27. A　28. C　29. A　30. B　31. C　32. C　33. C　34. C　35. C　36. D　37. C　38. B　39. D
40. D　41. B　42. A　43. C　44. A　45. A　46. C　47. B　48. A　49. A　50. D　51. C　52. D
53. B　54. A　55. C　56. C　57. D　58. B　59. A　60. B　61. A　62. C　63. D　64. D　65. B
66. A　67. D　68. B　69. D　70. B　71. B　72. A　73. D　74. B　75. B　76. C　77. A　78. C
79. B　80. A

二、判断题

1. × 2. × 3. × 4. √ 5. √ 6. × 7. √ 8. × 9. √ 10. × 11. √ 12. × 13. √
14. √ 15. √ 16. √ 17. × 18. × 19. √ 20. × 21. × 22. × 23. × 24. × 25. √ 26. ×
27. × 28. √ 29. √ 30. √ 31. × 32. √ 33. √ 34. √ 35. × 36. × 37. √ 38. × 39. ×
40. × 41. × 42. × 43. × 44. √ 45. × 46. × 47. √ 48. × 49. √ 50. × 51. × 52. √
53. × 54. √ 55. √ 56. × 57. √ 58. × 59. × 60. √ 61. √ 62. √ 63. × 64. √ 65. √
66. × 67. × 68. × 69. × 70. × 71. √ 72. × 73. × 74. × 75. × 76. × 77. √ 78. ×
79. √ 80. √

三、多选题

1. ABCD 2. BC 3. BCD 4. ABCD 5. AB 6. ABD 7. ABC 8. BCD 9. ABD
10. ABCD 11. ABCDE 12. ABCD 13. ABC 14. ABD 15. ABC 16. ABC 17. ACD 18. ABC
19. BCD 20. BCD 21. ABC 22. ABC 23. BCD 24. BCD 25. ABD 26. ABCD 27. ABC
28. ABC 29. ABC 30. ACD 31. ACB 32. ABC 33. ABC 34. CE 35. CE 36. ACD
37. ABCD 38. CD 39. ACD 40. AB 41. ABCD 42. ABD 43. AB 44. BCD 45. CD
46. ABCD 47. BD 48. ACD 49. ABD 50. BCD 51. ABD

四、综合题

1. 答：进检测器的孔被堵住，需要进行清理；有机锡在燃烧中会生成 SnO_2 沉淀，由于生成物少，不会一次就将孔堵住。开始时检测器的灵敏度高，而使分离度、峰型、峰高均有变化，但随着样的增加，孔越堵越死，最终只能是信号进不到检测器，检测器无信号输出。

2. 答：是检测器被污染所致，要清洗检测器。在轻度污染时可以用热清洗法清洗，在确保气路系统不漏气的条件下，卸下色谱柱，用闷头螺帽将柱接检测器的接头堵死。调氮尾吹气至50～60mL/min，升检测器温度至350℃左右，柱温250℃，保持4～8h。最后冷却至原操作温度，观察基线是否下降为正常值，如有效但还不够，可重复处理。

   也可采用氢烘烤的方法，在确保气路系统不漏气的条件下，将载气和尾吹气换成氢气，调其流速为30～40mL/min。汽化室和柱温为室温，将检测器升至300～350℃，保持18～24h，使污染物在高温下与氢气作用后除去。并将仪器和条件恢复到原状态，稳定几小时后观察基线是否下降为正常值。

   另外还有用热水蒸气法洗，但近年来已很少使用。若清洗无效，只能请原厂家来处理。

3. 答：从谱图中读出的信息：

   ① 图 a 是毛细管柱，图 b 是填充柱；②柱的填料基本相同；③操作条件如柱温、载气流速相近；④分离效果，图 a 比图 b 要好得多；⑤由于图 a 有分流，因此峰面积比图 b 小；⑥图中标 TZ 为分离数。

   对操作者的改进建议：

   对图 a 的建议：①是否还能适当增加柱长；②若有可能，通过调节程序升温，改进分离度。

   对图 b 的建议：①若有可能，应改变升温方式；②若有可能，应适当减少进样量。

4. 答：在液-液分配色谱法中，一般为了避免固定液的流失，对于亲水性固定液常采用疏水性流动相，即流动相的极性小于固定相的极性，这种情况称为正相液-液分配色谱法；反之，若流动相极性大于固定相的极性，则称为反相液-液分配色谱法。正相色谱和反相色谱的出峰顺序彼此正好相反。

5. 答：所谓梯度洗提，就是载液中含有两种（或多种）不同极性的溶剂，在分离过程中按一定的程序连续变化改变载液中溶剂的配比极性，通过载液中极性的变化来改变被分离组分的分离因素从而使流动相的强度、极性、pH 值或离子强度相应的变化以提高分离效果。

   它的作用相当于气相色谱中的程序升温，不同的是，k 值的变化是通过流动相的极性、pH 值或离子强度的改变来实现的。而气相色谱的程序升温是按预定的加热速率随时间作线性或非线性的增加，是连续改变温度；相同的是它们的作用都是通过改变被分离组分的分离因素，提高分离效果。

6. 答：(1) 检测器不同 (2) 色谱柱（固定相）不同 (3) 柱温不同

   测定苯中微量水用热导检测器，因为氢火焰检测器对水不响应，而热导检测器是通用性检测器；使用的是耐水的 Porapak Q 柱。柱温为130℃左右。

   测定水中微量苯用氢火焰检测器，因为对检测微量苯灵敏度高，而且基体水无响应，不干扰；应用交联键合的色谱柱，如 HP-5 等，非交联键合柱不具备耐水性能；分析时柱温可以用 60～80℃，但分析完毕应提高柱温大于 100℃，以彻底赶走柱中残留水分，或采用程序升温，设置终温大于 100℃。

7. 答：在相同的色谱条件下，将样品和标准物分别进样，然后比较标准物和样品峰的保留值。当未知样品的某一色谱峰与标样色谱峰的保留值相同时，则可以初步判断两者为同一物质；同时还可将标准物加入到试样中，若峰的个数没有增多，只是待确定物的峰高增加，半峰宽基本不变，则能确认是该化合物。如果样品比较复杂，流出峰之间相距太近，则在一定色谱条件下，先测出未知样的色谱图，然后利用保留值作初步定性。再在未知样中加入标准样，混合后进样，在相同色谱条件下测出色谱图。将所得色谱图与未知样的色谱图进行比较，若发现某组分的色谱峰峰高增加，且半峰宽不变，则可以认为该组分与所加入的标准物基本是同一种物质；此作法是初步确认，若要确认一定是此化合物时，则需用双柱定性或衍生物定性法操作。

8. 答：①分流进样不适用于热不稳定化合物以及宽沸程、高沸点和极性较强的化合物。②由于进样体积不同，会引起汽化室内压力的波动，导致分流比的改变，分流进样中，需严格控制进样体积。进样体积与分流比不是简单的倍数关系。③每次进样时，必须严格控制针头插入深度，使样品的汽化速率相同，进样速率要快，以减小进样过程中引起的谱带展宽。④柱温或程序升温中的柱初温必须选择适当。如果初温较高，会使低沸点分析物易受溶剂峰的干扰，峰型不对称、分辨率较低。

9. 答：仪器：气相色谱仪、FID 检测器

FFAP 或 SE-30 或 OV-101 填充柱

汽化温度 120℃，柱温 70℃，检测器温度 150℃以上

样品处理方法：溶剂萃取和顶空提取

溶剂萃取——称取一定量的土样，加入适量的适当的溶剂如二硫化碳或二氯甲烷进行萃取（超声波水浴振荡），过滤，洗涤滤器，定容，取 1μL 清液注入色谱仪。

顶空提取——称取一定量的土样，加到一定体积的顶空小瓶中，加入一定量的水，密闭，在 40℃水浴上恒温加热一定时间（30min），取 1mL 液上气体注入色谱仪。

10. 答：固定相改变会引起分配系数的改变，因为分配系数只于组分的性质及固定相与流动相的性质有关。

所以（1）柱长缩短不会引起分配系数改变

（2）固定相改变会引起分配系数改变

（3）流动相流速增加不会引起分配系数改变

（4）相比减少不会引起分配系数改变

11. 答：（1）保留时间延长，峰形变宽

（2）保留时间缩短，峰形变窄

（3）保留时间延长，峰形变宽

（4）保留时间缩短，峰形变窄

12. 答：（1）分离原理：①相同点：气相色谱和液相色谱都是使混合物中各组分在两相间进行分配。当流动相中所含混合物经过固定相时，会与固定相发生作用。由于各组分性质与结构上的差异，不同组分在固定相中滞留时间不同，从而先后以不同的次序从固定相中流出来；②异同点：气相色谱的流动相为气体，液相色谱的流动相为液体。

（2）仪器构造：①相同点：气相色谱和液相色谱都具有压力表，进样器，色谱柱及检测器；②异同点：液相色谱仪有高压泵和梯度洗提装置。注液器中贮存的液体经过滤后由高压泵输送到色谱柱入口，而梯度洗提装置则通过不断改变流动相强度，调整混合样品各组分 k 值，使所有谱带都以最佳平均 k 值通过色谱柱。

（3）应用范围：①相同点：气相色谱和液相色谱都适用于沸点较低或热稳定性好的物质；②异同点：而沸点太高物质或热稳定性差的物质难用气相色谱法进行分析，而液相色谱法则可以。

13. 答：液相色谱法的类型有：液-液分配色谱法、化学键合色谱法、液-固色谱法、离子交换色谱法、离子对色谱法、空间排阻色谱法等。

其中，（1）液-液分配色谱法保留机理是：试样组分在固定相和流动相之间的相对溶解度存在差异，因而溶质在两相间进行分配。分配系数越大，保留值越大；适用于分离相对分子质量为 200～2000 的试

样，不同官能团的化合物及同系物等。

(2) 化学键合色谱法保留机理和最适宜分离的物质与液-液分配色谱法相同。

(3) 液-固色谱法保留机理是：根据物质吸附作用不同来进行分离，作用机制是溶质分子和溶剂分子对吸附剂活性表面的竞争吸附。如果溶剂分子吸附性更强，则被吸附的溶质分子相应的减少；适用于分离相对分子质量中等的油溶性试样，对具有不同官能团的化合物和异构体有较高的选择性。

(4) 离子交换色谱法保留机理是：基于离子交换树脂上可电离的离子与流动相具有相同电荷的溶质离子进行可逆交换，依据这些离子对交换剂具有不同亲和力而将它们分离；适用于凡是在溶剂中能够电离的物质

(5) 离子对色谱法保留机理是：将一种（或多种）与溶质分子电荷相反的离子加到流动相中，使其与溶质离子结合形成疏水型离子化合物，从而控制溶质离子的保留行为；适用于各种强极性的有机酸，有机碱的分离分析。

(6) 空间排阻色谱法保留机理是：类似于分子筛作用，溶质在两相之间按分子大小进行分离，分子太大的不能今年、进入胶孔受排阻，保留值小；小的分子可以进入所有胶孔并渗透到颗粒中，保留值大；适用于相对分子质量大的化合物（如高分子聚合物）和溶于水或非水溶剂，分子大小有差别的试样。

14. 答：对担体的要求：

(1) 表面化学惰性，即表面没有吸附性或吸附性很弱，更不能与被测物质起化学反应。

(2) 多孔性，即表面积大，使固定液与试样的接触面积较大。

(3) 热稳定性高，有一定的机械强度，不易破碎。

(4) 对担体粒度的要求，要均匀、细小，从而有利于提高柱效。但粒度过小，会使柱压降低，对操作不利。一般选择 40～60 目、60～80 目及 80～100 目等。

对固定液的要求：

(1) 挥发性小，在操作条件下有较低的蒸气压，以避免流失。

(2) 热稳定性好，在操作条件下不发生分解，同时在操作温度下为液体。

(3) 对试样各组分有适当的溶解能力，否则，样品容易被载气带走而起不到分配作用。

(4) 具有较高的选择性，即对沸点相同或相近的不同物质有尽可能高的分离能力。

(5) 化学稳定性好，不与被测物质起化学反应。

担体的表面积越大，固定液的含量可以越高。

15. 解：样品混合物能否在色谱上实现分离，主要取决于组分与两相亲和力的差别，及固定液的性质。组分与固定液性质越相近，分子间相互作用力越强。根据此规律：

(1) 分离非极性物质一般选用非极性固定液，这时试样中各组分按沸点次序先后流出色谱柱，沸点低的先出峰，沸点高的后出峰。

(2) 分离极性物质，选用极性固定液，这时试样中各组分主要按极性顺序分离，极性小的先流出色谱柱，极性大的后流出色谱柱。

(3) 分离非极性和极性混合物时，一般选用极性固定液，这时非极性组分先出峰，极性组分（或易被极化的组分）后出峰。

(4) 对于能形成氢键的试样、如醇、酚、胺和水等的分离。一般选择极性的或是氢键型的固定液，这时试样中各组分按与固定液分子间形成氢键的能力大小先后流出，不易形成氢键的先流出，最易形成氢键的最后流出。

(5) 对于复杂的难分离的物质可以用两种或两种以上的混合固定液。

第十四章　工业分析知识

一、单选题

1. D　2. B　3. B　4. A　5. C　6. A　7. C　8. C　9. B　10. C　11. B　12. B　13. A
14. B　15. B　16. A　17. C　18. C　19. B　20. A　21. C　22. D　23. B　24. D　25. D　26. B
27. D　28. C　29. D　30. C　31. C　32. C　33. A　34. D　35. B　36. C　37. C　38. B　39. A
40. D　41. B　42. A　43. A　44. B　45. B　46. D　47. D　48. B　49. B　50. B　51. B　52. C

53. C　54. B

二、判断题

1.×　2.×　3.√　4.√　5.×　6.√　7.√　8.√　9.√　10.×　11.√　12.√　13.√
14.√　15.√　16.×　17.√　18.√　19.√　20.√　21.√　22.√　23.×　24.√　25.√　26.√
27.√　28.√　29.√　30.×　31.√　32.√　33.√　34.×　35.√　36.×　37.×　38.√　39.×
40.×　41.√　42.×　43.√　44.×　45.√　46.√

三、多选题

1. BD　2. AB　3. ABC　4. ABC　5. ABC　6. ABCD　7. BCD　8. ACD　9. ABCD
10. BD　11. ABC　12. ABCD　13. ACD　14. BC　15. ABC　16. ABD　17. ACD　18. ACD
19. ABD　20. ACD　21. AC　22. ABCD　23. AC　24. ABCD　25. ABCD　26. BCD　27. ABCD
28. AB　29. BC　30. ABCD　31. ABD　32. ABD　33. CD　34. AE　35. ABD　36. ABCDE
37. ABC　38. ACD　39. ABD　40. CD　41. BCD　42. AD　43. BCD　44. ABCD　45. ABCD
46. ABCD　47. BCD

四、计算题

1. 解：$w(Na_2CO_3)=\dfrac{c(HCl)V(HCl)M\left(\frac{1}{2}Na_2CO_3\right)}{m_s}\times 100\%$

$=\dfrac{1.000\times 7.10\times 10^{-3}\times \frac{1}{2}\times 105.99}{0.4000}\times 100\%=94.07\%$

2. 解：$\varphi(CO_2)=\dfrac{V_0-V_1}{V_0}\times 100\%=\dfrac{99.6-96.3}{99.6}\times 100\%=3.31\%$

$\varphi(O_2)=\dfrac{V_1-V_2}{V_0}\times 100\%=\dfrac{96.3-89.4}{99.6}\times 100\%=6.93\%$

$\varphi(CO)=\dfrac{V_2-V_3}{V_0}\times 100\%=\dfrac{89.4-75.8}{99.6}\times 100\%=13.65\%$

$V(CH_4)=V(CO_2)=5.0mL$

$V_{缩}=2V(CH_4)+\dfrac{3}{2}V(H_2)=12.0mL$

得　$V(CH_4)=5.0\times\dfrac{75.8}{25}=15.16\ (mL)$　　$V(H_2)=1.33\times\dfrac{75.8}{25}=4.03\ (mL)$

$\varphi(CH_4)=\dfrac{15.16}{99.6}\times 100\%=15.22\%$

$\varphi(H_2)=\dfrac{4.03}{99.6}\times 100\%=4.05\%$

3. 解：$w(Fe_2O_3)=\dfrac{c(EDTA)V(EDTA)M\left(\frac{1}{2}Fe_2O_3\right)}{m_s\times\frac{25.00}{250}}\times 100\%$

$=\dfrac{0.02500\times 3.30\times\frac{1}{2}\times 159.69\times 10^{-3}}{0.5000\times\frac{25.00}{250}}\times 100\%=13.17\%$

4. 解：

$x_1=\dfrac{0.008\times(V_1-V_2)c}{V}\times 10^6$

$=\dfrac{0.01012\times(1.50-0.64)\times 0.008}{100.0}\times 10^6$

$=0.70\ (mg/L)$

5. 解：$A_{ad}=\frac{m_1}{m}\times100\%=\frac{0.1120}{1.0000}\times100\%=11.20\%$

$V_{ad}=\frac{m_1}{m}\times100\%-M_{ad}=\frac{0.1320}{1.0000}\times100\%-4.20\%=9.00\%$

$FC_{ad}=100\%-(M_{ad}+A_{ad}+V_{ad})=100\%-(11.20\%+9.00\%+4.20\%)=75.60\%$

6. 解：$\varphi(CO_2)=\frac{V_0-V_1}{V_0}\times100=\frac{97.5-95.6}{97.5}=1.95\%$

$\varphi(O_2)=\frac{V_1-V_2}{V_0}\times100=\frac{95.6-90.2}{97.5}=5.54\%$

$\varphi(CO)=\frac{V_2-V_3}{V_0}\times100=\frac{90.2-77.3}{97.5}=13.23\%$

7. 解：$\nu=(3.9\times10^{-5}\times10^6/372.8)\times139.2=14.56\ (mm^2/s)$

8. 解：$w(C)=\frac{AVf}{m}\times100\%=0.26\%$

9. 解：$w(K_2O)=\frac{m\times\frac{M(K_2O)}{2M_{四苯硼酸钾}}}{m_s\times\frac{25.00}{500}\times\frac{15.00}{500}}\times100\%$

$=\frac{0.1451\times\frac{94.20}{2\times358.45}}{24.132\times\frac{25.00}{500}\times\frac{15.00}{500}}\times100\%=53.71\%$

五、综合题

1. 答：溶解氧是指溶解于水中分子态的氧，用DO表示。

测定原理：在水样中加入硫酸锰和碱性碘化钾，在碱性条件下，二价锰先生成白色的$Mn(OH)_2$沉淀，但很快被水中的溶解氧定量氧化成三价或四价的锰，从而将溶解氧固定。加酸后，四价锰又定量将碘离子氧化为游离碘。以淀粉为指示剂，用硫代硫酸钠标准滴定溶液滴定游离碘，即可计算出水中溶解氧含量。

2. 答：挥发酚通常是沸点小于230℃以下的一元酚。

测定原理：酚类化合物在pH=10±0.2的介质中，在铁氰化钾存在下，与4-氨基安替比林反应，生成橙红色的吲哚酚安替比林染料，在$\lambda_{max}=510nm$波长处测其吸光度定量。测定结果以苯酚计。

3. 答：天然水中存在腐殖质、泥土、浮游生物和无机矿物质，使其呈现一定的颜色。

① 铂-钴标准比色法：用氯铂酸钾（K_2PtCl_6）与氯化钴（$CoCl_2\cdot6H_2O$）配成颜色标准溶液，再与被测水样进行目视比色，以确定水样的色度。规定1mg/L以氯铂酸离子形式存在的铂产生的颜色，称为1度，作为标准色度单位。

② 稀释倍数法：或工业废水污染，水样的颜色与标准色列不一致，不能进行比色时，用颜色来描述。可用无色、微绿色、绿色、微黄色、黄色、浅黄色、棕黄色、红色等文字来描述颜色，记载颜色种类及特征。取一定量的水样，用光学纯水稀释到刚好看不到颜色，根据稀释倍数表示该水样的色度。其水样色度相当于铂-钴色列的色度×水样稀释倍数。

4. 答：化学需氧量是在一定条件下，用氧化剂滴定水样时所消耗的量，以氧的质量浓度（mg/L）表示。

在强酸性溶液中，用一定量的重铬酸钾氧化水样中的还原性物质，过量的重铬酸钾以试亚铁灵为指示剂，用硫酸亚铁铵标准滴定溶液回滴，根据硫酸亚铁铵的用量计算水样中还原性物质消耗氧的量，即化学需氧量。

5. 答：①艾氏卡法：将煤样与艾氏卡试剂（Na_2CO_3+MgO）混合均匀，在800～850℃灼烧，煤中各种硫化物生成硫酸盐。然后使硫酸根离子生成硫酸钡沉淀，根据硫酸钡的质量再换算出煤中全硫的含量。

特点：使用设备简单，准确度高，重现性好；操作繁琐，费时较多。

② 库仑滴定法：煤样在催化剂作用下，于空气流中燃烧分解，煤中的硫生成二氧化硫并被碘化钾溶液吸收后，以电解碘化钾溶液所产生的碘进行滴定，根据电解所消耗的电量计算煤中全硫的含量。

特点：准确度高，操作快，是快速分析法。

③ 高温燃烧-酸碱滴定法：煤样在催化剂作用下，在氧气流中燃烧，硫生成硫的氧化物，用过氧化氢吸收生成硫酸，用氢氧化钠溶液滴定，根据消耗的碱的量，计算煤中全硫含量。

特点：准确度高，操作快，是快速分析法。

6. 答：(1) 通氮干燥法：称取一定量的空气干燥煤样，置于 105～110℃干燥箱中，在干燥氮气流中干燥到质量恒定。然后根据煤样的质量损失计算出水分的含量。

(2) 甲苯蒸馏法：根据两种互不相溶的液体混合物的沸点低于其中易挥发组分沸点的原理，称取一定量的空气干燥煤样于圆底烧瓶中，加入甲苯共同煮沸。分馏出的液体收集在水分测定管中并分层，量出水的体积 (mL)。以水的质量占煤样的质量分数作为水分的含量。

(3) 空气干燥法：称取一定量的空气干燥煤样，置于 105～110℃干燥箱中，在空气流中干燥至质量恒定。根据煤样的质量损失计算出水分的质量分数。

7. 答：煤的灰分是指煤完全燃烧后剩下的残渣，是煤中矿物质在煤完全燃烧过程中经过一系列分解、化合等反应后的产物。

煤灰的成分十分复杂，主要有二氧化硅、氧化铝、氧化铁、氧化钙、氧化镁等。

煤的灰分测定包括缓慢灰化法和快速灰化法两种。

8. 答：煤在规定条件下隔绝空气加热进行水分校正后的质量损失即为挥发分。

煤在温度为 900℃下隔绝空气加热 7min，以减少的质量占煤样的质量分数，减去该煤样的水分含量 (M_{ad}) 作为挥发分产率。

9. 答：吸收瓶按照结构不同可分为接触式和鼓泡式两种。

接触式吸收瓶的作用部分有许多紧密排列的细玻璃管，用来增加气体与吸收剂的接触面积。鼓泡式吸收瓶的作用部分有一气泡喷管，气体进入作用部分后，经气泡喷管被分散成细小的气泡，增加了气体与吸收剂的接触面积。

10. 答：吸收体积法是利用气体的化学特性，使气体混合物与特定的吸收剂接触，被测组分在吸收剂中定量地发生化学吸收。若吸收前、后的温度及压力保持一致，则吸收前、后的气体体积之差即为被测气体的体积，由此可求出被测组分在气体试样中的体积分数 φ (%)。

11. 氯化氢的测定原理是什么？

答：空气试样经过 0.3μm 微孔滤膜阻留含氯化物的颗粒物后，用稀氢氧化钠溶液吸收氯化氢气体即得试样溶液。试样溶液中的氯离子和硫氰酸汞作用置换出硫氰酸根，与铁离子作用生成红色配合物，于 460nm 波长下进行比色定量。

12. 答：用一定量的气体通过 $CdCl_2$ 和 Na_2CO_3 溶液吸收 H_2S 生成 CdS 沉淀，CdS 中的 S^{2-} 采用回滴法测定。即加入过量的 I_2 标准溶液使其与 CdS 中的 S^{2-} 反应，加 HCl 中和过量的 Na_2CO_3，使溶液呈微酸性，过量 I_2 用 $Na_2S_2O_3$ 标准滴定溶液回滴，用淀粉作指示剂，根据 I_2 与 $Na_2S_2O_3$ 的消耗量求得 H_2S 的含量。

13. 答：使用专门仪器在规定条件下，将石油产品加热后，所产生的蒸汽和周围空气的混合物，接近火焰而能发生闪火现象时的最低温度称为该石油产品的闪点。

在测定油品开口杯闪点后继续提高温度，在规定条件下可燃混合气能被外部火焰引燃，能发生持续 5s 以上的燃烧现象时的最低温度称为燃点。

将油品加热到很高的温度后，再使之与空气接触，无需引燃，油品即可因剧烈氧化而产生火焰自行燃烧，这就是油品的自燃现象，能发生自燃的最低油温，称为自燃点。

油品的闪点和燃点的高低取决于低沸点烃类含量，当有极少量轻油品混入高沸点油品中时，就能引起闪点显著降低，润滑油混入溶剂也会使闪点降低。大气压力升高时，闪点和燃点也会升高。

14. 答：熔融法：一些难为酸直接分解的硅酸盐，常借助于熔融的方法。此方法所用熔剂很多，一般多为碱金属的化合物，如碳酸盐、氢氧化物、硼酸盐等。

烧结法：是使试样与固体试剂在低于熔点温度下进行反应，达到分解试样的目的。因为加热温度低，时间长，但不易腐蚀坩埚，通常可以在瓷坩埚中进行。

半熔法的优点是：①熔样时间短，操作速度快，烧结块易脱埚和提取，同时也减小了对铂坩埚的损害；

②熔剂用量少，引入的干扰离子少。

15. 答：钨蓝为指示剂。

在盐酸介质中，用 $SnCl_2$ 将大部分的 Fe^{3+} 还原为 Fe^{2+} 后，以钨酸钠为指示剂，再用 $TiCl_3$ 溶液将剩余的 Fe^{3+} 还原。当 Fe^{3+} 全部被还原为 Fe^{2+} 后，过量的 $TiCl_3$ 溶液使 6 价钨还原为 5 价钨而使溶液呈蓝色。然后滴入 $K_2Cr_2O_7$ 溶液，使钨蓝刚好褪色。最后以二苯胺磺酸钠为指示剂，用 $K_2Cr_2O_7$ 标准滴定溶液滴定溶液中 Fe^{2+}。

16. 答：①磷矾钼黄光度法：在硝酸溶液中，磷酸盐与钼酸铵、钒酸铵作用生成黄色的磷钒钼杂多酸。

② 磷钼蓝光度法：在酸性溶液中，磷酸与钼酸生成黄色的磷钼杂多酸，可被硫酸亚铁、二氯化锡、抗坏血酸、硫酸肼等还原成蓝色的磷钼杂多酸（磷钼蓝）。

17. 答：①燃烧-碘量法：钢铁试样在高温（1250～1300℃）下通氧燃烧，其中的硫被氧化为二氧化硫。燃烧后的混合气体经除尘管除去各类粉尘后，用含有淀粉的水溶液吸收，生成亚硫酸。用碘或碘酸钾-碘化钾标准溶液滴定。

$IO_3^- + 5I^- + 6H^+ \longrightarrow 3I_2 + 3H_2O$

$I_2 + SO_3^{2-} + H_2O \longrightarrow 2I^- + SO_4^{2-} + 2H^+$

② 燃烧-酸碱滴定法：试样在 1250～1300℃及有助熔剂存在下通入空气灼烧，试样中所含的硫、硫化物和硫酸盐均转变成二氧化硫逸出。燃烧-酸碱滴定法是用一定浓度的过氧化氢溶液为吸收剂吸收二氧化硫和少量的三氧化硫，生成硫酸，用氢氧化钠标准溶液滴定。根据氢氧化钠标准溶液的浓度和消耗体积计算硫的含量。

18. 答：将钢铁试样置于 1150～1250℃高温炉中加热，并通氧气燃烧，碳氧化生成二氧化碳，同时硫生成二氧化硫。混合气体经除硫剂后收集于量气管中，以氢氧化钾溶液吸收其中的 CO_2，吸收前后气体体积的缩小即为生成 CO_2 体积，再根据测定时的温度、压力计算碳含量。

19. 答：钢铁试样用氧化性的酸分解后，以氧化剂氧化使磷以磷酸形式存在。在适当的酸度和钼酸铵浓度下，于高温下形成磷钼杂多酸，用氟化钠-氯化亚锡混合溶液还原为磷钼蓝，在 690nm 波长处测量吸光度。

20. 答：磷肥分析中磷含量的测定常用的方法有磷钼酸喹琳重量法、磷钼酸喹琳容量法、磷钼酸铵容量法和钒钼酸铵分光光度法。

磷钼酸喹琳重量法：在酸性介质中提取液中正磷酸根离子与喹钼柠酮试剂生成黄色磷钼酸喹啉沉淀，经过滤、洗涤、干燥和称量所得沉淀，根据沉淀质量计算出五氧化二磷的含量。

磷钼酸铵容量法：在酸性介质中，正磷酸根离子与钼酸铵生成磷钼酸铵沉淀，过滤后将沉淀用过量的氢氧化钠标准溶液溶解，过剩的氢氧化钠以酚酞为指示剂用硝酸标准滴定溶液滴定至粉红色消失为终点，根据沉淀消耗氢氧化钠的量计算出五氧化二磷的含量。

磷钼酸喹啉容量法：在酸性介质中，用水、碱性柠檬酸铵溶液提取过磷酸钙中的有效磷，提取液中正磷酸根离子与喹钼柠酮试剂生成黄色磷钼酸喹啉沉淀，过滤、洗涤所吸附的酸液后将沉淀溶于过量的氢氧化钠标准溶液中，过量的氢氧化钠再用盐酸标准滴定溶液滴定。根据沉淀所消耗的氢氧化钠的量算出五氧化二磷含量。

钒钼酸铵分光光度法：用水、碱性柠檬酸铵溶液提取过磷酸钙中的有效磷，提取液中正磷酸根离子在酸性介质中与钼酸盐及偏钒酸盐反应，生成稳定的黄色配合物，于波长 420nm 处，用示差法测定其吸光度，从而算出五氧化二磷的含量。

21. 答：四苯硼酸钠重量法：在微碱性的介质中，以四苯硼酸钠溶液沉淀试样溶液中的钾离子，将沉淀过滤、洗涤、干燥及称重，同时做空白试验。

四苯硼酸钠容量法：试样用稀酸溶解，加甲醛溶液和乙二胺四乙酸二钠溶液，消除铵离子和其他阳离子的干扰，在微碱性溶液中，以定量的四苯硼酸钠溶液沉淀试样中钾，滤液中过量的四苯硼酸钠以达旦黄作指示剂，用季铵盐回滴至溶液自黄变成明显的粉红色。

22. 答：(1) 将安瓿球预先称准至 0.0002g，然后在火焰上微微加热安瓿球的球泡。将安瓿球的毛细管端浸入盛有样品的瓶中，并使冷却，待样品充至 1.5～2.0mL 时，取出安瓿球。用滤纸仔细擦净毛细管端，在火焰上使毛细管端密封，不使玻璃损失。称量含有样品的安瓿球，称准至0.0002g，并根据差值计算样品质量。

(2) 将盛有样品的安瓿球，小心置于预先盛有100mL水和用移液管移入50mL氢氧化钠标准滴定溶液的锥形瓶中，塞紧磨口塞。然后剧烈震荡，使安瓿球破裂，并冷却至室温，摇动锥形瓶，直至酸雾全部吸收为止。

(3) 取下塞子，用水洗涤，洗液收集于同一锥形瓶内，用玻璃棒捣碎安瓿球，研碎毛细管，取出玻璃棒，用水洗涤，将洗液收集在同一锥形瓶内。加1～2滴甲基橙指示剂溶液，然后用硫酸标准滴定溶液将过量的氢氧化钠标准滴定溶液滴定至溶液呈现橙色为终点。

23. 答：试样在850℃空气流中燃烧，单质硫和硫化物中硫转变为二氧化硫气体逸出，用过氧化氢溶液吸收并氧化成硫酸，以甲基红-亚甲基蓝为混合指示剂，用氢氧化钠标准滴定溶液滴定，根据氢氧化钠标准滴定溶液的浓度及其滴定消耗的体积，可计算有效硫的含量。

取一定量的硫铁矿或矿渣试样与烧结剂（Na_2CO_3+ZnO）混合，烧结后试样中的硫转化为硫酸盐，与原来的硫酸盐一起用水浸取后进入溶液。在碱性条件下，用中速滤纸滤除大部分氢氧化物和碳酸盐。再在酸性溶液中用氯化钡溶液沉淀硫酸盐，经过滤、洗涤、干燥后，得到硫酸钡称量形式，称其质量，由此可计算试样中总硫的质量分数。

24. 答：在反应管中放置一定量的碘标准溶液和淀粉溶液，将含有二氧化硫的混合气通入后，二氧化硫被碘氧化为硫酸，其反应式为

$$SO_2+I_2+H_2O \longrightarrow H_2SO_4+2HI$$

当碘标准溶液作用完毕时，溶液的蓝色消失，即将其余气体收集于量气管中，根据碘标准溶液的用量和余气的体积，即可计算出被测气体中二氧化硫的含量。

25. 答：生产气体中的二氧化硫和三氧化硫经水吸收分别生成亚硫酸和硫酸，以酚酞为指示剂，用NaOH标准滴定溶液滴定，测定总酸量。再以淀粉为指示剂，用碘标准滴定溶液滴定，测定其中的亚硫酸。用总酸量减去亚硫酸的量即可得三氧化硫的含量。

第十五章　有机分析知识

一、单选题

1. D　2. C　3. C　4. D　5. A　6. B　7. B　8. B　9. B　10. D　11. B　12. B　13. A
14. C　15. A　16. C　17. C　18. B　19. C　20. B　21. D　22. A　23. A　24. C　25. A　26. B
27. B　28. D　29. D　30. A　31. C　32. D　33. A　34. C　35. D　36. D　37. B　38. C　39. D
40. A　41. B　42. A　43. A　44. B　45. A　46. A　47. B　48. A　49. B　50. A　51. D　52. B
53. D

二、判断题

1. ×　2. √　3. √　4. √　5. √　6. √　7. ×　8. ×　9. √　10. √　11. √　12. √　13. √
14. ×　15. √　16. ×　17. ×　18. ×　19. √　20. √　21. √　22. ×　23. √　24. ×　25. √　26. √
27. ×　28. ×　29. ×　30. ×　31. ×　32. √　33. √　34. ×　35. √　36. ×　37. √　38. √

三、多选题

1. BC　2. ABD　3. AB　4. ABCD　5. ABCD　6. AD　7. AC　8. ABCD　9. AC
10. ACD　11. ABCD　12. AB　13. BC　14. CD　15. AB　16. BCD　17. AB　18. BCD
19. ABC　20. ABCD　21. ABCD　22. ABC　23. AC　24. DE　25. ABD　26. BCD　27. AB
28. AB　29. BCDE　30. ADE　31. ABD　32. AE

四、综合题

1. 答：重氮化法测定芳伯胺的原理：芳香族伯胺和亚硝酸在低温下作用生成重氮盐。因为亚硝酸不稳定，通常使用亚硝酸钠和盐酸或硫酸使反应时生成的亚硝酸立即与芳伯胺反应。

盐酸介质可以抑制副反应，增加重氮盐的稳定性，加速重氮化反应并提高指示剂的灵敏度。酸度不足时，副反应发生酸度过高时，阻碍芳伯胺的游离，影响重氮化反应速率。

酸度在1～2mol/L HCl下测定为宜。

2. 答：利用高锰酸银的热解产物作催化剂，在500℃±50℃的条件下，使试样在氧气流中燃烧分解，其中的碳和氢定量的转化为 CO_2 和 H_2O。用吸收剂吸收 CO_2 和 H_2O 后称量，得到碳和氢含量。

因为空气中含有 CO_2 和 H_2O，会使测定结果偏高，所以燃烧分解不在空气流中进行而在氧气流中进行。

3. 答：氧瓶燃烧法是将试样包在无灰滤纸内，点燃后，立即放入充满氧气的燃烧瓶中，以铂丝（或镍铬丝）作催化剂，进行燃烧分解，燃烧产物被预先装入瓶中的吸收液吸收，试样中的卤素、硫、磷、硼、金属分别形成卤离子、硫酸根离子、磷酸根离子、硼酸根离子及金属氧化物而被溶解在吸收液中。然后，根据各种元素的特点采用一般方法（通常是容量法）来测定其中的各个元素的含量。

测定氯是用氢氧化钠为吸收液，测定溴时以氢氧化钠和过氧化氢混合液为吸收液，测定硫时以过氧化氢水溶液为吸收液。

4. 答：

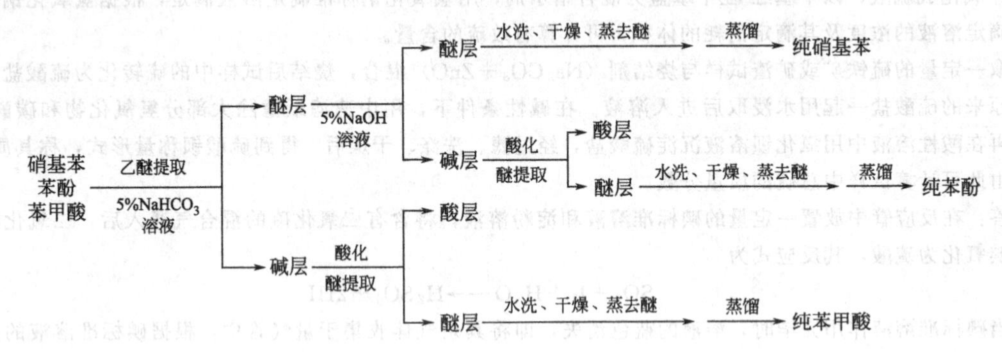

5. 答：

C_2H_5CHO、CH_3COCH_3、C_6H_5CHO —托伦试剂→

出现银镜反应 → C_2H_5CHO、C_6H_5CHO —氯仿-氯化铝实验→

橘红色 → C_6H_5CHO

无现象 → C_2H_5CHO

无现象 → CH_3COCH_3

6. 答：

$(CH_3)_2C(OH)CH_2CH_3$、$CH_3CH(OH)CH_2CH_2CH_3$、$CH_3CH_2CH(OH)CH_2CH_3CH_3$、$(CH_2)_3CH_2OH$ —加入 *N*-溴代丁二酰亚胺→

出现橙色后消失 —碘仿实验→

出现浅黄色结晶 → $CH_3CH(OH)CH_2CH_2CH_3$

无现象 → $CH_3CH_2CH(OH)CH_2CH_3CH_3$

出现橙色 → $(CH_2)_3CH_2OH$

无现象 → $(CH_3)_2C(OH)CH_2CH_3$

7. 答：分子离子峰为偶数表明含有偶数个氮或不含氮。

设分子式为 $C_xH_yN_zO_wS_s$

$$\frac{RI(M+1)}{RI(M)}\times100=1.1x+0.37z+0.8s$$

$$\frac{RI(M+2)}{RI(M)}\times100=\frac{(1.1x)^2}{200}+0.2w+4.4s$$

$\frac{RI(M+1)}{RI(M)}\times100=1.1x+0.37z=\frac{4.8}{100}\times100$，设 $z=1$，则 $x=4.02$，C_4N 相对分子质量＞62，不合理。

所以无氮元素，$z=0$。

$RI(M+2)/RI(M)=0.06/13=0.46\%$，所以不含硫元素，$s=0$

因此　$100/13=1.1x$　　$x=7$

则　$6/13=(1.1\times7)^2/200+0.2w$　　$w=1$

所以　$y=114-(12\times7+16\times1)=14$

所以分子式为 $C_7H_{14}O$。

8. 答：由 m/z 91 处显一强峰可知该峰是由苄基化合物经 α-裂解得到的 $C_7H_7^+$ 峰，故该结构应为 B。

裂解如下：

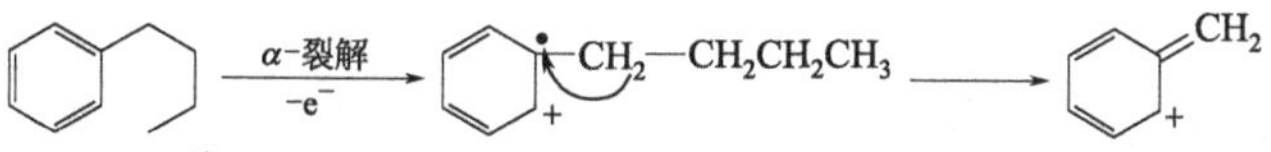

$$\text{(正丙苯)} \xrightarrow[-e^-]{\alpha\text{-裂解}} C_6H_5^{+\cdot}\!-\!CH_2-CH_2CH_2CH_3 \longrightarrow C_6H_5=CH_2^{+}$$

m/z 91峰

由烃类化合物的裂解优先失去大基团，而 A、C、D 结构中苯环上双取代甚至是四取代，显然得不到 m/z 91 处的强峰。

9. 答：

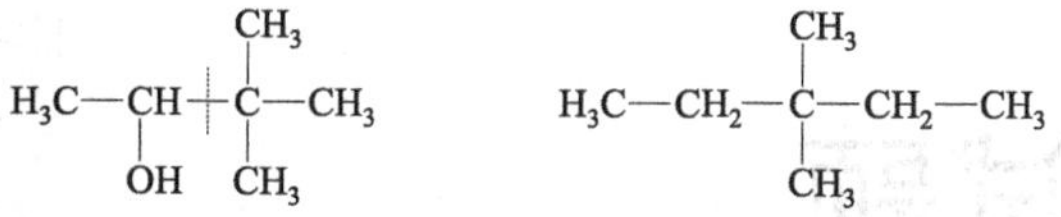

$$H_3C-CH(OH)-C(CH_3)_2-CH_3 \qquad H_3C-CH_2-C(CH_3)_2-CH_2-CH_3$$

m/z 45 峰为合理丢失 $\cdot C_4H_9$

m/z 87 峰为合理丢失 $\cdot CH_3$

因含杂原子氧的醇易 Cα-Cβ 间的 δ 键裂解，故结构式应为：3,3-二甲基丁醇-2

裂解如下：

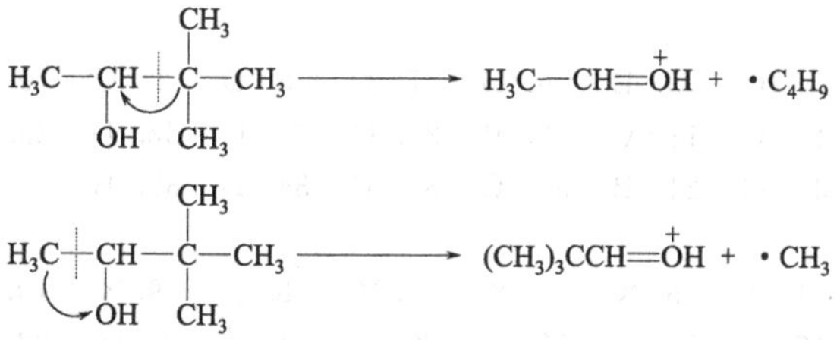

$$H_3C-CH(OH)-C(CH_3)_2-CH_3 \longrightarrow H_3C-CH=\overset{+}{O}H + \cdot C_4H_9$$

$$H_3C-CH(OH)-C(CH_3)_2-CH_3 \longrightarrow (CH_3)_3CCH=\overset{+}{O}H + \cdot CH_3$$

10. 答：由质谱图中 m/z108、110 的 RI 之比为 1∶1，可推测分子中含有一个 Br（79），并且 m/z79、81 也证明了溴的存在，则 m/z29 可能是 $C_2H_5^+$，该分子结构可能是 CH_3CH_2Br。

第十六章　环境保护基础知识

一、单选题

1. D　2. C　3. C　4. A　5. A　6. B　7. B　8. D　9. B　10. A　11. B　12. D　13. B　14. D　15. D　16. A　17. A　18. D　19. D　20. A

二、判断题

1. ×　2. √　3. √　4. ×　5. ×　6. √　7. ×　8. √　9. ×　10. √　11. √　12. ×　13. ×　14. √　15. ×

三、多选题

1. ABC　2. ABC　3. ACD　4. ABC　5. BCD　6. ABC　7. BC　8. ACD　9. BCD　10. AD　11. BC　12. AC　13. BCE　14. ACE　15. ABCD

模拟试题

模拟试题一

一、单选题

1. A　2. A　3. B　4. C　5. D　6. D　7. D　8. D　9. C　10. D　11. C　12. D　13. B　14. D　15. C　16. B　17. C　18. C　19. B　20. C　21. C　22. D　23. A　24. D　25. C　26. C　27. B　28. B　29. C　30. C　31. B　32. C　33. D　34. D　35. B

二、判断题

1. ×　2. ×　3. √　4. √　5. ×　6. ×　7. ×　8. √　9. ×　10. √　11. √　12. √　13. ×　14. ×　15. √　16. √　17. ×　18. ×　19. ×　20. ×　21. √　22. √　23. √　24. √　25. √　26. ×　27. √　28. ×　29. ×　30. ×

三、多选题

1. AD　2. AC　3. ABCD　4. BC　5. ABC　6. BCD　7. ABD　8. ACD　9. ABC　10. ABC　11. ABD　12. AD　13. ABCD　14. AB　15. ABC　16. BD　17. AB　18. ABD　19. BD　20. ACD　21. ABCD　22. ABCD　23. ABCD　24. BC　25. BC　26. ABC　27. AB　28. ABD　29. CD　30. AB　31. ABCD　32. ABC　33. ABCD　34. ACD　35. ABCD

模拟试题二

一、单选题

1. D　2. B　3. A　4. B　5. D　6. C　7. C　8. C　9. D　10. C　11. C　12. B　13. B　14. C　15. C　16. B　17. D　18. D　19. C　20. B　21. D　22. D　23. C　24. B　25. B　26. C　27. B　28. B　29. C　30. B　31. A　32. D　33. B　34. D　35. B

二、判断题

1. ×　2. √　3. √　4. ×　5. √　6. √　7. √　8. ×　9. √　10. ×　11. √　12. √　13. ×　14. √　15. ×　16. ×　17. √　18. ×　19. √　20. ×　21. ×　22. √　23. √　24. ×　25. √　26. √　27. ×　28. √　29. √　30. ×

三、多选题

1. ABDE　2. ACD　3. ABC　4. ABCD　5. AB　6. ABD　7. BCD　8. ABCD　9. ABCD　10. ABCD　11. ABCD　12. ABCD　13. AC　14. ABD　15. CD　16. ACD　17. ABD　18. ABCD　19. BCD　20. ABD　21. BD　22. ABD　23. ACD　24. ACD　25. ABC　26. ABC　27. ABD　28. ACD　29. CD　30. AB　31. AD　32. ABE　33. ACD　34. ABC　35. BCD

模拟试题三

一、单选题

1. C　2. B　3. C　4. A　5. C　6. D　7. C　8. B　9. A　10. D　11. A　12. B　13. B　14. C　15. B　16. C　17. B　18. B　19. A　20. B　21. D　22. C　23. B　24. D　25. D　26. D

27. B　28. B　29. C　30. C　31. B　32. C　33. A　34. D　35. B

二、判断题

1. ×　2. ×　3. ×　4. √　5. ×　6. √　7. ×　8. √　9. √　10. ×　11. √　12. √　13. √
14. √　15. √　16. √　17. ×　18. ×　19. √　20. ×　21. ×　22. √　23. ×　24. √　25. ×　26. √
27. √　28. √　29. √　30. √

三、多选题

1. BCD　2. BE　3. ABD　4. ACD　5. ABE　6. ABCD　7. ABC　8. ACD　9. ABCD
10. ABD　11. ABCD　12. CD　13. ABC　14. ACD　15. AB　16. ACD　17. AD　18. ABD
19. BCD　20. BC　21. BC　22. AB　23. ABCD　24. ABC　25. ABC　26. CD　27. BD
28. ABC　29. ABCD　30. CD　31. AC　32. BC　33. ABC　34. BD　35. BCD

模拟试题四

一、单选题

1. C　2. C　3. D　4. C　5. D　6. B　7. A　8. C　9. A　10. D　11. D　12. B　13. D
14. D　15. B　16. A　17. D　18. C　19. C　20. B　21. C　22. D　23. B　24. B　25. C　26. A
27. C　28. C　29. B　30. D　31. C　32. D　33. D　34. C　35. D

二、判断题

1. ×　2. √　3. √　4. ×　5. ×　6. √　7. ×　8. ×　9. √　10. ×　11. √　12. ×　13. ×
14. ×　15. ×　16. √　17. √　18. ×　19. ×　20. ×　21. √　22. √　23. √　24. ×　25. √　26. √
27. ×　28. √　29. √　30. ×

三、多选题

1. ABD　2. ADE　3. AB　4. BC　5. ABCD　6. BC　7. ABCD　8. ABCD　9. ABCD
10. BCD　11. ABD　12. BCD　13. AB　14. AC　15. BCD　16. BC　17. BC　18. CD
19. AD　20. ABC　21. BD　22. ACD　23. ABC　24. AC　25. BD　26. ABD　27. ABC
28. ABC　29. BCD　30. ABC　31. AC　32. AD　33. CD　34. AD　35. CD

模拟试题五

一、单选题

1. A　2. D　3. B　4. D　5. B　6. C　7. B　8. C　9. A　10. B　11. C　12. C　13. C
14. D　15. A　16. D　17. C　18. B　19. C　20. D　21. C　22. C　23. B　24. D　25. C　26. A
27. D　28. A　29. A　30. D　31. B　32. A　33. A　34. D　35. B

二、判断题

1. ×　2. ×　3. ×　4. √　5. ×　6. ×　7. ×　8. ×　9. ×　10. √　11. ×　12. √　13. ×
14. √　15. √　16. ×　17. √　18. ×　19. ×　20. √　21. √　22. ×　23. √　24. ×　25. √　26. √
27. √　28. √　29. ×　30. √

三、多选题

1. ACD　2. BD　3. ABD　4. AB　5. ABCD　6. ABC　7. ADE　8. ABC　9. AB
10. BC　11. ABCD　12. BCD　13. ABC　14. ABD　15. ABC　16. ACD　17. CD　18. ABD
19. AC　20. ABC　21. BC　22. ABE　23. ABCD　24. CDE　25. BC　26. CD　27. ACD
28. ABCD　29. ABC　30. BD　31. AB　32. BC　33. BC　34. AD　35. ABD

参考文献

[1] 赵玉娥，王传胜，徐雅君．基础化学．第2版．北京：化学工业出版社，2011.

[2] 王建梅，刘晓薇．化学实验基础．第2版．北京：化学工业出版社，2010.

[3] 丁敬敏．化学实验技术（Ⅰ）．第2版．北京：化学工业出版社，2010.

[4] 黄一石，乔子荣．定量化学分析．第3版．北京：化学工业出版社，2014.

[5] 胡伟光，张文英．定量化学分析实验．第3版．北京：化学工业出版社，2014.

[6] 凌昌都，季剑波．定量化学分析例题与习题．第2版．北京：化学工业出版社，2011.

[7] 辛述元．分析化学例题与习题．第2版．北京：化学工业出版社，2008.

[8] 刘东．分析化学学习指导与习题．北京：高等教育出版社，2006.

[9] 王炳强，高洪潮．仪器分析——光谱与电化学分析技术．北京：化学工业出版社，2010.

[10] 王炳强．仪器分析——色谱分析技术．北京：化学工业出版社，2011.

[11] 黄一石．仪器分析．第3版．北京：化学工业出版社，2013.

[12] 丁敬敏，赵连俊．有机分析．第2版．北京：化学工业出版社，2009.

[13] 朱嘉云．有机分析．第2版．北京：化学工业出版社，2004.

[14] 奚旦立，孙裕生．环境监测．第4版．北京：高等教育出版社，2010.

[15] 王宝仁，孙乃有．石油产品分析．第3版．北京：化学工业出版社，2014.

[16] 张小康，张正兢．工业分析．第2版．北京：化学工业出版社，2011.

[17] 姜洪文，陈淑刚．化验室组织与管理．第3版．北京：化学工业出版社，2014.

[18] 黄一石．分析仪器操作技术与维护．第2版．北京：化学工业出版社，2011.

[19] 穆华荣．分析仪器维护．第2版．北京：化学工业出版社，2006.

[20] 杨永杰．化工环境保护概论．北京：化学工业出版社，2009.

[21] 武汉大学．分析化学．第4版．北京：高等教育出版社，2000.

[22] 丁敬敏，杨小林．化学检验工理论知识试题集．北京：化学工业出版社，2008.